土壤侵蚀模型及工程应用

姚文艺 等 著

科学出版社

北京

内 容 简 介

本书分为土壤侵蚀过程与泥沙输移、土壤侵蚀模型、土壤侵蚀模型工程应用三篇，计16章。全书集多年研究成果，系统阐述了坡面流水动力学特性及输沙能力、坡沟系统侵蚀产沙耦合关系、沟坡重力侵蚀动力机制与模式、流域泥沙输移比、气候-下垫面-水文过程耦合关系及产流效应等模型理论；介绍了自主研发的基于GIS分布式小流域侵蚀产沙动力学模型、基于GIS分布式中尺度流域侵蚀产沙经验模型、基于GIS分布式流域水文物理过程模型和土壤侵蚀模型支持系统；介绍了土壤侵蚀模型的工程应用案例。

本书可供地貌、水土保持、自然地理、生态、水利工程、环境保护、泥沙等专业的科学研究人员、工程技术人员、流域管理工作者及大专院校师生参考。

图书在版编目(CIP)数据

土壤侵蚀模型及工程应用／姚文艺等著 .—北京：科学出版社，2011.11
ISBN 978-7-03-032607-2

Ⅰ．土⋯　Ⅱ．姚⋯　Ⅲ．土壤侵蚀-模型-研究　Ⅳ.S157

中国版本图书馆 CIP 数据核字（2011）第 216529 号

责任编辑：李　敏　刘　超／责任校对：鲁　素　钟　洋
责任印制：徐晓晨／封面设计：王　浩

科 学 出 版 社 出版
北京东黄城根北街 16 号
邮政编码：100717
http://www.sciencep.com

北京京华虎彩印刷有限公司 印刷
科学出版社发行　各地新华书店经销
*

2014 年 9 月第 一 版　开本：787×1092 1/16
2015 年 4 月第二次印刷　印张：36 3/4
字数：850 000

定价：380.00 元
（如有印装质量问题，我社负责调换）

前　言

　　自 20 世纪 80 年代特别是 90 年代以来，世界上许多发达国家的流域管理都逐步实现了数字化。目前，我国的流域管理在这方面也作了不少工作，就工作深度而言，也从简单的数据管理发展到通过数学模型进行系统模拟实现信息化管理。例如进入 21 世纪以来，我国先后提出了"数字黄河"、"数字长江"、"数字海河"等一系列数字流域建设工程规划，中国科学院南京地理与湖泊研究所等单位相继成立了流域模拟实验室等研究机构；从研究领域来说，也从经验预测模拟发展到基于地理信息系统的分布式水动力学数值模拟。

　　流域土壤侵蚀与产沙预测数学模型是实现流域科学管理的重要工具之一。从模拟方法上划分，可将土壤侵蚀模型分为集总式参数模型（lumped parameter models）和分布式参数模型（distributed parameter models）。集总式参数模型（简称集总式模型）把整个流域当成一个整体，用一系列的参数反映全流域的各种下垫面条件和水流泥沙物理过程，各因素的输入参数取值通常为流域平均值，因而，其计算效率相对较高，可以满足流域侵蚀产沙总的变化趋势预测、江河水沙预估等流域管理层面上的宏观需求。但是，集总式模型并没有考虑流域内部各地理因素的空间变化。分布式参数模型（简称分布式模型）通常将流域分成一些小的地域单元，这些地域单元可以是格网也可以是子流域，通常假设这些地域单元内部是均一的，各地理要素具有相应的模型输入参数，地域单元之间有一定的拓扑关系，通过这种拓扑关系能够说明物质的传输方向。分布式模型在每个地域单元上运行，输出结果通过寻径的方法将水沙输至流域出口。分布式模型考虑了流域内部各地理因素的空间可变性，比集总式模型具有更高的空间分辨率，可以更方便地满足水土保持治理措施空间布置的规划、设计及效果评价等技术层面上的中观与微观需求。如果仅从计算域划分的意义上说，集总式模型与分布式模型也是相对而言的。对一个大流域，若以支流流域为计算域，建立每个支流流域出口断面的输出模型，则这些模型就是集总式的，但若将每一个支流流域作为一个计算子域，则多个模型耦合后所形成的大流域模型就又可视为分布式模型，但从严格意义上说，这类模型仅能称之为半分布式模型。

　　分布式模型是随着地理信息系统技术的发展而逐步发展起来的。

　　由加拿大人率先建立的地理信息系统（geographical information system，GIS）为数学模拟技术的快速发展提供了极为重要的支撑平台。由于地理信息系统具有强大的信息处理和表达功能，不仅能够存储、分析和表达现实世界中各种对象的属性信息，而且还能够处理其空间定位信息，将空间和属性信息有机地结合起来，从空间和属性两个方面对现实对象进行查询、检索和分析，并将结果以各种形式直观地、精确地表达出来。因而，目前GIS 已在诸多领域中得到广泛应用，尤其在水土保持监测及土壤流失评价预测预报中有着更为独特的作用。与 GIS 集成的土壤侵蚀模型可以在不需要大面积详尽的人工调查和人工确定参数的情况下，通过应用 GIS，自动提取现状侵蚀环境因子，从而有效地模拟不同治理水平下流域侵蚀产沙及其过程；可以评价不同水土保持规划或设计方案下减蚀作用效果，预估流域未来的产水产沙趋势，为江河治理提供科学依据。因此，与 GIS 集成的侵蚀产沙分布式模型将具有很好的发展前景。

我国是世界上水土流失较严重的国家之一。根据 2013 年完成的第一次全国水利普查结果，全国土壤侵蚀面积为 294.91 万 km²，其中水蚀面积 129.32 万 km²，占国土面积的 17.2%；风蚀面积 165.59 万 km²，占国土面积的 17.25%。我国年平均土壤侵蚀量高达 45 亿 t。近 50 年来，我国因水土流失毁掉的耕地面积达 4000 多万亩①，平均每年损失 100 万亩以上。因水土流失造成退化、沙化、碱化草地约 100 万 km²，占中国草原总面积的 50%。进入 20 世纪 90 年代，沙化土地面积每年扩张 2460km²。由于大量泥沙下泄，淤积江、河、湖、库，降低了水利设施调蓄功能和天然河道泄洪能力，全国 8 万多座水库年均淤积泥沙量达 16.24 亿 m³，由此必然加剧下游的洪涝灾害。水土流失又是贫困的根源，中国 90% 以上的贫困人口生活在水土流失严重地区，水土流失仍是中国的头号环境问题。黄土高原是我国乃至世界上水土流失最为严重的地区，是黄河泥沙的主要来源区，多年平均而言，每年进入黄河的泥沙约有 4 亿 t 淤积在下游河床，导致黄河下游河道成为举世闻名的"地上悬河"，如开封河段的河底高程比大堤外地面高 13m，造成极大的防洪压力。我国已将土壤侵蚀治理列为 21 世纪初叶生态环境建设的重点，对长江上中游、黄河上中游、南方丘陵红壤区、北方土石山区和东北黑土漫岗区等水土流失严重区重点开展水土保持生态建设，将防治土壤侵蚀、改善生态环境作为国土开发的重要战略任务。2011 年中央 1 号文件和中央水利工作会议把水土流失治理作为我国加快水利基础设施建设的重要内容之一，强调要搞好水土保持和水生态保护，实施国家重点工程，有效防治水土流失。党的"十八大"做出了包括生态文明建设在内的"五位一体"的战略部署。我国水土流失发生范围广、类型多、强度大、危害重，水土流失规律具有明显的多样性、复杂性，解决我国水土流失问题对科学技术的支撑具有更为迫切的需求。要有效地治理水土流失，就需要科学预测水土流失发展趋势，优化水土保持治理方案，并对治理效益进行评价。因此，这就需要借助于土壤侵蚀模型。迄今，我国的土壤侵蚀模型研究已经走过 60 余年的历程，尤其是自 20 世纪 80 年代以来进展较快，研发了不少具有特色的多种类型的土壤侵蚀模型，并在一定区域和一定领域发挥了一定的作用。但是，就目前的研究现状看，已建立的土壤侵蚀模型还远不能满足国家水土保持生态建设的实践需求，迫切需要对水土流失规律、土壤侵蚀产沙规律开展深入研究。为此，作者多年来以黄土高原为研究对象，从解决水土流失过程认知及其模拟技术遇到的瓶颈问题出发，对土壤侵蚀模型开展了系统研究，探讨了降雨作用下坡面-沟坡系统土壤侵蚀规律，研发了土壤侵蚀产沙的经验模型、水动力学模型（或机理模型），并建立了模型支持系统，开展了工程应用研究，本书对这些成果进行了系统介绍。本书是土壤侵蚀动力学、泥沙运动力学和数学模拟技术相结合的成果集成。

---

① 1 亩 ≈ 666.67m²

全书共分 3 篇 16 章：第一篇，土壤侵蚀过程与泥沙输移；第二篇，土壤侵蚀模型；第三篇，土壤侵蚀模型的工程应用。第 1 章，坡面流水动力学特性与泥沙输移，主要介绍了坡面流基本特征、坡面流侵蚀水动力学特性和坡面流输沙能力，主要由申震洲、姚文艺撰写；第 2 章，坡面–沟坡系统水动力学特性，主要介绍坡面–沟坡系统径流流速时空分布规律、坡面–沟坡系统径流阻力特性、流态、草被覆盖对径流的阻延作用、径流能耗特性，主要由李勉撰写；第 3 章，坡面–沟坡系统侵蚀产沙过程，主要介绍坡面–沟坡系统侵蚀产沙特征、坡面–沟坡系统侵蚀产沙耦合关系、坡面汇流汇沙对沟坡侵蚀产沙的影响、坡沟侵蚀过程与地表微形态演化过程，主要由肖培青、姚文艺撰写；第 4 章，沟道重力侵蚀力学机理与模式，主要介绍沟道重力侵蚀类型及其在流域产沙中的作用、沟道重力侵蚀影响因素，沟道重力侵蚀力学机理，力学过程与随机过程耦合的"浅层重力侵蚀"模式等，主要由杨吉山撰写；第 5 章，流域泥沙输移比，主要介绍次降雨泥沙输移比特征及影响因素、次降雨泥沙输移比公式等，主要由王玲玲、姚文艺撰写；第 6 章，黄土高原气候地貌植被耦合的侵蚀效应，主要介绍侵蚀因子提取与空间插值方法、降水时空分异特征与土壤侵蚀效应、植被与土壤侵蚀过程、地貌与土壤侵蚀耦合机理、土壤与土壤侵蚀过程、土地利用与土壤侵蚀过程、水土保持措施与土壤侵蚀过程等，主要由秦奋、张喜旺撰写；第 7 章，土壤侵蚀模型研究进展，主要介绍我国土壤侵蚀产沙数学模型研究概况、我国土壤侵蚀数学模型研究进展与存在的主要问题、国外模型研究进展与经验、土壤侵蚀模型发展前景展望，主要由姚文艺撰写；第 8 章，基于 GIS 分布式流域侵蚀产沙动力学模型，主要介绍模型总体设计、产汇流模型、产输沙模型、模型率定与验证等，主要由姚文艺、杨涛、王玲玲撰写；第 9 章，基于 GIS 分布式中尺度流域侵蚀产沙经验模型，主要介绍模型总体设计、中尺度流域侵蚀产沙经验模型因子算法、流域经验模型软件设计与开发、模型验证与精度分析等，主要由杨勤科、张宏鸣、姚志宏撰写；第 10 章，土壤侵蚀模型与工程应用支持系统，主要介绍系统支撑技术、模型信息支持体系建设、模型组件库设计与开发、组件开发与算法实现、土壤侵蚀模型与工程应用支持系统设计与实现等，主要由秦奋、韩志刚撰写；第 11 章，黄土高原小流域地貌演化模拟与应用，主要介绍黄土高原小流域地貌演化模拟方法、地貌演化模型与土壤侵蚀模型集成、黄土高原小流域地貌演化模拟应用和地貌演化模拟等，主要由秦奋撰写；第 12 章，小流域侵蚀产沙动力学模型情景分析，主要介绍小流域侵蚀产流产沙情景设计、设计情景下小流域产流产沙预测、侵蚀产沙模型的不确定性分析等，主要由杨涛、陈界仁撰写；第 13 章，延河流域土壤侵蚀评价与分析，主要介绍基础数据及其处理方法、土壤侵蚀因素的时空变化、延河流域土壤侵蚀的时空动态分异性等，主要由谢红霞、杨勤科撰写；第 14 章，黄河中游水沙过程对水土保持措施的响应，主要介绍气候变化对黄河中游水沙影响的分离、黄河中游水土保持措施对水文过程的影响、黄河中游水土保持措施对泥沙过程的影响、黄河中游水沙过程及极值的空间变化规律等，主要由杨涛撰写；第 15 章，典型产流模型在黄河河源区的应用研究，主要介绍河源区生态环境与水文气象变化特点、典型流域产流模型、流域产流模型在黄河源区的应用等，主要由杨涛、孙利敏、姚文艺撰写；第 16 章，赣南地区水土流失评价与分析，主要介绍赣南地区水土流失因子、水土流失模拟与评价、情景模拟赣南水土流失的变化趋势等，主要由杨洁撰写。姚文艺负责全书的统稿，并撰写前言。

　　本书是在"八五"国家重点科技攻关专题"多沙粗沙区水沙变化原因及发展趋势预测"（编号85-926-03-01）、国家自然科学基金重点项目"坡面-沟坡耦合关系及其侵蚀产沙效应"（编号：50239080）、国家自然科学基金项目"淤地坝泥沙沉积与侵蚀产沙关系研究"（编号：50479066）、国家自然科学基金重点项目"基于气候地貌植被耦合的黄河中游侵蚀过程"（编号50239080）、水利部科技创新项目"黄河多沙粗沙区分布式土壤流失评价预测模型研究"（编号：SCX2002-08）、国家"948"项目"黄土高原土壤侵蚀预测预报技术的GIS技术"（编号：200129）和黄河水利委员会治黄重点项目"黄土高原水土流失数学模型（第一期）研发"（编号：黄水保［2006］51）等项目的资助下，由土壤侵蚀模型研发团队历经21年所得研究成果的集成，是团队中所有成员付出的心血结晶，在此，对所有为本项成果付出劳动的团队成员和有关人员，对本项目研究给予大力支持和指导的领导、专家表示衷心感谢，在此一一列出致谢人员名单，敬请见谅。

　　资助的研究范围尽管主要是黄河流域和黄土高原，但在基础研究中注重了一般性，在成果应用方面推及到我国其他地区，如赣南地区等，开拓了研究领域，增强了成果的推广应用性。

　　本书出版得到了科学出版社的大力支持，特此致谢。

　　土壤侵蚀是一个地貌演化过程，其发生发展规律十分复杂，尤其是在土壤侵蚀基本规律、过程机制等基础理论发展还很不完善的情况下对其进行模拟及预测是一个极具挑战的课题。虽然本书对土壤侵蚀模型进行了艰辛的系统探讨，并力求取得突出进展，但无疑仍会存在不足甚或错误，敬请读者不吝赐教。

著　者

2011 年 11 月

目　　录

第二篇　土壤侵蚀模型

第三篇　土壤侵蚀模型工程应用

第一篇　土壤侵蚀过程与泥沙输移

第1章 坡面流水动力学特性与泥沙输移

坡面流是坡面水力侵蚀的动力源，研究坡面流水动力学特性是坡面土壤侵蚀动力机制的重要基础。本章重点研究坡面流入渗特征、流态、流速、能量耗散、剪切力、断面比能等水动力学特性，以及坡面流的输沙能力等，为建立土壤侵蚀模型提供理论基础。

1.1 概　　述

土壤侵蚀研究中的坡面一般是指倾斜于地表水平面且坡度大于2°的地形单元（张光业，1986），是流域的基本组成单元，也是土壤侵蚀发生的基本单元。降雨雨滴降落到地表后，首先对坡面土壤进行打击形成溅蚀，随后雨滴顺坡面土壤孔隙入渗，当降雨强度大于坡面土壤入渗能力时，坡面就会产生薄层水流。这些薄层水流首先在坡面的低凹处进行汇集、填洼，填洼完成后坡面薄层水流就形成较小的股流开始向坡脚处汇集。在汇集的过程中，当股流的速度和流量达到一定的组合、水流的剪切力大于坡面土壤的抗蚀力时，坡面土壤就会发生侵蚀。土壤侵蚀是水流和土壤相互作用的复杂物理过程，而水流是土壤侵蚀的主要动力，因此，深入理解坡面流动力学特性是进一步研究侵蚀动力学规律的基础。

坡面流由自然降雨而形成，遍布于整个坡面，与通常的明渠水流特性有较大差异。一方面，坡面流的底坡较天然明渠水流陡峭得多，重力作用更为突出；另一方面，坡面流是一种薄层水流，水深很浅，一般只有几毫米或更小，受地表复杂边界条件的影响很大。此外，坡面流还受到沿流程降雨和土壤入渗的影响，沿程不断有质量源和动量源的增加或减少，时空变化十分明显。这些特点使得坡面流的流动十分复杂，是一种有典型自身特点的非恒定自然流动（陈国祥和姚文艺，1992）。

坡面流研究已有上百年的历史，初期的研究主要以野外观测和经验分析为主。近几十年来，随着人们对自然环境研究的重视，坡面流研究得到了较大的发展，逐步由经验性分析走向以动力学特征机理揭示为主的研究，在土壤入渗产流过程、坡面流水力特征、流态、阻力规律，以及坡面流的数学描述和预报模型等方面都取得了很大进展（Foster et al.，1984；Abrahams & Luk，1986；Gilley et al.，1990；李勉等，2005a，2005b，2007；张科利，1998；Yen & Wenzd，1962）。但是由于坡面流动十分复杂，目前对坡面流特性和规律的认识仍不充分（刘青泉等，2004），因此，通过坡面流模拟试验等方法研究坡面流水动力学特性变化规律及其对泥沙输移的影响，是非常必要的，也是土壤侵蚀研究领域的重要科学命题。

1.2 试验设计与方法

1.2.1 试验土槽设计

坡面流水动力学特性试验在黄河水利科学研究院"模型黄河"试验基地进行。试验土槽为可移动式变坡土槽，通过液压装置将土槽升至一定的坡度后，锁定液压锁，同时在土槽的下方用一定高度的柱子支撑作为二次保护，试验土槽可调坡度为 5°~45°。该试验土槽长 5m，宽 3m，深 0.6m，土槽底部为 5mm 厚的钢板，钢板上有一定密度的直径 5mm 的渗流孔。试验时将土槽用 PVC 板隔成 3 个长 5m，宽 1m 的同样大小的部分用来做重复试验。试验土槽出流箱供水设备采用定水头控制流量，通过阀门控制出流量，恒压水箱出流量可在 0~15L/min 变化。

1.2.2　试验设计

试验用土为郑州邙山表层黄土，其颗粒组成如表 1-1 所示，实验土样干容重控制在 1.2g/cm³。试验设计为 3 个坡度（10°、20°、30°），7 个不同放水流量［1.0、2.0、3.0、4.0、5.0、7.5、10（L/min）］，每场试验重复做 3 次，共完成 90 余场试验。

表 1-1　供试土样粒径组成

粒径（mm）	>1.0	1~0.25	0.25~0.05	0.05~0.01	0.01~0.005	0.005~0.001	<0.001
百分比（%）	0	1.05	35.45	43.4	3.2	6.4	10.5

1.2.3　试验方法

试验前，首先在冲刷土槽下部铺填 10cm 厚的天然沙以保持试验土壤的透水状况接近天然坡面，然后在其上铺填 20cm 厚的过完 5mm 筛的邙山黄土，然后用木板轻拍土样，逐渐使其容重接近 1.2g/cm³，然后用铁耙将表层土样粗糙化处理，使其与下次铺填的黄土能够紧密结合；然后再铺 15cm 厚如上处理过的土样，容重仍然控制在 1.2g/cm³；最后再铺 15cm 厚的处理过的土样，容重也控制在 1.2g/cm³，随后进行自然沉降。之所以分 3 次进行填土是为了避免一次性填土造成上下土层容重不均匀。为减少稳流池与坡面顶部接合处因边壁作用导致的土壤下陷，将接合处土样进行夯实后在其上铺设 20cm 长的塑料薄膜从而保证稳流池的水流能够均匀流到坡面上。试验开始前将土槽内土样洒水至饱和含水量，放置一夜后第二天开始试验。

1.2.4　数据采集与处理

将 5m 长的试验坡面模型从上至下每隔 1m 划分为一个断面，共分 5 个断面。从每个断面的开始至结束 1m 长的距离内量测坡面流流速、径流宽、径流深等水力学参数。坡面产流后，每隔 2min 用集流桶接取一个径流全样，同时以 2min 为时间步长测定每个断面内坡面流的水动力学参数，如流速、流宽及流深等。通过测量每个集流桶内的径流重量和体积，用置换法计算该时间段内的侵蚀量和含沙量，并结合放水流量和产流量计算坡面的径流入渗率。各组次的试验历时基本按水流含沙量达到相对平衡时加以控制，考虑到组次间的对比要求，选取组次试验持续时间至少 30min。

1.3 坡面流基本特征

1.3.1 坡面土壤入渗特征与入渗模式

从大气中降落到坡面上的水其形式有降雨、降雪、冰雹、霜雾等，对坡面侵蚀产生影响较大的主要是降雨。当雨水降落到坡面时，如坡面有植被，雨滴首先被植被叶面截留，积水超过叶面的承载力时，积聚的雨滴二次降落到坡面，对坡面土壤产生打击；如坡面为裸露坡面，雨滴直接降落于地表对坡面土壤进行打击，形成溅蚀。雨降落到坡面后，有一部分雨水首先会入渗于土壤中，满足饱气带土壤缺水。随着土壤中含水量的增加，坡面土壤的入渗能力会逐渐减小，当土壤的蓄水能力达到饱和后，或者降雨强度大于坡面土壤入渗能力时，坡面就会产生多余的水量，这些水量首先会向坡面上各类凹坑进行汇集，将这些洼陷填满之后，就会沿坡面进行流动，形成宽窄深浅不同的坡面流。

因此，下渗是在一定的供水条件（降雨或径流）下所发生的水分通过土壤表面向土中运动的过程，是将地表水与地下水、土壤水联系起来的纽带，是水循环过程中的一个重要环节。坡面流的产生与土壤入渗能力紧密相关。当坡面来水小于坡面土壤入渗能力时，坡面来水将全部就地入渗，不会产生坡面流；而当坡面来水条件大于坡面土壤入渗能力时，土壤来不及完全吸收坡面来水，此时多余的水量就形成了坡面流并开始对坡面进行冲刷和侵蚀，进而形成各类侵蚀沟。

根据降雨和入渗的关系，一般将土壤入渗分成两种类型：超渗产流和蓄满产流。超渗产流指坡面来水条件大于坡面土壤的入渗能力时产生的坡面流现象；蓄满产流指坡面来水条件小于坡面的入渗能力，坡面土壤逐渐达到饱和后才开始产流的现象。坡面产流是坡面来水和坡面土壤入渗的相互关联的过程，虽然坡面土壤入渗不参与坡面流的运动，但却是坡面流形成的主要因素，在来水条件一定的情况下，它决定了坡面流的产生变化过程和径流量的大小。同时，坡面流的运动过程也会在一定程度上影响坡面的入渗过程，但是这种影响一般不大，也就是说土壤入渗能力往往会强烈影响到坡面流的形成和运动。

入渗是流体在多孔介质中的一种运动方式，是水循环中最难定量的水文要素之一。一般认为入渗过程符合达西定律，土壤入渗方面的研究主要集中在土壤入渗规律和主要影响因素方面。一般认为影响土壤入渗的主要因素有土壤特性、土壤孔隙度、土壤初始含水量、土壤饱和含水量、土壤饱和导水率、有无植被根系等。对土壤入渗规律的一般认识是，在来水或降雨初期土壤的入渗能力很强，降雨强度小于土壤的入渗能力时，降雨全部就地入渗，不会产生坡面流，随着降雨的持续，坡面土壤的含水量逐渐增加，土壤入渗能力逐渐降低，当降雨强度大于坡面土壤的入渗能力时开始产生坡面流。此后随着坡面土壤含水量的增加，坡面土壤入渗能力会进一步减弱直至达到稳定入渗能力，此时的单位时间下渗量称之为稳定下渗率或稳渗率。许多学者对土壤入渗模式进行了细致研究，提出了不同的下渗公式，最有代表性的有 Horton 入渗公式，Kostiakov 公式，Green-Ampt 入渗公式，Philip 入渗公式，Smith-Parlange 入渗公式。

1）Horton 入渗公式。Horton 在 20 世纪 30 年代初研究降雨产流时，曾提出了一个著名的、被后人称为 Horton 公式的入渗曲线经验公式。Horton 入渗公式（Horton，1940）是应用最为广泛的经验性公式，在我国北方地区也多为运用。Horton 入渗公式为

$$f = f_0 + (f_0 - f_c) e^{-kt} \qquad (1\text{-}1)$$

式中，f 为任一时刻的入渗率；f_0 为初始入渗率；f_c 为稳定入渗率；k 为经验参数。Horton 公式实际上认为 $(f_0 - f)$ 与 $(F - f_c t)$ 成正比，k 为比例常数。设 F 为累积入渗量，有 $\dfrac{\mathrm{d}F}{\mathrm{d}t} = f$，当

$$f_0 - f = k(F - f_c t)$$

时，就可得到下列常微分方程：

$$\frac{\mathrm{d}F}{\mathrm{d}t} + kF = f_0 - kf_c t$$

式中，F 为累积入渗量。求解此微分方程就能得到式（1-1）。由于 Horton 公式涉及的参数为非土壤特性参数，其使用也受到了一定的限制。

2）Kostiakov 公式。1931 年苏联学者 Kostiakov 给出了下列形式的入渗曲线经验公式：

$$f = \sqrt{\frac{a}{2}} \; t^{-\frac{1}{2}} \qquad (1\text{-}2)$$

式中，a 为经验系数。该公式实际上认为在入渗过程中，入渗率 f 与累积入渗量 F 成反比，a 是比例常数。事实上，因为

$$f = \frac{a}{F}$$

即

$$\frac{\mathrm{d}F}{\mathrm{d}t} = \frac{a}{F}$$

所以，最后即可解得式（1-2）。

3）Green-Ampt 入渗公式（简称 G-A 模型）。Green-Ampt 入渗公式是最早的基于物理过程和毛细管理论的入渗模型，较好地考虑了土壤饱和导水率、有效空隙率、初始含水量和累计入渗量对入渗过程的影响。针对初始干燥的土壤在薄层积水时的入渗问题，假定入渗时存在着明显的水平湿润锋面，将湿润和未湿润的区域截然分开，然后运用达西定律得到入渗率与入渗量的关系及其随时间的变化过程，即

$$f = \frac{\mathrm{d}F}{\mathrm{d}t} = K \big[1 + (\theta_s - \theta_0) S / F \big] \qquad (1\text{-}3)$$

$$F = Kt + S(\theta_s - \theta_i) \ln\!\left(1 + \frac{F}{S(\theta_s - \theta_0)} \right) \qquad (1\text{-}4)$$

式中，K 为土壤饱和导水率（渗透系数）（m/s）；θ_s 为土壤饱和含水率，即有效孔隙率（%）；θ_0 为土壤初始含水率（%）；S 为土壤吸力（m）；F 为累积入渗量（m）；t 为时间（s）。

Green-Ampt 公式是干土积水入渗模型，在整个入渗过程中地表始终有积水。而实际的降雨入渗过程并非如此。Mein 和 Larson（1973）将其改进使用于降雨情形。基本思想是由 Green-Ampt 公式求出开始出现积水时的入渗量，并根据降雨求出积水时间。在积水时间以

前入渗率等于雨强，积水开始后运用 Green-Ampt 公式求解。即设有稳定的雨强 i，只有 i 大于土壤入渗能力时，地表才能形成积水。而在降雨初始阶段，全部降雨都渗入地下。由 Green-Ampt 公式知，入渗率是随累积入渗量的增加而减小的。设想当累积入渗量达到某一值时，$f=i$，开始积水，称此累积入渗量为 F_p，因此由 Green-Ampt 入渗公式可以导出开始积水时的 F_p 值为

$$F_p = \frac{(\theta_s - \theta_0)S}{i/K - 1}$$

开始积水时间由 $t_p = F_p/i$ 给出。因此地表发生积水后整个过程的入渗率可表示为

$$f = i, \quad t \leq t_p$$
$$f = K[1 + (\theta_s - \theta_0)S/F], \quad t > t_p$$

式中，F 为积水开始后的累积入渗量（包含未积水时段的入渗量在内），由于不是由 $t=0$ 时开始积水，F 的计算需采用修正后的公式：

$$K[t - (t_p - t_s)] = F - S(\theta_s - \theta_0)\ln\left[1 + \frac{F}{S(\theta_s - \theta_i)}\right], \quad t > t_p$$

式中，t_p 为自降雨开始，到地表开始积水的时间，或积水发生时间，即 $f=i_c$ 的时间；t_s 为在地面积水的条件下入渗量达到累积入渗量 F_p 时所需时间，可将 t_s 理解为一个虚拟时间，或者说是在地表积水的初始条件下入渗量达到 F_p 的当量时间，可计算如下

$$Kt_s = F_p - S(\theta_s - \theta_0)\ln\left[1 + \frac{F_p}{S(\theta_s - \theta_0)}\right] \tag{1-5}$$

其思想是将整个过程假设为从一开始就是积水入渗，这样该曲线在积水后部分相对于实际入渗曲线将向左平移 t_p-t_s，再加上积水前的入渗强度等于降雨强度的关系，就可得到真实的入渗过程。

由于实际降雨都不会是均匀雨强，Chu（1978）进一步将 Green-Ampt 公式推广至降雨强度随时间变化的情况，即对每个时段将地表状态分为 4 种情况：①开始无积水，结束无积水；②开始无积水，结束有积水；③开始有积水，结束有积水；④开始有积水，结束无积水。

在每一时段开始，已知降雨总量、入渗总量和剩余总量。根据下面两个因子判断时段结束时是否有积水而选择不同计算公式，

$$c_u = P(t_n) - R(t_{n-1}) - KSM/(i - K) \tag{1-6}$$
$$c_p = P(t_n) - F(t_n) - R(t_{n-1}) \tag{1-7}$$

式中，S 为土壤吸附力，M 为 $(\theta_s-\theta_0)$；K 为土壤渗透系数；$P(t_n)$ 为 t_n 时刻降雨总量；$R(t_{n-1})$ 为 t_{n-1} 时刻剩余总量；$F(t_n)$ 为 t_n 时刻的累积入渗量。时段结束时积水与否可用两因子的正负来判定。若时段开始无积水，用 c_u 判断：$c_u>0$，时段结束将积水；$c_u<0$，时段结束仍无积水。若时段开始有积水，用 c_p 判断：$c_p>0$，时段结束仍有积水；$c_p<0$，时段结束无积水。当 $i<K$ 时，始终无积水，不用此两因子判断。

4）Philip 公式。Philip 公式是根据土壤水分运动方程，并假设垂直入渗条件下的解为级数形式而得出的。当其级数解取两项时，得到下述入渗率表达形式

$$f = K + \frac{1}{2}\frac{S}{\sqrt{t}} \tag{1-8}$$

式中，f 为入渗率；K 为土壤饱和导水率；t 为从开始积水时刻算起的时间；S 为土壤吸附力。

5）Smith-Parlange 入渗公式。1978 年 Smith 和 Parlange 首先从适用于各向同性土壤、不可压缩的液体、三维情形的非饱和水流运动条件下的 Richards 控制出发，也从土壤基本方程出发，通过一种半解析迭代方法，导出了任意降雨强度下的入渗公式。对于非饱和导水率在接近饱和的范围内的不同变化规律，其公式有不同的形式。公式相对比较复杂，这里略去具体形式。

由于土壤入渗过程的复杂性，研究者们根据各地的具体条件建立了适用于本地区的土壤入渗模型。有诸如霍尔坦（Holtan）公式、杨文治公式在具体区域也得到了较好的应用。近年来，研究者们对土壤入渗的研究不断深入，主要是结合野外观测数据和室内模拟试验数据，通过对入渗过程的分析，不断改进现有的土壤入渗公式，同时对土壤入渗过程中涉及的主要参数的取值和地表特征对土壤入渗的影响作了更细致的研究。随后，许多学者通过数值模拟的方法研究了基本的土壤水分运动方程，尤其是一些研究者探讨了土壤入渗的二维过程，这种方法可以得到详细的土壤水分运动过程，但由于复杂的计算过程以及一些参数获取的困难性，在产流和侵蚀计算中尚未被广泛使用。

1.3.2　坡面产流过程特征

正如前述，降雨开始后，一部分会滞留在植物枝叶上，称为植物截留，截留的降水部分将最终损耗于蒸发，其余落到地面向土壤中入渗，当降雨强度小于坡面土壤的入渗能力时，降雨全部就地入渗，不会产生坡面流；当降雨强度大于坡面土壤的入渗能力时，就会产生坡面流，超过土壤下渗能力的这部分降雨被称为超渗雨。超渗雨会形成地面积水，地面积水首先对坡面上大大小小的凹地进行填洼，这些水量最终会耗散于入渗和蒸发。随着降雨的持续，坡面的凹坑被填满之后就会形成坡面流。入渗到坡面土壤中的水分，首先填充土壤中的孔隙，使土壤中包气带的含水量不断增加，当达到土壤的饱和含水量时，下渗能力达到波动平衡状态。继续入渗的雨水，沿着土壤孔隙流动，一部分会从土壤孔隙流出，注入河槽形成径流，称之为表层流或壤中流。另一部分则会继续向深处入渗，到达地下水层（浅层地下水和深层地下水）后，以地下水的形式补给河流，称为地下径流。

就目前的水文科学水平来看，要正确划分坡面流、表层流和地下径流是非常困难的，实际应用上一般只把实测的总径流过程划分为坡面流和地下径流。表层流与坡面流的性质相近，通常把它归并到坡面流中。坡面产流过程即是坡面蓄渗过程。

降雨沿坡面从地面和地下汇入河网，然后再沿着河网汇集到流域出口断面，这一完整的过程称为流域汇流过程。前者称为坡面汇流，后者称为河网汇流。

坡面汇流过程分为 3 种情况：

1）坡面流。坡面上的凹坑被雨水填满后产生的坡面径流沿坡面流到附近的河网的过程叫坡面流。坡面流往往由数股细小径流所组成，没有明显的固定沟槽，当降雨强度较大时坡面流可以形成覆盖整个坡面的片流，大雨时坡面流是河川径流的主要来源。

2）表层流。沿坡面侧向表层土壤孔隙流入河网的径流叫表层流，又称壤中表层流。

壤中流流动比坡面径流慢，到达河槽的时间也较迟，但对于历时较长的暴雨，流量也可能很大，成为河川径流的主要组成部分。表层流和坡面流有时候可以互相转化，在坡面上，下渗进入土壤的表层流可能在坡下部的某个地方重新渗出坡面，成为坡面流进入河道，而部分坡面流也会在坡面漫流过程中渗入土壤成为壤中表层流，因此，在实际研究中经常把壤中表层流归到坡面流中。

3）地下径流和基流。当降雨向下渗透到地下潜水面或深层地下水体后，会沿水力坡度最大的方向流入河网，称为地下径流。深层地下水汇流非常慢，所以降雨之后的很长时间内地下水流都会维持不断，较大的河流可以终年不断，这是河川的基本径流，常称为基流。

在径流形成过程中，坡面汇流过程是对降雨在时程上进行的第一次再分配。降雨结束后，坡面汇流仍将持续一定时间。本书中所指坡面流主要是第一种情况。

1.3.3　坡面流水力学基本特征

如前所述，坡面流是指由降雨或融雪形成的在重力作用下沿坡面流动的薄层水流，当坡面的降雨量大于坡面的入渗能力和坡面洼蓄时即产生坡面流，坡面流由坡面进入河道，是形成河道水流的主要来源。

坡面流水深一般较小，流动边界比较复杂，受降雨影响显著。较之传统的明渠水流，坡面流具有很多特有的水力学特性（姚文艺和汤立群，2001）：

1）坡面流在流动过程中，一方面得到降雨的补给，一方面又损耗于土壤入渗，而由于降雨、入渗在时空上的变异性导致坡面流往往为非恒定非均匀流。即使在入渗非常小的水泥、柏油路面上的薄层水流，在降雨的影响下也为非恒定非均匀流。

2）在山坡顶部接近分水岭的地方，坡面流水深很小，水流雷诺数处在传统的明渠层流范围内。随着坡长的增加，水深增大，雷诺数可逐渐增大至紊流区内，由于受坡面的不规则地形的影响和降雨的干扰，水流结构将完全处于紊流状态。

3）由于坡面流沿程坡度的变化较大以及受局部地形起伏的影响，坡面流的水深可高于或者低于临界水深，或由低于转为高于亦或由高于转为低于临界水深；水流可为急流或者缓流。

4）由于降雨的阵性特点及局部泥沙堆积会形成"筑坝"现象，坡面流流动过程中可能出现不稳定的状态，并引起滚波现象或者称为"雨波"、"径流浪"现象。

5）因坡面流的水深很小，边界粗糙和微地形的变化都会对坡面流的流动特性产生强烈的影响，使其流动特性发生重大变化。

6）因坡面流的水层很薄，雨滴对坡面流的打击也会增强水流的紊动，这种雨滴阻力也会加大水流阻力，并影响其他水力学特性。这些影响会随着坡度、水深、雨强的变化而变化。

坡面流在分水岭附近呈均匀覆盖的水层，称为片流，当形成细沟时则集中在细沟内流动，称为细沟流。以往研究中，对片流和细沟流通常不加区别，统称为坡面流。近年来，鉴于两者的水力特性和侵蚀机理均有所不同，倾向于将其加以区分。细沟流比较集中，虽然边界比较复杂，且变化较快，但总的来讲已属于集中水流，较接近于浅水明渠流动，而片流的水力特征与河道明渠水流有较大的不同。

坡面流受地表的影响较大，其水力特性取决于许多因素，如降水强度和历时、土壤质地或种类、前期水分条件、植被密度和类型，以及地貌特性（包括洼坑和小丘数量及其大小）、坡度和坡长、边界稳定性条件等（Emmett，1978）。

早期研究者对坡面流的研究主要是经验性的定性描述，20 世纪 30 年代及 40 年代 Horton 等开始对坡面流进行定量描述，包括对土壤入渗和表面滞留、片流层流特征、斜坡坡面流水深和速度预报等开始了定量研究（Horton et al.，1934；Horton，1945）。一般认为坡面流是一种混合状态的水流，稳定状态的坡面流水深可近似用河道水流公式估算，不管是层流还是紊流，均可写为

$$q = kh^m \tag{1-9}$$

式中，q 为单宽流量；h 为水深；k 为反映坡面特性、坡度、水流类型等的综合系数；m 为反映紊动程度的指数，层流时取 3，紊流时取 5/3，对于坡面流可取 1.67～3。利用上述公式，结合流量沿程增加方程 $q = xq^*$（式中，q^* 为净雨量，即降雨强度与土壤入渗率的差值；x 为沿坡面的距离），即可求得坡面流的沿程水深、流速和切应力等水力要素。

目前，多将坡面流视作一维、恒定、非均匀沿程变流量流来处理。Yoon 和 Brater（1962）将坡面流看作流量沿程增加的空间变量流，建议采用空间变量流的基本微分方程及连续方程来描述和求解坡面流水力学问题。姚文艺和汤立群（2001）在 Yoon 和 Wenzel（1962）研究的基础上，进一步考虑到降雨对坡面流的影响，根据牛顿第二定律，推导出了有降雨情况下不考虑水流表面张力作用的一维坡面流运动方程

$$\frac{\mathrm{d}y}{\mathrm{d}x} = \frac{S_0 - S_f - (V_m \cos\varphi - 2\beta V) q^* / gy}{\cos\theta - \beta V^2 / gy} \tag{1-10}$$

式中，y 为水深；x 为距离；S_0 为地面坡度；S_f 为能坡；V_m 为雨滴终速；φ 为雨滴终速与坡面的交角；β 为水流动量系数；V 为坡面流平均流速；θ 为地面坡角；g 为重力加速度；q^* 为单位长度增加流量，即净雨量。

总体上讲，由于坡面流水力学特性的复杂性，仅用明渠水流水力学方法简单的分析坡面流有很多困难。比较合理的做法是在坡面上进行详细的试验观测，根据资料得出概化的水力学参数，同时，再依靠试验确定各变量的作用，从而拟定坡面流的定量描述方法。但由于观测困难，目前对坡面流的野外观测和实验室观测都还缺乏十分细致和全面的资料，目前仍不得不对坡面流采取一定简化处理，如忽略某些因素或假定某些因素不变等，从而借用明渠水流水力学方法近似处理，并适当根据坡面流特点进行修正（刘青泉等，2004）。

1.4　坡面流水动力学特性

1.4.1　坡面流流态变化规律

坡面流的流态是坡面流研究中受到较多关注的一个重要的水力学参数，因为流态不同，描述和估算坡面流的方法有所不同。但坡面流特有的水深浅、边界复杂、观测困难等

特征，以及沿程伴有降雨雨滴的打击和坡面入渗，使得对坡面流流态的认识一直存在不同的意见。

一般来说，在坡面顶部的分水岭附近，坡面流的水深较小，坡面薄层流的雷诺数 Re 处于明渠水流的层流范围内，可以将之归为层流；随着沿程流量的增加，坡面流的水深开始逐渐增大，径流的雷诺数 Re 可能增加至紊流范围内的值，由于受不规则地形及降雨雨滴打击的影响，坡面流会处于紊流状态。Horton（1945）认为坡面流流动是一种混合状态，主要是紊流，中间点缀有层流，可以用 Poiseuile 公式计算层流，用 Manning 公式计算紊流。

Emmett（1978）通过实验观察认为坡面流不同于普通的层流、紊流及过渡流，由于受雨滴打击，水流被充分扰动，紊动扩散强烈，这种水流状态应被称为"扰动流"。姚文艺研究了降雨条件下的坡面流的流态情况，认为应将这种被降雨扰动了的径流称为"伪层流"（pseudo-layer flow）更为恰当，当坡面流处于"伪层流"时，尽管雨滴已对水流有所扰动，水质点有局部掺混现象，但由于 Re，Darcy-Weisbach 水流阻力系数 λ 与 f 的关系仍符合在通常明渠层流内的变化规律，表明此时水流的黏滞力的作用仍大于惯性力的作用，整体水流仍处于层流状态（姚文艺，1996）。其他学者也对坡面流的流态做了一些研究（李勉等，2009；肖培青等，2009；Shen et al.，2007）。

引起研究者们对坡面流流态划分观点不一致的主要原因是对雨滴打击作用的认识有分歧。当坡面流的雷诺数 Re 大于临界 Re 时，归属于紊流状态是很明确的，在过渡区，坡面流流态处于紊流和层流之间这也很明确，看法不一致的地方在于当坡面流的 Re 小于临界 Re 时，降雨雨滴的打击是否致使坡面流的流态发生了变化，或者说此时的坡面流是属于层流还是属于紊流成为大家争论的焦点。

坡面流流态可以借用明渠流的水力学参数雷诺数 Re 和弗汝德数 Fr 判别。

1.4.1.1 雷诺数 Re 变化规律

雷诺数 Re 是判别水流紊动强弱的重要指标，为无量纲数。反映了径流惯性力和黏滞力的比值，其中径流惯性力起着扰动水体，使其脱离规则运动的作用，黏滞力则削弱、阻滞这种扰动并使水流保持原有的规则运动。一般说来，Re 越大说明水流本身的紊动作用越强，对坡面的剥蚀能力和输移泥沙能力越强。因此，可以通过了解坡面径流的流态从另一个角度了解坡面侵蚀状况。对明渠水流而言，Re 表达式为

$$Re = \frac{VR}{\nu} \qquad (1-11)$$

$$\nu = \frac{0.01775}{1 + 0.0337t + 0.000\,22t^2} \qquad (1-12)$$

式中，V 为水流流速（m/s）；R 为水力半径（m），$R = \dfrac{A}{\chi}$，A 为过水断面面积（m²），χ 为湿周（m）；ν 为水流运动黏滞系数，式（1-12）中 ν 的单位为（cm²/s），式（1-11）中 ν 的单位为（m²/s）；t 为水温（℃）。

按照通常明渠流临界 Re 的标准，当 $Re<500$ 时为层流，$Re>500$ 时为紊流。

（1）坡面流 Re 随时间变化过程

由于雷诺数 Re 与径流流速及水力半径有关，而水流流速和水力半径受侵蚀形态的影

响具有明显的时空分异特征，Re 也随之具有一定的时空变化规律。

通过对比分析图1-1、图1-2、图1-3，发现不同流量下 Re 随径流历时呈逐渐增大的趋势，并且波动性很强。如果按照河道明渠水流层流和紊流的判别标准，除 10°坡度下 1L/min 流量时水流为层流外，其他组次试验的后期，其水流流态均为紊流，Re 的最大值可达 8000 左右。Re 逐渐升高的现象与坡面侵蚀由面蚀逐渐演化到沟蚀过程是密不可分的。

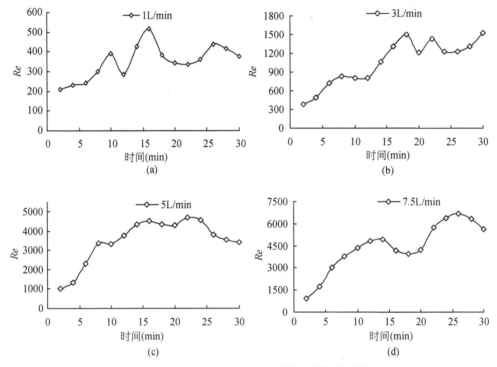

图1-1 10°坡面流 Re 在不同流量下的变化过程

结合试验观测发现，流量越小这种逐渐变化的趋势越明显，如图1-2所示，当流量小于 3L/min 时，初始时刻的 Re 小于 400，流量为 3L/min 时初始时刻 Re 基本在 500 左右，属层流状态，而后其值逐渐增加达到紊流状态。但是在流量为 5L/min 时的试验中，一开始 Re 就达到 1000 左右，几乎没有经历层流阶段。30°时这种情况更加明显，水流流态在一开始就为紊流，说明流量越大由层流到紊流过渡的时间越短。此外，从图中可以看出，虽然不同流量下 Re 的变化规律不尽相同，但是其最大值多出现在径流历时为 15～20min，对比现场试验记录可知此时段也是坡面侵蚀最为严重的阶段。

（2）Re 随坡度和流量的变化规律

为了便于分析 Re 的变化规律，首先以坡度为参变量，分析不同坡度条件下 Re 随流量的变化规律。坡度为 10°时，从图1-1中可以看出，试验径流流量增加时，对应时段内的 Re 明显增加，说明流量越大，Re 越高。相似的变化过程在 20°坡时同样存在，且变化幅度更大，对比分析图1-2（a）、1-2（b）发现，流量从 1L/min 到 3L/min，Re 最大值从 900 增加到 5000 左右，激增了近 6 倍，3L/min、5L/min 流量的 Re 最大值基本持平，约在 4000～5000，直至 7.5L/min 时 Re 最大值又增加了一倍，达到 8000 左右。当坡度为 30°时

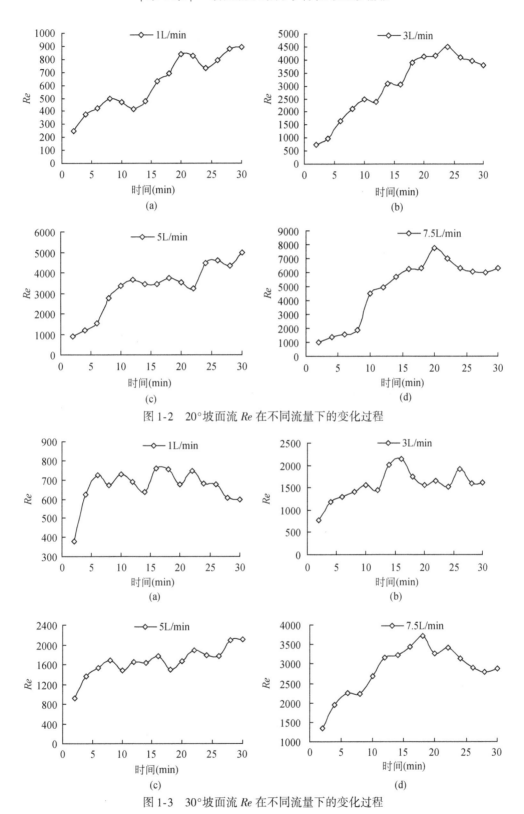

图 1-2 20°坡面流 Re 在不同流量下的变化过程

图 1-3 30°坡面流 Re 在不同流量下的变化过程

也出现了同样的规律，但具体的变化过程却有显著不同。流量在 1L/min 时，Re 最大值较小，低于 800，随后 3L/min 和 5L/min 流量下的 Re 基本相等，在 1500～2000。当流量为 7.5L/min 时，Re 又明显增加，最大值超过 3500。另外发现，当径流历时超过 15min 或 20min 以后，部分流量下的 Re 出现下降趋势，就是说 Re 随着流量的增加而呈非线性递增。如果把试验组次下同一坡度，Re 有显著增加的对应流量称为坡面水流极值流量，并按高低进行分级，可以大致划分为：坡度 10°时，1～3L/min 为一级，5L/min 为二级，7.5L/min 为三级；20°时，1L/min 为一级，3～5L/min 为二级，7.5L/min 为三级；30°时，1L/min 为一级，3～5L/min 为二级，7.5L/min 为三级（表 1-2）。由此可以看出，5L/min、7.5L/min 是雷诺数发生明显变化的两个临界流量级。

表 1-2　不同坡度下流量级别划分　　　　　（单位：L/min）

坡度	一级	二级	三级
10°	1～3	5	7.5
20°	1	3～5	7.5
30°	1	3～5	7.5

同时，通过上述的分析发现，同一流量下，坡度为 20°时所对应的 Re 最大值较其他的为最高，这种现象也从另一个侧面印证了侵蚀临界坡度的存在。

1.4.1.2　弗汝德数 Fr 变化规律

弗汝德数 Fr 也是辨别水流流态的重要水力学指标之一，是无量纲参数。从力学角度来讲，弗汝德数代表水流的惯性力和重力两种作用的对比关系，从能量角度来讲，它表示过水断面单位液体平均动能与平均势能对比的强弱程度。当 $Fr=1$ 时，说明惯性力作用与重力作用相等，水流是临界流；当 $Fr>1$ 时，说明惯性力作用大于重力作用，惯性力对水流起主导作用，这时水流处于急流状态；当 $Fr<1$ 时，惯性力作用小于重力作用，这时重力对水流起主导作用，水流处于缓流状态。其表达式如下：

$$Fr = \frac{V}{\sqrt{gh}} \tag{1-13}$$

式中，V 为水流流速（m/s）；h 为断面平均水深（m）；g 为重力加速度（m/s²）。

在坡面侵蚀发展过程中，Fr 无时无刻不在发生变化。对比图 1-4、图 1-5、图 1-6 发现，除小流量外，Fr 随试验历时由高到低逐渐减小，从趋势判定，渐近于 1。试验初时，坡面土层表面较为平整，水流阻力小，流速较高，水流为急流，随坡面侵蚀发展，逐渐出现跌坎，阻力增大，对径流阻滞作用增强，水流逐渐变缓，弗汝德数 Fr 随之减小。

从图 1-4（a）看，10°坡面下 1L/min 的 Fr 变化与其他组次有所差异，Fr 增加过程历时较长，出现这种情况发生的原因可能是：①流量较小时径流切应力较小，坡面不易被侵蚀，其形态较为完整，水流阻力小，流速较高；②低流量水流经过坡面后，易形成光滑且耐冲刷的结皮现象，结皮会降低坡面糙度，使水流处于急流状态，但这种抑制是很有限的，当流量继续增大时，水流就会切穿结皮产生跌坎，增加水头损失，降低流速，所以只

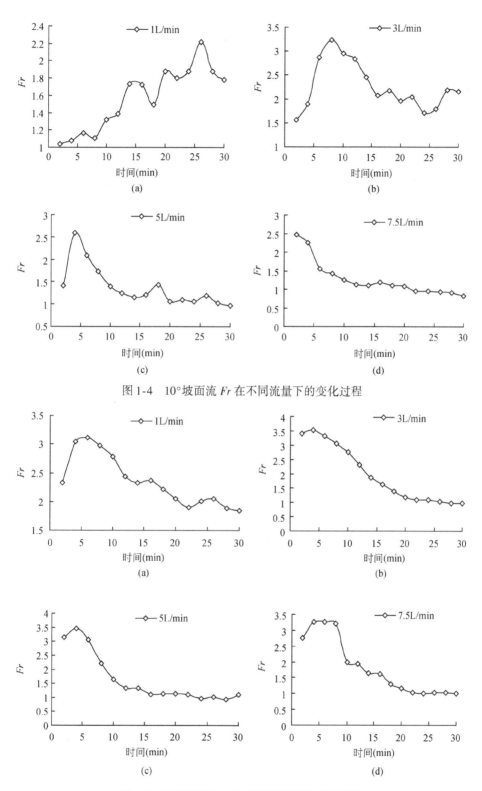

图 1-4 10°坡面流 *Fr* 在不同流量下的变化过程

图 1-5 20°坡面流 *Fr* 在不同流量下的变化过程

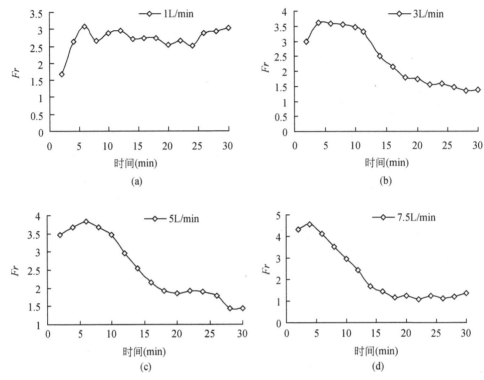

图 1-6 30°坡面流 Fr 在不同流量下的变化过程

有在小流量时出现了 Fr 升高历时较长的现象。

另外发现，同一坡度下 Fr 的最大值并非随流量的增大而增大，而是稳定在一定范围之内，如 10°坡度下 Fr 最大值在 2 ~ 3；20°坡度下 Fr 最大值在 3 ~ 4；30°坡度下 Fr 最大值在 3.5 ~ 4.5（表 1-3）。

表 1-3 不同坡度流量下 Fr 最大值

坡度（°）	不同流量下的 Fr 最大值			
	1L/min	3L/min	5L/min	7.5L/min
10	2.2	3.2	2.6	2.5
20	3.1	3.5	3.5	3.3
30	3.1	3.6	3.8	4.6

同时从表 1-3 中可以看出，当流量相同时，Fr 最大值随坡度增大有增加的趋势。由前面分析可知，Fr 最大值一般出现在试验开始时段，由于试验前填土标准一样，因此水流所受的阻力大小基本相同，流速大小主要受重力分力大小的影响，所以坡度越陡，重力沿坡面方向的分力越大，水流流速越高，相应的 Fr 最大值越大。另外，在坡度为 20°和 30°时，流量大于 3L/min 以后，稳定状态下的 Fr 趋近于 1。这表明 Fr 有随径流历时持续保持恒定的趋势，此时坡面侵蚀状态基本达到平衡。坡面侵蚀是水流冲刷坡面和土壤抵抗冲刷的相互作用过程，土壤和水流是同一系统的两个相互影响的因素，随着径流历时的持续，两种

因素会彼此约束，相互调整，从无序发展到有序，最终达到某种平衡状态。实际上这也具有自组织的性质。如果从 Fr 的定义式分析，当 $Fr = 1$ 时坡面侵蚀系统有达到平衡的条件，此时断面比能最小，因为如果增大水深，根据水流剪切力 $\tau = \gamma h J$ 知，水流切应力会相应增加，侵蚀加剧，同样当水流流速增加时，侵蚀也会增加，所以断面比能最小时（即 $Fr = 1$ 时）侵蚀处于相对平衡状态。式中 γ 为水体的容重；h 为断面平均水深；J 为水面比降，对于坡面流可近似认为等于坡面坡度。同时发现 Fr 平衡的时刻多发生在试验历时为 10min 或 15min 以后。从试验结果分析不难发现，可知 Fr 的大小跟坡面侵蚀状态是密切相关的，坡面侵蚀为面蚀时水流流态多为急流，细沟流时趋向于临界流。

1.4.2 坡面流流速时空变化规律

坡面流流速是表征坡面流水动力特性的一个重要物理量，是决定水流流动形态及进一步深入研究坡面流侵蚀机制的重要参数，同时也是计算坡面薄层水流侵蚀动力因子的重要参数。因此，要想深入研究坡面流的动力机制，并进一步揭示坡面土壤侵蚀内在规律，必须对坡面流流速大小、分布规律及其影响因素进行研究。由于径流在过水断面上各点的流速各不相同，常采用一个平均值来代替各点的实际流速，即断面平均流速。关于坡面流流速的变化规律，前人已做过大量的研究工作，但多以整个坡面为研究对象，所研究的流速均为整个坡面平均流速，且多利用定床、小坡度的试验研究，在这样的边界条件下，其试验结果没有反映出流速随侵蚀形态演变而表现出的变化过程，不能对流速在整个侵蚀过程的动态变化过程进行描述。因此，本研究通过土槽侵蚀试验，研究了不同坡度、流量组合下，坡面流速的时空变化特性。

1.4.2.1 全坡面平均流速随时间的变化规律

分析 10° 坡面在不同试验流量下坡面平均流速随时间变化过程（图 1-7）可知，各级水流量下坡面平均流速随历时变化较杂乱，变化范围为 0.1 ~ 0.8m/s。1L/min 流量下坡面流平均流速呈波动增加的态势，从试验初期的 0.1m/s 到试验结束时的 0.4m/s，增加了 3 倍左右。2L/min 和 4L/min 流量条件下坡面平均流速都是先增加，并在试验进行到 14min 时达到波动稳定状态，约 0.6m/s，其中 3L/min 流量下坡面流平均流速变化较大，在试验进行到 6min 时增加到最大，随后达到波动稳定状态，在试验进行到 24min 时由于边壁崩塌壅水致使流速急剧减小，随后又增加到 0.6m/s 左右；5L/min 流量下坡面流平均流速试验初期在 0.55m/s 左右波动，在试验进行到 20min 时略有减小，在 0.45m/s 左右波动；7.5L/min 流量下试验初期坡面平均流速较大，随后急剧减小，试验进行到 6min 后稳定在 0.3m/s 左右，试验末期又略有增加，增加至 0.4m/s 左右；10L/min 放水流量下坡面流平均流速随时间逐渐增加，在试验进行到 14min 时达到波动稳定状态，约为 0.6m/s。

分析 20° 坡面在不同流量下坡面平均流速随时间的变化过程（图 1-8）可知，各级流量下坡面平均流速也比较杂乱，介于 0.2 ~ 1m/s。1L/min 流量下坡面流平均流速先增加然后在 0.4m/s 左右波动；2L/min 流量下坡面平均流速则先减小然后在 0.7m/s 左右波动；其余各流量下坡面流平均流速的变化规律比较一致，都是先增加，在试验历时为 10min 左

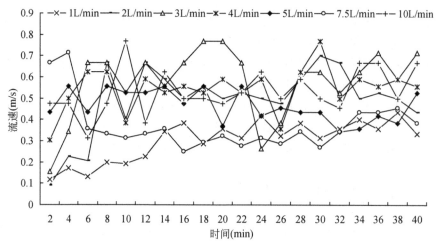

图 1-7　10°坡面不同级流量下坡面平均流速变化过程

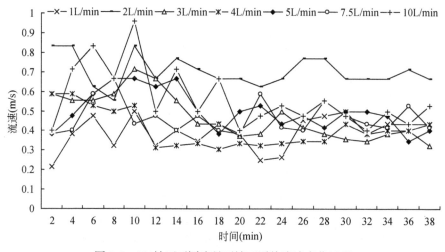

图 1-8　20°坡面不同流量下坡面平均流速变化过程

右时达到最高点，然后开始减小，在试验进行到 18min 左右时达到波动稳定状态，约为 0.5m/s。

分析 30°坡面在不同流量下坡面平均流速随时间的变化过程（图 1-9）可知，各级流量下坡面平均流速介于 0.3～1m/s，1L/min 放水流量下坡面流平均流速是逐渐增加的，从 0.4m/s 增加到 0.6m/s；2L/min 流量下坡面平均流速先期增加，在试验进行到 6min 时达到波动稳定状态，约为 0.55m/s；7.5L/min 流量下坡面平均流速在前几分钟可能是由于跌坎或细沟产生的原因，导致其急剧增加，随后开始减少，在试验进行到 16min 时达到波动稳定状态，约为 0.4m/s；其余各流量下坡面平均流速的变化规律比较一致，都是先增加，在 10min 左右时达到最高点，然后开始减小，在试验进行到 18min 左右时达到波动稳定状态，约为 0.4m/s。

上述试验结果表明，在 3 个试验坡度下，均表现出小流量的断面平均流速并不小，而

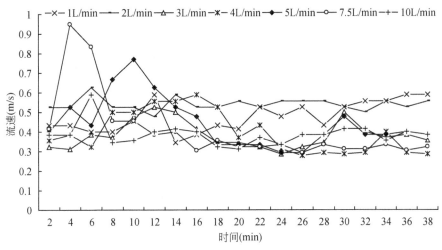

图 1-9　30°坡面流量下坡面平均流速变化过程

大流量的断面平均流速并不高的现象,由此表明坡面流水力特性是非常复杂的,对此现象很有必要再做进一步的试验研究。

图 1-10 是 3L/min 流量下在不同坡度坡面平均流速随时间的变化过程,可以看出,10°坡面的平均流速变化较大,基本上表现出具有双波峰特征。在试验进行到 28min 时达到波动稳定状态,约为 0.6m/s,大于其他两个坡度的稳定平均流速 0.4m/s。同时,也可以看到,20°和 30°坡面的平均流速都是先增加再减小,在试验进行到约 20min 时达到波动稳定状态,约为 0.4m/s。在试验过程中观测到,20°坡面的平均流速略大于 30°坡面的。

图 1-11 是 5L/min 流量在不同坡度坡面下平均流速随时间的变化过程。3 种坡度下坡面平均流速都是先增加后减小,然后在试验进行到约 18min 左右时达到波动稳定状态,约为 0.5m/s。

图 1-12 是 7.5L/min 流量在不同坡度下平均流速随时间的变化过程。3 种坡度下坡面平均流速都是先增加后减小,然后在试验进行到约 10min 左右时达到波动稳定状态,约为

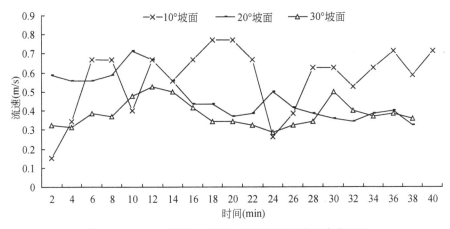

图 1-10　3L/min 流量在不同坡度坡面平均流速变化过程

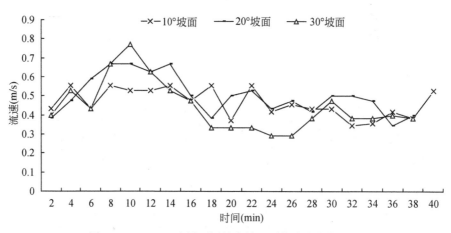

图 1-11　5L/min 流量不同坡度坡面平均流速变化过程

0.4m/s。

上述试验结果表明，在流量为 3L/min、5L/min 时，30°坡面的流速并不比 10°、20°坡面的高，在 7.5L/min 流量下，30°坡面的试验前期流速虽比其他两个坡度的高，但中后期均低于 20°稍高于 10°的流速。这种现象产生的原因、形成的机制都是值得进一步研究的。

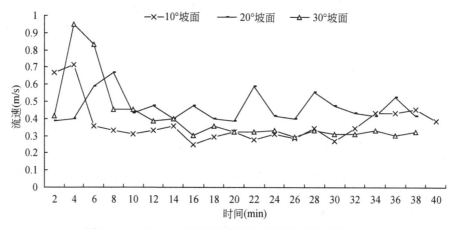

图 1-12　7.5L/min 流量不同坡度坡面平均流速变化过程

1.4.2.2　不同断面流速随时间分布规律

比较 3L/min 流量下 20°坡面各断面流速（图 1-13）可知，不同断面流速总体上符合先增加后减小然后达到波动稳定的规律。还可以看到，除 4 断面之外，其余断面流速都是随着流程的增加而增加，达到相对稳定状态时，1 断面的平均流速约为 0.25m/s，2、3、4 断面约为 0.4 m/s，5 断面约为 0.45 m/s。根据试验观测，4 断面所处试验段的坡面流较为宽浅，没有出现明显的股流现象。

比较 20°坡面 5L/min 流量下各断面流速（图 1-14）可知，不同断面流速也符合先增加后减小然后达到波动稳定的规律。还可以看到，不同断面流速都是随着流程的增加而增

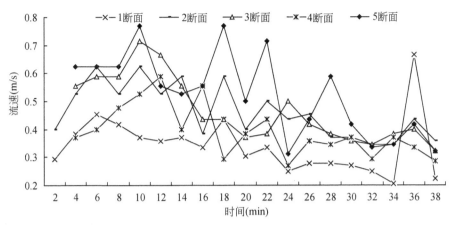

图 1-13　20°坡面 3L/min 流量下各断面流速随时间变化过程

加，达到波动稳定时 1 断面的平均流速约为 0.3m/s，3、4 断面约为 0.5 m/s，5 断面约为 0.55 m/s。

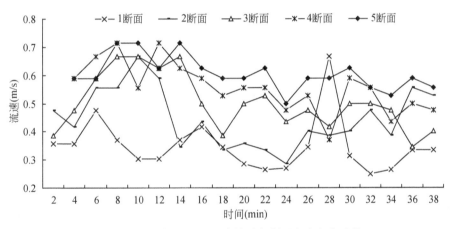

图 1-14　20°坡面 5L/min 流量下各断面流速变化过程

比较 20°坡面 7.5L/min 流量下各断面流速（图 1-15）可知，不同断面流速亦符合先增加后减小然后达到波动稳定的规律。还可以看到，不同断面流速都是随着流程的增加而增加，达到波动稳定状态时，1 断面的平均流速约为 0.35m/s，2、3、4 断面约为 0.5 m/s，5 断面约为 0.55 m/s。

综合分析坡面平均流速的时空变化规律认为，试验初期水流以薄层漫流的方式沿坡面向下流动，此时坡面尚无跌坎形成，水流床面相对平整，水流阻力较小，水流流速主要受坡面微地形和流量大小影响，水流在重力和坡面阻力的作用下沿坡面加速流动，侵蚀方式则以面蚀为主，径流中含沙量较低，坡面径流用于输送泥沙所消耗的能量较小，因此，这一阶段的水流流速呈明显上升趋势；当流速发展到一定程度以后，由于受到坡面侵蚀微地形影响，坡面漫流会很快的汇聚成股流的形式向下流动，当径流侵蚀切应力超过土壤抗蚀能力时，就会在坡面上冲刷出一系列跌坎，跌坎的出现一方面使得坡面流流程增加，增大

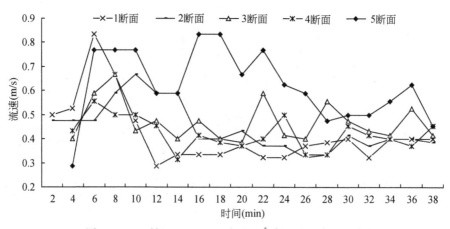

图 1-15　20°坡面 7.5L/min 流量下各断面流速变化过程

沿程阻力，另一方面由跌坎导致集中消能也会增加径流的局部水头损失，所以此时的流速出现下降的趋势。随着跌坎的进一步发育，坡面上小跌坎逐渐贯通形成细沟，强烈的溯源侵蚀和随之而来的沟壁坍塌使得径流中的含沙量迅速增加，水流用于输送细沟中被侵蚀下来的泥沙所消耗的动能增加，这时流速会进一步降低；到了试验后期，细沟形态发育已经基本稳定，其沿坡面大多呈顺直状，沟宽发育已基本停止，主要以水流下切侵蚀方式为主，这时侵蚀输沙基本达到动态平衡状态，水流阻力较为稳定，但偶然发生的细沟沟壁坍塌会阻塞水流流道，影响水流流速的平衡，仍会出现一定的波动现象。

不同坡度条件下流速随时间变化的趋势大致相同，但其间的流速变化规律还是存在明显差异的。通过分析图 1-10、图 1-11、图 1-12 发现，坡度越陡水流流速变化的阶段性越明显，且相对稳定状态时的流速受流量影响的差别相对不大；而坡度较小时则与其相反，且水流流速易出现大的波动。初步分析认为该现象与坡面侵蚀形态发育有关。根据泥沙运动学相关理论，可以把坡面流的阻力形式主要分为床面形态阻力和沙粒颗粒阻力。坡面坡度较小时，随着流量的增加，水流越深，床面相对糙度降低，阻力减小，流速增大，结果表现为小坡度条件下流速受流量影响较大。当坡度变陡时，从物理概念上讲，水流所具有的势能增加，当沿坡面向下运动时会具有更大的动能，但试验结果并非如此，其原因是流速的增加导致了坡面侵蚀的加剧，坡面形态发生了剧烈的变化，使得床面形态阻力占据了主要地位。虽然流深的增加减小了相对糙度，但是随之增加的形态阻力不仅补偿了这部分阻力损失，而且使水流阻力更大，所以当流量增加时，流速并没有随之增大。综合以上分析可以发现，坡面径流的流速不仅受坡度和流量的影响，而且与坡面侵蚀形态密切相关。

1.4.3　坡面流阻力系数变化规律

坡面流阻力是指径流在向下流动过程中所受到的来自水土界面的阻滞水流的摩擦力以及水流内部质点混掺和挟带泥沙产生的阻滞水流运动力的总称。阻力的实质与流速本是一回事，如前所述，由于所测得的流速是流段内的平均值，所以阻力也是一样，是水流阻力的综合结果。目前，常采用 Dacry-Weisbach 阻力系数 λ 来表示，其表达式为：

$$\lambda = \frac{8gR}{V^2}S_f \tag{1-14}$$

式中，V 为流段水流平均流速；R 为平均水力半径；S_f 为水力能坡；g 为重力加速度。

λ 不仅与颗粒大小和土壤的性质有关，而且在很大程度上受坡面侵蚀形态特征的影响。在不同的水流条件下形态特征影响作用变化很大，为了探讨坡面流阻力系数，计算 λ 时取径流冲刷 15min 后的平均流速和水深，因为此时坡面侵蚀形态相对比较稳定，S_f 可取地面坡度与细沟最终底床的平均值 $S_f=\tan\theta-\Delta h/（2l）$，其中 θ 为坡面坡度，Δh 为细沟两断面侵蚀深度差，l 为细沟长度。不过，一般来说由于流段始末的动能变化较之势能可以忽略，而且两断面冲刷深度之差也很有限，所以计算中 S_f 可直接用原始坡面比降 S 代替。计算结果如表 1-4 所示。

表 1-4 不同坡度不同流量下坡面径流 λ 的变化

坡度（°）	不同流量下 λ				均值
	1L/min	3L/min	5L/min	7.5L/min	
10	0.150	0.273	0.818	0.903	0.536
20	1.176	1.772	1.820	1.677	1.611
30	0.697	0.950	1.607	1.967	1.305

从表 1-4 中可以看出，不同坡度和流量组合下坡面流 λ 变化较为复杂。在 10° 坡度条件下，当流量由 3L/min 升至 5L/min 时 λ 有显著的增加，大于和小于此流量范围时 λ 变化不大。结合试验记录，当流量小于等于 3L/min 时坡面上的细沟侵蚀不明显，侵蚀方式多以面蚀为主，当流量超过 3L/min 时坡面细沟侵蚀显著，侵蚀方式由面蚀转化为细沟侵蚀，因此 λ 有所提高。20° 和 30° 坡度下，λ 随流量的变化不是很明显，存在波动性，结合上述 Re 和 Fr 的分析可知，此条件下的水流流态多属急紊流，这也是阻力平方区的基本特征。这一趋势可能是由流量增加而引起的相对糙率 D/h 变化与冲刷形态变化消涨对比在不同坡度上不尽相同所致，式中 h 为水深，D 为床面泥沙粒径。流量增大意味着水深相对增加，将使相对糙率变小，然而，流量的增加又意味着冲刷强度的增大，又将使坡面侵蚀形态复杂化，使阻力增加。这种彼此相互制约的结果决定了在计算坡面径流阻力时，即要考虑流量的作用，又要顾及坡度的影响。

既然坡面流流态与阻力都是从某一方面反映了水流的水动力学特性，那么两者之间也必然存在着一定的相互关系。根据 Dacry-Weisbach 阻力系数 λ 的表达式和 Fr 的表达式，在薄层水流中，断面水深 $h\approx R$（水力半径），可以推出：$\lambda=8S_f/Fr^2$。因此，当坡面坡度一定时，λ 与 Fr^2 呈反比关系。图 1-16 为本试验条件下坡面径流 Fr 和 λ 之间的关系图，其点据分布趋势基本反映了这种反比关系。

从图 1-16 中可以看出，Fr 随 λ 的增加而减小，这是由于坡面流受到的阻力越大，对水流的阻滞作用越强，水流越缓，而且随着 λ 的增大，其减小的速率变小，稳定在 1 左右。

图 1-17 为试验条件下坡面流 Re 和 λ 之间的关系，可以看出，点据比较散乱，说明 Re 与 λ 之间的关系比较复杂，这主要与坡面侵蚀时空变异特性有关。从总体趋势来看，λ 与

Re 之间成正比关系，不过当 λ 在 1 和 2 附近的时候，随 Re 的增加，λ 基本不变，说明此时水流已进入阻力平方区，其 λ 的大小只与相对粗糙度有关而与水流流态无关。

如果从数学角度分析 λ 和 Re 之间的关系，则 f 可以写成 Re 的表达式为

$$\lambda = 8g\Delta\nu/V^3 Re = B \cdot (\Delta/V^3) Re \qquad (1\text{-}15)$$

式中，B 为常数 $8g\nu$。

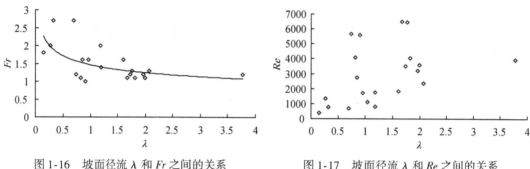

图 1-16 坡面径流 λ 和 Fr 之间的关系   图 1-17 坡面径流 λ 和 Re 之间的关系

由式（1-15）可知，当试验条件一定时，λ 与 Re 成正比关系，与能坡也成正比关系，流速>1m/s 时，与流速的 3 次方呈反比关系；或流速<1m/s 时，与流速的 3 次方呈正比关系。

1.4.4 坡面流能量与剥蚀率的关系

管新建等（2007）利用模糊贴近度分析了不同坡度（3°～30°）、流量（2.5～6.5L/min）冲刷试验下，水蚀动力参数与土壤博士率的贴近程度，对坡度为 3°、6° 的缓坡和 27°、30° 较陡的坡面，土壤剥蚀率与单宽能耗和水流功率的相关关系不明显；坡度在 9°～24°范围内，在流量相同的情况下，单宽能耗对土壤剥蚀率的影响最大，其次是水流功率、剪切力和单位水流功率，单宽能耗和水流功率之间具有很好的线性相关关系，说明可以用单宽能耗和水流功率分别建立土壤剥蚀率的预测关系式。

分析 20°坡面不同流量下剥蚀率与径流能耗的关系（图 1-18）表明，随着径流能耗的增加剥蚀率呈线性增加，两者具有良好的线性关系：

$$D_r = 12.57E_c - 288.56 \quad (R^2 = 0.98) \qquad (1\text{-}16)$$

由式（1-16）知，在 20°条件下，坡面出现剥蚀的能耗临界约为 23J/min。

分析 20°坡面不同流量条件下剥蚀率与坡脚径流动能的关系（图 1-19）表明，随着坡面出口断面径流动能的增加，剥蚀率也呈线性增加，两者具有较好的线性关系：

$$D_r = 790.51E_v \qquad (1\text{-}17)$$

式中，E_v 为坡面出口断面径流动能，式（1-17）的相关系数为 0.7800。

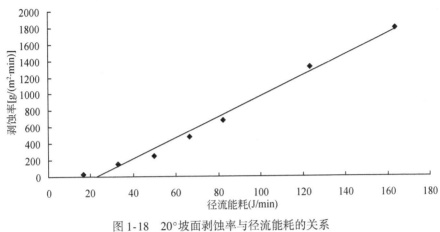

图 1-18　20°坡面剥蚀率与径流能耗的关系

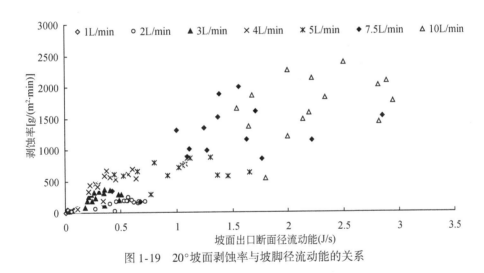

图 1-19　20°坡面剥蚀率与坡脚径流动能的关系

1.4.5　坡面土壤侵蚀产沙水动力临界

　　土壤侵蚀过程实际上是地表土壤在自然外力作用下发生土体空间位置变化的过程，径流剪切力是水流剥蚀分离土壤的主要动力，其大小和变化规律直接影响到坡面土壤侵蚀状况的变化。在国际上流行的几个土壤侵蚀模型，均使用了不同的水动力学变量模拟径流冲刷引起的土壤分离过程。如美国的 WEPP 模型，采用水流剪切力 τ 的概念；澳大利亚的 GUEST 模型采用了水流功率 P_W 的概念；欧洲的 EUROSEM 和 LISEM 模型，采用单位水流功率 P 的概念。

　　水流剪切力是水流沿坡面梯度方向运动时产生的一个作用力，这种作用力反映了径流冲刷动力的大小。水流剪切力可以用下式计算：

$$\tau = \gamma RJ = \rho ghS \tag{1-18}$$

式中，τ 为水流剪切力（Pa）；γ 为水流容重（N/m³）；R 为水力半径（m）；ρ 为水体密度；J 为水流比降；g 为重力加速度。当坡面水流为典型薄层水流时，可以直接用径流深 h 和地面坡度 S 替换 R 和 J。

水流功率表达式如下：

$$P_W = \tau V = \rho g h S V \tag{1-19}$$

式中，P_W 为水流功率［N/（m·s）］；V 为水流平均流速（m/s）；其他同上。

单位水流功率定义为作用于床面的单位重量水体所消耗的功率，其表达式如下：

$$P = SV \tag{1-20}$$

式中，P 为单位水流功率（m/s）。

1.4.5.1　坡面流剪切力变化特征

重点对不同流量、不同坡度试验中的坡面流剪切力随时间变化规律进行分析。

图1-20 是10°坡面在不同流量下径流剪切力随时间的变化过程。试验初期，各流量下径流剪切力都呈现出逐渐增加趋势，其后随着试验逐渐达到波动稳定状态，对于 3L/min 和 4L/min 两个流量级在试验到 14～24min 达到波动稳定状态，5L/min 和 7.5L/min 流量级，在进行到 14～24min 达到波动稳定状态，10 L/min 流量的剪切力在试验进行到 20min 以后才达到波动稳定状态。显然随着试验流量的增加，径流剪切力达到波动稳定的时间有较大变幅。同时，可以看到各流量下的径流剪切力达到波动稳定时，10 L/min 的径流剪切力最大，约是5L/min 和 7.5 L/min 的 2 倍，是 4 L/min 的 6 倍，是 3 L/min 的 20 倍左右，是 1 L/min 的 60 倍左右。

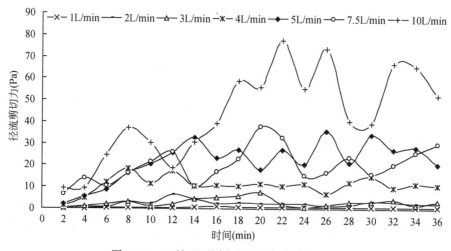

图1-20　10°坡面不同流量下剪切力变化过程

图1-21 是20°坡面在不同放水流量条件下径流剪切力随时间的变化过程。同10°坡面的结果相似，随着试验历时增加，不同流量下的径流剪切力呈现出先增加然后达到波动稳定状态。与10°坡面不同的是，20°坡面大流量和小流量下径流剪切力差别较为明显，5L/min、7.5L/min 和 10L/min 流量的剪切力都约在 18min 左右时达到波动稳定状态，而 1L/min、

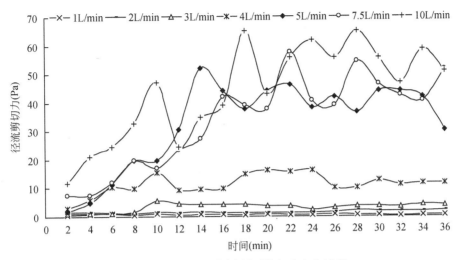

图 1-21　20°坡面不同流量下剪切力变化过程

2L/min、3L/min 和 4L/min 流量的都约在 10min 左右时达到波动稳定状态。达到波动稳定时，10L/min 的径流剪切力最大，约为 60Pa，是 7.5L/min 的 1.2 倍左右，是 5L/min 的 1.5 倍左右，是 4L/min 的 6 倍左右，是 3L/min、2L/min 和 1L/min 的 20 倍、30 倍和 60 倍左右。

图 1-22 是 30°坡面在不同流量条件下径流剪切力随时间的变化过程。同样，各流量下的径流剪切力都随试验历时增加而呈现出先增加后达到波动稳定的状态。1L/min、2L/min 和 3L/min 流量在试验到 10min 左右时达到波动稳定状态，4L/min 和 5L/min 放水流量在试验到 20min 左右时达到波动稳定状态，7.5L/min 和 10L/min 流量的在 28min 左右时达到波动稳定状态。同时，可以看到，各流量下的径流剪切力达到波动稳定状态时，10 L/min 的径流剪切力最大，约 50Pa，是 5L/min 和 7.5L/min 的 1.2 倍左右，是 4L/min 的 2.5 倍，是 3L/min 的 20 倍左右，是 1L/min 的 50 倍左右。

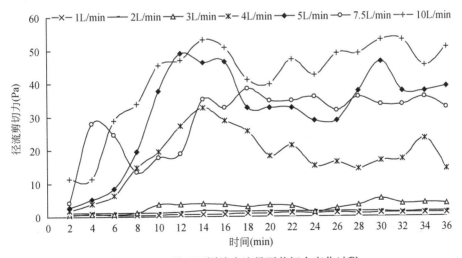

图 1-22　30°坡面不同放水流量下剪切力变化过程

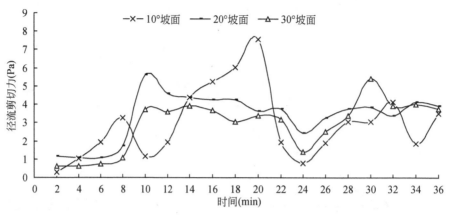

图 1-23 不同坡度 3L/min 流量下径流剪切力变化过程

图 1-23 是不同坡度坡面在 3L/min 流量下径流剪切力随时间的变化过程。从图中可以看出，3L/min 流量下径流剪切力随时间的变化比较复杂，除个别时段外，10°、20°坡面的剪切力比 30°坡面的还大，且 10°的曾一度较其他两个坡度都高这是由于坡度较缓时水深比较大，且水深对剪切力的贡献率较坡度的要大，当然，在测量上的一些误差或为因素之一，不管如何，这是值得进一步研究的问题。

图 1-24 是不同坡度坡面在 5L/min 流量下径流剪切力随时间的变化过程。从图中可以看出，5L/min 流量径流剪切力随时间的变化呈现出较为明显的规律，三者都是随着试验历时的增加而增加，在试验进行到 14min 达到波动稳定状态。其中 20°坡面和 30°坡面的径流剪切力较为接近，当试验历时超过 14min 以后，即达到波动稳定后，20°坡面的径流剪切力开始大于 30°坡面的径流剪切力，其稳定平均数约为 40Pa，是后者的 1.15 倍，是 10°径流剪切力稳定平均数的 2 倍左右。

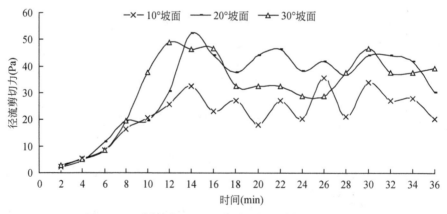

图 1-24 不同坡度 5L/min 流量下径流剪切力变化过程

图 1-25 是不同坡度坡面在 7.5L/min 流量下径流剪切力随时间的变化过程。在试验开始时，7.5L/min 流量下不同坡度的径流剪切力比较接近，随着试验历时增加，到 14min 左右时 30°坡面的径流剪切力达到波动稳定状态，18min 后 10°坡面的径流剪切力趋向于波动

稳定状态,其他出现相对稳定状态的时段不太明显。

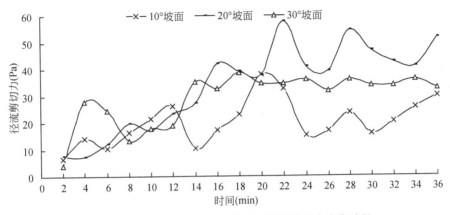

图 1-25　不同坡度 7.5L/min 流量下径流剪切力变化过程

1.4.5.2　裸坡产生细沟的临界径流剪切力

图 1-26 为试验流量条件下坡面径流平均输沙率与径流平均剪切力之间的关系。在不同流量下,径流平均输沙率与径流平均剪切力之间均存在明显的相关关系,在剪切力约小于 45Pa 时,径流平均剪切力越大,输沙率越大。

根据以往研究,径流剪切力与输沙率之间一般有如下关系:

$$D_t = k\ (\tau - \tau_c) \tag{1-21}$$

式中,D_t 为细沟径流输沙率(g/min);τ 为细沟径流剪切力(Pa);τ_c 为细沟径流临界剪切力(Pa);k 为土壤抵抗侵蚀特性的参数 [g/(Pa·min)]。

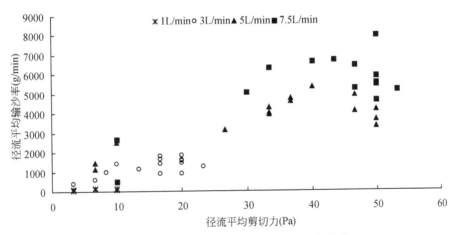

图 1-26　坡面流平均输沙率与平均剪切力关系

根据试验资料回归统计可以得到:

$$D_t = 118.28(\tau - 1.88) \tag{1-22}$$

式中,D_t 为细沟径流输沙率(g/min);τ 为细沟径流剪切力(Pa)。式(1-22)相关系数为 0.9055。

计算结果表明，试验土壤的抗蚀性参数 k 为 118.28 g/(Pa·min)，细沟径流临界剪切力为 1.88 Pa。即试验中细沟侵蚀发生的临界动力条件为 1.88 Pa，即只有当径流剪切力大于 1.88 Pa 时才会发生细沟侵蚀现象。

以往不少研究者对径流剪切力、径流功率与输沙率的关系，也做过类似试验，但对临界剪切力的认识有所不同。例如李鹏试验得到，径流单宽输沙率和单宽径流能耗之间具有的线性关系为 $D_r = 14.61$（$\Delta E - 0.37$），表明试验的土壤可蚀性参数为 14.61g/J，临界单宽径流能耗为 0.37（min·cm），并得出径流临界剪切力为 0.54Pa（李鹏等，2006）。肖培青等（2007）通过坡沟系统人工模拟降雨试验得出的关系为 $D_r = 5.096(\tau - 0.12)$，试验条件下土壤抵抗侵蚀特性的参数为 5.096kg/（Pa·m·min），径流临界剪切力为 0.12Pa。

上述研究结论的差异可能与各自的试验条件不同有关，当然也不能排除是由测试手段与测试方法的差异造成的。

1.4.5.3 坡面临界断面比能对覆被的响应

断面比能是指以过水断面最低点作基准面的单位水体的动能及势能之和。即

$$E = h + \frac{V^2}{2g} \tag{1-23}$$

式中，h 为水深；V 为平均流速；g 为重力加速度。

根据试验数据主导因子分析，影响侵蚀产沙的主导因子包括流速、流深等。因而，从理论上讲，断面比能可以较好地反映坡面侵蚀过程中径流动能与势能的内在调整关系，是流速和水深的变量函数。利用试验数据分析了不同降雨强度和不同植被条件下坡面输沙率和断面比能的关系，从表1-5 和图1-27 中可以看出坡面输沙率和断面比能呈很好的线性相关关系。

表 1-5 不同植被条件下坡面输沙率和断面比能关系

试验区	拟合方程	相关系数 R^2	样本数	临界断面比能（cm）	备注
裸地	$g_s = 1045E - 78.5$	0.76	65	0.074	g_s 为输沙率（g/（min·m²）；E 为断面比能（cm）。
草地	$g_s = 439.1E - 48.6$	0.78	62	0.11	
灌木地	$g_s = 189.9E - 25.1$	0.72	73	0.13	

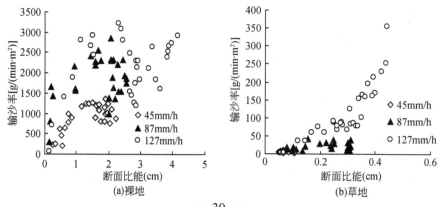

（a）裸地　　（b）草地

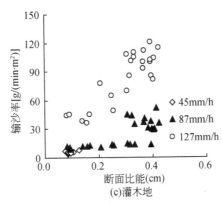

图 1-27 不同植被条件下坡面流输沙率与断面比能关系

根据表 1-5,裸地、草地和灌木地的临界断面比能分别为 0.07cm、0.11cm、0.13cm,表明裸地坡面土壤侵蚀发生时需要的能量最小,抗蚀性最弱,而灌木地抗蚀性最强,草地次之。

1.5 坡面流输沙特性

1.5.1 裸地坡面流剥蚀过程特征

坡面流的剥蚀强度用单位面积单位时间的输沙量表征,即用输沙率作为其表征参数。

由 20°坡面不同流量下输沙率随时间的变化过程(图 1-28)可知,随流量增加,输沙率呈增加趋势,7.5L/min 和 10L/min 流量下的输沙率明显大于其他 5 个流量的稳定输沙率。其他 5 个流量级的输沙率随着试验历时呈缓慢增加趋势,而 2 个较大流量的输沙率在试验初期增加较快到了 10min 左右达到最大输沙率,其又下降且有趋于波动平衡状态。

从不同坡度 5L/min 流量输沙率的变化过程看(图 1-29),随着坡度的增加,坡面的输沙率也呈增加趋势。20°坡面的输沙率在试验历时约 16min 时达到最大输沙率然后呈现波动平衡状态,30°坡面的输沙率在试验历时达到 10min 以后呈现波动平衡状态,30°坡面的稳定输沙率约为 1150g/(m²·min),是 20°坡面稳定输沙率的 1.5 倍,是 10°坡面稳定输沙率的 3.3 倍。

另外,坡面流的剥蚀作用大小也可以用径流含沙量表示。

分析 10°坡面在不同流量下径流含沙量随时间变化过程(图 1-30)可知,坡面流含沙量变化较复杂,1L/min 流量下坡面流含沙量从试验初期就在 0.02g/cm³ 左右波动,无较大变化;2L/min 流量下坡面流含沙量在试验初期呈增加趋势,试验后期又开始减少;3L/min 和 4L/min 流量下坡面的径流含沙量试验初期较大,其中,3L/min 流量下坡面的径流含沙量在试验进行到 10min 左右时达到波动稳定状态,4L/min 流量下坡面的径流含沙量在 14min 以后达到波动稳定状态;5L/min 流量的含沙量在 20min 时达到波动稳定状态;7.5L/min 流量的含沙量试验初期较大,然后逐渐减少,在试验进行到 24min 时达到波动稳

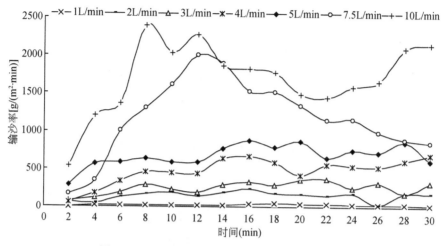

图 1-28 20°坡面在不同流量下输沙率变化过程

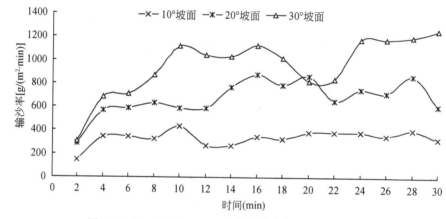

图 1-29 不同坡度 5L/min 流量下输沙率时间变化过程

定状态;10L/min 流量的径流含沙量试验初期较大,可能是由于形成跌坎造成的,但波动稳定状态一直不明显。达到波动稳定时,7.5L/min 放水流量的平均坡面径流含沙量约是 0.4g/cm³,约和 5L/min 的相近,是 4L/min 的 1.3 倍,是 3 L/min 的 3 倍,是 2L/min 的 4.8 倍,是 1L/min 的 12.8 倍。

20°坡面不同流量的含沙量随时间变化过程如图 1-31,1L/min 流量下坡面的径流含沙量先增加,然后达到波动稳定状态,在试验末期又略微下降;2L/min 流量下坡面的径流含沙量在试验历时 6min 以后开始出现趋于波动稳定状态;3L/min 流量的含沙量则是先增加后减小,在试验进行到 16min 时达到波动稳定状态;4L/min 流量的径流含沙量则逐渐增加,当试验进行到 16min 时达到波动稳定状态;5L/min 流量下的坡面径流含沙量在试验初期逐渐增加,18min 时即达到波动稳定状态;7.5 L/min 流量的含沙量在试验初期逐渐增加,在试验进行到 22min 以后呈现出缓慢下降并有向稳趋势;10L/min 流量的含沙量在试验初期就急剧增加,在试验进行到 6min 时达到最大,其后趋减,约达到波动稳定时,

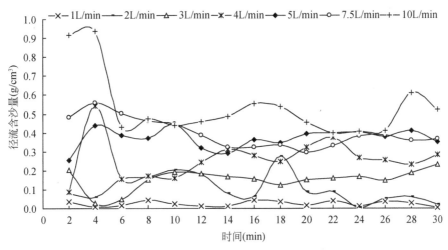

图 1-30   10°坡面不同流量下径流含沙量变化过程

10L/min 流量的坡面流平均含沙量约是 0.6g/cm³，与 4L/min、5L/min 和 7.5L/min 的较接近，约是 2L/min 和 3L/min 的 1.2 倍，是 1L/min 的 2 倍。

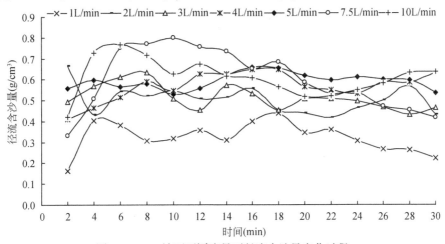

图 1-31   20°坡面不同流量下径流含沙量变化过程

    分析 30°坡面在不同流量下径流含沙量随时间变化过程（图 1-32）可知，在陡坡度条件下，坡面流含沙量变化更为复杂，1L/min、2L/min、3L/min 流量下的径流含沙量在 14min 时达到波动稳定状态；4L/min 和 5L/min 流量的含沙量，都是先逐渐增加，在 18min 以后达到波动稳定状态，且稳定后的径流含沙率都较大；7.5L/min 和 10L/min 流量下含沙量在试验进行到 24min 时达到波动稳定状态，但稳定值小于 4L/min 和 5L/min 流量下的含沙量。达到波动稳定时，10L/min 流量的坡面流平均含沙量约是 0.6g/cm³，约是 7.5L/min 的 1.1 倍，是 5L/min 的 0.8 倍，是 4L/min 的 0.9 倍，是 3 L/min 的 1.2 倍，与 2L/min 的较接近，是 1L/min 的 1.3 倍。

    图 1-33 是不同坡度坡面在 3L/min 流量下径流含沙量随时间变化过程。20°和 30°坡面

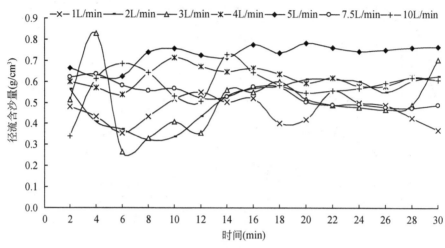

图 1-32　30°坡面不同流量下径流含沙量变化过程

的径流含沙量总体上比较接近，远大于 10°坡面的径流含沙量。达到波动稳定时，10°坡面的径流含沙量最小，为 0.16g/cm³，约是 20°和 30°坡面的 1/3。

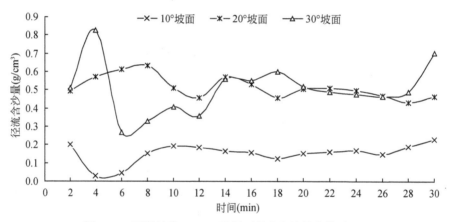

图 1-33　不同坡度 3L/min 流量下径流含沙量变化过程

　　图 1-34 是不同坡度坡面 5L/min 流量下径流含沙量随时间变化过程。20°和 30°坡面的径流含沙量也比较接近，大于 10°坡面的径流含沙量。达到波动稳定时 10°坡面的平均含沙量最小，约为 0.4g/cm³，约是 20°坡面的 2/3，是 30°坡面的 1/2。

　　图 1-35 是不同坡度坡面在 7.5L/min 流量下径流含沙量随时间变化过程。由图可知，20°坡面的径流含沙量最大，在试验进行到 10min 时达到最大值，随后径流含沙量又开始缓慢降低；10°坡面的径流含沙量也基本上在试验进行到 10min 时达到最大值，其后又缓慢降低。达到波动稳定时 10°坡面的坡面流平均含沙量最小，约为 0.4g/cm³，约是 20°坡面径流含沙量的 3/4，是 30°的 3/5。

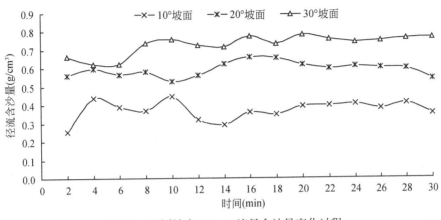

图 1-34　不同坡度 5L/min 流量含沙量变化过程

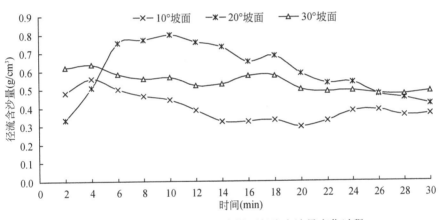

图 1-35　不同坡度 7.5L/min 流量下径流含沙量变化过程

1.5.2　坡面流输沙能力研究

1.5.2.1　坡面流悬移质含沙量计算

为分析坡面流输沙能力，暂借用河流动力学中的水流挟沙力的概念，或者说用水流挟沙能力表征坡面流的输沙能力。假设坡面土壤侵蚀模拟试验过程中水流含沙量达到基本稳定平衡时，即认为达到了平衡输沙，此时含沙量即为水流挟沙力，其中包括悬移质和推移质，按照水流挟沙力的定义，水流挟沙力是指输移悬移质的能力，或指输沙相对平衡时的悬移质含沙量。

悬移质含沙量可以由水流悬浮指标进行推估：

$$\eta = \frac{\omega}{\kappa U_*} = \frac{\omega}{\kappa \sqrt{ghJ}} \tag{1-24}$$

式中，η 为悬浮指标；ω 为泥沙颗粒沉降速度；κ 为卡尔曼常数；h 为水深；J 为水面比降；g 为重力加速度。一般取用 $\kappa=0.4$，J 为 $\tan\theta$，θ 为坡角。

一般认为当 $\eta < 5$ 时，泥沙以悬浮为主，相应的水流含沙量即为悬移质含沙量；当 $\eta \geq 5$ 时，泥沙以推移质为主。

根据沙玉清建立的天然泥沙沉降速度公式，通过计算得知：

当 $\eta = 5$，流量为 3.5L/min 时，推移质与悬移质的分界泥沙沉降速度（简称沉速）ω_c 为 8.4mm/s，相应的泥沙粒径为 0.12mm，即大于该粒径的泥沙颗粒在该流量下为推移质，反之，则为悬移质。

当 $\eta = 5$，流量为 7.0L/min 时，推移质与悬移质的分界泥沙沉速 ω_c 为 10.6mm/s，相应的泥沙粒径为 0.14mm，即大于该粒径的泥沙颗粒在该流量下为推移质，反之，则为悬移质。

当 $\eta = 5$，流量为 10L/min 时，推移质与悬移质的分界泥沙沉速 ω_c 为 12.5mm/s，相应的泥沙粒径为 0.156mm，即大于该粒径的泥沙颗粒在该流量下为推移质，反之，则为悬移质。

在测验到的泥沙中，扣除粒径大于分界泥沙粒径的百分比，即可得到悬移质含沙量（表1-6～表1-8）。

表1-6　3.5L/min 流量不同粒径泥沙颗粒的沉速及悬浮指标

名称	组成								
粒径（mm）	0.001	0.005	0.01	0.05	0.1	0.12	0.15	0.2	0.25
沉速 ω（mm/s）	0.007	0.017	0.067	1.67	6.12	8.4	11.8	17.9	24.4

表1-7　7.0L/min 流量不同粒径泥沙颗粒的沉速及悬浮指标

名称	组成								
粒径（mm）	0.001	0.005	0.01	0.05	0.1	0.12	0.14	0.15	0.2	0.25
沉速 ω（mm/s）	0.007	0.017	0.067	1.67	6.12	8.4	10.65	11.8	17.9	24.4

表1-8　10L/min 流量不同粒径泥沙颗粒的沉速及悬浮指标

名称	组成								
粒径（mm）	0.001	0.005	0.01	0.05	0.1	0.12	0.14	0.15	0.156	0.2	0.25
沉速 ω（mm/s）	0.007	0.017	0.067	1.67	6.12	8.4	10.65	11.8	12.5	17.9	24.4

对泥沙样称重、测量体积后搅匀，用激光粒度仪进行颗分，得到不同流量下坡面流输沙达到相对平衡时泥沙颗粒组成如表1-9。

表 1-9 坡面输沙相对平衡时泥沙样粒径分析

放水流量 (L/min)	取样时间 (min)	不同粒径 (mm) 组所占百分比 (%)									
		>0.20	0.2~0.156	0.156~0.15	0.15~0.14	0.14~0.12	0.12~0.10	0.10~0.05	0.05~0.01	0.01~0.005	0.005~0.001	<0.001
3.5	18	0.0	0.0	0.1	0.6	3.0	5.8	40.0	36.8	4.1	7.3	2.3
	20	0.0	0.1	0.1	0.5	2.2	4.9	39.0	40.1	3.9	6.9	2.2
	25	0.0	0.0	0.0	0.1	1.7	4.7	39.6	41.6	3.6	6.5	2.2
	28	0.0	0.0	0.0	0.0	1.4	4.3	38.2	43.3	3.6	6.8	2.3
	30	0.0	0.0	0.0	0.5	2.4	5.1	38.0	39.9	4.2	7.4	2.5
7.0	11	0.0	0.0	0.1	0.6	3.1	6.3	44.4	35.5	2.8	5.1	1.8
	15	0.0	0.0	0.0	0.3	2.1	5.0	38.9	42.7	3.2	5.8	2.0
	20	0.0	0.0	0.1	0.7	3.2	6.1	41.7	38.2	3.0	5.2	1.8
	25	0.0	0.0	0.0	0.4	2.3	5.1	41.6	40.7	3.0	5.0	1.9
	30	0.0	0.0	0.0	0.5	2.7	5.4	38.9	39.4	3.7	7.2	2.2
10	6	0.0	0.8	0.5	1.3	4.6	8.3	46.3	28.8	2.9	4.9	1.6
	10	0.0	0.1	0.1	0.3	1.6	4.2	37.4	44.8	3.4	6.0	2.1
	15	0.0	0.9	0.6	1.4	4.9	8.9	49.0	26.3	2.4	4.1	1.5
	25	0.0	0.0	0.0	0.5	2.8	6.0	44.3	36.9	2.9	4.8	1.8
	30	0.0	0.5	0.4	1.1	3.8	7.0	41.5	34.2	3.7	5.9	2.0

同时分析不同流量下坡面流输沙量达到相对平衡时的中值粒径 d_{50}，得到 3.5L/min 的 d_{50} 为 0.048mm；7L/min 的为 0.05mm；10L/min 的为 0.055mm。

通过上述分别计算，可得到不同流量下坡面产沙中的悬移质所占百分比，以及相应的相对平衡含沙量（表 1-10 和表 1-11）。

表 1-10 坡面输沙平衡时悬移质含量百分比

流量 (L/min)	悬移质所占百分比 (%)				
	取样点 1	取样点 2	取样点 3	取样点 4	取样点 5
3.5	96.3	97.1	98.2	98.6	97.1
7.0	99.3	99.6	99.3	99.6	99.4
10	99.2	99.9	99.1	100	99.5

表 1-11 不同流量坡面流相对平衡悬移质含沙量

流量 (L/min)	不同取样点的悬移质含沙量 (g/L)					平均含量 (g/L)
	采样点 1	采样点 2	采样点 3	采样点 4	采样点 5	
3.5	46.7	26.7	20.7	41.5	38.0	34.7
7.0	388.3	328.1	315.7	325.3	367.5	345.0
10	579.1	626.6	520.3	531.6	360.3	523.6

根据试验资料，可以计算出不同坡度、不同流量下坡面径流达到相对平衡输沙时的悬移质含沙量、平均流速加水力半径见（表1-12、表1-13和表1-14）。

表1-12 不同坡度不同流量的坡面流悬移质临界含沙量

坡度（°）	各流量级（L/min）的悬移质临界含沙量（g/cm³）						
	1	2	3	4	5	7.5	10
10	0.065	0.11	0.174	0.289	0.29	0.354	0.467
20	0.294	0.399	0.48	0.576	0.594	0.5	0.574
30	0.458	0.599	0.523	0.599	0.759	0.9	1.03

表1-13 不同坡度不同流量的坡面流平均流速

坡度（°）	不同流量级（L/min）平均流速（cm/s）						
	1	2	3	4	5	7.5	10
10	20	39	34	41	31	34	44
20	32	50	40	45	46	45	50
30	35	53	39	38	40	39	39

表1-14 不同坡度不同流量的坡面流水力半径 R

坡度（°）	不同流量级（L/min）水力半径（cm）						
	1	2	3	4	5	7.5	10
10	0.2	0.3	0.3	0.5	0.8	1.2	0.5
20	0.4	0.7	1.2	0.8	1.2	1.7	1.7
30	0.2	0.2	0.2	0.5	0.7	0.6	0.7

1.5.2.2 挟沙车关系一次拟合

选取张瑞瑾公式形式对试验数据进行初验，张瑞瑾水流挟沙力计算公式为

$$S_* = k\left(\frac{V^3}{gR\omega}\right)^m \tag{1-25}$$

式中，S_* 为水流挟沙力；V 为流速；R 为水力半径，可取为水深 h；ω 为悬移质泥沙颗粒沉速；g 为重力加速度；k 为系数；m 为指数。由试验数据可得到挟沙力关系见图1-36。

式（1-23）中的 $\frac{V^3}{gR\omega}$ 代表了水流紊动参数 $\frac{V^2}{gR}$ 和相对重力作用参数 $\frac{\omega}{V}$ 的对比关系，一般称为水流强度因子。

由图1-36可以看出，两者相关性很低。就是说以天然河道为对象建立的张瑞瑾水流挟沙力公式，其形式并不完全适用于坡面流挟沙力的计算，故需对其形式进行改进。

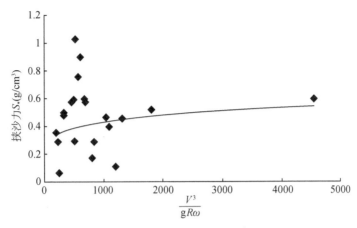

图 1-36　水流挟沙能力 S_* 与 $\dfrac{V^3}{\mathrm{g}R\omega}$ 关系

1.5.2.3　挟沙力关系的改进

由前述各节分析知，坡面流不同于通常的明渠流，有许多特殊的水力学性质，因此，坡面流挟沙能力的分析应考虑到这些特性。首先，坡面比降往往要较一般的冲积性河道的为大，其水力比降也大，使泥沙颗粒沿坡向的重力分力要比一般河道床面上相同泥沙颗粒的大很多，因而，在泥沙输移中的坡度因子将有着重要作用。另外，由于坡面波流水层较薄，表面张力较大，流速梯度将更会比一般的河道水流的为大，其床面剪切力对泥沙的起动和输移的作用也会更大。由剪切力公式

$$\tau = \rho QhJ \tag{1-26}$$

可知，流量也是影响坡面流挟沙力的主要因子之一。式中，τ 为水流剪切力；ρ 为水体密度；Q 为流量；h 为水深；J 为比降。

因此，坡面流挟沙力的影响因子除水流强度 $\left(\dfrac{V^3}{gh\omega}\right)$ 以外，还应考虑 J、Q 因子，即

$$S_* = f\left(J,\ Q,\ \frac{V^3}{gh\omega}\right) \tag{1-27}$$

首先考虑坡度对坡面流挟沙力的影响。为此建立坡面流挟沙力与坡度的关系（图 1-37），即 $S_* = k_1 J^{m_1}$。式中 J 为水流比降；k_1 和 m_1 分别为系数和指数。

利用最小二乘法进行最佳直线拟合得到坡面流挟沙力与坡度的关系为 $S_* = 1.211 J^{0.996}$，相关系数 $R = 0.748$，表明坡面流挟沙力与坡度有较高的相关性，是影响挟沙力的一个重要因素。

在不考虑交互作用的情况下，对影响坡面流挟沙力的坡度和流量两个可控因素进行无重复方差分析，其中坡度因素分为 3 个水平，即 $10°$、$20°$、$30°$，流量因素分为 7 个水平，即 1L/min、2L/min、3L/min、4L/min、5L/min、7.5L/min、10L/min。方差分析结果如表 1-15。

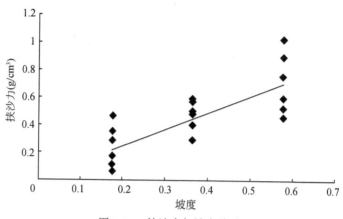

图 1-37　挟沙力与坡度关系

表 1-15　坡度和流量双因素无重复方差分析表

参数		观测数	求和	平均	方差
坡度 (°)	10	7.000	1.749	0.250	0.020
	20	7.000	3.417	0.488	0.012
	30	7.000	4.868	0.695	0.044
流量 (L/min)	1	3.000	0.817	0.272	0.039
	2	3.000	1.108	0.369	0.060
	3	3.000	1.177	0.392	0.036
	4	3.000	1.464	0.488	0.030
	5	3.000	1.643	0.548	0.057
	7.5	3.000	1.754	0.585	0.080
	10	3.000	2.071	0.690	0.089

通过对试验数据进行关于坡度和流量的无重复双因素 F 检验知，对于坡度因素，$F=48.16 > F$ 临界值 $=3.885$，故认为不同坡度下坡面径流挟沙力存在显著差异；对于流量因素，$F=8.502 > F$ 临界值 $=2.996$，故认为不同流量下坡面径流挟沙力存在显著差异（表 1-16）。

表 1-16　坡面流挟沙能力的坡度、流量影响因子 F 检验

差异源	平方和	自由度	平均平方和	F 值	P 值	F 临界值
坡度	0.695 99	2	0.347 995	48.159 72	1.85×10^{-6}	3.885 294
流量	0.368 587	6	0.061 431	8.501 59	9.36×10^{-4}	2.996 12
误差	0.086 71	12	0.007 226			
总计	1.151 287	20				

因此，坡度和流量是影响坡面流挟沙能力的两个重要因素。

故需要进一步考虑试验流量对坡面径流挟沙能力的影响，建立坡面径流挟沙能力与流量的关系（图 1-38），即 $S_* = k_2 Q^{m_2}$。式中 k_2 为系数；m_2 为指数。

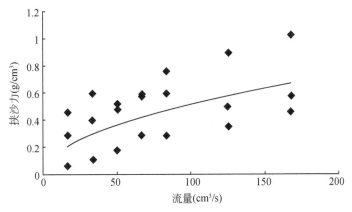

图 1-38　挟沙力与流量关系

利用最小二乘法对试验数据进行最佳直线拟合，得到坡面径流挟沙力与流量的关系为 $S_* = 0.051Q^{0.5}$，$R = 0.56$。结果表明坡面径流挟沙能力与流量有一定的相关性。故尝试综合考虑坡度和流量两个重要因素对坡面径流挟沙力的影响，建立坡面径流挟沙力与坡度和流量的关系，即 $S_* = kJ^{m_1}Q^{m_2}$。

利用最小二乘法对试验数据进行最佳直线拟合，得到坡面径流挟沙力与坡度和流量的关系为 $S_* = 0.155J^{0.997}Q^{0.500}$，相关系数 $R = 0.94$，水流挟沙力与坡度和流量具有较高的相关关系（表 1-17）。

表 1-17　拟合结果与实测结果误差分析表

坡度（°）	流量（L/min）	计算挟沙能力（g/cm³）	实测挟沙能力（g/cm³）	绝对误差（g/cm³）	相对误差（%）
10	1.000	0.112	0.065	−0.047	−72.308
	2.000	0.158	0.110	−0.048	−43.636
	3.000	0.194	0.174	−0.020	−11.494
	4.000	0.224	0.289	0.065	22.491
	5.000	0.251	0.290	0.039	13.448
	7.500	0.307	0.354	0.047	13.277
	10.000	0.354	0.467	0.113	24.197
20	1.000	0.231	0.294	0.063	21.429
	2.000	0.326	0.399	0.073	18.296
	3.000	0.400	0.480	0.080	16.667
	4.000	0.462	0.576	0.114	19.792
	5.000	0.516	0.594	0.078	−13.131
	7.500	0.632	0.500	−0.132	−26.400
	10.000	0.730	0.574	−0.156	−27.178

坡度（°）	流量 （L/min）	计算挟沙能力 （g/cm³）	实测挟沙能力 （g/cm³）	绝对误差 （g/cm³）	相对误差 （%）
	1.000	0.365	0.458	0.093	20.306
	2.000	0.517	0.599	0.082	13.689
	3.000	0.633	0.523	-0.110	-21.033
30	4.000	0.731	0.599	-0.132	-22.037
	5.000	0.817	0.759	-0.058	-7.642
	7.500	1.001	0.900	-0.101	-11.222
	10.000	1.156	1.030	-0.126	-12.233

通过挟沙力计算值与实测的点据拟合分析比较，二者相关性较好，估计标准误差为 9.64% 。进而可建立坡面流挟沙力与坡度、流量和 $\dfrac{V^3}{gR\omega}$ 之间的关系，即

$$S_* = kJ^{m_1}Q^{m_2}\left(\frac{V^3}{gR\omega}\right)^{m_3} \tag{1-28}$$

利用最小二乘法通过拟合得

$$S_* = 0.089J^{0.961}Q^{0.52}\left(\frac{V^3}{gR\omega}\right)^{0.067} \tag{1-29}$$

式（1-29）的复合相关系数为 0.94 。

表 1-18 为坡面流挟沙力试验实测值与式（1-29）计算值的拟合比较，可见水流挟沙力与坡度、流量具有较高的相关性，除 10° 坡度下 1L/min 的拟合误差较大以外，其他的相对误差均不超过 27%，有 60% 的误差均在 20% 以下。

表 1-18　拟合结果与实测结果误差分析表

坡度 （°）	流量 （L/min）	计算挟沙能力 （g/cm³）	实测挟沙能力 （g/cm³）	绝对误差 （g/cm³）	相对误差 （%）
	2.000	0.167	0.110	-0.057	-51.818
	3.000	0.201	0.174	-0.027	-15.517
10	4.000	0.234	0.289	0.055	19.031
	5.000	0.240	0.290	0.050	17.241
	7.500	0.294	0.354	0.060	16.749
	10.000	0.382	0.467	0.085	18.201
	1.000	0.220	0.294	0.074	25.170
	2.000	0.333	0.399	0.066	16.541
	3.000	0.379	0.480	0.101	21.042
20	4.000	0.463	0.576	0.113	19.618
	5.000	0.508	0.594	0.086	14.478
	7.500	0.610	0.500	-0.110	-22.000
	10.000	0.724	0.574	-0.150	-26.132

坡度 (°)	流量 (L/min)	计算挟沙能力 (g/cm³)	实测挟沙能力 (g/cm³)	绝对误差 (g/cm³)	相对误差 (%)
	1.000	0.366	0.458	0.092	20.087
	2.000	0.571	0.599	0.028	4.674
	3.000	0.663	0.523	−0.140	−26.769
30	4.000	0.720	0.599	−0.121	−20.200
	5.000	0.798	0.759	−0.039	−5.138
	7.500	0.991	0.900	−0.091	−10.111
	10.000	1.139	1.030	−0.109	−10.583

通过对挟沙力计算值与实测值的比较，估计标准误差为 9.44%。

1.5.2.4 坡面流挟沙力公式验证

用另外一组试验数据对式（1-29）进行验证，其结果如表 1-19。

经验证，式（1-29）的最大相对误差的绝对值为 47.514%，最小相对误差的绝对值为 1.779%，估计标准误差为 7.44%。

表 1-19 式（1-29）验证结果

坡度	流量 (L/min)	计算挟沙力 (g/cm³)	实测挟沙力 (g/cm³)	绝对误差 (g/cm³)	相对误差 (%)
20°	3.500	0.405	0.394	−0.011	−2.792
20°	3.500	0.404	0.299	−0.105	−35.117
20°	3.500	0.392	0.366	−0.026	−7.104
20°	3.500	0.376	0.314	−0.062	−19.745
20°	7.000	0.490	0.386	−0.104	−26.943
20°	7.000	0.498	0.521	0.023	4.415
20°	7.000	0.508	0.584	0.076	13.014
20°	7.000	0.487	0.525	0.038	7.238
20°	7.000	0.494	0.523	0.029	5.545
20°	7.000	0.536	0.622	0.086	13.826
20°	7.000	0.532	0.532	0.000	0.000
20°	7.000	0.554	0.516	−0.038	−7.634
20°	7.000	0.552	0.562	0.010	1.779
20°	7.000	0.550	0.564	0.014	2.482
20°	7.000	0.524	0.463	−0.061	−13.175
20°	7.000	0.534	0.362	−0.172	−47.514

1.6 小　结

本章主要介绍了坡面流的产生过程、坡面土壤入渗特征、坡面流的基本水力学特征，以及坡面流的输沙能力。研究结果对于建立与验证坡面水土流失数学模型具有一定意义，可为水土流失数学模型的建立提供基础数据和技术支撑。

1）随径流历时增加，不同流量下雷诺数 Re 呈逐渐增大的趋势，且具有很强的波动性。流量越大，Re 越高，多数流量下的坡面流呈紊流状态。流量较大时，弗汝德数 Fr 随历时由高到低逐渐减小，最后趋近于1。

2）不同坡度下，坡面流流速随时间的变化趋势大致相同，都表现为3个不同的阶段，即增加—减小—趋于波动平衡状态。流速沿坡面向下大致呈递增趋势。沿程各断面流速基本上都随着历时延长而呈下降趋势。

3）坡面流输沙率随径流能耗增加而呈线性增加，且两者具有良好的相关性；坡面流输沙率随着坡面流动能的增加呈线性增加，两者具有较好的线性关系。

4）随着流量的增加，坡面流剪切力总体趋势呈波动增加趋势，在不同坡度下其波动趋势有所不同，坡度变化对径流剪切力有较大影响。平均径流剪切力越大，平均输沙率越大。在试验条件下，坡面细沟产生时的临界径流剪切力为1.88Pa。

5）断面比能参数可表征为产沙的主导因子，裸地、草地和灌木地的临界断面比能分别为0.074、0.11cm 和0.13cm。

6）坡面流挟沙力是坡度、流量和水流强度的函数。

参 考 文 献

陈国样，姚文艺.1992. 坡面流水力学. 河海科技进展，12（2）：7-13

管新建，李占斌，王民，等.2006. 坡面径流水蚀动力参数室内试验及模糊贴近度分析. 农业工程学报，23（6）：1-6

李勉，姚文艺，陈江南，等.2005a. 草被覆盖对坡面流流速影响的人工模拟试验研究. 农业工程学报，21（12）：43-47

李勉，姚文艺，陈江南，等.2005b. 草被覆盖下坡沟系统坡面流能量变化特征试验研究. 水土保持学报，19（5）：13-17

李勉，姚文艺，陈江南，等.2007. 草被覆盖下坡面–沟坡系统坡面流阻力变化特征试验研究. 水利学报，38（1）：112-119

李勉，姚文艺，杨剑锋，等.2009. 草被覆盖对坡面流流态影响的人工模拟试验研究. 应用基础与工程科学学报，17（4）：513-523

李鹏，李占斌；郑良勇.2006. 黄土坡面径流侵蚀产沙动力过程模拟与研究. 水科学进展，4：444-449

刘青泉，李家春，陈力，等.2004. 坡面流及土壤侵蚀动力学（I）——坡面流. 力学进展，34（3）：360-372

肖培青，郑粉莉，姚文艺.2007. 坡沟系统侵蚀产沙及其耦合关系研究. 泥沙研究，2：30-35

肖培青，郑粉莉，姚文艺.2009. 坡沟系统坡面径流流态及水力学参数特征研究. 水科学进展，20（2）：35-39

姚文艺.1996. 坡面流阻力规律试验研究. 泥沙研究，（1）：74-81

姚文艺, 汤立群. 2001. 水力侵蚀产沙过程及模拟. 郑州: 黄河水利出版社

张光业. 1986. 地貌学教程. 郑州: 河南大学出版社

张科利. 1998. 黄土坡面细沟侵蚀中的水流阻力规律研究. 人民黄河, 20 (8): 13-15

Abrahams A D, Luk S H. 1986. Resistance to overland flow on desert hillslope. Journal of hydrology, 88: 343-363

Chu S T. 1978. Infiltration during an unsteady rain. Water Resour Res, 14 (3): 461-466

Emmett W W. 1978. Overland flow.//Kirkby M J, Hillslope Hydrology, New York: John-Wiely and Sons, 122-150

Foster G R, Huggins L F, Meyer L D. 1984. A laboratory study of rill hydraulics: I. Velocity relationship. Transactions of ASAE, 27 (3): 790-796

Gilley J E, Kottwitz E R, Simanton J R. 1990. Hydraulic characteristics of rills. Transactions of the ASAE, 33 (6): 1900-1906

Horton R E, Leach H P, Van Vliet R. 1934. Laminar sheet flow. Trans Am Geophys Union, 15 (2): 393-404

Horton R E. 1940. An approach toward a physical interpretation of infiltration-capacity. Soil sci soc am proc, 5: 399-417

Horton R E. 1945. Erosional development of streams and their drainage basins: hydrophysical approach to quantitative morphology. Bull Geol Soc Am, 56: 275-370

Mein R G, Larson C L. 1973. Modeling infiltration during a steady rain. Water Resour Res, 9 (2): 384-394

Shen Z Z, Liu P L, Xie Y S, et al. 2007. Transformation of erosion types on loess slope by REE tracking. Journal of Rare Earths, 25 (S1): 67-73

Yen B C, Wenzel H G. 1962. Dynamic equations for steady spatially varied flow. Journal of the Hydraulics Division, ASCE, 97 (HY3): 801-814

Yoon Y N, Brater E F. 1962. Spatially varied flow from controlled rainfall. Journal of the Hydraulics Division, ASCE, 97 (HY9): 1367-1386

第 2 章　坡面-沟坡系统水动力学特性

通过土壤侵蚀实体模型试验的方法，系统研究了草被覆盖条件下坡面-沟坡系统径流的水动力学特性，包括草被不同空间布置的坡面-沟坡系统径流流速时空分布规律、径流态特征、径流阻力特性、径流能耗特征，以及坡面-沟坡系统汇流特征等，为揭示坡面-沟坡系统侵蚀产沙水动力学机理，建立侵蚀产沙数学模型提供支撑。

2.1　概　　述

黄土高原具有明显的坡面-沟道侵蚀地貌系统（简称坡沟系统），其中坡面包括塬面和梁峁坡，沟道包括沟坡和沟床。坡面-沟坡系统是坡沟系统的主要部分，是流域泥沙的主要来源，也是径流水力规律最为复杂的区域。因此，研究坡面-沟坡系统水力学特性，对于认识坡沟系统土壤侵蚀动力机理，优化坡沟系统土壤侵蚀治理方案，为坡沟系统土壤侵蚀模拟提供理论基础，都具有重要意义。本章以坡面-沟坡系统土壤侵蚀模拟试验的方法，研究坡面-沟坡系统在不同覆被条件下的流速时空分布、阻力特性、流态、侵蚀动力临界及能耗特征等。

坡面-沟坡系统中的坡沟关系是黄土高原的特有问题，长期以来，围绕是以治坡为主还是以治沟为主争论的实质反映了对坡沟系统土壤侵蚀规律研究的薄弱（陈浩，1993；陈浩和王开章，1999；雷阿林和唐克丽，1997；雷阿林等，2000）。随着土壤侵蚀研究的不断深入，人们逐渐认识到坡面与沟坡在流域暴雨汇流与产沙过程中是不可分割的整体，坡面和沟道林草措施在坡沟侵蚀防治中起着重要作用，而破坏植被、不合理开垦等人为活动对坡面-沟坡系统土壤侵蚀过程起着加剧作用（唐克丽等，1983；唐克丽，1993）。随着西部大开发战略的实施，黄土高原地区正在积极推行退耕还林还草措施，生物措施在防治水土流失方面的作用越来越受到人们的重视。根据黄土高原的地貌与气候条件，草被的恢复和重建应成为生态环境建设的一个主要部分和最佳选择（侯庆春等，1999；闵庆文，余卫东，2002）。但以往针对单一坡面草被减蚀作用的研究开展得较多，对坡面-沟坡系统中草被减水减沙效益及作用机理的研究相对较少（罗伟祥等，1990；侯喜禄和曹清玉，1990；李勇等，1991，1992a，1992b；刘国彬等，1996；刘国彬，1998）。因此，从坡面-沟坡系统观点出发，通过模拟试验手段，利用概化模型和冲刷试验方法，从水动力学角度探讨坡面植物措施对坡面-沟坡挟沙水流的影响及作用、侵蚀产沙规律、植被的水土保持作用机理，进一步揭示坡面草被盖度及其空间配置的减蚀作用具有重要的现实意义和科学意义。本章通过试验研究，开展了坡面-沟坡系统不同草被覆盖度及空间配置径流流速、水流阻力、水流流态、水流能量变化以及侵蚀产沙过程的影响等方面开展了研究。这一成果对于探讨产沙机制及下垫面的耦合作用机理这一理论问题有重要科学意义，对于解决当前水土保持措施的优化配置，有效减少入黄泥沙也具有一定的现实意义。

2.2 试验设计与方法

2.2.1 试验设计

黄土高原小流域坡面–沟道系统由沟间地（包括塬面和梁峁坡）和沟谷地（包括沟坡和沟床）组成，如图2-1所示。

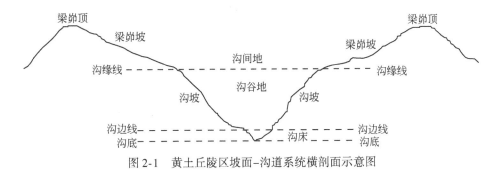

图2-1 黄土丘陵区坡面–沟道系统横剖面示意图

根据黄土丘陵沟壑区坡面坡度大致在20°左右，沟坡坡度在40°~60°分布频率较大的特征，在坡面–沟道侵蚀产沙系统概化基础上建立坡面–沟坡系统概化试验土槽。该土槽坡面坡度为20°，沟坡为50°。为满足试验重复的需要，共制作几何大小相同的两个试验土槽，分别记为1号土槽和2号土槽。所建土槽的几何特征为实测投影面积13.252m²，试验土槽坡面长5m，沟坡长3m，坡面最上部1m作为放水过渡区，其下部4m作为试验坡面，坡面、沟坡垂直投影面积比为1.95:1，高差4.01m（图2-2）。

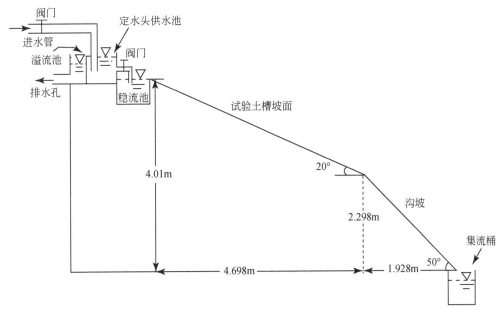

图2-2 坡面–沟坡系统冲刷试验土槽示意图

根据研究需要，试验土槽宽度等分为 4 份，各宽 0.5m；按黄土高原暴雨发生频率在野外标准径流小区上产生的单宽流量换算到试验土槽上得到试验流量，选择了 3.2 L/min 和 5.2 L/min 两个流量，大致相当于野外暴雨雨强 1.0mm/min 和 1.6mm/min。坡面草被覆盖度（草被面积所占坡面面积的百分比）分为 5 种：0、30%、50%、70% 和 90%，草被在坡面的空间配置分为坡上部、坡中部和坡下部 3 种，90% 覆盖面积比不再有空间配置；沟坡全为裸坡（图 2-3）。每场次试验至少重复一次。

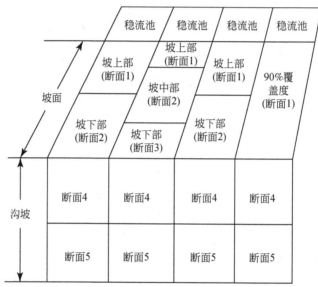

图 2-3　坡面–沟坡系统坡面草被空间配置及断面划分示意图

2.2.2　试验方法

先在土槽床面铺填 20cm 厚的天然沙，以保持试验土的透水状况接近天然坡面，再在其上部填 40~50cm 厚的黄土（供试土壤先过 5mm 筛孔进行预处理）。试验用土与第一章所提相同，为郑州邙山地表层黄土，其颗粒组成见表 2-1。为减少稳流池与坡面顶部接合处因边壁作用导致的土壤下陷，顶部断面 100cm 用水泥与黄土混合后铺上、夯实并整平，以保证稳流池的水流能够均匀地流到坡面上。填土前，将试验用草——野牛草（*Buchloe dactyloides*）带土 20cm 移植到坡面不同部位，其他部位再按 10cm 分层填入黄土，边填边夯实。填土结束后，将无草覆盖坡面整平以保证每次试验其边界条件基本一致。为减少坡面两侧与 PVC 隔板接合处因边壁作用导致的土壤下陷，在接合处还进行了压实和略加高处理。试验土槽内的坡面、沟坡土壤干容重分别控制在 $1.35g/cm^3$ 和 $1.45g/cm^3$ 左右。试验前，每天向坡面洒水，促使有草断面与裸土断面更好地结合。供水设备采用定水头控制流量，从试验土槽上端按设计要求通过阀门控制流量（图 2-2）。

表 2-1　供试土样各级粒径组成

粒径（mm）	>1.0	1~0.25	0.25~0.05	0.05~0.01	0.01~0.005	0.005~0.001	<0.001
百分比（%）	0	1.05	35.45	43.4	3.2	6.4	10.5

试验产流后每分钟收集一次浑水全样，采用置换法求其含沙量，并根据含沙量、径流量计算其侵蚀量。坡面流速采用染色剂法（染色剂为 KMnO$_4$），沿坡面径流流线方向根据草被覆盖面积所占比例大小及空间配置布设数个断面，分断面观测。如图 2-3 所示，当坡面草被布设在坡上部或坡下部时，坡面仅设 2 个断面，分别称作断面 1 和断面 2（30% 坡面草被覆盖度设 3 个断面，分别称作断面 1、断面 2 和断面 3）；当草被布设在坡中部时，坡面设 3 个断面，分别称作断面 1、断面 2 和断面 3；90% 坡面草被覆盖度的坡面不再划分断面，全坡面称作断面 1；裸坡坡面也等分为 3 个断面，分别称作断面 1、断面 2 和断面 3。施测断面的位置因坡面各断面沿坡面径流流线方向的长度而不同。沟坡全部设为上下 2 个断面，分别称作断面 4、断面 5，其长度均为 1.5 m。

2.3 坡面–沟坡系统径流流速时空分布规律

2.3.1 草被覆盖对坡面径流流速的影响

土壤侵蚀是一个受众多因素影响的复杂力学过程。在降雨期间，坡面径流一旦形成，当其侵蚀力大于土壤抗蚀力时，就会发生坡面水力侵蚀。坡面径流的侵蚀力与坡面径流流速有关，坡面径流流速大小主要取决于地表特征、坡度、土壤特性和坡面流量等因素。自 20 世纪 30 年代起，国内外许多学者先后利用理论推导或试验研究等方法得到了许多有关坡面径流流速的经验关系式，取得了大量研究成果。Foster 等（1984）的室内试验表明，细沟流平均流速受降雨影响很小，即使细沟流流量相同时，其沿程水流水力学特性也有很大差异。Meyer 等（1975）的野外田间试验表明，细沟流流速大致与流量的立方根成正比。Gilley 等（1990）通过人工模拟降雨试验，建立了适用于缓坡、无生物措施覆盖下的包括细沟流平均流速和点流速在内的估测细沟水力学特性的一些回归方程。国内，姚文艺（1996）、姚文艺和汤立群（2001）、沙际德和蒋允静（1995）、邵学军（2001）也都开展过裸坡坡面径流流速试验研究。

坡面采取生物措施覆盖后，细沟流水力学特性的变化比较复杂。野外草地冲刷试验表明，冲刷模数随坡面坡度的增加呈线性增加趋势。M. M. 普罗托季亚科诺夫（江忠善和宋文经，1988）通过草地坡面试验，分析得到草地坡面流流速计算公式为

$$V = 0.0425 q^{1/2} S^{3/16} \tag{2-1}$$

式中，V 为坡面流流速（m/s）；q 为坡面单宽流量 [L/（s·m）]；S 为坡面坡度（‰）。Ⅱ. A. 杜德金（江忠善和宋文经，1988）也通过试验得到了类似的有、无植被覆盖的坡面流速计算公式。佑涅维奇（江忠善和宋文经，1988）的试验表明，坡面上的植物和地表不平整性对坡面径流流速及流态有重要影响。Meyer 等（1975）用玻璃纤维替代秸秆覆盖的方法，对比研究了地表有无覆盖对坡面径流流速的影响，与无覆盖坡面相比，当覆盖强度为 0.12~0.25kg/m^2 时，其减缓径流流速及土壤侵蚀率的作用非常明显。此外，一些学者（Abrahams et al.，1994）也开展了草地坡面径流水力学特性的研究，但是所得到的流速均是平均流速，未能进一步探讨坡面流流速的时空变化过程及草被覆盖的影响作用。国内，徐在庸（1962）、江忠善等（1983）、江忠善和宋文经（1988）、吴普特和周佩华（1992）、

吴普特（1997）等都曾开展过草被覆盖下坡面径流流速方面的研究，其中，以江忠善和宋文经（1988）的研究最具代表性。江忠善在考虑坡面径流流态的基础上，将国内外坡面径流流速公式概化为统一的形式，并根据坡面径流不稳定流计算理论，结合所收集到的国内外坡面径流流速资料和自己的试验成果，拟合出了坡面径流流速的计算公式为

$$V = kq^{0.5}S^{0.35} \tag{2-2}$$

式中，V 为坡面径流流速（cm/s）；q 为坡面单宽流量 $[cm^3/(s \cdot m)]$；S 为坡面坡度比值；系数 k 随坡面表面特征而异。

2.3.2　坡面径流流速空间变化特征

表2-2和表2-3是各断面平均流速试验值。可以看出，平均流速随着流量、草被覆盖度和草被空间配置的不同其变化很大。流量为 3.2L/min 时，所有草被覆盖断面的平均流速都普遍小于 8 cm/s；流量为 5.2L/min 时，所有草被覆盖断面的平均流速相差不大，其平均流速较 3.2L/min 流量有明显增加，但没有超过 9cm/s 的，说明在其他影响因素相同的情况下，坡面径流量较小时，草被延缓径流流速作用较大，流量较大时，这种作用相对较弱，草被延缓径流流速作用大小与流量有密切关系。

将实测值与式（2-2）（草坡 k 取 0.5，裸坡 k 取 2.25）计算值相比较发现，计算值都高于实测值，这可能是因为两者的边界条件如土壤性质、坡面形态等因素有一定的差异。不过草被覆盖坡面径流流速的计算值与实测值最接近，这也可能是草被覆盖在一定程度上抵消或抑制了其他影响因素作用的缘故。这也说明影响坡面径流流速变化过程及特征的因素是十分复杂的，仅选用两个参数来表达其规律性有一定的不足。

表2-2　流量3.2L/min 坡面–沟坡系统各断面流速变化

覆盖度（%）	草被空间配置	不同断面流速（cm/s）					有草坡面平均流速（cm/s）	无草坡面平均流速（cm/s）	沟坡平均流速（cm/s）
		断面1	断面2	断面3	断面4	断面5			
0	裸坡	16.5	24	26.9	55.4	64.3		22.5	59.8
30	坡上部	<u>7.5</u>	14.8	16.6	56.1	60.8	7.5	20.4	58
	坡中部	19.8	<u>7.6</u>	31.5	57.1	55.8			
	坡下部	16.1	23.6	<u>7.9</u>	56.7	61.4			
50	坡上部	<u>5.3</u>	17	—	37.1	42.2	6.4	19.7	40.7
	坡中部	15	6.6	29	45	37.7			
	坡下部	18	<u>7.3</u>	—	41.9	40.5			
70	坡上部	<u>4.5</u>	16	—	35	41.8	5	21.6	40.3
	坡中部	12.7	<u>6.5</u>	33	35.7	48.5			
	坡下部	24.9	<u>4.1</u>	—	39.3	41.3			
90	全坡面	<u>4.4</u>	<u>4.4</u>	<u>4.4</u>	36.9	42.1		—	39.5

注：有下划线的为草被覆盖断面的平均流速

表 2-3　流量 5.2L/min 坡面–沟坡系统各断面流速变化

覆盖度（%）	草被空间配置	不同断面流速（cm/s）					有草坡面平均流速（cm/s）	无草坡面平均流速（cm/s）	沟坡平均流速（cm/s）
		断面1	断面2	断面3	断面4	断面5			
0	裸坡	14.9	19.6	31.0	61.2	62.3	—	21.8	61.7
30	坡上部	<u>8.6</u>	13.4	21.1	54.6	69.6	8.6	18.9	61.3
	坡中部	16.2	<u>8.4</u>	24.7	53.6	71.2			
	坡下部	16.7	21.7	<u>8.6</u>	54.7	64.0			
50	坡上部	<u>7.4</u>	14.2	—	62.5	61.8	8.3	21.3	56.3
	坡中部	19.2	<u>8.4</u>	26.1	49.6	58.3			
	坡下部	25.7	<u>9.0</u>		49.8	56.1			
70	坡上部	8.0	28.5	—	53	67.7	7.9	19.7	54.8
	坡中部	16.9	<u>8.1</u>	15.3	44.3	51.4			
	坡下部	18.2	<u>7.5</u>	—	53.2	58.9			
90	全坡面	<u>6.2</u>	<u>6.2</u>	<u>6.2</u>	38.5	54.3	6.2	—	46.4

注：有下划线的为草被覆盖断面的平均流速

此外，通过比较草被覆盖断面的平均流速可以看出，随着草被覆盖度的增加，坡面平均流速呈指数下降趋势（表 2-4）。

表 2-4　坡面流平均流速与草被覆盖度的关系

坡位	流量（L/min）	回归方程	相关系数（R^2）	附注
坡面	3.2	$V_s = 9.9203 e^{-0.0092C}$	0.9862	C 为坡面草被覆盖度（%），V_s 为坡面平均流速（cm/s），$C \geqslant 30\%$，V_g 为沟坡平均流速（cm/s）
坡面	5.2	$V_s = 9.9504 e^{-0.1031C}$	0.8121	
沟坡	3.2	$V_g = 60.639 e^{-0.0054C}$	0.8031	
沟坡	5.2	$V_g = 64.457 e^{-0.003C}$	0.8233	

无草被覆盖断面的坡面平均流速变化不大（表 2-2 和表 2-3）；对于裸坡和较低草被覆盖度（30%）的坡面，其沟坡平均流速差别相对不大；当草被覆盖度达到和超过 50% 时，随草被覆盖度的增加，沟坡径流平均流速略有下降，表明草被覆盖度超过 50% 时，对沟坡流速才有一定的减缓作用。据此初步判断，这种作用变化的临界值在草被覆盖度 30% ~ 50% 的范围内，由于室内放水冲刷试验的局限性，具体数值还有待于进一步的试验研究。坡面草被覆盖度与坡面及沟坡平均流速间有很好的一致性，说明在坡面–沟坡系统中，坡面草被覆盖度的变化对沟坡流速的变化也产生了一定的影响。

2.3.3　流速的时间变化过程

图 2-4 是流量为 3.2L/min 和 5.2L/min 时，坡面–沟坡系统各断面流速变化过程。可

以看出，流量为 3.2L/min 时，各断面流速基本随历时的延长呈下降趋势，而草被覆盖断面的流速则变化不显著。流量为 5.2L/min 时，坡面各断面流速变化过程也基本如此，沟坡径流流速几乎都呈明显下降趋势。由于草被在消减径流能量和分散径流的同时，还增加了地表糙度，对延缓坡面流流速起到了重要作用，同时由于抑制了侵蚀的发展，其形成的细沟不能充分发育，地形变化不大，故草被覆盖断面的流速相对裸露断面的要小。

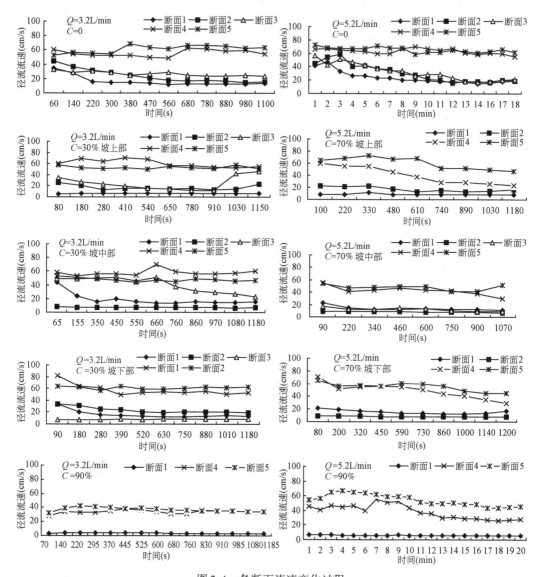

图 2-4　各断面流速变化过程

2.4　坡面–沟坡系统径流流态特征

坡面流流态涉及水流参数的数学表达和坡面侵蚀产沙过程机理的揭示等重大理论问题。研究坡面流流态特征及其变化规律受到了国内外有关专家的广泛关注。以往坡面流流态方面的研究多是单一裸坡条件下的试验，涉及草被覆盖及空间配置的较少，尤其是当研究对象为坡面-沟坡系统，且有一定盖度的草被时，问题会更加复杂。

2.4.1 坡面草被覆盖下坡面流流态空间变化特征

由于本章试验为无降雨下的径流试验，不存在降雨对径流结构的扰动作用，因此，仍以层流、紊流等表述流态问题，不宜延用"伪层流"的概念。

2.4.1.1 径流雷诺数变化特征

表 2-5 和表 2-6 是根据试验中实测的坡面流水力要素值计算的雷诺数。可以看出，雷诺数随着流量和坡面草被覆盖度及坡位的不同其大小变化很大。当流量为 3.2L/min 时，就坡面部位而言，其雷诺数变化于 293~1434，所有草被覆盖断面的雷诺数都普遍小于500，只有 70% 坡面草被覆盖度的坡中部和 90% 坡面草被覆盖度的全坡面的径流雷诺数略大于 500，说明在坡面径流量较小时，坡面草被对流态影响较大。若按照明渠水流的划分标准，有草覆盖的坡面，其坡面流大多处于层流状态，这是坡面草被分散径流、增加过水断面宽度、延缓流速作用比较明显的缘故。而无草被覆盖的坡面，其雷诺数为有草断面的 2~3.5 倍，大都处于层流、紊流之间的过渡流状态。流量为 5.2L/min 时，雷诺数有较大程度增加，所有草被覆盖断面的径流雷诺数都略大于 500，无草被覆盖断面的径流雷诺数变化范围为 746~2288，为有草被覆盖断面的 2~3 倍，几乎都处于过渡流状态，坡面草被对径流流态的影响不如 3.2L/min 流量时显著，说明流量大时，草被对流速的延缓作用比较有限。

表 2-5 3.2L/min 流量不同草被覆盖度各断面雷诺数

坡面草被覆盖度（%）	草被坡位	不同断面雷诺数				
		断面 1	断面 2	断面 3	断面 4	断面 5
0	裸坡	1101	1434	514	472	360
30	坡上部	375	1436	734	796	461
	坡中部	1195	433	727	930	657
	坡下部	1281	1044	486	621	838
50	坡上部	337	971	—	699	435
	坡中部	1021	339	696	479	510
	坡下部	1062	341		469	409
70	坡上部	348	952	—	903	693
	坡中部	927	658	1064	1043	865
	坡下部	1112	293	—	734	715
90	全坡	625	625	625	870	537

注：有下划线的为草被覆盖断面的平均径流雷诺数

表 2-6 5.2L/min 流量不同草被覆盖度各断面雷诺数

坡面草被覆盖度（%）	草被坡位	不同断面雷诺数				
		断面 1	断面 2	断面 3	断面 4	断面 5
0	裸坡	1272	1455	746	968	678
	坡上部	<u>616</u>	1614	1062	1393	973
30	坡中部	1670	<u>542</u>	792	917	1018
	坡下部	1938	956	<u>699</u>	1181	813
	坡上部	<u>540</u>	1652	—	1461	1001
50	坡中部	1870	<u>539</u>	1275	1301	926
	坡下部	2288	<u>564</u>	—	1497	1354
	坡上部	<u>585</u>	1578	—	1215	1010
70	坡中部	938	568	1786	1378	1424
	坡下部	1343	500	—	1347	1062
90	全坡	<u>628</u>	<u>628</u>	<u>628</u>	1618	1345

注：有下划线的为草被覆盖断面的平均径流雷诺数

就沟坡部位（断面 4 和断面 5）而言，流量为 3.2L/min 时，其雷诺数变化于 360 ~ 1043，除裸坡、50%坡面草被覆盖度坡下部和个别沟坡断面为层流外，其他沟坡的径流流态都属于过渡流状态。坡面草被不同空间配置下，沟坡雷诺数大小一般是：裸坡<坡下部<坡中部≤坡上部，说明在径流量较小时，坡面草被空间配置对沟坡径流流态还是有一定影响的，当径流量较大（5.2 L/min）时，这种差异性不太明显。坡面无草被覆盖的沟坡部位的径流雷诺数明显小于坡面有草被的，这可能是由坡面草被延缓流速、拦截泥沙，使坡面流到达沟坡时，其含沙量减小，流速加快、动能增加所致。

2.4.1.2 弗汝德数变化特征

表 2-7 和表 2-8 是根据试验中实测的坡面径流水力要素值计算的弗汝德数。流量和坡面草被覆盖度及坡位对弗汝德数的变化影响很大。在 3.2L/min 流量冲刷试验中，就坡面部位而言，其弗汝德数变化于 0.11 ~ 2.46，所有草被覆盖断面的弗汝德数都普遍小于 0.32，说明在坡面径流量较小时，坡面草被覆盖对弗汝德数影响很大，坡面径流处于缓流状态。当流量为 5.2L/min 时，坡面草被低覆盖度断面弗汝德数略有增加，坡面草被高覆盖度下弗汝德数则有较大增加，如覆盖度 70% ~ 90% 条件下，3.2L/min 的雷诺数变化于 0.15 ~ 0.20，而 5.2L/min 的则增至 0.19 ~ 0.29，说明流量增大时，草被覆盖对水流的影响作用减弱。

表 2-7　3.2L/min 流量不同草被覆盖度各断面弗汝德数

坡面草被覆盖度（%）	草被坡位	不同断面径流弗汝德数				
		断面 1	断面 2	断面 3	断面 4	断面 5
0	裸坡	0.70	1.17	1.99	6.11	7.98
	坡上部	<u>0.29</u>	0.58	0.89	5.00	7.10
30	坡中部	0.91	<u>0.31</u>	2.26	4.59	5.04
	坡下部	0.63	1.21	<u>0.31</u>	5.61	5.43
	坡上部	<u>0.20</u>	0.76	—	2.87	4.28
50	坡中部	0.57	<u>0.28</u>	2.46	4.69	3.40
	坡下部	0.74	<u>0.32</u>	—	4.19	4.10
70	坡上部	<u>0.16</u>	0.72	—	2.40	3.51
	坡中部	0.60	<u>0.20</u>	1.85	2.25	3.61
90	坡下部	1.28	<u>0.15</u>	—	2.99	3.30
	全坡	<u>0.11</u>	<u>0.11</u>	<u>0.11</u>	2.53	3.84

注：有下划线的为草被覆盖断面的平均径流弗汝德数

表 2-8　5.2L/min 流量不同草被覆盖度各断面弗汝德数

坡面草被覆盖度（%）	草被坡位	不同断面径流弗汝德数				
		断面 1	断面 2	断面 3	断面 4	断面 5
0	裸坡	0.61	0.87	2.18	4.85	6.17
	坡上部	<u>0.31</u>	0.41	1.14	3.49	5.94
30	坡中部	0.60	<u>0.32</u>	1.56	4.23	5.87
	坡下部	0.66	1.21	<u>0.29</u>	3.75	6.02
	坡上部	<u>0.24</u>	0.48	—	4.06	4.94
50	坡中部	0.65	<u>0.32</u>	1.42	3.10	4.69
	坡下部	0.95	<u>0.35</u>	—	3.17	3.88
70	坡上部	<u>0.29</u>	0.69	—	3.54	5.40
	坡中部	0.83	<u>0.29</u>	0.46	2.75	3.43
	坡下部	0.74	<u>0.28</u>	—	3.58	4.39
90	全坡	<u>0.19</u>	<u>0.19</u>	<u>0.19</u>	2.18	3.45

注：有下划线的为草被覆盖断面的平均径流弗汝德数

就沟坡部位而言，不论流量大小，其径流始终呈急流状态，与雷诺数正相反，一般是沟坡上部的弗汝德数小于沟坡下部的，说明弗汝德数随流程增加而增加。坡面无草覆盖的沟坡部位的弗汝德数明显大于坡面有草覆盖的。依坡面草被覆盖情况，沟坡和坡面弗汝德数大小一般是：90% 草被覆盖度<70% 草被覆盖度<50% 草被覆盖度<30% 草被覆盖度<0

草被覆盖度，总体上说明坡面草被覆盖度的大小对坡面及沟坡弗汝德数还是有明显影响的，坡面草被覆盖度越高，弗汝德数越小。

2.4.2 草被覆盖下坡面径流流态时间变化特征

2.4.2.1 径流雷诺数变化特征

图 2-5 是坡面流雷诺数随径流历时的变化过程。

如图 2-5（a）所示，当流量为 3.2L/min 时，裸坡各断面径流雷诺数在整个试验过程中呈逐渐增加趋势，坡面上部（断面1）和中部（断面2）则在前 3~4min 呈迅速增加趋势，此后基本处于稳定阶段，在最后几分钟又略有波动，流态始终为紊流；其他 3 个断面的变化不是太大，只是在试验中期出现明显上升趋势，按明渠水流划分标准，处于过渡流范围。分析认为，在试验最初的 1~2min，由于坡面比较平整，坡面流流速大，阻力较小，因而一开始，坡面流便呈现为紊流状态，随着坡面流对坡面剥蚀作用的发展，坡面形态开始发生明显变化，出现了细沟，流宽变窄，水流集中，水力半径增大，这导致了雷诺数的增大，并始终保持发展［图 2-6（a）］或稳定态势［图 2-5（c）和图 2-5（d）］，在第 1 断面这种趋势基本贯穿整个试验过程。当第 1 断面为草被覆盖时，第 2 断面的变化趋势也与此相似［图 2-5（b）］，沟坡各断面雷诺数也始终处于稳定但略有上升趋势。有草被覆盖的断面，其雷诺数大都普遍小于 500，且在整个试验过程中变化很小，但对下方紧临断面，却有增加雷诺数的作用，当坡面为 90% 坡面草被覆盖和坡面草被配置为坡下部时，其对沟坡雷诺数的影响也如此。其原因是尽管坡面草被增加了坡面径流阻力、延缓了流速，但是当坡面流流出草被断面时，由于阻力大大减小，流速加快、流宽变窄、水力半径增加，因而对其下部紧邻断面而言，会造成雷诺数一定程度的增大。

流量为 5.2L/min 时，裸坡各断面雷诺数在整个试验过程中呈逐渐增加趋势，增幅大于 3.2L/min 流量下的增幅［图 2-5（a）~（e）］。坡面最上部（断面1）和中部（断面2）在前 10min 呈明显增加趋势，此后增加缓慢，基本处于稳定阶段［图 2-5（f）］，坡面流流态由过渡流转变为紊流；其他 3 个断面的变化不是太大，属于过渡流状态。沟坡各断面（断面4、断面5）雷诺数变化也始终处于相对稳定并略有上升趋势。当坡面为 90% 坡面草被覆盖度和坡面草被覆盖为坡下部时，其沟坡（断面4、断面5）雷诺数却呈现波动式增加趋势，裸坡和坡中部的沟坡径流雷诺数相对较小。这是由于坡面无草被覆盖时，虽然其流速较快（比有草断面大 20%），但由于其过水断面水力半径仅为有草断面的 1/3，因而其雷诺数较小。

2.4.2.2 弗汝德数变化过程

流量为 3.2L/min 时，裸坡各断面弗汝德数在整个试验过程中呈逐渐减小趋势（图 2-6）。

试验第 1~2min，各断面弗汝德数都基本达到最大，并呈现快速下降趋势，试验第 3min 后，大多数断面弗汝德数都基本趋于稳定；裸坡条件下，断面 1 和断面 2 在试验

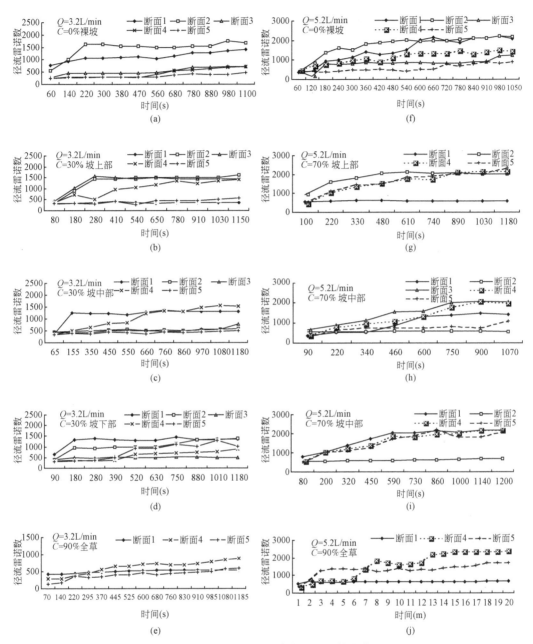

图 2-5　不同草被覆盖度下各断面雷诺数变化过程

5min 后，流态由急流演变为缓流，断面 3 的弗汝德数最大，表明坡面流流速在坡面的发展有一个坡长范围，在本试验中，在距坡面顶部 3 ~ 4m（即坡下部），坡面流流速达到最大。而有草被覆盖的坡面断面，其弗汝德数普遍小于 1，且在整个试验过程中变化很小，但对下一个裸露断面，却有增加其径流弗汝德数增大，草被布设在坡面中部时，这种作用更明显［图 2-6（c）］。流量为 5.2L/min 时情况也基本如此，不再赘述。

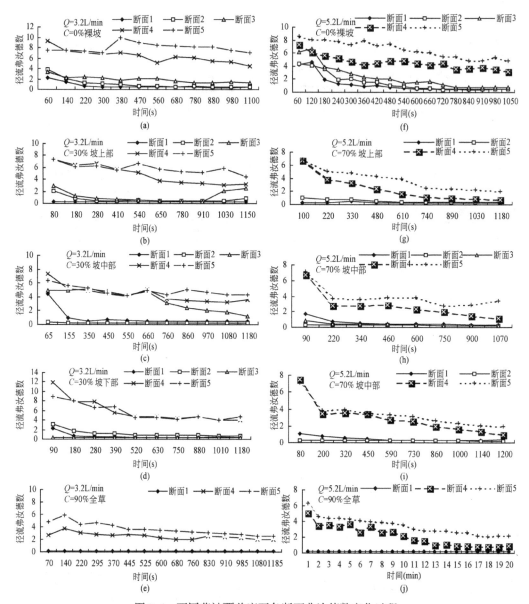

图 2-6　不同草被覆盖度下各断面弗汝德数变化过程

2.5　坡面–沟坡系统径流阻力特性

坡面流各种计算模型中都不可避免地要遇到阻力计算问题。国内，吴普特（1997）、沙际德和蒋允静（1995）、吴长文和王礼先（1995）、姚文艺（1996）、张科利（1998）、王文龙等（2003a）、李占斌等（2002）、李占斌和鲁克新（2003），国外，Foster 等（1984）、Abrahams 等（1986）、Gilley 等（1990），Govers（1992）等许多学者在坡面流阻力规律方面都开展了广泛而深入的研究。姚文艺（1996）研究表明，均匀坡面流的阻力系数 λ 在层流区和紊流光滑区均与床面糙度有关，同时，坡度对均匀坡面流的 λ 也有影响。张科利（1998）

的试验表明, 坡面细沟侵蚀过程中的 λ 大小与水流条件及地面形态密切相关, 坡面坡度对水流阻力大小有着决定性的影响。以往学者对坡面流阻力规律的研究多是在定床条件下测定计算或缓坡条件下的试验总结, 很少有陡坡、动床条件下的试验结果。定床下的结果没有完全反映坡面流冲刷条件下水流阻力的本质特性, 缓坡下的试验结果又不适用于像黄土高原环境下的陡坡侵蚀预报中的径流水力计算。目前, 坡面流特性研究中, 所推求的坡面流阻力、曼宁糙率、剪切力、流速、流宽、水力半径等多为整个坡面流段的平均特征, 未能很好地反映径流阻力特性在坡面的变化过程, 而且大都是单一坡面下的, 如潘成忠和上官周平 (2005) 通过室内模拟降雨试验, 研究了不同盖度草地的单一坡面径流阻力变化, 发现草地坡面的 Darcy-weisbach 阻力系数 λ 和曼宁糙率系数随草地盖度的增大而增大, 其值均大于裸地坡面相应的 λ, 上述研究均未涉及坡面−沟坡系统和草被不同空间配置。

2.5.1 径流阻力计算方法

通过用染色法测定水流流过每两断面区间的时间, 由此计算其相应的表面流速, 每个断面区间连续测量 3 次取其平均值后, 分别乘以不同的修正系数 (0.67、0.70、0.80) 就得到断面平均流速。用薄钢尺在每个断面等间距测量 4 个水流宽度, 平均后作为该断面的流宽; 由于坡面流深度仅仅几毫米, 最深也不过 1 ~ 2cm, 属于薄层水流范畴, 因此径流深的测定十分困难, 在研究中通过各个断面流速、流宽和两次取样间隔产流量的测定, 并根据坡面草被覆盖度和各个断面所占坡面长度的不同, 分别乘以不同的修正系数, 计算得出各个断面的平均径流深度。

Darcy-Weisbach 阻力系数 λ 采用下式计算:

$$\lambda = \frac{8ghJ}{V^2} \tag{2-3}$$

曼宁糙率系数 n 采用下式计算:

$$n = \frac{h^{2/3}J^{1/2}}{V} \tag{2-4}$$

式中, g 为重力加速度 (m/s²); h 为过水断面水深 (m); J 为水流能坡, 采用坡面地形坡度 θ 的正弦值 (sinθ); V 为水流流速 (m/s)。试验过程中, 由于坡面流水面比降变化不太大, 加上细沟形态不规则, 坡面径流实际比降的量测比较困难, 因此, 水流比降均采用了试验坡面地形的原始坡度。

2.5.2 坡面−沟坡系统径流曼宁糙率系数空间变化特征

为了探讨坡面草被覆盖对坡面及沟坡水流阻力特征的影响, 根据试验过程中测定的各断面平均流速等水力参数, 计算其平均曼宁糙率系数 (表 2-9 和表 2-10)。

如表 2-9 和表 2-10 所示, 流量、坡面草被覆盖度和草被覆盖坡位的不同对坡面流曼宁糙率系数有很大影响。小流量 (3.2L/min) 时, 各断面径流平均曼宁糙率系数变化于 0.008 ~ 0.199, 草被覆盖断面径流平均曼宁糙率系数都普遍大于 0.05, 为裸坡的 2 ~ 5 倍,说明当坡面流量较小时，坡面草被对上方水流的分散、阻挡作用明显，增加了坡面流运动阻力和过水断面粗糙度，导致坡面流平均曼宁糙率系数明显增加；大流量（5.2L/min）时，草被覆盖断面径流平均曼宁糙率系数相差不大，而且总体上说比小流量的有明显下降（30%除外），说明草被对坡面流的阻滞作用随着流量的增加呈下降趋势。此外，通过对有草被坡面流平均曼宁糙率系数的比较可以看出，小流量时，随坡面草被覆盖度的增加，其平均曼宁糙率系数呈指数增加趋势（表2-11），无草覆盖的沟坡断面则变化不大；另外，无论是裸坡还是低草被覆盖度（30%）时，沟坡径流平均曼宁糙率系数几乎没有差别，在较高草被覆盖度时（>50%），随着草被覆盖度的增加，其平均曼宁糙率系数明显增加，但在90%草被覆盖度时略有下降；大流量时也基本如此，只是变化幅度要略小一些。

表2-9 3.2L/min流量下坡面-沟坡系统平均曼宁糙率系数

坡面草被覆盖度（%）	草被覆盖坡位	不同断面糙率系数					有草坡面平均糙率	无草坡面平均糙率	沟坡面平均糙率
		断面1	断面2	断面3	断面4	断面5			
0	裸坡	0.036	0.023	0.008	0.003	0.002	—	0.022	0.003
30	坡上部	0.060	0.047	0.027	0.005	0.003	0.058	0.028	0.004
	坡中部	0.027	0.057	0.012	0.005	0.003			
	坡下部	0.041	0.017	0.057	0.004	0.004			
50	坡上部	0.090	0.030	—	0.01	0.005	0.069	0.026	0.006
	坡中部	0.034	0.063	0.014	0.005	0.007			
	坡下部	0.027	0.054	—	0.006	0.005			
70	坡上部	0.119	0.033	—	0.013	0.007	0.116	0.033	0.009
	坡中部	0.071	0.098	0.011	0.014	0.006			
	坡下部	0.016	0.131	—	0.009	0.007			
90	全草	0.199			0.01	0.006	0.199	—	0.008

注：有下划线的为草被覆盖断面的平均曼宁糙率系数

表2-10 5.2L/min流量下坡面-沟坡系统平均曼宁糙率系数

坡面草被覆盖度（%）	草被覆盖坡位	不同断面糙率系数					有草坡面平均糙率	无草坡面平均糙率	沟坡面平均糙率
		断面1	断面2	断面3	断面4	断面5			
0	裸坡	0.052	0.032	0.024	0.005	0.003	—	0.036	0.004
30	坡上部	0.06	0.059	0.029	0.009	0.004	0.061	0.039	0.005
	坡中部	0.048	0.058	0.017	0.005	0.004			
	坡下部	0.058	0.023	0.065	0.006	0.004			
50	坡上部	0.077	0.056	—	0.006	0.004	0.062	0.035	0.007
	坡中部	0.039	0.056	0.017	0.009	0.005			
	坡下部	0.027	0.051	—	0.01	0.007			
70	坡上部	0.063	0.026	—	0.007	0.004	0.063	0.034	0.007
	坡中部	0.029	0.062	0.049	0.012	0.008			
	坡下部	0.031	0.064	—	0.008	0.005			
90	全草	0.101	—		0.017	0.007	0.101	—	0.012

注：有下划线的为草被覆盖断面的平均曼宁糙率系数

表 2-11 草被覆盖度与平均曼宁糙率系数的关系

坡位	流量（L/min）	回归方程	相关系数 R^2	附注
有草坡面	3.2	$n_s = 0.0277e^{0.0211C}$	0.9582	C 为坡面草被覆盖度（%），n_s 为该断
有草坡面	5.2	$n_s = 0.0443e^{0.0076C}$	0.6521	面平均曼宁系数，$C \geqslant 30\%$
沟坡	3.2	$n_s = 0.003e^{0.0126C}$	0.9042	C 为坡面草被覆盖度（%），n_s 为该断
沟坡	5.2	$n_s = 0.0038e^{0.0114C}$	0.9148	面平均曼宁系数，$C \geqslant 0\%$

2.5.3 坡面–沟坡系统 Darcy-Weisbach 系数空间变化特征

在试验所选用的坡度和流量范围内，黄土坡面上形成细沟时的 Darcy-Weisbach 系数 λ 变化于 0.09 ~ 331。小流量时，草被覆盖断面的径流 Darcy-Weisbach 阻力系数 λ 都普遍大于 28，约为裸坡的 5 ~ 60 倍；大流量时，约为裸坡的 1.5 ~ 4 倍，λ 变化范围也明显小于小流量的，所有草被覆盖断面的 λ 相差不大，只有坡上部的 λ 值较大。同曼宁糙率系数一样，草被对坡面径流的阻滞作用随着流量的增加呈下降趋势。无论是大流量还是小流量，随着覆盖度的增加，其 λ 均呈指数增加趋势（表 2-12）。

表 2-12 坡面草被覆盖度与径流平均阻力系数的关系

坡位	流量（L/min）	回归方程	相关系数 R^2	附注
有草坡面	3.2	$f_s = 7.675e^{0.0404C}$	0.9674	C 为坡面草被覆盖度（%），f_s 为该断
有草坡面	5.2	$f_s = 17.75e^{0.014C}$	0.6785	面平均阻力系数，$x \geqslant 30$
沟坡	3.2	$f_g = 0.1314e^{0.0256C}$	0.8355	C 为坡面草被覆盖度（%），f_g 为该断
沟坡	5.2	$f_g = 0.2788e^{0.0186C}$	0.8611	面平均阻力系数，$x \geqslant 0$

2.5.4 曼宁糙率系数和平均阻力系数空间变化过程

图 2-7 是 5.2L/min 流量下各断面坡面流平均曼宁糙率系数和平均阻力系数的变化过程。

可以看出，无草被覆盖断面坡面流阻力系数呈较快增加趋势，有草被覆盖断面则呈缓慢增加趋势；沟坡径流阻力系数在试验前半期（0 ~ 10min）处于相对稳定或缓慢增加状态，后半期（10 ~ 20min）则呈快速增加趋势。坡面流曼宁糙率系数的变化过程同 Darcy-Weisbach 阻力系数 λ 的变化过程基本一致，只是变化幅度略有差异，如果仅从数值差异对比的角度看，当数值较小时，用曼宁糙率系数更便于比较，当数值较大时，用阻力系数似更好些。

由于坡面薄层水流阻力的变化主要受土壤性质、边界条件和水流本身结构的影响，而细沟流还受细沟发育形态的影响，鉴于这一问题的复杂性及目前试验量测技术的限制，未能就细沟边壁形态对水流阻力的影响及作用大小进行探讨，这有待于今后更进一步的研究。

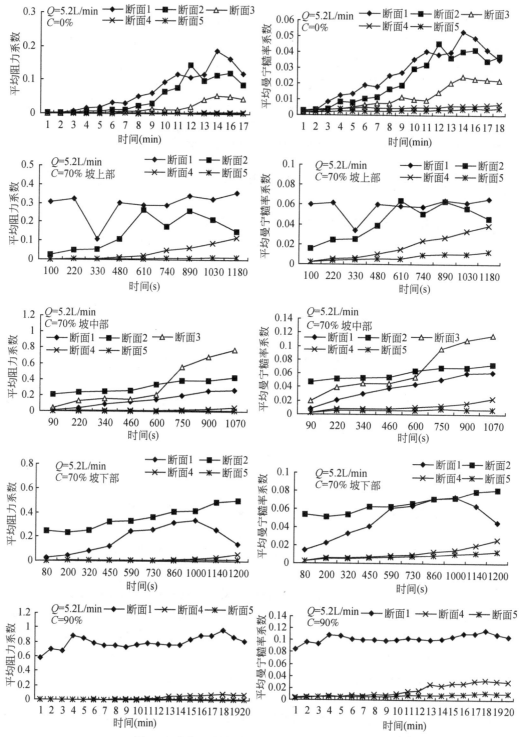

图 2-7　各断面曼宁糙率系数和阻力系数变化过程

(Q 为放水流量；C 为坡面草被覆盖度)

2.6 坡面–沟坡系统径流能耗特征

从物理学角度讲，土壤侵蚀是系统水流克服阻力的做功过程。做功本身必然要消耗能量。作为一种复杂的做功耗能过程，土壤侵蚀过程也必将遵循物质与能量守恒定律。关于坡面流能量问题，国内外许多研究者都开展过相关研究。Horton（1945）从摩阻力概念出发，提出在稳定流条件下，水流流过单位面积的坡面时，单位时间内克服摩阻力所做的功 P 等于水流重量和流速的乘积，即

$$P = G_0 \frac{h_x}{1000} V \sin\theta \tag{2-5}$$

式中，G_0 为含沙水流的重量（kg/m^3）；h_x 为据分水岭 x 处的径流深（mm）；V 为 x 处的流速（m/s）；θ 为坡度。式（2-6）中的 1000 为单位换算系数。

因为单位时间内所做的功等于作用力与速度的乘积，所以，消耗在单位面积上与坡面平行的作用力 F_1 为

$$F_1 = \frac{P}{V} = G_0 \frac{h_x}{1000} \sin\theta \tag{2-6}$$

该式表明，冲刷力的大小主要受径流量（或径流深）、坡度、坡长的影响。周佩华等（1981），李占斌等（2002），刘秉正和吴发启（1997）等在雨滴动能方面作了大量的研究和统计工作。丁文峰等（2001）、吴普特（1997）等通过放水冲刷试验研究了坡面流能耗问题。李占斌等（2002）在研究坡面流能耗、坡面发生侵蚀的临界能量条件以及评价土壤抗冲性大小的能量指标时，设单宽径流在坡面顶端所具有的势能为

$$E_P = \rho q g L \sin\theta \tag{2-7}$$

动能为

$$E_K = \frac{1}{2} \rho q V_1^2 \tag{2-8}$$

在理想情况下，单宽水流到达坡面任意断面时的总能量应为

$$E_T = \rho q g L \sin\theta + \frac{1}{2} \rho q V_1^2 \tag{2-9}$$

由于沿程水流的能量损耗，坡面上任意断面处水流的实际总能量与理想情况下会有很大差别，由实测的任意断面处水流的平均流速、径流量可计算该断面的实际总能量为

$$E_{xT} = \rho q' g(L - x) \sin\theta + \frac{1}{2} \rho q' V_x^2 \tag{2-10}$$

因此，坡面流从坡顶到坡面上任意断面处的能量耗损为：$E_C = E_T - E_{xT}$，对其进行时间和长度上的积分：

$$\sum E_C = \iint\limits_{0\ 0}^{T\ L} (E_T - E_{xT})\ \mathrm{d}l\mathrm{d}t \tag{2-11}$$

将上述有关等式代入式（2-11）可以得到坡面径流总能耗的表达式：

$$\sum E_C = \iint\limits_{0\ 0}^{T\ L} \left(\rho q g L \sin\theta + \frac{1}{2} \rho q V_1^2 - \rho q' g(L - x) \sin\theta - \frac{1}{2} \rho q' V_x^2 \right)\ \mathrm{d}l\mathrm{d}t \tag{2-12}$$

以上各式中，q 为坡面流单宽流量（l/s）；ρ 为水体密度（g/cm³）；g 为重力加速度（9.8 m/s²）；θ 为坡面坡度（°）；L 为坡长（m）；x 为坡面任一断面到坡顶的平均距离（m）；V_1 为坡顶水流流速（m/s），q' 为到坡顶距离为 x 的断面处的单宽流量（l/s）；V_x 为离坡顶长度为 x 的断面处的水流平均流速（m/s）；T 为径流持续时间（s）；$\sum E_C$ 为坡面径流出口处在整个径流过程中消耗的总能量（J）。

2.6.1 坡面–沟坡系统径流能量空间传递特征

根据试验数据，无草被覆盖（裸坡）、50%草被覆盖度（坡上部、坡中部和坡下部）和90%草被覆盖度（全草）下坡面径流能量的空间分布及变化情况如图2-8所示。

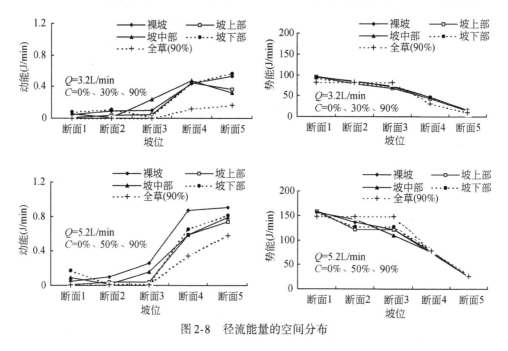

图 2-8 径流能量的空间分布

坡面流动能沿流程呈逐渐增大趋势，在流经有草被覆盖断面时，由于草被对水流流速的延滞作用而使坡面流动能有所下降，进入沟坡时又急速增加，由渐变转为突变。坡面流势能则显著下降，在流经有草被覆盖断面时，草被对水流的延滞作用使坡面流势能略有上升（与同坡位裸坡断面相比），流入沟坡时，径流势能下降更显著，大流量时尤其如此。坡面流动能与势能的相反变化恰恰说明，坡面流在由坡顶向下流动的过程中，随流速的加快，有部分势能转化成了动能，至于这两种能量之间的转化过程、比例与流量究竟是何种关系，限于试验流量选取较少，还无法做出确切回答。另外，不难看出，草被覆盖对坡面流能量的传递过程有一定的影响作用，至于这种作用的大小与草被覆盖度的关系还有赖于今后的进一步试验研究。

2.6.2 坡面–沟坡系统径流能量时间变化过程

冲刷试验中，小流量下（3.2L/min）坡面流能量随时间变化过程如图2-9。从图2-9中可以看出，坡面各断面径流动能最初都呈一定波动过程，此后随着历时延续而呈缓慢下降、再到相对稳定的变化趋势。沟坡径流动能变化总趋势是先增加，后趋于相对平稳。坡面各断面径流势能变化比较小，先略有增加，然后到基本稳定；沟坡径流势能最初略有增加，然后基本保持稳定。这是因为试验初期坡面比较平整，坡面流流速较快，其具有的动能较大，待坡面细沟产生后，径流阻力增加、坡面比降减小，导致坡面流动能下降、势能略有增加。此后，由于坡面流阻力、坡面比降及流速等变化很小，坡面流动能、势能变化也基本保持稳定状态。同样，沟坡断面初期径流动能增加幅度不大，其后随着试验的进行，沟蚀的加剧，径流集中，流速增加，导致径流动能增加，但由于沟坡断面比降变化不大，因而其径流势能的变化也很小。另外，还可以发现，草被覆盖对坡面流动能的变化过程有一定影响，同场试验中，有草被断面与无草被断面相比，前者的动能低于后者，并且变化幅度也要平缓一些。草被覆盖不同空间配置下，对相同坡位而言，有草被断面的径流势能要略高于无草被断面的。大流量（5.2L/min）下的坡面流能量时间变化过程也基本如此，不再赘述。

冲刷试验中，小流量下（3.2L/min）坡面流能量随时间变化过程如图2-10所示。

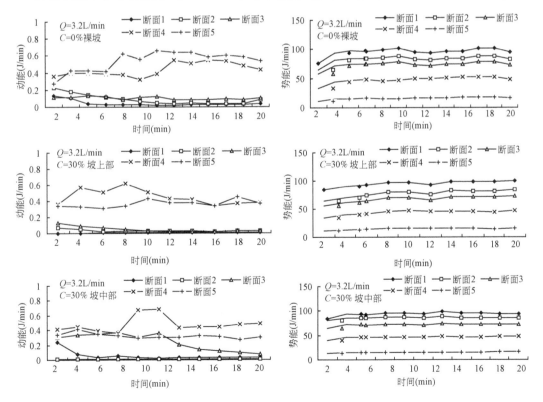

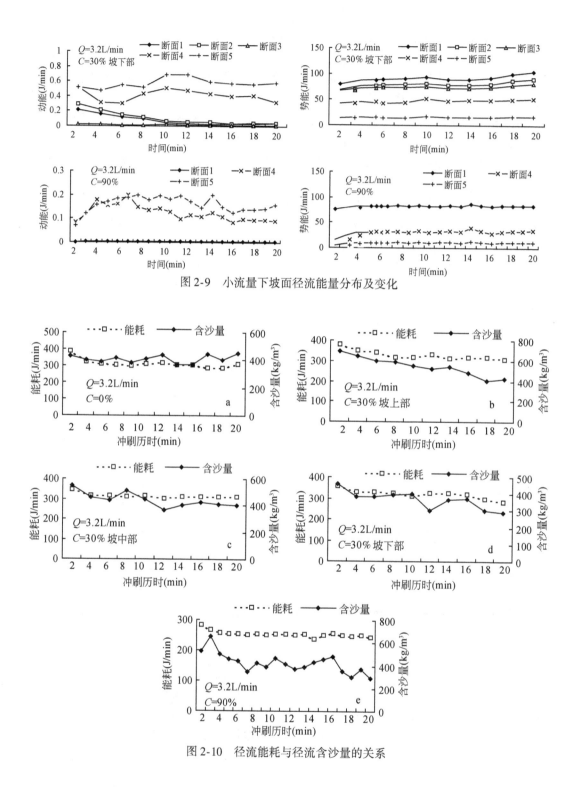

图 2-9　小流量下坡面径流能量分布及变化

图 2-10　径流能耗与径流含沙量的关系

2.6.3 侵蚀产沙过程中的径流能耗特征

水流在流动过程中要克服阻力、输移土壤颗粒等做功，其做功大小必然与产沙量有一定的联系。降雨条件下的侵蚀试验表明，径流能量与侵蚀量之间存在密切关系，并且径流势能要远大于降雨动能对坡面侵蚀的作用。径流冲刷试验表明，径流势能也远大于径流动能，草被覆盖度较低时，径流能耗过程与径流含沙量过程的变化趋势基本一致，裸坡情况下二者关系更密切（图2-10），说明径流能耗与侵蚀产沙量之间有一定的联系。坡面有草被覆盖时，由于径流能量除用于侵蚀、搬运泥沙外，还有一部分在克服草被对径流的阻力而消耗掉，而且这种能耗量可能要略大于径流对侵蚀泥沙搬运的能耗量，如当全坡面草被覆盖度为90%时，尽管径流含沙量呈明显下降趋势，径流能耗量却无明显变化。这也说明了为什么高密度草被覆盖能有效减轻水土流失的原因。

2.6.4 径流能耗的空间差异性

从图2-11可以看出，随着径流流程的增加，随径流势能急剧下降，其能耗也呈明显增加之势，尤其当径流进入沟坡后，这种趋势更加显著。同时，由于进入沟坡后径流流速不断加快，径流动能呈增加趋势。坡面侵蚀以面蚀和细沟侵蚀为主，能量消耗相对较少，沟坡以沟蚀和重力侵蚀为主，能量消耗要大于坡面部分。此外，径流冲刷试验中，除产沙、输沙耗能外，地表径流自身的紊动、径流对土壤黏结力和土壤结构的破坏作用，以及克服坡面草被对径流的阻滞作用等，都会使一部分径流的机械能转化为其他形式的能量，从而导致机械能总消耗量随流程的增加而增加。由于土壤侵蚀的复杂性，加之各种因素的综合影响，目前，还难以开展侵蚀过程中势能转化为动能的条件、过程及比例研究。

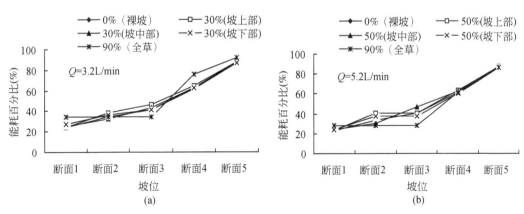

图2-11 径流能耗的空间变化

2.7　坡面-沟坡系统汇流特征

暴雨是引起水土流失的主要原因，其流失强度大小主要受降雨特性、土壤特性、地表特征等因素的影响。长期以来，国内外许多学者在降雨强度、降雨历时、地表坡度、坡长、坡向、土壤性质、土壤容重、土壤前期含水量、地表植被覆盖状况与侵蚀产沙关系方面开展了深入研究，取得了大量研究成果。坡面产流历时及其影响因素研究是其中一个基础而又重要的内容，我国近年来在该方面开展了大量工作。王玉宽等（1991）研究了裸地降雨强度对产流历时的影响作用，建立了两者间的定量表达式；贾志军等（1987）研究了同一降雨强度下坡耕地土壤初始含水率对产流入渗的影响，得出了土壤初始含水率同产流历时的定量关系；张光辉和梁一民（1995）研究了人工草地（沙打旺、草木樨）降雨强度、草地盖度、土壤初始含水量对径流起始时间的影响，并建立了它们之间的定量关系；袁建平等（1999）研究了坡度、雨强、枯落层厚度、土壤初始含水率、地表结皮等与产流历时的关系，认为影响林地产流历时的主要因子是降雨强度和植被盖度，并建立了预测不同土地利用方式下径流发生时间的关系式；蒋定生等（1995）研究了地面坡度对降雨入渗影响的试验，认为地面开始产流时间与坡度呈指数关系，当坡度一定时，开始产流时间与雨强呈幂函数关系，指数为负；吴长文和王礼先（1995）对比分析了林地坡面与裸地坡面的汇流时间差异，计算得出前者约为后者的 1.8～7.7 倍，表明林地阻延径流的作用十分明显；李全胜等（1999）研究指出，随着植被覆盖度的增加，起始径流时间明显推迟；李裕元和邵明安（2003）研究指出，采取适当措施延长初始产流时间、减少产流量以及提高降雨向土壤水分的转化率均可有效减少坡地土壤流失量；陈洪松等（2005）的野外模拟降雨试验也表明荒草地较裸地而言，能够明显延缓坡面产流时间。此外，王文龙等（2003b）还通过室内模拟试验，研究了坡面-沟坡系统不同降雨强度下起始产流时间的变化特征，表明雨强是影响起始产流时间的重要因素。需要指出的是，上述研究大多是单一坡面的，均未涉及坡面-沟坡系统草被不同空间配置对汇流特征影响的问题。

2.7.1　坡面-沟坡系统径流出流时间变化特征

坡面-沟坡系统试验草被覆盖度与出流时间的关系如图 2-12 所示。

从图 2-12 可以看出，随着坡面草被覆盖度的增加，坡面-沟坡系统径流出流时间呈指数增加，草被覆盖度对坡面出流有明显的延滞作用。同时，随着流量的增加，坡面出流时间逐渐缩短，草被覆盖度越高这种变化越大，说明流量对二者间的这种关系影响很大。分析认为，在土壤表层含水量基本达到饱和的试验前提条件下，坡面流流经有草坡段时，对出流时间具有决定性影响的主要是坡面流流速，由于在坡面流量较小时，坡面草被延缓径流流速的作用明显，而大流量时这种作用相对有限。因此，不同草被覆盖度的坡面流出流时间在小流量时差别较大，大流量时差异就不太显著。

草被布设坡位对出流时间也有一定影响。一般而言，当坡面草被布设在坡上部和坡中部时，出流时间较其他坡位略长，说明这种布设措施延缓、阻延坡面流作用相对大一些；对相

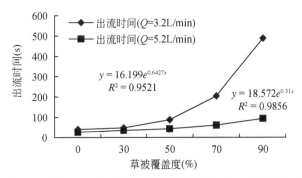

图 2-12　坡面–沟坡系统试验草被覆盖度与出流时间的关系

同草被布设而言，大流量时（5.2L/min）坡面–沟坡系统出流时间明显缩短，比小流量（3.2L/min）的出流时间要快 11~344s，而且草被覆盖度越大，这种差异越大（表 2-13）。

表 2-13　坡面–沟坡系统坡面不同草被覆盖度及空间配置下径流出流时间

流量 （L/min）	裸坡出流时间（s）	30% 出流时间（s）			50% 出流时间（s）			70% 出流时间（s）			90% 出流时间（s）
	全坡	坡上部	坡中部	坡下部	坡上部	坡中部	坡下部	坡上部	坡中部	坡下部	全坡
3.2	41	50	49	46	103	80	81	208	168	163	438
5.2	26	36	38	32	50	40	41	54	68	63	94

为了更好地分析流量和草被覆盖度与坡面–沟坡系统出流时间的关系，根据试验数据建立了出流时间与流量、草被覆盖度的二元线性回归方程：

$$T_c = 242.133 - 61.183Q + 2.659C \ (n = 20,\ R = 0.758) \tag{2-13}$$

式中，T_c 为出流时间（s）；Q 为流量（L/min）；C 为草被覆盖度（%）。可以看出，在影响坡面径流出流时间的 2 个主要因素中，流量是主要因素，草被覆盖度是次要因素，并且出流时间随着流量的增大而显著减小，随着草被覆盖度的增加而缓慢增加，出流时间与试验流量呈负相关关系，而与草被覆盖度呈正相关关系。通过以上分析，可以看出，对坡面–沟坡系统而言，流量的增加会显著缩短坡面径流的出流时间，而草被覆盖度的增加虽然可以对坡面产流起到一定的延缓作用，但是在试验条件下，与流量相比，其作用是有限的。根据式（2-14）可以从理论上推算，当流量大于 8.3L/min 时，即使草被覆盖度达到 100%，其对出流的抑制、延缓作用也已几乎消失。

2.7.2　坡面–沟坡系统径流终止时间变化特征

试验供水停止后，坡面流在出口断面终止的时间因坡面草被覆盖度及其空间配置的不同而有明显差异。

从图 2-13 可以看出，随着草被覆盖度的增加，坡面流终止时间呈指数增加，表明在

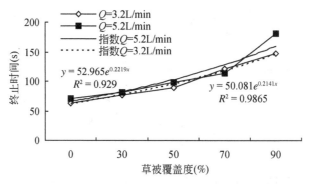

图 2-13 草被覆盖度与坡面径流终止时间关系

一定草被覆盖度范围内，草被覆盖有明显的延滞坡面流终止的作用，草被覆盖度越高，草被的蓄水延滞作用越明显，坡面流终止时间越长。同时，随着流量的增加，坡面流终止时间略有延长，在90%覆盖度时变化较大。分析认为，这是由于有草被的坡段蓄水达到饱和后，即使上方停止供水，其所蓄积的多余水分也会继续向下外流，直至降低到其最大持水能力后方才会停止的缘故，而对于具有相同草被覆盖度的坡段而言，其所能蓄积的最大水量（最大持水能力）却是一样的，因此，尽管流量不同，在停止供水后，坡面径流终止时间却差异不大。但是，由于草被覆盖度的不同，其坡段的最大持水能力也是不同的。一般而言，坡面草被覆盖度越高，其蓄水能力越大，这导致了坡面流终止时间与草被覆盖度两者间呈很好的指数关系。草被布设坡位对坡面流终止时间也有一定影响。在试验条件下，当坡面草被布设在坡中部和坡下部时，坡面径流终止历时较短，但50%和70%草被覆盖度时的情况有所不同。对相同草被布设而言，大流量（5.2L/min）比小流量（3.2L/min）能够略微延长坡面–沟坡系统坡面流的终止时间，但较高覆盖度下的坡上部例外，其原因还有待于进一步研究（表2-14）。

表 2-14   坡面–沟坡系统坡面不同草被覆盖度下坡面径流终止时间

流量（L/min）	被坡终止时间（s）	30%覆盖度终止时间（s）			50%覆盖度终止时间（s）			70%覆盖度终止时间（s）			90%覆盖度终止时间（s）
	全坡	坡上部	坡中部	坡下部	坡上部	坡中部	坡下部	坡上部	坡中部	坡下部	全坡
3.2	64	81	73	79	109	79	79	130	121	88	148
5.2	70	88	73	86	97	103	94	106	120	120	182

同样，根据试验数据建立了坡面流终止时间与流量、草被覆盖度的二元线性回归方程：

$$T_s = 40.826 + 4.506Q + 1.016C \quad (n = 20，R = 0.830) \tag{2-14}$$

式中，T_s 为径流终止时间（s）；Q 为流量（L/min）；C 为草被覆盖度（%）。可以看出，在影响坡面–沟坡系统坡面流终止时间的 2 个主要因素中，流量也是主要因素，草被覆盖度是次要因素，并且随着流量和草被覆盖度的增加，坡面流终止时间逐渐延长，坡面流终止时间与流量和草被覆盖度均呈正相关关系。可见,大流量、高草被覆盖度可以显著延长坡面流的终止时间,野外许多植被措施好的小流域终年都有常流水就从一定程度上说明了植被措施的这种滞流作用。

2.7.3 单一坡面下草被覆盖对坡面流的阻延作用

由于坡面–沟坡系统中坡面流终止时间受坡面草被覆盖度的影响明显,因此,坡面流流程的增加,从某种程度上掩盖或减小了草被覆盖度的影响程度,为更好地反映并揭示草被覆盖度与坡面流出流时间和终止时间的关系,将沟坡部分去掉,开展了单一坡面下的径流试验,其坡面草被覆盖及空间配置等都与坡面–沟坡系统试验保持完全一致。图2-12和图2-13是单一坡面试验下,不同草被覆盖度与坡面流出流及坡面流终止时间的关系。

从图2-14和图2-15可以看出,坡面草被覆盖度对坡面流出流时间影响显著,不同流量下的出流时间差别较大,而坡面流终止时间与草被覆盖度关系密切,与流量关系不大。

单一坡面试验下,流量大小对坡面流出流时间的影响与坡面–沟坡系统试验结论完全一致,草被布设坡位对坡面流出流时间的影响与坡面–沟坡系统试验结论并非完全一致(50%草被覆盖度时基本一致)(表2-15)。

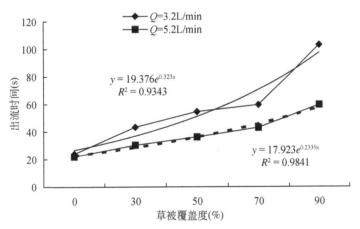

图 2-14 草被覆盖度与坡面流出流时间的关系

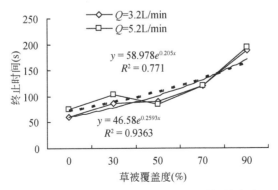

图 2-15 草被覆盖度与坡面流终止时间的关系

表2-15　单一坡面不同草被覆盖度下坡面流出流时间

流量（L/min）	裸坡出流时间（s）	30%覆盖度出流时间（s）			50%覆盖度出流时间（s）			70%覆盖度出流时间（s）			90%覆盖度出流时间（s）
	全坡	坡上部	坡中部	坡下部	坡上部	坡中部	坡下部	坡上部	坡中部	坡下部	全坡
3.2	24	36	45	50	53	61	50	57	57	65	103
5.2	22	29	30	33	36	38	35	41	44	45	60

　　草被布设坡位及流量大小对坡面流终止时间的影响与坡面-沟坡系统的试验结论也不是完全一致，表2-16，说明草被覆盖在单一坡面与坡面-沟坡系统中对坡面流的阻延作用不尽一致，这主要是后者受沟坡的影响，问题变得更加复杂。

表2-16　单一坡面试验不同草被覆盖度下坡面径流终止时间

流量（L/min）	裸坡终止时间（s）	30%覆盖度终止时间（s）			50%覆盖度终止时间（s）			70%覆盖度终止时间（s）			90%覆盖度终止时间（s）
	全坡	坡上部	坡中部	坡下部	坡上部	坡中部	坡下部	坡上部	坡中部	坡下部	全坡
3.2	61	84	89	90	91	86	92	105	131	126	189
5.2	75	90	112	110	92	81	84	113	126	123	194

2.8　小　　结

　　通过试验研究了坡面-沟坡系统坡面草被不同覆盖度及空间配置下，坡面流水动力学参数的变化过程及特征。

　　（1）在低流量时，坡面草被延缓径流流速作用较大，而流量较大时这种作用相对减弱。坡面及沟坡平均流速随着坡面草被覆盖度的增加呈指数下降，坡面草被覆盖在减缓坡面流速的同时，也直接影响到沟坡径流流速的变化，坡面草被覆盖度达到和超过50%时，对沟坡流流速有明显减缓作用。

　　（2）坡面-沟坡系统草被覆盖下坡面流平均曼宁糙率系数和平均阻力系数与流量关系密切。随着流量的增大，坡面流平均曼宁糙率系数和平均阻力系数在有草被覆盖断面呈减小趋势，在无草被覆盖断面呈增大趋势；草被覆盖断面及沟坡受草被覆盖面积大小的影响较大，各断面平均曼宁糙率系数和平均阻力系数随草被覆盖度的增加呈指数增加，无草被坡面则变化不大。坡面流平均曼宁糙率系数和平均阻力系数在整个坡面-沟坡系统沿程而下降，在流入沟坡时急剧下降。坡面各断面平均阻力系数变化过程呈增加趋势，沟坡各断面径流平均阻力系数变化很小。

　　（3）坡面草被覆盖对径流流态有显著影响，无草被覆盖断面的雷诺数为草被覆盖断面的2~3倍，但是其作用程度还受流量大小的影响。流量较低时，草被覆盖断面坡面径流流态基本为层流-缓流范畴，流量较高时，大都处于过渡流-缓流范畴，而无草被覆盖断面的流态几乎都处于过渡流−缓流或急流状态；沟坡径流除个别断面为层流−急流外，大都属于过渡流−急流状态。草被覆盖断面的雷诺数和弗汝德数变化很小，无草被覆盖断面雷诺数呈逐渐增加趋势，而弗汝德数呈逐渐减小的变化趋势。

（4）坡面流出流时间与流量呈负相关关系，与草被覆盖度呈正相关关系；径流终止时间与放水流量和草被覆盖度均呈正相关关系；草被覆盖面积越大，其对坡面流的延滞作用越显著；流量越大，草被覆盖对坡面流的延滞作用越小。坡面草被不同布设坡位对坡面流出流时间也有一定影响，当坡面草被布设在坡上部和坡中部时，其对坡面流的阻延作用相对大一些。单一坡面试验与坡面−沟坡系统试验的结论并非完全一致，后者的影响因素更为复杂。

（5）草被覆盖度及其不同空间配置对径流能量变化有一定影响，草被断面比无草被断面下的径流动能普遍偏小，变化幅度也较平缓。各断面能耗在时间上呈下降−稳定变化趋势，空间上随径流流程的增加，呈显著增加趋势；草被覆盖度较低时，坡面径流能耗变化过程与径流含沙量变化过程基本一致，裸坡情况下二者关系更密切。

参 考 文 献

陈浩 . 1993. 流域坡面与沟道的侵蚀产沙研究 . 北京：气象出版社

陈浩，王开章 . 1999. 黄河中游小流域坡沟侵蚀关系研究 . 地理研究，18（4）：363-372

陈洪松，邵明安，张兴昌，等 . 2005. 野外模拟降雨条件下坡面降雨入渗、产流试验研究 . 水土保持学报，19（2）：5-8

丁文峰，李占斌，崔灵周 . 2001. 黄土坡面径流冲刷侵蚀试验研究 . 水土保持学报，15（2）：99-101

侯庆春，韩蕊莲，韩仕峰 . 1999. 黄土高原人工草地"土壤干层"问题初探 . 中国水土保持，5：11-14

侯喜禄，曹清玉 . 1990. 陕北黄土丘陵沟壑区植被减沙效益研究 . 水土保持通报，10（2）：33-40

江忠善，宋文经，李秀英，等 . 1983. 土地区天然降雨雨滴特性研究 . 中国水土保持，3：32-36

江忠善，宋文经 . 1988. 坡面流速的试验研究 . 中国科学院西北水土保持研究所集刊，7：46-52

贾志军，王贵平，李俊义，等 . 1987. 土壤含水率对坡耕地产流入渗影响的研究 . 中国水土保持，9：25-27.

蒋定生，范兴科，李新华，等 . 1995. 黄土高原水土流失严重地区土壤抗冲性的水平和垂直变化规律研究 . 水土保持学报，9（2）：1-8

雷阿林，唐克丽 . 1997. 坡沟系统土壤侵蚀研究回顾与展望 . 水土保持通报，17（3）：37-43

雷阿林，唐克丽，王文龙 . 2000. 土壤侵蚀链概念的科学意义及其特征 . 水土保持学报，14（3）：79-83

李全胜，吴建军，叶旭君，等 . 1999. 土壤−植物下垫面对微生态环境的影响 . 应用生态学报，10（2）：241-244

李勇，朱显谟，田积莹 . 1991. 黄土高原植物根系提高土壤抗冲性的有效性 . 科学通报，36（12）：935-938

李勇，徐晓琴，朱显谟，等 . 1992a. 黄土高原植物根系强化土壤渗透力的有效性 . 科学通报，37（4）：366-369

李勇，徐晓琴，朱显谟，等 . 1992b. 黄土高原植物根系提高土壤抗冲性机制初步研究 . 中国科学B，35（3）：254-259

李裕元，邵明安 . 2003. 土壤翻耕对坡地水分转化与产流产沙特征的影响 . 农业工程学报，19（1）：46-50

李占斌，鲁克新，丁文峰 . 2002. 黄土坡面土壤侵蚀动力过程试验研究 . 水土保持学报，16（2）：5-7

李占斌，鲁克新 . 2003. 透水坡面降雨径流过程的运动波近似解析解 . 水利学报，34（6）：8-15

刘秉正，吴发启 . 1997. 土壤侵蚀 . 西安：陕西人民出版社

刘国彬，蒋定生，朱显谟 . 1996. 黄土区草地根系生物力学特性研究 . 土壤侵蚀与水土保持学报，2（3）：
21-28

刘国彬 . 1998. 黄土高原草地土壤抗冲性及其机理研究 . 土壤侵蚀与水土保持学报 4（1）：93-96

罗伟祥，白立强，宋西德，等 . 1990. 不同覆盖度林地和草地的径流量与冲刷量 . 水土保持学报，4（1）：
30-34

闵庆文，余卫东 . 2002. 从降水资源看黄土高原地区的植被生态建设 . 水土保持研究，9（3）：109-112

潘成忠，上官周平 . 2005. 牧草对坡面侵蚀动力参数的影响 . 水利学报，36（3）：1-8

沙际德，蒋允静 . 1995. 试论初生态侵蚀性坡面薄层水流的基本动力特性 . 水土保持学报，9（4）：29-35

邵学军 . 2001. 坡面细沟流速与坡度关系的数值模拟 . 水土保持学报，15（5）：1-5

唐克丽，席道勤，孙清芳，等 . 1983. 杏子河流域坡耕地的水土流失及其防治 . 水土保持通报，3（5）：
43-48

唐克丽 . 1993. 黄河流域的侵蚀与径流泥沙变化 . 北京：中国科学技术出版社

王文龙，雷阿林，李占斌，等 . 2003a. 黄土丘陵区坡面薄层水流侵蚀动力机制实验研究 . 水利学报，34
（9）：66-71

王文龙，莫翼翔，雷阿林，等 . 2003b. 坡面侵蚀水沙流时间变化特征的模拟实验 . 山地学报，21（5）：
610-614

王玉宽，王占礼，周佩华 . 1991. 黄土高原坡面降雨产流过程的试验分析 . 水土保持学报，5（2）：25-31

吴长文，王礼先 . 1995. 林地坡面的水动力学特性及其阻延地表径流的研究 . 水土保持学报，9（3）：
32-38

吴普特，周佩华 . 1992. 坡面薄层水流流动型态与侵蚀搬运方式的研究 . 水土保持学报，6（1）：16-
24，39

吴普特 . 1997. 动力水蚀实验研究 . 西安：陕西科学技术出版社

徐在庸 . 1962. 坡面径流的试验研究，水利学报，4：23-28

姚文艺 . 1996. 坡面流阻力规律试验研究 . 泥沙研究，1：74-81

姚文艺，汤立群 . 2001. 水力侵蚀产沙过程及模拟 . 郑州：黄河水利出版社

袁建平，蒋定生，甘淑 . 1999. 影响坡地降雨产流历时的因子分析 . 山地学报，17（3）：259-264

张光辉，梁一民 . 1995. 黄土丘陵区人工草地产流起始时间研究 . 水土保持学报，9（3）：78-83

张科利 . 1998. 黄土坡面细沟侵蚀中的水流阻力规律研究 . 人民黄河，20（8）：13-15

周佩华，窦葆璋，孙清芳，等 . 1981. 降雨能量的试验研究初报 . 水土保持通报，1：51-60

Abrahams A D, Luk S H. 1986. Resistance to overland flow on desert hillslope. Journal of hydrology, 88：
343-363

Abrahams A. D, Parson A J, Wainwright J. 1994. Resistance to overland flow on semiarid grassland and shrubland
hillslopes. Journal of hydrology, 156：431-446

Foster G R, Huggins L F, Meyer L D. 1984. A laboratory study of rill hydraulics：I. Velocity
relationship. Transactions of ASAE, 27（3）：790-796

Gilley J E, Kottwitz E R, Simanton J R. 1990. Hydrauliccharacteristics of rills. Transactions of ASAE, 33（6）：
1900-1907

Govers R. 1992. Relationship between discharge, velocity and flow area for rills eroding in loose, nonlayered mate-
rials. Earth Surface Processes and Landforms, 17：515-528

Horton R E. 1945. Erosion development of streams and their drainage basins, Hydrophylogical Aproach to Quantitative Morphology. Bull. Geol. Soc. AM, 56: 275-307

Meyer L D, Foster G R, Nikolov S. 1975. Effect of flow rate and canopy on rill erosion. Transactions of the ASAE, 18 (5): 905-911

第3章 坡面–沟坡系统侵蚀产沙过程

黄土高原坡面–沟坡系统作为一个集水区，既是流域侵蚀产沙的主要源地，又是控制水土流失、恢复与重建生态环境的基本治理单元（雷阿林和唐克丽，1997）。其空间尺度介于坡面和流域之间，并通过坡面和沟坡的水沙传递将坡面和流域联系起来，成为连接坡面和流域的纽带。因此，坡沟系统侵蚀产沙关系一直是土壤侵蚀学者所关心的重要问题（蒋德麟和赵诚信，1966；刘宝元等，1988；曾伯庆，1980）。已有不少人基于野外径流场观测资料研究了坡面径流下沟侵蚀输沙的作用（丁文峰等，2005，2006；肖培青和郑粉莉，2002，2003；肖培青等，2007）。由于野外试验控制的困难性，关于坡面–沟坡系统汇流汇沙及其侵蚀产沙动态过程、坡面不同含沙水流侵蚀特性变化及其对坡面–沟坡系统侵蚀产沙过程的影响与机理仍是当前研究的热点和难点。本章通过坡面—沟坡系统概化模型人工降雨试验，对坡面汇水汇沙与坡面–沟坡系统侵蚀产沙过程进行研究，以期为流域土壤侵蚀模型的建立提供基础。

3.1 试验设计与研究方法

3.1.1 坡面沟坡系统概化模型制作

由第2章图2-1知，在黄土高原丘陵沟壑区，地貌形态具有明显的垂直分带特性，自丘陵的顶部分别为梁峁顶、梁峁坡、沟坡和沟床等侵蚀地貌单元，其中梁峁顶坡度很缓，一般小于5°，梁峁坡又被笼统地称之为坡面，坡度小于35°，沟坡则多大于35°。坡面与沟坡的分界线称之为沟缘线。

以黄土高原丘陵沟壑区坡面–沟坡系统为原型，建立坡面–沟坡系统概化模型，试验研究坡面–沟坡系统侵蚀产沙过程及动力学机理。

依据黄土丘陵区坡度分级、小流域地面坡度组成、土壤侵蚀方式和侵蚀形态垂直分异规律设计坡面–沟坡系统概化模型的坡段数和各坡段坡度，力求模拟自然梁坡坡面汇水汇沙对沟坡侵蚀产沙过程的影响。坡面和沟坡面积比例大致控制在1.4：1.0，基本能代表黄土高原地区坡面和坡沟部分的自然比例关系，其坡段划分、各坡段坡度、坡长、代表地类和主要侵蚀方式如表3-1。

坡面–沟坡系统概化模型由位于坡面子系统和位于坡面下部的沟坡子系统组成（图3-1），水平投影长12m，宽3m。坡面子系统水平投影为7m，包含5°、10°、15°、20°这4个变化坡度，沟坡子系统水平投影5m、宽3m，坡度为35°。模型最下层填充20cm沙土，上面填充透水性强的炉渣等材料，用力压实。距表层80cm以内装填试验土壤，按10cm分层装入模型内，填土后坡面土壤容重控制在1.25g/cm³左右，沟坡坡面容重控制在1.4g/cm³

左右。

表 3-1 坡面–沟坡系统概化模型的坡段划分与代表意义

空间部位	坡段序号	代表地类		坡度（°）	水平投影（m）	主要侵蚀方式
沟（谷）缘线以上	1	梁峁坡面	上	5	1	溅蚀、片蚀
	2		中	10	2	细沟
	3			15	2	
	4		下	20	2	细沟与浅沟
沟（谷）缘线以下	5	沟坡坡面		35	5	切沟、重力侵蚀

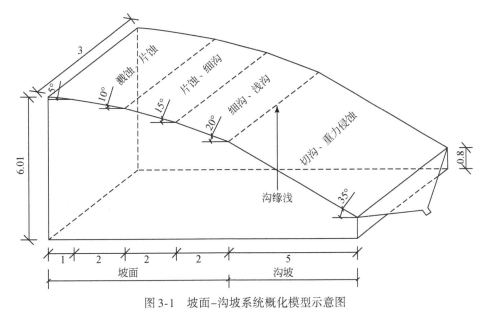

图 3-1 坡面–沟坡系统概化模型示意图

3.1.2 试验设计

试验用土为黄土高原陕北安塞的黄绵土。试验所用降雨设备为侧喷式人工降雨器，喷头组合形式为对喷，喷头距地面 7.5m，试验所选 3 种降雨强度，分别为 60 mm/h、90 mm/h 和 130 mm/h，实测雨强的范围分别为 46~67 mm/h、91~99 mm/h 和 134~139mm/h，降雨均匀性分别达到 76%、87% 和 92%。根据坡面汇流汇沙进入坡面–沟坡系统和梁坡汇流汇沙不进入坡面–沟坡系统两种情况设计不同降雨强度的组合，研究不同含沙水流情况下的坡面–沟坡系统侵蚀产沙过程（表 3-2）。

表 3-2　试验组织设计

序号	降雨强度 （mm/h）	沟坡子系统 汇流汇沙	试验条件	试验重 复次数	研究内容
1	60			2	
2	90	沟坡子系统有汇流汇沙	5 个坡度	2	
3	130		坡面容重：1.25g/cm³	2	坡沟侵蚀过程及 其机理研究
4	60		坡面容重：1.40g/cm³ 初始含水量：10%～20%	2	
5	90	沟坡子系统无汇流汇沙		2	
6	130			2	

为模拟沟坡子系统不接受上方坡面汇流汇沙的工况，将一个具有一定倾斜角度的 U 型截留槽放置在坡面和沟坡接合断面处，坡面子系统的径流泥沙通过截留槽排出，不进入沟坡子系统，可分别采集坡面和沟坡的径流泥沙样。U 型截留槽长度 3m，宽度和高度为 50cm。当坡面-沟坡系统不放置截留槽时，坡面汇流汇沙直接进入沟坡子系统，模拟黄土高原丘陵沟壑区自然梁峁坡坡面汇流汇沙进入沟道所引起的侵蚀产沙过程。

3.1.3　试验过程

试验填土时不研磨，不过筛，尽量保持土的自然组成特征，采取分层填土法。试验前一天，进行 30mm/h 前期降雨到坡面出现产流为止，其目的是保证每次试验土壤地表状况均一。试验模拟沟坡接受坡面汇流汇沙和不接受坡面汇流汇沙两种情况。为了研究坡面-沟坡系统沟蚀充分发育需要的不同降雨强度和降雨场次，先对沟坡接受坡面汇流汇沙的情况进行试验，然后进行沟坡不接受坡面汇流汇沙的对比试验。具体试验过程为：①沟坡接受坡面汇流汇沙。在同一降雨强度下，当汇流汇沙进入沟坡子系统时，每隔 1min 在坡面-沟坡系统出口处采集径流泥沙样一次，同时量测流速以及地表侵蚀形态，降雨时间固定为 60min。为了研究坡面-沟坡系统发育的完整过程，根据降雨强度和坡度变化，连续进行降雨试验 2～3 次（两次降雨时间间隔 1 天），使沟蚀充分发育，也就是后一次降雨试验是在前一次降雨试验形成的沟蚀形态的基础上进行的，这样就可以完整模拟坡面-沟坡系统侵蚀过程及其坡面汇流汇沙对沟坡子系统侵蚀的影响。降雨试验完成之后，待模型中土壤不再粘结成块时，深翻 50 cm（相当于农耕地耕作和犁耕深度）2～3 遍，深翻过程中酌量回填新土，并做到上下层土壤充分混合均匀。在翻土和回填土的过程中用烘干法测定土壤水分含量，以免干土回填过多，表层土壤水分含量控制在 15% 左右。然后，进行其他场次降雨试验；②沟坡不接受坡面汇流汇沙。当坡面汇流汇沙不进入沟坡子系统时，降雨时间也固定为 60min，分别采集坡面和沟坡的径流泥沙样，降雨场次与坡面汇流汇沙进入沟坡子系统时相同，用于对比坡面汇流汇沙是否进入沟坡子系统条件下的侵蚀产沙变化过程。至此，一个降雨强度下侵蚀产沙过程的模拟完毕。然后，进行其他场次降雨强度试验，重复上述步骤观测侵蚀过程。

3.1.4 试验观测项目及测验方法

土壤含水量：烘干法；

土壤容重：环刀法；

径流量测定：间隔1min，体积法定时取样；

含沙量测定：间隔1min定时取样，用比重瓶称重，求出样品泥沙含量；

径流流速：染色剂法；

侵蚀沟长度和宽度：数码相机连续拍照（结合用测尺每隔5min进行量测）；

降雨后侵蚀形态：测针法，结合相机拍照。

3.2 坡面−沟坡系统侵蚀产沙特征

3.2.1 坡面−沟坡系统产流产沙时间过程特征

产流产沙过程是土壤侵蚀研究中的一项重要内容，坡面形态变化及沟蚀发育等与其相伴而行，随着坡面沟蚀发育，产流产沙过程也必然发生相应变化，深入了解坡面−沟坡系统产流产沙的变化过程对准确把握坡面侵蚀及制定相应高效的水土保持措施都具有重要意义。在不同降雨强度下，对沟坡有汇流汇沙坡面−沟坡系统实测的径流、产沙过程分析发现（图3-2和图3-3），累积径流量、累积产沙量与降雨时间呈极显著的幂函数关系（表3-3）。

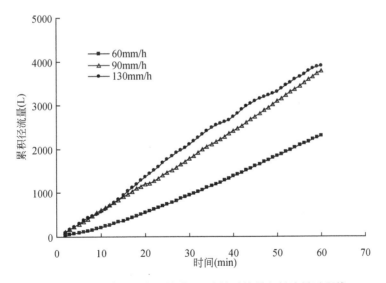

图3-2 不同降雨强度下的坡面−沟坡系统累积径流量过程线

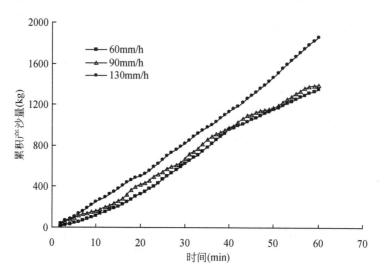

图 3-3　不同降雨强度下坡面–沟坡系统累积产沙量过程线

表3-3　坡面–沟坡系统累积径流量、累积产沙量与降雨时间关系

模拟过程	试验编号	雨强（mm/h）	拟合方程	相关系数 R^2 及样本数	备注
产流过程	1	60	$\sum W = 10.106t^{1.3316}$	0.9996，$n=60$	$\sum W$ 为累积径流量；t 降雨历时；$\sum W_s$ 为累积产沙量；n 为样本数
	2	90	$\sum W = 51.086t^{1.0327}$	0.9995，$n=60$	
	3	120	$\sum W = 53.112t^{1.0688}$	0.9968，$n=60$	
产沙过程	1	60	$\overline{\sum W_s} = 4.099t^{1.4552}$	0.9957，$n=60$	
	2	90	$\overline{\sum W_s} = 13.871t^{1.1363}$	0.9916，$n=60$	
	3	120	$\overline{\sum W_s} = 18.289t^{1.1205}$	0.9995，$n=60$	

累积径流量和累积产沙量过程线的一般表达形式为：$y = at^b$（a、b 为系数，t 为产流后至试验结束时的时间），且有随降雨强度的增大，单位时间内的产流产沙量增加，即无论是产流过程还是产沙过程，其拟合方程中的系数 a 均随降雨强度的增大而增大，这主要与降雨强度越大，其相应出流历时越短，产流系数越大有关。

3.2.2　坡面–沟坡系统输沙率和含沙量时间过程特征

一场试验的累积产流产沙量虽大体可反映产流产沙状态，但并不能直接反映产沙量和含沙量的变化情况，而了解产沙量动态变化对认识侵蚀产沙规律是至关重要的。因此，根据试验数据点绘了输沙率和含沙量随时间的变化过程，从图3-4和图3-5中可以看到，无论是输沙率还是含沙量，都有随降雨强度的增大而增大的现象，但它们又有着各自不同的变化趋势。对于输沙率来说，在降雨强度（简称雨强）较小的情况下（60 mm/h），其变化趋势大体为先增大然后保持相对稳定的状态；在降雨强度较大的情况下（90 mm/h），其总的变化趋势是波动增大；而对于雨强 130 mm/h 来说，峰值出现在试验中间阶段，随后有所下降。而对于含沙量来说，雨强高时，其变化过程波动性较强，同时，高含沙量出现在试验中间阶段；中雨强总体上呈现出含沙量不断增加的趋势；低雨强后期的含沙量增幅不明显，基本处于相对稳定状态。到了试验后期阶段，大雨强的含沙量基本接近中雨强的含沙量。分析输沙率和含沙量的变化过程可以看出，在大雨强情况下侵蚀发育更快，进入相对稳定状态也越快。而坡面侵蚀输沙过程中径流产沙量的大小一方面取决于径流侵蚀力的强弱，另一方面也与地面物质的补给能力有关，坡面侵蚀过程中这两个方面因素的消涨变化及其组合决定了径流产沙量的变化特征。根据已有的研究结果，径流侵蚀力的大小主要决定于径流切应力 τ（$\tau = \rho g h \sin \theta$，式中 ρ 为水体密度；g 为重力加速度；h 为水深；θ 为坡面角度），其大小主要由径流深和水力坡度决定。一般认为水力坡度与地面坡度基本一致，而对于一定雨强的试验，坡度保持不变，因此，径流切应力 τ 的大小主要取决于径流量的大小。地面物质的补给能力主要受制于土壤本身性质以及泥沙颗粒本身的运动特性。在试验开始的最初阶段，由于土壤表面疏松，地面物质补给能力很强，产沙量主要决定于径流侵蚀力大小。细沟流冲刷分散土壤的能力随雨强的增加而增大，含沙量也就随雨强由小变大而不断增大。在沟蚀形成后的发育阶段，由于沟槽形成，地面物质补给减少，与径流侵蚀力比较，此时含沙量大小受地面物质补给能力大小的影响更大。当沟蚀发育持续一段时间后，其形态基本接近均衡状态，地面物质补给能力更弱，尽管大雨强的径流侵蚀力较小雨强的径流侵蚀力大，径流产沙量却相对要小。

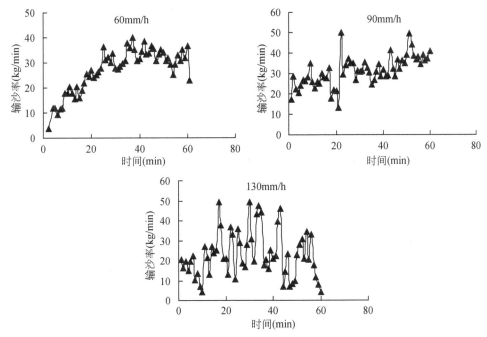

图 3-4　不同降雨强度下坡面－沟坡系统输沙率变化过程

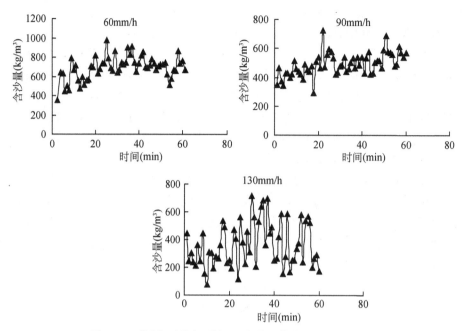

图 3-5　不同降雨强度下坡面–沟坡系统含沙量变化过程

3.3　坡面–沟坡系统侵蚀过程与地表微形态演化过程

3.3.1　坡面–沟坡系统试验数据的处理

用地形测针板测量坡面地形时，所得到的是坡面上各测量断面的高程值，而此高程值并非基于相同的基准点，因此，在进行数据分析时，需把这些高程值换算成基于同样基准点的高程值，然后在 Surfer 软件中处理。本次试验测量时，都是从坡面底端开始向上逐渐测量的，因此把坡面最底端的断面高程值设定为基准点。假定测针方向为水平方向，并设定其为 X 轴，坡面–沟坡系统水平投影方向上的移动方向设定为 Y 轴，测针的高低位置代表垂直方向的 Z 轴。因此，对坡面上的一个测量点来说，假如测量点距坡面底端的基准测量断面的距离为 L，沿 X 轴方向的距离为 a，坡度为 θ，则测点的三维坐标可以表示成如下形式：

$$X = a$$
$$Y = L\cos\theta$$
$$Z = L\sin\theta - h_n$$

式中，h_n 为第 n 个测针的数值。整个计算采用电子表格（EXCEL），而后将数据整理成三维坐标数据（X，Y，Z），最后将文件复制转换为 Surfer 软件的文件格式，就可以利用 Surfer 软件的功能对坡面–沟坡系统侵蚀形态进行三维显示。

坡面形态既是土壤侵蚀作用的结果，又反过来又影响土壤侵蚀过程。坡面侵蚀产沙是在降雨、径流动力作用于土壤发生的土壤分散、剥离及输移过程，在该过程中，一方面坡面形态在降雨、径流等侵蚀动力作用下不断发展变化，在不同的发展阶段表现出不同的形态特征；另一方面，坡面地形的不断改变对坡面侵蚀产沙规律具有一定的影响和制约作用，使其在不同形态条件下呈现出不同的侵蚀产沙特性（图 3-6）。在坡面土壤侵蚀研究中，摸清土壤侵蚀的空间变化对于科学布设水土保持措施具有重要意义。本节同时利用地形测针板，结合 Windows Surfer 软件的作用，研究坡面土壤侵蚀的空间变化。

图 3-6　不同降雨强度下的地面微形态变化

3.3.2　立体模型生成

对试验后坡面侵蚀形态的采集密度为：横向 X 轴 5cm 间隔，共 60 个点，纵向 Y 轴每 20cm 一个断面，试验的整个坡面-沟坡形态数据有 4000 个左右。将 EXCEL 数据文件经栅格化形成栅格文件，可以直接将栅格文件生成三维立体模型 DEM，可以直观地看出沟蚀的形状和密集情况。利用 Kriging 插值方法，选取等高线功能，即可得到坡面侵蚀等高线图，并通过高线经插值形成较完整的侵蚀形态。图 3-7 ～图 3-9 为降雨强度 60mm/h、90 mm/h 和 130 mm/h 的坡面-沟坡系统侵蚀形态立体模型的对比。从图中可以看出沟蚀侵蚀并不连续分布，呈分段状出现，两段之间侵蚀微弱，其原因与沟蚀水流能量的衰减、滚动波的形成及土壤抗蚀抗冲性的差异分布密切相关。

3.3.3　坡面-沟坡系统侵蚀过程与地面形态过程

图 3-7 ～图 3-9 分别反映的是在降雨强度为 60 mm/h、90 mm/h、130 mm/h 发育后期

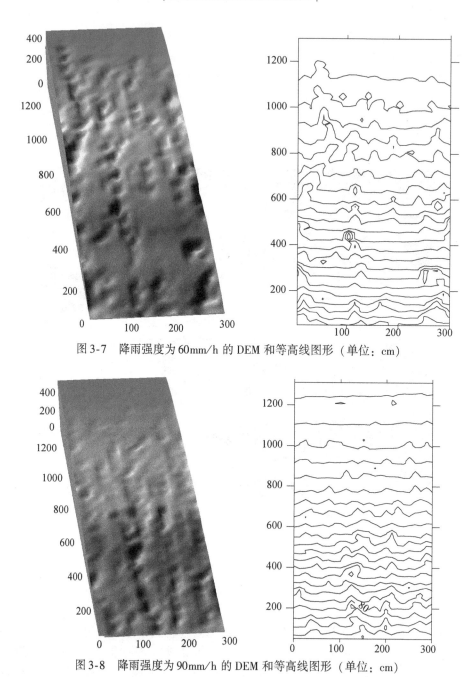

图 3-7 降雨强度为 60mm/h 的 DEM 和等高线图形（单位：cm）

图 3-8 降雨强度为 90mm/h 的 DEM 和等高线图形（单位：cm）

的地面侵蚀形态。从图 3-7 可以看出，在降雨强度为 60 mm/h 时，侵蚀形式主要为细沟，沟坡坡面仅出现了跌穴和细沟侵蚀。随着降雨强度的增加，达到 90 mm/h 时，沟坡出现了沟头较宽，沟蚀数目增加的地形特征，表明侵蚀加剧。当降雨强度为 130 mm/h 时，沟坡沟头溯源侵蚀速率增加，坡面细沟发育更加完整，且细沟水流挟带的泥沙通过横向比降侧向汇入到切沟沟槽中。对比 3 种降雨强度条件下的坡沟等高线侵蚀形态可知，由坡面到沟坡，等高线逐渐变得密集，表明在相同坡度和降雨历时条件下，随着降雨强度的增大，沟

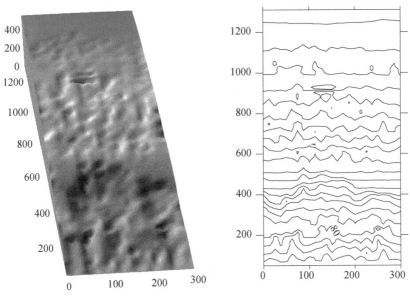

图 3-9　降雨强度为 130mm/h 的 DEM 和等高线图形（单位：cm）

坡下切侵蚀加剧；同时，坡面上细沟侵蚀增加，使地面更加破碎，侵蚀量明显增加。从各次降雨试验后地面地形形态可以看出，土壤侵蚀过程的直接作用结果是使坡面形态发生变化，降雨强度对侵蚀方式影响的程度不同，导致地面形态破碎化程度不同。地面形态变化可以直接反映出坡面侵蚀程度的强弱，因此可以根据坡沟发育不同阶段 DEM 和等高线特征的变化，粗略估算侵蚀产沙量的大小。

3.4　坡面-沟坡系统侵蚀产沙耦合关系

3.4.1　坡面汇流汇沙的作用

在试验条件下，当坡面汇流汇沙进入沟坡系统时，坡面径流量 W_p 和沟坡径流量 W_g 之和（$\sum W_p + \sum W_g$）与两个土槽连接时试验土槽的径流量（$\sum W$）基本相等，表明在试验过程中，径流保持大致的平衡状态。试验结果表明，在不同降雨强度下，沟坡有汇流汇沙时的侵蚀产沙量（W_{Spg}）总是大于无汇流汇沙时坡面侵蚀产沙量与沟坡侵蚀产沙量之和（$\sum W_{Sp} + \sum W_{Sg}$），表明坡沟系统侵蚀以侵蚀—搬运过程占主导地位。

降雨过程中，上方汇流汇沙是上下不同地貌部位之间水流能量传递的媒介，不仅影响坡下方的入渗、产流量，同时会影响到坡面流挟沙能力和侵蚀产沙量。描述坡面汇流在侵蚀作用的重要指标是坡面汇流引起的净侵蚀产沙量（W_S），它是指坡沟系统连接时的总侵蚀产沙量（$\sum W_S$）与沟坡无汇流汇沙时梁坡侵蚀产沙量（$\sum W_{Sp}$）与沟坡侵蚀产沙量之和（$\sum W_{Sg}$）的差，即 $W_S = \sum W_{Spg} - (\sum W_{Sp} + \sum W_{Sg})$。试验资料表明，在 60mm/h、90mm/h、130mm/h 3 种降雨强度下，沟坡接受坡面汇流后引起的净侵蚀产沙量（W_S）占试验土槽全部产沙量 W_{Spg} 的 15%～29%（表 3-4）。

表 3-4　坡面汇流汇沙对坡沟系统侵蚀产沙的贡献

雨强（mm/h）	场次	$\sum W_{Sp}$（kg）	$\sum W_p$（L）	$\sum W_{Sg}$（kg）	$\sum W_g$（L）	$\sum W_S$（kg）	$\sum W$（L）	W_S（kg）
60	1	267	640	495	809	895	1459	133
	2	308	782	518	980	1155	1945	329
	3	324	1173	683	1255	1286	2509	279
90	1	456	1430	923	1523	1936	3089	557
	2	484	1493	1134	1654	2160	3402	542
130	1	953	2092	1437	2434	3025	4369	635
	2	1016	2486	1504	3125	3158	4986	638

3.4.2　坡面汇流量与沟坡净侵蚀量的关系

由前面分析可知，上方汇流汇沙对沟坡侵蚀产沙过程产生重要影响。因而在水土保持措施具体布设时，只有尽量减少上方汇流汇沙，才能使减沙效益达到最佳。上方汇流作为坡面上、下方之间发生侵蚀产沙关系的纽带，把不同部位的产沙过程连接成为一个整体。根据试验数据分析，将径流量与沟坡净侵蚀产沙量的关系点绘在直角坐标系中（图 3-10），可以看出二者之间呈密切的幂函数关系。其一般表达式为：$\sum W_{Sg} = a \sum W_{Sp}$，即沟坡部分的侵蚀量随着坡面径流量的增大而增大。回归结果表明，幂指数大于 1，由此可知随坡面径流量增加，将引起沟坡部分更大的侵蚀量。因此，有效减少坡面汇流量将是黄土高原地区水土保持措施布设的关键，这在一定程度上与朱显谟院士提出的"全部降水就地入渗、拦蓄"的水土流失治理方针相一致。

关于坡面流汇入沟道过程中沟坡部分的侵蚀产沙变化规律目前还未达到统一认识。主要有以下几种观点：①随径流深增加而增大；②由于含沙量自上而下增加，水流的能量主要用于输沙，相应的侵蚀能力减小；③基于上述原因的存在，冲刷强度从上而下是相同的。还有学者对坡度均匀的坡面侵蚀过程进行研究后认为，当坡长增加时，由于受入渗损失的影响，存在侵蚀率发生变化的临界坡长；另一些学者对小流域横剖面研究后认为，坡度的增加使水流动能增大，小流域横剖面具有侵蚀方式、入渗与产流，以及侵蚀强度的垂直分带性（陈浩，1992）。

根据泥沙分散与搬运相匹配的原理可知，坡面径流侵蚀分散率正比于坡面径流输沙能力与径流含沙量的差，其差值越大，坡面流侵蚀分散率也越大。而坡面流输沙能力与坡度及降雨强度有关，在本次试验中，坡面坡度为一定值，因此坡面径流输沙能力只与降雨强度有关，只要试验中降雨强度一定，则该条件下的坡面径流输沙能力就确定了。因此，在某一确定的降雨强度条件下，决定坡面流侵蚀分散率的变量只有径流含沙量，径流含沙量又与降雨强度有关，对应于不同的降雨强度，其坡面出口径流含沙量不同，从而导致沟坡净侵蚀产沙量的不同。根据试验数据，点绘了不同降雨强度条件下坡面汇流含沙量与沟坡净产沙量的关系（图 3-11）。

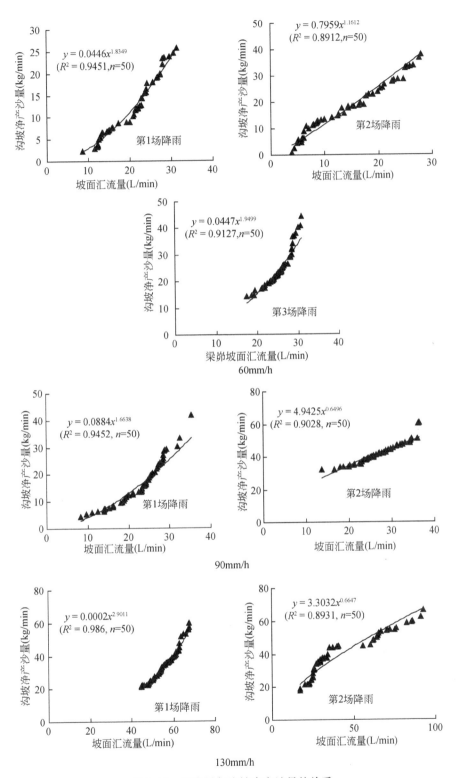

图 3-10 径流量与沟坡净产沙量的关系

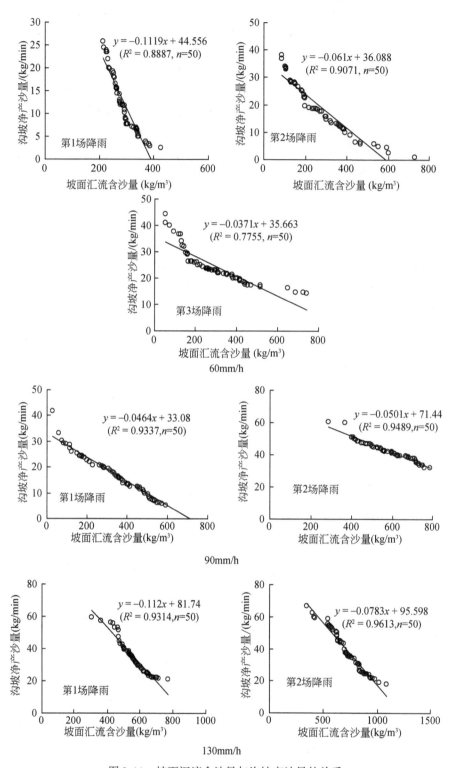

图 3-11 坡面汇流含沙量与沟坡产沙量的关系

从图 3-11 中可以看出，沟坡净侵蚀产沙量与坡面汇流含沙量有直接的关系。在一次试验过程中，随坡面汇流含沙量的不同，沟坡净侵蚀产沙量会发生相应变化。通过拟合，发现它们之间呈很好的线性关系，其一般表达式为：$W_S = -aS + b$，式中，W_S 为沟坡净侵蚀产沙量（kg/min）；S 为坡面汇流含沙量（kg/m³）；a，b 为系数。由此方程中 b 均为负值，表明沟坡净产沙量随坡面汇流含沙量的增大而减小，且其减小幅度随降雨强度的增大而增大。分析产生这种现象的原因，主要是在相同条件下，随降雨强度的增大，坡面流输移能力也相应增大，当对应于相同的坡面汇流含沙量时，坡面流的输移能力与坡面汇流含沙量的差值就越大，因此产沙量就越大。而当坡面汇流含沙量增幅相同时，大雨强的输移能力与坡面汇流含沙量的差值变化幅度则相对较小。

3.4.3　坡面汇流汇沙对沟坡径流、输沙过程的影响

3.4.3.1　坡面汇流汇沙对沟坡径流率变化过程的影响

径流是土壤侵蚀发生土壤侵蚀的基本条件，坡面–沟坡系统中侵蚀与产沙的时空差异性，主要取决于径流的时空变化特征。因此，分析坡面–沟坡系统的径流率变化特征，对于揭示坡面–沟坡系统的侵蚀产沙特征有一定的意义。图 3-12 为沟坡子系统有汇流汇沙和无汇流汇沙时的径流率变化过程。

从总体上看，对于 60mm/min、90mm/min 两个强度下的降雨来说，有汇流汇沙的沟坡

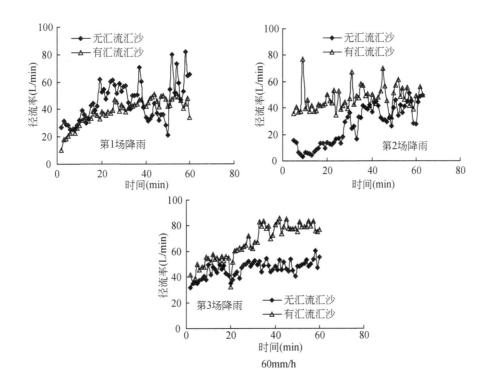

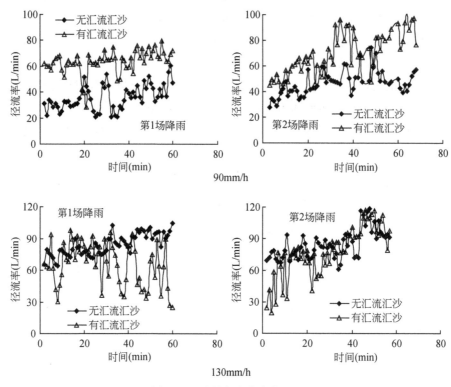

图 3-12　沟坡径流率变化过程

径流率大于无汇流汇沙的，只是在 60mm/min 的第 1 场降雨中，有汇流汇沙的径流率点据居于两者点据分布带的下限，尤其在降雨后期两者的平均径流率是接近的。另外，这两种雨强下，无论是有汇流汇沙还是无汇流汇沙，随降雨历时增加，径流率在初期增加快，而在后期有所趋缓。在 130mm/min 高强度降雨下，总体上看，有汇流泥沙与无汇流汇沙的沟坡径流率水平基本相当，只是平均来说，有汇流汇沙的嫌低，尤其是对于第 1 场降雨，有汇流汇沙的径流率在后期明显低于无汇流汇沙的，同时，其过程变幅较大。在高雨强下，后期的径流率也表现出趋于相对平稳的态势。从三种雨强的试验结果看，60mm/min、90mm/min 中低雨强下，有汇流汇沙与无汇流汇沙的径流率相差较为明显，而在 130mm/min 高强度降雨下的差异相对较小，由此表明，在中低强度降雨下，径流率受坡上方有无汇流汇沙的影响较大，而降雨强度较大时，受有无汇流汇沙的影响就不是太明显了。

3.4.3.2　坡面汇流汇沙对沟坡输沙过程的影响

　　坡面流通过对坡面土体的不断分散、剥离和输移，最终将被带离原来的位置。在本次试验中，定义单位时间内坡面流携带至出口断面的泥沙量为输沙率。通过对坡面流输沙率的研究，可以了解坡面侵蚀的状况。坡面流输沙率的变化是坡面流流态、流速、土壤分散和可蚀性等因素综合作用下土壤侵蚀产沙的结果，是坡面径流侵蚀动力作用的具体体现。

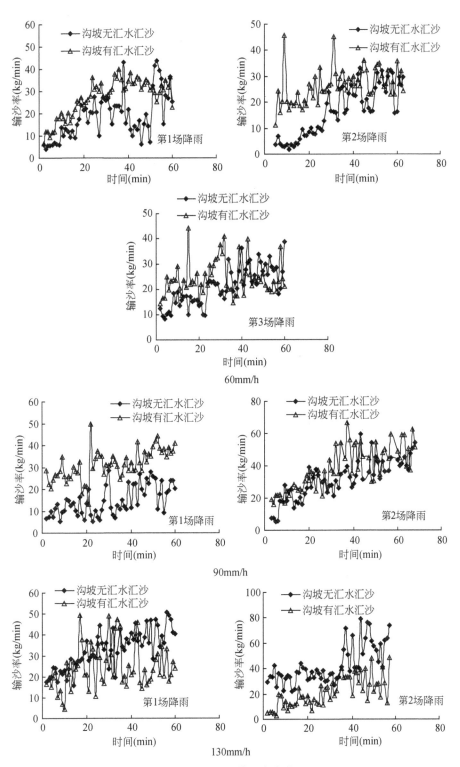

图 3-13 沟坡径流输沙率变化过程

从图 3-13 中可以看到，不同降雨强度下的输沙率变化过程有一定的规律性，在下垫面一定时，降雨强度越大，径流搬运泥沙的能力越大，即径流输沙率越大。在试验初期，径流输沙率一般较小，随着试验的进行，径流输沙率逐渐增大且在试验后期基本达到相对稳定。这是因为随着试验的进行，坡面出现跌坎并发育成细沟侵蚀，侵蚀量增大，但是到了降雨的后期，沟蚀已经下切到一定深度，沟蚀的发展受到沟蚀形状和试验边界条件的制约，输沙率也随之减小的趋势。

从图 3-13 中可以看到，沟坡无汇流汇沙与有汇流汇沙的输沙率变化过程的差异。在降雨强度为 60mm/h 和 90mm/h 时差异较大。由于坡面汇流汇沙的作用输沙率增大，但是在降雨强度增大为 130 mm/h 时，在上方汇流作用下，坡面输沙率出现了减小的趋势。在降雨强度为 60mm/h 和 90mm/h 时，沟坡有汇流汇沙的输沙率大于沟坡无汇流汇沙时的输沙率，在 90mm/h 时这种现象表现得更明显。而在降雨强度为 130mm/h 时，第 1 场降雨时，沟坡有汇流汇沙的输沙率在降雨后期小于沟坡无汇流汇沙的输沙率，第 2 场降雨时沟坡有汇流汇沙的输沙率在降雨后期小于沟坡无汇流汇沙的输沙率。

3.4.3.3　坡面汇流汇沙对沟坡径流含沙量的影响

坡面流在流动过程中不断剥离分散表层土壤，并把土粒携带离开原来位置，但是径流剥离携带泥沙的能力是有一定限制的，当径流中携带的泥沙量超过它的挟沙能力时，泥沙便开始沉积。由于坡面径流量、坡面阻力和能量的沿程变化，加上黄土的易侵蚀性及坡面流高含沙量特性，坡面流侵蚀实际是一个剥离与沉积不断转化的过程，且径流含沙量是不断变化的。坡面径流含沙量代表的是单位体积径流所携带的泥沙量，含沙量的大小反映了坡面产沙量的多少。

图 3-14 为沟坡无汇流汇沙与有汇流汇沙的含沙量变化过程。图 3-14 表明，除了降雨强度为 60mm/h 的第 1 场降雨外，在有汇流汇沙时，沟坡径流含沙量较无汇流汇沙的含沙量为小。

根据统计，坡面流产沙量 G_S 与水流产沙量 S 有以下关系：

$$G_S = a(S_* - S)$$

式中，G_S 为产量；S_* 为径流挟沙力；S 为水流含沙量；a 为系数。

显然，对于一定的径流量，当 S_* 一定时，产沙量主要取决于径流含沙量 S。当由坡面汇入的径流含沙量较高时，沟坡产沙量将相对较低，反之就会有较高的产沙量。也就是说，在有坡面汇水汇沙时，沟坡的产沙量较无汇水汇沙时会有所降低，且汇流的含沙量越高，沟坡的产沙量就越低，沟坡径流含沙量越低。因此，在三种雨强下出现有汇水汇沙时的沟坡径流含沙量比无汇水汇沙的还低的现象也就不难理解了。

另外，从图 3-14 可以看出，在三种降雨强度下，无论有无汇流汇沙，沟坡径流含沙量均可达到 400kg/m³ 以上，尤其是在无汇水汇沙情况下，沟坡径流含沙量可以达到 1000kg/m³ 以上。就是说，在裸坡条件下，降雨强度达到 60mm/min 以上时，无论坡面有无汇流，沟坡均可形成高含沙水流，由此说明其土壤侵蚀是相当严重的。

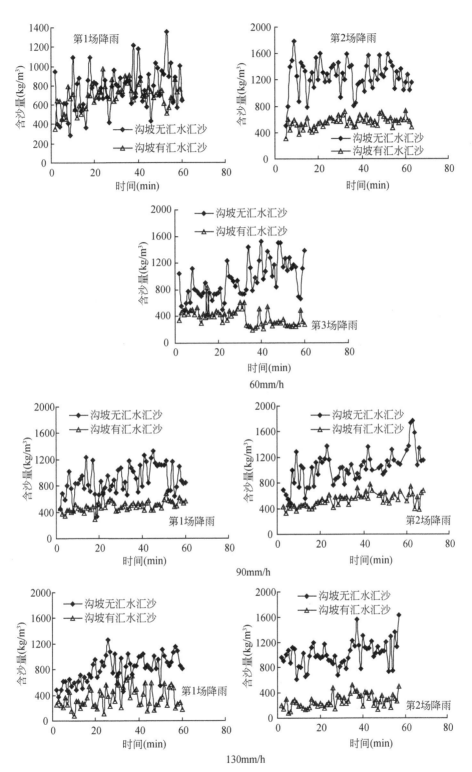

图 3-14 沟坡径流含沙量的变化过程

3.4.4　被覆作用下坡面－沟坡系统侵蚀产沙耦合关系

根据第 2 章的试验进一步分析表明，被覆对坡面产沙量与沟道产沙量的耦合关系有一定的影响作用，就是说坡面－沟坡系统的耦合产沙关系存在着对被覆的响应机制。

定义沟坡产沙量占总产沙量的比值为沟坡产沙比，用以对比说明坡面－沟坡系统侵蚀产沙的耦合关系。图 3-15 为根据试验得到的不同坡面草被覆盖度下沟坡产沙比（同一覆盖度不同空间配置的平均值）的变化关系。在试验流量条件下，沟坡产沙比变化于 32% ~ 73%。随着草被覆盖度的增加，沟坡产沙比呈指数增加趋势，大流量下的增加幅度大于小流量下的增幅。沟坡产沙比的这种变化，一是由于坡面草被覆盖度的增加减少了坡面裸露的程度，客观上减少了侵蚀面积及相应侵蚀量；二是由于坡面草被覆盖度高时，坡面径流含沙量相对较低，对沟坡的剥蚀能力较大，而且草被覆盖度越大，这种影响的作用也越大，因而造成沟坡产沙比随着坡面草被覆盖度的增加而增加。但是，从草被覆盖度与沟坡产沙比的对比不难发现，两者间并不是成比例变化的，说明坡面草被覆盖度的影响存在有一个临界值，而且该值的大小与流量关系密切。当流量为 5.2L/min 时，坡面草被覆盖度即使达到 90%，其坡面侵蚀量仍能占到总侵蚀量的 27%，说明坡面草被覆盖度对坡面侵蚀产沙的减蚀作用是有一定限度的，这与前述分析的结论相一致。

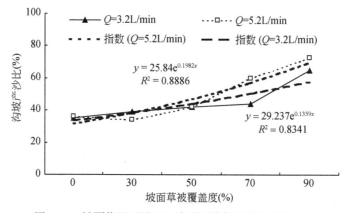

图 3-15　被覆作用下坡面－沟坡系统侵蚀产沙变化过程

草被不同空间配置对沟坡产沙比的影响一般是坡下部的略大于坡上部和坡中部的，这可能是坡面草被布设在坡下部时，一是对坡面的拦沙量较大，二是降低坡面流下沟时的含沙量作用比其他草被布设部位更为显著，因而导致沟坡产沙比增大的缘故。

上述分析表明，被覆作用下坡沟系统产沙具有自调控关系，即坡面产沙量与沟道产沙量之间有一种内在的调控机制，在径流量一定条件下，沟道产沙量大小受制于坡面产沙量多少，而坡面产沙量除与坡面下垫面状况有关外，还受沟道侵蚀产沙的影响，因为沟道侵蚀发育状况决定了坡面的相对侵蚀基准面和汇水面积的大小。通过统计分析，坡沟系统产沙的自调控机制可表述为如下关系：

$$W_{Sp} = \left(\frac{1}{Ke^{\beta c}} - 1 \right) W_{Sg} \qquad (3\text{-}1)$$

式中，W_{Sp} 为坡面产沙量；W_{Sg} 为沟道产沙量；c 为坡面覆盖度；β 为单位覆盖度下被覆对坡沟系统产沙的调控程度，在试验条件下，$\beta = 0.14 \sim 0.20$；K 为系数，在试验条件下，$K = 26 \sim 29$。根据试验资料统计，试验流量下式（3-1）的相关系数可以达到 0.9 以上。

如果将沟坡产沙量占总产沙量之比定义为 "沟坡产沙比 E_{Sp}"，则式（3-1）又可写为

$$E_{Sp} = Ke^{\beta c} \qquad (3\text{-}2)$$

另外，从图 3-15 还可以看出，在坡面–沟坡系统侵蚀产沙过程中，存在着以坡面侵蚀产沙为主或以沟坡侵蚀产沙为主的现象，其决定因素主要为径流量及坡面草被覆盖度。对小流量（3.2L/min）而言，70% 的坡面草被覆盖度是坡沟系统由坡面产沙为主向沟坡产沙为主的转折点，小于此覆盖度，则以坡面产沙为主；对大流量而言，发生这一转折的坡面草被覆盖度大约为 50%，说明大流量对沟坡侵蚀产沙的影响更大。

3.5　小　　结

1）坡面–沟坡系统累积径流量、累积产沙量均与降雨历时呈显著的幂函数关系，且有随降雨强度增大其增加速率逐渐增大的趋势。上方汇流引起的沟坡净侵蚀产沙量占坡面–沟坡系统全部产沙量的 15% ~ 29%。

2）无论是输沙率还是径流含沙量，都有随降雨强度的增大而增大的现象，但它们又有着各自不同的变化趋势。

3）坡面径流量与沟坡净侵蚀产沙量之间呈密切的幂函数关系，沟坡净侵蚀量随坡面汇流量的增大而增大。

4）坡面汇流汇沙对沟坡子系统径流率、输沙率和含沙量变化过程有重要影响。在下垫面一定时，降雨强度越大，径流搬运泥沙的能力越大，径流输沙率和径流含沙量也提高。

5）沟坡净侵蚀产沙量与坡面汇流含沙量之间呈负线性关系，沟坡净侵蚀产沙量随坡面汇流含沙量的增大而减小，且其减小幅度随降雨强度和坡面草被覆盖度的增大而增大。由此表明，坡面–沟坡系统的产沙具有自调控关系。

参 考 文 献

陈浩 . 1992. 降雨特征和上坡汇水对产沙的综合影响 . 水土保持学报，6（2）：17-23

丁文峰，李勉，姚文艺，等 . 2005. 坡沟系统侵蚀产沙耦合关系试验研究 . 第六届全国泥沙基本理论研究学术讨论会论文集 . 郑州：黄河水利出版社

丁文峰，李勉，张平仓，等 . 2006. 坡沟系统侵蚀产沙特征模拟试验研究 . 农业工程学，（3）：10-14

蒋德麒，赵诚信 . 1966. 黄河中游小流域泥沙来源初步分析 . 地理学报，32（1）：20-35

雷阿林，唐克丽 . 1997. 坡沟系统上壤侵蚀研究回顾与展望 . 水土保持通报，17（3）：37-43

刘宝元，朱显谟，周佩华，等 . 1988. 黄土高原坡面沟蚀的类型及其发生发展规律 . 中国科学院西北水保所集刊，（7）：9-18

肖培青，郑粉莉，姚文艺 . 2007. 坡沟系统侵蚀产沙及其耦合关系研究 . 泥沙研究，2：30-35

肖培青，郑粉莉. 2002. 上方汇水汇沙对细沟水流水力学参数的影响. 泥沙研究，(4)：69-74

肖培青，郑粉莉. 2003. 上方汇水汇沙对坡面侵蚀过程的影响. 水土保持学报，17（3）：25-27

曾伯庆. 1980. 晋西黄土丘陵沟壑区水土流失规律及治理效益. 人民黄河，(2)：20-25

第4章 沟道重力侵蚀力学机理及模式

通过典型流域调查、勘测及高精度三维激光地形测量等方法，获取了黄土高原丘陵沟壑区典型小流域重力侵蚀的大量野外观测数据。通过力学分析、数理统计和土力学试验等方法，辨识了重力侵蚀的主导影响因子，初步揭示了重力侵蚀的力学机制，提出了"浅层重力侵蚀"的概念，初步建立了浅层重力侵蚀产沙量的估算模式，并进行了验证。

4.1 概　　述

重力侵蚀是指岩体或土体在重力作用下失去平衡而发生位移的过程。重力侵蚀类型多样，黄土高原重力侵蚀的主要类型包括滑坡、滑塌、崩塌、错落、泻溜等。重力侵蚀发生概率和规模差别很大，有一年四季经常发生的小规模的泻溜，也有到规模巨大但发生频率很低的大型滑坡、滑塌或崩塌。随着黄土高原水土流失治理与研究工作的深入开展，重力侵蚀产沙现象日益受到人们的重视。

重力侵蚀对流域产沙有非常重要的影响（Denstnore et al.，1997）。重力侵蚀直接或间接地向沟道输送了大量的泥沙，重力侵蚀在黄土高原小流域土壤侵蚀量中占有相当大的比例。黄河水利委员会黄河中游管理局（1993）在南小河沟、吕二沟、韭园沟的调查表明，重力侵蚀占三地区土壤流失量的比例分别达57.5%、68.0%和20.2%。蒋德麒等（1966）等对典型小流域的分析结果认为，重力侵蚀占流域产沙量的20%~25%。韩鹏等（2003）的室内试验表明，在沟坡的发育过程中，重力侵蚀量占总侵蚀产沙量的50%以上。张信宝等（1989）的研究也表明，黄土高原地区重力侵蚀强度与土壤侵蚀强度的分布基本一致。许炯心（1999）、许炯心和孙季（2006）根据实测资料研究表明，沟坡重力侵蚀产沙是高含沙水流的重要来源。虽然重力侵蚀在流域产沙中占有相当大的比例，但缺乏足够的重力侵蚀观测资料，成为制约建立黄土高原水土流失数学模型进展的重要因素之一。国外影响最大的通用土壤流失方程（USLE）及修正的土壤流失方程（RUSLE）主要适用于缓坡地形，并没有把重力侵蚀作为重要的影响因素（Wischmeier & Smith，1978；Renard et al.，1991；蔡强国等，2007）。不少学者建立黄土高原地区土壤侵蚀方程时虽然也考虑了重力侵蚀的因素（曹文洪等，1993；汤立群，陈国祥，1997；蔡强国等，2004），但是由于基础研究的不足，大多是经验性的，限制了对这一问题的解决。对重力侵蚀的研究是建立黄土高原地区物理成因产沙模型亟待解决的问题之一（汤立群，1999）。

同时，重力侵蚀在流域地貌演化中具有十分重要的作用（Shroder & Bishop，1998；Korup et al.，2004；Schlunegger，2002）。重力与水力的耦合作用是黄土高原地区土壤侵蚀的主要动力（刘秉正和吴发启，1993）。随着黄土高原地区植被的恢复，沟道泥沙供给量减小，低含沙量洪水会对沟道的侵蚀力加强，重力侵蚀将趋严重，成为塑造流域地貌的重要动力（松永光平和甘枝茂，2007）。

总体来说，目前国内对黄土高原地区重力侵蚀的研究还非常薄弱，尤其是对重力侵蚀的观测和研究很少，仅有的观测和试验结果也是零星的，可信度较低。因此，对沟坡重力侵蚀开展观测研究是非常必要的。

4.1.1 重力侵蚀影响因素

重力侵蚀的成因机制复杂，影响因素比较多，总的来看可分为两类：一是内部条件，包括土体岩性、沟坡结构（如有无软弱层、结构面等）和地貌形态；二是外部条件，包括降雨、沟道冲淤过程、温度变化、植被、人类活动、地震等。重力侵蚀的发生取决于各因素之间的相互作用和转换关系。曹银真（1985）、朱同新和陈永宗（1989）等学者通过实地调查，比较详细地论述了各因素对重力侵蚀的影响。在这些因素中，黄土的岩性和沟道的地貌条件是重力侵蚀发生的限制性因素，决定着沟坡重力侵蚀方式、特点及强度，降雨则是最重要的触发因素。

（1）地貌发育阶段的影响

不同发育阶段的沟道重力侵蚀的强弱不同。朱同新和陈永宗（1989）、朱同新等（1990）、蔡强国（1993）、刘秉正和吴发启（1993）等学者调查了处于不同发育阶段沟道中的重力侵蚀，结果表明，处于快速下切和展宽阶段的沟道重力侵蚀比较活跃，而处于相对稳定阶段的沟道重力侵蚀不太活跃。沟道发育阶段主要由于沟坡坡度和沟道流水侵蚀强度不同而对重力侵蚀产生影响。蔡强国（1993）在羊道沟的大量实地调查表明，重力侵蚀量在切沟、冲沟、干沟和河沟 4 个沟道发育阶段的比重依次为 3%、52%、40% 和 5%，以冲沟和干沟的重力侵蚀最为严重。

（2）岩性和结构的影响

黄土质地疏松，垂直节理发育，多孔隙，湿陷性强，含有 10% ~15% 的易溶性盐。根据堆积时间先后不同，黄土可分为午城黄土、离石黄土、马兰黄土等。不同黄土结构、矿物组成对沟坡重力侵蚀有重要的影响（曹银真，1985）。朱同新（1989）的调查表明，在马兰黄土和离石黄土组成的沟坡上，重力侵蚀具有不同的特点，滑塌主要发生在马兰黄土和次生坡积黄土中，以地表水诱发型为主，崩塌主要发生在离石黄土和次生冲积黄土中，其中前者多节理触发型，后者多为水流淘蚀型。黄土垂直节理发育，含有较多的易溶性盐类和黏土矿物，容易造成土体的风化，导致土体结构破坏，为重力侵蚀的发生创造了有利条件。Iida（1993，1996）认为，风化层的厚度与沟坡的稳定性有比较显著的关系，根据风化层厚度的分布可以评估坡面的稳定性。Jonathan（2005）认为风化速度与包括重力侵蚀在内的剥蚀速度的对比关系是坡面稳定的控制因素。风化层的蠕动是沟坡演化的基本机制之一（Davis，1930）。风化层土体蠕动造成的裂缝是重力侵蚀发生的诱发因素（Matsuoka，1994；Sasaki et al.，2000）。土层蠕动与土体含水量及温度的变化关系密切（Williams，1957；Anthony，1960；Kirkby，1967；Barr et al.，1970）。对土体蠕动速度的定量测量表明，土体蠕动的速度大约为每年零点几毫米至几毫米。

（3）沟坡坡度的影响

沟坡坡度不但影响重力侵蚀发生的频率，并且影响重力侵蚀发生的类型和规模（甘枝茂，1989）。黄土内摩擦角在 25°左右，若沟坡的坡度大于黄土的内摩擦角，沟坡就容易发生重力侵蚀过程，所以一般认为重力侵蚀通常在坡度大于 30°时表现得才比较明显（王军等，2001）。据朱同新等（1990）的调查统计，滑坡、滑塌、泻溜发生最大峰值的坡度均介于 45°~50°，而不同重力侵蚀类型发生的频率分布随坡度变化的分布又有不同特点。综合来看，重力侵蚀在 47°~48°达到峰值后减弱，在 60°~75°出现次强峰值，当坡度超过 80°后其他重力侵蚀类型很少出现，但崩塌很强烈。而据刘秉正和吴发启（1993）1988~1989 年在黄土高原泥河沟的调查统计，泻溜普遍分布在 35°以上的裸露沟坡上，滑坡和滑塌主要发生于 35°~55°坡面，崩塌多产生于 55°以上陡坡。

（4）降雨对沟道侵蚀的影响

降雨是重力侵蚀的重要诱发因素。孙尚海等（1995）、刘秉正和吴发启（1993）等的研究表明，重力侵蚀量与流域降水量、径流量成正相关关系。降雨和地表径流使水分渗入沟坡土体，增大了土体重量、减小了土体黏聚力，从而降低了土体强度。王光谦等（2006）认为，沟道内水流淘刷沟坡下部，加大立面高度，或引起坡脚土体湿陷，从而降低沟坡的稳定性，是影响重力侵蚀的主要因素。另外，重力侵蚀量与沟道水力搬运能力具有很强的耦合关系。在一般情况下，坡面上发生重力侵蚀后，侵蚀物质堆积在坡脚，使坡度变缓，坡面变得稳定。只有崩塌物质逐渐被流水作用搬走之后，坡脚的坡度增大并形成临空面，下一次崩塌才会发生（许炯心，1999）。很显然，沟道水流搬运作用越强，重力侵蚀越容易发生。朱同新等（1990）在晋西王家沟的观察研究发现，最低级别沟道，即 0 级河道中的崩塌物质，可以在当年或第二年中全部被水流搬走，即沉积时间仅为 1~2 年。

（5）植被的影响

植被对重力侵蚀的影响主要表现在植物根系能够增加土壤抗剪力，并减轻土壤层的蠕动（Jahn，1989）。中国科学院黄土高原综合科学考察队（1991）在皇甫川流域的研究表明，重力侵蚀总量与植被覆盖度有较好的负相关关系，在植被覆盖较好的情况下，在坡度大于 35°的陡坡上，植被仍可有效地控制小型重力侵蚀的发生，在植被保存较好的黄龙山、子午岭、六盘山等地区，暴雨冲刷大为减弱，侵蚀模数很小。而在谷地裸坡上的重力侵蚀强烈，泻溜、崩塌、滑坡都很发育。据刘秉正和吴发启（1993）于 1988~1989 年在黄土高原泥河沟的观测，泻溜与植被盖度的关系很密切，当植被盖度在 30%以上时，泻溜侵蚀基本能够受到控制。但孙尚海等（1995）对重力侵蚀的研究表明，由于根系的根劈作用及根系能够增加土体的透水性的作用，植被根系对重力侵蚀具有正反双重的影响，提高植被盖度对控制重力侵蚀作用有一定限度。也有观测表明，植被能够加速坡面风化层的形成，从而增加浅层滑坡的发生频率（Jahn，1989）。总之，关于植被对坡面稳定性的影响研究还很不够。

其他影响因素包括人类活动对重力侵蚀的影响（李昭淑，1991；周择福等，2000；陈敏才等，1988），气温变化、冻融风化作用对重力侵蚀发生的影响（唐政洪，2001）等也有较多的调查和研究。

4.1.2 重力侵蚀机理研究及观测方法

在研究重力侵蚀与高含沙水流关系方面，王兴奎等（1982）曾根据实测资料分析了沟道高含沙水流对重力侵蚀的响应。韩鹏等（2003）通过室内试验模拟了细沟发育过程中重力侵蚀对产沙的影响。许炯心（2004）根据黄土高原子洲径流场实测数据对重力侵蚀与高含沙水流的关系进行了研究和分析等。

对重力侵蚀强度的估算方面，张信宝等（1989）研究提出，重力侵蚀强度与沟道密度及沟坡高度的二次方的积成正比关系。中国科学院黄土高原综合科学考察队（1991）以沟坡高度和沟坡面积率的乘积来表征黄土高原的重力侵蚀强度，并依此编制了黄土高原重力侵蚀分区图。王军等（2001）考虑地貌和气候等因素估算了黄河河口镇—龙门区间重力侵蚀的空间分布等。

对黄土高原重力侵蚀力学机理方面也有一些研究。曹银真（1981，1985）较早地对黄土地区重力侵蚀的力学机理进行了初步的分析。王光谦等（2005）引入土力学方法和灰色分析方法，初步研究了坡面受冲蚀后退条件下沟坡重力侵蚀的机理和过程。姚文艺和汤立群（2001）从水流挟沙能力角度，对沟头部分重力侵蚀做了理论方面的探讨。

对重力侵蚀量的精确测量是比较困难的。传统的方法是在选定的断面进行定期的监测。对小区域重力侵蚀的观测可用标桩、测钎进行测量（唐克丽，2004；王德甫等，1993）；对较大面积上发生的重力侵蚀，较多尝试的是通过直接调查和统计的方法对重力侵蚀量进行大概的估算（杨子生，2002；朱同新等，1990）。通过小比例尺地图或航片、卫片进行对比计算也是目前比较常用的方法，但这种研究方法存在着精度难以保证，重力侵蚀的类型难以确定，而且难以将重力侵蚀与诱发因素联系起来的问题。另外，李容全等（1990）用 ^{14}C 法测定阶地年龄的方法尝试估算了沟道受重力侵蚀后退的平均速度。叶浩等（2004）研究了用 GPS 监测砒砂岩地区沟缘线后退的速度，据此推求重力侵蚀量。这些观测方法结果相对粗略，只能用来推算重力侵蚀长期的平均值。

总的看来，对重力侵蚀的观测目前还没有一套比较成熟的方法。本研究采用传统的调查勘测，结合现代高精度三维激光地形测量的综合方法，对重力侵蚀开展观测，在方法上也是一种新的尝试。

4.1.3 存在问题

虽然重力侵蚀的产沙作用已越来越受到人们的重视，但对重力侵蚀的研究却比较薄弱。其主要原因有以下几点：①重力侵蚀影响因素较多，前人虽然对黄土高原重力侵蚀的影响因素进行过较多的讨论，但是至今没有定量化地确定其主要影响因素；②重力侵蚀发生的随机性使得定点观测非常困难，而室内试验很难模拟野外复杂的实际情况，尤其难以模拟野外原状沟坡的力学状态，这也是黄土高原重力侵蚀观测数据一直非常缺乏的主要原因；③重力侵蚀与水力侵蚀作用相互耦合，难以将重力侵蚀从水力侵蚀中区分开来，虽然对重力侵蚀占土壤侵蚀的比例有不同的估计，但是估计结果相差很大，至今没有一个合理、可信的公认估算方法；④重力侵蚀的类型多样，发生规模差别巨大，发生条件也差别很大，使得重力侵蚀现象纷繁复杂，研究重力侵蚀显得无从着手。重力侵蚀的研究存在耗时长、困难大、机理复杂的问题，在观测、试验、建模和验证 4 个环节都存在很大的难度（王军等，1999）。所以长期以来，对黄土高原水土流失的研究多着重于水流侵蚀，而对于重力侵蚀的观测和研究相对很少。

4.2 重力侵蚀类型

4.2.1 沟坡系统

如第 2 章图 2-1 所示，黄土丘陵沟壑区坡面–沟道系统由塬面（或梁峁顶）、梁峁坡、沟缘线、沟坡和沟床等部分组成。沟缘线以上是呈梁峁状的黄土丘陵，称为沟间地，坡面相对平缓，坡度一般在 25° 以下，其上大多分布有耕地、林地等。沟缘线以下统称为沟道或沟谷地，其中沟缘线至沟边线之间为沟坡区，坡度较陡，最大可达 80° 以上；沟边线以下多为洪水和泥沙输移的通道，通常称其为沟床。黄土丘陵沟壑区沟谷地的面积可占流域面积的 45% 左右（陈浩，1993）。

沟缘线以上由于坡度平缓，以水流侵蚀为主，水流方式为片流、细沟流、潜流等。从梁峁坡上部至沟缘线之间，随降雨溅蚀和径流作用的变化，土壤侵蚀类型可分为溅蚀、片蚀、细沟侵蚀、浅沟侵蚀、切沟侵蚀和潜蚀等，重力侵蚀相对较轻微。

沟谷地是水力侵蚀和重力侵蚀共同作用的区域（表 4-1）。沟坡坡度较陡，除了降雨的影响外，还承受梁峁坡汇流的作用，所以水力侵蚀程度大于梁峁坡部位，同时是土体滑坡、滑塌、崩塌、泻溜等重力侵蚀现象集中发生的部位。沟床的下切和展宽往往增加沟坡的坡度，增加了坡面的不稳定性，从而容易诱发重力侵蚀现象。同时，重力侵蚀是沟道扩展和发育的重要方式和途径，一次大型的重力侵蚀可以使沟道迅速扩展数米甚至数十米，规模较小但频繁发生的重力侵蚀也是黄土高原沟道地貌变化的重要方式。

表 4-1 典型小流域横剖面测区构成

地貌类型		地貌部位	土质	主要侵蚀方式	地貌特征	土地利用
沟间地	梁峁坡	上部	黄土	片蚀	0°~5°，地形均整	农地
		中部		细沟	5°~20°，地形均整	
		下部		细沟浅沟	20°~30°，不均整	
沟谷地		沟坡		切沟崩塌	30°~45°，破碎	荒地

资料来源：陈浩，1993

4.2.2 黄土高原重力侵蚀主要类型

黄土高原重力侵蚀类型多样，按照不同的划分原则可将重力侵蚀划分为不同的类型。

目前，研究者大都根据重力侵蚀发生的力学机制、物质组成特点、发生规模等对重力侵蚀进行分类，如滑坡、滑塌、崩塌、错落、泻溜等。有的学者把泥流（或泥石流）也归为重力侵蚀，但大部分研究者认为泥流主要是在特殊的地貌和气候条件下水力侵蚀的产物，属于泥沙运动的一种形式，不应作为重力侵蚀类型之一。

（1）滑坡

滑坡是指斜坡上的岩体或土体沿着内部软弱结构面整体向下滑移，滑移土体内部质点的相对位置不发生明显错乱的现象。造成沟坡土体或岩体滑移的原因除了地质构造、岩性等因素外，主要还与地下水位变化、沟道下切侵蚀及侧蚀坡脚使斜坡土体失去平衡有关。暴雨条件下，土体大量吸水后重量增加，或降雨渗入黄土的结构面，可能触发斜坡土体的滑坡。另外，由强烈地震触发的大型滑坡比较常见，如2008年发生的"5·12"汶川大地震造成了大量的滑坡，并造成了严重的自然灾害。

在比较长的历史时期内，大型滑坡对地貌的发育作用很大，但在以年为时间单位的较短时间内，大型滑坡的发生频率很低，对小流域产沙的作用不明显。在小流域内大量发生的是小型滑坡，滑坡体的厚度一般小于1～2m，有的甚至仅有几十厘米。虽然小型滑坡规模较小，但是由于这种现象发生频率高，因此对流域产沙的贡献比较大。

（2）滑塌

滑塌是斜坡上土体沿剪切面发生的位移现象（图4-1）。滑塌发生时，土体向下滑动的过程中，由于地形坡度陡，运动时土体发生破碎，甚至发生翻转。滑塌发生的沟坡坡度一般比发生滑坡的沟坡坡度大，滑塌体破碎，外形也不规则，这是滑塌和滑坡的主要区别。从滑塌发生的条件看，滑塌主要发生在坡度较陡的坡面上，坡度越大，滑塌发生的可能性越高。由沟道下切和展宽侵蚀使沟坡坡度变大，或地下水、雨水渗入等原因导致的土体抗剪力下降是滑塌发生的主要诱因。

图4-1　黄土沟坡上的小型滑塌

（3）崩塌

崩塌是土体从陡坡的节理面或裂隙面向下坡倾倒的重力侵蚀现象（图 4-2）。崩塌经常发生在坡度近于垂直的陡崖上，在沟道两岸及沟头处最为常见。黄土垂直节理发育，具有良好的直立性，受水流下切侵蚀形成陡崖临空面后，若无外力的影响，陡崖可以长期直立不倒，但在降雨的天气条件下，土体底部吸水软化，很容易倒塌。所以黄土层中的崩塌大多发生在暴雨期或雨后不久，尤其容易发生在连续数日的降雨过程中。崩塌发生后，上部形成直立的陡壁，下部形成土体的堆积坡。堆积在坡脚的土体使斜坡的相对高差降低，再次发生崩塌的可能性和规模降低。但是，当下部堆积的土体被水流带走后，坡面再次发生崩塌的可能性再次增大。

图 4-2　黄土沟坡上的小型崩塌

（4）泻溜

泻溜是裸露陡坡上的土体或岩体受风化作用分离破碎后，在重力的影响下呈细碎粉末状或小块状向坡下滚落的现象，也有将这种现象称之为散落（图 4-3）。泻溜主要是在风化的基础上发生的，可以在各种土类和岩性组成的坡面上发育。泻溜是黄土高原全年发生的侵蚀方式，特别是在冬末春初土壤解冻期，或雨后初晴土体干缩时期。泻溜是黄土高原重要的侵蚀产沙方式之一，根据黄河水利委员会天水水土保持科学试验站分析，吕二沟流域产沙总量中有 4.5% 的泥石来自泻溜侵蚀（陈永宗等，1988）。

以上几种是对重力侵蚀的传统分类，也可根据其他的原则对重力侵蚀进行分类。根据在陕西绥德地区的观测，从对重力侵蚀分类研究的角度出发，可以首先将黄土高原重力侵蚀分为沟坡重力侵蚀和沟岸重力侵蚀两大类。进一步的观测和分析表明，黄土高原沟壑区沟坡可分为不稳定沟坡和较稳定沟坡，不同活动类型的沟坡上重力侵蚀发生的特点、主要动因等具有不同的特点（表 4-2）。

不稳定沟坡主要包括切沟及部分冲沟的沟坡。由于沟道处于快速下切及展宽侵蚀的过程中，沟坡极其陡峻，常发生大量规模较大的重力侵蚀。这种不稳定的沟坡坡度大，水土

图 4-3 黄土沟坡上的泻溜

保持措施难以实施，也难以奏效，必须采用工程措施，如淤地坝、拦沙坝等，才能发挥显著的作用。较稳定沟坡重力侵蚀主要发育在干沟、河沟及部分沟岸相对稳定的冲沟的沟岸上，重力侵蚀主要以小规模的滑坡、滑塌、崩塌和泻溜为主。根据野外观测，较稳定沟坡上的重力侵蚀与由沟坡土体的风化、降雨导致的表层土体力学性质的改变、微地貌等因素有密切的关系，增加植被、梯田等水土保持措施对较稳定沟坡上发生的重力侵蚀能够发挥一定的减弱作用。

表 4-2 黄土高原沟壑区沟道重力侵蚀分类

重力侵蚀类型		主要原因	发生特点	泥沙搬运过程
沟坡重力侵蚀	不稳定沟坡重力侵蚀	沟道下切及拓宽侵蚀导致沟坡土体失稳	以较大规模的滑坡、滑塌、崩塌为主	侵蚀产物堆积在沟道中，经过较长时间才能逐渐被搬运，循环周期主要由搬运速度决定
	较稳定沟坡重力侵蚀	沟坡土体风化、降水、流水侵蚀等导致土体受力发生改变	水力侵蚀与小型重力侵蚀并重	侵蚀产物临时储存在沟道中，在每年汛期集中搬运，侵蚀和搬运速度能在较短的时间周期内（几年）基本维持平衡
沟岸重力侵蚀		流水侵蚀及由于含水量的变化导致土体力学性质变化	以中、小规模的滑坡、滑塌、错落等为主	重力侵蚀产沙基本上能够随流水搬运，在一个流水周期内产沙与搬运大体可维持平衡

4.2.3 浅层重力侵蚀在流域产沙中的作用

重力侵蚀规模差异很大，大规模的滑坡可达数百立方米，而小规模的重力侵蚀体积不到一立方米。大型的滑坡、滑塌等重力侵蚀类型常常造成重大的生命和财产损失，所以特别受人们的重视，是研究和监测的重点。但是从产沙角度看，大型滑坡往往减小了局地的坡面坡度，侵蚀物质经过几十年至上百年时间才有可能被搬运，而小型的滑坡、滑塌、泻溜等重力侵蚀类型对产沙的作用非常重要。朱同新（1989）对晋西地区典型沟道小流域的调查表明，当地大、中型滑坡和泥流所占的比例很小，产沙的主体是小型的滑塌、崩塌和泻溜。在陕北地区的实地观测也有相似的结果，小型的滑坡、滑塌、崩塌和泻溜发生频率高，产沙量很大，是小流域产沙的主体。小型的滑坡、滑塌深度一般不超过土体风化层，土体风化、沟坡坡度、植被、微地貌等是主要控制因素，降雨是主要诱发因素，它们发生的动因和机理相近，对流域产沙有重要作用。由此，把主要发生在沟坡风化层土体中的小型滑坡、滑塌等小型的重力侵蚀统称为"浅层重力侵蚀"（图4-4），这是本章研究的主要对象。

图 4-4　风化沟坡上发育的浅层重力侵蚀

　　浅层重力侵蚀与大型重力侵蚀的区别主要表现在：①大型滑坡一般有较明确的滑动面，滑坡体厚度较大，而浅层重力侵蚀的厚度往往局限于土体风化层的深度内，与降雨入渗等因素关系密切，其发生具有更大的随机性；②大型滑坡体通常可以保持原有土体的结构和构造，短时期内对产沙的贡献相对不大，而浅层重力侵蚀产生的大量松散堆积物堆积存储在沟道内，非常容易搬运，对流域产沙的贡献往往比较明显；③大型的重力侵蚀发生频率低，而浅层重力侵蚀广泛分布于黄土高原的沟坡系统中，发生面积大、频率高，是流域产沙的重要机制之一。

4.3　研究区概况及研究方法

4.3.1　研究区小流域概况

　　研究区选择在陕西绥德县裴家峁沟流域，其中以裴家峁沟的子流域桥沟小流域作为重点观测区域。桥沟小流域地貌类型齐全，受人类活动干扰少，具有研究重力侵蚀的有利自然条件。桥沟是裴家峁沟的一级支沟，流域面积 0.45km²，主要由一条主沟和两条支沟组成（图4-5）。其中主沟长 1.4km，第一支沟长 870m，第二支沟长 805m。从发育阶段上看，桥沟主沟道是发育较成熟的干沟，第一支沟是正在发育的大型切沟（图4-6），第二支沟属于冲沟（图4-7），沟坡相对较稳定。桥沟第二支沟，汇水面积 0.093km²，沟道纵比降1.15%，其南向坡植被较差，坡度较陡，北向坡植被较好，坡度较缓（图4-7），是重点观测的沟道。

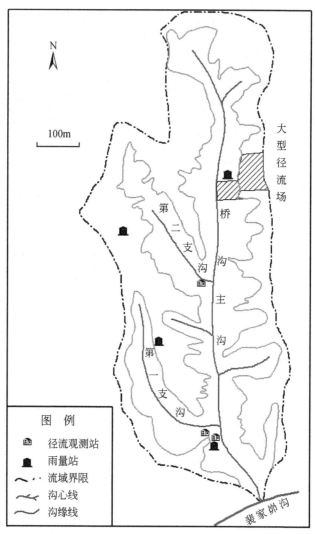

图4-5 桥沟小流域与测站分布简图

桥沟小流域是目前国内规模较大、观测项目较全的水土流失试验研究基地。桥沟小流域设立有大型径流观测场8个，雨量站4个，并分别在一支沟、二支沟和主沟道沟口设立有泥沙、径流观测站。桥沟小流域具有水沙观测资料系统、序列长的优势，可以为本项研究提供必要的基础资料。

图 4-6   桥沟第一支沟

图 4-7   桥沟第二支沟

4.3.2   观测和实验方法

（1）野外观测方法

沟坡小型重力侵蚀主要发生在强度较大的降雨后。沟坡小型重力侵蚀的发生具有很大的随机性，定点观测很难取得足够的数据，同时也很难对流域内所发生的沟坡重力侵蚀进行无遗漏的观测。为了解决重力侵蚀的随机性问题，采用随机抽样观测的方法，即在每次降雨后沿着固定路线对发生的沟坡小型重力侵蚀随机地进行观测，随机抽样观测的方法可以大大降低工作的强度。为了在较短的时间内获取较多的观测数据，适当地扩大了野外观测的范围，选择桥沟及其附近的几条典型沟道（都是裴家峁沟的支沟）部分有代表性的沟段进行了重力侵蚀的观测。

测量和记录的参数包括重力侵蚀体形态参数，如条状、楔形等，重力侵蚀的长、宽、厚度、倾角等，以及发生重力侵蚀坡面的黄土种类、密度、含水量、植被覆盖度和主要种类组成、沟坡坡度、沟坡高度、沟坡方位、沟坡受流失冲蚀情况及微地貌特征、临空情况、裂缝和节理面等。其中，土体含水量用便携式土壤水分监测仪读取，植被盖度用目测法，沟坡坡度用手持坡度测量仪测量，重力侵蚀形态参数用尺子量测。

同时，结合高精度三维激光仪进行扫描判读。

（2）室内实验内容和方法

选择桥沟小流域为主要研究区域。研究区黄土类型主要有马兰黄土、离石黄土和经过侵蚀搬运后再沉积的混合黄土。分别取3种黄土的原状土方块样，在实验室进行室内土力学实验。分别进行原状黄土直剪试验、非饱和土基质吸力测量、植被根系加筋作用对土体抗剪强度的对比试验等。并通过挖掘剖面壁法研究了沟坡植被根系在坡面土体中的分布规律，通过直剪实验对比研究了植被根系对土体抗剪强度的影响。

4.3.3 总体研究思路

对黄土高原重力侵蚀的研究必须首先确定各种重力侵蚀的主导影响因素，从本质上这可以归为土力学的问题。在陕北地区的观测表明，小型滑坡和滑塌等重力侵蚀主要发生在强度较大的降雨后，这与土体力学性质的改变有密切的关系，如土体结构强度的减低及非饱和土体吸附强度的减低等，有关学者在这方面已经进行了一定的研究（张伯平等，1994；党进谦和李靖，1996，2001；陈立宏等，2004）。对于重力侵蚀的随机性问题，可以较多地借鉴对大型滑坡和泥石流的研究方法，常用的分析方法有概率统计、模糊判别、灰色判别、非线性、神经网络等（刘希林，2002；崔鹏，1991；Iverson，1997；Davis et al.，2006），这些方法均取得较大进展。但是由于本构关系的复杂性，对滑坡、泥石流发生时间和空间概率分布的估算还要依靠根据实际调查记录得到的基本数据库（Van Westen，2005；Picareli et al.，2005）。GIS和遥感测量技术的应用和发展，大大促进了滑坡和泥石流研究中数据库建设、空间分析、风险评估等方面的进展（Fall et al.，2006；Perotto et al.，2004）。重力侵蚀在一定程度上是沟坡稳定性的问题，沟坡稳定性是土力学研究的重要内容，其研究和分析方法可以借鉴，如陈祖煜（2005）、王光谦等（2005）都曾较详细地讨论了如何将坡面稳定系数转化为失稳概率的方法。这方面的理论、研究方法和思路都可以为黄土高原重力侵蚀的研究所借鉴。鉴于黄土高原重力侵蚀的复杂性，在重力侵蚀研究的思路上，应该遵从由简到繁的原则，分类、分阶段地对重力侵蚀进行研究。如重力侵蚀的发生是一个复杂的过程，重力侵蚀产物被水流搬运到沟道或河道形成产沙也是一个复杂的过程，应该分开研究，以减少研究难度。

如上所述，小型重力侵蚀（如小型的滑坡、滑塌）是黄土高原重力侵蚀的重要组成部分。从流域产沙的角度看，小型的滑坡、滑塌、泻溜等对流域产沙的作用非常重要（曹银真，1985；朱同新和陈永宗，1989；蔡强国，1993），而且在陕北黄土高原沟壑区发生的、频率大、分布广，与流域产沙和沟坡地貌演化有密切的关系。根据分类研究的思路，如上所述将发生在黄土沟坡上小型滑坡和滑塌重力侵蚀类型归之为"浅层重力侵蚀"，对其发生机理、分布概率等进行研究，可以为以后重力侵蚀的更深入研究奠定基础。

4.4　重力侵蚀主导因素及其作用

影响重力侵蚀现象发生的因素很多，如水力、风力、气候、植被、地质、地貌、地震活动等。这些因素相互影响，而且是随时间变化的，因而造成了重力侵蚀的复杂性和随机性。另外，影响重力侵蚀的因素具有明显的区域性，造成了重力侵蚀的区域性差异，比如黄土地区与基岩山区重力侵蚀具有显著的差异，北方干旱区与南方湿润区重力侵蚀特点也明显不同。

目前不少人对黄土高原重力侵蚀的影响因素已进行较多的研究，但由于重力侵蚀的复杂性及观测数据的限制，已有的研究一般仅限于定性的描述，显得非常不足。

4.4.1　沟道发育阶段

沟道发育是水力侵蚀和搬运的过程，但在沟道发育过程中，始终伴随着规模或大或小的重力侵蚀现象。沟道在发育过程中，沟道的下切和侧向侵蚀，造成沟坡坡度及高差增大，沟坡发生重力侵蚀的概率增加（图4-8）。

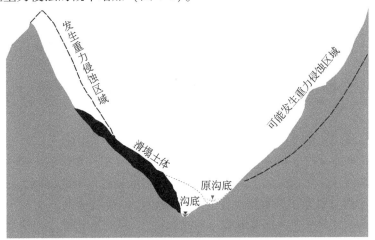

图 4-8　沟道下切及侧向侵蚀导致重力侵蚀示意图

重力侵蚀对沟道的发育过程发挥着重要的作用，是地貌发育的重要营力，在沟头侵蚀和沟道的宽展过程中伴随着大量的重力侵蚀现象。在沟道发育的各阶段重力侵蚀的主要类型和活跃程度也不同。从沟谷发育的过程来看，沟道的发育阶段可分为细沟、浅沟、切沟、冲沟、河沟等类型。在细沟和浅沟的发育过程中最常出现的是沟壁的崩塌现象。王兴奎等（1982）在研究中发现，在洪水的落水阶段，沟岸崩塌等重力侵蚀现象大量发生，导致洪峰之后往往出现含沙量很高的沙峰。在切沟的发育过程中，重力侵蚀对沟壁的扩展作用最大，是切沟宽度扩展的主要方式，重力侵蚀的主要类型是滑坡和崩塌。冲沟是切沟与河沟的过渡阶段，重力侵蚀相对减弱，主要由沟道的侧向侵蚀所引发，也伴随着沟坡小型重力侵蚀。河沟阶段，河岸相对稳定，坡度较缓和，重力侵蚀规模和频度相对都较小，大型的重力侵蚀如滑坡等主要由河床摆动造成的侧向侵蚀所引发。在细沟、浅沟、切沟、冲沟、河沟的发育过程中，重力侵蚀经历了由弱变强，又由强转弱的过程，重力侵蚀强度的发展与沟道发育过程的强烈程度相一致。

发育处于年轻阶段的沟道，如切沟阶段，重力侵蚀在下游沟段最活跃，向上游则逐渐减弱，仅在沟头伴随着溯源侵蚀作用，重力侵蚀非常明显；发育相对较成熟的沟道中，重力侵蚀最活跃的部位往往处于河道的中段，或者年轻的支沟中。从坡面形态方面进行观察可以看到，稳定的沟坡一般相对高度较小，坡面完整。重力侵蚀活跃的沟坡相对高差大，坡面形态破碎，坡面上可以看到连续的台阶状地形及重力侵蚀的痕迹，可以认为这样的坡面形态处于重力侵蚀的临界状态，在条件变化时容易再次发生重力侵蚀（图4-9）。

图4-9 处于重力侵蚀活跃期的沟坡

仅就桥沟流域的主沟及两条支沟来进行比较，桥沟第一支沟处于切沟阶段，下切深度达40～50m，沟底宽度仅1～2m，沟坡坡度达60°～70°。第一支沟重力侵蚀主要与沟道的侧向侵蚀及下切侵蚀密切相关，下切侵蚀增大了沟坡的坡度，由此增加了重力侵蚀发生的可能性。沟道的侧向展宽作用也增大了坡面的坡度，同时坡面的下部被掏空，形成临空面，这常常导致频繁的滑坡、坍塌等重力侵蚀的发生。第二支沟及主沟道属于冲沟和干沟阶段，沟道底部较宽阔，下切及侧向侵蚀较缓和，沟岸相对较稳定，其重力侵蚀主要类型是发生在沟坡上的浅层重力侵蚀。

4.4.2 土体风化、蠕动及应力作用

4.4.2.1 土体风化

原状黄土具有一定的结构性，土的结构性是土壤颗粒空间排列和粒间联结作用的力学

效应。结构性黄土具有一定的结构强度，它是土体保持原始基本单元结构形式不被破坏的能力。土体的风化侵蚀造成原状黄土结构破坏，土体的抗剪强度显著降低。

土体的风化包括物理风化和化学风化。物理风化主要表现为温度、干湿变化导致的土体结构的破坏，化学风化主要是可溶性胶结矿物成分的流失。物理风化和化学风化共同作用的结果是使原状土体丧失了黄土的结构强度，使原来完整、坚硬的土体逐渐变得疏松、破碎（图 4-10）。野外观测发现，沟坡表层一般存在一定厚度的风化层，风化层土体的厚度、风化程度、分布等因素与重力侵蚀有较密切的关系。

沟坡上浅层重力侵蚀基本上是在土体风化的基础上发生的。主要表现在：①浅层重力侵蚀发生的频率与土体风化的程度成正比关系，土体越破碎越容易发生浅层重力侵蚀；②浅层重力侵蚀的深度一般不超过土体风化层的深度，说明强烈风化土体的强度比未经深度风化土体的强度明显降低；③坡面土体风化深度越大、风化程度越深，浅层重力侵蚀的规模越大。因此，沟坡土体的风化情况与浅层重力侵蚀的关系较密切（图 4-10，图 4-11）。

图 4-10　沟坡上的风化土层　　　　　图 4-11　发育在风化沟坡上的小型滑塌

影响沟坡面黄土风化的因素主要包括沟坡坡度、坡向、植被和黄土种类等。陡峭的沟坡雨水下渗深度浅，风化剥蚀率高，风化土层不易积存，风化层厚度相对较小；对于坡度相对和缓的沟坡，雨水下渗深度大，剥蚀率低并接受沉积，黄土风化层厚度相对较大。阳坡温度变化剧烈，植被稀疏，黄土的风化程度一般较高，风化层厚度小；而阴坡温度变化较缓，植被盖度较阳坡高，黄土风化程度一般相对较低，风化层厚度大。

4.4.2.2　土体蠕动

在风化疏松的土体斜坡中，表层蠕动是非常典型的，变形和岩土体结构的破坏是一个连续的发展过程（胡广韬，1995）。沟坡浅层土体在以重力为主的应力的长期作用下，向临空方向缓慢变形成一"剪变带"，这是一个长期蠕动的过程。土体蠕动在沟坡面表层土体形成裂缝，并在大致平行于最大剪应力迹线的方向上形成潜在的重力侵蚀滑动面（图 4-12）。

土体蠕动的主要原因是土体重量的增加。由于土体吸力和水膜表面张力下降，以及含水量增加，直接导致土体黏聚力下降，为土体蠕动创造了条件。研究表明，土体蠕动与土体含水量变化及温度周期性变化关系最密切（Sasaki et al.，2000）。

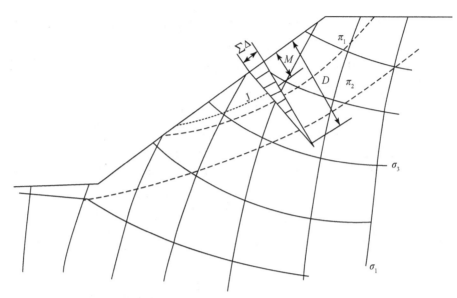

图 4-12　沟坡土体的蠕动与可能滑动面（胡广韬，1995）

σ_1、σ_3—主应力迹线；J—浅层重力侵蚀可能滑动面；π_1、π_2—最大剪应力迹线；

$\sum\Delta$—坡面变形量；D—坡面剪变带厚度；M—坡面风化带厚度

4.4.2.3　应力作用

任何沟坡都处于一定历史条件下的地应力环境中，在沟坡形成的过程中，坡体的质点向斜坡方向移动，临空面常常是应力集中的区域。特别是黄土高原处于新构造运动比较强烈的地区，往往存在较大的水平构造残余应力。坡角对坡体应力的分布影响最大，坡角增大时，坡肩及坡面张力带的范围扩大（图 4-13）。坡体应力对浅层重力侵蚀的发生有控制作用，因为张力的存在导致沟坡土体张性裂隙与风化裂隙增多，增加了土体风化的深度及程度，沟坡上张力的分布与风化带及重力侵蚀带的分布相一致。

图 4-13　斜坡张力分布与坡角（θ）关系（凌贤长，2002）

野外调查发现，在沟坡原状黄土中存在较密集的节理面，其中包括垂直于沟坡的节理面，这种节理面多为风化节理面；另外还包括与最大剪切迹线近于平行的一组节理面，应该是温度变化及应力释放共同形成的节理面，小型滑坡、滑塌等浅层重力侵蚀往往就是沿着这些节理面发生的。

4.4.3　地形因素

4.4.3.1　沟坡高差

沟坡高差与沟坡土体的崩塌关系密切。沟坡下切增加了沟坡的相对高差，当高差达到临界值后，导致沟坡顶部张力带中产生平行于临空面的张性裂隙（图 4-14），使土体的稳定性降低，产生沟坡的崩塌。

假定直立边坡高度为 H_c，坡后张性裂隙的深度 kH_c（图 4-14）。根据土力学原理，如果不考虑土的黏性，土坡在重力作用下沿 AB 面下滑的极限平衡条件是：

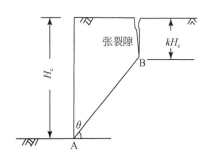

图 4-14　直立边坡重力侵蚀的临界高度

$$\theta = \frac{\pi}{4} + \frac{\varphi}{2} \tag{4-1}$$

式中，θ 为沟坡坡度；φ 为土体的内摩擦角。

边坡高度 H_c 的最小值为：

$$H_c = \frac{4c}{\gamma(1+k)}\tan\left(\frac{\pi}{4} + \frac{\varphi}{2}\right) \tag{4-2}$$

式中，H_c 为临界土坡高度；c 为土的黏聚力；γ 为土的容重；φ 为土的内摩擦角；k 为张性裂隙深度系数，一般来说 $k<1$。

根据朗肯主动土压力公式，张裂隙的深度可以表示为

$$Z_0 = kH_c = \frac{2c}{\gamma}\tan\left(\frac{\pi}{4} + \frac{\varphi}{2}\right) \tag{4-3}$$

可见，重力侵蚀的发生与黄土边坡的相对高差及黄土的性质（如 c、φ、γ）都有比较密切的关系。黄土边坡相对高差越大，越容易发生重力侵蚀。

4.4.3.2　沟坡坡度

坡度是沟谷地貌特征的主要参数之一，坡度对重力侵蚀的发生起着控制性的作用。沟坡坡度不但影响重力侵蚀发生的频率并且影响重力侵蚀发生的类型和规模。重力侵蚀主要发生在坡度比较大的坡面上。沟坡单位土体的下滑力可以表示为

$$F_c = W\sin\theta \tag{4-4}$$

式中，W 为土体的重量；θ 为沟坡坡度；F_c 为土体下滑力。

暂不考虑非饱和土的基质吸力、植物根系等因素的作用，沟坡单位土体的抗滑力可以表示为

$$F_f = W\cos\theta\tan\varphi \tag{4-5}$$

式中，F_f 为土体的抗滑力；W 为土体的重量；θ 为沟坡坡度；φ 为土的内摩擦角。

可见，沟坡坡度越大，土体的下滑力越大，而土体的抗滑力相对越小，发生重力侵蚀的可能性越大。朱同新（1989）在晋西黄土丘陵沟壑区小流域调查结果表明，在坡度小于 40° 以下的沟坡上很少发生滑坡，崩塌在坡度小于 70° 沟坡上的发生概率很低。刘秉正和吴发启（1993）、王军等（2001）等学者认为，黄土的内摩擦角在 25° 左右，所以在坡度大于 30° 时重力侵蚀现象才会有比较明显的表现。根据在绥德桥沟小流域所做的调查，在局部坡度小于 55° 的沟坡上发生浅层重力侵蚀的概率很低，浅层重力侵蚀的发生频率随着沟坡坡度的增加而增加。

用一定时间内单位沟坡面积上发生的浅层重力侵蚀次数表示浅层重力侵蚀的发生频率。2009 年 7~8 月在桥沟第二支沟北坡实测和统计了不同沟坡坡度上浅层重力侵蚀的平

均频率，黄土类型是马兰黄土和离石黄土，土体风化侵蚀较严重，植被基本上是草本，平均盖度10%左右（图4-15）。虽然数据比较少，但是仍然可以大概显示出浅层重力侵蚀发生频率受坡度影响关系的趋势。可以看出，浅层重力侵蚀发生频率与沟坡坡度呈现比较明显的幂函数关系（图4-16）。当坡度为55°~65°时浅层重力侵蚀在单位面积上发生的频率很低，随着坡度的增加浅层重力侵蚀发生次数迅速增加，坡度在70°以上时，浅层重力侵蚀发生频率比较高。

图4-15　桥沟第二支沟北坡坡面及植被

即浅层重力侵蚀发生频率与沟坡坡度的关系可以大致表示为：

$$P_g = 3 \times 10^{-5} e^{0.1221\theta} \tag{4-6}$$

式中，P_g 为浅层重力侵蚀发生频率，θ 为沟坡坡度（°）。

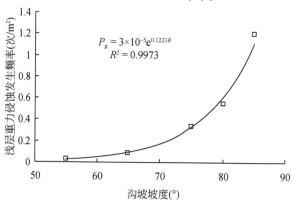

图4-16　浅层重力侵蚀发生频率与沟坡坡度的关系

　　沟坡坡度对浅层重力侵蚀规模也有显著的影响。在桥沟流域实测数据得到的二者的关系如图4-17。沟坡坡度越小浅层重力侵蚀体积相对越大，而当坡面坡度大于70°以后，浅层重力侵蚀发生频率比较大，但一般重力侵蚀发生的体积很小，一般都在0.01m³以下。实测的重力侵蚀包括小型滑坡、滑塌和崩塌，在坡度小于70°的沟坡上发生的主要是滑塌，在坡度大于 70°的沟坡上发生的主要是体积很小的崩塌，而当坡度大于 80°时，也经常出现一定比例的体积较大的崩塌体。

根据统计，浅层重力侵蚀规模与沟坡坡度的关系可用下面的线性关系拟合：

$$S_g = -0.0006\theta + 0.0521 \qquad (4\text{-}7)$$

式中，S_g 为浅层重力侵蚀发生的规模（m³/次）；θ 为沟坡坡度。

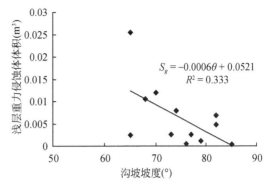

图 4-17　浅层重力侵蚀规模与沟坡坡度的关系

需要特别指出的是，微地形对浅层重力侵蚀的影响非常显著，发生重力侵蚀区域的沟坡往往是局部的，其一般比沟坡平均坡度要大，如在平均坡度为 50°～60°的沟坡上，发生浅层重力侵蚀的局部坡度可能达到 70°～80°。

4.4.4　植被因素

利用植物固持土壤稳定边坡和稳固堤防很早就在世界各地应用，而有关对根系固土功能、增强坡面抗滑、抗冲刷等方面的研究则主要起始于 20 世纪 30 年代。我国对于根系固土力学的研究近年来也十分活跃，如刘国彬等（1996）、解明曙（1990a，1990b）研究了植物根系对土壤抗剪强度的影响。一般认为根系对于沟坡的稳固作用主要表现在：①根系的锚固作用。即根系将沟坡浅层松散风化土层锚固到较深处稳定的土层上。②根系的加筋作用。植物根系在土中盘根错节，使边坡土体成为与根系的复合材料，根系可以看作带预应力的三维加筋材料，使土体强度增高。根系通过把土层中的剪应力转化为根系的拉应力增强了土体的抗剪强度（姜志强等，2005）。③降低沟坡孔隙水压力。植物通过吸收和蒸腾沟坡土体内的水分，降低土体的孔隙水压力，提高土体的抗剪强度，有利于边坡的稳定（周德培和张俊云，2003）。

野外观测表明，地表植被对沟坡浅层重力侵蚀也具有显著的影响，主要表现在：①植被增加了坡面土壤的渗透性和坡面糙率，增加了雨水下渗量，减少坡面流。根据桥沟小流域的观测，由于植被的恢复，30mm 以下降雨量在桥沟小流域几乎不能产生坡面流。即使对于 30mm 以上的降雨，产生的流量也比植被恢复前大大减少了。坡面流常在沟头、陡坎处导致大量的重力侵蚀，因而坡面流的减少对重力侵蚀有比较显著的遏制作用。②沟坡植被的发育增加了土体的抗冲性，减轻了坡面侵蚀和浅沟、切沟的形成。坡面上浅沟、切沟的形成过程本身伴随着大量的重力侵蚀，同时，坡面上浅沟、切沟侵蚀使坡面变得破碎，增加了局部坡面的坡度，使局部突出土体临空的程度和概率大大增加，因而显著地增加了重力侵蚀，尤其是浅层重力侵蚀的发生频率。③坡面上的张力分布区在风化、雨水和温度变化作用下往往产生密集的裂缝，重力侵蚀往往在这些地方集中发生。植被在坡面上形成松软的腐殖质层，能减缓下部土体温度和湿度的波动性，减轻土体裂缝的产生，从而降低了浅层重力侵蚀发生的频率（图 4-18）。

图 4-18 植被对浅层重力侵蚀的影响

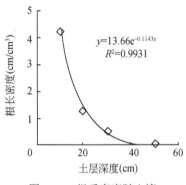

图 4-19 根系密度随土壤
深度的分布

植被对抗滑力的作用受穿过滑动面底面和侧面的植物根系的数量、根系直径、根系种类等因素的影响。植物根系总的抗滑力可由穿过滑动体底面（F_{bot}）和3个侧面（F_{lat}）的植物根系增加的抗滑力的和来表示：

$$F_{veg} = F_{bot} + F_{lat} \qquad (4\text{-}8)$$

式中，F_{veg} 为根系总抗滑力。

韩凤朋等（2009）的研究表明，黄土坡面上草本植物的根系主要分布在土体表层50cm深度内，从土壤表层向下呈指数型分布，超过一定深度土壤中植被的根系密度接近于零（图4-19），这个结论与本章研究区的实地观测基本一致。因此，植物根系对土体抗剪强度的影响随土体深度的增加而逐渐减弱，超过一定的深度则可以忽略不计，植物根系对小规模重力侵蚀的影响尤为明显，而对于大规模的重力侵蚀的影响作用相对较小。

一般用植被盖度指标来估算植被减轻水流对坡面侵蚀的作用。植被盖度与土壤中根系的多少及分布有一定的关系，根据实地取样及挖剖面观测，在研究区由于下垫面质地比较均一，植被盖度与根系量存在较显著的正相关性，即植被盖度较大的沟坡土壤中根系含量较多（图4-20）。但是，对植被盖度与地下根系量的定量关系还有待确定。

4.4.5 坡向

坡向对重力侵蚀的影响主要有两方面的因素：一是由于不同坡向的植被条件不同，这主要受水分条件的影响；二是不同坡向的土体风化厚度和风化程度不同，这主要受水分和温度变化的影响。

不同坡向重力侵蚀差别很显著。根据野外观测，阳坡一般比较破碎，坡度较陡，重力

图 4-20　植被根系在土壤中的分布取样

侵蚀的作用明显（图 4-21）；阴坡坡面相对完整，以水流侵蚀作用为主，重力侵蚀作用相对较轻微（图 4-22）。东向坡和西向坡的坡形及重力侵蚀的强度介于北向坡和阳坡之间。观测表明，阳坡重力侵蚀最严重，其次是西向坡，再次是东向坡，阴坡重力侵蚀最轻微。

图 4-21　桥沟二支沟南向坡重力侵蚀情况

4.4.6　降雨

降雨是重力侵蚀的主要诱发因素。降雨对重力侵蚀的作用主要表现在：①雨水入渗增加了土体的重量，相当于增加了斜坡的附加负荷，使滑塌体的下滑力能够克服土体的黏聚力、摩擦力等阻力。浅层重力侵蚀多发生在降雨持续一段时间，土体含水量达到一定程度

图 4-22　桥沟二支沟北向坡重力侵蚀情况

的情况下。根据桥沟流域的实地测量，浅层重力侵蚀发生时，下滑土体的体积含水量一般可达到 18% ~20% 左右。②沟坡上水力侵蚀形成浅沟、切沟等，形成局部陡峻的地形，或形成局部临空面，容易诱发重力侵蚀。沟道内水流淘刷沟坡下部，使沟坡土体悬空或引起坡脚土体湿陷，从而导致重力侵蚀的发生。③亲水性黏土矿物吸水后体积膨胀，失水后收缩，引起土体破裂松散，造成黄土结构强度降低。④黄土中易溶性盐类经反复淋溶后土体变得疏松，减小了土体的黏聚力。⑤水分入渗减小了滑动面的摩擦力，触发重力侵蚀的发生。坡度大的坡面受水面积小，雨水下渗深度浅，所以滑塌频率大，但是深度较小；相反，坡度较小的坡面雨水下渗深度大，发生滑塌的深度相对较大，但频率较低。

长度较大的沟坡是由一系列坡度较缓的坡面和坡度很大的陡壁组成的，其中坡度较缓的坡面部分植被发育较好，陡壁部分很少有植被发育。在水流作用下，沟坡陡壁以溯源侵蚀的方式后退，其中包括水力侵蚀和重力侵蚀，这是沟坡演化的重要方式。缓坡和陡坡的转折处（坡肩）是浅层重力侵蚀比较活跃的地方（图 4-23）。

根据桥沟的观测，浅层重力侵蚀发生的深度一般与雨水入渗的深度相当，或相差不多。如果不考虑沟头等特殊部位的重力侵蚀，仅考虑坡面一般情况下的浅层重力侵蚀情况，可用降雨入渗深度代表土体可能发生浅层重力侵蚀的深度。假设降雨后土体的体积含水率为 Θ，土壤的前期体积含水率为 Θ_0，在不发生明显坡面径流的情况下，降水在沟坡土体中的入渗深度 H（m）可表示为

$$H = \frac{h\cos\theta}{1000(\Theta - \Theta_0)} \tag{4-9}$$

则沿坡面浅层重力侵蚀下滑体的长度 L（m）可以表示为

$$L = \frac{h\cos\theta}{1000(\Theta - \Theta_0)\sin\beta} \tag{4-10}$$

式中，h 为降雨深（mm）；θ 为沟坡坡度；Θ_0 为土壤的前期体积含水率；Θ 为降雨后土体

图 4-23　沟坡上发育的切沟沟头

的体积含水率，β 为滑体滑动面与沟坡夹角。

4.5　重力侵蚀力学机理

重力侵蚀是土体变形和剪切破坏的过程，对沟坡黄土力学指标的测量可进一步认识重力侵蚀的发生发展机理。本节根据土力学的基本理论，重点研究土体的抗剪强度，以及影响土体抗剪强度的因素，包括通过直剪实验研究黄土的黏聚力、内摩擦角、非饱和土基质吸力、土体结构强度、植被根系对土体抗剪强度的影响等，对重力侵蚀发生的力学机理进行探讨，为重力侵蚀的定量估算提供参数。

4.5.1　直剪实验

4.5.1.1　土体抗剪强度的影响因素

土体抗剪强度是指土体对于荷载所产生的极限抵抗能力。在外荷载作用下，土体中将产生剪应力和剪切变形，当土体中某点由外力所产生的应力达到土体的抗剪强度时，土体就沿着剪应力方向产生相对滑动，该点便发生剪切破坏。

如果考虑黏性，土体的抗剪强度可用库仑模型表示为

$$\tau_f = c + \sigma \tan\varphi \tag{4-11}$$

如果不考虑黏性，库仑模型为

$$\tau_f = \sigma \tan\varphi \tag{4-12}$$

式中，τ_f 为土体的抗剪强度；σ 为剪切滑动面上的法向应力；φ 为土的内摩擦角；c 为土的黏聚力。

抗剪强度的摩擦力部分（$\sigma\tan\varphi$）主要来自两方面：一是滑动摩擦，即剪切面土体粒间表面的粗糙度所产生的摩擦作用；二是粗颗粒之间相互镶嵌、连锁作用产生的咬合力。因此，抗剪强度的摩擦力除了与剪切面上法向总应力有关以外，还与土体的原始密度、土

粒的形状、表面的粗糙程度以及级配等因素有关。抗剪强度的黏聚力 c 一般由土体中天然胶结物质（如硅、铁物质和碳酸盐等）对土粒的胶结作用和电分子引力等因素所形成。因此，黏聚力通常与土中黏粒含量、矿物成分、含水量、土体的结构等因素密切相关。

土体的抗剪强度受很多因素的影响，不同地区、不同成因、不同类型土体的抗剪强度往往有很大的差别。即使同一种土，在不同的密度、含水量、剪切速率等条件下，抗剪强度数值也不相等。对于非饱和土体，负孔隙水压力对土体抗剪强度的影响也是不容忽视的。尤其在土体从含水量很少的状态转变为含水量相对较高状态的过程中，土体的抗剪强度显著降低，对重力侵蚀的影响是很大的。

4.5.1.2　取样及试验方法

（1）研究区黄土类型

桥沟流域原状黄土主要由马兰黄土和离石黄土组成，沟坡上层为马兰黄土，下层为离石黄土。图4-24是桥沟第二支沟北坡的局部，可以看到，沟坡上部土的颜色呈淡灰色，是马兰黄土，下部土的颜色呈淡红黄色，是离石黄土。

图4-24　桥沟沟坡上黄土组成

离石黄土与午城黄土又统称为"老黄土"。离石黄土属于中更新世晚期，分布于中国华北、西北、黄河中游等地区，典型剖面在山西离石县。离石黄土中的古土壤表明，其黄土是在距今50万年前发生的最暖气候条件下形成的。离石黄土以粉砂为主，呈块状，较致密，质地均匀，不具层理，有大孔隙，其下有时可见钙质结核（图4-25）。离石黄土呈浅红黄色，颜色较午城黄土浅，较马兰黄土深，粒度成分以粉砂为主，粉砂与黏土含量较马兰黄土高。

马兰黄土生成期较离石黄土晚，常假整合覆于离石黄土之上，为距今7万~1万年时

图 4-25　离石黄土

期更新世干冷气候条件下的沉积物。马兰黄土在我国北部分布非常广泛，北起长城南至秦岭，在广大的黄土高原地区除少数山岭外几乎都被连续的马兰黄土所覆盖，马兰黄土与较老时代的黄土一起形成了今天特殊的黄土地貌，成为现代地面的基础。马兰黄土颜色为淡灰黄色、疏松、无层理，颗粒较均匀，以粉砂为主，呈块状，大孔隙显著，垂直节理发育，偶夹黑垆土型古土壤。马兰黄土中常有零散分布的钙质结核，黏土矿物主要是伊利石、蒙脱石和少量高岭土、针铁矿等。马兰黄土受到成岩作用的影响不大，处于未密实的疏松状态，颗粒之间胶结程度一般较差，抵抗侵蚀的能力很弱，容易产生水土流失，发生沉陷和土体崩坍。马兰黄土与下伏离石黄土的差别是其更加疏松，多虫孔和植物残体（图 4-26）。

分别取马兰黄土和离石黄土进行粒径分析（表 4-3，图 4-27）。马兰黄土和离石黄土都是主要以粒径小于 0.05mm 的粉沙和粒径小于 0.005mm 的黏粒组成，含有少量粒径大于 0.05mm 的砂粒。马兰黄土中粒径小于 0.05mm 的组分占 81.8%，粒径小于 0.005mm 的黏粒含量占 22.6%；离石黄土中粒径小于 0.05mm 的组分占 87.1%，粒径小于 0.005mm 的黏粒含量占 31.5%。即马兰黄土中黏粒含量较离石黄土少，砂粒含量较离石黄土多，因此马兰黄土较离石黄土砂性强。

表 4-3　马兰黄土和离石黄土粒径级配

样品名称	小于某粒径的沙重百分数（%）										中值粒径（mm）	平均粒径（mm）	黏粒含量（≤0.005 mm）（%）
	≤2.00 mm	≤1.00 mm	≤0.25 mm	≤0.10 mm	≤0.075 mm	≤0.05 mm	≤0.025 mm	≤0.015 mm	≤0.005 mm	≤0.002 mm			
马兰黄土	100.0	100.0	100.0	97.7	92.9	81.8	57.7	43.2	22.6	10.6	0.019	0.028	22.6
离石黄土	100.0	100.0	100.0	99.1	95.8	87.1	66.7	53.4	31.5	15.7	0.013	0.022	31.5

图 4-26　马兰黄土

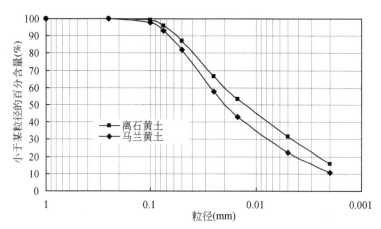

图 4-27　马兰黄土和离石黄土粒径分布

（2）取样和实验方法

在桥沟沟坡由表面向下取马兰黄土、离石黄土原状土方块样，土样大小为 40cm×40cm ×45cm。

为研究植被对土体抗剪强度的影响，还在风化黄土层取了 2 个带有植被的土样，土样的植被盖度约 50%，主要植被种类为禾本科的茅草、荩草，菊科的青蒿、艾蒿等，多为一年生草本植物，部分种类（如蒿属植物）有宿根。受土壤水分的限制，大部分草本植物根系主要分布在地表 30cm 以内土体的深度，少量植物种类根系分布比较深，如茅草根系深度可超过 50cm，但随深度增加根系显著减少。取样植被基本上能够代表桥沟流域草本植被的种类和盖度情况。

由于黄土的透水性较强,在剪应力增加时超孔隙水压力能够快速消散,因此采用直快剪方法。试验在电动应变控制式直剪仪上进行。围压控制为100kPa、200kPa、300kPa,剪破速度为0.6mm/s,土样错动达5mm判断为试样剪破。试样土体含水量(质量比)选择7%、13%、19%、25%,用以测定土体含水量对抗剪强度指标的影响。其中,土体含水量7%时相当于土体处于干旱的状态,13%时土体处于半湿润的状态,19%时土体处于湿润状,25%时土体处于饱和状态。根据桥沟的观测,浅层重力侵蚀发生后滑塌下来的土体平均含水量经常处于18%~20%(质量比),因此暂以土体含水量19%代表沟坡土体容易发生重力侵蚀的含水量。

对含有植物根系的土样,在测量土样抗剪强度后,冲洗出土样中的植物根系并称重,计算出土样中根系的含量。

4.5.1.3 试验结果及分析

(1) 不同含水率黄土的抗剪强度

取马兰黄土和离石黄土原状土样进行直剪试验,测试不同含水率条件下黄土的抗剪强度。测试结果如图4-28、图4-29。

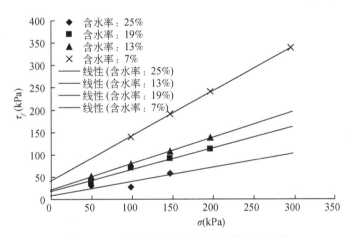

图 4-28 不同含水率马兰黄土抗剪强度曲线

不同含水率马兰黄土原状土抗剪强度公式:

$$\Theta = 7\%:\ \tau_f = \sigma\tan45.21° + 42.00 \tag{4-13}$$

$$\Theta = 13\%:\ \tau_f = \sigma\tan30.30° + 22.15 \tag{4-14}$$

$$\Theta = 19\%:\ \tau_f = \sigma\tan26.05° + 18.00 \tag{4-15}$$

$$\Theta = 25\%:\ \tau_f = \sigma\tan17.50° + 8.89 \tag{4-16}$$

式中 Θ 为土壤含水率(单位体积含水量,也可简称之为含水量);τ_f 为土体抗剪强度,σ 为滑动面的法向应力。

$$\Theta = 7\%:\ \tau_f = \sigma\tan30.98° + 49.97 \tag{4-17}$$

$$\Theta = 13\%:\ \tau_f = \sigma\tan26.96° + 30.40 \tag{4-18}$$

$$\Theta = 19\%:\ \tau_f = \sigma\tan26.07° + 9.95 \tag{4-19}$$

$$\Theta = 25\% : \tau_f = \sigma\tan 21.47° + 4.96 \tag{4-20}$$

从试验结果可以看到，土体含水率对马兰黄土和离石黄土抗剪强度有显著的影响，随含水量的降低，土体抗剪强度逐渐增大。其中，随着土体含水率的增加，内摩擦角 φ，黏聚力 c 都有明显的降低。根据非饱和土抗剪强度理论，黏聚力由真黏聚力和表观黏聚力组成，真黏聚力是由地质年代的长期压力作用形成的，比较稳定；表观黏聚力是由基质吸力和负孔隙压力所产生的，当含水率增大时，基质吸力减少，表观黏聚力相应减小。因此，随着含水量的增加，真黏聚力基本不变而表观黏聚力减少，总黏聚力相应减少。

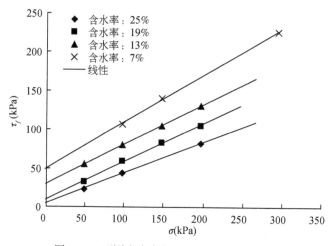

图 4-29　不同含水率离石黄土抗剪强度曲线

内摩擦角由有效压力和土颗粒间所产生的摩擦力形成，内摩擦角由两部分构成，即：

$$\varphi = \varphi_0 + \Delta\varphi \tag{4-21}$$

式中，φ 为土体内摩擦角；φ_0 为基本摩擦角；$\Delta\varphi$ 为实际内摩擦角与基本内摩擦角的差值。

φ_0 只取决于土壤颗粒大小和级配，对某一种土壤其值基本不变；$\Delta\varphi$ 随土含水量的变化而变化，含水量增大时，土壤颗粒之间的结合水膜变厚，水溶液的电解质浓度降低，胶粒间距离增大，土壤颗粒间连接强度降低，土颗粒之间的摩擦强度降低，内摩擦角相应减小。

（2）两种黄土抗剪强度指标的比较

除了土体的含水量外，不同黄土类型抗剪强度也有明显的差异，这主要与土体的矿物成分、颗粒形状与级配等因素的变化有关。土壤颗粒（简称土壤）越粗，表面越粗糙，棱角突出，φ 越大；黏土矿物成分不同，土粒表面薄膜水和电分子力不同，黏聚力 c 也不同。

把不同含水率条件下马兰黄土和离石黄土抗剪强度曲线放在一起进行比较，可以看出两者之间有一些变化（图 4-30）。从图 4-30 可以看到，含水率在 19% 以下时，在法向应力相同时，马兰黄土的抗剪强度较离石黄土大，但土体饱和条件下，马兰黄土的抗剪强度降低相对较明显，比离石黄土的要低。

不少研究结果认为，土体含水率与黏聚力的关系呈幂函数关系（党进谦，李靖，1996）。根据实验数据可得到不同含水率条件下马兰黄土与离石黄土黏聚力的变化（图 4-31）。

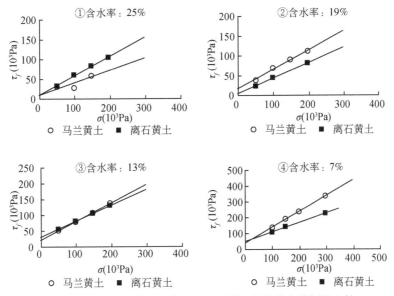

图 4-30 不同含水率马兰黄土和离石黄土抗剪强度指标的比较

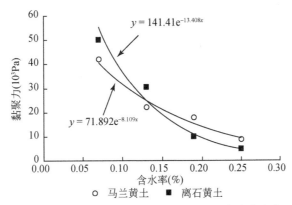

图 4-31 马兰黄土和离石黄土黏聚力随含水率的变化

考虑实测原状马兰黄土的干密度约 1.61g/m^3，原状离石黄土的干密度约 1.58g/m^3，即可建立土体黏聚力与体积含水率的关系：

马兰黄土：$c = 71.892\text{e}^{-8.109\frac{\Theta}{1.61+\Theta}}$ (4-22)

离石黄土：$c = 141.41\text{e}^{-13.408\frac{\Theta}{1.58+\Theta}}$ (4-23)

式中，c 黄土黏聚力；Θ 为土体体积含水率。

可以看到，随含水率增加，马兰黄土与离石黄土黏聚力都有明显的下降，其中，离石黄土由于黏土含量较马兰黄土多，黏聚力随土体含水量的增加下降的速度更快一些。

同样，根据实验数据可大致得到不同含水率条件下马兰黄土与离石黄土内摩擦角的变化（图 4-32）。

暂以线性拟合其变化趋势。将土体的质量含水量变换为土体的体积含水率，即可以

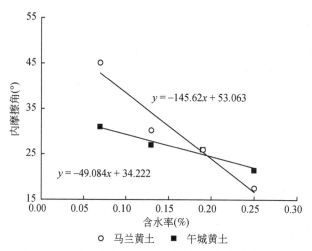

图4-32　马兰黄土和离石黄土内摩擦角与含水率的关系

得到：

$$马兰黄土：\varphi = -145.62\frac{\Theta}{1.61+\Theta} + 53.063 \qquad (4-24)$$

$$离石黄土：\varphi = -49.084\frac{\Theta}{1.58+\Theta} + 34.222 \qquad (4-25)$$

式中，φ 为黏聚力；Θ 为土体体积含水率。

可以看到，随含水率增加，马兰黄土与离石黄土的内摩擦角都有明显的下降，其中，马兰黄土由于较离石黄土粒径组成粗，随土体含水率增加，其摩擦角下降的速度更快一些。

（3）根系对黄土抗剪强度的影响

对于有植被发育的松散土体，通常都是经过水流搬运形成的，是马兰黄土和离石黄土的混合黄土。根据不同植物根系含量不同、含水率为19%的原状黄土土样，进行直剪实验，得到抗剪强度曲线如图4-33。

不同植物根系含量条件下土体抗剪强度为

$$植物根系含量0\%：\tau_f = \sigma\tan26.79° + 21.33 \qquad (4-26)$$

$$植物根系含量0.48\%：\tau_f = \sigma\tan26.66° + 15.50 \qquad (4-27)$$

$$植物根系含量1.01\%：\tau_f = \sigma\tan25.72° + 12.17 \qquad (4-28)$$

式中，τ_f 为抗剪强度；σ 为法向应力。

与没有植物根系的土体相比，含有一定植物根系的土体抗剪强度显著增加。其中，植物根系主要增加了土体的黏聚力，而对土体的内摩擦角的影响不大，基本上可以忽略植物根系对土体内摩擦角的影响，这与有关文献研究结果是一致的（侍倩，2005）。

根据实验得到的有限数据可大概得到土体植物根系含量与土体黏聚力的关系（图4-34）。

黏聚力与土体植物根系含量的关系可表示为：

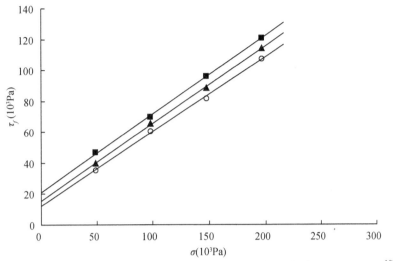

图 4-33 不同植物根系含量的黄土抗剪强度曲线

$$c = 9.1076x + 11.808 \qquad (4-29)$$

式中，x 为根系含量（质量百分比）。

（4）土体风化和结构破坏对抗剪强度的影响

原状黄土结构强度是黄土在发育生成过程中由胶结物质所形成的联结强度。非饱和黄土在发育过程中形成了以粗粉粒为主体骨架的架空结构，在粗粉粒接点处的微小颗粒、腐殖质胶体及可溶盐等一起形

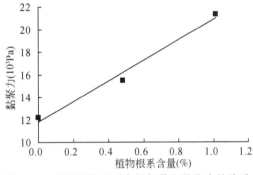

图 4-34 不同植物根系含量与黄土黏聚力的关系

成了胶结性的联结，该联结强度即为非饱和黄土的结构强度。黄土结构强度的大小可用其天然结构破坏时原状黄土与相应的（同容重、同含水量）重塑黄土的应力差表示（党进谦，1998）。当黄土的天然结构发生破坏时，胶结物质形成的联结强度逐渐丧失，黄土的抗剪强度显著降低。

土体含水量对黄土的结构强度有显著的影响。另外，土的原始密度对土体的抗剪强度有比较显著的影响，土体密度越大，土粒间表面摩擦力和咬合力越大，即内摩擦角越大。同时，密度越大，土的空隙小，接触紧密，黏聚力也越大。

由于没有进行同密度、同含水量的原状黄土与重塑黄土的抗剪强度对比测量工作，这里仅对比原状马兰黄土、离石黄土与再沉积黄土的抗剪强度（图 4-35）。三者的含水率都为 13%，但是土体密度不同，实测原状马兰黄土的干密度约 1.61g/m³，原状离石黄土的干密度约 1.58g/m³，经搬运再沉积黄土的干密度约 1.28g/m³。可以看到，原状马兰黄土和离石黄土的抗剪强度指标明显高于经过搬运、再沉积的黄土。黄土风化结构破坏后抗剪强度的丧失主要表现在黏聚力减小方面，而内摩擦角的变化并不是很大。

总的来看，原状黄土风化后，或经风化、搬运并沉积在沟坡上，变得疏松，抗剪强度显著降低。降雨条件下土体重力增加，抗剪强度指标下降，很容易发生滑坡、滑塌等小型的浅层重力侵蚀。

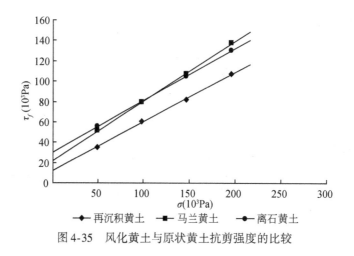

图 4-35　风化黄土与原状黄土抗剪强度的比较

4.5.2　非饱和土基质吸力对浅层重力侵蚀的影响

在黄土高原地区，由于地下水位很深，降雨量相对较少，沟坡土体大部分时间都处于非饱和状态。但在高强度降雨或长时间连续降雨后可能造成一定深度或局部土体出现水分饱和或接近饱和的状态。在土体由远离饱和状态向接近饱和状态的过渡过程中，土体中的负孔隙水压力发生很大变化，对土体抗剪强度有很大影响，容易造成土体滑塌和浅层滑坡的发生。

4.5.2.1　非饱和土基质吸力理论

（1）非饱和土强度和基质吸力

非饱和土是含水量未达到饱和状态的土体。一般把非饱和土的强度分成 3 部分：

$$\tau_{ff} = c' + (\sigma_f - u_a)\tan\phi' + (u_a - u_w)_f \tan\phi^b \tag{4-30}$$

其中，第 1 项为有效凝聚力（c'）；第 2 项为摩擦力；第 3 项为由基质吸力产生的附加摩擦力，也称为表观凝聚力或吸附强度，（$\sigma_f - u_a$）为净法向应力；（$u_a - u_w$）为基质吸力；ϕ' 为与净法向应力有关的内摩擦角；ϕ^b 为与基质吸力有关的摩擦角，表示抗剪强度随基质吸力而增加的速率。

非饱和土体通常被认为是由土粒、水、空气和收缩膜组成的四相系（图 4-36）。如果有大量的空气存在于土体中，则土体中会存在连续的气相（图 4-37），这时，收缩膜同土粒发生相互作用，孔隙水压力和孔隙气压力开始出现显著差别，即土体中存在显著的基质吸力。基质吸力是决定非饱和土力学性状的重要因素。

对基质吸力的解释通常同水的表面张力引起的毛细现象联系一起，表面张力是由收缩膜分子之间的作用力而引起的。土中的细小孔隙就像毛细管那样促使土中水上升到地下水位以上，相对于现场大气压力（即孔隙气压力 $u_a = 0$），毛细水具有负压力。低饱和度时，负孔隙水压力可达到很高的值。例如，让一小块土样在大气中逐渐变干，随土体含水量减少，负孔隙水压力不断增大，收缩膜（水–气分界面）像一张橡皮膜那样将土粒拉在一起。在这个过程中，作用于土样上的总应力不变（保持为零），而土样的体积逐渐缩小，这种常见的土体干缩现象是基质吸力作用的表现。此外，土体中之所以能够产生很大的负孔隙水压力，还有其他因素的作用，如黏粒间吸附力的作用等。基质吸力反映了土的结构、土颗粒成分、孔隙大小和分布形态等基质特征对土体中水分的吸持作用。基质吸力增加了土颗粒间的正应力，提高了土体抗剪强度。

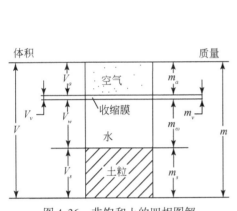

图4-36　非饱和土的四相图解

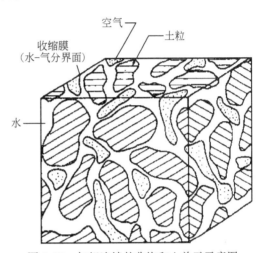

图4-37　气相连续的非饱和土单元示意图

根据相对湿度确定的土体中吸力通常称为"总吸力"，包括基质吸力和渗透吸力两部分。总吸力为土体中水的自由能，基质吸力为土体中水自由能的毛细部分，渗透吸力为土体中水自由能的溶质部分。基质吸力主要由孔隙气压力和孔隙水压力两部分组成，孔隙气压力和孔隙水压力的差值即为基质吸力，即

$$\psi = (u_a - u_w) + \Psi_\pi \tag{4-31}$$

式中，ψ 为总吸力；$(u_a - u_w)$ 为基质吸力；u_a 为孔隙气压力；u_w 为孔隙水压力；Ψ_π 为渗透吸力。

基质吸力同土壤含水率关系很密切，而渗透吸力对土体的含水率变化不太敏感。因此，总吸力的变化主要受制于基质吸力的变化。

（2）非饱和土土–水特征曲线

非饱和土完整的土–水特征曲线在半对数坐标系里具有图4-38所示形状。在较低基质吸力作用下，含水率随基质吸力的增大而缓慢减小，当基质吸力增大到一定值时，空气开始进入土体中，这一阶段称为边界效应区；此后，随基质吸力增大，含水率变化较大，这一阶段称为转换区；当含水率很低时，孔隙水进入不连续状态，基质吸力沿着土–水特征曲线逐渐趋近于 10^6 kPa，这一阶段称为非饱和残余区。试验表明，在半对数坐标系里，基

质吸力与含水量在第 2 阶段基本是线性关系，在第 3 段则线性趋近于 10^6 kPa。图 4-38 中 A 点对应的基质吸力为进气值，即空气开始进入土体中最小的基质吸力值；B 点对应的含水量为残余含水量，即当土体含水量低于该值后，基质吸力随含水量的微小变化而迅速增大。

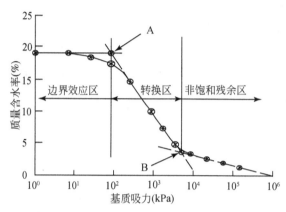

图 4-38　非饱和土土-水特征曲线的一般形式

4.5.2.2　马兰黄土基质吸力测量结果与分析

应用英国 GDS 土工仪器有限公司和香港科技大学合作研发的 GDS-HKUNSAT 非饱和三轴仪测量非饱和土土-水特征曲线，利用 GDS 仪器的四维应力路径模块，在围压和偏应力不变的条件下测试土水特征曲线。试验开始时，首先使试样饱和，孔隙气压力为零，然后不断减小孔隙水压力，测得不同吸力平衡条件下的孔隙水变化量，测得非饱和土的土-水排水曲线。然后，通过增大孔隙水压力，测得不同吸力平衡条件下的孔隙水变化量，测得非饱和土的土-水吸湿曲线。

对马兰黄土的测量结果如图 4-39。由于仪器的原因，本试验未能得到完整的土-水特征曲线，但仍然能够从中看出一些变化特征。质量含水率 25% 时，土体处于完全饱和状态，基质吸力为 0；以后随土体含水率下降，土体基质吸力迅速增加，当含水量降低到

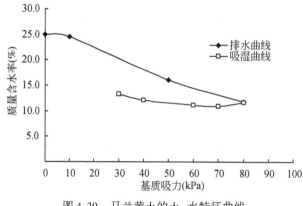

图 4-39　马兰黄土的土-水特征曲线

11.7%时，基质吸力迅速增加到 $8×10^4$kPa（约 0.82kg/cm²）。从土体的吸湿曲线可以看到，当土体含水量增加时，基质吸力下降的速度更快，当土体含水量从 11.7% 增加到 13.3%时，基质吸力迅速从 $8×10^4$kPa 下降到 $3×10^4$kPa，降低 62.5%。

因此，可以推测，由土体含水率增加导致的基质吸力下降是浅层重力侵蚀的重要内在机制之一。

4.6　重力侵蚀模式

4.6.1　重力侵蚀模型构建

重力侵蚀体的形状有多种，其中楔形是最常见的一种形式。根据野外观测将浅层重力侵蚀下滑土体概化为楔形（图 4-40）。

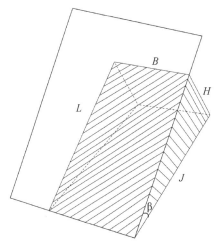

图 4-40　浅层重力侵蚀滑塌体形状概化示意图

B—下滑土体的宽度；L—下滑土体的长度；H—下滑土体的后缘厚度；J—下滑土体的滑动面；
β—浅层滑塌体滑动面与沟坡的夹角

楔形下滑土体的重力可以表示为

$$W = \frac{1}{2}LHB\rho g\cos\beta \tag{4-32}$$

式中，W 为土体重力；L 为下滑土体长度；H 为楔形下滑土体的后缘厚度；B 为下滑土体宽度；ρ 为土体密度；g 为重力加速度；β 为滑动面与土坡坡面夹角。

下滑体的下滑力 F_d 可以表示为：

$$F_d = W\sin(\theta - \beta) = \frac{1}{4}L^2 B\rho g\sin2\beta\sin(\theta - \beta) \tag{4-33}$$

下滑体的抗滑力 F_r 可以表示为

$$F_r = LBc\cos\beta + W\cos(\theta - \beta)\tan\varphi + F_{veg} \tag{4-34}$$

式中，F_{veg} 为植物根系对抗滑力的作用，φ 为内摩擦角。

沟坡土体的稳定系数可以表示为：

$$K = \frac{F_r}{F_d} = \frac{LBc\cos\beta + W\cos(\theta - \beta)\tan\varphi + F_{veg}}{W\sin(\theta - \beta)} \quad (4\text{-}35)$$

用式（4-35）K 的倒数 γ 来表示沟坡发生浅层重力侵蚀的可能性系数：

$$\gamma = \frac{1}{K} = \frac{W\sin(\theta - \beta)}{LBc\cos\beta + W\cos(\theta - \beta)\tan\varphi + F_{veg}} \quad (4\text{-}36)$$

将式（4-9）、式（4-10）及式（4-32）代入式（4-36），可得：

$$\gamma = \frac{h\rho g\sin(\theta - \beta)\cos\theta}{2000(\Theta - \Theta_0)c\cos\beta + h\rho g\cos(\theta - \beta)\cos\theta\tan\varphi + 2\dfrac{F_{veg}[1000(\Theta - \Theta_0)]^2\sin\beta}{Bh\cos\theta\cos\beta}}$$

$$(4\text{-}37)$$

式中，γ 为沟坡土体发生重力侵蚀的可能性系数；θ 为坡面坡度；β 为滑动面与土坡坡面夹角；ρ 为土体密度；h 为降雨深；Θ_0 为土壤的前期体积含水量；Θ 为降雨后土体的体积含水量；c 为土的黏聚力；φ 为内摩擦角；g 为重力加速度；B 为下滑土体宽度；F_{veg} 为植物根系对抗滑力的作用。

由前面的讨论知，研究区内草本植被根系主要分布在表土层 50cm 以内的深度，根系密度从地表向下呈幂函数分布，大于 30cm 以后根系密度已明显减小，因此，植被根系主要对规模很小的重力侵蚀类型作用比较明显，随着重力侵蚀规模的增大其作用迅速减小。另外，根据桥沟流域的实地观测，发生浅层重力侵蚀的沟坡部位一般坡度较大，植被都很少，土体中植被根系的含量也很少。在目前对植被根系作用的研究还不充分，并且判断植被根系的作用不大的条件下，可暂时不考虑植被根系对浅层重力侵蚀的影响。这样可得到不考虑植被根系影响的沟坡发生浅层重力侵蚀的可能性系数：

$$\gamma = \frac{h\rho g\sin(\theta - \beta)\cos\theta}{2000(\Theta - \Theta_0)c\cos\beta + h\rho g\cos(\theta - \beta)\cos\theta\tan\varphi} \quad (4\text{-}38)$$

β 值实际上是浅层重力侵蚀滑动面的确定问题。土力学中对坡面滑动面的确定是非常复杂的问题，往往需要引入合理的假设。这里避开对这个问题的繁琐讨论，根据野外实地观测，建立一个统计关系律。把浅层重力侵蚀滑动面与原坡面的夹角用 β 表示。实际观测表明，β 值一般为 $3° \sim 10°$，沟坡坡度较小时 β 值较大，随坡面坡度变大 β 值变小。坡面坡度为 65° 左右时 β 值可达 $8° \sim 10°$，坡面坡度为 80° 左右时，β 值一般不到 5°（图 4-41）。

浅层重力侵蚀滑动面与原坡面的夹角 β 与沟坡坡度 θ 之间的关系可以大致以一条幂函数曲线来拟合，即

$$\beta = 6 \times 10^8 \theta^{-4.3398} \quad (4\text{-}39)$$

除了沟坡坡度外，影响 β 值大小的其他因素可能还包括风化层的厚度、植被、侵蚀状况等。具有较厚风化层、植被条件较好的 β 值一般较大；反之，侵蚀较严重，风化层较薄的 β 值一般偏小。因此，β 值与沟坡坡度之间的统计关系具有一定的离散性。

降雨后由于水分入渗影响土体的密度，发生浅层重力侵蚀时土体的密度 ρ 可表示为

$$\rho = \rho_0 + \Theta \quad (4\text{-}40)$$

式中，Θ 为土体的体积含水率，ρ_0 为土体干密度。

原状马兰黄土的干密度为 1.61g/m^3，原状离石黄土的干密度为 1.58g/m^3。因此，两

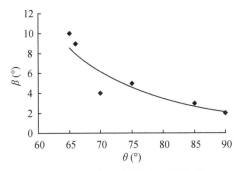

图 4-41　β 与沟坡坡度 θ 的关系

种黄土的湿密度可分别表示为

$$马兰黄土: \rho = 1.61 + \nu \tag{4-41}$$

$$离石黄土: \rho = 1.58 + \nu \tag{4-42}$$

　　将式（4-39）、式（4-42）及式（4-23）、式（4-25）引入式（4-38）可得到离石黄土组成的沟坡发生浅层重力侵蚀的可能性系数；将对应马兰黄土的参数式代入式（4-38）可得到马兰黄土组成的沟坡发生浅层重力侵蚀的可能性系数。

　　式（4-38）在一定程度上反映了沟坡坡度、降雨、土壤三个因素对沟坡浅层重力侵蚀发生可能性的影响，γ 值越大，沟坡发生浅层重力侵蚀的可能性越大。但是，式（4-38）中忽略了植被、土体风化程度、沟坡方向等因素，从前面的讨论中可以看出，这三方面也是浅层重力侵蚀的发生频率和规模的重要影响因素。植被、土体风化程度、沟坡方向是关联性较大的三个因素，集中地表现为阳坡土体破碎，风化程度高，植被稀疏，而阴坡土体风化程度低，植被盖度较高。因此，在目前对这三个影响因素的研究程度较低的情况下，根据实地观测的经验引入沟坡坡向为主导的综合因素影响系数（表4-4）。

表4-4　坡向对沟坡浅层重力侵蚀影响系数

坡向	0°~45°	45°~135°	135°~225°	225°~315°	315°~360°
影响系数	0.25	0.50	1.00	0.75	0.25

　　一定面积沟坡上发生的浅层重力侵蚀量与不同条件沟坡的面积、浅层重力侵蚀发生的可能性系数、浅层重力侵蚀的规模及发生频率成正比，即一定面积沟坡上发生的浅层重力侵蚀量可用下式估算：

$$W_{\mathrm{gs}} = e \int_s a S_g P_g \gamma \mathrm{d}A \tag{4-43}$$

式中，W_{gs} 是一定面积沟坡上浅层重力侵蚀量；A 为不同坡度、坡向组成的沟坡面积；a 是沟坡坡向对浅层重力侵蚀的影响系数，由表4-4确定；P_g 为浅层重力侵蚀发生频率，由式（4-6）确定；S_g 为浅层重力侵蚀规模随沟坡坡度分布函数，由式（4-7）确定；γ 为沟坡土体发生重力侵蚀的可能性系数，由式（4-38）确定；e 为校正系数。

4.6.2　估算结果与分析

选择桥沟流域的第一、第二支沟为估算对象，根据实测的地形、黄土分布及流域水、沙的实际观测资料等对建立的沟坡浅层重力侵蚀计算模型进行初步的验证工作。

利用桥沟流域 1m×1m 分辨率的 DEM 数据，在 ArcGIS 平台上，提取桥沟流域第一、第二支沟的坡度（图 4-42）、坡向信息（图 4-43），并建立桥沟流域的马兰黄土和离石黄土的分布图（图 4-44）。

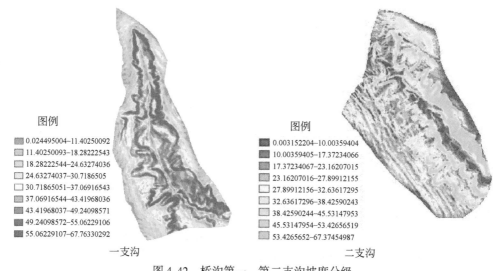

图 4-42　桥沟第一、第二支沟坡度分级

在以上对桥沟流域信息提取的基础上，根据式（4-43）应用 ArcGIS 几何运算的功能进行计算，单元格大小采用 1m×1m。在微地形的处理方面，根据观测估计，认为坡度大于 50°的坡面面积中，其中有 20% 的面积是由于微地形的变化导致其坡度增大 20°。

桥沟第一支沟是大型切沟，沟坡陡峻，大型的重力侵蚀活跃；第二支沟是较稳定的冲沟，以沟坡浅层重力侵蚀为主，重力侵蚀相对较轻微。选择二者可对重力侵蚀特点做比较研究。

经过计算得到了桥沟流域第一支沟和第二支沟 1995～1997 年 9 场次降雨沟坡浅层重力侵蚀的计算量（表 4-5），同时表中还列出了每次降雨沟道的输沙量，可对二者进行比较。由于目前还没有完备的观测资料对计算结果进行校正，暂时取校正系数 $e=1$。

从表 4-5 及图 4-45 中可以看到，沟坡浅层重力侵蚀计算量随降雨量的增大而增大，二者之间有正比的关系。由于第一支沟陡坡面积大，其沟坡浅层重力侵蚀计算量明显大于第二支沟，其沟道实测输沙量也大于第二支沟，这是符合实际情况的，也说明式（4-43）具有一定的合理性。

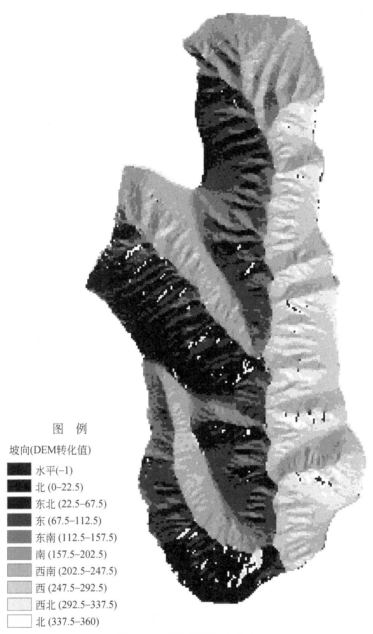

图 例

坡向(DEM转化值)

- 水平(-1)
- 北 (0–22.5)
- 东北 (22.5–67.5)
- 东 (67.5–112.5)
- 东南 (112.5–157.5)
- 南 (157.5–202.5)
- 西南 (202.5–247.5)
- 西 (247.5–292.5)
- 西北 (292.5–337.5)
- 北 (337.5–360)

图 4-43　桥沟流域坡向分布

表 4-5　沟坡浅层重力侵蚀计算量与输沙量的比较

时间	降雨量（mm）	降雨历时（min）	雨强（mm/min）	第一支沟		第二支沟	
				输沙量（m³）	浅层重力侵蚀估算量（m³）	输沙量（m³）	浅层重力侵蚀计算量（m³）
1995 年 7 月 7 日	89.9	355	0.253	355.77	33.78	197.54	3.16
1995 年 9 月 1~3 日	86.8	382	0.227	335	59.96	358.80	3.72

时间	降雨量 （mm）	降雨历时 （min）	雨强 （mm/min）	第一支沟		第二支沟	
				输沙量 （m³）	浅层重力侵蚀 估算量 （m³）	输沙量 （m³）	浅层重力侵蚀 计算量 （m³）
1996 年 6 月 16 日	28.5	130	0.219	66.01	9.54	13.31	1.04
1996 年 7 月 9 日	11	35	0.314	13.65	4.41	2.93	0.48
1996 年 7 月 14 日	39.9	150	0.266	243.4	16.91	429.6	1.88
1996 年 7 月 31 日~8 月 1 日	54.7	476	0.115	38.69	23.94	20.24	2.69
1996 年 8 月 9 日	30.4	205	0.148	84.77	12.63	26.87	1.38
1997 年 7 月 18 日	52.3	281	0.186	146.5	18.24	98.98	2.03
1997 年 7 月 28~31 日	63.1	306	0.206	253.26	28.20	104.2	3.20

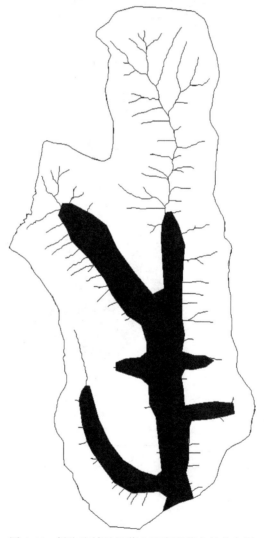

图 4-44　桥沟流域马兰黄土和离石黄土的分布图

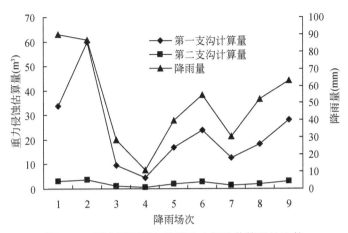

图 4-45　逐次降雨量与浅层重力侵蚀估算量的比较

同时可以看到，除一支沟在 1996 年 7 月 31 日～8 月 1 日降雨的浅层重力侵蚀量占到支沟产沙量的 61.88% 外，两支沟浅层重力侵蚀计算量占沟道输沙量的比例多数处于 30%以下（图 4-46），尤以第二支沟的浅层重力侵蚀量所占比例较低，最大未超过 20%，这个比例明显较前人的调查数据低。这可能受到两方面的影响：第一，估算式主要考虑了发生在沟坡上小型的滑坡、滑塌等浅层重力侵蚀类型，而没有包含泻溜、崩塌等重力侵蚀类型，尤其是由暴雨和洪水引起的坍岸及洪水侧向侵蚀引起的大型重力侵蚀也没有包含进去，就是说估算的不是全部的重力侵蚀量，所以在出现强度较大的降雨或长时间连续降雨的条件下，估算量会与人们主观上认识的重力侵蚀总量有差距；第二，桥沟处于半干旱地区，在强降雨洪水中一般会以高含沙水流的形式将沟道中的堆积物集中带走，这样就增大了沟道的输沙量，在浅层重力侵蚀量估算中是没有考虑这种部分的。但是，从上述估算中，也可以定量认识到浅层重力侵蚀在沟道产沙量或输沙量中所占的比例，这也正是本成果的主要意义所在。

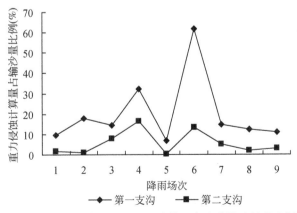

图 4-46　逐场次降雨重力侵蚀计算量占沟道输沙量的比例

4.7 小　结

1）重力侵蚀不仅影响因素复杂，而且各因素本身又受到其他因素的影响，从而导致重力侵蚀本质上是一个力学与概率相耦合的问题，尤其从一个小流域的角度看，群体重力侵蚀的发生具有更大的随机性。对黄土高原重力侵蚀定性研究一般从宏观因素角度入手分析，这方面的研究已经比较多；而通过对影响因素的定量分析，将重力侵蚀的影响因素量化到力学指标上，这方面的研究还比较少。

通过实地观测和力学分析认为，影响沟坡浅层重力侵蚀的因素主要包括：沟坡坡度、降雨、黄土类型、沟坡方位、微地貌、植被等。同时土体不均匀（如含大孔隙、不同的土体混杂、沉积结核、岩屑）、土体裂缝、人类活动及其他生物活动等也是不可忽视的影响因素。

2）通过对实测数据的分析认为，沟坡浅层重力侵蚀主要发生在局部沟坡坡度大于 55° 以上的沟坡，沟坡浅层重力侵蚀的规模分布与沟坡坡度呈线性的负相关关系，沟坡坡度越大，单次浅层重力侵蚀的规模越小；沟坡浅层重力侵蚀的发生频率与沟坡坡度呈幂函数的正相关关系，沟坡坡度增大，浅层重力侵蚀的发生频率显著提高。

3）直剪实验表明，土体含水量是影响土体抗剪强度的主要因素，随着含水量的增加，土体的黏聚力、内摩擦角显著下降，从而导致土体抗剪强度明显下降。同时，随着水分入渗，土体密度增加，沿滑动面的重力增加，土体稳定性减弱，这是导致浅层重力发生的力学机理。另外，不同黄土类型的抗剪强度指标及其随含水量的变化特点有显著差别。

黄土沟坡土体基本上长期处于非饱和状态，如基质吸力非饱和土体的土力学指标等的变化，可能是导致沟坡浅层重力侵蚀发生的重要内在力学机理。

4）通过引入沟坡面积、坡向、浅层重力侵蚀发生频率、沟坡面积、发生重力侵蚀的可能性系数、校正系数 6 个因素建立了基于力学机理、统计规律的小流域沟坡浅层重力侵蚀量估算模型。通过对桥沟第一、第二支沟流域的实际估算及分析验证表明，建立的模型估算结果是基本合理的，不过估算精度评价及模型的完善还有待于更多实测资料的积累。

5）对重力侵蚀观测资料的不足，往往使研究结果的精度难以评估，也难以对建立的计算模型进行校正和改进。在重力侵蚀研究中，以少量土力学试验获得的结果在土力学参数的代表性方面可能存在一定的误差。目前对 c、φ 值的测定一般采用直剪试验，有限次试验结果的离散性比较大，还有必要进行可靠度的分析和修正。

参 考 文 献

蔡强国 . 1993. 沟道流域泥沙输移比计算与输沙规律//陈浩等 . 1993. 流域坡面与沟道的侵蚀产沙研究 . 北京：气象出版社

蔡强国，刘纪根，刘前进 . 2004. 岔巴沟流域次暴雨产沙统计模型 . 地理研究，23（4）：433-439

蔡强国，崔明，范昊明 . 2007. 近期流域沙量平衡计算研究进展 . 地理科学进展，26（2）：52-58

曹文洪，张启舜，姜乃森 . 1993. 黄土地区一次暴雨产沙数学模型的研究 . 泥沙研究，（1）：1-13

曹银真 . 1981. 黄土地区重力侵蚀的机理及预报 . 水土保持，（4）：19-23

曹银真 . 1985. 黄土地区重力侵蚀的类型和成因 . 中国水土保持，（6）：8-13

陈浩 . 1993. 流域坡面与沟道的侵蚀产沙研究 . 北京：气象出版社

陈立宏，陈祖煜，刘金梅 . 2004. 土体抗剪强度指标的概率分布类型研究 . 岩土力学，26（1）：37-40

陈敏才，陈明华，肖恬 . 1988. 人类活动决定重力侵蚀的危害程度 . 水土保持通报，8（6）：25-27

陈永宗，景可，蔡强国 . 1988. 黄土高原现代侵蚀与治理 . 北京：科学出版社

陈祖煜，汪小刚，刑义川，等 . 2005. 边坡稳定分析最大原理的理论分析和试验验证 . 岩土工程学报，27（5）：495-499

崔鹏 . 1991. 泥石流起动条件及机理的实验研究 . 科学通报，21：1650-1652

党进谦，李靖 . 1996. 含水量对非饱和黄土强度的影响 . 西北农业大学学报，24（1）：57-60

党进谦 . 1998. 非饱和黄土的结构强度及其作用 . 西北农林大学学报，（26），5：48-51

党进谦，李靖 . 2001. 非饱和黄土的结构强度与抗剪强度 . 水利学报，（7）：79-83

甘枝茂 . 1989. 黄土高原地貌与土壤侵蚀研究 . 西安：陕西人民出版社

韩凤朋，郑纪勇，张兴昌 . 2009. 黄土退耕坡地植物根系分布特征及其对土壤养分的影响 . 农业工程学报，25（2）：50-55

韩鹏，倪晋仁，王兴奎 . 2003. 黄土坡面细沟发育过程中的重力侵蚀实验研究 . 水利学报，34（1）：51-56

胡广韬 . 1995. 滑坡动力学 . 北京：地质出版社

黄河水利委员会，黄河中游治理局 . 1993. 黄河水土保持志 . 郑州：河南人民出版社

姜志强，孙树林，程龙飞 . 2005. 根系固土作用及植物护坡稳定性分析 . 勘查科学技术，（4）：12-14

蒋德麒，赵诚信，陈章霖，等 . 1966. 黄河中游泥沙来源的初步研究 . 地理学报，32（4）：20-35

M. J. 柯克比，R. P. C. 摩根 . 1987. 土壤侵蚀 . 北京：水利电力出版社

李容全，朱国荣，徐振源 . 1990. 黄土高原重力侵蚀与潜蚀的遥感分析 . 黄土高原的遥感专题研究文集 . 北京：北京大学出版社

李昭淑 . 1991. 戏河流域重力侵蚀规律的研究 . 水土保持通报，11（3）：1-7

凌贤长 . 2002. 岩体力学 . 哈尔滨：哈尔滨工业大学出版社

刘秉正，吴发启 . 1993. 黄土塬区沟谷侵蚀与发展 . 西北林学院学报，8（2）：7-15

刘国斌，蒋定生，朱显谟 . 1996. 黄土区草地根系生物力学特性研究 . 土壤侵蚀与水土保持学报，2（3）：21-28

刘希林 . 2002. 国外泥石流机理模型综述 . 灾害学，17（4）：1-4

侍倩 . 2005. 植被对斜坡土体土力学参数影响的实验研究 . 岩土力学，26（1）：2208-2230

松永光平，甘枝茂 . 2007. 黄土高原重力侵蚀的地质地貌因素分析 . 水土保持通报，27（1）：55-57

孙尚海，张淑芝 . 1995. 中沟流域的重力侵蚀及其防治 . 中国水土保持，（9）：25-27，50

汤立群，陈国祥 . 1997. 小流域产流产沙动力学模型 . 水动力学研究与进展，12（2）：164-174

汤立群 . 1999. 物理成因产沙模型研究中亟待解决的几个问题 . 泥沙研究，（5）：22-28

唐克丽 . 2004. 中国水土保持 . 北京：科学出版社

唐政洪，蔡强国，张光远，等 . 2001. 基于地块间水沙运移的黄土丘陵沟壑区小流域侵蚀产沙模型 . 泥沙研究，（5）：48-53

王德甫，赵学英，马浩禄，等 . 1993. 黄土重力侵蚀及其遥感调查 . 中国水土保持，（12）：25-28

王光谦，薛海，李铁键 . 2005. 黄土高原沟坡重力侵蚀的理论模型 . 应用基础与工程科学学报，13（4）：335-344

王光谦，李铁键，薛海，等 . 2006. 流域泥沙过程机理分析 . 应用基础与工程科学学报，14（4）：455-462

王军，倪晋仁，杨小毛 . 1999. 重力地貌过程研究的理论与方法 . 应用基础与工程科学学报，7（1）：240-251

王军，杨小毛，倪晋仁．2001．基于 GIS 的黄河中游河龙区间流域重力侵蚀相对强度空间分布．应用基础与工程科学学报，9（1）：23-32

王兴奎，钱宁，胡维德．1982．黄土丘陵沟壑区高含沙水流的形成及汇流过程．水利学报，（2）：26-35

解明曙．1990a．林木根系固坡力学机制研究．水土保持学报，4（3）：7-14

解明曙．1990b．乔灌木根系固坡力学强度的有效范围与最佳组构方式．水土保持学报，4（1）：17-23

许炯心．1999．黄土高原的高含沙水流侵蚀研究．土壤侵蚀与水土保持学报，5（1）：28-34

许炯心．2004．黄土高原丘陵沟壑区坡面—沟坡系统中的高含沙水流（Ⅰ）——地貌因素与重力侵蚀的影响．自然灾害学报，13（1）：55~60

许炯心，孙季．2006．无定河水土保持措施减沙效益的临界现象及其意义．水科学进展，17（5）：610-615

杨子生．2002．云南金沙江流域重力侵蚀量分析．水土保持学报，16（6）：4-8

姚文艺，汤立群．2001．水力侵蚀产沙过程及模拟．郑州：黄河水利出版社，137-151

叶浩，石建省，程彦培，等．2004．"劈"砂岩重力侵蚀定量计算的 GPS、GIS 方法初探．地球学报，25（4）：479-482

张伯平，袁海智，王力．1994．含水量对黄土结构强度影响的定量分析．西北农业大学学报，22（1）：54-60

张信宝，柴宗新，汪阳春．1989．黄土高原重力侵蚀的地形与岩性组合因子分析．水土保持通报，9（5）：40-44

中国科学院黄土高原综合科学考察队．1991．黄土高原地区土壤侵蚀区域特征及其治理方式．北京：中国科学技术出版社

周德培，张俊云．2003．植被护坡工程技术．北京：人民交通出版社

周择福，林富荣，张友炎．2000．五台山南梁沟自然风景区重力侵蚀调查研究．水土保持学报，14（5）：141-143

朱同新，陈永宗．1989．晋西北区重力侵蚀产沙区的模糊聚类分析．水土保持通报，（4）：27-34

朱同新．1989．黄土地区重力侵蚀发生的内部条件及地貌临界分析//陈永宗．1989．黄河粗泥沙来源及侵蚀产沙机理研究文集．北京：气象出版社

朱同新，蔡强国，张勋昌．1990．王家沟重力侵蚀的时空分布规律//王福堂．1990．晋西黄土高原土壤侵蚀规律实验研究文集．北京：水利电力出版社

Anthony Y，1960. Soil movement by denudational processes on slopes. Nature，188：120-122

A. W. 托马斯，R. 韦尔奇．1990．短暂沟侵蚀测量的方法．中国水土保持，（9）：19-21

Barr D J，Swanston D N，1970. Measurement of creep in a shallow, slide-prone till soil. Am. J. Sci, 269：467-480

Davis J C，Chung C J，Ohlmacher G C，2006. Two model s for evaluating landslide hazards. Computers & Geosciences，32（8）：1120-1127

Davis W M，1930. Rock floors in arid and in humid climates. J. Geol，38：1-27

Denstnore A L，Anderson R S，McAdo B G，et al. 1997. Hillslope Evolution by Bedrock Landslides. Science，275（17）：369-372

Fall M，Azzam R，Noubactep C. 2006. A multi-method approach to study the stability of natural slopes and landslide susceptibility mapping. Engineering Geology，82（4）：241-263

Iida T. 1993. A probability model of slope failure and hillslope development. Trans. Jpn. Geomorph，Union 14（1）：17-31

Iida T. 1996. A probability model of slope failure based on soil depth distribution Trans. Jpn. Geomorph，Union 17（2）：69-88

Iverson R M. 1997. The physics of debris flows. Reviews of Geophysics, 35 (3): 245-296

Jahn A. 1989. The soil creep on slopes in different altitudinal and ecological zones of Sudeten Mountains. Geogr. Ann, 71A: 161-170

Jonathan D P. 2005. Weathering instability and landscape evolution. Geomorphology, 67: 255-272

Kirkby M J. 1967. Measurement and theory of soil creep. J. Geol, 75 (4): 359-378

Korup O, McSaveney M J, Davies T R H. 2004. Sediment generation and delivery from large historic landslides in the Southern Alps, New Zealand Southern Alps. Geomorphology, 61. 189-207

Matsuoka N. 1994. Continuous recording of frost heave and creep on a Japanese alpine slope. Arctic and Alpine Research, 26 (3): 245-254

Perotto B H L, Thurow T L, Smith C T, et al. 2004. GIS-based spatial analysis and modeling for landslide hazard assessment in steeplands, southern Honduras. Agriculture, Ecosystems & Environment, 103 (1): 165-176

Picareli L, Evans S G, Mostyn G, et al. 2005. Hazard haracterization and quantification//Hungr F. Couture E. 2005. The International Conference on Landslide Risk Management. Vancouver: Balkema Publishers, 2005, 27-61

Renard G R, Foster G R, Weesies G A, et al. 1991. RUSLE revised universal soil loss equation. Journal of Soil and Water Conservation, 46 (1): 30-31

Sasaki Y, Fujj A, Asai K. 2000. Soil creep process and its role in debris slide generation−field measurements on the north side of Tsukuba Mountain in Japan. Engineering Geology, 56: 163-183

Schlunegger F. 2002. Impact of hillslope-derived sediment supply on drainage basin development in small watersheds at the northern border of the central Alps of Switzerland. Geomorphology, 46: 285-350

Shroder J F, Bishop M P. 1998. Mass movement in the Himalaya: new insights and research directions. Geomorphology, 26: 13-35

Van Westen C J. 2005. Landslide hazard and risk zonation-why is it still so difficult? Bull Eng Geol Env, 64: 5-23

Williams. 1957. The direct recording of solifluction movements. Am. J. Sci, 255: 705-715

Wischmeier W H, Smith D D. 1978. Predicting rainfall erosion losses. A guide to conservation planning. U. S. Dep. Agic., USDA handbook No. 537, Washington D C

Zaruba Q, Mencl V. 1969. Landslide and Their Control. New-York: Elsevier

第5章 流域泥沙输移比

泥沙输移比反映了流域侵蚀与产沙的响应关系，是流域综合治理规划、防治土壤侵蚀合理利用水沙资源的沟道工程建设的重要参数之一，具有重要的应用价值。研究和科学确定流域泥沙输移比对于认识流域泥沙输移与沉积规律，对其进行定量表达，可以为侵蚀机理预报模型建立提供基础理论和技术支撑，有着重要的科学意义。本章基于遥感解释方法，以黄土高原丘陵沟壑区第一副区典型小流域为对象，通过泥沙输移比主导因素分析，建立了次暴雨泥沙输移比模式，提示了次暴雨洪水泥沙非平衡输移的规律。

5.1 研 究 进 展

5.1.1 研究现状

20世纪60年代以来是泥沙输移比研究开展较为活跃的时期，此间许多研究主要注重地貌及自然地理环境因素对泥沙输移比的影响。流域面积往往被作为主要的控制因素考虑。此类模型对泥沙输移的物理过程反映不够，此外，由于各种地理参数的不确定性，而将此类预报模型外延至其他地区和流域是困难的。Wolman认为泥沙运动在沟道系统中的周期性滞留、侵蚀和搬运是不稳定和不连续的，需要加强对不同时间和空间泥沙特性变化、不同气候和水文要素对泥沙侵蚀的输移与沉积临界值影响的研究。Williams建立了与泥沙粒径和运移时间有关的具有物理基础的泥沙输移比方程，Novotny在其基础上分析了泥沙输移机理和流域降雨及水文特性与泥沙输移比的关系。Piest等研究了年际和次降雨泥沙输移比的变化规律（陈浩，2000a）。

关于黄土高原地区泥沙输移比的研究始于20世纪70年代后期由龚时旸、熊贵枢首先开始的，主要注重地貌及自然地理环境等各因素对泥沙输移比的影响。

5.1.1.1 泥沙输移比影响因素研究

（1）流域面积与泥沙输移比

流域的空间尺度会对泥沙输移产生不同的影响，流域越大，环境条件就越复杂。中小流域环境因素差异较小，而大流域环境因素差异较大。目前，国内外研究者普遍认为泥沙输移比是随流域面积的增大而递减的（尹国康，1991；吴成基，1998）。不少学者针对特定地区计算了不同规模小流域的泥沙输移比（表5-1）。孙厚才和李青云（2004）对这些结果进行了统计分析，结果表明泥沙输移比与流域面积均呈幂函数的反比关系。应用分形理论的自相似原理，探讨了泥沙输移比与小流域集水面积的关系，并得出SDR的统计模型：

$$SDR = SDR_1 \times A^{-D} \tag{5-1}$$

式中，SDR_1 为流域面积为 $1km^2$ 的单元小流域的泥沙输移比；A 为流域面积；D 为泥沙输移的分维数。

牟金泽和孟庆枚（1982）在陕西大理河流域建立的经验方程为

$$SDR = 1.29 + 1.37\ln R_c - 0.025 \ln A \tag{5-2}$$

式中，SDR 为泥沙输移比；R_c 为沟道密度；A 为流域面积。

表 5-1　不同研究者的研究结果

黄土丘陵区（牟金泽）		紫色土丘陵区（孙厚才）	
流域面积（km^2）	输移比	流域面积（km^2）	输移比
0.18	1.00	0.01	1.00
4.26	0.94	0.1	0.66
21.0	0.86	0.5	0.51
807	0.80	1.0	0.47
3893	0.83	5	0.36
		10	0.32
		50	0.25
		100	0.22
		500	0.17
$SDR = 0.95A^{-0.023}$		$SDR = 0.47A^{-0.158}$	

可以看出，牟金泽经验方程中的泥沙输移比与流域面积也呈反比关系。然而，景可（1989）和师长兴（2007）通过分析长江干流、黄河干流、长江上游、黄河中游主要支流及任意流域 3 个层面的流域输沙模数与流域面积的关系，认为黄河中游输沙模数与流域面积不是反比关系，而长江上游无论是干流还是支流或任意流域的流域输沙模数与流域面积同样不存在一个规律的反比关系，间接地说明了泥沙输移比与面积的相关程度并不明显，流域输沙模数与流域面积的真正关系不是受控于流域面积的大小，而是取决于流域所在区域的地质构造单元的性质、地貌类型及土地利用的合理性等多个因素。由此表明，泥沙输移比与流域面积的关系是复杂的。

（2）降雨-径流与泥沙输移比

蔡强国（1991）以晋西离石县王家沟上游的一条小支沟羊道沟为研究对象，根据 1963~1968 年产流降雨实测资料进行了多元逐步回归分析，通过不同拟合、比较、优化得到了一个表征泥沙输移比（SDR）与降雨量（R）、径流系数（C）、最大水流含沙量（S_m）、无量纲雨型因子（E_a/E，其中 E_a 为大于 0.15 mm/min 雨强的降雨能量，E 为每次降雨的能量总和）之间关系的幂指数回归方程：

$$SDR = 0.0277R^{-0.29}C^{0.19}S_m^{0.59}(E_a/E)^{0.44} \tag{5-3}$$

唐政洪等（2001）在研究小流域侵蚀产沙模型时，是通过构建泥沙输移比演算流域产沙量的。其构建的泥沙输移比（SDR）模型主要考虑了前期雨量（P_a）、降雨历时（T）、平均雨强（I）和无量纲雨型因子（E_a/E）：

$$SDR = 0.738 P_a^{0.065} T^{-0.025} I^{0.66} (E_a/E)^{0.091} \tag{5-4}$$

陈浩（2000a，2000b）根据大理河流域水文测验资料，探讨了黄土丘陵沟壑区流域系统泥沙输移比的年际与次降雨时空变化特征、次降雨径流对泥沙输移比的影响及影响次降雨泥沙输移比的降雨洪水能量转换机制，最终建立了不同流域尺度多年平均泥沙输移比的预报模型：

$$SDR = 0.657 A^{-0.014} G_m^{0.962} H^{0.152} \tag{5-5}$$

式中，SDR 为流域泥沙输移比；A 为流域面积；G_m 为沟壑密度；H 为平均径流深。

通过对上式确定的特征值进行 F 检验，H 对 SDR 的影响大于 G_m 和 A，H 是影响泥沙输移比长期变化的不可忽略的重要因素。研究还表明，利用次降雨径流深度的增幅比和洪峰增幅比不仅可以表征单位面积水流与沟道系统洪峰能量变化对泥沙输移比的影响，而且具有极高的预报精度。

（3）地质、地貌因素与泥沙输移比

一般情况下，凡是地质构造凹陷区或下沉区都属于泥沙堆积环境，相反在构造抬升区则为泥沙侵蚀区。地质构造性质对泥沙侵蚀与沉积的影响主要是通过地貌形态表现出来的。构造抬升区发育的沟谷一般纵比降较大，横断面比较狭窄，流域径流具有较大的能量，有可能把较粗的泥沙颗粒带到较远的地方；构造下沉区发育的河谷一般纵比降较小，水流挟泥力较低，泥沙容易沉积，沉积量的大小取决于河流纵比降，而纵比降与构造性质紧密相关。同时，SDR 受地形特征的影响，坡面短而陡的流域将比坡面长而平的流域输送更多的泥沙进入沟道；流域的形状也会影响到 SDR 值，形状狭窄的流域 SDR 值可能会高一些。考虑流域的形状特征时一般通过形态要素来表达，如狭长度、拉长度、紧度等。

（4）侵蚀泥沙粒径与泥沙输移比

SDR 也受到泥沙重力特性的影响，输送细沙所需的能量比输送粗沙所需的能量要小。侵蚀物质粒径越小，容量越低，就容易被水流所挟带，输移比就越高；反之，就容易发生淤积，输移比则越低，如许炯心（1997）以实测水文资料为基础，对黄河下游河道泥沙输移比进行了系统的研究并指出粗泥沙（大于 0.05 mm）的相对来沙量越大，河道泥沙输移比越小；细泥沙（小于 0.05 mm，特别是小于 0.025 mm）的相对来沙量越大，泥沙输移比越大。

5.1.1.2 泥沙输移比计算模式

泥沙输移比的计算极其简单，通过断面输沙量 W_s 与该断面以上侵蚀量 W_e 之比来表示：

$$SDR = W_s/W_e \tag{5-6}$$

在实际工作中，W_s 和 W_e 都难以获得，尤其是难以合理估算出 W_e。在 W_e 的计算过程中，一般考虑两种不同方法（王协康等，1999）：①在流域内坡面和沟谷的泥沙侵蚀模数相近的情况下，采用通用土壤流失公式计算流域的土壤总侵蚀量 W_e；②当坡面和沟谷的泥沙侵蚀模数相差悬殊时，对沟谷面积占流域总面积有相当大比例的地区和流域，借助于野外径流观测小区资料采用流域总侵蚀量等于坡面侵蚀、沟壑侵蚀和沟道侵蚀之和进行

计算。

在 SDR 的研究过程中，尤其是在没有水文泥沙观测站的地区，很多学者尝试应用新的理论和方法构建计算公式。王协康等将流域划分为坡面系统及沟道系统，应用因次分析法分别推求其 SDR 公式。

坡面系统的 SDR_s 为

$$SDR_s = \alpha S_0{}^a E_r{}^b P^c (L^2/A_1)^d (R_0/d_s)^{e_1} (I/f)^{e_2} \tag{5-7}$$

式中，α 为系数；a、b、c、d、e_1、e_2 为参数；S_0 为坡面地形因素；P 为坡面植被条件；I/f 反映了降雨有效侵蚀强度；R_0/d_s 反映了 T_1 时段内泥沙粒径的暴露程度；L^2/A_1 反映了坡面流域形态要素；E_r 为土壤侵蚀因子。

沟道系统悬移质运动的 SDR_{gs} 为

$$SDR_{gs} = \beta \frac{T_2 Q_2{}^2 J}{\omega_s d_s{}^5} \frac{R_d B}{1 - R_d B} \tag{5-8}$$

式中，β 为系数；Q_2 为单位径流量；$T_2 Q_2$ 反映产流量；$Q_2 J$ 反映沟道水流功率；ω_s 为悬移质泥沙沉降速度；$\dfrac{R_d B}{1 - R_d B}$ 反映流域内输沙面积与产沙面积的比值。

沟道系统推移质运动的 SDR_{gb} 为

$$SDR_{gb} = K\left(\frac{d_{90}}{d_{30}}\right)^{0.2} J^{0.6} \frac{U}{U_*} \left[\frac{\tau_0}{(r_s - r)d_s}\right] \frac{\tau_0 - \tau_c}{(r_s - r)d_s} \frac{T_2 Q_2}{d_s{}^3} \frac{R_d B}{1 - R_s B} \tag{5-9}$$

式中，K 为系数；J 为沟道纵断面的形态变化；$\dfrac{\tau_0}{(r_s - r)d_s}$ 和 $\dfrac{\tau_0 - \tau_c}{(r_s - r)d_s}$ 反映水流的输沙强度；$\dfrac{U}{U_*}$ 为以流速分布形式表示的阻力参数。

孙厚才和李青云（2004）利用长江流域的地形资料，应用分形理论的自相似原理，探讨了泥沙输移比与小流域集水面积的关系，并得出 SDR 的统计模型。贺莉等（2007）以一维水流泥沙冲淤数学模型为工具，将来自坡面上的水流泥沙作为一维数模的旁侧分散来流来沙，根据沟道边界条件、地形条件、初始条件和河床物质组成，用有限差分求解的方法把水流泥沙运动过程演算到流域出口。

5.1.2 存在的问题

1）泥沙输移比的研究涉及土壤侵蚀学、地貌学、地质学、生态学和环境学等多门学科。我国研究者所进行的泥沙输移比的研究还很不成熟，影响泥沙输移比研究的各学科因素相互交织在一起，许多问题还处于定性描述或者推理性解释的阶段，还有很多认识问题存在一定分歧。

2）大部分泥沙输移比模型都是在几个特殊的区域利用有限的水文、泥沙观测资料建立起来的，而且所采用的水文、泥沙以及径流小区观测资料均为 20 世纪 60 年代的观测资料。目前，流域内降水、下垫面状况均有改变，需要应用新的观测资料，采取多种研究方法，如同位素示踪技术、3S 技术等深入研究流域泥沙输移比的变化特征。

5.2　研究区产沙输沙环境特征

5.2.1　流域地形地貌特征

选择黄土丘陵沟壑区第一副区桥沟流域作为研究对象。桥沟流域地貌形态复杂,具有黄土丘陵沟壑区第一副区地貌特征的代表性。桥沟是裴家峁沟流域的一级支沟,流域面积0.45km²,主沟长1.4km,不对称系数0.23,沟壑密度5.4km/km²,流域内有支沟两条,呈长条形,其中一支沟沟长870m,沟道比降4.97%,二支沟沟长805m,沟道比降1.15%,流域基本形状见图4-5。流域年平均降雨约350mm。不同级别沟道基本特征如表5-2所示。

表5-2　桥沟流域沟道特征

沟道名称	控制面积（km²）	主沟道长（m）	沟道比降（%）
主沟道	0.450	1400	1.11
一支沟	0.069	869	4.97
二支沟	0.093	805	1.15

5.2.1.1　地貌特征

黄土丘陵沟壑区地形可以分为坡面和沟道两部分,坡面的上端为地势平缓的峁顶或塬,沟道按其发育规模可以分为毛沟、支沟和干沟,坡面和沟道共同组成了黄土丘陵沟壑区的坡面–沟道系统（图5-1）,虽然在坡面–沟道系统不同部位具有不同的侵蚀过程,但其构成了一个相互联系的整体。

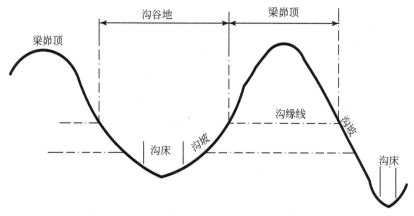

图5-1　黄土丘陵沟壑区沟道流域横剖面示意图

5.2.1.2　地形特征

桥沟流域地形破碎,坡陡沟深,且坡度变化范围大。利用桥沟流域1m×1m精度的

DEM，在 ArcGIS 平台上，利用地理信息系统的分析计算功能，提取桥沟流域的坡度信息，并通过识别一、二支沟的分水线，切割一、二支沟的 DEM，提取一、二支沟的坡度信息（图5-2，表5-3 和表5-4）。

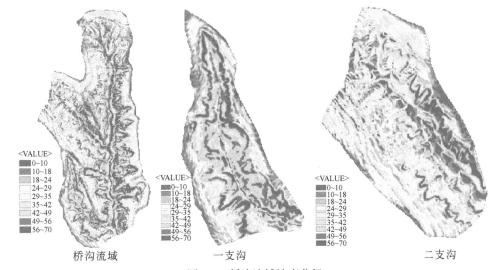

图 5-2　桥沟流域坡度分级

表 5-3　桥沟流域地面坡度组成表

坡度分级（°）	0 ~ 10	10 ~ 18	18 ~ 24	24 ~ 29	29 ~ 35	35 ~ 42	42 ~ 49	49 ~ 56	56 ~ 70
各级坡度所占比例（%）	19	16	14	14	10	9	6	6	6

表 5-4　支沟地面坡度组成表

坡度分级（°）		0 ~ 10	10 ~ 18	18 ~ 24	24 ~ 29	29 ~ 35	35 ~ 42	42 ~ 49	49 ~ 56	56 ~ 70
各级坡度所占比例（%）	一支沟	5	9	9	21	21	14	12	5	4
	二支沟	15	12	14	19	15	10	7	3	5

就整个流域而言，桥沟流域大部分的地面坡度在 10° ~ 50°，占整个流域面积的 80%，小于 10°的坡度主要分布在梁峁坡和沟底。桥沟流域的坡度分布范围在多沙粗沙区具有广泛的代表性。桥沟流域的一支沟地形更为陡峭，其中沟洞地占 43%，沟谷地占 57%；二支沟的沟洞地占 69%，沟谷地占 31%。

5.2.2　流域水文观测概况

在桥沟流域内，按照流域水系特征，共布设 3 个径流观测站（图5-3），其中沟口测流断面控制面积 0.450km²，一支沟径流站控制面积 0.069km²，二支沟径流站控制面积 0.093km²，沟口和两个支沟观测项目有水位、流量、含沙量以及泥沙颗粒级配等。

全流域设置自记雨量站 4 个，分别称为桥沟 1、桥沟 2、桥沟 3 和桥沟 5。按自然地貌布设 8 个大型径流场。现累计有 18a 的观测资料。

图 5-3　桥沟流域水系图

桥沟流域不同地貌类型径流场基本情况如表 5-5 所示、观测内容如表 5-6 所示。

表 5-5　桥沟流域不同地貌类型径流场基本情况

场号	径流场类别	坡度	坡长（m）	平均宽（m）	面积（m²）	侵蚀部位
1	2m 坡	18°00′	20.4	2	40.8	坡面
2	5m 坡	18°00′	20.4	5	102	坡面
3	上半坡	18°	20.4	10	204.0	上半坡
4	下半坡	23.9°	19.8	10	198.0	下半坡
5	梁峁坡	22°	49.2	10	492.0	坡面
6	全坡长	32.3°	117.0	25.2	2948	坡面-沟道系统
7	新谷坡	39°	71.5	28.5	2038	沟坡
8	旧谷坡	40°06′	69.3	19.3	1337	沟坡

表 5-6　桥沟流域观测内容情况

流域名称	流域面积（km²）	观测内容	径流泥沙站数（个）	观测方法	雨量站数（个）	雨量站名称	位置
桥沟	0.45	水位流量含沙量降水量	3	人工自动	4	桥沟 1#	测站脑畔
						桥沟 2#	半山腰
						桥沟 3#	半山腰
						桥沟 4#	半山腰

5.2.3　降水特征

在干旱半干旱的黄土丘陵沟壑区，暴雨类型、时空变化过程是影响流域产汇流、产输沙空间变化的主要因素之一（张汉雄，1983），如何定量描述这些特征，已成为该地区流域产流产沙模拟计算中的基本问题（李长兴等，1995）。

5.2.3.1 基本特征

桥沟流域属于干旱少雨的大陆性气候，多年平均降水量为 402.5mm，最大年降水量为 748.5mm，最小年降水量为 281.8mm（1991 年），年际分配不均，年内降水分配也不均匀，多年平均汛期降水量为 325mm（6～9 月），占年降水量的 75%。多年平均 7、8 月降水量占年降水量的 48%。

5.2.3.2 降雨雨型

以往研究表明（焦菊英等，1999），在黄土丘陵沟壑区降雨类型可分为 A、B 和 C 三种，其中 A 型降雨是指降雨历时在 2h 以内的短历时局地性暴雨，B 型降雨是每次历时在 2～12h 的中历时较大面积暴雨，C 型降雨是指降雨历时超过 12h 的区域性暴雨。A、B 型降雨是引起土壤侵蚀的主要降雨。选择桥沟流域 1986～1996 年 36 场次降雨雨型进行统计分析（表5-7），其中 17 场为 A 型降雨，占 47.2%，B 型降雨 13 场，占 36.1%，C 型降雨 6 场，占 16.7%。由此可见，桥沟流域降雨多属于短历时高强度类型。

表 5-7 流域降雨雨型统计表

时间	历时（min）	降雨量	最大时段降雨量（mm）				占总水量的比例（%）				降雨类型
			10min	30min	60min	120min	10min	30min	60min	120min	
1986 年 6 月 26 日	400	24.10	5.20	11.00	14.40	19.70	21.58	45.64	59.75	81.74	B 型
1987 年 6 月 21 日	300	34.40	2.22	6.65	13.30	23.20	6.44	19.33	38.66	67.44	C 型
1987 年 7 月 9 日	116	47.40	4.40	13.20	26.40	32.40	9.28	27.85	55.70	68.35	B 型
1987 年 8 月 26 日	479	31.30	2.90	6.80	8.35	16.70	9.27	21.73	26.68	53.35	C 型
1988 年 7 月 1 日	726	28.20	8.85	20.30	21.80	28.10	31.38	71.99	77.30	99.65	A 型
1988 年 7 月 15 日	390	64.10	7.55	17.70	21.50	36.10	11.78	27.61	33.54	56.32	C 型
1988 年 7 月 20 日	118	15.00	6.60	13.20	13.30	15.00	44.00	88.00	88.67	100.00	A 型
1989 年 8 月 23 日	70	10.60	2.55	7.65	10.60	10.60	24.06	72.17	100.00	100.00	A 型
1990 年 7 月 6 日	440	46.10	3.98	11.93	17.94	24.05	8.62	25.87	38.91	52.16	C 型
1990 年 7 月 30 日	82	53.60	13.27	39.80	44.20	53.60	24.75	74.25	82.46	100.00	A 型
1990 年 8 月 27 日	91	30.70	6.63	19.90	28.20	29.00	21.61	64.82	91.86	94.46	A 型
1990 年 9 月 26 日	588	44.20	2.42	7.25	14.50	19.20	5.47	16.40	32.81	43.44	C 型
1991 年 6 月 6 日	62	12.80	12.60	12.80	12.80	12.80	98.44	100.00	100.00	100.00	A 型
1991 年 6 月 7 日	53	14.80	13.70	14.70	14.80	14.80	92.57	99.32	100.00	100.00	A 型
1991 年 6 月 10 日	400	33.30	10.30	20.40	22.80	27.20	30.93	61.26	68.47	81.68	B 型
1992 年 8 月 1 日	115	16.60	5.10	15.30	16.30	16.60	30.72	92.17	98.19	100.00	A 型
1992 年 8 月 2 日	230	29.90	12.00	28.50	28.60	29.90	40.13	95.32	95.65	100.00	A 型
1992 年 8 月 12 日	361	14.70	1.51	4.54	9.08	12.33	10.29	30.87	61.73	83.87	B 型
1993 年 7 月 4 日	198	12.80	2.34	7.02	12.07	12.80	18.28	54.84	94.27	100.00	A 型

续表

时间	历时 (min)	降雨量	最大时段降雨量（mm）				占总水量的比例（%）				降雨类型
			10min	30min	60min	120min	10min	30min	60min	120min	
1994 年 7 月 22 日	43	24.30	11.10	24.20	24.30	24.30	45.68	99.59	100.00	100.00	A 型
1994 年 7 月 23 日	547	37.70	6.80	20.40	22.70	23.20	18.04	54.11	60.21	61.54	B 型
1994 年 8 月 3 日	241	24.20	6.95	14.72	17.18	21.10	28.72	60.83	70.99	87.19	B 型
1994 年 8 月 4 日	340	124.50	24.60	44.50	48.00	89.90	19.76	35.74	38.55	72.21	B 型
1994 年 8 月 5 日	260	16.30	2.90	8.70	12.20	12.40	17.79	53.37	74.85	76.07	A 型
1994 年 8 月 8 日	199	25.70	10.00	25.00	25.10	25.70	38.91	97.28	97.67	100.00	A 型
1994 年 8 月 10 日	880	59.60	3.68	11.04	19.00	24.00	6.17	18.52	31.88	40.27	C 型
1994 年 8 月 31 日	165	25.00	2.90	8.70	17.40	22.40	11.60	34.80	69.60	89.60	B 型
1995 年 7 月 17 日	663	98.70	8.04	4.82	44.20	62.30	8.15	4.89	44.78	63.12	B 型
1995 年 9 月 1 日	240	58.90	7.87	23.60	24.48	28.40	13.36	40.07	41.56	48.22	B 型
1995 年 9 月 3 日	427	25.50	6.00	18.00	23.40	24.40	23.53	70.59	91.76	95.69	A 型
1996 年 6 月 16 日	1007	42.50	5.05	15.15	20.34	25.90	11.88	35.65	47.85	60.94	B 型
1996 年 7 月 9 日	480	13.40	11.8	13.0	13.4	13.4	88.06	97.20	100.00	100.00	A 型
1996 年 7 月 14 日	230	40.00	9.77	29.30	35.00	38.81	24.42	73.25	87.50	97.03	A 型
1996 年 7 月 31 日	386	24.20	6.30	13.10	13.70	14.70	26.03	54.13	56.61	60.74	B 型
1996 年 8 月 1 日	412	36.10	4.13	12.40	24.80	32.20	11.45	34.35	68.70	89.20	B 型
1996 年 8 月 9 日	202	31.90	9.85	21.90	28.50	30.05	30.88	68.65	89.34	94.20	A 型

5.2.3.3　时段降雨与场次降雨的关系

时段降雨与场次降雨的关系反映了降雨的时程分布等内部结构特征。取桥沟流域自记雨量站资料比较齐全的 10 场降雨，按照各站场次降雨量与其不同时段雨强的对应空间序列对降雨量与次降雨量进行相关分析，其结果如表 5-8 和图 5-4 所示。

表 5-8　相关性分析结果表

相关性分析要素	次降雨量	30min 降雨量	60min 降雨量	120min 降雨量	150min 降雨量
次降雨量	1	0.478	0.689 *	0.800 **	0.912 **
30min 降雨量	0.478	1	0.762 *	0.562	0.649 *
60min 降雨量	0.689 *	0.762 *	1	0.904 **	0.807 **
120min 降雨量	0.800 **	0.562	0.904 **	1	0.892 **
150min 降雨量	0.912 **	0.649 *	0.807 **	0.892 **	1

注：* 表示在 0.05 水平显著相关；** 表示在 0.01 水平显著相关

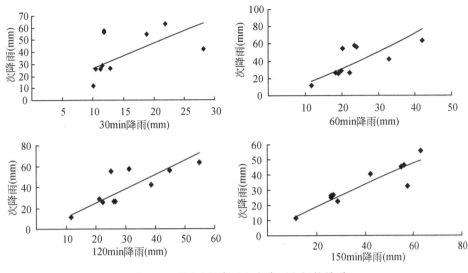

图 5-4 不同时段降雨和次降雨之间的关系

统计发现，当时段超过 60min 时，次降雨量与时段降雨量之间关系密切，其关系符合以下函数形式：

$$P = kP_t^{\alpha} \tag{5-10}$$

式中，P_t 为时段降雨量（mm）；P 为场次降雨量（mm）；k、α 分别为系数和指数，取值如表 5-9 所示。

表 5-9 式（5-10）中 k、α 值

降雨量时段（min）	k	α	相关系数 R^2
60	0.6191	1.2118	0.7868
120	1.0289	1.0606	0.8664
150	1.7059	0.8112	0.9479

随着时段的加长，α 逐渐减小，显然，随着时段增加，时段降雨量对次降雨量的影响减弱，但单位时段降雨量对次降雨量的贡献增加。由表 5-9 可见，120min 和 150min 时段的相关关系比较接近，由此也反映了黄土丘陵区的降雨历时短、强度大、降水量集中的特点，也就是说即使对于历时较长的降雨，其主要降雨量也多集中在短历时内。

5.2.3.4 降雨时空特征分析

（1）降雨空间变化的结构特征

所谓空间结构应指降雨在流域内任一点降落的特性同流域尺度的关系。但一般认为，空间结构是指流域内任意两点降雨的差值与其各自的绝对位置（X，Y，Z）无关，而只与其相对距离 $|d|$ 有关，因此，本章主要通过相关距离加以分析，以定量反映其空间变化的结构特征。

对桥沟流域各雨量站的次降雨进行相关分析计算，其结果如表 5-10，相关距离关系如

图 5-5。

表 5-10 桥沟各雨量站次降雨相关矩阵表

分析变量	桥沟 1	桥沟 2	桥沟 3	桥沟 5
桥沟 1	1	0.992	0.960	0.950
桥沟 2	0.992	1	0.978	0.964
桥沟 3	0.960	0.978	1	0.986
桥沟 5	0.950	0.964	0.986	1

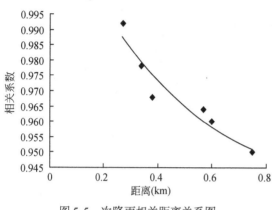

图 5-5 次降雨相关距离关系图

桥沟流域各雨量站场次降雨的相关系数随着距离的增加而减小，反映流域降雨空间变化程度随雨量站点的距离增加而减弱。同时，降雨空间结构的变化，不仅仅只是距离的函数，还与研究的参考点有关，实质上是与流域地貌高程及雨量站的位置有关。

（2）降雨的时空变化过程

应用 ARC/INFO 软件绘制插值后的降雨空间分布（汤国安和杨昕，2009），可得到直观的降雨分布图。结合流域实测的流量过程线，以 1996 年 7 月 5 日和 1996 年 7 月 14 日两个场次洪水的降雨过程作为代表，可分析桥沟流域的降雨时空过程变化特征（图 5-6，图 5-7）。

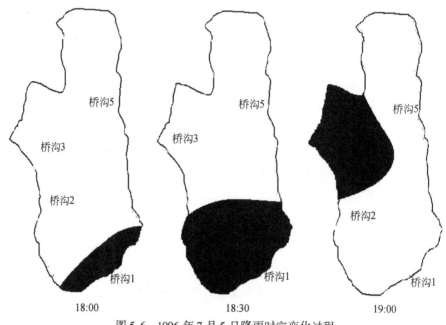

图 5-6 1996 年 7 月 5 日降雨时空变化过程

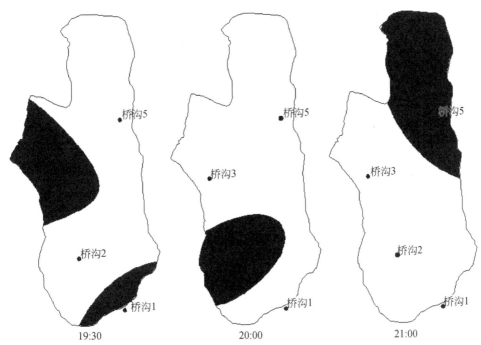

图 5-7　1996 年 7 月 14 日降雨时空变化过程

由图 5-6 和图 5-7 可以看出，尽管桥沟流域面积仅 0.450km^2，但是流域上每次降雨的中心位置都是不同的，由此充分说明了黄土丘陵沟壑区第一副区降雨空间的分异性非常明显，这也是造成流域土壤流失过程复杂多变的原因之一。因此，在建立流域泥沙输移比模式时，必须考虑降雨对泥沙输移过程的影响。

5.2.4　不同地貌部位产沙特性

根据桥沟流域径流畅和水文站观测资料统计，不同次降雨条件下，流域不同地貌部位的产沙模数如表 5-11 和图 5-8。

表 5-11　流域不同地貌部位产沙模数

类型区	类型区面积（m^2）	各场次降雨的产沙模数（t/km^2）							
		95-07-17	95-09-01	95-09-03	96-06-16	96-07-14	96-07-31	97-07-18	97-07-31
梁峁坡	492	514	1 802	557	482	1 235	1 235	1 062	196
沟坡	1 337	9 897	4 097	5 823	2 563	2 643	270	6 384	1 325
全坡长	2 948	9 533	1 448	729	539	3 981	242	2 379	277
一支沟	69 000	880	2 328	1 835	1 292	4 762	697	2 867	1 832
二支沟	93 000	190	3 090	898	193	6 237	28	1 437	249
全流域	450 000	290	3 800	1 012	428	4 462	31	1 602	333

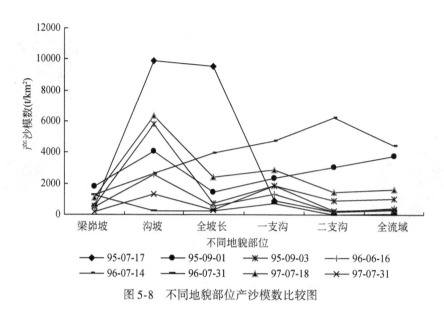

图 5-8　不同地貌部位产沙模数比较图

　　统计表明，沟坡的产沙模数最高，说明在黄土丘陵区，沟坡是主要的产沙地，而沟道是泥沙的主要沉积部位。但对于编号为 96-07-14 的降雨来说，流域的侵蚀模数大于梁峁坡、沟坡和全坡。出现这种现象主要在于流域系统泥沙输移随降雨特性及洪水汇流过程中径流量和挟沙能力的大小而变化，流域系统经常处于泥沙滞留和滞留的泥沙被重新侵蚀搬运的情况。前期滞留的泥沙会因下次降雨行洪能力增强及较强挟沙水流的作用而被重新搬运，形成流域尺度的产沙模数高于坡面的产沙模数，从而造成泥沙输移比大于 1 的现象出现。因此，在次降雨条件下，泥沙输移比是一个动态变化值。

5.2.5　流域水文特征

　　在黄土丘陵沟壑区，年内降水、径流，尤其是输沙十分集中，汛期 4 个月的侵蚀产沙量占到全年的 97% 以上，而汛期的产沙往往集中于几场大暴雨（尹国康，1998）。因此，分析流域洪水泥沙的关系，对于了解流域泥沙输移规律，正确建立流域泥沙输移关系以及建立土壤流失数学模型的结构和控制方程都是很有必要的。

5.2.5.1　洪水泥沙过程

　　图 5-9 为所选桥沟流域次降雨径流量及含沙量过程线。

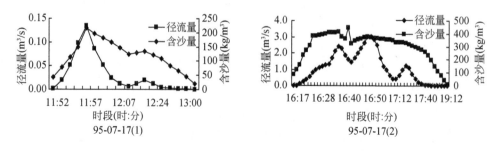

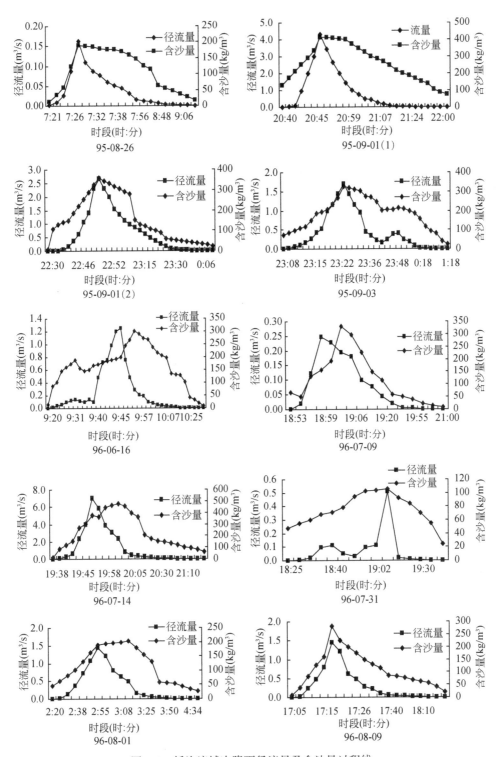

图 5-9 桥沟流域次降雨径流量及含沙量过程线

从图 5-9 可以看出，水流含沙量与径流量有着较为密切的对应关系，但水流中含沙量增加幅度一般与径流量增加幅度并不一致，且洪峰与沙峰出现的时刻也并不完全对应。在所统计的 12 场洪水中，洪峰超前沙峰的事件占洪水事件总数的 50%（称 I 型洪水），就是说，该流域一半场次洪水的沙峰滞后于洪峰；沙峰和洪峰同时发生的事件占洪水事件总数的 40%（称 II 型洪水），沙峰超前的占 10%（称 III 型洪水），或者说，该流域的洪水过程中，只有少数场次洪水才会出现沙峰超前洪峰的现象。发生不同类型洪水过程的原因主要是由于不同场次降雨的主要产流产沙部位不同而引起的（方海燕等，2007）。在黄土地区，由于土壤和地形等原因，坡面流往往是先由薄层水流汇集成小股束流，引起细沟侵蚀。随着降雨产流过程的继续，流速也不断增大，会逐渐形成浅沟、切沟、冲沟等侵蚀形态。由于流域降雨空间分布的不均匀性，每次降雨的集中产沙区域也不相同。如果沙源为坡面或者在流域的上游较远地区，则容易发生 I 型洪水，如果沙源靠在流域下游或靠近沟口则容易发生 II 洪水；如果沟道内前期有大量松散堆积物或涨峰前发生重力侵蚀，就有可能形成 III 型洪水。另外，沙峰与洪峰不一致的原因也可能是降雨时程分布与径流形成冲刷侵蚀过程的耦合关系造成的，对此有待进一步研究。

径流过程具有陡涨陡落的特征，而涨水段含沙量随径流量的增加而增加，落水段流量消退快而含沙量的衰减慢。在涨水阶段，径流汇流时间长，径流侵蚀力得以充分发展，水流挟沙能力随流量增加而不断增大，含沙量则随流量增长而增长，含沙量峰值往往与洪峰同时出现或沙峰滞后于洪峰。在落水阶段，含沙量与流量的衰减率不同，主要原因是其与高含沙水流特性有关。高含沙水流在黄土丘陵沟壑区经常发生，在高含沙水流中，存在着悬移质与水体组成的液相，该液相的比重大于 1，可运载比一般挟沙水流更多的泥沙。高含沙水流的落淤率比一般挟沙水流的要小，因而，高含沙水流的含沙量过程消退率与流量消退过程往往不一致。此时含沙量与流量的关系也不同于涨水段。

选择 1995~1997 年 13 场次洪水资料，分析洪水的径流量和输沙量关系（图 5-10），两者符合下述形式：

$$W_s = 6119.2 W^{1.3602} \tag{5-11}$$

式中，W_s 为次洪水输沙量（t）；W 为次暴雨径流量（m³）。式（5-11）的相关系数为 0.9381，由此可见，次暴雨的输沙量和次暴雨的径流量关系非常密切。

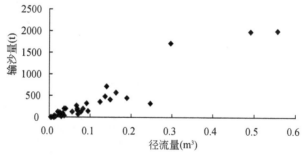

图 5-10　次暴雨输沙量和径流量关系图

5.2.5.2　含沙量沿程变化过程

表 5-12 统计了不同级别沟道水文站观测的 12 场次洪水含沙量。

表 5-12　不同沟道断面含沙量统计表

控制断面	场次洪水含沙量（kg/m³）											
	95-07-17（1）	95-07-17（2）	95-09-01	95-09-03	96-06-16	96-07-09	96-07-14	96-07-31	96-08-09	97-07-18	97-07-28	97-07-29
一支沟	241	468	415	307	485	403	430	71	344	404	361	427
二支沟	173	477	515	422	272	163	395	81	245	516	210	211
流域出口站	168	415	406	328	210	201	369	87	192	360	407	191

在所统计的 12 场次洪水中，一支沟和二支沟有 8 场洪水的含沙量均高于流域出口站的含沙量，因此，在泥沙输移过程中，进入主沟道的泥沙发生沉积。显然，如果流域坡面的产沙完全进入沟道内而未输出桥沟流域，那么这 8 场洪水的泥沙输移比小于 1。

对于一支沟和二支沟 96-07-31 号洪水的含沙量均小于流域出口站，因此，可以认为上游侵蚀的泥沙已被全部输出流域，并且主沟道发生冲刷，泥沙输移比大于 1。

其余场次洪水，由于两条支沟泥沙含量不同时大于或小于流域出口站的泥沙含量，因此，无法直接判断泥沙在主沟道的沉积、冲刷情况。

5.2.5.3　流域次降雨水沙关系

流域次降雨侵蚀产沙过程中，径流是剥蚀土壤和搬运泥沙的主要外营力，因而径流与泥沙之间必然存在一定的相关关系。通过实测水文泥沙资料分析了径流深、洪峰流量模数和径流侵蚀力与输沙模数之间的关系。

一个流域的洪水特征不仅反映了该流域的降雨特征，而且也在一定程度上反映了该流域的地貌特征，径流深和洪峰流量是反映流域洪水特征的两个重要参数。

（1）径流深与输沙模数关系

在水力侵蚀地区，径流既是产生土壤侵蚀的动力，也是输送泥沙的载体，流域内的侵蚀物质最终是与水流一起（即以水运的方式）输送出流域的，而水流的输沙能力与水流特性和含沙量紧密相关，其输沙率是含沙量、流速和水深的函数。就河流泥沙研究来说，对于悬移质输沙，不同的学者提出了不同的水流输沙率公式。

爱因斯坦输沙率公式（1950）：

$$g_s = \gamma_s \int_A^h U \, S_V \mathrm{d}y \tag{5-12}$$

式中，g_s 为悬移质单宽输沙率；γ_s 为泥沙颗粒的容重；A 为流域面积，h 为水深，U 为水流流速；S_V 为悬移质含沙量。

张瑞瑾输沙率公式（1989）：

$$g_s = S_m U_L h \tag{5-13}$$

式中，S_m 为垂线平均含沙量；U_L 为垂线平均流速；h 为水深；K，m 为参数，为 $\dfrac{U_L^3}{gh\omega}$ 的函

数；ω 为泥沙颗粒沉速。

这些公式虽然在计算流域自然沟道输沙率时受到很大的限制，但仍可以从中看出，在一次降雨过程中，输沙量的大小与径流量（决定于水深和流速）的大小紧密相关。为检验这种关系的存在，本节运用数理统计线性回归分析及曲线拟合（非线性回归）的方法对桥沟流域内不同面积小流域次降雨实测径流深与输沙模数的关系进行了分析，结果表明流域次降雨径流深与输沙模数之间关系可用统计模型

$$M_s = aH^b \tag{5-14}$$

来表示，式中，M_s 为输沙模数；H 为径流深；a、b 为有关参数，各流域（站点）的次降雨径流深与输沙模数关系方程和次降雨径流深与输沙模数分布图如表 5-13 和图 5-11。

表 5-13　径流深与输沙模数回归分析结果表

流域名称	流域面积（km²）	线性回归模型	
		表达式	相关系数 R^2
桥沟	0.45	$M_s = 362.4H - 228.14$	0.9774
一支沟	0.069	$M_s = 384.75H - 39.136$	0.9763
二支沟	0.093	$M_s = 372.05H - 48.604$	0.9662

由表 5-13 可以看出，流域面积较小时，输沙模数和径流深呈线性关系，即随着径流深的增加，输沙模数线性增加。

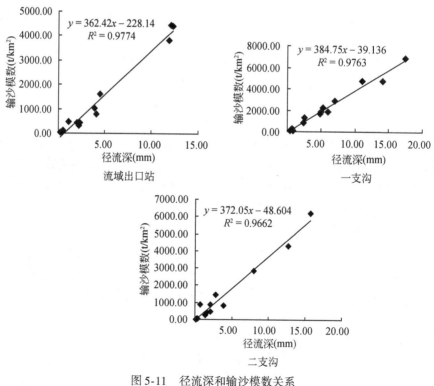

图 5-11　径流深和输沙模数关系

（2）洪峰流量模数与输沙模数关系

洪峰流量是表示一次洪水过程特征的重要参数之一，其不仅影响一次洪水过程径流量的大小，而且在洪水的冲刷和输运泥沙的过程中起着重要作用，尤其是在黄土高原地区，洪水大多数以单峰形式出现，陡涨陡落，因而在进行流域次降雨水沙关系分析时，应充分考虑洪峰流量在流域侵蚀产沙中的重要作用。通过对桥沟流域不同支沟水文观测资料的分析，发现洪峰流量模数与输沙模数也有很好的相关性（表5-14和图5-12）。

表5-14　洪峰流量与输沙模数回归分析结果表

流域名称	流域面积（km²）	回归模型	
		表达式	相关系数 R^2
桥沟	0.45	$M_s = 513.76Q^{1.3061}$	0.946
一支沟	0.069	$M_s = 4255.6Q^{1.132}$	0.878
二支沟	0.093	$M_s = 2531.8Q^{1.0942}$	0.894

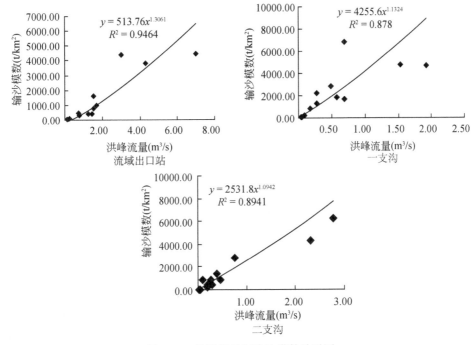

图5-12　洪峰流量与输沙模数关系图

5.3　研　究　方　法

5.3.1　侵蚀单元地貌提取

桥沟流域地貌具有明显垂直分带性，整个坡面可分为梁峁坡、沟坡和沟槽3种类型。

梁峁坡的平均坡度范围是 0°～25°，沟坡的平均坡度范围是 25°～55°，流域河槽、支沟统一划分为沟槽，为输送泥沙的通道部分。

5.3.1.1　梁峁坡和沟坡的提取

根据坡度分析结果，在 ArcGIS 中选择坡度范围在 0°～25°，确定后可得桥沟流域梁峁坡提取结果（图 5-13）。同理，根据坡度分析结果，选择坡度范围在 25°～55°，可得桥沟流域沟坡提取结果（图 5-14）。

图 5-13　桥沟流域梁峁坡提取结果 　　　　图 5-14　桥沟流域沟坡提取结果

5.3.1.2　沟槽的提取

沟槽为流域的主河道及其分支河道（一般最多到二级分支水系）。预先设定一个阈值（如本研究采用 100），大于给定阈值的单元就在高于阈值单元的流路上，将水流方向累计矩阵中数据高于此阈值的格网连接起来，便可形成河网。当阈值减少时，河网的密度便相应增加。区域内地面上各点的水流首先由各条支流汇水线流入主汇水线，最后流出区域。主汇水线的终点在区域的边界上，且该点具有较大的径流量累计值。当主汇水线终点确定后，按水流反方向比较水流流入该点的各个邻近点的径流量累计值，以数值最大的一个点作为主汇水线的上一个流入点。依此进行，直至主汇水线搜索完毕。当主汇水线确定后，沿主汇水线按从低到高的顺序对其两侧的相邻点进行分析。当某点的径流量累计数值较大时，则该点是此主汇水线的支汇水线的根节点。对所得到的各条一级支汇水线进行同样的分析，确定其各自的下一级支流汇水线，依次进行，便可建立区域地形汇水线的树状结构关系。图 5-15 即为桥沟流域进行河道分级所生成的沟槽分布图。

5.3.1.3　侵蚀单元叠合分析

以上 3 种地貌单元需要叠合在一起，生成一个可供数学模型直接调用的栅格型文件。为此，先将上述 3 个图转化为矢量文件，然后叠加，最后可得桥沟流域产沙侵蚀单元叠合

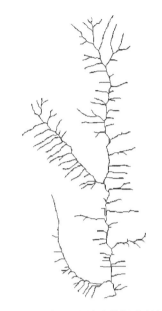

图 5-15　桥沟流域沟槽提取结果

分析文件（图 5-16）。

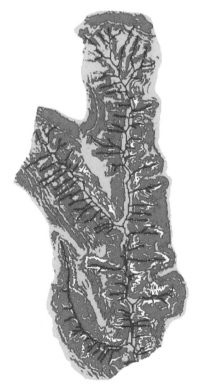

图 5-16　桥沟流域产沙侵蚀单元叠合分析结果

5.3.2 流域降雨离散化

由于流域内的雨量站是散点布设于流域面上的，在进行降雨时空分析时，必须采用适当的方法对降雨观测值进行空间离散。本研究采用反距离权重插值方法（inverse distance weighted, IDW）对流域的实测降雨进行插值（朱会义和贾绍凤，2004），时间步长为0.5h，反距离插值权重方法的通用计算公式为：

$$P(Z) = \frac{\sum_{i=1}^{n} \frac{Z_i}{[d_i(x, y)]^u}}{\sum_{i=1}^{n} \frac{1}{[d_i(x, y)]^u}} \quad (5-15)$$

式中，Z_i 是控制点 i 的降水参数实测值；d_i 是控制点 i 与点 0 点之间的距离，表示由离散点 (x_i, y_i) 至 $P(x, y)$ 点的距离；$P(Z)$ 为待插点的降水参数值；n 为参与插值的实测站点数；u 为距离的方次，取值在 $1.0 \sim 6.0$，此处取为 2.0。

5.3.3 流域侵蚀量的确定

在计算泥沙输移比中，关于侵蚀量的确定，国外的研究方法大多是利用 USLE 或改进的 USLE 计算流域或网格的泥沙侵蚀量。牟金泽等人根据黄土丘陵沟壑区侵蚀产沙特点，把单一沟道小流域作为流域系统泥沙的产沙源地，将其他中小流域输沙模数与单元小流域侵蚀模数之比定义为泥沙输移比（牟金泽，1982）。国内还有些学者通过构建侵蚀产沙模型计算流域侵蚀总量（刘纪根等，2007；袁再健和褚英敏，2008）。本研究根据桥沟不同地貌径流观测资料推算桥沟流域土壤侵蚀量。具体计算步骤如下。

1）根据提取的桥沟流域不同地貌单元，利用 ArcGIS 空间分析模块功能，统计各地貌单元的面积 F_c。

2）根据不同地貌部位的径流场观测资料，计算不同地貌部位的土壤侵蚀模数 M_s。

3）不同地貌部位的土壤侵蚀模数和相应侵蚀单元面积相乘，得到不同侵蚀单元的侵蚀量，各个单元侵蚀量加和得到整个流域的土壤侵蚀量 W_s，即

$$W_s = \sum_{i=1}^{n} M_s F_i \quad (5-16)$$

式中，M_s 为计算单元次降雨条件下土壤侵蚀模数 $[t/(km^2 \cdot a)]$；F_i 为计算单元面积（km^2）；W_s 为计算流域次降雨条件下的产沙量（t）；i 为计算单元序号，$i=1, 2, 3, \cdots, n$。

5.3.4 次降雨泥沙输移比计算

在流域侵蚀-输移-产沙系统中，泥沙输移规律研究是认识流域侵蚀与产沙关系的关键问题和难点（Walling，1983）。泥沙输移比概念的应用使这一过程研究有可能向定量化发展（Glymph，1954）。

泥沙输移比是指流域某一断面的输沙量与断面以上流域总侵蚀量之比，即

$$SDR = W_s/W_e \tag{5-17}$$

式中，SDR 为泥沙输移比；W_s 为流域出口控制断面的实测产沙量或输沙量；W_e 为流域内不同地貌部位的侵蚀量之和。次降雨泥沙输移比是指某次洪水条件下的泥沙输移比，并以流域系统观测断面在降雨产流发生洪峰水位时为标志。流域出口断面的输沙量通过水文泥沙实测资料获取，流域侵蚀量根据前文的计算方法进行确定。

依据上述计算方法计算 13 场次洪水相应的泥沙输移比如表 5-15 所示。

表 5-15　泥沙输移比计算结果

洪水场次	泥沙输移比		
	一支沟	二支沟	全流域
95-07-17（1）	0.35	0.072	0.32
95-07-17（2）	2.53	0.585	1.35
95-09-01	2.62	1.089	2.02
95-09-03	1.18	0.495	0.64
96-06-16	0.91	0.142	0.37
96-07-09	0.80	0.104	0.60
96-07-14	1.95	1.084	3.32
96-07-31	0.48	0.326	0.39
96-08-09	1.10	0.167	0.70
97-07-18	1.64	0.388	0.72
97-07-28	0.72	0.329	0.73
97-07-29	1.00	1.083	0.65
97-07-31	0.72	0.337	0.43

5.4　次降雨泥沙输移比特征及影响因素

5.4.1　次降雨泥沙输移比的变化特征

从表 5-15 可以看出，就次降雨而言，在桥沟不同尺度上的最小、最大次降雨泥沙输移比一般变化于 0.3～3.3，一支沟次降雨泥沙输移比平均为 1.23，二支沟为 0.48，全流域为 0.94。这些数据表明，就次降雨而言，流域系统泥沙输移比随降雨特性及洪水汇流过程中径流量和挟沙能力的大小而变化，短期内流域系统的侵蚀与产沙不能达到平衡，常随降雨和水流特性的变化而改变。在水力与重力侵蚀的作用下，流域系统内经常处于泥沙滞留，滞留的泥沙又处于重新侵蚀、搬运与沉积的循环之中。其实也正是由于此次滞留的泥沙遇下次水流挟沙能力较大时又被重新搬运，才有可能在一段时间后流域才能达到侵蚀与产沙的达到相对平衡。从整个流域次降雨泥沙输移比平均值来看，桥沟流域 3 年的次降雨

泥沙输移比为 0.95，说明桥沟流域泥沙输移比在较短时间内基本达到侵蚀与产沙平衡。而在支沟上，一支沟沟深坡陡，是流域泥沙的主要来源。

5.4.2 次降雨泥沙输移比影响因素分析

黄土丘陵沟壑区小流域泥沙的搬运是很复杂的，受多方因素制约。就次降雨而言，在特定的流域，地貌与下垫面条件基本上可视为常量，而影响次降雨泥沙输移比的因素主要是降雨、径流特性和洪水能量在流域空间上的变化，以及泥沙特性对水流挟沙能力的影响等。

通过对降雨、径流、泥沙等因素的相关矩阵分析，确定桥沟流域影响次降雨泥沙输移比的主导因子包括降过程特征、洪峰流量、洪水平均流量、流域面积、含沙量等。

5.4.2.1 降雨特征对泥沙输移比的影响

降雨是导致区域水土流失最为直接的动力因素，降雨特性的变化对入渗损失和径流形成与传播特征、洪峰流量的大小均起到重要作用，在一定程度上也决定了流域泥沙输移比的大小，图5-17为桥沟流域13场次降雨的线过程。

分析表明，对于场次降雨泥沙输移比大于1的降雨，其雨量峰值大多出现在降雨过程的前期，如95-09-01、96-07-14、97-07-28 场次降雨；次降雨泥沙输移比小于1的降雨，其雨量峰值则往往出现在降雨过程的后期。分析这种情况发生的原因，可能是雨量峰值在后时，由于受前期降雨的影响，土壤含水量增加，后期极强的降雨发生时，土壤下渗能力下降，很快产生地表径流，土壤侵蚀比较严重，土壤侵蚀量相对流域产沙量较高；雨量峰值出现在前期时，由于土壤初始下渗力比较大，同样的降雨，其产流量较少，径流的剥蚀力弱，不过，由于沟道径流输沙能力强，又会将前期沉积的泥沙冲起，出现土壤侵蚀量较低而流域产沙量较高的现象。

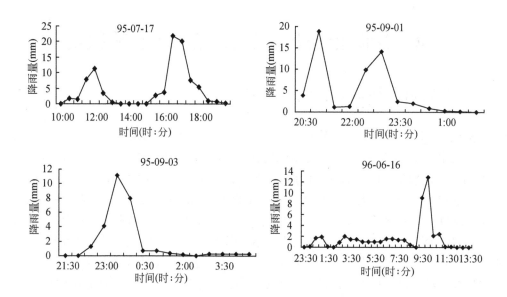

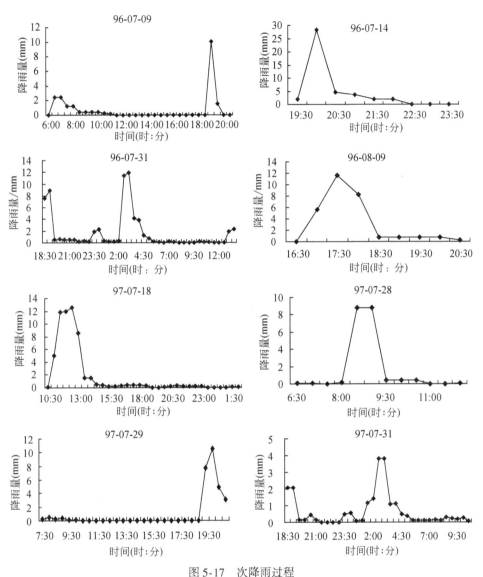

图 5-17 次降雨过程

不同时段雨量峰值对泥沙输移比的影响可以采用雨量峰值发生的时间与降雨历时的比值（以下称为峰现系数）来反映，即

$$\eta = \frac{t_m}{t_p} \tag{5-18}$$

式中，η 为峰现系数；t_m 为雨量峰值发生时间（min）；t_p 为次降雨总历时（min）。

根据实测资料统计，次降雨泥沙输移比与峰现系数的这种关系显然是存在的（图 5-18）。且符合如下函数关系：

$$SDR = 2.6979e^{-2.465\eta} \tag{5-19}$$

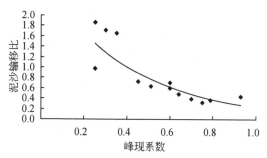

图 5-18　泥沙输移比和峰现系数之间的关系

5.4.2.2　洪水特征对泥沙输移比的影响

（1）径流特征值与输沙模数之间的关系

由前面分析可知，径流量和洪峰流量是反映洪水特征的两个重要参数，径流量表征次降雨所形成的洪水量的大小，而洪峰流量则代表次降雨所形成的洪水强度。分析表明，径流量与洪峰流量之间没有明显关系，虽然洪峰流量大小也影响到径流量的大小，但径流量并不完全取决于洪峰流量，可以认为两者具有一定的独立性，而径流深和洪峰流量均与输沙模数成幂函数关系，所以次降雨洪水过程中，径流深 H 和洪峰流量 Q_m 是输沙模数 M_S 的两个主要影响因子，即

$$M_s = f(H,\ Q_m) \tag{5-20}$$

次降雨径流深和洪峰流量与降雨量、降雨强度及其过程有很大关系。很多学者对不同地区的降雨侵蚀力特征、时空分布进行了研究，并在侵蚀预报模型中得以应用。大量研究表明，降雨与坡面流两者对土壤侵蚀的作用大小与坡度有关，当坡度大于 5% 时，坡面流对泥沙的冲蚀成为主要的侵蚀过程，随着坡度的增加，坡面流冲蚀和搬运泥沙的能力明显增强；当坡度非常陡时，雨滴击溅对土壤侵蚀的影响实际上可以完全忽略不计。但有研究表明，当坡度很缓时，泥沙向下飞溅的倾向性很小，且当坡面流一旦充分发展，雨滴对土壤的作用就被大大削弱，在沟道侵蚀（沟头溯源前进和沟岸崩塌、沟底下切）中，雨滴击溅及其对水流流态的作用更是可以忽略。因此，直接将降雨侵蚀力或降雨量应用到土壤侵蚀预报方程中，并用来计算土壤侵蚀量将往往产生较大误差。因此，在流域侵蚀产沙中除地形、植被、土壤等其他因素外，洪水动力特征值与流域侵蚀产沙的关系应较为密切。

采用李占斌等（2005）提出的径流侵蚀力，作为泥沙运动的洪水动力因子。径流侵蚀力并不是物理学意义上的力，而是指径流侵蚀土壤及挟带泥沙的能力，反映径流量和洪峰流量在侵蚀产沙及搬运泥沙过程中的共同作用效果。相当于河道水流挟沙力计算公式中的水力因子，定义径流侵蚀力 E 的计算公式为

$$E = \frac{Q_m Q \rho}{F} \tag{5-21}$$

式中，E 为径流侵蚀力（$kg \cdot m/s$）；Q_m 为洪峰流量（m^3/s）；Q 为径流量（m^3）；F 为流域面积（m^2）；ρ 为浑水密度（kg/m^3）。

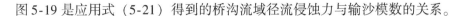

图 5-19 是应用式（5-21）得到的桥沟流域径流侵蚀力与输沙模数的关系。

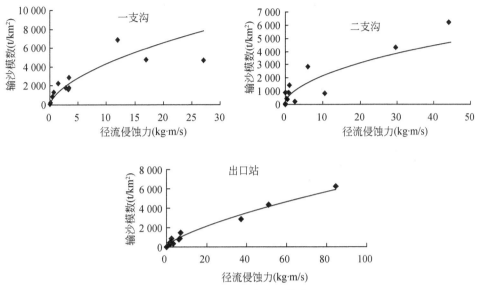

图 5-19　径流侵蚀力与输沙模数关系

经过回归分析可以看出，径流侵蚀力与输沙模数之间具有很好的幂函数关系，因此，径流侵蚀力能够反映径流侵蚀土壤和搬运泥沙的能力，以替代降雨侵蚀力，弥补降雨侵蚀受下垫面因素强烈影响的不足，充分体现洪水在土壤侵蚀中的作用。径流侵蚀力与输沙模数的关系可用幂函数形式表示：

$$M_s = \alpha E^b \tag{5-22}$$

式中，系数 α 的大小反映了其他因素对流域侵蚀产沙的影响；幂指数 b 则反映径流侵蚀力在侵蚀产沙中的作用，对于桥沟流域，b 值变化于 0.5 ~ 0.7。表 5-16 为不同沟道径流侵蚀力与输沙模数的回归分析结果。可以看出，流域面积越小，单位径流侵蚀力的侵蚀作用影响越明显，即单位径流侵蚀力形成的侵蚀模数越高（表 5-16）。

表 5-16　径流侵蚀力与输沙模数的回归分析结果表

流域名称	流域面积（km²）	表达式	相关系数
桥沟	0.450	$M_s = 252.8E^{0.7112}$	0.9899
一支沟	0.069	$M_s = 1074.6E^{0.6025}$	0.9644
二支沟	0.093	$M_s = 661.55E^{0.5174}$	0.9000

（2）径流侵蚀力与泥沙输移比的关系

从输沙模数角度分析可以看出，径流侵蚀力能够反映径流侵蚀土壤和搬运泥沙的能力。径流侵蚀力与泥沙输移比之间应有一定的关系，图 5-20 为各场次径流侵蚀力和泥沙输移比的变化过程，可以看出，两者之间具有很好的响应关系。

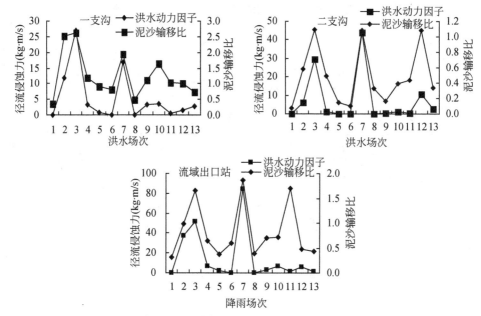

图 5-20　径流侵蚀力和泥沙输移比趋势线

进一步点绘径流侵蚀力与泥沙输移比关系如图 5-21 所示。

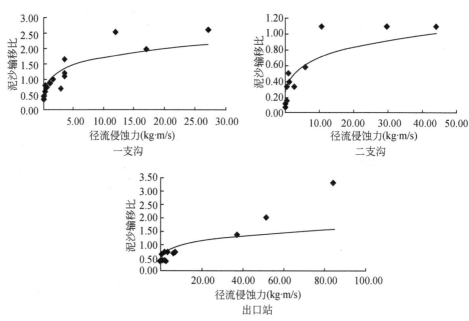

图 5-21　不同沟道级别径流侵蚀力和泥沙输移比关系

从图 5-21 可以看出，在不同支沟次降雨泥沙输移比均随径流侵蚀力的增大而增大，且径流侵蚀力与泥沙输移比之间具有较好的幂函数关系（表 5-17），流域面积越小，单位径流侵蚀力形成的泥沙输移比越高。

表 5-17　径流侵蚀力和泥沙输移比分析结果表

流域名称	流域面积（km²）	表达式	相关系数
桥沟	0.450	$SDR = 0.6023E^{0.2124}$	0.6471
一支沟	0.069	$SDR = 0.3992E^{0.2244}$	0.8152
二支沟	0.093	$SDR = 1.0059E^{0.2302}$	0.7837

5.4.2.3　流域面积对泥沙输移比的影响

关于流域面积对泥沙输移比的影响，国内外研究者普遍认为泥沙输移比随流域面积的增大而递减。表 5-18 为 13 场次降雨下流域面积和泥沙输移比的方差分析结果。

表 5-18　流域面积和泥沙输移比方差分析结果

X	离差平方和	自由度	均方	F 值	P 值
组间	4.830	4	1.208	3.869	0.011
组内	10.613	34	0.312		
总和	15.443	38			

由表 5-18 可知，$P = 0.011 < 0.05$，说明在 0.05 水平下，流域面积对泥沙输移比的影响存在显著差异。图 5-22 为流域面积和泥沙输移比的相关关系。

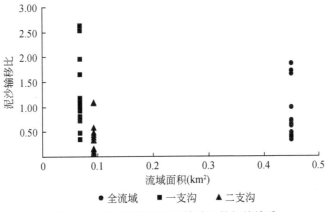

图 5-22　流域面积和泥沙输移比的相关关系

从图 5-22 可以看出，随着流域面积的增大，泥沙输移比总体呈减小趋势，因此，在分析洪水特征对泥沙输移比的影响中，应对流域面积有所考虑。

5.4.2.4　含沙量对泥沙输移比的影响

高含沙水流（此处选悬移质含沙量超过 400kg/m³ 作为高含沙水流判别标准）是黄土高原丘陵沟壑区普遍存在的一种输沙现象。

高含沙水流是一种水沙两相流，且在大多数情况下表现为两相紊流。当含沙量增大而进入高含沙水流的范畴后，黄土丘陵沟壑区的挟沙水流现象表现出许多特殊的性质，主要表现在以下几个方面（许炯心，1999）。

（1）容重大、切力大

无论是对于坡面流或沟道水流，水流切力都可近似地表示为 $\gamma_m hJ$，这里 γ_m 为水的容重，h 为水深，J 为能坡。进入高含沙水流范围以后，浑水容重会显著地超过清水，因为，在同样的水深与能坡之下，所产生的切力要比浑水大得多。

（2）浮力大，能耗减小，挟沙能力增加

高含沙水流可以概括为固体—液体两相紊流，即由水与小于 0.01mm 的细颗粒形成的均质浆液，表现为液相；悬浮着较粗的颗粒，表现为固相。由于浑水容重大，其中的粗颗粒所受到的浮力也大，因而沉速减小，使悬浮这些粗颗粒所需的悬浮功也减小。由于悬浮功的减小，原来只能进行推移运动的粗泥沙也会大量地转化为悬移质，从而大大减小水流有效势能的消耗，因而水流能耗便会显著减小，水流挟沙能力则会大大增强。

（3）侵蚀能力强

当含沙量增大而进入高含沙水流范畴之后，只要较小的水流强度即可保持输沙平衡；如果水流强度仍保持不变，则意味着水流的含沙量尚未饱和，此时自然会发生冲刷，以增大水流含沙量。

曹如轩认为，高含沙水流泥沙含量高和大量细颗粒的存在，改变了挟沙水流的流态、流动和输沙特性，因此所建立的挟沙力公式一方面考虑了泥沙运动的动力因子 $\dfrac{V^3}{gR\omega}$，另一方面考虑到水流含沙量的变化，将直接影响水流挟沙力的大小，为此，增加了泥沙相对重率项 $\dfrac{\gamma_m}{\gamma_s - \gamma_m}$，改变了水流挟沙力计算不考虑泥沙影响的局面，使得该公式在高含沙水流挟沙力的计算中得到了较为广泛的应用。曹如轩水流挟沙力公式如下：

$$S_* = k\left(\frac{\gamma_m}{\gamma_s - \gamma_m}\frac{V^3}{gR\omega}\right)^m \tag{5-23}$$

式中，γ_m 为浑水重率，$\gamma_m = 1000 + 0.622S$，S 为含沙量；S_* 为水流挟沙力；V 为水流流速；R 为水力半径；ω 为悬移质泥沙沉速。

统计 13 场次降雨，点绘泥沙相对重率与泥沙输移比变化趋势图如图 5-23 所示。

从图 5-23 可以看出，次降雨的泥沙相对重率和泥沙输移比呈现出相同的变化趋势，而且，泥沙输移比的变幅远大于泥沙相对重率的变幅。说明随着含沙量增加，当达到高含沙水流后，水流含沙量对水流的输沙能力的影响大于其侵蚀作用。

对泥沙相对重率和泥沙输移比进行相关分析（表 5-19），两者相关系数为 0.8163，可见泥沙相对重率是影响泥沙输移比的一个主导因子。

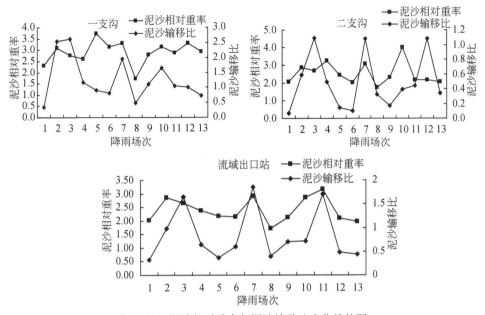

图 5-23 泥沙相对重率与泥沙输移比变化趋势图

表 5-19 泥沙相对重率和泥沙输移比相关分析结果

变量	参数	最大含沙量	泥沙输移比
泥沙相对重率	泊松相关	1	0.8163 **
	相关显著性系数		0.007
	样本数量	13	13
泥沙输移比	泊松相关	0.8163 **	1
	相关显著性系数	0.007	
	样本数量	13	13

注：** 表示在 0.01 水平显著相关

5.5 泥沙输移比模式

选取高含沙水流相对重率、径流侵蚀力和峰现系数作为主导因子，建立的次降雨泥沙输移比计算公式结构如下：

$$\mathrm{SDR} = \alpha \mathrm{e}^{-\beta \frac{t_m}{t_p}} \left(\frac{Q_m Q \rho}{F} \frac{\gamma_m}{\gamma_s - \gamma_m} \right)^m \tag{5-24}$$

运用 SPSS 统计软件，运用实际观测值进行多元非线性逐步回归，建立桥沟流域次降雨泥沙输移比计算公式。

经过多元非线性逐步回归 24 次的试算和 11 次偏相关分析，依据最小二乘法的规则，得到连续残差平方和为 1×10^{-7}，可见其回归精度较高，回归参数值如表 5-20 所示。

表 5-20　非线性回归参数值

参数	估计值	标准误差
α	3.7	0.026
β	−2.9	0.087
m	0.03	0.302

由此得到桥沟流域次降雨泥沙输移比公式如下：

$$SDR = 3.7e^{-2.9\frac{t_m}{t_p}}\left(\frac{Q_m Q\rho}{F}\frac{\gamma_m}{\gamma_s-\gamma_m}\right)^{0.03} \tag{5-25}$$

式中，t_m 为降雨峰值发生时间（min）；t_p 为次降雨总历时（min）；Q_m 为洪峰流量（m³/s）；Q 为径流量（m³）；F 为流域面积（m²）；ρ 为水的密度（kg/m³）；γ_m 为浑水重率（kg/m³）；γ_s 为泥沙重率（kg/m³）。式（5-24）的相关系数为 0.82。

为了定量判断计算结果的好坏，通过式（5-25）得到的不同场次降雨的泥沙输移比与相应的实测值进行对比分析，不同场次降雨条件下泥沙输移比的计算值与实测值对比如图 5-24 所示。

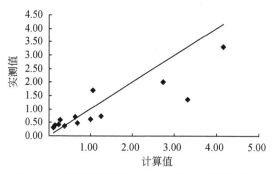

图 5-24　次降雨泥沙输移比计算值与实测值对比

图中直线斜率为 45°，即为 1∶1 的函数直线，数据点距离 1∶1 直线越近，说明计算值与实测值的一致性越好。

从图中可以看出不同降雨场次下的数据点较集中，且大多数均在 1∶1 斜线附近，这表明根据回归分析的计算值与实测值吻合较好。计算值基本一致，且表现出了良好的一致性。从拟合情况可以看出，泥沙输移比较大时，误差较大，这可能是因为沉积的泥沙重新搬运过程更为复杂，更难模拟。

式（5-25）揭示了泥沙在坡面–沟道系统中的存贮—释放机制，表达了坡面–沟道系统非平衡输沙的动力过程，能够客观地模拟侵蚀物质由坡面向流域出口断面输移的物理过程。

5.6　小　　结

1）从空间分布看，降雨空间变化程度随距离的增加而减弱；从时间过程来看，次降雨的暴雨中心位置的不断变化是引起流域泥沙输移过程复杂多变的重要因素之一。

2）就次降雨而言，流域泥沙输移比的变化范围大。出现这种现象的原因主要在于流域系统泥沙输移比随降雨特性及洪水汇流过程中径流量和挟沙能力的大小而变化，泥沙在流域系统运移中经常处于滞留和滞留后又被重新侵蚀搬运的状况，致使泥沙输移比变化较大，不可能成为一个常数。或者说，坡面–沟道系统输沙存在着非平衡动力机制。

3）从影响次降雨泥沙输移比各个因子的相关分析结果看，单个因子和泥沙输移比的相关系数并不是很高，可能的原因是影响泥沙输移比的各个因子是相互作用的，难以用单一的因子来描述泥沙输移过程。

4）影响次降雨泥沙输移比的因素主要包括降雨峰现时间、洪峰流量、径流量、流域面积和水流含沙量。

5）通过多因子分析，基于泥沙输移过程的认识，建立了黄土丘陵沟壑区桥沟流域次降雨泥沙输移比计算公式：

$$SDR = 3.7e^{-2.9\frac{t_m}{t_p}}\left(\frac{Q_m Q\rho}{F}\frac{\gamma_m}{\gamma_s - \gamma_m}\right)^{0.03}$$

建立的桥沟流域次降雨泥沙输移比计算公式，包括了径流侵蚀力，同时考虑了含沙量对泥沙输移比的影响。但有关详细的水蚀力学机理还需进一步研究，为达到较高的模拟精度，还需要通过更多资料对上式有关参数进行率定，力求进一步完善。

参 考 文 献

蔡强国.1991.黄土丘陵沟壑区羊道沟小流域次降雨泥沙输移比研究//吴祥定.黄河流域环境演变与水沙运行规律研究文集.北京：地质出版社

陈浩.2000a.降雨径流对大理河流域系统泥沙输移比的影响.水土保持学报，14（5）：19-27

陈浩.2000b.黄土丘陵沟壑区流域系统侵蚀与产沙关系.地理学报，55（2）：354-363

方海燕，蔡强国，陈浩，等.2007.黄土丘陵沟壑区岔巴沟下游泥沙传输时间尺度动态研究.地理科学进展，26（5）：77-87

贺莉，王光谦，李铁键，等.2007.流域泥沙过程模拟中的河道输沙计算.应用基础与工程科学学报，（3）：1-8

焦菊英，王万中，郝小品.1999.黄土高原不同类型暴雨的降水侵蚀特征.干旱区资源与环境，13（1）：34-42

景可.1989.黄土高原泥沙输移比的研究//陈永宗.黄河粗泥沙来源及侵蚀产沙机理研究文集.北京：气象出版社

景可，师长兴.2007.流域输沙模数与流域面积关系研究.泥沙研究，（2）：17-23

李长兴，沈晋，范荣生.1995.黄土地区小流域降雨空间变化特征分析.水科学进展，6（2）：127-132

李占斌，鲁克新，李鹏，等.2005.基于径流侵蚀功率的流域次暴雨产沙模型研究//姚文艺.第六届全国泥沙基本理论研究学术讨论会论文集.郑州：黄河水利出版社

刘纪根，蔡强国，张平仓.2007.岔巴沟流域泥沙输移比时空分异特征及影响因素.水土保持通报，27（5）：6-10

牟金泽，孟庆枚.1982.流域产沙量计算中的泥沙输移比.泥沙研究，（1）：60-65

孙厚才，李青云.2004.应用分形原理建立小流域泥沙输移比模型.人民长江，（3）：12-15

汤国安，杨昕.2009.ARCGIS空间分析实验教程.北京：科学出版社

唐政洪，蔡强国，张光远，等.2001.基于地块间水沙运移的黄土丘陵沟壑区小流域侵蚀产沙模型.泥沙研究，(10)：48-53

王协康，敖汝庄，喻国良，等.1999.泥沙输移比问题的分析研究.四川水力发电，(2)：16-20

吴成基.1998.陕南河流泥沙输移比问题.地理科学，(1)：5-8

许炯心.1997.黄河下游排沙比的研究.泥沙研究，(1)：49-54

许炯心.1999.黄土高原的高含沙水流侵蚀研究.土壤侵蚀与水土保持学报，5（1）：27-35

尹国康.1991.流域地貌系统.南京：南京大学出版社

尹国康.1998.黄河中游多沙粗沙区水沙变化原因分析.地理学报，53（3）：174-183

袁再健，褚英敏.2008.四川省紫色土地区小流域次降雨泥沙输移比探讨.水土保持通报，28（4）：36-39

张汉雄.1983.黄土高原的暴雨特性及其分布规律.地理学报，38（4）：416-425

中国水利学会泥沙专业委员会.1992.泥沙手册.北京：中国环境科学出版社

朱会义，贾绍凤.2004.降雨信息空间插值的不确定性分析.地理科学进展，(2)：35-43

Glymph L M. 1954. *Studies of sediment yields from watersheds*, publication No. 36, International Association of Hydrological Sciences, Walling ford, England

Walling D E. 1983. *The sediment delivery problem.* Journal of Hydrology, 65：209-237

第6章 黄土高原气候地貌植被耦合的侵蚀效应

黄土高原土壤侵蚀是一种与气候、植被与地貌等动力、边界条件具有高阶非线性的响应关系。在气候、植被、土壤等诸要素互相耦合作用下，可以形成特定的侵蚀产沙动力系统，作为该系统的物质迁移，必然反映出不同特征的侵蚀过程。认识气候地貌植被耦合作用下的侵蚀效应，对于揭示植被措施减蚀机理具有重要意义。本章应用 GIS 技术，基于地貌学和植被–侵蚀动力学原理，研究了降雨时空分布与土壤侵蚀过程、地貌与土壤侵蚀耦合机理、土壤与土壤侵蚀过程、土地利用及水土保持措施与土壤侵蚀过程，为黄土高原水土流失治理提供理论依据。

6.1 侵蚀因子提取与空间插值方法

6.1.1 植被信息提取

6.1.1.1 植被指数

（1）植被指数的概念

植被指数（vegetation index，VI）是对地表植被生长状况的简单、有效的经验度量，是指通过选用多光谱遥感数据经过分析运算（加、减、乘、除等线性或非线性组合方式）产生某些对植被长势、生物量等有一定指数意义的数值（赵英时等，2006）。将两个（或多个）光谱观测通道组合可得到植被指数，这一指数在一定程度上反映着植被的演化信息。通常使用红色可见光通道（波长 $0.6 \sim 0.7\mu m$）和近红外光谱通道（波长 $0.7 \sim 1.1\mu m$）的组合来设计植被指数。经验性的植被指数是根据叶子的典型光谱反射率特征得到的。由于色素吸收在蓝色（波长 470nm）和红色（波长 670nm）波段最敏感，可见光波段的反射能量很低。而几乎所有的近红外辐射（NIR）都被散射掉了（反射和传输），很少吸收，而且散射程度因叶冠的光学和结构特性而异。从红光到红外光，裸地反射率较高但增幅很小。植被覆盖越高，红光反射越小，近红外光反射越大。红光吸收很快达到饱和，而近红外光反射随着植被增加而增加。因此红波段和近红外波段的辐射反差（对比）是对植物量很敏感的度量。无植被或少植被区反差最小，中等植被区反差是红波段和近红外波段的变化结果，而高植被区则只有近红外波段对反差有贡献。

植被指数是反映植被在可见光、近红外波段反射与土壤背景之间差异的指标，各个植被指数在一定条件下能用来定量说明植被的生长状况。对植被指数可以总结一些基本的认识：①健康的绿色植被在近红外辐射和红光辐射的反射差异比较大，原因在于红光辐射对于绿色植物来说是强吸收的，近红外辐射则是高反射、高透射的；②建立植被指数的目的是有效地综合各有关的光谱信号，增强植被信息，减少非植被信息；③植被指数有明显的地域性和时效性，受植被本身、环境、大气等条件的影响。

（2）植被指数原理

理想状况指天气晴朗，植被指数不受大气、土壤背景变化影响，"太阳—地物—传感器"相对位置固定。这时传感器收到的信号来自地物，没有信号丢失和噪声介入。植物叶片组织对蓝光（波长470nm）和红光（波长650nm）有强烈的吸收，对绿光尤其是近红外有强烈反射（图6-1）。这样可见光只有绿光被反射，植物呈现绿色。叶片中心海绵组织细胞和叶片背面细胞对近红外辐射有强烈反射。从红光到红外，裸地反射率基数较高但增幅很小。植被覆盖越高，红光反射越小，近红外反射越大。由于对红光的吸收很快饱和，只有近红外辐射反射的增加才能反映植被增加。任何强化红波段和近红外波段差别的数学变换都可以作为植被指数描述植被状况。

遥感植被指数的真正优势是空间覆盖范围广、时间序列长、数据具有一致可比性。但是，在应用中获得这样的植被指数需要解决许多现实问题。

1）大气影响

大气中的水汽、臭氧、气溶胶、瑞利散射等可以增加或减少红光和近红外辐射反射。700km 厚的大气通过散射和吸收等作用，使传感器只收到来自目标的部分信声，同时收到部分噪声。由于传感器的视角范围为0°～55°，实际穿越的大气层更厚。因此，必须恢复已经被大气扭曲的红色和近红外辐射反射值，或通过其他方法消除这些影响，才能保证植被指数真实可信。

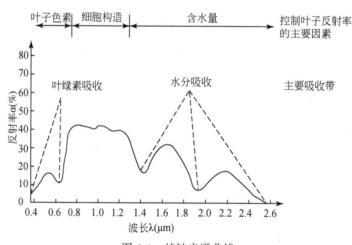

图6-1　植被光谱曲线

2）土壤影响

尽管研究对象是植被，但植被只覆盖实际观测目标的一部分，传感器接收的信号包括植被以外的背景。在植被状况相同，植被背景有变化时，传感器接收到的信号也可能变化，必须分割土壤背景的影响，才能观测真实的植被变化。

3）角度影响

全球平均云雾覆盖55%，为了弥补云雾影响，需要多次观测地面同一地点才有可能获得较大区域的无云观测。但每次观测时"太阳 2 地物 2 传感器"的几何关系都可能变化，这种变化除了强化以上的大气影响外，还可能直接影响植被指数计算。如一棵树，从树顶（被观测对象处于星下点）、迎光面（前向散射）、背光面（后向散射）等角度观测，所得到的植被指数可能不同。必须去除这些角度变化引起的植被指数变化，只有使角度影响归一化，才能使系列数据具有可比性。

（3）植被指数类型

确定植被指数的目的是要建立一种经验的或半经验的、强有力的、对地球上所有生物群体都适用的植被观测量。植被指数是无量纲的，是利用叶冠的光学参数提取的独特的光谱信号。植被光谱受到植被本身、环境条件、大气状况等多种因素的影响，植被指数往往具有明显的地域性和时效性。

1）比值植被指数

1969 年，Jordan 提出最早的一种植被指数——比值植被指数（ratio vegetation index，RVI）。基于可见光近红外波段（NIR）和红波段（R），对绿色植被相应的差异用两个波段反射率的比值表示，表达式为

$$RVI = DN_{NIR}/DN_R \text{ 或 } RVI = \rho_{NIR}/\rho_R \qquad (6-1)$$

式中，DN_{NIR} 和 DN_R 分别为近红外波段和红波段的灰度值；ρ_{NIR} 和 ρ_R 分别是近红外波段和红光波段的反射率。对于浓密植物反射的红光辐射很小，比值植被指数将无限增长。

2）差值植被指数

差值植被指数（difference vegetation index，DVI）被定义为近红外波段和红波段反射率之差，即

$$DVI = DN_{NIR} - DN_R \qquad (6-2)$$

式中，DN_{NIR} 和 DN_R 分别为近红外波段和红波段的灰度值。DVI 对土壤背景的变化极为敏感，有利于对植被生态环境的监测，因此又称其为环境植被指数（EVI）。另外，当植被覆盖度大于80%时，其对植被的灵敏度下降，适用于对植被发育早中期或低中覆盖度的植被监测。

3）归一化植被指数

针对浓密植被的红光反射很小，其比值植被指数值将无界限增长，Deering（1978）提出将比值植被指数经非线性归一化处理，得到归一化植被指数（normalized difference vegetation index，NDVI），使其比值限定在 [-1, 1] 范围内，即

$$NDVI = \frac{DN_{NIR} - DN_R}{DN_{NIR} + DN_R} \text{ 或 } NDVI = \frac{\rho_{NIR} - \rho_R}{\rho_{NIR} + \rho_R} \qquad (6-3)$$

4）土壤调节植被指数

为修正归一化植被指数对土壤背景的敏感，Huete 等（1988）提出了土壤调节植被指数（soil-adjusted vegetation index，SAVI），其表达式为

$$\text{SAVI} = \left(\frac{\text{DN}_{\text{NIR}} - \text{DN}_{\text{R}}}{\text{DN}_{\text{NIR}} + \text{DN}_{\text{R}} + L} \right) (1 + L)$$

$$\text{或 SAVI} = \left(\frac{\rho_{\text{NIR}} - \rho_{\text{R}}}{\rho_{\text{NIR}} + \rho_{\text{R}} + L} \right) (1 + L) \tag{6-4}$$

式中，L 为土壤调节系数。L 由实际区域条件所决定，用来减小植被指数对不同土壤反射变化的敏感性。当 L 为 0 时，土壤调节植被指数就是归一化植被指数。对于中等植被覆盖度区域，L 一般接近于 0.5。乘法因子 $(1+L)$ 主要是用来保证土壤调节植被指数值与归一化植被指数值一样介于 –1 和 +1 之间。

大量实验证明，土壤调节植被指数降低了土壤背景的影响，改善植被指数与叶面积指数的线性关系，但可能失去部分植被信号，使植被指数偏低。

Baret 等（1989）提出植被指数应该依特殊的土壤特征来校正，以避免其在低叶面积指数值时出现错误。为此又提出了转换型土壤调节指数（TSAVI）：

$$\text{TSAVI} = [a(\text{NIR} - a\text{R} - b)] / (a\text{NIR} + \text{R} - ab) \tag{6-5}$$

式中，a、b 为描述土壤背景值的参数；R、NIR 为红波段和近红外波段地物的反射率。

为了减少土壤调节植被指数中裸土影响，又发展了修正型土壤调节植被指数（MSAVI），可以表示为

$$\text{MSAVI} = (2\text{NIR} + 1) - \sqrt{(2\text{NIR} + 1)^2 - 8(\text{NIR} - \text{R})}/2 \tag{6-6}$$

5）穗帽变换中的绿度植被指数（green vegetation index, GVI）

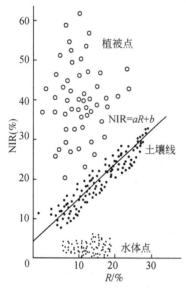

图 6-2　近红外二维特征空间中的土壤线

为了排除或减弱土壤背景值对植被光谱或植被指数的影响，除了前述的一些调整、修正土壤亮度的植被指数（如土壤调节植被指数、转换型土壤调节指数、修正型土壤调节植被指数等）外，还广泛采用了光谱数值的穗帽变换技术（tasseled cap, TC）。

6）垂直植被指数

垂直植被指数（perpendicular vegetation index, PVI）是在红波段、近红外波段二维数据中对 GVI 的模拟，两者物理意义相似。在红波段、近红外波段二维坐标系内，土壤的光谱响应表现为一条斜线，即土壤亮度线（图 6-2）。随着土壤特性的变化，其亮度值沿土壤线上下移动。而植被一般在红波段光谱响应低，而在近红外波段光谱响应高。因此在二维坐标系内植被多位于土壤线的左上方，不同植被与土壤亮度线的距离不同。

Richardson（1977）把植物像元到土壤亮度线的垂直距离定义为垂直植被指数，表达式为

$$\text{PVI} = \sqrt{(S_{\text{R}} - V_{\text{R}})^2 - (S_{\text{NIR}} - V_{\text{NIR}})^2} \tag{6-7}$$

式中，S 为土壤反射率；V 为植被反射率。

6.1.1.2 植被覆盖度

(1) 植被覆盖度的概念

植被是地球生态系统的重要组成成分之一,在陆地表面的能量交换过程、生物地球化学循环过程和水文循环过程中扮演着重要的角色,是全球变化的重要一环。其与太阳辐射的相互作用对人类及人类的生存环境有着极其重要的影响,一方面植被的光合作用提供了人类的食物基础,另一方面这种相互作用影响了水、气、碳等的循环。植被覆盖变化的环境效应一直是国内外全球变化研究的重要内容。

植被覆盖度 (vegetation cover fraction) 是指植被(包括叶、茎、枝)在地面的垂直投影面积占统计区总面积的百分比。通常林冠称郁闭度,灌草等植被称覆盖度。它是植物群落覆盖地表状况的一个综合指标,是衡量地表植被状况的一个最重要的指标,也是许多学科的重要参数,也是研究区域或全球性水文、气象、生态等方面问题的基础数据,已经在各类相关理论和模型中得到了广泛应用。

(2) 植被覆盖度的提取方法研究现状

植被覆盖度的提取方法主要有地表实测和遥感测量两种。地表实测根据测量原理分为目估法、采样法、仪器法和模型法,该方法快速、准确、客观,在一定程度上得到广泛应用,尤其是在低植被覆盖区,地表测量可以消除土壤反射率对植被生态属性的遥感定量化研究的影响,但该方法受时间、天气及区域条件的限制,耗费时间、支出较大,并且只能在很小的尺度范围内提供植被结构和分布状况的变化信息,无法在大尺度范围内快速提取植被覆盖度,不宜大范围推广,另外一些地表实测植被覆盖度方法的可靠性也受到怀疑。遥感技术的发展及光学、热红外和微波等大量不同卫星传感器对地观测的应用,获取同一地区的多时相、多波段遥感信息可以提取地表植被覆盖状况,为监测大面积区域甚至全球的植被覆盖度和动态变化分析提供了强有力的手段。

近年来,国内外学者在植被覆盖度遥感监测方面已开展了大量研究,发展了许多植被遥感监测方法。常见的植被覆盖度测量方法有:①样本统计测算;②回归模型法;③植被指数法;④像元分解模型;⑤人工神经网络法;⑥分类决策树法;⑦光谱梯度差法;⑧模型反演法。依据植被光谱信息与植被覆盖度建立的不同关系,植被覆盖度遥感监测方法可分为统计模型法和物理模型法两类。其中,统计模型法中使用较多的有回归模型法、植被指数法、像元分解法。回归模型法依赖于对特定区域的实测数据,虽在小范围内具有一定的精度,但在推广应用方面受到诸多限制。植被指数法不需要建立回归模型,所用的植被指数一般都通过验证,且与覆盖度具有良好的相关关系,而且对地表实测数据依赖较小。因此,直接利用植被指数近似估算植被覆盖度是一种比较好的方法,其相对于回归模型法更具有普遍意义,经验证后的模型可以推广到大范围地区,形成通用的植被覆盖度计算方法。而物理模型法将辐射传输的机理和植被的化学特性相结合,可从机理上把握植被生化组分对光谱特征的影响,但通常模型较为复杂,变量多且难以测量,会影响植被覆盖度的提取精度。

植被覆盖度是植被覆盖状况的良好指示,是地表植被覆盖与环境演变关系、土地利用/

土地覆盖变化（LUCC）与陆地生态系统变化等前沿问题中的重要研究对象，在全球变化与陆地生态系统响应（GCTE）和国际地圈生物圈计划（IGBP）等研究中具有重要地位。作为模型的必要因子，需要探索适时、精准、多时空尺度的植被覆盖度测算。传统的地面统计测算虽然精确但耗时多，可以作为遥感等现代测量的辅助、校检方法。遥感测量已成为植被覆盖度监测的主要途径，研制能自动提取数字影像中的植被信息并利用样本数据自动统计推算整个研究区域植被覆盖度，并通过更好地利用高光谱分辨率和高空间分辨率的遥感数据，提高模型及反演结果的精度将是今后研究的一个重点。

（3）植被覆盖度的常用提取方法

假设一个像元的信息可以分为土壤与植被两部分。通过遥感传感器所观测到的信息（S）就可以表达为由绿色植被成分所贡献的信息（S_v），与由土壤成分所贡献的信息（S_s）两部分组成。将 S 线性分解为 S_s 与 S_v 两部分：

$$S = S_v + S_s \tag{6-8}$$

对于一个由土壤与植被两部分组成的混合像元，像元中有植被覆盖的面积比例即为该像元的植被覆盖度（f_c），而土壤覆盖的面积比例为（$1-f_c$）。设全由植被所覆盖的纯像元，所得的遥感信息为 S_{veg}。混合像元的植被成分所贡献的信息 S_v 可以表示为 S_{veg} 与 f_c 的乘积：

$$S_v = f_c S_{\text{veg}} \tag{6-9}$$

同理，设全由土壤所覆盖的纯像元，所得的遥感信息为 S_{soil}。混合像元的土壤成分所贡献的信息 S_s 可以表示为 S_{soil} 与 $1-f_c$ 的乘积：

$$S_s = (1 - f_c) \cdot S_{\text{soil}} \tag{6-10}$$

将式（6-9）与式（6-10）代入式（6-8），可得：

$$S = f_c S_{\text{veg}} + (1 - f_c) S_{\text{soil}} \tag{6-11}$$

公式（6-11）可以理解为将 S 线性分解为 S_{veg} 与 S_{soil} 两部分，这两部分的权重分别为它们在像元中所占的面积比例，即 f_c 与 $1-f_c$。对式（6-11）进行变换，可得以下计算植被覆盖度的公式：

$$f_c = (S - S_{\text{soil}})/(S_{\text{veg}} - S_{\text{soil}}) \tag{6-12}$$

式中，S_{soil} 与 S_{veg} 都是参数，因而可以根据式（6-12）利用遥感信息估算植被覆盖度。

根据像元二分模型，一个像元的归一化植被指数可以表达为由绿色植被部分所贡献的信息 NDVI_{veg} 与裸土部分所贡献的信息 $\text{NDVI}_{\text{soil}}$ 两部分组成，以归一化植被指数作为反映像元信息的指标代入式（6-12）得：

$$\text{NDVI} = f_c \text{NDVI}_{\text{veg}} + (1 - f_c) \text{NDVI}_{\text{soil}} \tag{6-13}$$

由此导出植被覆盖度的计算公式：

$$f_c = (\text{NDVI} - \text{NDVI}_{\text{soil}})/(\text{NDVI}_{\text{veg}} - \text{NDVI}_{\text{soil}}) \tag{6-14}$$

式中，$\text{NDVI}_{\text{soil}}$ 为裸土或无植被覆盖区域的归一化植被指数值，即无植被像元值，而 NDVI_{veg} 则代表完全被植被所覆盖的像元的归一化植被指数值，即纯植被像元归一化植被指数值。

6.1.2 土地利用/覆盖信息提取

6.1.2.1 遥感在土地利用/覆盖变换中的应用

为适应全球和区域土地利用/覆盖数据库对比和衔接的要求，Loveland 等利用卫星数据研制开发了具有统一分类方法、统一数据处理规范并具有统一精度评价结果的全球 1km 空间分辨率的土地覆盖数据库。该数据库依据地表覆盖的动态变化过程，将图像像元划分为不同的土地覆盖单元——季节性土地覆盖单元，每一个单元内部的像元具有相似的物候生长期，相似的地上累积生物量以及相似的植被种类组合和生态环境，辅之以一系列有关光谱、地形、生态区、气候等属性特征，成为分类系统中最底部的一层。根据土地覆盖单元的类型和一系列属性特征，用户可以根据应用需要将季节性单元调整和归并至所需土地利用/覆盖系统中（Loveland et al.，1997），近几年较为典型的应用包括利用 AVHRR 1km 季节性土地覆盖数据库改进中尺度区域天气与气候模拟，以深入了解地表覆盖及其复杂的组合对中尺度大气环流和区域天气的影响（Pielke et al.，1997），另外利用土地覆盖数据库作为全球环流模型的输入，检验和分析气候干湿交替变化及季节降水、温度和蒸发变化对地表植被及其动态变化的依赖性和敏感性（Fennessy & Xue，1997）。全球和区域尺度的土地覆盖数据库还广泛应用于生态系统模拟、流域水资源及质量评估、农作物面积估算等各领域研究。

在国家尺度上，美国 USGS 与 EPA（Environment Protection Agency）从 1998 年开始，以陆地卫星 MSS、TM 数据为主要数据源，基于变化分析与采样技术的方法在 4 年时间内完成近 30 年来全美国逐区域上的土地覆被变化分析。美国 USGS 城市动态研究计划研究城市区域随时间增长引起的景观变化。该计划以历史图件和陆地卫星数据等为数据源，首次开始建立城市土地利用数据库，反映至少近 100 年的城市变化，并在设定的增长因子下模拟城市扩展和土地利用变化情况，对未来的城市发展进行预测。USGS 城市动态研究计划的目标在于为环境可持续发展政策的制定提供依据。我国在原国家土地管理局推动下在全国范围内进行了土地动态遥感监测的研究，其目标是从我国的实际国情出发，在土地详查工作的基础上，探索适合中国的土地动态监测方法体系。随后在新成立的国土资源部支持下，逐年进行遥感动态监测。

6.1.2.2 土地利用/土地覆盖遥感解译的影像特征

一般同一植物或作物，在不同的生育期其反射率也有差异，最明显的是作物的苗期、抽穗期及成熟期，其反射率显著不同，所以对植被和土地利用进行解译时，应当结合当地的物候期及作物日历。

在影像上所反映的不仅是植物本身特征，而且也包括其生态背景，如农田中间同为小麦，一块地刚进行了灌溉，而另一块地则没有灌溉，当然前者的颜色就要深于后者，所以颜色的特征往往是综合反映。对于多波段影像，因为同一目标在不同光谱区的反射是不一样的，如绿色植物在 TM3 波段以吸收为主，故影像颜色的灰阶较深，但在 TM4 波段为近红外波段，反射强烈，故影像的亮度较大。这样，一方面可利用不同的波段来区别不同的物体；另一方面可利用假彩色合成的原理，合成具有红外彩色特征的影像，如彩红外航片那样，绿色植物在此影像上就形成不同程度的红色，根据其红色色调及其饱和度、亮度等关系，就可以区分不同的植被类型及其主要组成。

在航空相片上，土地覆盖的信息是很直观的，通过立体观察并结合有关资料综合分析，大多数土地利用类型很容易识别。国内外早已广泛利用黑白航空相片和彩色航空相片编制较大比例尺的土地利用图。在土地利用详查中，利用信息量丰富的彩色红外航片，其效果尤佳。

卫星图像是土地利用调查制图的重要信息源，也是对土地利用年内和年际变化进行动态监测的理想手段，还可以为一个区域土地利用的合理性以及变化趋势的评价、预测提供直观的信息依据。

遥感传感器均是从高空向下俯瞰地表，所以和平常在地面所观察的物体的形状有所不同，特别是那些垂直高度大而平面面积并不大的物体，如城市的高层建筑、烟囱等。所以物体的几何分辨率要取决于影像的系统分辨率、物体与背景的反差、物体自身的清晰和整齐程度等。如在大比例尺的航空相片或分辨率高的卫星图像上，可根据树冠的形状识别出不同种类的树木。而土地利用类型由于多具一定的几何外形较易分辨，如不同类型的农田、果园、菜地、居民点、道路、水利工程等。还能根据道路的曲直程度与转弯的角度大小来辨别道路类型及级别。

6.1.3 土壤信息提取

与其他资源调查相比，土壤调查更为复杂，因为土地广而大，且有植被和农作物覆盖。而且土壤含水量、有机质经常发生变化从而影响其光谱反射，在中低光谱分辨率和空间分辨率的遥感图像上很难对土壤的结构进行识别，这些都增加了土壤调查分类和制图的难度。研究人员已经测量了大量不同土壤的光谱反射曲线，但受到土壤矿物质含量、有机质含量、含水量的影响，曲线变化较大，同时由于土壤上覆盖了大量植被也使土壤光谱值变化差异增加，尽管可以应用一些模型去掉植被的影响，但其作用很有限，为此一些学者从植被分布与土地的规律性角度进行分析，用指示性植物来识别土壤类型。由于航天与航空遥感图像空间分辨率不同、大气影响程度不同、在图像上二者土壤特征具有明显的差异。

6.1.3.1 基于航空相片的土壤判读

航空相片土壤判读可参考的影响因子包括颜色、形状、纹理、阴影等。

（1）颜色

影响土壤颜色或灰度的因子有：①土壤有机质含量：多者暗。我国土壤有机质含量一般偏低，国外分0%～3%，3%～5%，5%～10%三个等级，我国土壤有机质少有超过2%的；②土壤的机械组成：最高反射在颗粒级0.02～0.002mm处，当颗粒级达5～10 mm

时由于颗粒粗糙反射值低；③含水量：在近红外区反应明显，水对近红外有较多的吸收区，故在近红外区光谱反射低、色暗，可见光区在水分条件较好的表层色调亦偏暗，但在可见光范围一般反射较高；④土壤盐分：盐化和含一定量石灰的反射率高，但有些盐分为湿性盐分者则色调暗；⑤植被覆盖度：植被覆盖度的大小在可见光区和红外区的反射有明显的差异，但通过不同植被类型与地貌相结合，根据许多指示植物和地貌特征，能较好地识别土壤类型。

（2）形状

地形和植被覆盖形态是土壤间接判读的重要因子。而土地利用结构，如坡耕旱地、水稻地又是耕作土壤的判读重要特征。不同的土壤是在不同母岩上风化形成的，风化过程会形成粗糙不同的母质，如粗糙的母岩、不同径粒的沙地、平滑粉末状的黄土，都具有其特有的形状特征，根据这些形状特征可以进行土类的判读。

（3）纹理

纹理结构对没有植被覆盖的土壤识别有重要的帮助，一般纹理结构有平滑、粗糙、斑点、颗粒、条带和波纹等，如黄土为平滑纹理、戈壁为粗糙簇状与平滑相间、沙地多为波纹状而沙丘为垄状条带纹理。

（4）阴影

一般系指较大地形结构对土壤判读有指示性的阴影，如不同结构的山地阴影，黄土切割沟塑阴影、平原河谷切割阴影等，通过这些阴影的判读间接对土壤进行识别。

（5）海拔和分布位置

土类具有垂直和水平地带性，如黄土、红壤分布在我国西北和南方，而棕色森林土多分布在海拔较高的山地，其上多分布有针叶林，自然生长分布的柏树一般反映地下水深，而水稻为潮湿（润）耕作土壤。

（6）关联性

所谓关联性是找出土壤与自然界的规律性，通过这种规律性对有些难于识别的土壤进行判读，具有专家性质。

（7）辅助信息

我国曾进行过土壤普查和地面典型地段的土壤调查，具有不同尺度的土壤分布图，但其土壤类型的边界大多是从地形图上进行目视勾绘，具有不准确性。如果将土壤分布图作为辅助信息对照航空相片进行分类，则能提高土壤类型识别和图班区划的精度，尤其是将DEM与其叠置后其勾绘图效果更佳。

6.1.3.2　基于卫星影像的土壤调查

（1）土壤光谱特征

卫星图像与航片不同，它是从更高层空间向地面扫描或摄影气层干扰更强，同物异谱现象增加。应用卫星图像获取土壤信息，不少学者对土壤光谱反射曲线进行了分析，并获得了一些有价值的数据，但仅仅根据光谱曲线进行土壤识别，由于同物异谱的大量存在还是相当困难的，因此与航空摄影图像土壤判读一样，土壤的有机质、矿物成分、土壤含水量、植被覆盖度等因子仍是土壤识别的重要因子，而且其特征与航片识别基本相同。此处仅介绍一下土壤指数方法。

（2）土壤指数

土壤指数（soil index）：利用像元混合光谱特点采用可见光中的红光与近红外波段土壤光谱反射特征，并以该两波段作 x、y 坐标图，分别求出坐标系由于植物覆盖度不同、土壤有机质不同、地类不同在该两波段构成的坐标系中的不同斜率，以此作为数字图像处理的参考，并通过数字图像处理来减少植被覆盖的作用。数字图像处理中常用以下线性模式，即

$$\text{PNIR} = b + a\text{PR} \tag{6-15}$$

式中，PNIR 为土壤在近红外波段的反射率；PR 为土壤在红光波段的反射率；a、b 为土壤斜率和截距。该式反映了土壤有机质、土壤湿度、不同土壤类型的特点，图 6-3，图 6-4 是利用 MSS5、MSS7 所作的土壤有机质、不同地类反射值分布图。

当存在大量混合像元时，还可应用如下公式对混合像元进行分解：

$$\text{Evs} = k[P_v C + P_s(1 - C)] \tag{6-16}$$

式中，P_v 代表植物反射率；P_s 为土壤反射率；C 为植被所占面积；$1-C$ 为裸露地所占面积，一个像元内具有植被（v）和土壤（s）时，亮度值是混合像元光谱辐射值。

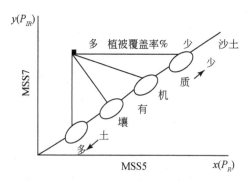

图 6-3　MSS5、MSS7 坐标中土壤有机质含量反射特征

由于卫星遥感图像具有宏观性，所以应利用其地貌、母质、植被类型、植被地理分布、土地利用结构及分布、水系水文特征等信息来提取土壤类型的信息。

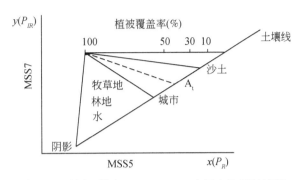

图 6-4 不同地类在 MSS5、MSS7 坐标中的反射特征

6.1.3.3 提取土壤信息的数字图像处理方法

在土壤类型信息提取中主要应用如下方法：第一种处理方法是主成分分析法，该法充分利用了尽量多的波段信息来提取土地类型信息；第二种处理方法是应用了光谱混合分解模型，利用线性和非线性混合分解模型提取混合像元中的土壤类型信息，提出近期 DEM 图、土地调查专题图作为辅助信息会对土壤类型信息提取有很大的帮助。

在遥感技术的土壤水分监测中，国外主要应用了热惯量、作物缺水指数法、距平植被指数法、植被供水指数法（陈怀亮等，1999）。水利部应用微波遥感对北京、石家庄地区进行航飞实验，获得了地表 10 ~ 20cm 土层水含量分布图，试验表明，应用微波方法测定 20cm 以下的土壤水分能力有限，而应用红外遥感波段对地表水的调查亦可获得较好的效果。如果以地面水文地质、地下水资源调查数据作为辅助信息可获取地表、地下水分布的较准确分布图。例如内蒙古自治区的赤峰市沙地地区，在 MSS 可见光与近红外的组合图像上呈现较暗色调处与水文地质图相匹配，对沙地地下水及地表水能进行很好地识别。

6.1.4 地形信息提取

由 DEM 派生的地形属性数据可以分为单要素属性和复合属性两种。前者可由高程数据直接计算得到，如坡度因子、坡向。后者是由几个单要素属性按一定关系组合成的复合指标，用于描述某种过程的空间变化，这种组合关系通常是经验关系，也可以使用简化的自然过程机理模型。单要素地形属性通常可以很容易地通过计算机程序计算得到。

6.1.4.1 坡度、坡向

坡度是影响土壤侵蚀的重要因子，历来是土壤侵蚀研究的重要内容。坡度定义为水平面与局部地表之间的正切值。它包含两个成分：斜度——高度变化的最大值比率，常称为坡度（图 6-5）；坡向——变化比率最大值的方向。地貌分析还可能用到二阶差分凹率和凸率。比较通用的度量方法是，斜度用百分比度量，坡向按从正北方向起算的角度测量，凸率按单位距离内斜度的度数测量。

坡度和坡向的计算通常使用 3×3 窗口，窗口在 DEM 高程矩阵中连续移动后，完成整

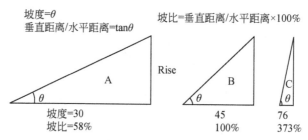

图 6-5　坡度表示方法

幅图的计算。坡度的计算如下：

$$\tan\beta = [\,(\sigma_z/\sigma_x)^2 + (\sigma_z/\sigma_y)^2\,]^{1/2} \tag{6-17}$$

坡向的计算如下：

$$\tan A = (-\sigma_z/\sigma_y)/(\sigma_z/\sigma_x) \quad (-\pi < A < \pi) \tag{6-18}$$

式中，σ_x 为 x 方向的格网间距；σ_y 为 y 方向的格网间距；σ_z 为 z 方向的格网间距；β 为坡度，A 为坡向。

为了提高计算速度和精度，GIS 通常使用二阶差分计算坡度和坡向，最简单的有限二阶差分法是按下式计算点 i，j 在 X 方向上的斜度：

$$(\sigma_z/\sigma_x)_{ij} = (z_{i+1,\,j} - z_{i-1,\,j})/2\sigma_x \tag{6-19}$$

式中，σ_x 是格网间距（沿对角线时 σ_x 应乘以 $\sqrt{2}$）。应用这种方法计算各方向的斜度，运算速度也快得多，但地面高程的局部误差将引起严重的坡度计算误差，可以用数字分析方法得到更好的结果，用数字分析方法计算东西方向的坡度公式如下：

$$(\sigma_z/\sigma_x)_{ij} = [\,(z_{i+1,\,j+1} + 2z_{i+1,\,j} + z_{i+1,\,j-1}) - (z_{i-1,\,j+1} + 2z_{i-1,\,j} + z_{i-1,\,j-1})\,]/(8\sigma_x) \tag{6-20}$$

式中，z 为网格或像元的高程值。

同理可以写出其他方向的坡度计算公式。

通常，遥感和 GIS 处理软件都有计算坡度和坡向的模块。如 ERDAS IMAGE 遥感图像处理软件中，工具条 \ Image Interpreter \ Topographic Analysis \ Slope（Aspect）用于计算坡度和坡向。

6.1.4.2　坡长

坡长是重要地形因子之一。坡长通过影响坡面径流的流速和流量，影响水流挟沙力，进而影响土壤侵蚀强度。目前很多土壤侵蚀模型都将坡长作用重要的因子，如 USLE、RUSLE、WEPP、SGNPS 等。USLE 中坡长的定义为从地表径流源点到坡度减小至有沉积出现地方之间的距离，或到一个明显渠道之间的水平距离。在实际研究中，因坡面形态非常复杂而不易考察完整坡面，常将坡面作分段处理，各分段对应于从该段低端到坡顶的坡长，故坡长又可以定义为地面上任一点处沿水流方向到其流向起点的最大地面距离在水平面上的投影长度。

传统认为最精确的坡长计算方法是进行实地测量，而在实际应用中这种方法有时很困难或根本不现实。随着计算机技术的发展和 GIS 研究方法的不断成熟，坡长计算方法也得到了很大的改进。在 DEM 数据和 GIS 空间分析方法的支持下，可以实现比较精确的坡长提取。

目前，国内外许多学者对坡长的计算开展了研究。由于坡长对土壤侵蚀的影响多以坡长因子的形式表现在侵蚀模型中，这些研究既有实际坡长的计算也有坡长因子的计算。对于实际坡长的计算研究，Hickey 等人在流域水文分析方法基础上提出了非累计流量的直接计算方法（no-cumulative slope length，NCSL），计算每个格网单元到起点的最大累计水流长度作为该格网到坡顶的坡长。该方法可以通过中断因子的设置来判断 μ 坡面任一点处到坡底结束的位置，从而在坡长累加过程中识别出完整的坡面。

国内学者汤国安等（2002）提一种快速近似计算坡长的方法，在假定坡面水流方向与山脊线垂直的基础上，计算每个点沿垂直方向到山脊线的水平距离作为该点坡长的近似值。

本书第 9 章提出了一种基于径流累计的流域分布式坡长因子提取方法，详见第 9 章。

6.1.4.3　沟壑密度

沟壑密度用于反映地表一定范围内沟谷发育的数量特性，是评价区域内受侵蚀程度的重要指标。沟壑密度的发育和演化过程反映地表土壤侵蚀过程的结果和土壤侵蚀强度，常作为侵蚀结果因子直接参与到地质灾害、土壤侵蚀等方面的评价。在山区分析对现行侵蚀有直接作用的细小沟壑的发育尤为关键，任何级别的沟壑所引起的水土流失作用都具有相当强的环境意义。在黄土丘陵沟壑区，细沟、浅沟、切沟、冲沟分别发育在不同的坡面部位，利用地形图或 DEM 提取地面沟壑特征，对于水土流失监测以及水土保持规划都具有重要意义。

沟壑密度被定义为在一个特定的区域内，地表单位面积内沟壑的总长度，通常以每平方公里面积上的沟道总长度（公里）为度量单位。目前，对于沟壑密度的提取方法，尚无统一规定，主要有传统的外业调查法、遥感图像处理法和现代数字高程模型（DEM）法等。传统的外业调查法需要借助于大量的野外调查数据，相对来说误差较大；遥感图像处理方法借助于遥感技术，使得以较低的投入获得大面积的遥感影像数据，最后通过人机交互方式对遥感数据进行解译，提取沟谷线等相关信息，从而获取其沟壑密度。该方法需要借助于遥感数据和人机交互判读，提取的效率不高。而现代 DEM 方法则是基于数据高程模型（DEM），通过水文分析方法提取，关键是确定沟壑的标准，即根据研究区域的土壤、植被、地形特征及研究目的来确定流长累计量的最小值。相对于传统外业调查法和遥感图像处理法而言，该方法具有较强的人机交互功能，同时可通过对地形数据进行模型分析从而得到河网信息，进而可以提取出研究区域的沟壑密度。在利用 DEM 进行沟壑密度的提取时还应该注意 DEM 的精度（生成 DEM 的地形图比例尺或 DEM 的标准分辨率），不同精度的 DEM 数据能提取的沟壑密度信息有很大差异，需要根据研究的目的确定。

6.1.4.4　粗糙度

地面粗糙度是指一个特定的区域内，地球表面积与其投影面积之比，是反应地表形态的一个宏观指标。在水土流失的防治中，人们通常设置以改变地面微地形，增加地面粗糙率为主的水土保持农业技术措施，用以拦截地表径流，减少土壤冲刷，如横坡耕作、沟垄种植、水平犁沟、筑埂作垄等。根据定义，地面粗糙度的提取通常在 DEM 的基础上，提取坡度信息，再利用坡度余弦值的倒数计算。

6.1.5 水土保持措施信息提取

6.1.5.1 水土保持措施种类

景可等（2005）水土保持措施是根据水土流失产生的原因，水土流失的类型、方式和流失过程以及水土保持的目标而设计的防治土壤侵蚀的工程（景可等，2005）。水土保持措施类型很多，大体上可以概括为生物措施、耕作措施和工程措施。

（1）生物措施

生物措施也称林草措施，主要用于防治因失去林草的荒坡和退耕坡地的水土流失。生物措施适用于凡是具备植被生长条件的地区。生物措施的确定应该根据当地的自然环境条件和植物的生境条件来决定。从防治水土流失的角度出发，水土保持林种选择和配置应该依据当地的自然生态环境和立地条件确定，如 20 世纪 50 年代在林木戴帽原则的指导下，在黄土高原梁峁顶和梁峁坡造林，由于土壤水分不适宜，大都成了长不大的小老头树，这样的生境只适宜草灌生长。

（2）耕作措施

耕作措施专指坡耕地通过改变耕作方法实施防治水土流失的工程。坡耕地是水土流失的主要发生区，是泥沙的主要来源区。为了减少水土和养分流失，需要采取既利于生产又利于防治水土流失的耕作措施。水土保持耕作措施按其作用可以分为三类：一是通过改变微地形蓄水保土；二是增加地面粗糙度的耕作措施；三是改良土壤理化性质的耕作措施。常用的耕作措施如表 6-1。

表 6-1　水土保持耕作措施一览表

耕作措施	措施功能	适宜条件	适宜地区
等高耕作	拦蓄径流	<25°的坡耕地	全国
等高带状间作	拦蓄径流	<25°的坡地	全国
等高沟垄作	拦蓄径流	<20°的坡地	黄土高原
蓄水聚肥耕作	拦蓄径流增加抗蚀力	<15°的坡地	西北
水平犁沟	改变微地形	<20°的坡地	全国
草田带状轮作	增加地面覆盖	<25°的坡地	全国土石丘陵
覆盖耕作	增加粗糙度滞缓径流	<15°的坡地	全国缓坡丘陵
免耕	增加粗糙度滞缓径流	缓坡地	全国

（3）工程措施

工程措施是重要的水土保持措施之一，涵盖治坡工程和治沟工程，保水保土的基本原理与功能是拦蓄或滞留坡面径流，从而达到减少坡面与沟道侵蚀产沙的目的，同时也能充分利用水资源改善农业生产条件，主要的工程措施如表6-2。

表6-2 水土保持工程措施一览表

工程类型	工程名称	适宜条件	适宜地区
治坡工程	（1）梯田		
	水平梯田	<15°的坡地	全国
	坡式梯田	<15°的坡地	全国
	反坡梯田	<15°	全国
	隔坡梯田	<25°	半干旱地区
	（2）截流沟	<15°	南方
	（3）鱼鳞坑	<25°	北方
治沟工程	（1）沟头防护工程		全国
	（2）谷坊工程	集水面积不大	北方
	（3）淤地坝	小流域沟道	北方
	（4）骨干坝		北方
	（5）塘堰		南方

三类水土保持措施具有相互配合的关系。对于任一水土流失区域，产生水土流失的地貌部位不外乎坡面和沟谷，从土地利用看，无非是坡耕地、荒坡地或沟道。全面地防治水土流失就必须在不同的地貌部位，根据不同的土地利用类型，采用不同的措施。例如，对坡耕地最有效的是采取工程措施，修建梯田；沟道的水土流失防治需要修建谷坊、淤地坝和小型水利工程。梯田、林草和坝库等三项措施分别拦蓄不同部位、不同土地利用方式产生的水土流失，各自都起到保持水土的作用，相互不能替代，又不排斥。另外，三类措施又是相互促进的关系。各项水土保持措施之间有严格的分工，又是相互关联的。因此综合地利用三类措施，形成完善的水土保持措施体系，在发挥自身作用的同时，还可促使相关措施更持久地发挥最大效益。

6.1.5.2 水土保持措施信息提取

由于水土保持措施类型多，且形态各异，利用遥感进行信息的自动提取非常困难。因此，通常以治理规划图或竣工图为基础，结合野外采样的数据，进行影像人工解译、勾绘，重点关注颜色比较单一、边界比较规则的几何类型、线状地物等。所用的影像数据应该为高分辨率的卫星影像或航片。解译的水土保持措施数据类型可以根据研究的目的为分三类：面状、线状、点状。以下列出常见的水土保持措施解译方法。

（1）水土保持林措施解译

根据用途分为水土保持型薪炭林、水土保持型饲料林、水土保持型用材林等，根据植被种类分为水土保持乔木林、水土保持灌木林。一般分三种林木种植类型：灌林纯林（干旱半干旱地区）、乔木纯林（立地条件好，多种经济林和速生丰产林）和混交林（立地条件差）。大多数水土保持林为混交林。混交林种植一般分株间混交、行间混交和带状混交，在影像上可以识别光谱特征的不均一性、条带状纹理。总体上这一类型地类在影像上较难分辨。

（2）种草措施解译

由于大面积种草措施通常采用飞机播种，这样的人工草地与自然植被差异不大，因此影像上很难识别，主要依据工程规划图或竣工图来判断。

（3）封禁措施解译

该类措施是在减少了人为干扰条件下，从而加快自然植被生长发育，仅从影像中是很难识别的。但作为治理措施，通常实施单位会在封禁的地区用铁丝网等圈起来，不让人或牲畜进入。因此在实地调查过程中很容易识别哪些是封禁。解译主要依据竣工资料或采样资料。

（4）梯田

梯田的特点比较明显，有排列式的田坎，宽度不等，由于田坎多由石头和裸土组成，水分含量少，在影像各光谱波段上多为高值，波段组合后显白色，梯田与等高线一致，若在影像上出现环形线性地物，并与坡度图吻合，即可将影像图与坡度图进行坐标热连接，同时与土地利用图进行对比分析，确保地类在"耕地"地类中。作物收割后的梯田光谱不是很明显，需要对影像进行增强处理分析。

（5）农田防护林网

空间格局为棋盘式，防护林显深红色至鲜红色。通常防护林与公路、水渠平行建设。公路在中央，防护林在两旁，水渠在外侧。

（6）经果林措施解译

经果林主要是以人工种植的水果、经济林为主的林木。在影像上为树木的特征，植被覆盖度不会太高，边界比较规则，有自然边界过渡突变现象，一般离水源和公路较近，便于种植与运输。

（7）保土耕作措施解译

影像上很难识别，但在高分辨率的影像上可以结合采样数据，并通过纹理识别。主要方法还是需要依据竣工资料。

（8）小型工程治理措施解译

小型工程治理措施有很多种，可分为两大类：线状类型，如道路、排水渠、输水渠等；面状类型，如谷坊、淤地坝、拦沙坝、沟头防护、坡面防护、截水沟、蓄水池、水窖、小水库等工程。这些类型只要超过影像分辨率，就能在影像中反映出来。在影像上解译时，沿沟壑两边进行搜索，重点解译沟头、高坡度的区域，将坡度图和土地利用图作为辅助图进行解译。小型工程治理措施一般为规则的几何形态。谷坊分布在沟头的支沟上，有点状分布的特征，颜色为小亮点，横切毛细沟。拦沙坝分为坝体和淤泥体，平面上呈现均匀的"掌状"形态。小水库和塘坝为水体，在影像上容易划分，需要注意的是与自然水体区域相比，一般小水库和塘坝比较规则，靠近居民地，小水库有明显的坝体。排水、输水沟为线性地物，有水时显水体色调，无水时为高亮度的白色，另外，在沟头与支沟地区，有一些闸门和分流的建筑设施。

(9) 治沟骨干工程措施解译

治沟骨干工程措施工程量大，在影像上容易分辨，有大坝、溢洪道、防洪堤、汇水洞、护坝、桥梁、公路、房屋等建筑组合。多分布在沟头和坡降大的地区。从影像上分析，有高亮度、纹理清晰的特征，在边界勾绘时，大坝上游要按最高集水范围的面积勾绘，下游勾绘至防洪堤的部位即可。

(10) 道路工程措施解译

作为线性地物处理，道路工程的一端一般通向另一水土保持工程建设用地。

(11) 其他措施解译

其他用于重力侵蚀的防护坝工程、防风固沙等工程。重力侵蚀的护坝工程多出现在公路旁、居民地周边，影像上为高亮度的块状或条状形态。防风固沙分布于风沙区与非风沙区交错带中，包括生物措施和工程措施两种类型，生物措施从影像上呈带状或网状的空间布局、呈现植被光谱特征。工程措施不容易分辨，应从小流域竣工资料中提取。

上述治理措施信息的提取是一些常见的类型，具体工作中需要结合大量辅助数据，如土地利用信息，坡度信息等，并在空间位置经过严格配准，通过大量野外调查，真正解译出治理区的水土保持措施。另外，区域的治理效果反映治理措施的质量。依据措施效果进行分级，通过遥感影像信息提取并与小流域治理规划、小流域治理竣工资料进行对比，对治理的生物措施和工程进行评价，生成治理区环境措施质量效果图。

6.1.6 空间插值方法

6.1.6.1 空间内插方法概述

通常根据研究要求以及实际情况布置采样点采集空间数据，这些采样点的分布往往是离散且不规则的，由此所采集的数据往往不能反映其在空间内的连续变化。但在土壤侵蚀模拟计算中却要获知未观测点的特征值，从而产生了空间内插技术。一般来说，在已存在观测点的区域范围之内估计未观测点的特征值的过程称内插；而在已存在观测点的区域范围之外估计未观测点的特征值的过程称外推。

正如我们所知，现实空间可以分为具有渐变特征的连续空间和具有跳跃特征的离散空间。对于离散空间，假定任何重要变化发生在边界上，则在边界内的变化是均匀的、同质的，即在各个方面都是相同的。对于这种空间的最佳内插方法是临近元法，即以最邻近图元的特征值表征未知图元的特征值。这种方法在边界会产生一定的误差，但在处理大面积多边形时，则十分方便。对于连续的空间表面，内插技术必须采用连续的空间渐变模型实现这些连续变化，可以用一种平滑的数学表面加以描述。这类技术可分为整体拟合技术和局部拟合技术两类。整体拟合技术分为趋势面拟合、变换函数插值、傅里叶级数和小波变换等。其中，趋势面拟合技术的思路是先利用一组采样点数据拟合出一个平滑的数据平面方程，再根据方程计算无测量值的点上的数据。这种内插技术的特点是不能提供内插区域的局部特征，因此，该模型一般用于模拟大范围内的变化。傅里叶级数和小波变换多用于遥感影像分析。局部拟合技术则仅仅用于由邻近的数据点估计未知点的插值，因此可以提供局部区域的内插值，而不致受局部范围外其他点的影响。这类技术包括双曲线多项式内插、移动拟合、最小二乘配置法等。

6.1.6.2 常用空间内插方法

（1）移动平均法

该方法假定任一点的趋势分量可以从该点一定邻域内的其他点及其分布特点平均求得，参加平均的邻域称为窗口，窗口的形状可以是方形或圆形，可以用算术平均值、众数或其他加权平均数选用大小不同的窗口，实现数据的分解。大窗口使区域趋势成分比重增大，小窗口则可以突出一些局部异常。逐格移动窗口，逐点逐行计算，直到覆盖全区，就得到了插值图。

移动平均法保持了对一般趋势的反映，而且很容易填补一些小的数据空缺，使图面完整，但有一定的平滑效应和边缘效应。当原始取样点分布较稀且不规则时，可以采用定点数而不定范围的取数方法，即搜索邻近点直到预订的数目为止。

（2）距离平方倒数加权法

距离平方倒数加权法原理是，某点（或待估网格）的估计值与周围已知点值的距离平方的倒数成一定关系，以空间位置的加权平均来计算。设平面上分布一系列离散点，已知其坐标和高程为 X、Y、Z，离散点序号为 $i=1,2,\cdots,n$，$P(X,Y)$ 为任一网格点，根据周围离散点的值，通过距离加权插值求 P 点值，周围点与 P 点因分布位置的差异，对 $P(Z)$ 影响不同，这种影响称为权函数 W_i。权函数主要与距离有关。若在 P 点周围 4 个方向均匀取点，则可不考虑方向因素，这时，

$$P(Z)=\begin{cases}\sum_{i=1}^{n}W_iZ_i/\sum_{i=1}^{n}W_i & \text{当 } W_i\neq0\text{ 时}\\ Z_i & \text{当 } W_i=0\text{ 时}\end{cases}\tag{6-21}$$

式中，$P(Z)$ 为加权插值；W_i 为加权函数；i 为空间位置序号；Z_i 为第 i 点高程。

实践证明，$W_i=\dfrac{1}{d_i^2}$ 是最优选择，d_i 为离散点至 P 点的距离。

（3）趋势面拟合法

多项式回归的基本思想是用多项式表示线（数据是一维时）或面（数据是二维时），按最小二乘法原理对数据点进行拟合，一维的拟合称为线拟合技术，二维的称为趋势面拟合技术。但研究对象通常在空间和时间上都有复杂的分布特征，在空间上的分布常是不规则的曲面，数据往往是二维的，而且以更为复杂的方式变化，因此必须利用趋势面分析技术。其基本思想是，用函数所代表的面来逼近（或拟合）现象特征的趋势变化。拟合时假定数据点的空间坐标 X、Y 为独立变量，而表征特征值的 z 坐标为因变量。当数据处在一维空间时，回归函数为：

$$z = a_0 + a_1 X \tag{6-22}$$
$$z = b_0 + b_1 X + b_2 X^2 \tag{6-23}$$

当数据处在二维空间时，回归函数为：

$$z = a_0 + a_1 X + a_2 Y \tag{6-24}$$
$$z = b_0 + b_1 X + b_2 Y + b_3 X^2 + b_4 XY + b_5 Y^2 \tag{6-25}$$

式中，a_0，a_1，a_2，b_0，b_1，b_2，b_3，b_4，b_5 为多项式系数；z 为特征值。当 n 个采样点上观测值 z_i 和估计值 $\hat{z}_i$ 的离差平方和最小时，即

$$\sum_{i=1}^{n} (\hat{z}_i - z_i)^2 = \min \tag{6-26}$$

则认为回归方程与被拟合的线或面达到最佳匹配。

回归函数的次数并非越高越好，在实际工作中，一般只用到两次，超过三次的多项式往往会导致解的奇异。高次趋势面不仅计算复杂，而且次数高的多项式在观测点逼近方面效果虽好，但在内插、外推的效果上则常常降低分离趋势的作用，减弱对趋势规律的反映。趋势面是一种平滑函数，很难正好通过原始数据点，这就是说在多重回归中的残差属正态分布的独立误差，而且趋势面拟合产生的偏差几乎都只有一定程度的空间非相关性。

整体趋势面拟合除应用于整体空间的独立点内插外，另一个最有成效的应用是揭示区中不同于总趋势的最大偏离部分。因此，在利用某种局部内插方法以前，可以利用整体趋势面拟合技术从数据中去掉一些宏观特征。

（4）样条函数

最小二乘曲面拟合假设所有样品值被观测到的概率相等，而不考虑样品间的相对位置。当观测点数比较大时，需要用高阶多项式拟合，这不但使计算复杂化，并且高阶多项式还可能在观测点之间产生振荡。因此，多采用分块拟合的办法，用低阶多项式进行局部拟合。样条函数拟合即是常用的方法。具体做法是将数据平面分成若干单元，在每一单元上用低阶多项式，通常为三次多项式（三次样条函数）构造一个局部曲面，对单元内的数据点进行最佳拟合，并使由局部曲面组成的整个表面连续。Akima（1970）提出了用双五次多项式和连续的一阶偏导数进行光滑曲面拟合和内插的方法，称为 Akima 样条插值法。将平面分割为三角形格网，各三角形以三个数据点在 (x, y) 平面 P 的投影点为顶点，根据三个顶点的场值、一阶偏导数和二阶偏导数值，可以得到 18 个不相关的条件，三角形

三条边两侧的一阶偏导数相等给出另外三个边条件，可以求出方程的系数。

(5) 克里金法

克里金法最初是由南非金矿地质学家克里金根据南非金矿的具体情况提出的计算矿产储量的方法。按照样品与待估块段的相对空间位置和相关程度来计算块段品位及储量，并使估计误差最小。后来，法国学者马特隆对克里金法进行了详细地研究，使之公式化和合理化。克里金法基本原理是根据相邻变量的值（如若干样品元素含量值），利用变差函数所揭示的区域化变量的内在联系对空间变量数值进行估计。

6.2 降水时空分布特征与土壤侵蚀效应

6.2.1 降水时空分布特征

6.2.1.1 降水时空分布特征的传统分析方法

降水是影响流域水循环最活跃的因素。降水时空分布特性是构成水资源条件在时空上分布特性的主要原因之一，而水资源的时空分布特性必然对水资源利用管理、农业以及水生生态系统带来一系列的影响。在我国，特别是北方地区，降水的时空分布相当不均匀。例如，黄河流域在空间上横跨湿润区、半湿润区、半干旱区、干旱区，降水等值线具有明显的分区特性；在时间上，降水年际年内变化很大，一年中的降水多集中在汛期，且短历时高强度暴雨是黄河流域降雨的一个重要特征。降雨作为直接影响径流的重要因素之一，其时空分布不同对径流的影响作用也不同。如在相同降雨量情况下，降雨越集中（如暴雨），则径流量越大，径流过程越急；反之，降雨历时越长，则径流量越小，径流过程越缓。若降雨集中在流域的下游，径流起涨往往较快，且涨洪历时短，洪峰流量大，从而可能形成较大的洪水灾害。因此，不少学者对降水时空分布特征开展过研究（刘德地等，2009；于野等，2003；周祖昊等，2006）。

我国在黄河流域等诸多流域建立了大量的雨量站，并且通过通信网络系统定时或不定时地向实时水雨情数据库中传输降雨信息。通过计算机网络，利用 GIS 可以在实时水雨情数据库中读取某时某一雨量站的降雨量信息，从而为基于 GIS 的降雨时空统计分析奠定了基础。研究表明，雨量站密度、雨量站分布和降雨空间分布变化均对流域径流模拟结果具有较大影响。对于大尺度流域，雨量站网布设稀疏且疏密不均的问题非常严重，因此精度很难保证，同时面临的另一困难是，雨量站点个数很多，观测数据量大，数据的收集、分析、整理、处理工作量和计算量特别大。

雨量站观测的雨量是点雨量，因而根据现有雨量站点观测的点雨量，生成空间计算单元不同时间尺度的雨量，尽可能地反映降雨时空变异性，是降水时空分布特征研究的重点。目前，对降水时空分布特性研究的主要手段是以随机统计学理论为基础的相关方法。例如，时间变化规律上的研究是以时间序列分析方法（随机水文学）为主；空间分布上的研究手段主要有地质统计学方法、信息熵、经验正交函数分解等，其次有基于分形理论、混沌理论等一些方法和理论的应用。

6.2.1.2 降水时空分布特征的遥感分析方法

在天气雷达和卫星遥感测雨广泛应用之前，雨量资料的获取主要依赖于雨量站网。随着卫星遥感等现代技术的发展，基于遥感技术分析降水时空分布特征的方法已得到广泛应用。美国的用于降水特征观测的 TRMM 试验卫星是其代表之一。TRMM 卫星是由美国 NASA（National Aeronautical and Space Administration）和日本 NASDA（National Space Development Agency）共同研制的试验卫星，于 1997 年 11 月 27 日发射成功，轨道为圆形，倾角 35°，初始高度 350km。卫星搭载的探测器包括微波成像仪 TMI、降雨雷达 PR、可见/红外辐射仪 VIRS、雷电探测器 LIS 以及云和地球辐射能量探测器 CERES 等。从 1998 年开始提供 TRMM PR 数据等系列产品，包括众多未知海洋和大陆区域的降水和潜热通量时空四维分布的详细数据集。覆盖区域最初为全球 35°S ~ 35°N，目前已扩展到全球 50°S ~ 50°N 区域。TRMM 数据共有 5 个层次（0 ~ 4），分别代表经过不同处理的资料，如第 0 层，以时间为序并且有质量控制的原始卫星数据；第 1 层，标定后的 VIRS 反射率/亮温，TMI 的亮温，PR 的回波功率和反射率数据，数据分辨率等于观测仪器的像素点的大小；第 2 层，用第 1 层数据计算出的大气状况数据（如降水、云中液态水的含量、潜热释放等），具有与第 1 层数据相同的分辨率；第 3 层，经过空间和时间平均后得到的格点形式的气象数据；第 4 层，资料分析产品和 TRMM 资料与其他探测资料联合反演得到的数据产品。TRMM 项目是人类历史上第一次用卫星从空间对地球大气进行主动遥感，为科研工作者提供了大量热带海洋降水、云中液态水的含量、潜热释放等气象数据。其最显著的特点是覆盖面广，能得到降水云内部的详细的空间结构，这对热带地区降水的物理机制的研究将有重要帮助。

该数据集也为研究降水的时空分布提供了可靠的数据（图 6-6）。如 Soroochian 应用神经网络技术把 TMI 和 PR 资料反演成降水，并进一步得出范围为 30°S ~ 30°N，80°E ~ 10°W 的 1998 年 8 月 ~ 1999 年 7 月一年内月平均的每小时降水量日变化形式。Kishtawal 和 Krishnamurti 利用 TMI 资料研究了中国台湾地区夏季降水的日变化形式。Krishnamurti 和 Kishtawal 用 TRMM 卫星和 Meteosat5 资料计算出亚洲夏季季风的日变化分布图。Berg 等在利用 TRMM 卫星 PR 的降水资料研究 1999 年 12 月 ~ 2000 年 2 月东、西太平洋赤道辐合带的降水结构差异时，发现两者之间有着明显的地区差异，并且这种地区差异有一定的季节

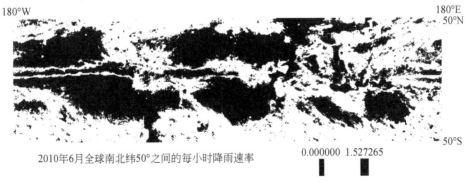

2010年6月全球南北纬50°之间的每小时降雨速率   0.000000 1.527265

图 6-6 2010 年 6 月 TRMM 3B43 数据

和年际变化。

6.2.2 降雨侵蚀力时空分布特征

6.2.2.1 概述

土壤侵蚀模型是进行区域土壤侵蚀调查和动态监测的基本工具。降雨是引起水土流失的一个最重要的因素。降雨侵蚀力是降雨引起土壤侵蚀的潜在能力，是降雨因素对土壤侵蚀影响的体现。降雨侵蚀力因子 R 是评价这种潜在能力的一个动力指标。自从 Wishmeier 等人提出 R 指标的计算方法并将其应用于土壤通用流失方程以来，随着土壤通用流失方程在世界许多国家的应用，有关 R 值的研究越来越被人们重视。目前，国内外不少学者提出了不同形式的 R 值的简易计算方法，世界上近 20 多个国家和地区编制了本国或地区的 R 值等值线图。根据降雨侵蚀力的空间分布特征绘制降雨侵蚀力等值线图，可以为没有降雨资料的地区插值估算侵蚀力提供依据；而降雨侵蚀力的年内分配可以为计算季节或多年平均土壤可蚀性因子 (K) 和季节或多年平均地表覆盖——管理因子 (C) 提供重要参考。区域降雨侵蚀力的计算与时空特征分析，是将 USLE 应用于较大地区的关键之一。例如，王万忠和焦菊英 (1996) 对我国 100 多个试验站点的 R 值进行了计算，在分析我国降雨侵蚀力 R 值区域分布特征的基础上，编制了中国降雨侵蚀力等值线图并进行了降雨侵蚀力分区。谢云等 (2000) 建立了侵蚀性降雨量标准和计算方法。殷水清和谢云 (2005) 分析了黄土高原年 R 值在全区尺度上的空间分布特征。姚宏等 (1992)、李静等 (2008) 都对降雨侵蚀力问题开展过研究。

6.2.2.2 降雨侵蚀力 R 计算方法

(1) 国内外关于 R 值的主要结构形式研究

美国学者 Wischmeier 和 Smith (1958) 利用美国 35 个土壤保持试验站 8250 个休闲小区的降雨侵蚀资料，对降雨量 (P)、降雨动能 (E)、最大时段雨强 (In)、前期降雨 (P_a) 及其各种复合因子与土壤流失量的关系进行了回归分析，发现降雨动能 E 与最大 30min 降雨强度 I_{30} 的乘积是判断土壤流失的最好指标，并应用于 USLE 中：

$$R = \sum EI_{30} \tag{6-27}$$

式中，E 为一次降雨的总动能；I_{30} 为一次降雨过程中连续 30min 最大降雨强度。

英国土壤保持专家 Hudson 等 (1971) 在非洲的研究发现，上述公式在热带和亚热带地区的应用效果并不十分理想，他认为对于出现侵蚀的降雨来说，存在着一个起始降雨强度，把小于这一强度的降雨从计算中去掉，用减去非侵蚀性降雨能力后的剩余能量作为 R 指标，更适合于热带和亚热带的降雨情况，即：

$$R = E_k \tag{6-28}$$

式中，$E_k > 25.4$ 为降雨强度大于 25.4mm/h 的降雨总动能 (J/m^2)。

保加利亚学者翁契夫 (1998) 将一次降雨中引起土壤流失部分的侵蚀性降雨与非侵蚀

性降雨分开，用引起土壤流失部分的侵蚀性降雨量（P）除以侵蚀性降雨历时的开平方（$\sqrt{t}$）作为 R 值指标，称为通用指标：

$$R = P/\sqrt{t} \tag{6-29}$$

式中，P 为降雨量 ≥ 9.5mm 且降雨强度 ≥ 0.18mm/min 的雨量；t 指雨强 ≥ 0.18mm/min 的降雨历时（min）。

据王礼先（1987）介绍，苏联学者科辛等在克拉斯诺达尔州黑海沿岸地区的研究发现，在亚热带地区，应用 Wischmeier 公式计算侵蚀指数，结果偏大，而应用哈德逊公式由于未考虑小于 25.4mm/h 的降雨又使得历时长而强度小的降雨侵蚀指标计算值偏小，因而，提出用微分法计算降雨侵蚀力，即降雨强度大于 25.4mm/h 的降雨按哈德逊公式计算，部分或全部降雨强度小于 25mm/h 的降雨按 Wischmeier 公式计算：

$$R = E_k + EI_{30} \tag{6-30}$$

式中，E_k 为降雨强度大于 25mm/h 的降雨动能。

美国学者 Foster（1982）用 Wischmeier 用过的资料，以雨量代替动能取得了较好的预报结果，认为可以直接用 PI_{30} 作为 R 值指标：

$$R = PI_{30} \tag{6-31}$$

式中，P 为一次降雨的雨量（mm）；I_{30} 为一次降雨的 30min 最大降雨强度（mm/h）。

日本学者大味新学等人指出，以 10min 最大降雨强度 I_{10} 作为瞬时最大降雨强度，将其与降雨量（P）和 60min 最大降雨强度（I_{60}）的乘积作为降雨侵蚀因子效果较好，并命名为降雨加速指数（小高和则等，1986）：

$$R = PI_{10}I_{60} \tag{6-32}$$

另外，斯坦内斯库和种田行男等则分别根据各地试验情况，采用 EI 结构的基本形式，以 EI_{10} 和 EI_{60} 作为 R 指标（方华荣，1982），即

$$R = EI_{10}$$
$$R = EI_{60} \tag{6-33}$$

我国不少学者对降雨侵蚀力指标的选择也做了大量的研究，通过各地小区资料的统计分析，以 EI 结构形式为基础，提出了各地区的 R 值指标。这些指标主要有：

东北黑土地区（张宪奎等，1992）：

$$R = E_{60}I_{30} \tag{6-34}$$

式中，E_{60} 为一次降雨 60min 最大降雨量产生的动能（J/m^2）；I_{30} 为一次降雨 30min 最大降雨强度（cm/h）。

西北黄土区（王万忠，1987；贾志军等，1987；江忠善等，1990）：

$$R = E_{60}I_{10} \text{ 或 } R = \sum EI_{10} \tag{6-35}$$

$$R = \sum EI_{10} \tag{6-36}$$

$$R = PI_{30} \tag{6-37}$$

式中，$\sum E$、E_{60}、P、I_{10}、I_{30} 的定义同上。

南方红壤地区（吴素业，1992）：

$$R = \sum EI_{60} \quad 或 \quad R = 2.455E_{60}I_{60} \tag{6-38}$$

$$R = \sum EI_{60} \tag{6-39}$$

式中，$\sum E$ 为一次降雨的总动能；E_{60} 为 60min 的最大降雨量产生的动能（J/m^2）；I_{60} 为最大 60min 降雨强度（cm/h）。

另外，姚治君等（1991）提出与大味新学相似的结构形式，将 10min 最大雨强（I_{10}）作为瞬时降雨强度，60min 最大雨强（I_{60}）作为峰值降雨强度，把两者同一次降雨的平均强度（I_a）的乘积（$I_{10}I_{60}I_a$）作为降雨侵蚀因子，并命名为雨强递减系数：

$$R = I_{10}I_{60}I_a \tag{6-40}$$

（2）R 值的经典算法

在原有的通用土壤流失方程 USLE 中，R 的计算采用美制单位，随着 USLE 在世界各国的普遍应用及国际单位制（SI）在美国的采用，可将 R 的使用单位和因次转换成国际制共用单位。按照公制，R 的计算方法为：

$$R = \sum EI_{30}/100 = \sum (eP)I_{30}/100 \tag{6-41}$$

式中，E 为一次降雨过程中某时段雨量的动能（m·t/hm^2）；e 为单位降雨的动能（m·t/hm^2·cm）；P 表示某时段降雨雨量（cm）

$$e = 210.35 + 89.04\log i \quad i \le 7.6\text{cm/h} \tag{6-42}$$

$$e = 289 \quad i > 7.6\text{cm/h} \tag{6-43}$$

式中，e 为单位降雨动能 [m·t/(hm^2·cm)]；i 为单位降雨的降雨强度（cm/h）。

降雨动能取决于雨滴直径大小，而雨滴直径的大小又决定降落雨滴的质量和速度，如果知道了雨滴的大小和速度，那么将每一个雨滴的数值加起来，就可以算出降雨动能，但是一个雨滴中所蕴含的能量是非常小的，这给测定造成很大的困难。通常动能的计算是通过雨滴大小组成、雨滴中数粒径与雨强的关系，由动能与雨强的统计关系式间接计算。

一次降雨的总动能 $\sum E$ 是该次降雨总雨量及其降雨过程中所有各种雨强的函数，当以连续函数表示方法给定降雨时，计算降雨能量的方程为：

$$E = \int_0^T eidt \tag{6-44}$$

式中，e 为单位降雨的动能；i 为 dt 微分时间内的降雨强度；t 为时间；T 为该次降雨的总历时。

江忠善等（1983）、刘素媛和聂振刚（1988）、周伏建和黄炎和（1995）等分别通过对当地实测天然降雨雨滴特征的分析研究，建立了我国西北、东北和南方地区动能（e）的计算公式：

西北地区（陕西、晋西、陇东）：

普通雨型

$$e = 27.83 + 11.55\log i \tag{6-45}$$

短阵型雨型

$$e = 32.98 + 12.13\log i \tag{6-46}$$

东北地区（辽西）：普通雨型

$$e = 25.92 i^{0.172} \tag{6-47}$$

短阵型雨型

$$e = 28.95 i^{0.075} \tag{6-48}$$

南方地区（福建）

$$e = 34.32 i^{0.27} \tag{6-49}$$

式中，e 为单位降雨动能 $[\mathrm{J/(m^2 \cdot mm)}]$；$i$ 为降雨强度（mm/min）。

（3）R 值简易算法

在实际应用中，R 值计算最为麻烦的是动能（E）的计算。由于 E 值的计算需要降雨过程，而降雨过程要从自记雨量纸上查得，分析自记雨量纸又是一件极费时间的事，即使借助计算机工作也很费事。因此，R 值简易计算的关键在于寻求一个通过常规降雨资料就可得到的参数，建立这些参数与 R 值经典算法的关系。大多简易计算利用的降雨参数如雨强、雨量等。这一指标的估算方法可归纳为以下三种：①EI 模式。称为 Wischmeier 经典法，其估算基本形式为 EI，即 $R = \sum EI_{30}/100$；②EI 的临界雨强法。该方法认为产生侵蚀的降雨强度有一个阈值，只有大于这一阈值的降雨强度才作为计算侵蚀力指标；③P_i^2/P 简易法。

我国有关年 R 值简易计算的主要公式有：

①黄炎和等（1992）结合当地条件对闽东南 R 值进行了研究，得出了适用于闽东南年 R 值的最佳计算组合，简便算式为

$$R = \sum_1^{12} (-1.5527 + 0.1792 P_i) \tag{6-50}$$

式中，R 为降雨侵蚀力 $[\mathrm{J \cdot cm/(hm^2 \cdot h)}]$；$P_i$ 为各月大于 20mm 的降雨总量（mm）。

②周伏建和黄炎和（1995）建立福建省年 R 值的估算公式为

$$R = \sum_{i=1}^{12} 0.179 P_i^{1.5527} \tag{6-51}$$

式中，R 为降雨侵蚀力 $[\mathrm{J \cdot com/(hm^2 \cdot h)}]$；$P_i$ 为月降雨量（mm）。

③吴素业（1994）提出安徽大别山区年 R 值的估算公式为

$$R = \sum_{i=1}^{12} 0.0125 P_i^{1.6295} \tag{6-52}$$

式中，R 为降雨侵蚀力 $[\mathrm{J \cdot com/(hm^2 \cdot h)}]$；$P_i$ 为月降雨量（mm）。

④刘秉正（1993）提出黄河流域渭北地区年 R 值的简易计算公式

$$R = 105.44 \frac{P_{6\sim9}^{1.2}}{P} - 140.96 \tag{6-53}$$

式中，R 为降雨侵蚀力 $[\mathrm{J \cdot com/(hm^2 \cdot h)}]$；$P_{6\sim9}$ 为 6~9 月降雨量之和（mm）；P 为年降雨量。

⑤马志尊（1989）得到海河流域太行山区 R 值的计算公式

$$R = 1.2157 \sum_{i=1}^{12} 10^{1.5\lg\frac{P_i^2}{P} - 0.8188} \tag{6-54}$$

式中，R 的单位为美制习用单位；P_i 为月雨量（mm）；P 为年雨量（mm）。

6.2.2.3 我国降雨侵蚀力的时空分布

王万忠等（1995）对中国降雨侵蚀力 R 时空分布特征进行了系统研究，包括不同地区 R 值的月分布、次分布和年际变化特征，以及我国降雨侵蚀力 R 的等值线图。例如，选择全国 29 个代表性站点数据，利用各月 R 值占年 R 值的百分比表示 R 值的月分布，据此绘制了不同地区 R 的年内分配曲线（图6-7）。

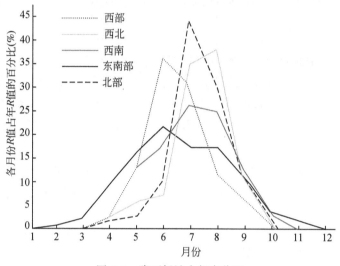

图6-7 降雨侵蚀力年内分配

研究 R 值的雨量分布时，将次降雨量分作<15mm，15 ~ 30mm，31 ~ 50mm，51 ~ 100mm，>100mm 等量级，分别计算不同量级雨量 R 值占年 R 值的百分比，同时选择典型站点，综合概化我国各大区 R 值雨量分布变化曲线如图6-8。

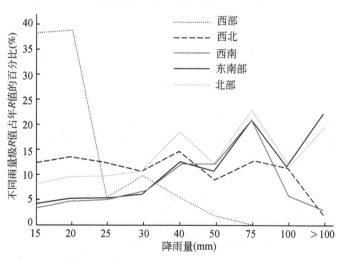

图6-8 不同雨量级 R 值占年 R 值的分配关系

同样，以次降雨最大 30min 降雨强度（I_{30}）作为强度指标分为 5 个量组，可以统计各量级雨强 R 值占年 R 值百分比，如图 6-9。

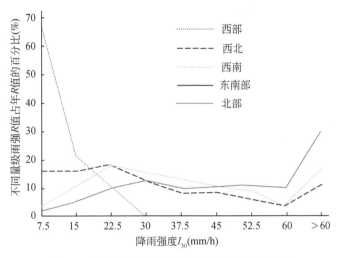

图 6-9　不同量级雨强 R 值占年 R 值的分配关系

同时，根据各地的降雨资料，计算全国 125 个站点的年 R 值，绘制全国降雨侵蚀力 R 值等值线图，如图 6-10 所示。

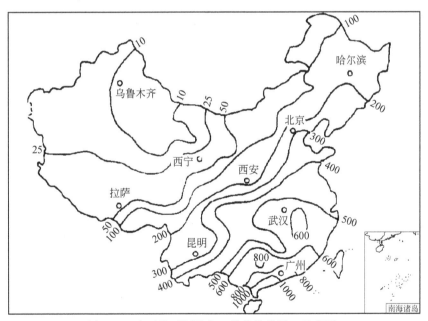

图 6-10　全国降雨侵蚀力 R 值等值线图（示意图）

6.2.3　降雨对土壤侵蚀的影响

降雨特性与土壤流失的程度、分布规律、发生频率等特征都存在着极为密切的关系。

所以，研究地区降雨特性与土壤流失的关系，是水土保持科学研究工作中的一个主要课题。王万忠（1983a，1983b，1984）通过对黄土地区降雨量、降雨历时、降雨强度、降雨次数、降雨瞬时雨率与土壤流失量之间关系的研究发现，各参数与土壤流失量的关系并非都呈正相关关系。例如，引起土壤最大流失量并非都是历时最长、雨量最多、强度最大（这里是指平均强度）的降雨。

6.2.3.1 降雨量与土壤流失量的关系

（1）侵蚀性降雨

并不是所有的降雨事件都能引起土壤侵蚀，只有能够产生足够径流能够搬运泥沙的降雨才是侵蚀性的，将其称之为侵蚀性降雨。根据王万忠（1983a）的研究，黄土高原地区每年引起土壤流失的降雨次数平均为 6 次，占年总降雨次数的 7%，占汛期降雨次数的 14%；每年引起土壤流失的降雨量平均为 140mm，占年总降雨量的 26.4%，占汛期雨量的 38.6%，可见，许多小的降雨并不引起土壤侵蚀。

不同的学者对不同地区确定的侵蚀性降雨标准并不同。Wischmeier 和 Smith（1978）在计算侵蚀指标时排除了降雨量小于 12.7mm 的降雨，而当 15min 内降雨量达到 6.4mm，则不排除该次降雨。Elwell 和 Stocking（1975）采用日降雨量 25mm 和最大雨强 25mm/h 同时作为标准来估算 Rhodesia 的年土壤流失和径流。在中国，侵蚀性降雨标准的研究一直基于降雨特性或土壤侵蚀和降雨的关系。王万忠（1984）拟定的侵蚀性降雨的一般标准为 9.9mm；张宪奎等（1992）拟定的黑龙江地区的侵蚀性降雨的基本雨量标准为 9.8mm；杨子生（1999）利用滇东北山区标准小区上的资料确定的该标准为 9.2mm；谢云等（2000）利用黄河流域子洲实验站的资料，推荐的标准为 12mm。刘和平等（2007）利用北京市密云县石匣水土保持实验站的观测资料进行研究，确定该地区的侵蚀性降雨标准为 18.9mm。

（2）不同量级降雨量与土壤流失量的关系

王万忠（1983a）对延安、绥德、子洲等地引起土壤流失的 210 场暴雨，按雨量大小分为 9 个量级，研究每一量级土壤流失次数、土壤流失总量、平均土壤流失量，发现土壤流失次数与雨量量级的关系在 15mm 以下呈正相关，在 15mm 以上基本成负相关，10 ~ 30mm 降雨的土壤流失次数最大，可占整个量级土壤流失次数的 55% 左右；平均土壤流失量与雨量量级的大小基本呈正相关，极其严重的土壤流失现象一般都是由 40 ~ 60mm 的暴雨所引起；土壤流失总量以 20 ~ 30mm 和 40 ~ 50mm 这两级雨量占的比值最大，前者可占整个两级总流失量的 28.2%，后者可占 20.5%。

（3）降雨量与土壤流失量关联性分析

研究表明，降雨量与土壤流失量的回归函数形态多呈不规则的幂函数分布，两者的相关性并不好，相关系数平均为 0.556。引起黄土高原地区土壤流失的主要降雨是短历时雷暴雨，其次是长历时锋面雨，前者降雨强度大，降雨量一般，后者暴雨强度小，降雨量偏大，但所产生的土壤流失量一般又较暴雨少，将两类降雨综合一起作为分析样本时，会降低降雨量与土壤流失量的相关性。

6.2.3.2　降雨历时与土壤流失量的关系

相关研究表明，降雨历时与土壤流失量之间的相关性较差，一元回归基本无法表示两者之间的关系。而不同量级降雨历时与土壤流失量的分析显示，土壤流失次数主要集中在 1~12h 的降雨中，其次数可占整个历时量级总次数的 66.2%；平均土壤流失量与降雨历时的长短在 4h 以前基本呈正相关，在 4h 以后基本呈负相关，比较严重的土壤流失现象一般由 1~6h 的高强度降雨所引起；土壤流失总量与降雨历时的大小变化在 2h 以前，呈正相关，在 2h 以后呈负相关，1~4h 降雨产生的土壤流失量最多，可占整个历时总土壤流失量的 64.4%，其中 1~2h 降雨的土壤流失量可占总量的 35.1%；无论是土壤流失次数还是平均土壤流失量，或总土壤流失量，都以 1~4h 的降雨为最多。

6.2.3.3　降雨强度与土壤流失量的关系

（1）不同量级降雨强度与土壤流失量的关系

研究表明，土壤流失次数基本与降雨强度呈负相关，即降雨强度愈大，发生频率愈低，土壤流失次数愈少，降雨强度 ≤15mm/h 的降雨，土壤流失次数最多，占总次数的 87.6%；平均土壤流失量与降雨强度大小基本成正相关，严重的土壤流失现象主要由 20mm/h 的降雨所引起；土壤流失总量主要由 20mm/h 以下的降雨所引起，可占土壤流失量的 73.6%，10~20mm/h 的降雨所产生的土壤流失量可占到土壤流失总量的 40.0%。

（2）降雨强度与土壤流失量的相关分析

降雨强度与土壤流失量的相关性不好，平均相关系数为 0.405，相关性不高的原因主要是降雨过程的雨型变化。黄土地区有一部分暴雨，瞬时降雨强度很大，产生的土壤流失量也很大，但它的平均降雨强度很小，因为这类暴雨在高强度的降雨之后，往往会有一段长历时的低强度降雨。这段时间的降雨量很小，但历时却很长，这样在计算降雨强度时，降雨强度必然会偏小，出现了降雨强度小而土壤流失量大的反相关现象，影像了降雨强度与土壤流失量之间的相关程度。

（3）瞬时雨强与土壤流失量的关系

瞬时雨强系指某一指定时段内的最大降雨量，如最大 10min 降雨量等。研究表明，瞬时雨强与土壤流失量的相关性较好，一般呈比较规则的线性关系。回归结果表明，在坡面上，10~30min 最大降雨量与土壤流失量的相关性很密切，相关系数为 0.874。在沟道小流域，20~45min 最大降雨量与土壤流失量的相关性较密切，其相关系数为 0.755；与土壤流失量关系最为密切的瞬时雨率是 30min 最大降雨量，其相关系数为 0.762。受暴雨空间分布不均匀的影响，瞬时雨率与土壤流失量的相关程度受下垫面面积影响较大，面积愈大，雨量分布愈不均匀，相关性亦愈差。

（4）降雨次数与土壤流失量的关系

每年的年总降雨次数、汛期降雨次数、引起土壤流失的降雨次数分别与土壤流失量的回归分析表明，三个因子的相关性都不好，年降雨次数与年土壤流失量基本不存在相关关系，汛期降雨次数与土壤流失量的相关性也很差。每年引起土壤流失的降雨次数与年土壤流失量的相关性也不好。而每年引起中度侵蚀的降雨次数与土壤流失量的相关性较好。若将每次降雨所产生的土壤流失量按大小顺序排列，进行降雨次数累积变化与土壤流失量累积变化的回归分析，结果显示，一般为规则的双曲线，相关性很密切。

6.3　植被与土壤侵蚀过程

6.3.1　研究现状

黄土高原地处我国西北，是世界上土壤侵蚀最为严重的地区，故对黄土高原的土壤抗蚀力研究就显得尤为重要。到目前为止，关于土壤抗蚀力的研究，大多认为植被在其中有重要作用。但就植被对土壤抗蚀力影响的研究来说，具体到影响因子以及定量化的问题，国内外专家都有不同的见解。

景可等（1997）认为，无论植被类型如何，或者降雨条件及其他下垫面条件如何，当植被盖度>70%时，地表的侵蚀量都是极其微弱的，侵蚀量还不足裸地的1%。当植被盖度<10%时，其基本没有减蚀作用。当植被盖度为10%～70%时，植被与侵蚀的关系比较复杂，植被盖度的递增率与侵蚀量的递减率不是同一个数量级。赖仕嶂等（2001）认为，森林覆盖率达30%以上，而且分布合理，就能起到良好的水土保持作用。黄承标等（1991）以桂西北山区的龙胜、田林等四县的人工林为研究对象于1982～1989年观测对比了不同植被种群的地表径流，结果是针叶林>阔叶林或针阔混交林，分析原因是植被对地表径流的影响是由植被的树冠群体或植物群体、枯枝落叶层和土壤层的综合效能决定的。马琦等（2005）认为，草被植物可以减小土壤容重，增加土壤空隙率，使土壤蓄水保水能力增加，同时提高土壤入渗率和土壤抗蚀能力。彭鸿等（2002）认为：植被的重建应该首选先锋植物种类，造林后应及时进行改造，使其向接近该区天然林植被的方向发展，并需要建立一套可持续的森林经营体系。黄河水利科学研究院（2008）认为，植被指标选择方面不但要反映植被的水平结构，还要表达其垂直结构信息，因为同一水平密度的植被，不同垂直结构也导致了不同的水土保持功能。通过前述章节研究可以看出，植被对土壤侵蚀的影响作用大小不仅与植被种类和覆盖度有关，还与植被的空间分布有关。目前关于植被作用表征因子的选择大致可归结为植被盖度（或称郁闭度）和植被类型。

关于有效植被盖度的研究，国内外专家亦有分歧，上面提到的景可等（1997）认为的植被盖度>70%时，地表的侵蚀量都是极其微弱的，植被盖度<10%时，它的减蚀作用基本没有反映。郭忠升（1997）认为水土保持林有效覆盖率（ECR）为在水土保持林防护范围内土壤流失量等于或小于允许流失量时的森林覆盖率。焦菊英等（2000）认为在土壤和植被类型相对稳定的条件下，林、草地的有效盖度随着降雨和坡度的增大而增大，当临界

有效盖度达到一定程度时，降雨和坡度的影响减弱；在其他条件相同时，同一水土保持作用所要求的有效盖度草地比林地大；结合降雨频率进行分析得出了林、草措施抵抗不同降雨频率下的临界有效盖度。

关于影响因子定量化问题，同样也是一个研究热点。侯喜禄等（1990）研究了黄土丘陵区安塞县人工林地的水土保持效应，得出了覆盖度与土壤侵蚀的相关关系。汪有科等（1994）对森林（乔灌草混合地）植被水土保持功能进行了研究，根据黄土高原分布有森林植被的北洛河、清涧河、延河、三川河、汾川河、渭河、香水河等 18 个流域的观测资料，得出了土壤侵蚀模数与森林覆盖率线性关系。董荣万等（1998）对黄河流域祖厉河水系高泉沟流域人工草地植被盖度对产流产沙的影响进行了研究，得出了径流深减少率、侵蚀量减少率随着植被盖度的增大而增大，侵蚀量减少幅度大于径流深减少幅度的认识。余新晓等（1997）选取了黄土高原半湿润半干旱地区 4 个小流域，对比研究黄土地区森林植被（天然次生林）的水土保持功能。结果表明，少林小流域（森林覆盖率 35.6%）比多林小流域（森林覆盖率 48.4%）产沙量高 4.3 倍，森林的相对拦沙效益可达 75.53%；无林小流域（森林覆盖率为 0）比森林流域（森林覆盖率 77.1%）产沙量高 33.4 倍，森林的相对拦沙效益可达 96.80%。刘伦辉等（1990）以滇中高原通海县秀山和杞麓湖地区的天然植被为研究对象，分别对植被覆盖、林冠截留、地表径流等进行了两年试验观测，结果表明各植被类型的水土保持功能为常绿阔叶林>云南松林>次生荒草地>放牧荒草地>旱作地与裸地，基本与自然植被的顺向演替相吻合。到目前为止，植被因子定量的问题还没有一个统一的标准衡量，一是受到研究区域的限制，不同地区自然环境千差万别，同一地区也会受到时空限制而有所不同；二是研究方法不同。小区域的水土流失定量试验和多年实地大范围或小区域观测资料分析等得出的结论亦有所不同。

上面提到国内外一些专家学者对植被因子的提取亦有不同的方式。温兴平等（2008）利用高光谱遥感数据提取植被盖度。顾祝军等（2005）对目前基于遥感的研究做了概念性的解释和方法的总结。关于植被类型方面的因子提取，年顺龙等（2005）开展了云南曲靖市沾益县大坡乡的森林植被因子研究。李玉凤（2008）利用 ERDAS Imagine 遥感图像处理软件与实地调查相结合的方法分析了南四湖地被覆盖情况。目前来说，研究植被覆盖因子及其因子定量化已有不少方法，但是从遥感图判读植被、提取植被类型和植被盖度还是一个难题。

植被因子在水土流失模型中是一个主要参数，例如著名的美国土壤流失通用方程为 $A = RKLSCP$，其中，C 就是指植被因子，其计算公式为 $C = \sum C_i R_i$，式中，i 为作物生长期；C_i 为某作物在某生长期的土壤流失比率；R_i 为与 C_i 相对应的降雨侵蚀力占全年 R 值的百分比（Wischmeier et al.，1965）。

国内学者根据美国水土流失方程，对 C 因子做了不少研究与改进，试图建立起符合中国侵蚀环境。如王万忠等（1996）制作了黄土高原的 C 值表；张岩等（2001）估算了黄土高原主要农作物的 C 值，马超飞等（2001）利用遥感影像数据和线性像元分解技术计算 C 值。卜兆宏等（1993）、马超飞等（2001）都对植被因子开展过研究。

总结以上国内外学者专家的植被因子研究，各有不同，各有其研究方法，标准不一，研究区域不一，得出的结论也就很难统一。

6.3.2　研究方法

近年来，结合黄土高原退耕还林（草）的生物工程的建设，总结以往治理工作中的经验教训，人们开展了黄土高原植被恢复中主要问题与对策、途径、水分生态环境以及植被恢复的生态学依据研究。而目前国内外研究土壤植被对土壤抗蚀力的影响因子的方法与方式很多，却没有一个统一的标准，这正是本章研究的重点。本章着重分析和总结了他人的研究成果后对岔巴沟流域进行了植被效果评价。

首先，确定主导因子，从植被所包含的诸多要素因子之中，考虑哪些是最为重要的因子，哪些是可以忽略的因子。同时兼顾可行性的要求，从而确定要考虑的因子。其次，因子的定量化，从现有的实际情况出发，以常年的观测结果和试验后结论为基础。再次，制作专家咨询表，以专家意见为计算条件，用以因子定量化。关于岔巴沟植被数据的提取，主要采用目前已有的 2004 年 9 月 14 日的法国 SPOT5 遥感底图，一共两幅，一幅为可见光多光谱 10m 空间分辨率，一幅为全色波段的 2.5m 空间分辨率。且两幅遥感图已经进行了辐射校正和几何校正，目的是方便数据的获取与计算。

结合两幅 SPOT5 遥感底图融合后的遥感影像图，对岔坝沟流域进行实地考察，对其进行遥感判读。利用 ERDAS 遥感图像软件的监督分类功能，分离出植被类型。在此基础上进行研究尺度分析，以网格法为研究方法，确定 10m×10m 的实地面积为评价单元，计算此单位范围内植被对土壤抗蚀力的影响效果。

6.3.3　研究因子的确定

6.3.3.1　选取因子的原则

黄土高原植被地带分布呈现出自南至北自然植被由森林向草原过渡的总体趋势。不同土质、地形部位和坡向的地块，土壤水分状况存在一定差异，适合不同植被群落的生长。

综合不同学者对选取植被因子的研究，采用主导性原则、定性与定量结合原则、可行性原则确定指标体系。①主导性原则。考虑到主要研究黄土高原岔巴沟流域，而后推广到整个大理河无定河流域，故从研究区域确定指标因子，首先考虑实地调查的岔巴沟流域。②定性与定量结合原则。虽然考虑了很多的指标因子，很多研究目前还停留在定性化阶段，而定量化则需研究解决，故两者要加以结合。③可行性原则。以常年观测获得的数据和试验后得出的结论为定量化标准，同时结合实地考察，具体情况具体分析，这样相对来说符合实际情况和具有实际可操作性。

6.3.3.2　影响因子权重的确定

基于以上原则，结合专家意见，选择两个因素因子：植被盖度和植被类型。

关于植被盖度，采用景可（1997）的定义，认为植被盖度在 10%～70%，适合黄土高原各种地域，而定义范围外的不参与计算。

关于植被类型选取，理论上选择大致分为：森林（乔灌草结合）、人工林地、人工草地、天然草地、灌丛地。但是根据实际调研情况，发现无定河流域基本上是以人工林草为主，少有天然植被，人工林、人工草及灌丛林混合种植或是草地单独出现，偶有灌丛地且量少。如此，结合当地的实际情况，将植被类型分为：林草地（天然林与人工林及草地结合）、草地（天然草与人工草及少量灌丛结合）两大类。

首先为了统一林草对土壤抗蚀力的影响效果，先确定林草对土壤抗蚀力的影响效果比值，采用专家意见调查的方法确定此项。通过群决策——专家数据集结方法，利用专家判断矩阵加权几何平均得出数据，使用软件 YAAHP 得出表6-3 所示各因子权重。

表6-3　因子权重计算结果

备选方案	权重	备选方案	权重
荒地	0.0542	坝地	0.0868
水体	0.1640	乔木	0.1145
建筑用地	0.0972	灌木	0.1071
坡地	0.0223	人工草	0.1237
梯田	0.0578	天然草	0.1322
沟条地	0.0402	总计	1.0000

注：表格数据解释，参看第6.6节

通过表6-3，得出林草地与草地对土壤抗蚀力的效果比值：

$(0.1145 + 0.1071 + 0.1237 + 0.1322)/(0.1237 + 0.1322) = 1.865\ 963$

结合美国通用土壤流失方程作物和管理因子值计算表（表6-4）给出的植被覆盖度分区，以及景可等（1997）提出的植被覆盖度5个分级范围：0%~10%，20%，40%，60%，70%~100%，定义0%~10%的植被覆盖用1%做定量计算，70%~100%的植被覆盖用90%做定量计算。

表6-4　美国通用土壤流失方程作物和管理因子值

植被覆盖度（%）	0	20	40	60	80	100
草地	0.45	0.24	0.15	0.09	0.043	0.011
灌木	0.40	0.22	0.14	0.085	0.04	0.011
乔灌木	0.39	0.20	0.11	0.06	0.027	0.007
森林	0.10	0.08	0.06	0.02	0.004	0.001

董荣万等（1998）通过对黄土高原典型流域不同植被盖度径流小区1992~1994年27场次降雨导致的侵蚀量资料进行分析得出的结论为：当植被盖度依次为20%，40%，60%，80%时，径流深（相对于5%植被盖度）减少率依次为20.34%，30.17%，46.45%，56.31%，侵蚀量减少率依次为34.96%，51.97%，70.15%，81.10%，确立的植被盖度与平均侵蚀量关系为

$$W_s = 22.270\ 7 - 4.443\ 8\ln C_0 \tag{6-55}$$

式中，W_s 为平均侵蚀量（t/km^2）；C_0 为植被盖度（%）。

根据式（6-55）可得表 6-5。

表 6-5　草地覆盖度与侵蚀量关系

草地覆盖度 C_0（%）	0～10	20	40	60	70～100
草地侵蚀量 W_s（t/km^2）	22.2707	8.958 265	5.878 057	4.076 252	2.274 446

注：10% 以下植被盖度用 1% 植被盖度计算其值，70% 以上植被盖度用 90% 植被盖度计算其值

对上表进行归一化处理后得归一值 S，其计算公式如下：

$$S = (Y_i - Y_{min})/(Y_{max} - Y_{min}) \tag{6-56}$$

式中，i 为某植被类型的某个植被盖度，下同；Y 为归一化特征值，此处为 W_s；Y_i 为第 i 个特征值；Y_{min} 为最小特征值；Y_{max} 为最大特征值。

使用上式得表 6-6。

表 6-6　草地侵蚀量归一值

草地覆盖度 C_0（%）	0～10	20	40	60	70～100
草地植被归一值 S	1	0.334 254	0.180 214	0.090 107	0

为统一林草地与草地的抗蚀力影响效果，首先采用极差标准化法，得出草地抗蚀力的效果比值。其计算公式为

$$S' = 1 - (S_i / \sum S) \tag{6-57}$$

式中，S' 为归一化处理的特征因子极差值，此处为 W_s。

将表 6-6 转换为表 6-7。

表 6-7　草地抗蚀力极差值

草地覆盖度 C_0（%）	0～10	20	40	60	70～100
草地植被归一值 S	1	0.334 254	0.180 214	0.090 107	0
草地植被极差值 S'	0.376 782	0.791 687	0.887 687	0.943 844	1

而后采用加权核算法表征草地抗蚀力效果，其计算公式如下：

$$S'' = S_i' / \sum S \tag{6-58}$$

按式（6-58）计算得表 6-8。

表 6-8　草地抗蚀力核算值

草地覆盖度 C_0（%）	0～10	20	40	60	70～100
草地植被极差值 S'	0.376 782	0.791 687	0.887 687	0.943 844	1
草地植被核算值 S''	0.094 196	0.197 922	0.221 922	0.235 961	0.25

其通过不同覆盖度的植被类型，利用罗伟祥等（1990）提出的径流量与覆盖度的关系，估算径流量和冲刷量：

$$W = 9622.348 - 1975.345\ln C, \quad R = -0.833 \tag{6-59}$$

$$W_s = -11.180 + 1099.801/C, \quad R = 0.948 \tag{6-60}$$

由 $W_s \sim C$ 关系式得，当 $W_s = 0$ 时，C 为 98.37%，此时径流量 W 为 558.012；而当 $C = 100$ 时，径流量 W 为 525.548，此时也不产生冲刷，所以 98.37% 覆盖度为不产生冲刷量的临界值。

利用式（6-60）得表 6-9。

表 6-9　不同林草地覆盖度下冲刷量计算值

林草地覆盖度 C_0（%）	0~10	20	40	60	70~100
冲刷量 W_s（kg）	1087.581	42.770 04	15.275 02	6.110 006	0

利用式（6-56）归一化处理得表 6-10。

表 6-10　冲刷量 W_s 归一值

林草地覆盖度 C_0（%）	0~10	20	40	60	70~100
林草地植被归一值 S	1	0.039 326	0.014 045	0.005 618	0

利用公式（6-57）经极差标准化得表 6-11。

表 6-11　林草植被归一化

林草地覆盖度 C_0（%）	0~10	20	40	60	70~100
林草地植被归一值 S	1	0.039 326	0.014 045	0.005 618	0
林草地植被极差值 S'	0.055 703	0.962 865	0.956 737	0.994 695	1

利用式（6-58）经加权核算法得表 6-12。

表 6-12　林草植被极差值及核算值

林草地覆盖度 C_0（%）	0~10	20	40	60	70~100
林草地植被极差值 S'	0.055 703	0.962 865	0.956 737	0.994 695	1
林草地植被核算值 S''	0.013 826	0.240 716	0.246 684	0.248 674	0.25

根据上文计算的林草地与草地对土壤抗蚀力的效果比值 1.865 963，统一林草地的植被核算值 1.865 963R'，得表 6-13。

表 6-13　林草植被核算值

林草地覆盖度 C_0（%）	0~10	20	40	60	70~100
林草地植被核算值 S''	0.013 826	0.240 716	0.246 684	0.24 8674	0.25
林草地植被核算值 S''_R	0.025 985	0.449 167	0.460 304	0.464 016	0.466 491

6.3.3.3　指标体系建立

根据上述计算，通过加权核算法，利用式（6-58）得到植被因子的定量化指标体系（表6-14）。

表6-14 草地植被因子定量化指标体系

植被覆盖度 C_0（%）	0~10	20	40	60	70~100
草地植被因子值 C_g	0.032 867	0.069 059	0.077 434	0.082 332	0.087 231
林草地植被因子值 C_g'	0.009 067	0.156 725	0.160 611	0.161 906	0.162 769

为表达植被对土壤抗蚀力的影响效果，根据表6-14，将某一植被类型不同植被盖度作出分值处理，对表6-14归一化处理后，再加权核算法得0~100的分值体系（表6-15）。

表6-15 草地植被分值体系

植被覆盖度 C_0（%）	0~10	20	40	60	70~100
草地植被效果值 C_g	15.484 46	39.031 57	44.479 89	47.666 93	50.853 97
林草地植被效果值 C_g'	0	96.067 39	98.595 5	99.438 2	100

通过表6-15得出了某一植被类型在不同植被盖度下的效果分值，但是在实际情况下，植被盖度是一个连续的线性变化值。结合上述相关估算经验公式的使用条件、专家咨询意见，以及实地观察调研，将分值体系与植被盖度修定到相对应的整个植被覆盖范围，通过非线性变化修改得出表6-16。

表6-16 林草地植被效果值

植被覆盖度（%）	0~10	10~30	30~50	50~70	70~100
草地植被效果值 V	5	25	35	50	80
林草地植被效果值 V'	1	45	75	85	100

通过表6-16可以看到，在植被覆盖度小于10%时，草地的抗蚀力效果大于林草地。

6.3.4 植被因子增强土壤抗蚀力计算

6.3.4.1 评价单元

结合其他的因子体系，采用基于栅格数据结构的评价单元估算植被因子增强土壤抗蚀力的作用，此方法的优点在于数据结构简单，便于空间数据的叠加分析处理。

根据岔巴沟流域的实地调查以及对地形地貌特征和土地利用类型的分析，同时考虑ETM遥感数据的空间分辨率问题，最终确定栅格大小为10m×10m。

6.3.4.2 遥感信息提取

采用2004年9月14日的法国SPOT5遥感底图，其进行遥感影响预处理，共有四步：①遥感图像几何精校正。②图像配准。采用RGB-HIS融合方法，以全色波段的2.5米空间分辨率的SPOT5影像图为基准参考图像，多光谱10m空间分辨率的SPOT5影像图对其进行配准。③图像直方图匹配。对两幅遥感图像进行灰度直方图匹配。④遥感影像融合。处理后的遥感图如图 6-11。

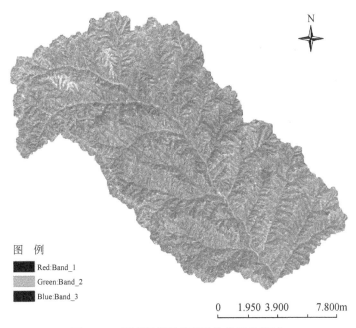

图 例

Red:Band_1
Green:Band_2
Blue:Band_3

0   1.950 3.900   7.800m

图 6-11   遥感图像预处理后的岔巴沟流域

6.3.4.3   实地调查与遥感解译

对遥感影像预处理和融合后，进行遥感影像的解译，提取植被类型与植被盖度信息。通过野外调查和目视解译，利用 ERDAS 软件的监督分类功能，先在遥感图上选定训练区（图 6-12，图 6-13），共 11 类土地利用类型（参看第 6.6 节），其后执行监督分类，最终将实地调查的岔坝沟流域分成 11 种土地利用类型，从中选取林草地类型和草地类型，其中，将乔木和灌木区合并成林草地，将天然草和人工草区合并成草地，其他地类合成一种无植被情况。

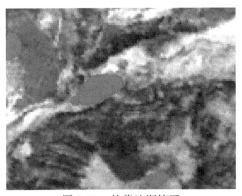

图 6-12   林草地训练区
注：标红地区即为林草地

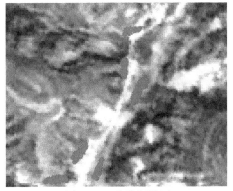

图 6-13   草地训练区
注：标红地区即为草地

然后，利用 AarGIS 软件对监督分类后的遥感图进行编辑矢量化，得矢量图（图 6-14）。

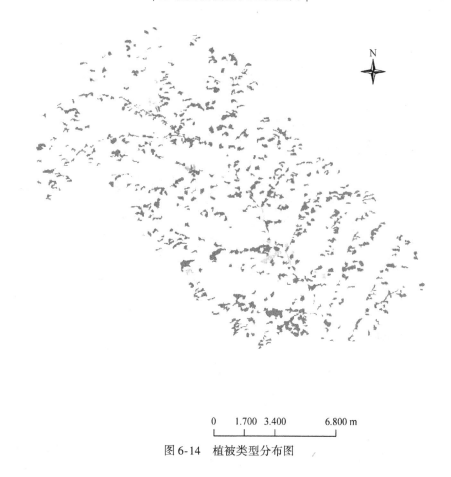

N

0   1.700 3.400   6.800 m

图 6-14   植被类型分布图

制作 10m×10m 的矢量网格，对其进行单元处理，每个矢量网格都有三种土地类型（林草地、草地和其他）的面积 F，由（F_i/F）算出百分比，对照表 6-16，即可得出矢量网格的各种植被抗蚀力效果分值，其中 F_i 指林地面积或是草地面积，F 指矢量网格每一小格的面积。

将分值加权核算后附入到每个矢量网格中的小格，可把矢量图转换成 10m×10m 的栅格图（图 6-15）。

6.3.4.4   结果分析

SPOT5 影像数据采用目视解译，作出侵蚀等级图（图 6-16），与岔巴沟流域植被分级图（图 6-15）进行对比分析。

通过对比目视辨别侵蚀等级图与植被分级图发现：①植被盖度<30%的地区，植被对下垫面抗蚀力影响分值<35，侵蚀属于极强度侵蚀和剧烈侵蚀；植被盖度在 30%~50% 的地区，植被对下垫面影响分值在 35~55，侵蚀属于强度侵蚀；植被盖度在 50%~70% 的地区，植被对下垫面影响分值在 55~80，侵蚀属于中度侵蚀；植被盖度在 70%~100% 的地区，植被对下垫面影响分值在 80~100，侵蚀属于轻度侵蚀和微度侵蚀。②植被有效盖度应该>30%。③具有水土保持作用的下垫面植被盖度应>70%。

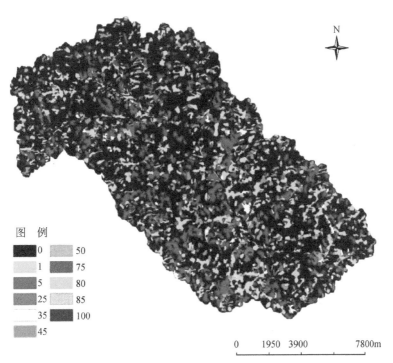

图 6-15　岔巴沟流域植被分级图

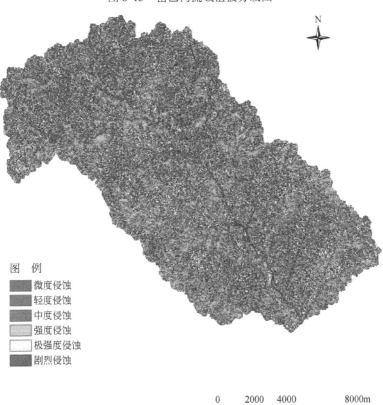

图 6-16　目视辨别侵蚀等级图

6.4 地理地貌与土壤侵蚀过程

6.4.1 概述

地形地貌与土壤侵蚀之间存在着紧密的内在联系，其间相互作用、相互制约，与其他因素（土壤、植被、土地利用等）相结合，形成了一个复杂的动态系统。目前，在关于黄土高原地区地形地貌各因子（如坡度、坡长、坡向、沟壑密度、相对高差等）对流域侵蚀产沙的影响规律进行了大量的研究，取得了丰富的成果，为更深入地揭示地形地貌因素对流域下垫面抗蚀性的影响机制奠定了基础，但对流域地形地貌信息的表征不够系统全面，而且大多数研究仅在定性方面作出了分析，在综合量化指标研究方面做的工作还很少。

通过典型流域调查，收集不同地形地貌信息资料，运用地貌学、土壤侵蚀学、地理信息系统、数理统计等多学科理论相结合的研究方法，就流域地形地貌信息的综合量化、流域地形地貌对土壤侵蚀及流域下垫面抗蚀性的影响展开研究，揭示地形地貌与流域侵蚀产沙的作用关系，力求获得影响黄土高原地区下垫面抗蚀性的地形地貌因素的综合量化参数，建立流域地形地貌影响流域侵蚀产沙的关系模型。该研究对流域地形地貌信息的定量描述，完善黄土高原土壤侵蚀预报模型具有理论意义，为黄土高原水土流失环境调控提供科技支撑，为评价黄土高原生态环境恢复重建与大规模水土保持的环境效应、预测黄土高原土壤侵蚀环境演化趋势提供科学依据。

1877 年德国土壤学家 Wollny 较早开始对土壤侵蚀进行定性描述。从 20 世纪 20 年代开始，有学者开始对土壤侵蚀的定量研究，直到 60 年代初，此类研究基本上仍是经验性的。在 60 年代末，有人开始建立基于侵蚀过程原理的物理模型。由于土壤侵蚀问题涉及面太广，目前对侵蚀产沙的一些机理和规律仍然不完全清楚，在一些土壤侵蚀模型中，仍存在大量依靠经验手段加以确定的变量。

不少研究认为，除降雨、土壤、下垫面等因子外，地形地貌世界影响土壤侵蚀的重要因子，如 USLE 中的坡度坡长因子 L、S 等。白占国（1993）在窟野河流域的神府东胜煤田区研究中，从地貌空间结构特征入手，通过回归分析选择了地形相对高差、坡度及沟壑密度等因素。金争平等（1991）通过对皇甫川流域的小流域的多元线性回归分析，提出将沟壑密度、沟壑切割深度、平均坡度、披砂岩面积比、风沙土面积比和植被盖度等作为土壤侵蚀的参评因子。还有学者认为，需要同时考虑降雨和地形地质、下垫面因素在土壤侵蚀中的作用。例如，尹国康和陈钦峦（1989）利用所收集的黄土高原 58 个小流域的资料，经分析后认为动力指标应选用降雨量和降雨强度作为评价指标，并分别用降雨模数和平均每小时的降雨模数来度量；地表径流量及其变率，分别以径流模量及最大一分钟洪峰模量作为度量指标，认为影响流域土壤侵蚀的地面条件主要有流域面积、流域地面沟壑密度、流域高差比、地面沟壑切割深度、流域植被度和治理度、地面岩土抗蚀性因素。付炜（1992）在山西离石王家沟流域，选用地形因子（长度坡度、地面粗糙度、沟谷密度）、降水因子（汛期降雨量、降雨强度、径流深度）、植被因子（植被盖度）、土壤可侵蚀性因子（土壤有机质含量、植物根系、土壤硬度、土壤物质组成及土地利用状况）、传递比例因子分析、侵蚀控制措施因子进行评价。

另外，即使选择同样的指标，如坡度，各学者对坡度分级的临界值也有不同的认识。例如，朱显谟（1956）根据野外观察结果，认为坡度对土壤侵蚀的影响应分别以5°、12°、20°、35°为界；雷会珠等（2000）在安塞研究中，以5°、12°、25°、35°为界分成5级；傅伯杰等（1994）将陕西米脂县泉家沟流域坡度分为0°~3°、3°~8°、8°~15°、15°~25°、>25°等5级；付炜（1995）则以3°、6°、15°、30°、60°为界将羊道沟分为6级。在全国第一次和第二次土壤侵蚀遥感调查中，对坡度的分级也相差较大，前者的坡度分级以3°、5°、8°、15°、25°为界；后者则以5°、8°、15°、25°、35°为界。陈明华（1995）、魏大兴等（2002）、孔亚平等（2008）对坡度、坡长等地形地貌因子与土壤侵蚀的关系也开展过研究。姚文艺等（2005）对土壤侵蚀与地貌形态的耦合关系做过专门研究。

6.4.2 研究方法

本章选择黄土高原丘陵沟壑区具有典型性的陕西省子洲县岔巴沟小流域为对象，以土壤侵蚀理论、地貌学为指导，通过国内外文献的广泛调研，选取影响土壤侵蚀的地形地貌因子，建立土壤侵蚀的地形地貌因素评价指标，并采用数理统计分析方法，筛选出岔巴沟小流域土壤侵蚀定量评价指标，再进行这些指标的土壤侵蚀评价等级的划分及权重的确定，进而借助GIS和遥感技术等技术手段，对整个小流域的土壤侵蚀状况进行定量评价。

6.4.3 评价因子及指标体系研究

6.4.3.1 地形地貌因子分析

地形地貌制约着土地利用方式，同时地形地貌也是影响土壤侵蚀特别是土壤侵蚀强度的重要因素。地形地貌形态可以视为各种形态、坡度的地面在空间上的组合，也可以解析为坡长、坡度、坡向等几何属性在空间上的不同组合。作用于各种几何面上不同大小、方向的力的做功过程，以及各种几何面对作用力作用过程的反馈，构成了地形因素影响侵蚀的物理本质。影响土壤侵蚀的地形地貌因素包括坡度、坡长、坡向、坡型、沟壑密度、地形起伏度、流域面积、地貌部位、流域狭长度、水道长度、河槽纵比降等，大多研究者认为与侵蚀产沙关系较大且研究较多的主要是坡度、坡长、坡向、沟壑密度、地形起伏度和地貌部位。其中，以坡度和坡长对土壤侵蚀的影响最大。

研究表明，坡度越大，汇流的时间越短，径流能量越大，对坡面的冲刷能力越强烈，侵蚀量就越大。在一般情况下，侵蚀量与坡度成正相关；但当坡度超过一定范围时，由于受水面积的减少，水力侵蚀反而会有所下降，不过重力侵蚀会大大增加。

坡长对于土壤侵蚀过程的影响比较复杂，而且坡长对土壤侵蚀的影响还受坡度大小和降雨强度的影响。一般认为，在地表产生径流的情况下，随着坡长的增加，径流的流速增大，径流量或径流深度也相应增加，导致侵蚀作用加强。尤其是在坡度较大的条件下，坡长与土壤侵蚀量的关系非常明显，土壤侵蚀率随着坡长的增加迅速增加。

6.4.3.2　评价因子选择

地形地貌因子选择的原则同上节所述，包括主导性原则、定性与定量结合原则、可行性原则（或可操作性原则），同时还要遵循差异性原则，即在研究区域内因子应有空间差异，各因子之间应是相互独立的。

地形地貌是影响土壤侵蚀的一个很重要的因素。根据评价指标选取的原则并参考前人研究成果，综合分析地形地貌因子。

（1）坡度

坡度与土壤侵蚀关系密切，研究坡度对土壤侵蚀的影响，是水土保持基础理论研究的重要内容之一。岔巴沟小流域地形复杂，坡度从不足 1°到近 60°均有分布，因此坡度应作为一个参与评价的重要因子。

一般将坡度定义为地面某点的切平面与水平地面的夹角，是高度变化的最大值比率，表示了地表面在该点的倾斜程度。地表上某点的坡度 S 是地表曲面函数 $z = f(x, y)$ 在东西、南北方向上的高程变化率的函数，即坡度算法的数学表达式为：

$$S = \arctan\sqrt{p^2 + q^2} \times \frac{180}{\pi} \qquad (6\text{-}61)$$

式中，S 为坡度；p 为 x 方向高程变化率；q 为 y 方向高程变化率。

（2）坡长

在一定坡度范围内，土壤侵蚀随着坡长的增加而增加，尤其在坡度较大的情况下，坡长的作用更明显，所以坡长也作为参评因子之一。

坡长是指坡面的水平投影长度，在 USLE 中，坡长被定义为从地表径流源点到坡度减小直至有沉积出现地方之间的距离，或者到一个明显的渠道之间的水平距离。这是关于完整坡长的经典定义。在实际研究中，因坡面形态非常复杂而不易考察完整坡面，针对这种情况，Foster 和 Wischmeier 提出了对不规则坡面做分段处理方法，每一分段的坡长可以看作是上游各分段坡长值的累加，故坡长又可以定义为地面上一点沿水流方向到其流向起点的最大地面距离在水平面上的投影长度。

坡长因子是水土保持研究中的重要因子之一，当其他条件相同时，坡面越长，汇聚的流量越大，其侵蚀力就越强，坡长也会直接影响地面径流的速度，从而影响径流侵蚀力。

（3）坡向

坡向也是影响土壤侵蚀的地形地貌因子之一。耕垦坡地一般是集中于阳坡，随着人口的增多，阴坡也会随之被开垦，阴阳坡的地面组成物质及水文环境往往是不同的。因而，即使是同一流域，不同坡向的地貌侵蚀演化存在着相当大的差异。据林超等（1985）在陕北绥德等地的调查，一场降雨中，阳坡的径流通常比阴坡大，而且水流中所含的泥沙也较阴坡多；阳坡不仅面蚀比阴坡严重，而且沟蚀也多，由此造成阳坡陡短，阴坡相对来说坡面较长和坡度平缓的不对称现象。李孝地（1988）根据天水水土保持科学试验站对林地、草地、农地流失的年径流量及土壤侵蚀量的观测，得出施家沟流域阳坡土壤流失量占土壤流失总量的 80% 左右的结论，并经过调查进一步证明了阳坡侵蚀强度和侵蚀速度远高于阴坡。但本章考虑到坡向条件与土地利用因素存在着较大的相关性，所以根据独立性原则并没有选用坡向因子。

（4）沟壑密度

沟壑密度描述地面被沟壑切割破碎的程度，是气候、地形、土壤、岩性、植被等因素综合影响的反映，是反映区域地形受沟蚀程度的一项重要指标，对于描述该地区的地面破碎程度和揭示地貌发育进程有着重要的意义。沟壑密度越大，地面越破碎，使得平均坡度增大，地表物质稳定性降低，土壤侵蚀加剧。岔巴沟流域沟壑众多，地面支离破碎，在研究地形地貌因素对下垫面抗蚀性的影响中，沟壑密度是一个很重要的参评因子。

沟壑密度也称沟谷密度或沟道密度，指单位面积内沟壑的总长度，其单位一般以 km/km^2 表示，数学表达式为

$$D_s = \frac{\sum L}{F} \tag{6-62}$$

式中，D_s 为沟壑密度；$\sum L$ 为研究区域内沟壑总长度；F 为流域面积。

（5）地形起伏度

地形起伏度是反映地形起伏程度的宏观地形因子上在区域性研究中，多利用 DEM 数据提取地形起伏度，直观反映地形的起伏特征。

地形起伏度也称为地势起伏度或地势能量、局部地形、相对高差，是指在所指定的分析区域内所有栅格中最大高程与最小高程的差。可表示为

$$RF_i = H_{max} - H_{min} \tag{6-63}$$

式中，RF_i 为分析区域内的地形起伏度；H_{max} 为最大高程值；H_{min} 为最小高程值。

（6）地貌部位

黄土高原的地貌类型主要有塬、梁、峁及各类沟谷，不同地貌部位的下垫面抗蚀力有着相当大的差异，所以选择地貌部位作为评价因子。

综上分析选取的地形地貌因子包括坡度、坡长、沟壑密度、地形起伏度和地貌部位。

6.4.3.3　评价因子影响等级

（1）坡度因子级别划分

根据岔巴沟流域地形地貌的特点，以及现有研究成果中提出的分类方案，同时参考国家第二次土壤侵蚀遥感调查中坡度分级标准，将坡度分为 0°～5°、5°～8°、8°～15°、15°～25°、25°～35°、>35°。其中，<5° 代表塬面和塬咀的地面坡度，基本上无侵蚀；5°～8° 为缓坡，往往在地表产生细沟、浅沟，有轻度土壤侵蚀；15° 是世界流行的陡坡下限，在此

坡度下地面侵蚀较弱，但超过该坡度产沙量将突然增加；25°为坡地的临界值，一般认为25°是修筑梯田的上界，也是土壤侵蚀方式的一个转折点，25°以上重力侵蚀大量出现；35°以上地区一般都分布在沟道内，沟坡错落、滑坡、泻溜等重力侵蚀往往比较严重。

（2）坡长因子级别划分

结合岔巴沟流域坡长分布特点，参考国内外学者对坡长分级的研究成果，把岔巴沟流域的坡长分为5个等级，即0~15m、15~30m、30~45m、45~60m、60~75m、>75m。

（3）沟壑密度因子级别划分

考虑到岔巴沟流域内地表支离破碎的地貌特点，采用沟壑密度的评价单元为 1km×1km，提取的沟壑密度范围是 1~18km/km²，共分4个级别，即≤11km/km² 为微度侵蚀，11~13km/km² 是轻度侵蚀，13~15km/km² 是中度侵蚀，>15km/km² 是强度侵蚀。

（4）地形起伏度因子级别划分

考虑到岔巴沟流域的地形特点，选择地形起伏度的分析网格为 11m×11m，侵蚀程度划分为4个级别，分别为 0~20m 为第1级（微度侵蚀）、20~40m 为第2级（中度侵蚀）、40~60m 为3级（强度侵蚀）、大于60m 是第4级（极强度侵蚀）。

（5）地貌部位因子级别划分

从坡度的角度来看，岔巴沟小流域地貌部位可分为3种类型，即梁峁坡、沟坡和沟槽。其中，沟槽是指坡脚线以下的地段，包括沟条地和沟床地两部分，对土壤侵蚀影响相对较弱，侵蚀级别应该是2级（轻度侵蚀）；梁峁坡的平均坡度范围是0°~30°，顶部坡度多在5°以下，坡长10~20m，侵蚀以溅蚀和面蚀为主。梁峁坡上部，坡度在20°以下，坡长20~30m，以细沟侵蚀为主，间或有浅沟侵蚀发生。梁峁坡中下部地形比较复杂，坡度一般在20°~30°，坡长15~20m，细沟侵蚀进一步发育，以浅沟侵蚀为主。侵蚀程度多位于第3级（中度侵蚀）；沟谷坡的平均坡度范围是30°~45°，指峁边线以下至坡脚线以上的地带，是以切沟侵蚀、重力侵蚀及洞穴侵蚀为主的剧烈侵蚀地带，因此可以认为沟坡对土壤侵蚀的影响级别应为4级（强度侵蚀）。

根据以上分析，确定的所有地形地貌因子及其相应的分级标准如表6-17。

表6-17 评价因子及其分级表

评价因子	划分等级					
	1	2	3	4	5	6
坡度（°）	≤5	5~8	8~15	15~25	25~35	>35
坡长（m）	≤15	15~30	30~45	45~60	60~75	>75
沟壑密度（km/km²）	≤11	11~13	13~15	>15		
地形起伏度（m）	≤20		20~40	40~60	>60	
地貌部位		沟槽	梁峁坡	沟坡		

6.4.3.4 影响因子权重的确定

确定权重的方法很多, 目前比较常用的有层次分析法、特尔菲法、主成分分析法、模糊综合评价法和灰色关联度法以及上节所采用的专家意见调查方法等。

其中, 层次分析法是由美国运筹学家Saaty (1980) 提出的一种多层次权重分析决策方法, 其特点是能简化系统分析和计算, 使人们的思维过程层次化, 通过逐层比较多种关联因素, 并将一些定性或半定性的因素加以量化, 为分析、评价、决策或控制事物的发展提供定量依据。因此, 对于由相互关联、相互制约的众多因素构成的复杂系统, 特别是其中很多因素不存在定量指标而只存在定性关系时, 可以采用层次分析法进行评价与决策。正是出于这种考虑, 本节采用层次分析法确定岔巴沟小流域土壤侵蚀地形地貌评价因子的权重。

(1) 建立层次结构模型

根据前面对岔巴沟小流域下垫面抗蚀力地形地貌评价指标选取的研究, 将岔巴沟小流域下垫面抗蚀力地形地貌评价指标体系分为指标层 (因素层) A、分指标层 (因子层) B两个层次 (图6-17)。

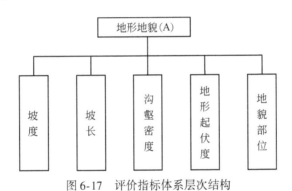

图6-17 评价指标体系层次结构

(2) 构造判断矩阵

层次分析法要求逐层计算元素间的相对重要性, 并予以量化, 组成判断矩阵, 作为分析的基础。

构造判断矩阵是层次分析法的最关键的步骤。在构造判断矩阵过程中, 对于两个元素之间重要性程度的标度也将对评价结果的好坏产生直接影响。常用的是标度方法, 即分别以1、3、5、7、9标度两个元素之间的重要性程度。根据前人研究经验, Satty比例标度法在确定事物的排序上是基本合理的, 但将其得出的权重值用于计算时往往与人们的估计偏离较大。故有研究者提出了一些新的比例标度值 (表6-18), 使得重要性等级之间数量差异能更真实地反映人们的量化概念。

本节使用的比例标度法为指数标度, 即按因子i相对于因子j的重要性, 从 "同等重要" 到 "极端重要", P_{ij}分别取1、1.277、2.080、4.327、9.00; 反之, 若因子i比因子j

次要，则分别取相应权重的倒数。这样，就构建了因子的判断矩阵 P_i（表6-19）。表6-19 为地形地貌因素 A 对其坡度（B_1）、坡长（B_2）、沟壑密度（B_3）、地形起伏度（B_4）以及地貌部位（B_5）5 个因子所构成的判断矩阵。

表6-18　改进的比例标度法汇总

区分	Satty 标度			指数标度
	$1 \sim 9$	$9/9 \sim 9/1$	$10/10 \sim 18/2$	
同等重要	1	9/9（1）	10/10（1）	9^0（1）
稍微重要	3	9/7（1.286）	12/8（1.50）	$9^{(1/9)}$（1.277）
明显重要	5	9/5（1.800）	14/6（2.333）	$9^{(3/9)}$（2.080）
强烈重要	7	9/3（3.00）	16/4（4.000）	$9^{(6/9)}$（4.327）
极端重要	9	9/1（9.00）	18/2（9.00）	$9^{(9/9)}$（9.00）
通式	K	$9/(10-K)$	$(9+K)/(11-K)$	$9^{(K/9)}$
	$K = 1 \sim 9$	$K = 1 \sim 9$	$K = 1 \sim 9$	$K = 0, 1, 3, 6, 9$

表6-19　$A—B_i$ 判断矩阵

A	B_1	B_2	B_3	B_4	B_5
B_1	1	1.277	2.080	4.327	4.327
B_2	0.783	1	1.277	2.080	2.080
B_3	0.481	0.783	1	1.277	1.277
B_4	0.231	0.481	0.783	1	1.277
B_5	0.231	0.481	0.783	0.783	1

（3）层次单排序

层次单排序是指根据上一层元素的判断矩阵，计算本层次与之有关的各元素的相对重要性次序权数的过程。计算判断矩阵的权数，可转化为求解最大特征值及其对应特征向量，计算方法有几何平均法、算术计算法、逐次逼近法等多种算法，本节使用几何平均法。

对于因素层 A，其5个因子指标层（坡度因子 B_1，坡长因子 B_2，沟壑密度因子 B_3，地形起伏度因子 B_4，地貌部位因子 B_5）的分步计算结果见表6-20。其中，P_{ij} 的含义同前，R_i 为 i 因子对其他几个因子相对重要性指数的连乘，$\tilde{\omega}_i$ 为 R_i 的因子总个数次方根，w_i 为各因素的权重。

表6-20　各因子权重计算

A	$R_i = \prod_{j=1}^{5} P_{ij}$	$\tilde{\omega}_i = R_i^{1/5}$	$w_i = \dfrac{\tilde{\omega}}{\sum\limits_{i=1}^{5} \tilde{\omega}_i}$
B_1	49.731	2.184	0.381

A	$R_i = \prod\limits_{j=1}^{5} P_{ij}$	$\tilde{\omega}_i = R_i^{1/5}$	$w_i = \dfrac{\tilde{\omega}}{\sum\limits_{i=1}^{5} \tilde{\omega}_i}$
B_2	4.326	1.340	0.234
B_3	0.614	0.907	0.158
B_4	0.181	0.710	0.124
B_5	0.068	0.584	0.102

这样，通过层次分析法确立了所选参评因子的权重（表6-21）。

表6-21　地形地貌因素对下垫面抗蚀力定量评价指标体系

因素层	因子层	权重
地形地貌因素	坡度	0.381
	坡长	0.234
	沟壑密度	0.158
	地形起伏度	0.124
	地貌部位	0.102

6.4.3.5　指标体系的建立

通过上述分析，确定了岔巴沟小流域的地形地貌因素对下垫面抗蚀力影响的评价因子及其相应的权重，由此构建了地形地貌因素对下垫面抗蚀力影响的指标体系（表6-21）。再结合表6-17中的因子等级划分，对流域各评价单元的每一个评价因子进行等级划分，并赋以相应的等级分值。

然后，由土壤侵蚀评价定量模型：

$$Y = \sum_{i=1}^{5} y_i w_i \tag{6-64}$$

计算土壤侵蚀总分值。式中，Y 为地形地貌对土壤侵蚀影响的定量评价综合指数；y_i 为某一评价因子侵蚀影响等级；w_i 为某一评价因子侵蚀影响权重。

流域土壤侵蚀综合指数值按表6-22进行侵蚀等级的划分。

表6-22　土壤侵蚀程度分级

侵蚀强度分级	评价指标 Y	侵蚀强度分级	评价指标 Y
微度侵蚀	≤1.5	强度侵蚀	3.5～4
轻度侵蚀	1.5～2.5	极强度侵蚀	4～4.5
中度侵蚀	2.5～3.5	剧烈侵蚀	>4.5

根据岔巴沟小流域面积和地形起伏的特点，考虑到利用DEM进行各因子计算等实际

情况，确定栅格大小为 10m。

6.4.4 地形地貌信息提取

6.4.4.1 坡度因子提取

(1) 坡度提取原理

目前比较流行的坡度提取算法都是在 3×3 的窗口的 DEM 栅格窗口中进行的，分别计算中心像元与周围 8 个像元的坡度值，然后选取最大的坡度值作为该像元的坡度值。坡度值的变化范围为 0° ~ 90°。

(2) 坡度提取

在 ERSI 公司的 ArcGIS 软件中，可以直接调用空间分析模块或三维分析模块提取坡度（图 6-18）。然后，调用空间分析模块或三维分析模块中的重分类功能，并按照坡度的分级标准，对坡度图进行重分类，就可得到坡度因子分值图（图 6-19）。

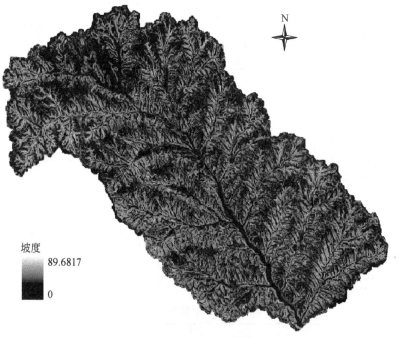

图 6-18 岔巴沟流域坡度图

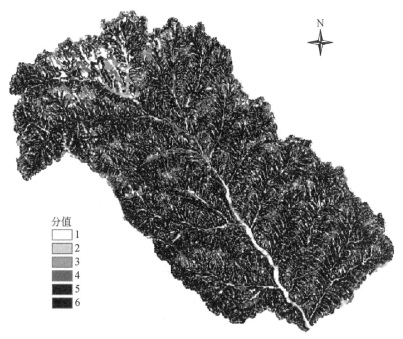

分值
1
2
3
4
5
6

图 6-19　岔巴沟流域坡度分值图

6.4.4.2　坡长因子提取

ArcGIS 中没有直接求坡长的功能。但从坡长的定义可以看出，要计算坡长须先求出分水岭。而正地形的分水线，可看作是与负地形真实的地表高度起伏变化完全相反的虚拟地形，可利用（H—DEM）计算（H 为一远大于此区高程的数值，如 10 000m）。这样，原来高点变低，低点变高，原来的分水岭变为负地形的沟谷，所以求坡长只要求出负地形的沟谷线，再计算区域内的各点到负地形的沟谷线，即为所要求的坡长。而负地形的沟谷线可通过 ArcGIS 的水文分析功能实现，则坡长计算可通过 ArcGIS 的空间分析模块中的距离分析功能完成。最后，调用空间分析模块或三维分析模块中的重分类功能，按照坡长因子分级的标准对坡长图进行重分类，得到坡长因子等级图（图 6-20，图 6-21）。

6.4.4.3　沟壑密度因子提取

沟壑密度在 ArcGIS 中的提取步骤如下：①对原始 DEM 数据提取水流方向；②计算注地；③若计算得知原始 DEM 上有洼地，需进行填注；④基于无洼地计算水流方向；⑤生成栅格河网；⑥栅格河网矢量化；⑦删除伪沟谷；⑧分别统计计算流域内每一个评价单元的沟壑总长度；⑨计算每一个评价单元的沟壑密度 $D_s = \sum L/F$（图 6-22，图 6-23）。

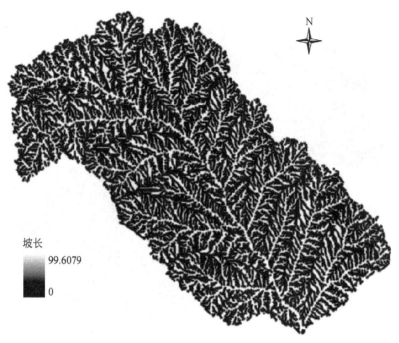

图 6-20　岔巴沟流域坡长图

坡长

99.6079

0

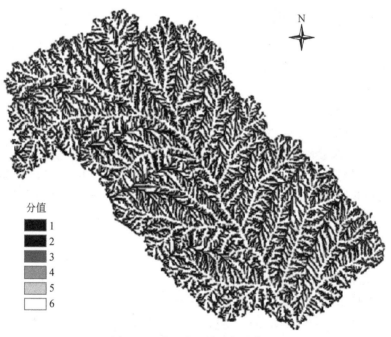

分值
1
2
3
4
5
6

图 6-21　岔巴沟流域坡长分值图

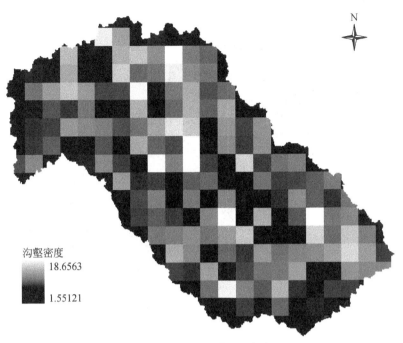

图 6-22　岔巴沟流域沟壑密度图

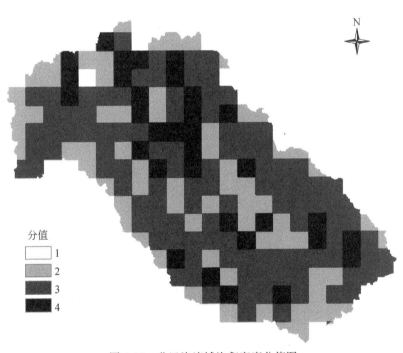

图 6-23　岔巴沟流域沟壑密度分值图

6.4.4.4　地形起伏度因子提取

先求出某一评价单元内海拔高度的最大值和最小值，然后对其求差值即可，提取结果如图 6-24、图 6-25 所示。

图 6-24　岔巴沟流域地形起伏度图

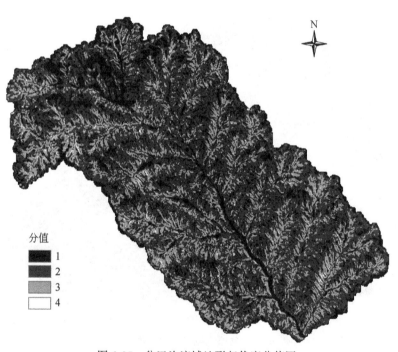

图 6-25　岔巴沟流域地形起伏度分值图

6.4.4.5 地貌部位因子提取

地貌部位分为梁峁坡、沟坡、沟槽三种类型。梁峁坡的平均坡度范围是 0°~25°，沟坡的平均坡度范围是 25°~45°，流域河槽、支沟统一划分为沟槽。

（1）梁峁坡提取

首先根据前面的坡度分析结果，在 ArcGIS 中选择坡度范围在 0°~25°，确定后可得岔巴沟流域梁峁坡提取结果。

（2）沟坡提取

同上，首先根据前面的坡度分析结果，选择坡度范围在 25°~45°，确定后可得岔巴沟流域沟谷坡提取结果。

（3）沟槽提取

沟槽即流域的主河道及其支沟（一般最多到二级分支水系）。预先设定一个阈值（本文中采用100），对于大于给定阈值的单元，就在高于阈值单元的径流路径上，将水流方向累计矩阵中数据高于此阈值的格网连接起来，便可形成河网。当阈值减少时，河网的密度便相应增加。区域地形上各点的水流经各个支汇水线流入主汇水线，最后流出区域。主汇水线的终点在区域的边界上，且该点具有较大的水流量累计值。当主汇水线终点确定后，按水流反方向比较水流流入该点的各个邻近点的水流量累计值，该数值最大的一个地形点，既是主汇水线上的一个流入点。以此方法进行，直至主汇水线搜索完毕。当主汇水线确定后，沿主汇水线按从低到高的顺序对其两侧的相邻地形点进行分析。当某点的水流量累积值较大时，则该点是此主汇水线的支汇水线的根节点，该点的水流量累计值就是该支汇水线的会水面积。对所得到的各条一级支汇水线做同样分析，确定它们各自的下一级支汇水线，依次进行，便可建立区域地形汇水线的树状结构关系。

（4）三种地貌部位叠合分析

以上三种地貌部位需要叠合在一起，生成一个可供数学模型直接调用的栅格文件，为此将以上得到的三个对应的栅格文件先转化为矢量文件，然后叠加，最后可得到岔巴沟流域侵蚀地貌部位叠合分析栅格文件（10m×10m），如图6-26。

6.4.5 地形地貌下垫面抗蚀力计算与分析

6.4.5.1 下垫面抗蚀力计算

通过前面的研究，生成了岔巴沟流域土壤侵蚀指数计算所必需的地形地貌因素的各因子数据层。在此基础上，结合各评价因子的权重，利用式（6-65）即可获得地形地貌因素对岔巴沟流域土壤侵蚀的影响指数，计算可通过 ArcGIS 空间分析模块下的地图代数运算

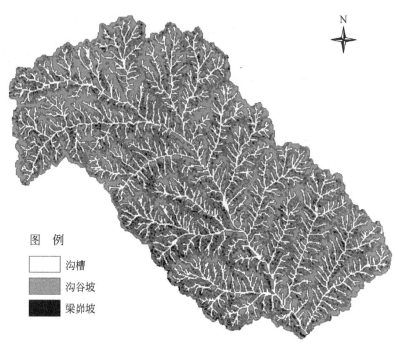

图 6-26　岔巴沟流域地貌部位分析结果

完成（图 6-27）。

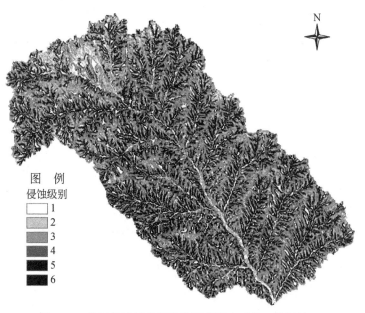

图 6-27　岔巴沟流域地形地貌因素影响下的土壤侵蚀图

　　下垫面抗蚀力是指下垫面抵抗风力、水力、重力和人类活动对其破坏、搬运的能力（本文主要研究水力作用的下垫面抗蚀力），是下垫面侵蚀力的反向反映，即下垫面抗侵蚀能力与侵蚀力是呈负相关关系的，因此，计算出土壤侵蚀综合指数后就很容易得出下垫面抗蚀力指标。

将不同的抗蚀能力归一化为 0~100 的数值，即取侵蚀指数最小的为抗蚀力分值 100，取侵蚀指数最大的为抗蚀力分值 0，而将侵蚀指数介于最大和最小之间的分值，运用归一化方法进行处理，结果为 0~100 的数值。得到的地形地貌因子综合影响下的下垫面抗蚀力指标如表 6-23。

表 6-23 地形地貌下垫面抗蚀力指标

抗蚀力分级	抗蚀力得分	抗蚀力分级	抗蚀力得分
极强	100	较弱	50
强	80	弱	30
较强	70	极弱	0

6.4.5.2 下垫面抗蚀力分析

图 6-28 是地形地貌因子综合影响下的岔巴沟流域下垫面抗蚀力分值分布图，通过分值统计直方图（图 6-29）可以看出，整个岔巴沟流域抗蚀力集中分布在较强、较弱、弱三个等级，次之为抗蚀力分值为 0 的区域，抗蚀力强的分布区域相对较少，而抗蚀力分值为 100 的区域是最少的，由此可知，整个岔巴沟流域的下垫面抗蚀力是相对薄弱的。

通过各因子数据层与地形地貌因子综合计算结果的对比分析可以看出，地形地貌因子对抗蚀力的影响与各因子综合后对下垫面的影响是大体一致的。

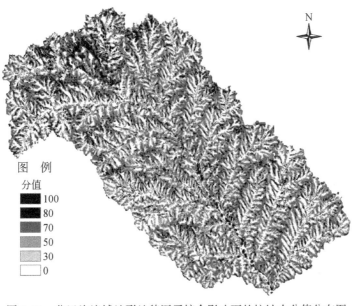

图 例

分值
■ 100
■ 80
■ 70
■ 50
□ 30
□ 0

图 6-28 岔巴沟流域地形地貌因子综合影响下的抗蚀力分值分布图

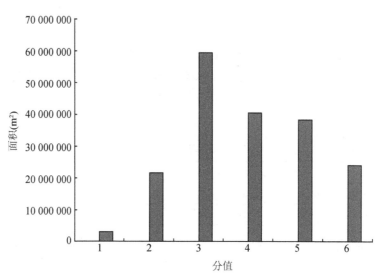

图 6-29　岔巴沟流域抗蚀力分值统计直方图

6.5　土壤与土壤侵蚀过程

6.5.1　概述

　　首先，应当进一步说明土壤抗蚀性与土壤可蚀性的关系问题。土壤抗蚀性亦称为土壤抗侵蚀性，一般又分为抗冲性和抗蚀性，又通称之为土壤抗冲抗蚀性。在国外，又往往以土壤可蚀性表征土壤抗侵蚀性能的强弱，一般又分为可分离性和可搬运性。土壤可蚀性与土壤抗蚀性实际上没有本质的差异，只是一个问题的两个方面，是从不同角度对土壤抗侵蚀、抗分散起动特性的表达，两者均反映了土壤侵蚀与土壤特性的关系。土壤抗蚀性强，其可蚀性就弱，反之，可蚀性则强。考虑到与前述有关章节的一致，因此，本节尽管涉及土壤可蚀性指标分析问题，但仍主要采用土壤抗蚀性的描述方式。

　　国外从 20 世纪 30 年代开始研究土壤抗蚀性问题。贝内特于 1926 年第一个认识到土壤的抗蚀性随土壤类型的变化而相应变化。1956 年 Wischmeier 等人提出的 ULSE 中的一项主要变量就是土壤可蚀性因子 K。K 值获取是在长 22.13m，宽 1.83m，9% 的连续坡度小区上进行的，小区要连续耕作且没有植被，两年以上休闲地，顺坡耕作。1992 年 10 月美国农业部（United States Department of Agriculture）推出了 RULSE 方案，考虑到沟蚀土壤流失量的预测，K 值被修改为一个随季节变化的量，即在冰雪融化土壤变松时的春季最大，中秋和冬季为最小，且 K 值随季节变化值以 15d 为时隔。1985~1995 年美国农业部农业局等共同开发了 WEPP 模型。WEPP 是一个物理过程模型，包含三个版本：坡面模型、小流域模型和网络模型。为了进一步得到沟间地可蚀性因子 K_i，细沟可蚀性因子 K_r 和土壤临界剪切力 Tc 三个参数，1987 年和 1988 年在美国 24 个州做了两年人工降雨和放水冲刷试验，但结果并不理想。

我国从 20 世纪 50 年代就开始研究土壤性质对土壤侵蚀的影响，并取得初步成果。朱显谟等（1954）对土壤的可蚀性指标做了大量研究，蒋定生等（1978）通过土壤可蚀性机理的分析，运用定量及试验得到适用于研究区的土壤可蚀性 K 值。陈明华等（1995）通过人工降雨和天然降雨试验，测出了我国南方不同土壤样品的可蚀性 K 值。

我国水土保持工作是在新中国成立以后迅速发展起来的，在土壤可蚀性因子研究方面比欧美国家起步要晚。因此，目前大多套用国外研究土壤可蚀性因子的方法和经验公式。我国特殊的地理环境及人类活动，都会对黄土高原土壤抗蚀性产生一系列的影响，所以，引用国外的研究成果适用性往往不强。就我国土壤抗蚀性研究现状来看，已取得不少研究成果（陈明华等，1995；方钢等，1997；蒋定生，1978；李建牢和刘世德，1987；刘宝元等，1991；卢金伟，2002；吕喜玺，1992；杨艳生等，1982；时新玲等，1992；史学正等，1995；吴普特等，1993，1997；于东生等，1997；周佩华等，1993），但有如下问题：①土壤抗侵蚀性机理不明确，把抗侵蚀性和抗冲性混合考虑，指标混用，如崩解。②对于现有的或是新发展的指标描述模糊，很少涉及定性定量的研究，如有效根密度概念。③大多数土壤参数来自于经验数据，或小区数据，推广性不强。④土壤水蚀的抗剪切力方面研究较少，仅限于定性描述。

6.5.2　研究方法

以黄土高原岔巴沟流域为研究对象，分析土壤侵蚀的因子因素，揭示土壤抗蚀性机理，特别是结合 GIS 和 RS 等先进技术，使土壤调查更准确和科学。黄土高原区土壤侵蚀分为风蚀和水蚀，然而水力侵蚀是黄土高原土壤侵蚀危害最大、范围最广的一种侵蚀类型，所以本节依据降雨和径流两个外在主要因素对黄土高原区土壤抗蚀性的影响进行试验设置与数据提取。

采用室内分析与野外试验相结合的试验方法。野外试验主要在预先经过处理的试验小区上，采集原状土样，每个小区设一个重复；将采集的原状土样风干，然后将原状土样过筛径分别为>7mm、7~5mm、5~3mm、3~2mm、2~1mm、1~0.5mm、0.5~0.25mm 的套筛，将每一组分进行称重，并对石砾含量也进行称重，然后按比例配成 50g 的混合土样 6 份，留待室内湿筛分析用。土壤水稳性土壤团聚体可以通过水筛法过筛得到，然后将各粒级的筛分组分进行养分分析。其中，有机质用浓 H_2SO_4 和 K_2CrO_7 混合催化剂联合消煮法，土壤氮磷用浓 H_2SO_4 和 H_2O_2 联合消煮法，全氮用碱解扩散法，全磷用钼兰比色法。

在测试入渗及抗剪切力时采用降雨装置法，该方法是对传统双环法的改进。装置由 3 部分组成：①供水箱，可实现自动供水，并可计量每次降雨量的多少。②雨滴发生器，可以调节雨滴数目和雨滴大小，同时也可调节降雨面积大小，能较好的模拟天然降雨。③测流装置，包括阻流槽和测流桶两部分。测流桶主要用于测定产流及产沙量，产沙量采用定时取浑水样，然后晒干称重。

6.5.3　抗蚀性影响因子

土壤抗蚀性的强弱与土壤物理和化学性质密切相关。这些性质包括土壤的颗粒组成、团聚体的稳定性、有机质含量、渗透率、紧实度、黏土矿物的性质及化学成分等。土壤抗蚀性除与土壤理化性质等内在因素有关外，还受降雨特性和土地利用状况等外部因素的影响。雨滴的击溅作用和农业耕作都会影响土壤结构，从而使土壤抗蚀性产生变化。由于土壤抗蚀性并不是一个物理的或化学的定量可测定指标，而是一个综合性因子，因此，只能在一定的控制条件下测定土壤流失量或土壤性质的某些参数作为土壤抗蚀性指标，从而评价土壤抗蚀性。依据土壤抗蚀性因子因素选择的科学性、主导性、实用性和可操作性原则，本节选取有机质（全氮、全磷）含量、粉粒/黏粒、pH 和水稳性团聚体含量作为因子建立土壤抗蚀性指标体系。

6.5.3.1　有机质

土壤有机质能使土壤疏松和形成结构，从而具有改善土壤理化性质的能力，是土壤分类的依据之一。土壤有机质可分为非腐殖物质（碳水化合物和含氮化合物）及腐殖质物质，后者主要是胡敏酸和富里酸。中国科学院水利部水土保持研究所的研究表明，石灰性土壤的腐殖酸中没有游离的胡敏酸，而不溶性的残渣胡敏酸含量较高。塿土、黑垆土和灰褐土中，残渣胡敏酸可占腐殖质总量的 40% 左右，陕北丘陵区绥德、米脂和横山侵蚀严重的黄绵土中，残渣胡敏酸比重可占腐殖质总量的 69.9% ~86.6%，活性胡敏酸则未测出。用胡敏酸与富里酸的比值来衡量，在草原或森林草原植被下形成的黑垆土，腐殖酸中以分子量较大、结构较为复杂的胡敏酸占优势，胡敏酸与富里酸之比大于 2，而对于绥德、米脂与横山侵蚀黄绵土，此比值在 0.37~0.62，胡敏酸分子聚合度与分子量也显著缩小。另据研究，干旱半干旱区荒地开垦为农地后，土壤腐殖质中胡敏酸与富里酸的比值下降，胡敏酸分子变为简单小分子。

（1）土壤全氮

土壤氮含量丰缺及其形态组成，是土壤肥活度的一个重要指标。黄土高原地区的土壤全氮含量变化在 0.003% ~0.914%，变异系数为 42%，含氮量低于东北黑土，也低于长江中下游及华中红壤土，与黄淮海地区的低产土壤相近。土壤剖面中各层氮的分布状况与有机质相似，即多为表层高，下层低，黏化层（垆土层）高于钙积层和母质层。

土壤氮酸形态可分为有机态氮与矿质态氮，后者含量甚微。据中国科学院水利部水土保持研究所测定，陕西关中塿土剖面各层矿质态氮含量，均未超过全氮的 3%，有机态氮占 97% 以上（表 6-24）。矿质态氮是作物可以吸收利用的氮，有机态氮则可作为矿质态氮的补源，又可区分为水解性铵态氮、碱稳定性氮、碱不稳定性氮以及酸不溶性氮，其中氨基酸态氮（碱稳定性氮）较易矿化。土壤碱解氮包括矿质态氮和一部分近期可能矿化的有机态氮，现被普遍用作土壤有效形态氮的量度。土壤碱解氮的含量与有机质、全氮呈显著的正相关，区域分布规律与全氮相似，总体上仍呈倾斜圆盆状的分布态势，但它是一种活性形态的氮，其含量受水热条件、耕种施肥和作物吸收等更直接的影响。因此在同一区域不同微地形中，含量波动较大。

表 6-24　主要土壤类型有机质和氮含量（0～30cm）

土壤类型	样品数	有机质含量范围（%）	全氮含量范围（%）	碱解氮含量范围（ppm）
风沙土	100	0.10～1.13	0.003～0.080	4～77
黄绵土	722	0.12～2.93	0.009～0.182	4.6～117.2
黑垆土	512	0.31～3.44	0.020～0.215	12.7～138.9
灌淤土	224	0.31～3.74	0.014～0.231	15～270.7
粘红土	218	0.45～1.96	0.012～0.137	9.7～98
草甸土	135	0.41～15.1	0.01～0.317	14～307
盐渍土	102	0.26～2.21	0.003～0.143	12.5～121.3

注：此处 ppm 为质量比

资料来源：《黄土高原地区土壤资源及其合理利用》

（2）土壤磷

植物中的磷来自土壤，土壤中最初磷的来源是成土母质，后者含磷（P_2O_5）约为0.3%。可见在成土过程中，一方面，存在着磷的风化和淋失；另一方面，生物富集作用可使土壤表层磷有所积累。土壤磷的含量，是这两个相反的过程共同作用的结果。由于土壤磷的最初来源是成土母质，生物积累不占主导地位，土壤磷的分布更多地依赖于母质中磷的状况，这是与土壤有机质、氮的不同之处。黄土高原地区土壤全磷变化在0.014%～0.287%，耕地土壤平均为0.123%，变异系数为24.4%。多数土壤全磷集中在0.050%～0.180%，分布比较集中。林地含磷量与耕地接近，这说明磷主要来自含磷矿物，其丰度受生物气候影响甚小。黄土高原地区土壤全磷高于南方的红黄壤和水稻土，也高于华中的黄棕壤，但略低于东北黑土，与华北平原及黄淮海地区土壤相当。

土壤中磷可分为有机磷与无机磷两大类。中国科学院水利部水土保持研究所的研究表明，黄土高原地区土壤表层的有机磷，约占全磷的15%～30%，平均为20%左右，其余则为无机磷，主要是 Ca-P，约占全磷的60%，O-P 约占全磷的13%，Al-P 和 Fe-P 合计占全磷的7%左右。大理河流域主要土类含磷量如表 6-25。分析表明，水溶性磷、磷酸钙与有效磷呈显著的正相关，磷酸铝与有效磷亦呈显著的正相关，而磷酸铁与有效磷往往呈负相关。

表 6-25　主要土壤类型磷含量（0～30cm）

土壤类型	样品数	全磷			有效磷			N/P
		含量范围	均值	变异系数 C_V（%）	含量范围	均值	变异系数 C_V（%）	
风沙土	78	0.021～0.127	0.057	47.3	0.30～6.6	2.9	51.7	7.1
黄绵土	392	0.020～0.196	0.123	20.3	0.6～24.0	4.6	54.3	9.0
黑垆土	296	0.052～0.234	0.136	19.8	1.0～35.0	6.1	57.3	9.1

土壤类型	样品数	全磷			有效磷			N/P
		含量范围	均值	变异系数 C_V（%）	含量范围	均值	变异系数 C_V（%）	
灌淤土	153	0.026~0.238	0.153	21.5	1.0~48.5	8.5	77.6	7.2
粘红土	125	0.092~0.189	0.13	21.5	1.0~13.0	4.1	60.9	9.6
草甸土	94	0.014~0.156	0.119	47.9	1.0~36.6	3.7	62.0	6.2
盐渍土	77	0.032~0.210	0.125	26.4	1.0~32.0	9.7	82.4	4.8

资料来源：《黄土高原地区土壤资源及其合理利用》

6.5.3.2 土壤颗粒组成及质地

（1）土壤颗粒分类

黄土高原地区土壤颗粒组成及分布具有一致性、地带性分布规律性以及少数地区变化的复杂性和剖面质地均一性的物质特点。就土壤质地来说，轻壤土占到区域面积的80%，在质地组成中，以细沙粒和粗粉粒为主，含量介于50%~90%，占区域面积的68.41%。由于受风的影响，无论是主体组成粒级，还是少量组成颗粒粒级，均由北向南呈现规律性变化，粗细沙粒减少，中细粉粒和黏粒增加。根据对土壤水分研究深度的土层质地分析，黄土高原大部分地区，土壤剖面质地无明显分异。从测试点的测值看，各层质地变异系数在5%~20%，绝大多数在10%以内，剖面质地比较均一。粒径大小与颗粒名称如表6-26。

表6-26 土壤粒径分类

粒径	1~0.05	0.05~0.01	0.01~0.005	0.005~0.001	<0.001	<0.01
颗粒名称	细沙	粗粉粒	中粉粒	细粉粒	粘粒	物理性黏粒

（2）土壤质地分类

土壤质地即土壤机械组成，是指土壤中各级土粒含量的相对比例及其所表现的土壤砂黏性质。土壤中砂粒、粉粒和黏粒三组粒级含量的比例，是土壤较稳定的自然属性，也是影响土壤一系列物理与化学性质的重要因子。土壤质地不同对土壤结构、孔隙状况、保肥性、保水性等均有重要影响。根据土壤中砂粒、粉粒和黏粒三级含量，并参考砾石量，可划分为三大质地类型，即沙土类、壤土类和黏土类。据调查，大理河流域土壤质地以沙壤、中壤、轻壤、重壤为主，伴有少砾质轻壤、多砾质轻壤、少砾质沙壤等土壤质地类型。质地类型多而复杂，空间具有较大差异。

6.5.3.3 土壤团聚体

土壤团聚体是土壤最重要的组成部分，是近似球形疏松多孔的小土团，是由胶体的凝聚、胶结和黏结而相互联结的土壤原生颗粒组成的。在一定意义上，土壤团聚体数量和质量影响了土壤结构的优劣，通常所讲的土壤结构就指土壤的团聚体结构。土壤团聚体结构状况主要包括土壤团聚体结构的形态、稳定性和复退性等三个方面。具有良好水稳性团聚体结构的土壤不仅能够满足植物对水分、养分、湿度、空气的需求，而且具有良好的抗冲抗蚀性能。影响土壤团聚体水稳性的因素主要有土壤有机质、土壤全磷、土壤全氮和土壤植被以及退耕年限等。王佑民等（1994）对黄土区影响抗蚀性指标的因子进行了分析，认为黄土区土壤抗蚀力的最佳指标是水稳性团聚体，并提出土壤有机质含量及碳酸钙含量，土壤颗粒组成三类影响因素与水稳性团聚体含量之间关系紧密，而腐殖质的组成比例各成一类，对土壤抗蚀性影响最小，可以忽略。表 6-27 为以选取的黄土高原南部样地作为分析对象得出的各主导因子与抗蚀性指标的多元分析结果。

表 6-27　主导因子与抗蚀性指标的多元分析结果

抗蚀性指标	偏相关系数			复相关系数 R	F	$F_{0.01}$
	有机质含量	粘粒含量	碳酸钙含量			
>0.25mm 风干土水稳性团粒含量	0.775	0.087	0.015	0.825	38.7	4.2
>0.25mm 毛管饱和土水稳性团粒含量	0.499	0.846	0.38	0.893	70.42	4.2
>0.25mm 水稳性团粒风干率	0.579	0.394	0.176	0.593	10.6	4.2
分散率	−0.302	−0.137	0.028	0.328	1.48	4.2
团聚状况	0.044	0.04	0.019	0.215	0.59	4.2
分散系数	−0.064	0.09	0.025	0.213	0.58	4.2

6.5.3.4　土壤中的钙元素

土壤中的钙是成土过程与肥力形成过程中的活跃元素。钙的淋溶淀积强度和深度标志着成土过程中生物气候影响的强度和土壤的发育程度。岔巴沟流域在干旱半干旱条件下，土壤水分移动属季节性淋溶，土壤上部层位中的石灰以及植物残体分解释放出的钙，在雨季以重碳酸钙的形式向下移动，达到一定浓度以碳酸钙形式累积下来，形成钙积层。钙积层的深度随干旱程度增加而逐渐上移。岔巴沟流域表层土壤碳酸钙含量多变化在 5% ~ 15%，耕地土壤平均为 10.2%；风沙土、棕钙土含量较低，平均在 4.2% 以上；塿土、褐土居中，平均在 7% ~9%；灰钙土、栗钙土和黄绵土更高，平均都在 10% 以上。

钙本身是一种营养元素，也是一种主要的代换性盐基离子。钙能和许多有机质，如各种氨基酸、胡敏酸、富里酸形成钙络合物，因此碳酸钙含量对土壤养分的有效性有重大影响。黄土高原地区多数土壤缺乏有效养分，高 pH（多变动在 7.8~8.5）与高碳酸钙含量是其中原因之一（表 6-28）。实际上，石灰性土壤在我国北方地区分布较为普遍，对于石灰性土壤结构而言，碳酸钙无疑成为重要的无机胶结剂，有别于南方土壤结构是以氧化铁和氧化铝作为无机胶结剂。碳酸钙的固结作用和 Ca^{2+} 的库仑力使水分子难以充足地进入矿物晶层之间，在土壤结构形成与稳定性方面起着明显的胶结作用。

表 6-28　黄土高原地区主要土壤类型的 pH 值与碳酸钙含量

土壤类型	样品数	pH	$CaCo_3$（%）	
			含量范围	均值
风沙土	48	8.5	0.3 ~ 12.0	4.8
黄绵土	380	8.4	1.2 ~ 18.1	11.2
黑垆土	264	8.1	1.6 ~ 17.5	10.5
灌淤土	93	8.4	3.7 ~ 24.1	11.3
粘红土	120	8.3	5.7 ~ 24.4	14.5
草甸土	41	8.7	0.1 ~ 40.0	10.1
盐渍土	44	8.7	4.4 ~ 33.4	12.0

6.5.3.5　人类活动

黄土高原地区是中华民族的发祥地，有 4000 ~ 5000 年的农业史，人为活动对土壤的形成和演变影响强烈。例如，人们长期使用粪肥，耕作熟化，使原来的土壤表层不断堆垫增厚，创造了具有疏松覆盖层的、上松下紧和保水保肥的优良农业耧土；由于人们长期引黄灌溉，淤积耕培形成了独特灌淤土；通过修筑梯田，深耕施肥，变"三跑田"为"三保田"。相反，亦有不合理灌溉，重灌轻排和大水漫灌等，使土壤产生盐渍化和沼泽化；还有不合理的耕垦，造成水土流失，使肥沃的黑垆土等侵蚀退化成母质特征明显的黄绵土或红土等。表 6-29 是不同退耕年限下土壤颗粒组成的变化。由表 6-29 可以看出，退耕年限对土壤结构变化影响显著。图 6-30、图 6-31 反映了不同退耕年限下土壤水稳性团聚体含量与土壤团聚体中值粒径（或平均重量直径）的关系。从图 6-33 也可看出，土壤团聚体中值粒径与退耕年限基本上也呈正相关关系，土壤团聚体的中值粒径总体变化不大，相对比较稳定。

表 6-29　不同侵蚀年限下土壤颗粒组成的变化　　　　（单位:%）

侵蚀年限	砂粒	细砂粒	粗砂粒	中粉粒	细粉粒	黏粒	物理性黏粒
	1 ~ 0.25mm	0.25 ~ 0.05mm	0.05 ~ 0.01mm	0.01 ~ 0.005mm	0.005 ~ 0.001mm	0.0005 ~ 0.0001mm	<0.0001mm
林地	0.35	10.37	49.3	10.16	11.94	17.78	39.98
1 年	0.12	11.08	49.82	10.77	10.75	11.94	38.98
3 年	0.09	10.93	50.59	10.73	11.22	16.44	38.39
5 年	0.15	10.25	51.08	11.19	15.74	15.79	38.52
8 年	0.18	10.12	52.082	11.82	10.3	15.5	38.52
10 年	0.23	10.32	52.48	9.82	12.01	15.14	36.97

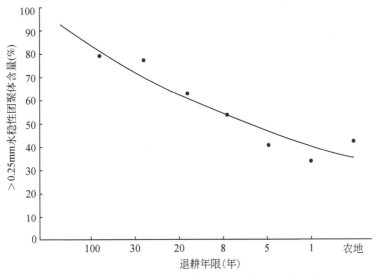

图 6-30 退耕年限对土壤水稳性团聚体含量的影响

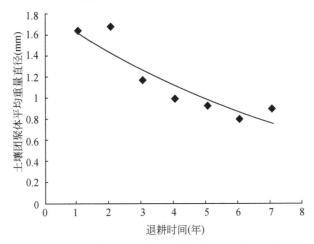

图 6-31 退耕年限对土壤水稳性团聚体中值粒径的影响

6.5.3.6 土壤水分含量

(1) 持水性能

1) 田间持水量与土壤质地关系

田间持水量与土壤质地有一定关系，但在物理性黏粒>27%的轻壤土至重壤土范围内，不存在明显的相关性，而在<27%的轻壤土、沙壤土范围内，存在着随物理性黏粒含量减少而田间持水量下降的直线关系。其回归方程为 $y = 10.6 + 0.351x$，式中 y 为田间持水量；x 为物理性黏粒含量。回归相关系数 $R = 0.688$，样本数 $n = 45$。

2) 田间持水量与容重的关系

黄土高原南部的中壤土、重壤土地区，没有规律性，容重在 1.3 ~ 1.4 范围内，田间持水量摆动在 19.5~22%。就一个均质剖面土而言，二者呈幂函数关系；在区域内，中壤土以北的轻壤土、沙壤土地区，因土质均一，结构影响甚微，随容重变化二者呈幂函数变化。其回归方程为

$$y = 27.1\nu^{-1.741}$$

式中，y 为田间持水量；ν 为土壤容重。该式的回归相关系数 $R=0.91$。此方程不受当地零星壤土和重壤土的影响，无论是黄土高原南部还是北部，其田间持水量都随容重的增加而减少。

（2）入渗性能

土壤吸水、侵蚀和渗滤作用的综合结果反映为土壤入渗性。单位时间渗透入土壤的水分量称为土壤入渗率，它可以确定土壤接纳降雨的能力，影响土壤持水来源，是土壤重要水分性质之一。在土壤入渗过程中，受诸多因素的影响，垂直和水平方向同时渗透。但又由于黄土具有很大量根管和垂直方向的孔洞，故形成以垂直为主的特殊渗透性质，因此重点分析垂直入渗性质。土壤入渗与以下三方面因子有密切关系。

1）与土壤质地和孔隙组成的关系

一般说来，在无闭气的匀质土壤条件下，孔隙越大，质地越粗，渗水愈快愈多。在非匀质土壤中，因间层存在，入渗能力受到分段质地土壤影响，和匀质土壤相比，有所减小。但黄土高原的匀质土壤占绝大多数，所以在分析土壤入渗水平分布时，可仍以匀质土壤计算。

2）与土壤容重的关系

马玉玺（1990）在山西吉县对 59 块标准地进行测定，求出土壤稳渗速率与土壤孔隙度的相关性为

$$V_s = 0.102 + 0.4281ge \qquad (6\text{-}65)$$

式中，V_s 为稳渗速率（mm/min）；e 为非毛管孔隙度（%）。

由式（6-65）可估算出黄土高原地区的稳渗速率大多数在 1.68~1.85mm/min。

根据郑世清等（1988）的研究结果，在匀质土壤中，入渗性能与容重成幂函数曲线，其关系式为

$$Q = 21.104\nu^{-2.018} \qquad (6\text{-}66)$$

式中，Q 为土壤入渗量（mm）；ν 为土壤容重（g/cm³）。式（6-66）的相关系数为 0.98。

土壤容重与土壤孔隙组成又有一定关系。通过孔隙组成的关系式也可以求解土壤入渗的参数值。

（3）供水性能

一般用田间持水量减去凋萎湿度的有效水量作为衡量供水性能的指标。凋萎湿度是一个生物学的指标值，意指作物生长受到抑制，甚至枯萎时的土壤含水量。凋萎湿度是土壤低含水量的状态下的表征指标，与土壤颗粒组成有极密切关系，与物理性黏粒和黏粒含量成正相关。根据分析其方程式为：

$$Y_1 = 0.202x_1 - 0.651 \qquad (6\text{-}67)$$

$$Y_2 = 1.108 + 0.333x_2 \tag{6-68}$$

式中，x_1 为物理性黏粒含量；x_2 为黏粒含量。

黄土高原地区大部分区域的凋萎值多在 3% ~ 8.5% 。

（4）移动性能

土壤水分在大气蒸发、土壤和植物吸力作用下，具有移动性能。黄土高原地区土壤水分一般都处于非饱和状态，非饱和土壤水分移动取决于土壤的导水性质。土壤导水性质与土壤结构、孔隙组成和土壤含水量有关，与土壤质地组成也有一定关系。不过，由于黄土高原地区土壤有机质含水量较低，结构差异不大，因此，主要与质地和土壤湿度有关系。

（5）储水性能

黄土高原地区土壤储水性能主要通过田间稳定湿度和土壤水分吸力加以评价。

6.5.3.7 植物有效根密度

植物根系有固持土壤的作用，特别是乔灌木树种的根系不仅分布深而且广，在水平和垂直方向上都可固持、网络土壤。早在 20 世纪 60 年代，朱显谟（1960）就指出，生物措施是水土保持中最有效和最根本的方法。朱显谟认为土壤抗冲性的增强主要取决于根系的缠绕和固结作用。另有研究表明，植物根系对土壤理化性质的改良也有利于防止水土流失，如增加土壤有机质含量、增大非毛管孔隙度、提高大于 0.25mm 的水稳性团聚体含量以及增大土壤稳渗率、土壤崩解率、土壤抗冲性及抗蚀性等。张祖荣（2002）在对植物根系提高土壤抗冲性的研究中发现，土壤抗冲性与直径≤1mm 的须根的个数呈正相关关系，并定量描述不同土层深度处根系强化土壤抗冲性的机理。研究证实，根系中粗根的主要作用在于对树木的机械支持，而吸收功能主要由细根完成。尽管目前对于细根的定义尚无统一的标准（吕士行等，1990；单建平等，1992），但是直径小于 1 mm 的根为细根是被大多数根系研究者同意的。Gale 和 Grigal（1987）通过对不同树种根系的分布特征的研究，提出了根系垂直分布模型：$Y = 1 - \beta h$，式中，Y 为从地表到一定深度的根系生物量累积百分比；h 为土层深度（cm）；β 为根系削弱系数。

β 值越大说明根系在深层土壤中分布的百分比越大，反之，β 值越小，则说明有更多的根系集中分布于接近地表的土层中。β 值的大小与根系体积或者根系密度无关，只是说明了根系的垂直分布特征与深度的关系。Jackson 等（1996）研究认为，不耐阴树种、中等耐阴树种和耐阴树种的 β 值分别为 0.95，0.94 和 0.92，说明耐阴树种的根系分布较浅。

6.5.4 影响因子的确立

在科学实用、可操作性的因子选择原则基础上，采用因子 PCA 分类排序，先排除一些相关性不明显的因子，然后对所选因子进行主成分分析和回归分析，得到最佳因素指标。通过分析得出土壤抗蚀性与土壤有机质、>0.25mm 土壤水稳性团聚体含量、土壤粉黏比、土壤质地、植物有效根密度、土壤含水量相关显著。黄土高原区土壤侵蚀分为风蚀和水蚀，然而水力侵蚀是黄土高原土壤侵蚀危害最大，范围最广的一种侵蚀类型。土壤特性对水蚀的影响主要表现在三种能力上：第一，影响降雨或径流时侵蚀动力对土壤物质的分散崩解，即土壤的抗蚀能力；第二，决定雨水的入渗速度，即入渗能力；第三，在降雨或径流其间表现出抵抗搬运冲刷的特性，即土壤的抗冲—抗剪能力。这三种能力的协同效应综合表现为土壤抗侵蚀力。

夏青等（1997）把影响水蚀过程分为三个阶段：①分散崩解过程；②入渗过程；③抗冲—抗剪过程。由此，得到水力侵蚀性与土壤抗蚀性的对应变换关系（表6-30）。

表6-30 水力侵蚀性与土壤抗蚀性的对应变换关系表

水力侵蚀性							土壤抗侵蚀性			
水蚀性能	力能来源	水蚀方式	水蚀过程	水蚀效应	水蚀结果	水蚀类型	基本性能	力能来源	基本效应	最佳评价指标
分散性	降雨、径流	雨滴和径流分散、悬浮土粒	化学过程	负效应	就地提供悬移质、降低渗透速率	溅蚀、沟蚀、片蚀，以溅蚀为主	抗蚀性	土毛管力、土黏结力、水黏结力、水土亲和力	正效应	崩解速率
入渗性	降雨、径流	雨滴和径流入渗土层	物理过程	正效应	减少径流量	片蚀、沟蚀，以片蚀为主	抗渗性	重力、毛管力、水压力、范德华力	负效应	稳渗速率
剪切推移性	降雨、径流	雨滴剪切、径流冲刷和剪切推移土粒	物理过程	负效应	产生推移质，并剪切冲刷推移	溅蚀、沟蚀、片蚀，以沟蚀为主	抗剪、抗冲性	土间胶结力、土粒内摩擦力	正效应	抗剪强度抗冲系数

土壤水蚀与>0.25mm风干土水稳性团粒含量显著相关，与土壤颗粒组成及土壤空隙度相关。夏青等（2006）研究得出不同类型土壤的抗蚀性、入渗性、崩解性、抗剪性大小的对比见表6-31。

表6-31 不同类型土壤的抗冲性、入渗性、崩解性、抗剪性大小对比

测试土壤	抗冲性	入渗性		崩解性	抗剪性
	抗冲系数均值	稳渗速率均值	初渗速率均值	崩解速率均值	抗剪强度均值
褐土	4.89	0.08	0.49	28.23	0.84
黑土	4.42	0.11	0.8	22.27	0.28
黑钙土	4.41	0.09	0.19	21.93	0.32
粟钙土	3.41	0.16	0.64	19.52	0.55

通过分析可以得出土壤侵蚀量与各影响因素的相关矩阵，如表6-32。从表6-32可以看出，土壤蚀量与土壤水稳性团聚体含量、有机质、物理性黏粒等呈显著正相关，相关系数均在0.9以上；在影响土壤团聚体的水稳定性的影响因子中有机质和物理性黏粒和土壤

团聚体的水稳定性相关系数最大。由此可见，土壤抗蚀性的强弱本质上取决于土壤结构的稳定性，土壤结构的稳定性下降将引起土壤抗蚀性的降低。土壤水稳性团聚体特别是>0.25mm的团聚体含量是反映土壤抗蚀性的最佳指标之一。土壤结构体的形成和稳定需要有机质和物理性黏粒等作为胶结物质。土壤有机质作为土壤颗粒间的胶结剂，其高低对土壤抗蚀性有直接影响，土壤有机质的增加有利于土壤水稳性团聚体含量的增加，最有利于>1.0mm水稳性团聚体含量的增加；石砾含量高的土壤其粒间胶结力低，土粒与水的亲和力大，其抗蚀性就低。通过保护土壤和改善土壤结构使石砾含量降低，这有利于>0.25mm水稳性团聚体含量的增加。因此，恢复植被以提高土壤有机质含量、促进土壤团聚体的形成及其水稳定性的增加，是增强土壤抗蚀能力的重要途径。

表 6-32　土壤侵蚀量与影响因子的相关矩阵

项目	1	2	3	4	5	6	7	8	9	10
	有机质	黏粒	物理性黏粒	水稳性团聚体	分散度	>0.05mm 微团聚体	团聚状况	团聚度	分散率	侵蚀量
1	1									
2	0.91	1								
3	0.97	0.9	1							
4	0.98	0.92	0.96	1						
5	-0.9	-0.84	-0.93	-0.94	1					
6	0.72	0.74	0.61	0.71	-0.42	1				
7	0.88	0.88	0.79	0.86	-0.63	0.95	1			
8	0.91	0.91	0.84	0.88	0.69	0.91	0.98	1		
9	-0.8	-0.84	-0.71	0.76	0.55	-0.9	-0.95	-0.96	1	
10	-0.98	-0.92	-0.94	-0.98	0.93	-0.69	-0.85	-0.89	0.81	1

6.5.5　土壤抗蚀力指数计算

大量研究证明，土壤抗蚀力是一个多因素综合作用的评价指标，与土壤质地、土壤粉黏颗粒含量、土壤含水量、土壤（0~30cm）>0.01mm植被根系等密切相关。综合分析来看，张爱国等（2002，2003）的可蚀性指数 S 评价模型在抗侵蚀机理及抗蚀力参数的选取与黄土高原情况较相符，该模型系数包括7个土壤理化性质。土壤因子的综合指标用土壤可侵蚀性表征，即单位时间内、单位面积上的土壤、由单位体积径流量所产生的推移质和悬移质重量之和，土壤可侵蚀性指数与土壤理化性质的关系模型为

$$S = 661 - 3.2X_1^2 + 0.4X_2 - 1.1X_3 - 2.8X_4 - 28.3X_5 - 105.5X_6 - 0.02X_7^2 + 4X_7$$

$$(6-69)$$

式中，S 为土壤可蚀性指数 $[t/(L \cdot a \cdot km^2)]$；$X_1$ 为有机质含量（%）；X_2 为粉黏比；X_3 为大于0.25mm风干水稳性团粒含量（%）；X_4 为有效根密度 $[mm/(1000 \cdot cm^3)]$；

X_5 为 pH 值；X_6 为容重（g/cm³）；X_7 为含水量（%）。

6.5.5.1 抗蚀性参数的测定

欲得到各土类土种的 S 值，需要 7 个参数（$X_1 \sim X_7$）。X_1 为各个土种有机质含量，包括全 N，全 P，全 K 含量，数据来自 1985 年《子州县第二次土壤普查报告》；X_2 为粉黏比，粉粒取粒径 0.05～0.01mm 颗粒，黏粒采用物理性黏粒即<0.01mm 颗粒，粉粒和黏粒的数据均来自 1985 年《子州县第二次土壤普查报告》；X_3 为大于 0.25mm 风干水稳性团粒含量（%），风干水稳性团聚体数据采用王佑民（1994）公式：$Y = 0.217X^{0.733}$，式中，Y 为大于 0.25mm 风干水稳性团聚体含量，X 为土壤腐殖质含量，相关系数为 $R = 0.84$，式中 X 值来自 1985 年《子州县第二次土壤普查报告》，同时采用水滴法对数据 Y 进行验证，结果表明可以用 Y 来进行 S 的计算；X_4 为有效根密度，有效根密度数据为实地测验所得，主要以林地、草地、荒地、裸地及灌木等为对象进行量测，同时参考大理河流域 SPOT5 遥感图像以及地形图。X_5 为 pH 值，pH 值数据均来自 1985 年《子州县第二次土壤普查报告》；X_6 为容重，土壤容重也为实地测量所得，采用湿筛法和能量法获得；X_7 为含水量，含水量数据是在大理河流域采取土样，然后用烘干法所得，采样点符合不同地貌部位和土地利用类型土壤分类不同的条件。

6.5.5.2 不同土种 S 值结果分析

根据式（6-19）计算出各个土类的可蚀性指数见表 6-33。

表 6-33 不同土种可蚀性指数 S

土种名称	S 值	土种名称	S 值
黄盖黑垆土	388	夹砾质黄绵土	352
草灌红黄土	385	梯绵沙土	351
黑垆土	383	黏底坝淤黄绵土	350
坡二色土	382	少砾质淤灰黄绵土	349
锈黑垆土	380	淤少砾质黄绵土	346
原地黄绵土	379	黏底坝淤黄绵土	345
多砾质淤灰黄绵土	378	夹黏坝淤黄绵土	344
夹腐泥黄绵土	377	黄绵潮土	342
涧地黄绵土	376	多砾质黄绵土	340
淤灰黄绵土	375	草灌绵沙土	337
台黄绵土	374	二色覆盖料姜红胶土	335
台灰黄绵土	372	中盐化草甸土	333
梯黄绵土	371	多砾质绵沙土	332
坝淤黄绵土	369	沙壤质轻盐土	330
草灌黄绵土	368	沙坨土	329
梯红黄土	367	坡红砂土	327

续表

土种名称	S 值	土种名称	S 值
台绵沙土	364	坡绵沙土	325
坡黄绵土	362	坝淤红黄土	324
侵蚀黑垆土	361	坡红黄土	320
坡硬黄土	360	料姜红黄土	319
绵沙潮土	359	淤锈黄绵土	318
淤黄绵土	358	坡料姜硬红土	317
草甸土	357	坡锈泥土	313
底砾质黄绵土	356	坡硬红土	312
淤油黄绵土	355	料姜红胶土	298

　　S 值越小抗蚀性越强，因此，实际上也综合反映了各土种在水、气、质地、养分含量、土地利用类型、水保措施、地形地貌等各因子因素相互作用下的抗蚀性。借助于SPOT5 及地形图，运用 ArcGIS9.2 和 EADAS8.5 对岔巴沟流域土壤类型进一步划分出土种，并在土壤类型分布图上增加属性字段土种名称和抗蚀性数值（图6-32）。可以看出，沟道土壤抗蚀力较强，主要因为水分较充足、植被较好。在流域的西北部的支沟中，由于土质多为沙轻壤，农田地多为陡坡耕作，明显表现为抗蚀力最弱，而在流域西南的刘家沟中，虽然土壤质地较好，植被盖度较好，但是刘家沟是距三川口镇最近的村庄，因为交通便利，居住人口相对稠密，人类活动频繁，活动范围较大，裸地面积最大，又因陡坡耕作，所以抗蚀力弱。整体来看，西北向东南抗蚀力增强，但无明显分界，多为抗蚀力中强弱交叉分布，这与岔巴沟流域水土保持工程极富相关。

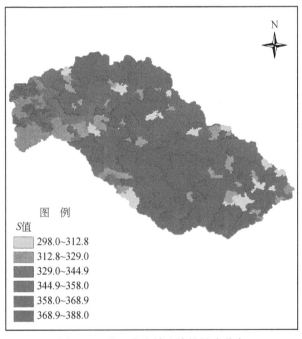

图 6-32　岔巴沟流域土壤抗蚀力分布

6.6 土地利用与土壤侵蚀过程

6.6.1 概述

水土流失是地貌演化的必然结果（王思远等，2001），土地利用会通过改变微地貌从而影响水土流失。黄河流域黄土坡地土壤侵蚀基本上是在自然侵蚀过程基础上又叠加了人为活动引起的加速侵蚀。

土地利用是一种综合作用，它通过改变植被类型和盖度、土壤性质、地形、坡度、坡长等因素来加速或降低水土流失。

不同的土地利用方式改变了不同的地表情况，不同的耕作方式和地表覆盖度可以明显地影响土壤侵蚀。很多学者对不同耕作措施下土壤侵蚀的情况进行了研究。

保护性耕作方式比传统耕作方式水土流失量小。李友军等（2006）在豫西黄土坡耕地的试验研究发现，保护性耕作（深松覆盖、免耕覆盖、一次深翻和传统耕作）可以明显减少土壤侵蚀量。向万胜等（2001）对三峡库区花岗岩坡耕地水土流失规律定位研究表明，在良好的种植与管理方式下，坡耕地土壤流失量可被控制在允许范围内。朱波等（2000，2001）发现耕地结合改土以及采取保护性耕作措施、农林复合结构后，土壤侵蚀量仅为对照坡耕地侵蚀量的18%，农林复合结构的水土保持效益更为显著。傅伯杰等（1999）、于东升等（1998）也对土地利用与土壤侵蚀的关系开展过研究。Narain 等（1998）发现坡耕地等高种植后比顺坡耕作土壤侵蚀减少45%，而新银合欢等高植物篱下侵蚀量又比等高种植减少48%，这是等高带对土壤的阻挡作用和侵蚀土壤在等高带基部沉积形成微型梯阶作用的结果。Banda（1994）在陡坡地（坡度为440°）的试验结果表明采用等高植物篱后，土壤侵蚀量由非保护性耕作（玉米）下土壤侵蚀量达 80（t/hm²）降低到 2（t/hm²）。Paninghatan 等（1995）研究了传统耕作、植物篱模式、植物篱+秸秆覆盖、植物篱+秸秆覆盖+免耕等集中耕作措施下坡耕地（坡度为14°~210°）土壤侵蚀，传统方式的水土流失最严重，而植物篱模式下三种处理的水土保持效果均较好。其中植物篱加上免耕覆盖地表径流和土壤侵蚀量最少，土壤侵蚀问题基本上得到解决。郑郁善等（2003）发现泥沙含量都以实行全翻的竹林为最大，其次是带翻，最小的是扩穴，经方差分析显示全翻与扩穴之间的差异显著，带翻却不显著。

6.6.2 研究方法

气候、地貌、植被、土壤等自然因素是土壤侵蚀发生的潜在因子，而土地利用状况与自然条件密切相关，往往成为土壤侵蚀的触发因子。土地利用变化和强度是人类活动的集中反映。土地利用改变了原有地表植被类型及其覆盖度和微地形，从而影响土壤侵蚀的动力和抗蚀阻力系统，在区域土壤侵蚀发展中起重要作用。如果从较短时间范围来说，人类活动又可以成为影响土壤侵蚀的主要因子。

人类活动的结果可以通过土地利用结构的变化得以体现。研究表明，在其他条件相似时，不同的土地利用类型对产流产沙过程的影响存在显著的差异。

从某种角度来看，包括通用水土流失方程在内的各种模型中，至今尚无一个在各种尺度和各个区域都真正"通用"的水土流失评估模型。那么，可否利用较易获取的土地利用动态变化信息来反映水土流失的状况？可否在不同尺度条件下快速评估区域水土流失的动态变化？可否识别人类活动的影响？这些都是需要探讨的问题。

本节按照如下的步骤完成土地利用类型的抗侵蚀力评价：

1）选取评价因子。按照一定的原则选择评价因子。

2）权重确定。对不同的因子选用合适的方法确定因子权重。

3）构造评价模型。参考已有模型，或者对已有模型进行改进，或者构造一个独立的评价模型，力求简洁明了，实用性强且物理意义明确。

4）划分评价单元。依据评价目的，选择评价单元。

5）多因子综合。综合各参考因子，全面评价区域抗蚀力。

6）检验模型效果和因子选择效果。根据已有的土壤侵蚀情况或是实测数据，对模型得出的评价结果进行检验。

7）输出结果。

6.6.3 因子选取

影响因子选取仍遵循上节的主导性原则、定性定量结合原则、差异性原则和可行性（或可操作性）原则。

6.6.3.1 因子确定

人类对土壤侵蚀的影响主要通过对土地资源的利用来体现，因此土地利用类型成为人类活动对土壤侵蚀影响的重要因素。

根据以上因子选择原则，选择土地利用类型因子如图 6-33。

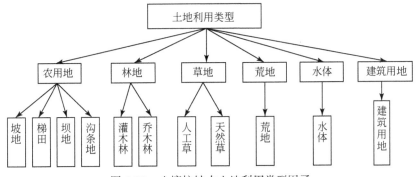

图 6-33 土壤抗蚀力土地利用类型因子

评价因子分为两个层次，共有 11 指标。选定农用地、林地、草地、荒地、水体、建筑用地共六个参评因素。农用地又分为坡地、梯田、坝地、沟条地四个影响因子；林地又分为灌木林、乔木林两个因子；草地分为人工草、天然草两个因子。

6.6.3.2 建立评价指标体系

结合土地利用类型中因子的非数字指标特征，运用层次分析法量化不同土地利用类型的抗蚀力比重。

层次分析法是将与决策总是有关的元素分解成目标、准则、方案等层次，在此基础之上进行定性和定量分析。层次分析方法是美国运筹学家匹茨堡大学教授萨蒂于20世纪70年代初，在为美国国防部研究"根据各个工业部门对国家福利的贡献大小而进行电力分配"课题时，应用网络系统理论和多目标综合评价方法，提出的一种层次权重决策分析方法。这种方法的特点是在对复杂决策问题的本质、影响因素及其内在关系等进行深入分析的基础上，利用较少的定量信息使决策思维过程数学化，从而为多目标、多准则或无结构特性的复杂决策问题提供简便的决策方法。尤其适合于对决策结果难于直接准确计量的场合。

（1）建立层次结构模型

在分析实际问题的基础上，将有关因素按照不同属性自上而下地分解成若干层次，同一层的诸因素从属于上一层的因素或对上一层因素有影响，同时又支配下一层的因素或受到下一层因素的作用。最上层为目标层，通常只有1个因素，最下层通常为方案或对象层，中间可以有一个或几个层次，通常为准则或指标层。当准则过多时（如多于9个）应进一步分解出子准则层。

（2）构造成对比较阵

从层次结构模型的第二层开始，对于从属于（或影响）上一层每个因素的同一层诸因素，用成对比较法和因子1~9比较尺度构造成对比较阵，直到最下层。

（3）计算权向量并做一致性检验

对于每一个成对比较阵计算最大特征根及对应特征向量，利用一致性指标、随机一致性指标和一致性比率做一致性检验。若检验通过，特征向量（归一化后）即为权向量；若不通过，需重新构造成对比较阵。具体检验过程有两个部分，过程如下。

1）层次单排序

求解各元素排序权重的方法有行和法、方根法、和积法，本节采用方根法计算。

①逐行计算矩阵（M）的几何平均值 G_1：

$$G_1 = n\sqrt{\prod_{i=1}^{n} a_{ij}}(i \text{ 为行号, } i = 1, 2, \cdots, n) \tag{6-70}$$

②对 G_i 进行归一化，即为所计算的权重 W_i：

$$W_i = G/\sum_{i=1}^{n} G_i(i = 1, 2, \cdots, n) \tag{6-71}$$

则 $W = (W_1, W_2, \cdots, W_n)T$ 即为所计算的权重向量。

③计算判断矩阵的最大特征根 $\lambda_{\max}$：

$$\lambda_{\max} = \frac{1}{n}\sum_{i=1}^{n}\frac{(MW)_i}{W_i}(i = 1,2,\cdots,n) \tag{6-72}$$

式中，MW 表示判断矩阵 M 与权重向量 W 相乘后得到的新向量，$(MW)_i$ 为 MW 的第 i 个元素。

2）一致性检验

在构造判断矩阵时，由于客观事物的复杂性和人的判断能力的局限性，人们在对各元素重要性的判断过程中难免会出现矛盾。如在判断元素 $x/y=1:4$、$y/z=1:2$ 的同时，可能会出现判断 $x/z=1:3$ 的矛盾情况。为此，需要对判断矩阵进行一致性检验，以检查所构判断矩阵及由之导出的权重向量的合理性。一般是利用一致性比率指标 CR 进行检验。公式为 CR =CI/RI，式中，CI = $(\lambda_{\max} - n)/(n-1)$ 为一致性指标，RI 为平均随机一致性指标。部分随机一致性指标 RI 的数值如表 6-34。当 CR<0.1 时，认为矩阵的不一致程度是可以接受的，否则，认为不一致性太严重，需重新构造判断矩阵或做必要的调整。

表 6-34 RI 数值

矩阵阶数	1	2	3	4	5	6	7	8	9
RI	0.00	0.00	0.58	0.90	1.12	1.24	1.32	1.41	1.45

（4）计算组合权向量及一致性检验

计算最下层对目标的组合权向量，并进行一致性检验，若检验通过，则可按照组合权向量进行决策，否则需要重新考虑模型或重新构造一致性比率较大的成对比较阵。

计算步骤是从高到低逐层进行，如果某一层次某些因素对上一层次单排序的一致性指标为 CI_j，相应的平均随机一致性指标为 CR_j，这一层次总排序随机一致性比率为 RI，计算方法见式（6-73）：

$$RI = \frac{\sum_{j=1}^{m} a_j CI_j}{\sum_{j=1}^{m} a_j CR_i} \tag{6-73}$$

当 RI<0.10 时，认为层次总排序结果具有满意的一致性，否则需要重新调整判断矩阵的元素取值。

层次分析法按照决策过程的"分解-判断-综合"的思想特点，把多层次、多准则的复杂问题分解为各个组成因素，将这些因素按支配关系分组，形成有序的递阶层次结构，通过两两比较的方式确定层次中各因素的相对重要性，再综合确定相对重要性顺序（权重）。该方法巧妙地把定量分析和定性分析结合起来，因而在信息系统的分析中被广泛采用。

6.6.4 因子权重确定

6.6.4.1 层次分析方法计算权重

通过"土地利用类型抗蚀力对比专家问卷表"调查，获取了专家确定的不同土地利用类型抗蚀能力权重依此为基本依据进行了层次分析。将土地利用类型参评因子分两个层次，两两比较不同土地利用类型的土壤抗蚀能力，从而能够得到土地利用类型抗蚀能力对比矩阵，为计算不同土地利用类型对土壤抗蚀力的影响权重提供了基础依据。

通过专家咨询和层次分析方法的计算，得到了不同土地利用类型对土壤抗蚀力的贡献权重，结果如表6-35。

表6-35 不同土地利用类型抗蚀力权重

备选方案	权重	备选方案	权重
荒地	0.0895	坝地	0.0358
水体	0.2705	乔木	0.0945
建筑用地	0.1604	灌木	0.0884
坡地	0.0092	人工草	0.1021
梯田	0.0238	天然草	0.1091
沟条地	0.0166		

6.6.4.2 权重值的修正

在土地利用结构的层次体系中，土地利用类型层次间的从属关系比较明确，交叉归属情况较少，这种结构在层次分析法中属于不完全的层次结构。不完全层次结构在综合权重的计算中，针对不同的问题和要求需要考虑层次支配因素数目的影响。一般有三种处理方法：①不考虑支配因素数目的影响，采用完全层次结构的计算方法；②支配因素越多，相对权重越大，用支配因素数目对权重向量进行修正；③支配因素越多，相对权重越小，用支配因素数目的倒数对权重向量进行修正。

土地利用的层次结构应该考虑支配因素数目的影响，在一层次中各因素的重要性权重确定之后，需要利用其支配下级层次因素的数目对权重向量进行修正。具体修正过程如下。

1）首先对要素层（即第一层）进行权重修正。按照如下公式进行：

$$WI = \frac{N_i W_i}{\sum N_i W_i} \tag{6-74}$$

式中，WI指第i种地类修正后的权重；N_i指第i种地类下层包含的因子数目；W_i指第i种地类修正前权重。

通过式（6-74）修正后，可以得到要素层（第一层）地类因子的权重值，如表6-36。

表6-36 修正后要素层权重

地类	权重	地类	权重
荒地	0.0542	农用地	0.2070
水体	0.1639	林地	0.2216
建筑用地	0.0972	草地	0.2560

2）将上一步骤得到的要素层地类权重值，按下一层因子个数及比重进行分解，最终得到因子层各个因子的修正权重（表 6-37）。

由以上计算结果可知，水体抗蚀能力最强，为 0.1639，其次为天然草地、人工草地、乔木林和灌木林，它们的权重值分别是 0.1322、0.1237、0.1145、0.1071。其他地类抗侵蚀能力比重都低于 0.1，按比重从大到小依次为建筑用地、坝地、梯田、荒地、沟条地和坡地，其比重分别是 0.0972、0.0868、0.0577、0.0542、0.0402 和 0.0223。

表 6-37　修正后各因子权重值

地类	权重	地类	权重
荒地	0.0542	坝地	0.0868
水体	0.1639	乔木林	0.1145
建筑用地	0.0972	灌木林	0.1071
坡地	0.0223	人工草地	0.1237
梯田	0.0577	天然草地	0.1322
沟条地	0.0402		

水体抗蚀能力最强的主要原因是由于水面覆盖地表以后，可以减弱外力对地表的直接侵蚀作用，对地表起到了保护作用。

抗蚀能力强的还有天然草地、人工草地、乔木林、灌木林。植被抗蚀能力较强的原因主要是植被覆盖可以起到，保土保水的作用。建筑用地的抗蚀能力也较强，主要是因为建筑用地一般都对地表进行了平整、硬化处理，地表坚实，不易侵蚀。梯田可以截断坡长，减缓坡度，从而降低了土壤流失量，使其抗蚀能力也较强。沟条地分布在沟道两边，土地较为平整，一般情况下其侵蚀量并不大，但当雨季到来，沟道水量增大时，沟条地会受到河道的强烈冲刷，从而产生大量的侵蚀，故而沟条地的抗蚀能力也较弱。坡耕地具有一定的坡度，又有强烈的人为扰动，从而使其成为抗侵蚀能力最弱的一个地类。

6.6.4.3　地类抗蚀能力得分计算

以土地利用类型作为一个综合评定土壤抗蚀能力的因素，需要用到不同地类抗蚀能力得分。所以在各地类的抗侵蚀能力权重计算基础上，需要计算各地类抗蚀能力得分。

计算地类抗侵蚀能力得分的本质就是根据不同地类抗蚀权重，定量化表地类的抗蚀能力。将不同地类归一化为 0～100 数值，即将抗蚀权重最小地类的抗侵蚀能力得分确定为 0，将抗蚀权重最大地类的确定为 100，而将抗侵蚀能力权重介于最大和最小地类的得分，用线性函数归一化方法进行处理，将其归一化为 0～100 的数值。

根据表 6-42 中各地类抗蚀权重值大小，按式（6-56）进行归一化，得到不同地类抗蚀能力分值（表 6-38）。

表 6-38　各因子抗侵蚀能力得分

地类	权重	地类	权重
荒地	22	坝地	46
水体	100	乔木林	65
建筑用地	53	灌木林	60
坡地	0	人工草地	72
梯田	25	天然草地	78
沟条地	13		

6.6.5　评价单元确定

　　将研究区域分成一定数量的网格，每个网格作为一个基本的评价单元，逐网格进行综合评价。本节选用的网格为 10m×10m。在生成的土地利用图上，赋以地类的抗蚀能力得分，在将土地利用图转换为栅格图像的过程中，把每一个地类的抗蚀能力得分赋予栅格图像的像元值，生成土地利用类型抗蚀能力得分图（图 6-34）。

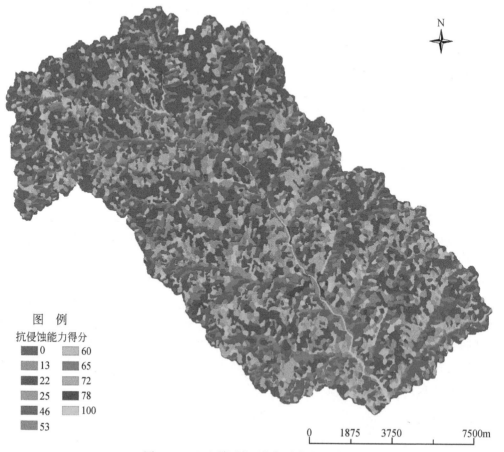

图 例
抗侵蚀能力得分
- 0
- 13
- 22
- 25
- 46
- 53
- 60
- 65
- 72
- 78
- 100

0　　1875　　3750　　7500m

图 6-34　土地利用类型抗侵蚀能力得分图

图 6-34 是抗侵能力得分分布图,像元大小为 10m×10m,以保证与参与抗蚀力评价的其他要素层在同样大小网格上进行叠加运算。

6.6.6 评价结果分析

采用与土壤侵蚀等级图进行对比的方法进行评价。根据 SPOT5 遥感影像的监督分类,得到的岔巴沟流域土壤侵蚀等级图(图 6-34)。

根据图 6-35 可以得到不同土壤侵蚀等级的面积统计,如图 6-35。

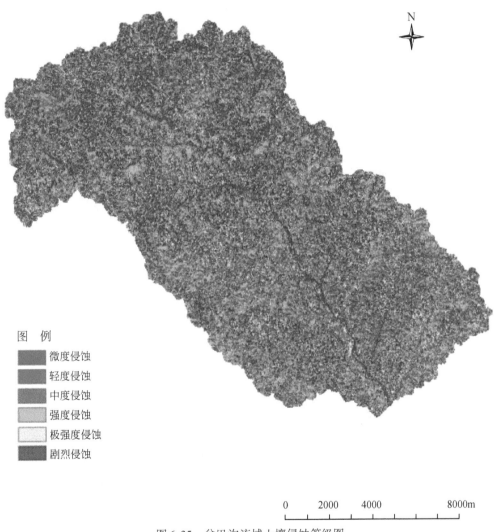

图 例

■ 微度侵蚀
■ 轻度侵蚀
■ 中度侵蚀
▨ 强度侵蚀
□ 极强度侵蚀
■ 剧烈侵蚀

0   2000   4000   8000m

图 6-35　岔巴沟流域土壤侵蚀等级图

根据图 6-34 可以得到抗蚀能力得分的面积统计图(图 6-36)。

通过对图 6-36 和图 6-37 可以看出,抗蚀能力得分与土壤侵蚀等级之间大致呈负相关关系,初步验证了抗蚀能力得分的科学性。抗蚀能力得分小于 50 的面积为 129.70km²,而土壤侵蚀量最大的三级总面积为 139.80km²，两者面积基本一致，也进一步说明了所确定的抗蚀力得分的合理性。

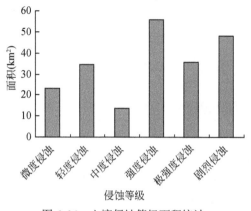

图 6-36　土壤侵蚀等级面积统计　　　　图 6-37　不同抗蚀能力得分的面积统计

6.7　水土保持综合措施与土壤侵蚀过程

目前，关于水土保持综合措施的减水减沙作用研究有不少成果（黎锁平，1995；张胜利等，1998；冉大川等，2001；魏强等，2007；姚文艺等，2011），但缺乏对综合措施中不同类型措施对土壤抗蚀力影响的定量评价研究。本节以岔巴沟小流域为研究区，围绕黄土高原水土保持综合措施抗蚀力定量评价指标体系建立、评价指标分级，以及水土保持措施专题信息提取等，结合相关研究成果，通过实地考察，运用层次分析法开展系统研究。

6.7.1　水土保持综合措施分类

水土保持综合措施主要分为耕作措施、生物措施和工程措施三大类（图 6-38）。

6.7.1.1　耕作措施

耕作措施是以保水保土保肥为主要目的，以提高农业生产为宗旨，以犁、锄、耙等为耕（整）地农具所采取的改变局部微地形或地表结构的措施，主要包括等高耕作、带状耕作和沟垄耕作，其中沟垄耕作法适于在川、塬、台、沟坝地和坡度较小的缓坡地上应用，其特点是沟深、垄高而宽，可适用于玉米、高粱、马铃薯、谷子、豆类、小麦等多种作物种植的一种耕作方式。

6.7.1.2　生物措施

本节所指生物措施主要为在水土流失区植树造林种草，增加地表植被覆盖，保护地表土壤免遭雨滴直接打击，以拦蓄径流，涵养水源，调节河川、湖泊和水库的水文状况，增加土壤抵抗水流冲刷能力，减轻土壤侵蚀，改良土壤，改善生态环境等为目的而采取的措施也可称之为林草生物措施。林草生物措施对减少径流泥沙的正面效应已为大家所公认，

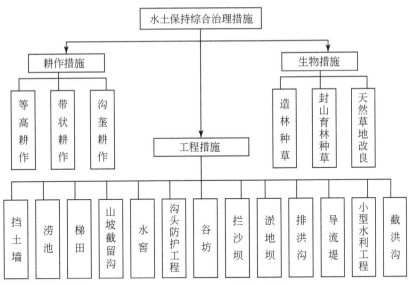

图 6-38 水土保持综合措施分类

其主要是通过林冠截流、林下草灌和枯枝落叶层的拦蓄以及植物根系对土壤的固结作用保持水土、涵养水源、改善土壤肥力。林草生物措施主要包括水土保持造林、水土保持种草和封禁，其中造林分为经济林（含果园）、乔木林、灌木林以及薪炭林、饲料林、用材林等。

6.7.1.3 工程措施

工程措施是水土保持综合治理措施的重要组成部分，指通过改变一定范围内（有限尺度）小地形（如坡改梯等平整土地的措施），拦蓄地表径流，增加土壤降雨入渗，改善农业生产条件，充分利用光、温、水土资源，建立良性生态环境，减少或防止土壤侵蚀，合理开发利用水土资源而采取的措施，主要包括沟头防护工程、谷坊、淤地坝、小水库、排洪沟、蓄水池、山坡截留沟、水窖、涝池（蓄水池）、导流堤、梯田、挡土墙等。

其中，梯田是在坡地上分段沿等高线建造的阶梯式农田，包括水平梯田、坡式梯田和隔坡梯田。梯田的作用主要通过改变小地形的方法防治坡地水土流失。利用梯田可以将雨水及融雪水就地拦蓄，使其渗入农地，减少坡面径流，增加农作物可利用的土壤水分，是治理坡耕地水土流失的有效措施，蓄水、保土、增产作用十分显著。梯田的通风透光条件较好，有利于作物生长和营养物质的积累。

淤地坝是指在水土流失地区各级沟道中，以拦泥淤地为目的而修建的坝工建筑物，在坝区所成的地叫坝地。在流域沟道中可用于淤地生产的坝叫淤地坝或生产坝。淤地坝的作用主要是稳定和抬高侵蚀基准，防止沟底下切和沟岸坍塌，控制沟头前进和沟壁扩张，蓄洪、拦泥、削峰、减少入河入库泥沙，减轻下游灾害，变荒沟为良田。淤地坝是黄土高原地区广大人民群众在长期的生产实践和同水土流失的斗争中，探索、创造出的一种有效的水土保持工程措施。淤地坝具有拦泥保土的作用，能减少入黄泥沙；形成淤地可用于造田，提高粮食产量，同时坝地平坦肥沃，土壤水分条件好而且耐寒，可使农作物单位面积产量提高（是坡地单产的5~6倍），是干旱、半干旱地区群众解决粮食问题的基本农田。淤地坝还能巩固并抬高沟床（抬高侵蚀基准面），相应地稳定沟坡，防止沟底下切和沟岸扩张；防洪减灾，保护下游安全；利用坝地可解决部分粮食问题，更有利于促进退耕还林还草，实现综合治理、综合经营同步发展，加快改善生态环境和促进群众脱贫致富步伐。淤地坝是一项一举多得、利国利民的重要战略性措施。

挡土墙可防止崩塌、小规模滑坡及大规模滑坡前缘的再次滑动。主要对河渠、冲沟穿越进行护坡、护岸。对土坎、陡坡以及土体不稳定、受主体河流冲刷严重的河岸多采取挡土墙的措施。水窖、涝池等属于保水措施。水窖是地下建筑物，是黄土高原普遍应用的一种造价低廉的工程措施；涝池是指低洼之处积聚天然雨水而自然形成的池塘，天旱时可能是干涸的，天涝时就会积聚周围流过来的雨水，在干旱缺水的乡村比较常见。

山坡防护工程是以改变小地形的方法防止坡地水土流失，将雨水及融雪水就地拦蓄，使其深入农地、草地或林地，减少或防止水土流失，增加农作物、牧草以及林木可利用的土壤水分。同时，将未能就地拦蓄的坡地径流引入小型蓄水工程，在有发生重力侵蚀的坡地上，可以修筑排水工程或支撑建筑物防止滑坡。属于山坡防护工作的措施除前述的梯田水窖外，还有沟埂、水平沟、水平阶、鱼鳞坑、山坡截流沟、蓄水池等。山坡截留沟是在斜坡上每隔一定距离横坡修筑的具有一定坡度的沟道，截短坡长，阻截径流，减免径流冲刷，将分散的坡面径流集中起来，输送到蓄水工程或输送到农田、草地或林地，对保护其下部的农田，防止沟头前进，防止滑坡，维护村庄和公路、铁路的安全有重要作用。在山坡上还可以挖掘有一定蓄水容量、交错排列、类似鱼鳞状的半圆形或月牙形土坑，坑内蓄水，植树造林。

沟头防护工程、谷坊工程也是沟道治理工程，其作用在于防治沟头前进、沟床下切、沟岸扩张，减缓沟床纵坡，调节山洪洪峰流量，减少山洪或泥石流的固体物质含量，使山洪安全排泄，对沟口的冲积锥不造成灾害。沟头防护工程分为蓄水式沟头防护工程和泄水式沟头防护工程。谷坊的作用有与淤地坝类似之处，包括固定和抬高侵蚀基准，防止沟床下切；抬高沟床，稳定坡脚；减缓沟道纵坡，减少山洪流速；使沟道逐渐淤平，形成坝地。根据使用年限谷坊分为永久性谷坊和临时性谷坊；按照透水性质可分为透水性谷坊和不透水性谷坊。谷坊的位置选择在谷口狭窄、河床基岩外露、上游有宽阔平坦的储沙地方，在汇合点的下游，避开天然跌水。

拦沙坝是沟道治理的主要工程措施，其作用以拦蓄山洪及泥石流沟道中的固体物质为主。拦沙坝坝高一般为3~15m，其作用在于拦蓄泥沙以免泥沙对下游造成危害；提高侵蚀基准，减缓坝上游淤积段河床比降，加宽河床，并使流速和径流深减小，从而大大减小水流的侵蚀能力；淤积物淤满上游两岸坡脚，使岸坡崩塌作用减弱，在减少泥沙来源和拦蓄泥沙方面都可起到很大作用。

6.7.2　研究方法

与上节相同，本节也应用了层次分析法和 Delphi 专家咨询法。另外，研究中还结合了灰色系统评价法和模糊综合评价方法。

灰色系统评价就是利用灰色系统理论，尤其是关联度分析原理对多种因素所影响的事物或经济现象做出全面、系统、科学的评价。关联度分析原理是系统发展态势的统计数列几何关联相似程度的量化分析比较方法，其优点是构造了评价的最优标准。水土保持综合治理措施的各因素因子之间在对下垫面抗蚀力的影响中是错综复杂的，各因子之间有一定的关联，共同影响下垫面的抗蚀力。这就需要运用灰色系统评价的方法对水土保持措施体系中的因素因子之间进行关联度分析以便于量化。

Delphi 咨询方法是在 20 世纪 40 年代由赫尔姆和达尔克首创，经过兰德（Rand）公司进一步发展而成的。Delphi 方法依据系统的程序，采用的是匿名的、非公开的、背对背的方式，使每一位专家独立自主地做出自己的判断；专家之间不得互相讨论，不发生横向联系，只能与组织人员发生关系。在收到专家的问卷回执后，组织人员将他们的意见分类统计、归纳，不带任何倾向性地将结果反馈给各位专家，供他们作进一步的分析判断，作出新的估计。通过二、三轮次的专家问卷调查，以及对调查结果的反复征询、归纳、修改，最后汇总成专家基本一致的看法，作为预测的结果，这种研究的方法就叫做 Delphi 方法。运用 Delphi 咨询的方法咨询一定数量专家的意见，根据专家多年的研究经验给各个因子一定的评分，再综合各个专家的评分结果去进行定量，这就得出了一个相对准确的结果。

模糊综合评价方法是对受多种因素影响的事物做出全面评价的一种十分有效的多因素决策方法，其特点是评价结果不是绝对地肯定或否定，而是以一个模糊集合来表示。用模糊综合评价的方法结合层次分析法确定因素的权重。

在研究技术路线上，首先根据水土保持综合措施分类及功能，逐级分成三个层次，初步分析各个因素因子；根据研究的目的和内容，建立因素因子筛选原则体系；对黄土高原典型地区进行实地考察，主要考察各类水土保持措施的应用范围和适合条件，同时收集水土保持措施的相关数据；确定影响因素因子，建立指标体系；分析各因素因子的相关性，建立各种措施的调查表，咨询有关专家建立判断矩阵；根据判断矩阵，运用层次分析的方法确定各因子的权重，最后得到完整的指标体系。

6.7.3 水土保持综合措施抗蚀力指标体系的建立

按上节所述的原则选取水土保持综合措施抗蚀力因子。

6.7.3.1 因子确定

水土保持综合措施作用的评价不可能考虑所有的下垫面抗蚀力因子，而要筛选出主要或主导因子，在其中又筛选出主要指标的方法。只有在正确认识水土保持措施的作用和功能、分解水土保持措施构成因子的基础上，选择正确的评价指标，才有可能制定准确的指标体系，保证评价工作的正确进行。

表 6-39 为水土保持综合措施所包括的一些主要措施，但就水土保持措施对下垫面抗蚀力的影响而言，无法考虑所有措施。其中耕作措施在黄土高原分布比较零散，随着梯田工程、退耕还林还草等植被修复建设，面积相对比较小，在高分辨率的遥感影像上无法解

译出这些措施，在没有相关统计资料和规划条件下无法将其定量分析。根据因子筛选原则的主导原则和可操作性原则，只能将其作定性分析，不能作为定量分析指标体系中的一个因子。用遥感的方法很难分辨经济林、薪炭林、饲料林、用材林等，封禁可通过对比方法来判读解译，生物林草措施重点监测水土保持乔木林、灌木林以及种草。

表 6-39 水土保持措施因子初选

水土保持措施	农业耕作措施	等高耕作
		带状耕作
		沟垄耕作
	生物林草措施	造林种草
		封山育林育草
		天然草地改良
	工程措施	挡土墙
		涝池
		梯田
		鱼鳞坑
		山坡截流沟
		水窖
		沟头防护工程
		谷坊
		拦沙坝
		淤地坝
		排洪沟
		导流堤
		山区小型水利工程

黄土高原生物措施中的天然草地改良目前应用的还不是很多，一般都是通过人工造林种草治理水土流失。因此天然草地改良也不宜作为一个定量研究的因子。另外，难以对山坡截留沟、排洪沟、导流堤等泄洪措施定量化，无法提取因子专题图，不便于加入到一个通用的人类活动对下垫面抗蚀力影响评价信息系统中。挡土墙主要是用于道路、河流、隧道等的两侧，防止山体滑坡、崩塌等，是水土保持的小措施，统计比较困难，仅做定性分析。拦沙坝和谷坊是山沟治理措施，拦沙坝的作用同淤地坝差不多，在遥感影像上也很难区别这两种措施，因此将拦沙坝归于淤地坝因子中。谷坊用于岩石裸露的沟底，是为了抬高侵蚀基面，这种措施相对较少，不宜作为一个独立的因子进行分析。沟头防护工程和山区小型水利工程的种类比较杂乱，也无法采用一个定量的标准。涝池和水窖主要用于保水作用，属于保水措施，对于研究区来说，这两个措施的治理面积比较小，也不作为指标体系中的因子考虑。沟头防护、挡土墙等治理措施尺寸小，不宜用遥感的方法获得；淤地坝与梯田多为线性、面状地物，较易在遥感影像上识别。所以，解译的重点是淤地坝和梯田。由以上分析来看，梯田、乔木林、灌木林、草地、淤地坝（包括坝地）这几种水土保

持措施易于通过遥感解译。

综合上述分析，考虑到科学性和可操作性原则，将因子筛选为梯田、淤地坝以及造林种草和封山育林育草等措施（表6-40）。

表6-40 水土保持综合措施体系

水土保持措施	淤地坝
	梯田
	造林种草
	封山育林育草

6.7.3.2 确定影响因子权重

（1）建立层次模型

根据前面对岔巴沟小流域水土保持因素因子选取的研究，将岔巴沟小流域水土流失措施抗蚀力评价指标体系分为目标层 A、指标层（因子层）B。层次结构见图6-39。

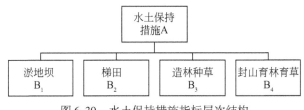

图6-39 水土保持措施指标层次结构

（2）构造判断矩阵

层次分析法要求逐层计算相互联系元素之间影响的相对重要性，并予以量化，组成判断矩阵。构造判断矩阵是层次分析法的最关键步骤。在构造判断矩阵过程中，对于两个元素之间重要性程度的标度也将对评价结果的好坏产生直接影响。常用的是 Satty 提出的标度方法，即分别以1、3、5、7、9来标度两个元素之间的重要性程度，最后建立相应的判断矩阵（表6-41）。

表6-41 因子间相对重要性标度参照表

标度内容	定义
1	A_i 和 A_j 具有同样的影响程度
3	A_i 比 A_j 影响程度稍大一些
5	A_i 比 A_j 影响程度明显大一些
7	A_i 比 A_j 影响程度大得多
9	A_i 比 A_j 影响程度大很多
2，4，6，8	A_i 比 A_j 影响程度介于相应两相邻奇数之间
上述数值倒数	A_i 在相应意义上比 A_j 影响程度小一些

需要通过咨询专家意见，确定以下各判断矩阵的相对重要性的值（表6-42）。

表6-42　专家咨询表

水土保持措施 A	淤地坝 B_1	梯田 B_2	造林种草 B_3	封山育林育草 B_4
淤地坝 B_1				
梯田 B_2				
造林种草 B_3				

①计算判断矩阵每一行乘积 M_i，则 $W_i = \sqrt[n]{M_i} = \sqrt[n]{\prod a_{ij}}$，求得 W_1，W_2，…，W_n；

②对向量 $W = (W_1, W_2, \cdots, W_n)$ 正规化，即 $\overline{W_i} = W_i / \sum_{i=1}^{n} W_i$，即为所计算的权重数；

③一致性检验，其公式为 $CR = \dfrac{CI}{RI}$。其中 $CI = \dfrac{\lambda_m - n}{n-1}$，$\lambda_m = \sum \dfrac{\overline{(AW)_i}}{n\overline{W_i}}$；RI 是平均随机一致性指标，其具体取值如表6-43所示。

上述式中，M_i 为判断矩阵第 i 行乘积；a_{ij} 为第 i 行第 j 列元素；λ_m 为最大特征根。

表6-43　RI平均随机一致性指标值

矩阵的阶 n	1	2	3	4	5	6	7	8	9
平均随机一致性指标 RI	0	0	0.58	0.90	1.12	1.24	1.32	1.41	1.45

如 $CR \leqslant 0.1$，则认为判断矩阵有满意的一致性；当 $CR > 0.1$，则必须对判断矩阵进行

自修正，修正公式为 $B = a_{ij}(1) = \dfrac{\sqrt[n]{\prod\limits_{i=1}^{n} a_{ij}}}{\sum\limits_{k=1}^{n} \sqrt[n]{\prod\limits_{j=1}^{n} a_{ij}}}$，后得完全一致化矩阵 B，再对 B 求权重即

得原矩阵各指标所对应的权重数。式中 a_{ij} 为矩阵中第 i 行第 j 列元素；k 为迭代次数。通过以上方法，可计算准则层、指标层中各指标所对应的权重数，进而确定各指标的组合权重。设准则层中各指标权重为 $\overline{W_i}$，指标层中各指标权重为 $\overline{W_{ij}}$，则各指标的组合权重为 $\overline{W_i} \times \overline{W_{ij}}$（其中 i 为1，2，3，为准则数；j 为1，2，3，…，k，为指标数）。

6.7.3.3　评价指标体系建立

通过上述研究，分别确定了岔巴沟小流域的水土保持综合措施抗蚀力评价因素因子及其相应的权重，由此构建该小流域的土壤侵蚀定量评价的指标体系（表6-44）。

表6-44　水土保持措施对下垫面抗蚀力影响评价指标体系

因素层	因子层	权重
水土保持措施 A	淤地坝 B_1	0.2629
	梯田 B_2	0.1703
	造林种草 B_3	0.3157
	封山育林育草 B_4	0.2511

6.7.4 应用实例分析

6.7.4.1 试验区概况

岔巴沟流域治理措施以治沟为主，治坡为辅；工程设施为主，林草生物措施为辅。

治沟措施以修建小型淤地坝为主。1970 年前建有库坝 139 座，坝高多在 10m 以下，库容多在 5.0 万 m³ 以下。1970 年西北农业会议之后，一场大规模的农田基本建设蓬勃兴起，截至 1978 年年底全流域共建坝库 448 座，总库容达 2548 万 m³。在全流域范围内，骨干坝与一般坝结合，大坝与小坝结合，基本是小沟有小坝，大沟有大坝，实现沟沟都有坝。在当时为黄河中游区以库坝体系治理流域的典型之一。1978 年以后，坝库建设工作渐趋低潮。岔巴沟流域共建坝库 474 座，到 1993 年汛前，其中 217 座坝库已淤满，227 座被冲毁，到 1993 年汛前仅剩 30 座。根据 1977 年和 1978 年普查成果，在岔巴沟流域累积淤积量 1668.02 万 m³ 中，1978 年以前累积淤积量为 1350.23 万 m³，占总淤积量的 80.9%，这说明淤积主要发生在 1978 年以前，1978~1992 年仅淤积 317.79 万 m³，占总淤积量的 19.1%；在总淤积量中，由于暴雨水毁等原因，累计冲刷量为 562.19 万 m³，占总淤积量的 33.7%，其中 1978 年前累积冲刷量为 243.41 m³，占总冲刷量的 43.3%，其余 56.7% 是 80 年代冲刷的。由此可见坝库的拦水拦沙能力正在衰减，而冲刷量却在增加。

坡面治理以种草、植树、修筑水平梯田等措施为主。据陕西省子洲县水利水土保持局提供的数据，流域内修筑水平梯田 53 666hm²，营造水土保持林 113 175hm²，种草 25 458hm²，合计治理面积 195 499hm²，治理程度达 70% 以上。但据 1993 年汛前库坝普查测量，山坡多有耕种，除村边道旁外，成林树林极少；草地多为不便耕种荒坡上的自然杂草，且生长稀疏，几乎找不到几块像样的人工草地；梯田多为坡式，水平梯田较少。由此可见，实际情况与统计数字出入较大。

这种以林草为主的治理，在遭遇较大基雨洪水时，仍能产生大量洪水泥沙，说明当前林草减水减沙作用不大。综上所述，一方面随着时间的推移，坝库的蓄水拦沙作用在逐渐衰减，另一方面林草对较大暴雨的蓄水拦沙作用又不大。

6.7.4.2 评价单元确定

基于栅格数据结构的评价单元，以栅格单元作为评价信息载体。这种做法具有数据结构简单、便于空间分析和地图代数运算及适用性强等优点，但其栅格的大小对评价精度的影响较大，因此确定基于栅格数据结构评价单元的核心问题是栅格的大小。一般来说，栅格大小的确定主要受 4 个方面的影响：①栅格大小对地貌形态反映的敏感性。在不同的地貌形态下，为保持数据精度，宜采用不同的栅格大小，因为栅格大小对高程、坡度和等高线的采样与分析影响较大，处理不当将损失相当多的地形信息；②栅格大小与应用要求密切关联。数据精度和风险程度不同，对 DEM 采样栅格大小的要求也不同；③应用范围与数据量的互动关系。在一定的区域范围内，栅格大小与数据量成反比关系，如果栅格大小一定，则数据量与区域范围大小成正比关系；④与同时使用的其他数据有关。在抗蚀力评价中, 涉及 DEM、遥感影像及土地利用等专题数据, 为了突出各种数据的有用信息, 需要在空间分辨率、时间分辨率等方面相互补充, 以形成更有利的识别条件。

根据岔巴沟小流域面积较小和地形起伏大的特点, 并考虑到利用 DEM 进行坡度、坡长计算等实际情况以及 ETM 遥感数据的空间分辨率, 确定的栅格大小为 10m×10m。

6.7.4.3 水土保持综合措施专题信息的提取

本节使用的数据包括岔巴沟流域 2.5m 分辨率的 SPOT-5 卫星影像和该地区 1∶1 万地形图。

（1）遥感影像预处理

遥感图像预处理的内容包括几何校正、配准和直方图匹配等。通过消除各种原因所引起的图像几何畸变, 使得地物与遥感图像像元保持正确的对应关系, 即几何校正。由于图像分辨率不同, 同样像素对应着不同的地面面积, 不能直接进行融合处理, 需要将低分辨率图像通过插值处理, 使得分辨率相同, 进行融合处理即配准。图像灰度级范围可能不一致, 如果直接进行融合将造成光谱失真, 所以在融合前需要将图像的灰度直方图进行匹配处理, 使得灰度级落在大致相同的范围内, 即直方图匹配。

1）遥感图像几何精校正

由于遥感图像的几何畸变, 在利用遥感图像进行信息提取时, 需要对遥感影像进行几何精校正, 使遥感影像与实地位置精确配准。因为搭载传感器的飞机或卫星的飞行姿态、速度变化、卫星的俯仰、翻滚, 以及地球的曲率和地球自转的影响, 往往使遥感图像在几何位置上会发生变化, 产生行列不均匀, 像元大小与地面大小对应不准确, 图像在总体上出现平移、缩放、旋转、偏扭、弯曲等几何畸变现象。也就是说, 几何畸变是指图像上的像元在图像坐标中的坐标与其在地图坐标系等参考系统中的坐标之间的差异, 消除这种差异的过程称为几何校正。

2）图像配准

图像配准指的是从不同传感器、不同时间、不同角度获得的两幅或多幅图像进行的最佳匹配。其中的一幅图像称为参考图像, 其他图像以此为基准进行配准。在图像融合中, 如果待融合图像之间没有精确配准, 那么同一地物在不同的图像中的对应关系就会有一定的偏差, 这将影响图像信息的提取、比较、分析, 使得融合的质量和准确度大大降低。通常图像融合之前要求待融和图像的配准精度在一个像素之内。图像的分辨率不同, 图像上同样像素大小对应着不同的地面面积, 如果不进行配准操作, 是无法进行融合的。因此在像素融合之前, 必须将分辨率较低的图像通过插值放大, 使得其分辨率和较高的图像保持一致, 这样相同的像元就对应了同样的地面面积, 可以进行融合处理。

图像分辨率配准所采用的方法主要是插值, 对于一幅图像其所含有的信息量是固定的, 所以不管采用什么方法, 插值放大后的图像和原来的图像的信息量相同, 只是由于所采用的插值的方法不同, 在视觉效果上有较大的区别。图像插值的目的就是利用已有的像素, 通过插值处理补充更多的像素。

3）图像直方图匹配

直方图匹配就是把原图像的直方图变换为某种特定形态的直方图，然后按照已知指定形态的直方图调整原图像各像素的灰度级，最后得到一个直方图匹配的图像。在融合SPOT5 的全色和多光谱影像时，由于两者像素灰度值明显不同，如果不进行直方图匹配而直接融合则会造成光谱的丢失，因此有必要在融合之前，进行灰度直方图匹配。

4）遥感影像融合

遥感平台和传感器的发展，使得遥感系统能够为用户提供的同一地区的多种遥感影像数据（多时相、多光谱、多传感器、多平台和多分辨率）越来越多。与单源遥感影像数据相比，多源遥感影像数据所提供的信息具有冗余性、互补性和合作性。多源遥感影像数据的冗余性表示对环境或目标的表示、描述或解译结果相同；互补性是指信息来自不同的自由度且相互独立；合作性是不同传感器在观测和处理信息时对其他信息有依赖关系。如何把这些多源海量数据各自的优势和互补性综合起来加以利用，从而充分、有效、提取各种类型遥感影像的综合信息，克服遥感影像单一信息源不足的问题，即如何将不同类型遥感数据进行融合已成为一个需要迫切解决的问题。融合的目的是通过综合不同数据所含信息优势或互补性，得到最优化的信息，以减少或抑制对被感知对象或环境解译中可能存在的多义性、不完全性、不确定性和误差，最大限度地利用各种信息源提供的信息。

将遥感影像进行了图像预处理和图像融合后，可利用影像提取水土保持信息。

（2）遥感影像解译

遥感影像解译的目的是根据具体的应用目的分析图像特点，获取所需信息。解译主要包括以下方面的内容与要求。

①确定各种地物目标的空间分布范围，勾绘分布界限；②揭示划分每个影像轮廓内的地物目标类型和属性，或进行必要的量测，包括长度、面积等；③分析各类地物目标的空间分布规律以及与其他景观要素之间的相关性，并根据应用目的作出决策要求的判断与评价意见。

遥感图像中目标地物特征是地物电磁辐射差异在遥感影像上的典型反应，按其表现形式的不同，目标地物特征可以概括分为"色、形、位"三大类，其中"色"是指目标地物在遥感影像上的颜色，包括目标地物的色调、颜色和阴影等；"形"指目标地物在遥感影像上的形状，包括目标地物的形状、纹理、大小、图形等；"位"指目标地物在遥感影像上的空间位置，包括目标地物分布的空间位置、相关布局等。

主要的分解特征有：

①色调：全色遥感图像中从白到黑的密度比例叫色调（也叫灰度）。色调标志是识别目标地物的基本依据，依据色调标志，可以区分出目标地物。在一些情况下，还可以识别出目标地物的属性；

②颜色：是彩色遥感图像中目标地物识别的基本标志；

③阴影：是遥感图像上光束被地物遮挡而产生的地物的影子，根据阴影形状、大小可判读物体的性质或高度；

④形状：目标地物在遥感图像上呈现的外部轮廓；

⑤纹理：指遥感图像中目标地物内部色调有规则变化所造成的影像结构；

⑥大小：指遥感图像上目标物的形状、面积等的度量；

⑦位置：指目标地物分布的地点。目标地物与其周围地理环境总是存在着一定的空间联系，并受周围地理环境的制约。位置是识别目标地物的基本特征之一；

⑧图形：目标地物有规律的排列而成的图形结构；

⑨相关布局：多个目标地物之间的空间配置关系。

地面各种目标地物在遥感图像中存在着不同的色、形、位的差异，构成了可供识别的目标地物特征。

通过遥感图像解译提取目标信息，本研究采用人机交互解译方法提取植被信息，即凭着光谱规律、地学规律和解译者的经验从影像的亮度、色调、位置、时间、纹理、结构等各种特征推出地面的景物类型，沿影像特征的边缘准确勾绘图斑界，并赋图斑属性代码。

影像解译标志是内业解译的依据，在解译工作开始之前，必须结合影像到实地建立影像色调、纹理结构、颜色、形状与水土保持措施的对应关系，这样才可在室内准确地对影像进行判读，保证解译数据精度。通过外业调查，拍摄相应的野外实况照片，利用 GPS 准确定位，建立影像特征与实地的对应关系。

（3）梯田信息提取及分析

采用 RGB-HIS 融合方法获得 SPOT5 的 2.5m 全色和 10m 多光谱的融合影像。利用融合影像和 10m 多光谱影像提取梯田信息，在此基础上，赴实验样区（典型小流域绥德岔巴沟）进行野外实地调查，建立梯田信息解译标志。

根据已建立的梯田解译标志，结合岔巴沟流域 1：1 万地形图勾绘出梯田的面积。这样将岔巴沟流域的梯田措施的专题信息提取出来。再根据确定的 10m×10m 的评价单元将专题信息转换成栅格数据。

（4）淤地坝信息提取及分析

从监测效果来看，淤地坝在影像上表现为线状地物，较易识别。利用 SPOT5 的 2.5m 全色和多光谱的融合影像、5m 全色和多光谱的融合影像，通过目视解译，按淤地坝控制流域的分水线，提取淤地坝信息。

遥感影像经过解译后，以有较高分辨率的遥感影像 SPOT5 的 2.5m 全色与多光谱的融合影像为参考影像，对淤地坝坝地面积和形状进行精度评价。抽样 30 处坝地，以 SPOT5 的 2.5m 全色与多光谱融合影像目视解译成果为参考，检验淤地坝坝地面积、形状的一致性。

（5）植被信息提取及分析

利用 SPOT5 的 2.5m 全色和多光谱的融合影像进行解译提取乔木、灌木、草地信息，从类别、面积对影像提取植被信息的精度进行评价。由于草地在试验区非常少，从乔木和灌木集中区中选择样区进行精度评价。

经过遥感影像解译后，对其进行精度评价。以有较高分辨率的遥感影像 SPOT5 的

2.5m 全色与多光谱融合影像为参考影像，以野外实地验证数据为参考数据，对 SPOT5 的 2.5m 全色遥感影像与多光谱遥感影像的融合影像提取的植被信息的类别与面积进行评价。植被类型以实地考察为准，面积以 SPOT5 的 2.5m 全色与多光谱融合影像数据目视解译结果为准。查询子洲县林业区划报告并结合实验区的遥感影像，发现子洲县并没有采用封禁措施，所以该实验区没有封禁措施，对于封山育林育草这个因子在试验区不作考虑。

6.7.4.4 计算结果

(1) 措施控制区域权重计算

根据遥感影像提取的结果，将措施图层分为梯田图层、淤地坝图层和造林种草图层。但是经过分析发现，淤地坝控制的区域里面也有造林种草和梯田，这就需要对这些多措施的区域进行单独考虑，解决的办法是将多措施的区域里各个措施的权重相加定为该区域的权重。例如，淤地坝控制区域里的造林种草措施的权重为淤地坝的权重加上造林种草的权重，即为 0.5786。没有水土保持措施的区域的权重定为 0。根据这样的处理得出一个新的权重体系表（表6-45）。

表6-45 各区域类型权重

区域类型	权重
无措施区域	0
淤地坝	0.2629
梯田	0.1703
造林种草	0.3157
淤地坝–梯田	0.4332
淤地坝–造林种草	0.5786

(2) 措施分值标准化

水土保持综合措施图层包含6种不同类型的分区，每个类型分区的抗蚀能力是不相同的。这就需要对每种类型区的抗蚀能力给予定量计算。通过加权极差标准化的方法将各个类型区的相对抗蚀能力归一化为 0 ~ 100，将抗蚀能力最好的区域给定分值100，最差的为 0（表6-46）。

表6-46 各个类型区的相对抗蚀能力分值

区域类型	权重	分值
无措施区域	0	0
淤地坝	0.2629	45
梯田	0.1703	29
造林种草	0.3157	55
淤地坝–梯田	0.4332	74
淤地坝–造林种草	0.5786	100

用表 6-46 的分值，在空间数据属性表中加上分值字段，并将各个值赋予相应的区域里，得出各个区域的分类（图 6-40）。

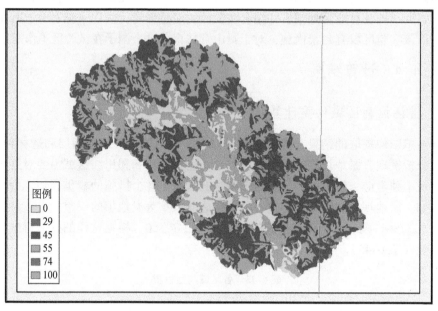

图 6-40 水土保持措施相对抗侵蚀能力分类图

（3）结果分析

通过对以上分析得知，岔巴沟地区水土保持综合措施对下垫面抗蚀力有着很大的影响。统计分析各种措施影响面积时发现，淤地坝和造林种草措施对该区域影响的面积最大，这与实地考察时得出的结果相一致。各措施的统计情况如表 6-47 所示。

表 6-47 水土保持综合措施影响面积统计

区域类型	分值	影响面积 km²
无措施区域	0	23.5109
淤地坝	45	73.334
梯田	29	1.53
造林种草	55	29.8813
淤地坝–梯田	74	4.8065
淤地坝–造林种草	100	78.7482

淤地坝可以影响整个坝的上游区域，在黄土高原水土流失的治理中有着不可替代的作用。其次造林种草在小流域治理中也起着非常重要的作用。岔巴沟流域造林种草分布广泛，也是一项非常重要的措施。研究区内梯田比较分散，而且面积比较小，分布在少数坡面上，对水土流失的影响面积比较小。从整体上来看，水土流失治理的人类活动对下垫面抗蚀力可以起到很大影响。

6.8 小　　结

1）介绍了，主要是基于遥感信息的土壤侵蚀因子提取方法，包括植被信息，如植被指数、植被覆盖度等；土地利用/土地覆盖信息；土壤、地形以及水土保持措施等。同时针对研究中可能用到的离散数据，介绍了空间数据插值方法，为将离散的点位测量数据扩展到空间平面上提供了技术基础。

2）针对降雨的空间分异性及降雨观测站点位置及分布密度不够的问题，介绍了基于遥感的降雨空间分异研究成果。进一步介绍了降雨的土壤侵蚀效应，降雨侵蚀力的时空分布问题以及降雨相关参数与土壤流失量之间的相关关系。

3）采用专家咨询、经验公式与实地考察相结合的方法，分析了不同植被盖度下的下垫面抗蚀力影响效果，提出了植被对下垫面抗蚀力影响效果的评估方法，并应用于岔巴沟流域。从目前来说，所建立的指标体系还有待改进，其合理成分是结合专家意见以及众多专家学者的经验公式后总结而来，但其经验公式考虑的范围不同，专家意见的不一致性和主观性以及计算推算出的分值体系还有待深化研究。

植被遥感信息的提取与解译，历来是个一难题，目前国际上并没有一个统一的方法标准，人工实地考察费时费力，不能做到考察所有地区，计算机屏幕解译提取植被信息，既需要解译者对当地有相当的了解、具有丰富的地学知识与判读经验，又要花费大量的时间，其劳动强度大，信息获取周期长。本章结合传统的监督分类，开展光谱信息解译，工作量相对少，单个像元表示地物准确，具有明显的优点。但是从整个区域上来看，因为光照角度的不同，判别地物的光谱波长变化范围的接近，在一定程度上会影响精度所以植被遥感解译仍然需要进一步研究。

4）在对影响土壤抗蚀能力定量评价的地形地貌因子分析基础上，筛选出坡度、坡长、沟壑密度、地形起伏度、地貌部位等5个参评因子，对各个因子与土壤侵蚀之间的关系进行了定性描述及定量分析，完成了各个因子的指标值分级。采用层次分析法确定了各个参评因子的权重，从而最终确定了地形地貌各因子对土壤侵蚀的定量评价，借助 GIS、RS 技术，利用所建立的指标体系，完成了岔巴沟流域地形地貌因素对土壤侵蚀的评价，最后利用线性函数归一化的方法，计算出地形地貌各因子综合影响下的岔巴沟流域抗蚀力分值，完成了地形地貌因素对岔巴沟流域下垫面影响的定量评价指标体系。分析表明，整个岔巴沟流域下垫面的抗蚀力相对较弱。研究主要是针对黄土高原丘陵沟壑区岔巴沟流域，但基于下垫面抗蚀性的定量评价指标体系在黄土高原丘陵沟壑区均具有普遍性和一般性。

5）在土壤抗冲系数、土壤渗透系数、土壤抗剪切系数和土壤崩解系数和土壤水分、地面随机糙度等相关等级的野外现场测试的基础上，分析各个测点土壤的理化性质和测试指标的关系。第一次把相关抗蚀性模型引入到岔巴沟流域，并对土种的抗蚀性进行机理分析，有助于找到更好的土壤抗蚀性评价指标。黄土高原区土壤侵蚀集水蚀和风蚀为一体，引用抗蚀性指数虽然得到了不同土壤类型的预期抗蚀性评价，然而，在模型模拟评价中还应考虑参数的变动。

6）建立了岔巴沟流域土地利用类型对土壤抗蚀力评价的指标体系，不但可用于土地利用类型等单因素对土壤抗蚀力影响的评价研究，也可以应用于多因素对土壤抗蚀力影响的综合分析。研究发现，对于不易于定量化分析的土地利用类型对土壤抗蚀力的研究中，可以在运用专家知识的基础上，通过层次分析方法得到不同土地利用类型的抗侵蚀力比重，确定不同土地利用类型的抗蚀能力得分，进而来评价土壤抗侵蚀力，该方法是科学有效的，为以后进行相关研究提供了新的研究方法和途径。

7）研究了水土保持综合措施对下垫面的影响，定量研究了指标体系建立、评价方法选择、指标权重确定、措施数据提取等多方面内容。在分析评价过程中要根据黄土高原的实际情况和评价的目的确定指标体系、评价方法和指标的权重，尽量减少人为因素所导致的误差，使结果更趋于真实性。通过对小流域水土保持综合措施对下垫面抗蚀力的影响进行的深入研究，建立了水土保持措施对下垫面抗蚀力影响的定量研究指标体系，并建立了水土保持措施对小流域抗蚀力研究的一套评价方法。该指标体系也可以用于多个影响因素对下垫面抗蚀力的研究。该方法应用于岔巴沟流域具有典型性，通过在该地区应用研究表明，得出的结论与实地考察得出的结论相符合，因此，该方法在黄土高原小流域下垫面抗蚀力的研究中具有一定的科学性和有效性。

参 考 文 献

白占国.1993.从地貌空间结构特征预测土壤侵蚀的研究——以神府、东胜煤田区为例.中国水土保持，12：23-24

卜兆宏，董勤瑞，周信建，等.1992.降雨仗蚀力因子新算法的初步研究.土壤学报.29（4）：409-417

卜兆宏，赵宏夫，刘绍清，等.1993.关于土壤流失量遥感监测的植被因子算式的初步研究，遥感技术与应用，8（4）：16-22

陈怀亮，毛留喜，冯定原.1999.遥感监测土壤水分的理论、方法及研究进展.遥感技术与应用，（2）：55-65

陈明华，阮伏水.1996.关于土壤可蚀性指标的讨论.水土保持通报，16（6）：68-72

陈明华，周伏建，黄炎和.1995.土壤可蚀性因子的研究.水土保持学报，9（1）：19-24

陈明华，周伏健，黄炎和.1995.坡度和坡长对土壤侵蚀的影响.水土保持学报，9（1）：31-36

单建平，陶大立.国外对树木细根的研究动态.生态学杂志，1992，11（4）：46-49

董荣万，朱兴平，何增化，等.1998.定西黄土丘陵沟壑区土壤侵蚀规律研究.水土保持通报，18（3）：1-9

方纲，阮伏水，吴雄海.1997.福建省主要土壤可蚀性特征初探，福建水土保持，19-23

方华荣，赖民基.1982.日本农田的土壤侵蚀预测.中国水土保持，（4）：63-64

付炜.1992.黄土丘陵沟壑区土壤侵蚀预测模型建立方法的研究.水土保持学报，6（3）：6-13

付炜.1995.土壤侵蚀信息系统的结构设计.灾害学，（2）：23-37

傅伯杰，陈利顶，马克明.1999.黄土丘陵小流域土地利用变化对生态环境的影响—以延安市羊圈沟流域为例，地理学报，54（3）：241-247

傅伯杰，汪西林.1994.DEM在研究黄土丘陵沟壑区土壤侵蚀类型和过程中的应用.水土保持学报，1994，8（3）：17-21

顾祝军，曾志远.2005.遥感植被盖度研究.水土保持研究，12（2）：18-21

郭华东.2001.对地观测技术与可持续发展.北京：科学出版社：20-280

郭忠升.1997.水土保持林有效覆盖率（ECR）的初步研究.西北林学院学报，12（1）：97-100

侯喜禄，曹清玉．1990．黄土丘陵区幼林和草地水保及经济效益研究．水土保持通报，10（4）：53-60

黄承标，韦炳二，黎洁娟．1991．广西不同植被类型地表径流的研究．林业科学，27（5）：490-497

黄河水利科学研究院．2008．流域下垫面抗蚀性指标与土壤侵蚀快速评估方法研究．5

黄诗峰，钟邵南，徐美．2001．基于 GIS 的流域土壤侵蚀量估算指标模型方法——以嘉陵江上游西汉水流域为例．水土保持学报，15（2）：5-7

黄炎和，付勤．1992．闽东南降雨侵蚀力指标 R 值的研究．水土保持学报，6（4）：1-5

贾华．1995．层次分析法中权重算法的一种改进．武测科技，1995，（3）：25-30

贾志军，王小平，李俊义．1987．晋西黄土丘陵降雨侵蚀力 R 指标的确定．中国水土保持，（6）：19-22

江忠善，宋文经，李秀英．1983．黄土地区天然降雨雨滴特性研究．中国水土保持，（3）：32-36

江忠善，贾志军，刘志．1990．降雨特征与水土流失关系的研究．西北水土保持研究所集刊，12：9-15

蒋定生．1978．黄土抗蚀性的研究．土壤通报，4：20-23

焦菊英，王万中，李靖．2000．黄土高原林草水土保持有效盖度分析．植物生态学报，24（5）：608-612

金争平，赵焕勋，和泰，等．1991．皇甫川小流域土壤侵蚀量预报方程研究．水土保持学报，5（1）：8-18

景可，卢金发，梁季阳，等．1997．黄河中游侵蚀环境特征和变化趋势．郑州：黄河水利出版社

景可，王万忠，郑粉莉．2005．中国土壤侵蚀与环境．北京：科学出版社

孔亚平，张科利，曹龙熹．2008．土壤侵蚀研究中的坡长因子评价问题．水土保持研究，15（4）：43-47，52

赖仕嶂，吴锡玄，杨玉盛，等．2001．论森林与土壤保持．福建水土保持，13（2）：11-14

雷会珠，杨勤科，焦锋．2000．黄土高原丘陵沟壑区的土壤侵蚀与土地利用．水土保持研究，7（2）：48-51

黎锁平．1995．水土保持综合治理效益的灰色系统评价方法．水土保持科技情报，（4）：23-26

李发斌，王青，李树怀．2004．王家沟流域水土保持工程措施经济效益分析．水土保持研究，11（3）：237-240

李建牢，刘世德．罗玉沟流域土壤抗蚀性分析，中国水土保持，1987（Ⅱ）：34-37

李静，刘志红，李锐．黄土高原不同地貌类型区降雨侵蚀力时空特征研究［J］．水土保持通报，2008（3）：124-127

李孝地．1998．黄土高原不同坡向土壤侵蚀分析．中国水土保持，（8）：52-54

李友军，黄明，吴金芝，等．2006．不同耕作方式对豫西旱区坡耕地水肥利用与流失的影响．水土保持学报，（2）：42-45

李玉凤，王波，李小明．2008．基于 SPOT5 影像的山东南四湖地被覆盖分类研究．遥感技术与应用，23（1）：62-66

林超，李昌文．1985．阴阳坡在山地地理研究中的意义．地理学报，1985，40（1）：20-28

刘宝元，张科利，焦菊英．1999．土壤可蚀性及其在侵蚀预报中的应用，自然资源学报，1999，14（4）：345-350

刘秉正．1993．渭北地区 R 的值算及分布．西北林学院学报，8（2）：21-29

刘德地，陈晓宏，楼章华．2009．基于云模型的降雨时空分布特性分析．水利学报，40（7）：850-857

刘和平，袁爱萍，路炳军，等．2007．北京侵蚀性降雨标准研究．水土保持研究，14（1）：215-220

刘伦辉，刘文耀，郑征．1990．滇中山地主要植物群落水土保持效益比较．水土保持学报，（01）：36-43

刘素媛，聂振刚．1988．辽西低山丘陵半干旱地区天然降雨雨滴特性研究初报．中国水土保持，15（5）：14-18

卢金伟．2002．土壤团聚体水稳定性及其与土壤可蚀性之间关系研究．西北农林科技大学．17-29

吕士行, 余雪标.1990. 杉木造林密度与根系生长的关系. 林业科技通讯, (11): 1-3

吕喜玺.1992. 土壤可蚀性 K 值的初步研究, 水土保持学报, 6 (1): 63-70

罗伟祥, 白立强, 宋西德, 等.1990. 不同覆盖度林地和草地的径流量与冲刷量. 水土保持学报, 4 (1): 1-3

马超飞, 马建文, 布和敖斯尔.2001. USLE 模型中植被覆盖因子的遥感数据定量估算. 水土保持通报, 2001, 21 (4): 6-9

马琦, 王琦.2005. 几种草被植物的水土保持效应研究. 草业科学, 22 (10): 72-74

马玉玺, 杨文治, 杨新民.1990. 陕北黄土丘陵沟壑区刺槐林水分生态条件及生产力研究. 水土保持通报, 10 (6): 71-77

马志尊.1989. 应用卫星影像估算通用土壤流失方程各因子值方法的探讨. (3): 24-27

年顺龙, 杨建祥, 曹顺伟.2005. 森林资源遥感调查中植被因子的提取方法. 南京林业大学学报 (自然科学版), 29 (4): 120-122

彭鸿, Bemd Stimm, Reinhard Mosandl. 陕北黄土高原森林植被的性质和当前森林培育的策略. 水土保持通报, 2002, 22 (6): 2-6

冉大川, 郭永乐, 等.2001. 泾河流域水土保持措施减水减沙作用分析. 人民黄河, 23 (2): 9-11

时新玲, 李智广.2002. 基于矢量和栅格数据结构的土壤侵蚀强度判别方法的研究. 水土保持通报, 2002, 22 (1): 34-38

史学正, 于东升, 吕喜玺.1995. 用人工模拟降雨仪研究我国热带土壤可蚀性, 水土保持学报, 9 (3): 38-42

汤国安, 杨玮莹, 秦鸿儒, 等.2002. GIS 技术在黄土高原退耕还林草工程中的应用. 水土保持通报, 22 (5): 47-50

汪有科, 吴钦孝, 韩冰, 等.1994. 森林植被水土保持功能评价. 水土保持研究, 1 (3): 24-30

王礼先.1987. 侵蚀指数微分计算法. 中国水土保持, (7): 5-6

王思远, 刘纪远, 张增祥, 等.2001. 中国土地利用时空特征分析. 地理学报, (6): 631-639

王万忠, 焦菊英, 郝小品, 等.1995. 中国降雨侵蚀力 R 值的计算与分布 (Ⅰ). 水土保持学报, 9 (4): 5-18

王万忠, 焦菊英, 郝小品, 等.1996. 中国降雨侵蚀力 R 值的计算与分布 (Ⅱ), 土壤侵蚀与水土保持学报, 2 (1): 29-39

王万忠, 焦菊英.1996a. 中国的土壤侵蚀因子定量评价研究. 水土保持通报, 16 (5): 1-20

王万忠.1983a. 黄土地区降雨特性与土壤流失关系的研究. 水土保持通报, 3 (4): 7-13

王万忠.1983b. 黄土地区降雨特性与土壤流失关系的研究 Ⅱ——降雨侵蚀力指标 R 值的探讨. 水土保持通报, (5): 62-65.

王万忠.1984. 黄土地区降雨特性与土壤流失关系的研究 Ⅲ——关于侵蚀性降雨的标准问题. 水土保持通报, (2): 58-63

王万忠.1987. 黄土地区降雨侵蚀力 R 指标的研究. 中国水土保持, (12): 34-38

王佑民, 郭培才, 高维森.1994. 黄土高原土壤抗蚀性研究. 水土保持学报, (12): 12-14

魏强, 柴春山.2007. 半干旱黄土丘陵沟壑区小流域水土流失治理综合效益评价指标体系与方法. 水土保持研究, 14 (1): 87-89

魏天兴, 朱金兆.2002. 黄土残塬沟壑区坡度和坡长对土壤侵蚀的影响分析, 北京林业大学学报, 24 (1): 59-62

温兴平, 胡光道, 杨晓峰.2008. 基于光谱特征拟合的高光谱遥感影像植被覆盖度提取. 地理与地理信息科学, 24 (1): 27-30

翁契夫.1988.计算降雨侵蚀度的通用指数.土壤侵蚀与水土保持,278-281

吴普特,周佩华,郑世清.1993.黄土丘陵沟壑区(Ⅲ).土壤抗冲性研究,水土保持学报,7(3):19-36

吴普特.1997.黄土区土壤抗冲性研究进展及亟待解决的若干问题.水土保持研究,(4):59-66

吴素业.1992.安徽大别山区降雨侵蚀力指标的研究.中国水土保持,(2):32-33

吴素业.1994.安徽大别山区降雨侵蚀力简化算法与时空分布规律.(4):12-13

夏青,何丙辉.2006.土壤物理特性对水力侵蚀的影响.水土保持应用技术,(5):13-14

夏卫兵.1994.略谈水土流失与土壤侵蚀.中国水土保持,(4):48-49

向万胜,梁称福,李卫红.2001.三峡库区花岗岩坡耕地不同种植方式下水土流失定位研究.应用生态学报,(1):47-50

小高和则,远藤治郎,洪双旌.1986.关于林地内外雨滴侵蚀的研究.中国水土保持,(4):58-61

谢云,刘宝元,章文波.2000.侵蚀性降雨标准研究.水土保持学报,14(4):6-11

杨艳生,史德明.1982.关于土壤流失方程中 K 因子的探讨,中国水土保持,(4),39-42

杨子生.1999.滇东北山区坡耕地土壤流失方程研究.水土保持通报,19(1):1-9

姚文艺,李占斌,康玲玲.2005.黄土高原土壤侵蚀治理的生态环境效应.北京:科学出版社,93-112

姚文艺,徐建华,冉大川,等.2011.黄河流域水沙变化情势分析与评价.郑州:黄河水利出版社

姚治君,廖俊国,陈传友.1991.云南玉龙山东南坡降雨因子与土壤流失关系的研究.自然资源学报,(4):11-15

殷水清,谢云.2005.黄土高原降雨侵蚀力时空分布.水土保持通报,25(4):29-33

尹国康,陈钦峦.1989.黄土高原小流域特性指标与产沙统计模式.地理学报,44(1):32-44

于东升,史学正,梁音.1997.应用不同人工模拟降雨方式对土壤可蚀性 K 值的研究.土壤侵蚀与水土保持学报,3(6):53-57

于东升,史学正,吕喜玺.1998.低丘红壤区不同土地利用方式的 C 值及可持续性评价.水土保持学报,4(1):71-76

于野,王闯,王铮.2003.地理信息系统支持下的降雨时空统计分析.测绘通报,(2):44-46

余新晓,毕华兴,朱金兆,等.1997.黄土高原森林植被水土保持.植物生态学报,21:433-440

张爱国,李锐,杨勤科.2002.中国水土流失土壤因子数学模型.山地学报,20(3):284-289

张爱国,张仓平,杨勤科.2003.区域水土流失土壤因子研究.北京:地质出版社

张超飞,李文卿,等.2001.USLE 模型中植被覆盖因子的遥感数据定量估算.水土保持通报,21(4):6-9

张科利.2001.黄土高原地区土壤可蚀性及其应用研究,生态学报,(10):1687-1695

张胜利,李倬,赵文林,等.1998.黄河中游多沙粗沙区水沙变化原因及发展趋势.郑州:黄河水利出版社

张宪奎,许靖华,卢秀琴,等.1992.黑龙江省土壤流失方程的研究.水土保持通报,12(4):1-9

张岩,刘宝元,史培军,等.2001.黄土高原土壤侵蚀作物覆盖因子计算.生态学报,21(7):1050-1055

张岩,袁建平,刘宝元.2002.土壤侵蚀预报模型中的植被覆盖与管理因子研究进展,应用生态学报,13(8):1033-1036

张祖荣.2002.植物根系提高土壤抗侵蚀能力的初步研究.渝西学院学报(自然科学版),15(1):31-35

赵英时,李小文,陈东梅,等.2006.遥感应用分析原理与方法.北京:科学出版社

郑世清,周佩华.1988.土壤容重和降雨强度与土壤侵蚀和入渗关系的定量分析.中国科学院西北水土保持研究所集刊,(1):53-56

郑郁善，陈卓梅，邱尔发，等. 不同经营措施笋用麻竹人工林的地表径流研究. 生态学报，2003，（11）：2387-2395

周伏建，黄炎和.1995. 福建省降雨侵蚀力指标 R 值. 水土保持学报，9（1）：13-18

周佩华，武春龙.1993. 黄土高原土壤抗冲性的试验研究方法探讨，水土保持学报，7（1）：29-34

周祖昊，贾仰文，王浩，等.2006. 大尺度流域基于站点的降雨时空展布. 水文，26（1）：6-11

朱波，陈实，廖晓勇，等.2000. 陡坡耕地的开发利用与保护——一种农林复合模式. 山地学报，（1）：37-41

朱波，彭奎，高美荣，等.2001. 川中丘陵区土地利用变化的生态环境效应——以中国科学院盐亭紫色土农业生态试验站集水区为例. 山地学报，（S1）：14-19

朱显谟.1956. 黄土区土壤侵蚀分类. 土壤学报，（2）

朱显谟.1960. 黄土高原地区植被因素对水土流失的影响. 土壤学报，8（2）：110-121

朱显谟.1998. 黄土高原国土整治"28 字方略"的理论与实践. 中国科学院院刊，（3）：232-236

朱显谟，张相麟，雷文进.1954. 泾河流域土壤侵蚀现象及其演变. 土壤学报，（2）：209-222

Akima H. 1970. A new method of interpolation and smooth curve fitting based on local procedures. Journal of the ACM, 17（4）：589-602

Banda A Z, Maghembe J A, Ngugi D N, et al. 1994. Effect of intercropping maize and closely spacedLeucaena hedgerows on soil conservation and maize yield on a steep slope at Ntcheu, Malawi. Agroforestry systems, 27（1）：17-22

Baret F, Guyot G, Major, D J. 1989. TSAVI：a vegetation index which minimizes soil brightness effects on LAI and APAR estimation. in Proceedings of the 12th Canadian Symposium on Remote Sensing and IGARSS'89, Vancouver（Canada）.3：1355-1358.

Deering D W. 1978. Rangeland reflectance characteristics measured by aircraft and spacecraft sensors, Ph. D. dissertation, Texas A&M University, College Station, TX, 338PP.

Elwell H A, Stocking M A. Parameters for estimating annual runoff and soil loss from agricultural lands in Rhodesia. Water Resources Research, 1975, 11（4）：601-605

Fennessy M J, Xue Y. 1997. Impact of vegetation map on GCM seasonal simulations over the United States. Ecological Application. 7：22-33

Foster G R. 1982. Modeling the erosion process. Hydrologic modeling of small watersheds, 11：295-380

Gale M R, Grigal D E. Vertical root distribution of northern tree species in relation to successional status. Can J For For, 1987（17）：829-834

Hickey R, Smith A, Jankowski P. 1994. Slope length calculations from a DEM within ARC/INFO GRID. Computers, environment and urban systems, 18：365-380

Hudson N W. 1971. Soil erosion. London ：BT Batsford Ltd, 324：44-48

Huete A R. 1988. A soil-adjusted vegetation index. Remote sensing of environment, 25：295-309

Jackson R B, Canadell J, Ehleringer J R, et al. 1996. A global analysis of root distributions for terrestrial biomes. Oecologia, 108：389-411

Loveland K A, Tunali-Kotoski B, Chen Y R, Ortegon J, Pearson D A, Brelsford K A, Gibbs M C. （1997）. Emotion recognition in autism：Verbal and nonverbal information. Development and Psychopathology, 9：579-593

Narain Y and Fredga K. 1998. Spermatogenesis in common shrews, Sorex araneus, from a hybrid zone with extensive Robertsonian polymorphism. Cytogenet Res Genome 80：1-4

Paninghatan, E. P. , IC. A. Ciesiolka, K. J. Coughlan. C. W. Rose. 1995. Alley cropping for managing soil erosion of hilly Iands in the Philippines. Soil Technology, (8): 193-204

Pielke R A, Lee T J, Copeland J H, et al. 1997. Use of USGS-Provided data to improve weather and climate simulations. Ecological Applications, 7: 3-21

Richardson, Alan. 1977. Verbalizer-Visualizer: ACognitive Style Dimension, Journal of Mental Imagery, 1 (1): 109-126

Saaty T L. 1980. The analytic hierarchy process. New York: McGraw Hill: Inc

Wischmeier W H, Smith D D. 1978. Predicting rainfall erosion losses, USDA Handbook, No 537

Wischmeier W H, Smith D D, 1958: Rainfall energy and its relationship to soil loss, . Trans. Am. Geophys. Union, 39. 285-291

Wischmeier W H, Smith D D. 1965. Predicting Rainfall-erosion Losses from Cropland East of the Rocky Mountains, USDA Agriculture Handbook, No. 282, United States Department of Agriculture, Washington, D. C. 47. 1965

第二篇　土壤侵蚀模型

第7章 土壤侵蚀模型研究进展

土壤侵蚀数学模型是实现流域科学管理的重要手段之一。随着人们对水土流失规律认识的深入、计算机技术和现代信息技术的发展，自 20 世纪 80 年代特别是 90 年代以来，世界上许多发达国家的流域管理都逐步实现了数字化。目前，我国的流域管理在这方面也做了不少工作，逐步从简单的数据管理到通过数学模型进行系统模拟，如黄河水利委员会实施的"数字黄河"工程建设等（水利部黄河水利委员会，2003）。我国是世界上水土流失最严重的国家之一，尤其是黄河流域黄土高原地区，多年平均进入黄河的泥沙多达 16 亿 t。因此，建立土壤侵蚀产沙数学模型预测水土流失发展趋势、评价流域治理效果、提供河流治理开发与管理的水沙参数，对于我国水土保持、生态建设和江河治理等生产实践有着更为重要的意义与作用，是《国家中长期科学和技术发展规划纲要（2006—2020年)》中环境领域优先主题的主要内容之一。

然而，由于受土壤侵蚀学科发展滞后于水土保持生产实践的影响，至今我国土壤侵蚀产沙预测与预报模型的研究仍是一个薄弱领域，无法满足水土保持生态建设的国家宏观战略决策需求。随着我国经济社会的发展，尤其是随着全面实施小康社会建设的快速推进，加之我国水土资源的日益紧缺，对水土保持科学研究与发展提出了愈来愈高的目标与要求。面对这种态势，很有必要总结国内外土壤侵蚀产沙数学模型的研究进展、主要成果和存在问题，从而促进我国土壤侵蚀产沙模型研究工作。

7.1 我国土壤侵蚀数学模型研究概况

根据土壤侵蚀数学模型的建模理论基础可将土壤侵蚀预报模型分为经验统计模型和物理成因模型（又称机理模型）。经验统计模型是利用数理统计理论，对试验观测资料进行分析，研究影响土壤侵蚀的因素及其相互间的关系，进而建立计算土壤流失量数学表达式。机理模型以土壤侵蚀的物理过程为基础，利用水文学、流体动力学、土壤学、泥沙运动动力学以及其他相关学科的基本原理，建立具有明确物理意义的描述土壤侵蚀产沙物理过程的数学模型，进而对不同条件下土壤侵蚀产沙量进行预测预报。从国内外的研究进展看，土壤侵蚀数学模型的发展都是以经验模型开始的，其后随着对水土流失过程的认识加深，机理模型才得以出现和发展。

我国土壤侵蚀模型研究大致有三个发展较快的时期，第一个时期是 20 世纪 50 年代的起步阶段，这个时期主要是结合黄土高原天水、绥德、西峰、离石等水土保持科学试验站的观测资料，以建立坡面土壤侵蚀经验模型为主。第二个时期是 20 世纪 80 年代，这个时期的经验模型和机理模型都得到发展。其中，对于机理模型的研究基本上是起步阶段，而经验模型则得到了更为宽域的发展，主要表现在一是随着 USLE 的引进，结合我国特殊的侵蚀产沙环境，开展了 USLE 因子研究，建立了不少改进的 USLE 模型；二是提出了用于坡面的产沙经验模型；三是开始了利用线性系统的理论探讨流域产沙预报的方法。第三个时期是自 20 世纪 90 年代以来，我国基于 3S 技术的分布式流域产沙机理模型得到较快发展，且在建模理论上与国外相关模拟技术的差距有所缩小。

7.1.1 经验模型

最初，人们对土壤侵蚀的认识是通过建立野外试验和观测点，对侵蚀现象进行定性描述和观测记录。例如，美国于 20 世纪初期在犹他州开始观测径流和土壤流失量；1917 年，美国密苏里大学土壤系主任 Miller 模仿早期德国的研究创设了一批试验小区，由此开始因子定量化的首次综合性工作。从 1930 年开始，国外在代表流域和试验流域上开展了径流泥沙研究，揭示各要素物理过程的本质，利用统计分析的方法建立经验性的流域数学模型，推求并优选其参数，为流域产沙预报，流域水资源的保护、合理利用及开发的经济、生态效益估算等提供依据。最有代表性的经验模型是由 Wischmeier 和 Smith 于 1965 年总结提出的估算流域平均产沙量的通用土壤流失方程 USLE，这在很大程度上推动了土壤侵蚀由定性研究走向定量研究。

我国关于土壤侵蚀规律的试验研究起始于 20 世纪 40 年代初。以 1942 年天水水土保持科学试验站的设立为标志（黄河水利委员会黄河中游治理局，1993），我国对土壤侵蚀规律研究进入发展阶段，为其后的土壤侵蚀模型研发奠定了基础资料观测平台。自 1953 年刘善建提出坡面土壤流失量经验估算公式以来，先后提出了不少土壤侵蚀产沙经验模型。归纳起来，我国所建土壤侵蚀产沙经验模型分为四大类，即 USLE 移植和改进模型、基于多元回归统计理论的经验模型、基于随机理论的经验模型和基于系统与控制理论的经验模型。

7.1.1.1 USLE 改进模型

自牟金泽等人将美国 USLE（美国农业部科学与教育管理委员会，1983）翻译引进我国后，一些学者根据研究对象，陆续提出了一些改进模型。改进的方法大多是采用 USLE 的基本结构和形式，对方程中诸因子的求算方法进行改进，或者在方程中加入修正系数以反映沟蚀等因子作用。如江忠善等（1996）以沟间地裸露地基准状态坡面土壤侵蚀模型为基础，将浅沟侵蚀影响以修正系数的方式进行处理，建立了计算沟间地次降雨侵蚀产沙量方程。刘宝元（2006）利用黄土丘陵沟壑区安塞、子洲、离石、延安等径流小区的实测资料，建立了中国土壤流失方程（CSLE，Chinese Soil Loss Equation），用于计算坡面多年平均土壤流失量。张宪奎（1992）通过对大量试验数据的统计分析，基于 USLE 建立了土壤流失方程，并确定了方程中诸多因子的求算方法及黑龙江土壤允许流失量。

肖寒等采用 USLE 及其修改式，对海南土壤侵蚀量和潜在土壤侵蚀量进行了估算，并对生态系统的土壤保持价值进行了评估。其他如王万忠和焦菊英（1996），贾志军等（1991），黄炎和等（1992，2000），李凤和吴长久（1997），陈振金等（1995）、杜榕桓和史德明（1994），肖寒等（2000），王建云（2001），杨晓晖和吴波（2004），刘森等

（2004）都对 USLE 在我国相关地区的应用问题进行了研究。这些研究成果对于我国的土壤侵产沙蚀预报研究起到了积极的促进作用。

7.1.1.2 随机经验模型

随着计算机技术的发展，随机分析方法也在土壤侵蚀产沙预测中得到了应用。随机模型是从已知基本事件分布中推导出一些过程的典型结果和规律性，如可以利用降雨的概率分布来产生综合的径流系列，然后用输沙方程计算流域产沙量。随机模型的优点是可以解决产沙量的时间分布，能为物理成因模型的建立提供有关结论，为流域产沙机理研究提供有关依据；缺点是需要长系列的降雨、径流、产沙过程资料。这类模型国外研究相对较多，例如，Julien 和 Simons（1985），Julien（1989）引进降雨历时密度函数和降雨强度密度函数，得到多场暴雨的土壤流失量计算公式。Mutota 等和 Renard 等都开展过这方面的研究。国内对这类模型研究相对较少，20 世纪 90 年代初，姚文艺（1993）依据随机序列的理论，通过实测资料分析，建立了黄土丘陵区流域产沙随机模型，用于预估次洪水最大含沙量。

7.1.1.3 基于系统与控制理论的经验模型

一些研究者证明，可用线性系统理论来研制流域侵蚀产沙预报模型。早在 1943 年，约翰森首先导出了悬移质含沙量分布曲线（SCD），在已知流量过程线和涨水时一次悬移质沙量测验资料的情况下，应用该分布曲线计算流域悬移质产沙量，该方法被称作"单位线法"。后来，随着线性系统理论的发展和完善，人们对预报流域产沙量单位线法不断进行了改进。樊尔兰（1988）曾利用单位线法建立了产沙量的经验预报模型，他通过对陕北黄土丘陵沟壑区岔巴沟支流刘家沟流域暴雨、洪水和泥沙资料的分析，得到了产沙量与地面径流量的相关方程，以及瞬时输沙单位线滞时与平均产沙强度的相关方程。后来，牟金泽、孟庆枚等也利用单位线法建立了产沙量经验预报模型，用于描述黄土丘陵沟壑区小流域输沙过程。秦毅等（1990）应用线性系统理论，从建立水沙响应函数模型的角度出发，探讨了预报小流域悬沙输移过程的问题。

作为非线性动力学系统研究中的人工神经网络技术，近年来已在土壤侵蚀预报中得到初步应用。人工神经网络源于 20 世纪 40 年代，是涉及生物学、医学、脑科学、认知学、信息论、计算机、数学、物理学等多学科的交叉学科，其机理是在某种程度上模拟人脑功能的若干基本特征，如大规模并行处理、分布式存储、自适应过程等。目前这一方法在信号处理、模式识别、自动控制、最优化等方面得到广泛的应用。自 20 世纪 90 年代以来，我国开始将人工神经网络技术引入土壤侵蚀预报领域，开展了大量的研究工作。王向东（1999）将人工神经网络技术应用于流域产流产沙预报中。在王向东的研究中，收集了 38 年的水文资料，建立了人工神经网络模型（改进的 BP 网络）。其后，张小峰等（2001）运用 BP 神经网络模型的基本原理，以流域降水条件为基本因子，建立了流域产流产沙 BP 网络预报模型。王协康和方铎（2000）也对人工神经网络技术在侵蚀产沙预报中的应用进行了研究。近期，侯建材等在分析黄土高原韭园沟流域多年观测资料的基础上，应用 BP 建模方法，建立了流域次降雨侵蚀产沙的神经网络模型。

人工神经网络预报的方法仍属于经验预报范畴，需要大量历史资料对网络模型进行训练和检验，否则就难以保证模型精度。因而，历史观测资料的范围和数量仍是此预报方法精度的制约因素。另外，这些预报方程建立得是否合理，也成为人工神经网络预报方法进展的一个重要制约条件。

7.1.1.4　基于多元回归统计理论的经验模型

目前，所建多元回归模型较多，有用于坡面的，有用于沟道的，也有用于小流域的。建模的方法大都是通过分析影响土壤侵蚀的各种因素，根据研究对象特点，抓住关系最为密切的一个或几个影响因子，通过回归分析，建立单因子或多因子经验方程。归纳来看，考虑的影响因子主要有降雨、径流、集水面积、坡度、坡长、沟道比降、沟壑密度、沟道长度、植被度、水土保持措施、土壤级配、土壤含水率、土壤抗冲性指标等。

表7-1为我国几个较有代表性的土壤侵蚀多元回归经验模型的比较。根据现有模型对比分析知，尽管模型之间结构上有较大差异，选取的自变量也不一致，但有一些共同点。例如，大多模型中都考虑有降雨、地形因子（如坡度、坡长等）；侵蚀产沙量与流域面积呈反比关系，与降雨因子成正比，与坡度、坡长的关系较复杂，但变化速率随地域不同而有所差异；建模的基础都是认为所选自变量之间是相互独立的；建模资料大多来源于野外试验小区或径流实验站，具有应用研究基础。

表7-1　国内代表性多元回归土壤侵蚀模型

模型名称	作者	建模及使用条件	局限性
农地年土壤侵蚀量经验方程式	刘善建（1954）	被认为是我国第一个小流域坡面土壤侵蚀预报模型	仅考虑了年径流量单因子，适用于15%坡度的农耕地沙壤土
小流域土壤侵蚀预报模型	江忠善和宋文经（1980）	根据黄土高原地区10个小流域（集水面积 0.18 ~ 187km²）资料，建立的流域次暴雨产沙公式。选择的主要参数有流域坡度、土壤可蚀性因子、植被作用系数	没有区分坡面侵蚀与流域侵蚀，没有考虑泥沙输移过程
黄土丘陵区土壤侵蚀模型	江忠善等（1996，1995）	结合 GIS 建立，考虑了沟间地和沟谷地的差异，在沟间地土壤侵蚀模型的基础上，通过对沟蚀、土质、植被等参数的修正，计算沟谷地土壤侵蚀模数	利用沟坡基准坡度、沟蚀植被度反映沟坡侵蚀、重力侵蚀，缺乏明确的物理概念。在确定沟蚀系数时，认为沟坡基准坡度与研究区域内的平均坡度之间是随坡度的大小按线性关系变化或外延，其假定仍待进一步论证
陕北中小流域输沙量计算公式	牟金泽和熊贵枢（1980）	计算次暴雨侵蚀模数时，考虑了降雨、坡度、植被以及雨前土壤含水率，并建立侵蚀模数与径流深的关系式	没有考虑坡长，不能计算年侵蚀模数

续表

模型名称	作者	建模及使用条件	局限性
黄河中游小流域土壤流失量计算方程	范瑞瑜（1985）	考虑的因子有降雨、土壤、流域平均坡度、植被以及工程措施。该模型适用于黄土高原地区 200km² 以下的小流域	植被影响因子是植被覆盖度的指数函数形式，而工程措施影响因子则是各种不同工程措施面积与流域面积的加权比值
黄土丘陵沟壑区小流域产沙量宏观估算模型	尹国康和陈钦峦（1989）	参数率定资料来源于面积在 0.193~329km² 的 58 个小流域。可用于对小流域产沙量的宏观估算	所选分析流域多，但单一流域的观测资料年限短，难以反映参数的区间分布规律
土壤侵蚀预报方程	金争平等（1991）	在黄河皇甫川流域选择了 15 个小流域土壤侵蚀影响因子，通过逐步回归分析方法优选出 5 个土壤侵蚀预报方程	仅在皇甫川流域进行过应用
黄土丘陵沟壑区土壤侵蚀预测模型	付炜（1992）	结合 GIS 建立，计算单元格土壤侵蚀模数，考虑的因子多达 9 个，其中包括径流深度	没有反映沟壑作用
黄土丘陵沟壑区小流域土壤流失预报方程	孙立达等（1988）	考虑的因子有流域面积、长度、平均坡度，流域形状参数，降雨参数，林草面积比例、耕地面积比例、梯田面积比例等	仅在宁夏西吉进行过验证
黄土高原多沙粗沙区侵蚀变权模型	李钜章等（1999）	选择的因子有沟壑密度、沟谷切割深度、植物因子，地表物质组成、降雨量，以及大于 15° 的坡耕地面积比例	
土壤侵蚀信息熵模型	朱启疆等（2002）	以陕西省米脂县高西沟乡作为试验小区，用 GIS 提取了坡度、坡向因子。从遥感图像上提取植被盖度、土地利用等因子，建立的高西沟土壤侵蚀信息熵图	为信息熵模型，其应用还待进一步验证
长江中上游小流域年侵蚀模型	张仁忠和冉启良（1992）		只反映了土壤抗蚀性和降雨侵蚀力的作用，对植被度及流域地形地貌差异未能反映

经验模型的最大优点是应用方便，形式简单。但是，由于这类模型不能反映水沙物理过程，参数无明确物理意义，不能对侵蚀作用作出理论解释；不宜于地区移用，外延精度低；无法模拟径流泥沙随时间和空间的变化过程，更难以考虑人类活动的影响，因而，其应用具有很大的局限性。随着科技进步、生产发展，经验模型已越来越难以完全满足日益

细化的流域综合治理规划实践要求。

7.1.2 物理成因模型

流域系统内的土壤侵蚀和泥沙输移现象是一个许多因素相互作用的复杂过程，因此，所建立的模型应能反映出这种物理过程，这是提高模拟精度的重要途径之一。也就是说，应在对侵蚀物理过程进行合理概化和近似的基础上，通过数学表达的方式模拟流域系统内主要的物理过程。人们对侵蚀过程的深入了解和计算机技术的发展使得建立起具有物理成因的数学模型成为可能。

20 世纪 70 年代以来，具有物理成因的流域土壤侵蚀模型在国外发展较快。近年来，我国科研工作者通过自行研制或将国外较为优秀的模型引入国内并对引进模型中部分模块进行改进等方式，建立和发展了不少适合我国局部区域土壤侵蚀状况的数学模型。目前，具有一定代表性的有王星宇模型、谢树楠模型、汤立群模型等。王星宇（1987）研究了黄土地区典型流域侵蚀产沙物理成因数学模型，建立了在坡面层状漫流过程中坡面径流所形成的泥沙层状剥蚀方程、推移质运动方程以及地表径流汇集到沟壑网后，穿过重力侵蚀区的沟蚀悬移质运动方程，但该模型还难以有效反映水土保持措施的作用，同时也难以模拟沟道沟岸扩张、沟头前进等沟道侵蚀过程。袁勘省等（1999）在分析土壤水力侵蚀的能量和力学过程基础上，按水量和能量平衡方程导出土壤水力侵蚀的数学模型，并给出模型的边界条件，提出微元和区域内一次降水的土壤侵蚀模数计算公式。该模型把土壤侵蚀的环境因素统一为能量和力学效应参数，揭示了环境因素作用的实质，但对于各因素能量和力学效应的具体效果，还需要进一步深入研究。汤立群等（1990），汤立群和陈国祥（1997）以黄土丘陵沟壑区典型小流域为研究对象，将流域侵蚀产沙模型分为水文模型和泥沙模型两部分。水文模型把各单元分成透水面积和不透水面积。在不透水面积上，降雨扣除蒸发后得出径流量；在透水面积上，通过模拟蒸发和下渗等降雨损失计算产流量，两者相加即为总径流量，用动力波方程描述汇流过程；泥沙模型用能量平衡原理建立流域土壤侵蚀率公式，计算面蚀量和沟蚀量，将流域各单元的土壤侵蚀量演算到出口断面得流域产沙量。但是，该模型并不能对细沟侵蚀、沟岸扩张、沟头前进和沟床下切等过程进行模拟和辨识，也不能区分或滑塌或崩塌等重力侵蚀形式，只是采用一揽子处理方式对沟道的径流冲刷进行模拟。谢树楠（1995）从泥沙运动力学的基本原理出发，在假定坡面径流为一维流体，其动量系数为常数，泥沙为非黏性的条件下，建立了坡面产沙量与雨强、坡长、坡度、径流系数和泥沙中值粒径间的函数关系，在充分考虑植被和土壤类型对土壤侵蚀影响的基础上，研发了具有一定理论基础的流域侵蚀产沙模型。但是，该模型对水土保持的作用和沟蚀问题仍难进行有效模拟，无法满足水土保持方案效果评价的需求。蔡强国等（1996）在充分考虑黄土丘陵沟壑区复杂地貌特征和侵蚀垂直分带性的基础上，将流域土壤侵蚀产沙模型划分为坡面、沟坡和沟道三个相互联系的子模型。坡面子模型既分析了影响坡面侵蚀产沙的侵蚀力作用，又计算了不同地类的土壤前期含水量变化和入渗；沟坡子模型对径流侵蚀、洞穴侵蚀、沟壁重力侵蚀和泻溜侵蚀进行了分别处理，建立了各自的定量模拟方程。但是，由于该模型的不少控制方程是经验性的，因而需要率定的参数多，

— 280 —

外延难度大。姚文艺和孙赞盈（1995）根据土壤侵蚀的力学机理，从"侵蚀力"的概念出发，建立一个用于模拟坡面土壤侵蚀的模型，并把通过试验研究得到的坡面径流水力学的概念及其水力阻力公式引入到模型中，无需在产汇流求解过程中"优选"水流阻力系数（或糙率系数），使模型过程具有更明确的物理意义。

从应用层面上说，我国所建立的集总式物理成因土壤侵蚀数学模型初步解决了以下几方面的问题。

1）产汇流水文计算取得较大进展，如针对黄土高原的研究提出了超渗产流模式等，可对超渗产流、蓄满产流不同产流机制下的流域产汇流进行模拟和预测。

2）对特定小流域多年平均侵蚀量的估算可获得一定的精度。

3）产流产沙机制初步在模型中得到了反映，如在产沙中考虑了雨滴击溅、结皮、细沟侵蚀等精细的产沙过程等。

4）已初步形成了较合理的水动力学产沙模型框架，建立了坡面、沟道及小流域、大中流域的侵蚀产沙和产汇流模型体系，计算结果在宏观定性上可以为水土流失治理提供一定的参考依据。

但由于缺乏一定的基础试验观测数据，以及受集总式模型计算方法本身的限制，目前我国集总式侵蚀数学模型的发展仍存在以下突出问题。

1）集总式土壤侵蚀模型，包括坡面土壤侵蚀模型、流域土壤侵蚀模型，由于在模型总体框架构成及运行计算上，仍属于"黑箱"的技术思想，因而，其输出是计算区域出口断面的"总量"或总过程，不能满足小流域水土流失治理规划对侵蚀产沙过程及空间分布方面的科技需求。

2）目前所建立的土壤侵蚀模型存在的最大问题是所构建的方程大多选用国外的径流、泥沙侵蚀方程，尤其缺少能有效模拟重力侵蚀的控制方程，只不过是在方程参数率定时利用了研究区域内的观测资料。这不仅制约了模型的推广应用，同时也制约了模型研究的进展。

3）现有土壤侵蚀模型是在其特定条件下，在有限的数据范围内或小流域基础之上建立的，模型参数缺乏较大范围的检验，同时，无论是对建立方程的因子选择抑或率定的参数筛选，多是基于所掌握的研究区域（流域）的实测资料情况确定的，因而，其推广应用受到限制。

4）目前，水土流失规律的研究还大多借助于野外小区试验观测和查勘调研，还缺乏有效的室内实体模型试验手段，对重力侵蚀、坡面–沟道系统侵蚀关系及侵蚀过程都难以进行观测研究，缺乏对溅蚀过程、坡面流动力学过程、土壤侵蚀时空分布、坡面系统与沟道系统之间的泥沙输移沉积过程的关联性以及耦合侵蚀机理等诸多基础问题的深入认识，从而难以建立起相应的数学模拟方程和模拟方法，大大制约了具有物理成因的水动力学模型的进展。

正是由于集总式模型难以满足人们对侵蚀产沙过程（包括空间分布）方面的详细了解，因而，近些年来，随着地理信息系统的引入和现代计算机的内存大小和速度的不断提高，对土壤侵蚀模型的发展有了进一步的深入，分布式参数模型随之逐渐发展起来。

分布式物理成因模型的模拟思路是按一定的空间尺度，将流域划分成若干个模拟单元，这些单元可以是子流域型，也可以是网格单元型，或为地貌单元型，在每一个模拟单元上都有对其产生影响的水文和侵蚀产沙过程的土壤、植被和土地管理等方面的特性资料，因此，分布式物理成因土壤侵蚀模型可以充分考虑水文过程、侵蚀产沙过程、输入变量、边界条件和流域几何特征的空间分异性。但是，分布式模型模拟的基本假定条件是每一个模拟单元内的各类侵蚀产沙特性都是均一的，这是影响模拟精度的潜在因素。近几年来，分布式侵蚀产沙模型在我国已开始得到研究。例如，符素华等（2001）建立了山区小流域分布式土壤侵蚀模型。该模型是一个小流域尺度的，以次暴雨为基础的分布式模型，将土壤侵蚀模型完全嵌入到 GIS 中，使模型的数据准备、输入、计算、图形输出均在系统内进行，模型主要包括坡面、沟道和积水区三大部分的水沙计算。在坡面部分和沟道部分用 SCS 曲线系数法或 GAML 入渗曲线法计算降雨径流，用经验公式计算洪峰流量；用 USLE 方程计算坡面侵蚀量；用水流连续方程进行水流汇流演算；用泥沙连续方程考虑泥沙在坡面和沟道中的冲刷和淤积，由此计算出流域出口断面的产沙量。模型于北京市怀柔县北部东台沟流域进行了检验，该流域面积 $0.63 km^2$。这一模型虽然利用的是美国 USLE 方程进行侵蚀量的计算，且没有考虑沟道的重力侵蚀等问题，但对建立黄土高原地区的侵蚀产沙模型仍有一定的参考价值。祁伟等（2004）采用 Matlab 语言，针对流域下垫面各个因子空间分布不均匀的特点，开发出了基于场次暴雨的分布式小流域侵蚀产沙数学模型，模拟在不同水土保持措施下流域径流和侵蚀产沙的时空过程。模型结构包括降雨径流子模型和侵蚀产沙子模型两大部分。其中侵蚀产沙子模型主要由沟间地侵蚀产沙和细沟侵蚀产沙两个部分组成，采用 Foster 和 Meyer 公式计算产沙量，并与地表径流输沙能力进行比较计算，进而模拟流域侵蚀产沙过程。贾媛媛等（2004，2005）基于黄土高原丘陵区小流域地形复杂、径流与侵蚀产沙具有明显垂直分滞性的特点，以 GIS 软件 ArcGIS 为软件平台，以栅格 DEM 为基础，提出了由水文模块和侵蚀模块两部分组成的黄土高原小流域分布式水蚀预报模型。清华大学于近期也建立了基于小流域为栅格的黄土高原分布式产沙模型（王光谦，2005）。姚文艺等（2007）近期以黄河多沙粗沙区岔巴沟流域为研究对象，建立了黄河多沙粗沙区分布式小流域土壤侵蚀评价预测物理成因模型，实现了 GIS 与基于 DEM 分布式土壤侵蚀模型的紧密耦合、产汇流模型与产输沙模型的紧密耦合，达到了分布式土壤侵蚀评价预测模型时空概念的表达与 GIS 中的时空概念表达的兼容；构建了模型支持系统，达到了参数的自动提取和数据的双向交换和修改。通过对岔巴沟流域和杏子河流域的验证表明，所建立的模型能基本正确反映黄河多沙粗沙区中小流域土壤侵蚀规律，可在一定侵蚀环境区域内为中小流域水土保持工程的规划和减沙效益评价提供科学的基础数据。唐政洪等（2001）、李清河等（2002）、牛志明等（2001）、马修军和谢昆青（1999）、王秀英等（2001）、唐莉华和张思聪（2004）都开展过这方面的研究。

利用地理信息系统（GIS）技术及遥感（RS）技术，人们可以很方便地获取不同时空条件下的空间数据，并进行分析处理，这就可以为分布式模型的数据输入和分析提供便利途径，从而减少手工输入数据的巨大工作量。因此，目前具有物理成因的分布式模型与 GIS 技术相结合必然成为今后的主要发展方向。

7.2　我国土壤侵蚀模型研究进展与存在的主要问题

7.2.1　研究进展

半个多世纪以来，通过几代人的不懈探索，我国土壤侵蚀模型研究取得了丰硕成果，为今后土壤侵蚀模型研发奠定了坚实的基础。

1）引进了 USLE、WEPP 等国外土壤侵蚀模型，并开展了这些模型在我国的应用研究，其中对 USLE 在我国应用中的方程因子计算方法进行了较多的探索，主要是根据我国土壤侵蚀环境特征，针对不同研究区域，对降雨侵蚀力、土壤可蚀性、坡度坡长因子开展了较为系统的研究。

2）探讨了利用数理统计、随机理论、系统与控制理论和技术在经验模型研究中的应用，为建立土壤侵蚀经验模型提供了多种途径与方法。同时，初步建立了一批土壤侵蚀经验模型和物理成因模型，这些模型大多在研究区域或特定流域上得到了验证，其中部分模型得到初步应用。

3）对 3S 技术在土壤侵蚀模型中的应用进行了广泛研究，建立了不少基于 GIS 的土壤侵蚀模型，有的模型初步实现了基于 DEM 的分布式土壤侵蚀模型与 GIS 的紧密耦合，并初步实现了产汇流模型与产输沙模型的紧密耦合，达到了土壤侵蚀产沙模型与 GIS 的信息双向自动交换与修改。

4）在黄土高原土壤侵蚀产沙模型研究中，无论经验模型还是物理成因模型，不少研究者根据沟道侵蚀严重的突出特点，对沟道侵蚀的模拟问题进行了探索，提出了我国土壤侵蚀产沙过程物理模式，建立了反映沟道侵蚀的控制方程。

5）我国土壤侵蚀模型研究的另一重要进展是大大促进了水土保持、土壤侵蚀、河流动力学、水文、生态、地理、计算机、GIS 技术等多种学科的融合，初步形成了科研单位、高等院校、规划设计、生产管理等多单位多部门联合攻关的模式。

6）土壤侵蚀模型研究的需求促进了土壤侵蚀产沙规律等基础研究工作和野外试验、水土保持监测与室内试验基础设施建设的进展。

7.2.2　存在的主要问题

尽管我国在土壤侵蚀模型研究方面取得了不少成果，但在建模理论、方法与技术，以及应用方面仍然存在不少需要进一步研究解决的课题。

1）目前，我国已建的经验模型大多为坡面土壤侵蚀产沙模型，模型参数是由建模者基于所掌握的研究区域（流域）实测资料确定的，因而其推广应用的局限性较大，通用性较差；我国对物理成因模型的研究较晚，基本上处于探索阶段，所建立的土壤侵蚀产沙物理成因模型的核心控制方程大多选用国外的泥沙侵蚀方程；对各侵蚀因子统一、系统的观测和研究比较缺乏，使得各模型的可比性和可推广性降低，更缺少能有效模拟重力侵蚀的控制方程。

2）借鉴国外土壤侵蚀模型时，有两个问题重视不够，一个是地形地貌条件，国外模型基本上只适用于缓坡地的侵蚀环境，不适应于像黄河流域黄土高原之类的陡坡地侵蚀环境；二是下垫面条件，国外不少物理成因模型是在蓄满产流条件下建立的，仅适用于蓄满产流机制，而在引进这些模型中，往往将其直接应用于我国以超渗产流机制为主的地区，由此也就难以保证其模拟精度及推广应用。

另外，在引进 USLE 时，对其中的一些因子的意义和模型的建立背景了解不清，从而在应用时存在一些不尽合理，甚至是错误的地方。

3）我国目前对土壤侵蚀模型的研究主要集中在坡面及小流域，对大中流域的研究较少，加大对大中流域侵蚀产沙模型的研究是今后的重点。

4）基础研究等前期科研工作仍然滞后于模型研究、应用的发展。例如，关于土壤侵蚀力学机理、坡面径流输沙机理和坡面径流挟沙能力、沟道侵蚀输沙规律、重力侵蚀规律、水土保持措施作用机理、地理信息提取技术及 GIS 与模型的耦合技术、模型参数体系及其在我国的区域分异规律等都是亟待研究解决的重大应用基础课题。

5）对土壤侵蚀试验观测不够，难以满足对水土流失规律认识和建模的需求。例如，现有的用于模型基础参数率定的坡面小区观测、小流域径流泥沙观测和室内实体模拟都还缺乏对坡面径流产沙的水力过程、沟道重力侵蚀、坡沟系统侵蚀产沙机制及其耦合关系等内容的试验观测，甚至对许多关键物理参数，如糙率、摩阻系数、泥沙输移比、沟道侵蚀速率等就没有进行过专门的试验观测，使得侵蚀产沙模型的构建和应用缺乏丰富的物理参数支撑。同时，我国现有水土流失野外试验观测技术和方法大多不能为我国土壤侵蚀模型提供物理参数需要。目前的野外试验观测大部分是依据国外试验方法在标准小区上进行的，而缺少能够反映诸如我国黄土高原坡长坡陡、坡形变化大等特殊侵蚀边界条件的全坡面试验区。为此，应当建设全坡面及坡沟系统试验区，为模型建立提供全坡面和坡沟系统侵蚀过程方面的理论支撑。另外，模型水文参数的确定也是一大难题，特别是对于大中尺度流域，降雨、径流、泥沙过程的观测站点布设密度低，使得模型应用不够理想。

7.3 国外模型研究进展

7.3.1 经验模型

国外土壤侵蚀模型研究主要起始于对坡地水流剥蚀的野外观测，如最早于 1882 年，英国农业物理学家哈德逊创建了利用野外小区开展土壤流失试验的方法。其后，作为土壤侵蚀规律和力学机理研究的一个重要手段，为土壤侵蚀研究及土壤侵蚀模型的发展奠定了方法论。

国外侵蚀经验模型早期的标志性进展可以认为是美国于 20 世纪 40~60 年代所开展的卓有成效的工作。1940~1956 年，美国用坡度–措施法（Slope-Pratice Method）估计土壤流失量，这个方法是从应用方程估计土壤流失量开始的。1940 年，Zingg 发展了土壤流失率与坡长、坡度的关系式。次年，Smith 增加了作物和水土保持措施因子以及特定土壤流失极限值的概念，并提出了确定水土保持措施的图解法。其后，Browning 及其助手又补充了土壤和经营管理因子，并准备了一套简化的应用表。1946 年，在该方法经过改换应用地区，增加了空间外延的适应性，同时增加了降雨因子，并形成了 Musgrave 方程式后，被广泛应用于估算洪水期来自于流域的总侵蚀量。此后，美国农业部科学与教育管理委员会在总结和统计分析了美国 49 个地区的 10 000 个小区 1 年以上的径流和土壤流失基本资料后，在 Purdue 大学协作下，由建于 1954 年的全国径流与土壤流失资料中心提出了土壤流失评价方程（美国农业部科学与教育管理委员会，1983）。1960 年后，该委员会在印第安纳州等 4 个州使用人工模拟降雨试验装置进行了试验，又在 16 个州进行了野外小区实验，以弥补该方程在因子计算中某些资料的缺陷。至 1965 年，由 Wischmeier 和 Smith 总结提出了估算流域平均产沙量的数学模式——通用土壤流失方程 USLE，这对土壤侵蚀由定性研究走向定量研究起了很大的推动作用。

USLE 的研发过程对侵蚀产沙模型的开发工作是有很大启发意义的。1912 年美国土壤、农业方面的一些科学家应用哈德逊的试验方法进行土壤流失的定量观测。例如，Duley、Hendzinksen、Zingg 等。当时，美国农业部水土保持局的第一任局长 Bennett 对水土保持极为重视，向美国政府大力宣传水土流失对美国农业、环境带来的灾难，并在他的助手 Lowdermilk 的协助下，在美国建立了大量的土壤流失试验小区。20 世纪 40 年代，通过大量小区试验资料的积累，科学家们对土壤流失的研究已经有能力从定性描述转向定量描述，如 Zingg 等建立了坡度、坡长等因子与土壤流失的关系。但是，由于缺乏试验小区的标准化和对土壤流失研究工作的统一协调，可以说，在 20 世纪 50 年代以前，美国虽然建立了大量的试验小区，但各区的降雨条件、土壤边界条件差异很大，观测方法和时间也不一样，这使科学家们在应用和分析这些观测资料时很是苦恼，尽管耗费了大量人力物力，仍难对土壤流失得出规律性的认识，由此所建立的土壤流失定量关系式也是多种多样，适用性很差，根本无法推广应用。

在此情况下，于 20 世纪 50 年代初，美国 Purdue 大学教授 Wischemier 与 Smith 通过多次讨论后，由 Wischemier 向美国农业部建议，把全美的水土流失小区观测资料全部集中到 Purdue 大学，进行统一分析和设计，建立具有推广价值的水土流失数学模型。很快，美国农业部就采纳了 Wischemier 的建议，于 1956 年在 Purdue 大学成立了"全国径流与土壤流失资料中心"，把建于 49 个地区的 10 000 个小区 1 年以上的径流、土壤侵蚀观测资料全部集中到了 Purdue 大学，并同时任命 Wischemier 为首席负责人，开展全国水土流失观测资料的整理，建立土壤流失评价模型。

Wischemier 组织一个团队，于 1956 年开始对全国水土流失试验观测资料进行整理和统计。整理工作很是辛苦，他们把每个小区按不同的观测条件、方法一个卡片一个卡片地统计，统计的卡片达数十万张，目前这些卡片还保存在 Purdue 大学，成为极具历史价值的文献。为了统一全国资料，Wischemier 在整理这些资料的过程中，提出了降雨侵蚀力、标准小区的概念，这是他的巨大贡献之一。

经过 5 年的艰辛工作，在 1960 年国际土壤学大会上，Wischemier 第一次宣布了 USLE 模型，这也是第一次出现 USLE 这个词。后来，又经过 5 年对 USLE 的进一步完善和改进，形成了在当时比较完善的水土流失评价模型 USLE，即通用土壤流失方程。到 1965 年，美国农业部以农业手册第 537 号令的形式，颁布了 USLE 的官方版，之后，在全国进行推广应用，为美国的水土保持和农业发展起到了极大的科技保障作用。

在 USLE 模型应用中，人们发现在参数计算等方面还存在一些问题，为此，Stwend 于 1970 年前后提出了修改 USLE 的建议。到 1978 年，美国农业部又颁布了 USLE 的第二版。

到了 1985 年，即 USLE 第一版发布 25 年后，水土保持和农业发展的实践表明，USLE 的应用功能还有很大的局限性。例如，USLE 不能反映降雨和土壤的时空分异性，也不能反映缓坡凹地积水的影响，为此，美国又开展了 USLE 的修正工作，并于 1992 年 12 月推出了修正通用土壤流失方程 RUSLE。无论内部算法的细化和预测的精度，还是外部技术的改进，RUSLE 都要比 USLE 有很大的提高。RUSLE 有一套完整的软件，其运算能力和数据处理能力已非 USLE 可比。首先，RUSLE 可适用于美国更多的地区，以及不同的作物和耕作方式，包括林地和草地等。它所处理数据的规模有了很大的提高；其次，改进了 USLE 中不合理的分析方法，弥补了原始数据的不足；最后，具有良好的适应性，可以模拟多种流域管理措施下的水土流失状况，甚至可以计算出在很小的措施变动时，土壤侵蚀速率所发生的变化。但是，该模型仍是一个经验模型，所以不适用于土壤侵蚀机理和水文过程等方面的模拟，如 USLE 只能预报整个区域或整个流域的大面积平均水土流失量，而不能给出水土流失量的空间分布。例如，按照 USLE 模型评价，某一条流域的平均土壤流失量在允许土壤流失量以下，不需要进行水土保持治理了，但实际上，在流域内某一局部区域，水土流失量已经大大超过允许土壤流失量，土壤侵蚀已相当严重，甚至可能已经退化了，但 USLE 却反映不出来，显然，这已经不能满足生产实践的需要了。为解决这一问题，美国在改进 USLE 的同时，由美国农业部农业科学家 Foster 于 1985 年开始了具有分布式意义的 WEPP 模型的开发工作，企望取代 USLE，弥补其不足。但在开发 WEPP 模型过程中，Foster 却因家庭缘故，而无法继续从事此项研发工作。后来，亚历山大大学的 Lane 把开发 WEPP 模型的任务接了过来，成为 WEPP 模型开发的第二任负责人。这时，Purdue 大学国家重点实验室派 Nearing 去 Lane 处学习 WEPP 的建模思想和程序。Nearing 是一位年轻且极富天赋的人才，他的硕士学位是在地质系完成的，博士攻读于农学系。在 1987 年他就发表了一篇关于 WEPP 模型的论文，之后，他把 WEPP 模型带回了 Purdue 大学。Purdue 大学并由此接过了 WEPP 模型的开发工作。Purdue 大学的研发工作由国家重点实验室主任 Lafler 出任项目负责人，成为 WEPP 研发的第三任负责人，Nearing 为研发团队主要成员。到了 1992 年，WEPP 模型的研发工作进行到了一个阶段，美国农业部成立一个包括有 Foster、Lane 等一批一流专家和农业部有关官员组成的评估咨询专家组，对 WEPP 模型的阶段研发成果进行评估和咨询。评估专家组对阶段研究工作确立的研究方向甚为不满，此阶段研发工作的重心过于强调了基础理论问题的研究，认为如此下去，将会在相当长时间内也很难完成 WEPP 的研发，农业部要的是模型，而不是研究。此后，很快对研发团队进行了调整，仍由 Lafler 任项目负责人，另由 Nearing 任技术负责人，实际上是 WEPP 研发的第四任负责人。

由于 WEPP 模型研发工作的艰巨性、困难性，难以在短时间内取得可以应用的成果，而在此期间，水土保持、农业生产和环境保护等生产实践急需一个能对次暴雨土壤流失评价的模型，为此，美国农业部又同时组织专家对 USLE 模型进行第三次改进，并于 1997 年以农业手册第 703 号发布了 USLE 模型的第三版，即 RUSLE，或称"修改的通用土壤流失方程"，可用于对次暴雨的土壤流失进行评估。

Nearing 于 1992 年担任 WEPP 模型技术负责人后，组成了一个由 10 人左右组成的核心研发团队，对 WEPP 模型进行了全身心的研究。他对 WEPP 模型的每一个参数重新进行分析，率定每个参数对模拟结果的影响程度，并对模型结构进行重新审视和改进。到了 1996 年，Nearing 终于向美国农业部提交了 WEPP 模型。随即，美国农业部于同年发布了 WEPP 模型的第一个官方版本。

可以说，USLE 是最早将坡度、坡长、气候因子（降雨）、不同植被的保护功效、土壤可蚀性引入土壤侵蚀预报的一个十分简洁的土壤侵蚀预报模型。该模型的表达式为：

$$W_e = RKLSCP \tag{7-1}$$

式中，W_e 为年平均土壤侵蚀量（t/a）；R 为降雨侵蚀因子，是降雨强度与降雨量的度量；K 为土壤侵蚀性因子，为特定土壤在 22m 长、坡度为 9% 的坡地上单位降雨的侵蚀率；L 为坡长因子；S 为坡度因子；C 为作物（管理）因子，作物覆盖地表与裸地侵蚀量之比；P 为水土保持措施因子，与水土保持措施有关。其中，一般又将（LS）作为坡度与坡长的一个耦合因子，称作地形因子。该模型是为预报细沟和细沟间年平均土壤流失量而提出的。它摆脱了早期模型中所固有的地区及气候的限制，因此逐渐在世界不少国家得到了广泛的推广应用。

通用土壤流失方程可预报在一定的土地利用和经营条件下，一定坡度的耕地上片蚀和细沟侵蚀的长期平均土壤流失量。它对于在一个地区的水土保持规划中做出选用什么方法的决策是很有用的，其应用领域包括城市泥沙控制、公路侵蚀控制、重新使用的矿地和荒地环境保护、小流域河流排水区域非点源污染控制和经济分析等。但是，通用土壤流失方程的应用也存在着许多缺陷，比如，该模型的资料参数是根据美国东部 2/3 地区的情况得出的，而且只限于耕种的坡度（一般 3%～18%）和低蒙脱石土壤，坡长不超过 120m。它不能计算来自沟壑、河岸和河床侵蚀的泥沙量；对于非均一的大流域，各因子值比较难定，虽然有计算大流域平均因子值的方法，可简化计算程序，但这是以降低精度为代价的；在超出 USLE 率定的资料范围时，外延误差出现的几率将增大；USLE 预报的是小流域长期平均产沙量。

从美国对 USLE、RUSLE 和 WEPP 模型的研发过程看，平均每 10 年出一个阶段性的模型或改进一个模型，而随着生产实践的需求增长和对侵蚀规律认识的深入，对模型的改进和完善却是一直不间断的。

由于模型研发经费是由政府部门预算给的，因此，模型的知识产权属于美国农业部，完全共享。目前，在有关网站上是可以免费下载这些模型软件的，达到了供世界各国使用的共享程度。

自 20 世纪 70 年代以来，德国、英国、加拿大、印度及中国等众多国家先后从美国引进了通用土壤流失方程（USLE），并结合本国情况推广应用了这一经验方程。例如，德国利用修正的通用土壤流失方程（RUSLE），建立了中欧大流域产沙模型，并应用于奥地利的 Lech 河；英国根据欧洲平原地区的土壤侵蚀特点，建立了以缓坡为主的小流域侵蚀模型；荷兰提出了用于地中海地区的半经验性的分布式区域土壤侵蚀预报模型，通过比较雨水的击溅分离和径流输移能力估算年土壤流失量。

在 USLE 研发之前，约翰森曾在 1943 年利用水文学单位线的方法，导出了悬移质含沙量分布曲线（SCD），在已知流量过程线和涨水时 1 次悬移质含沙量测验资料的情况下，可应用该分布曲线计算流域悬移质产沙量，该方法称作"单位线法"。后来，随着线性系统理论的发展和完善，人们对预报流域产沙量单位线法进行了不断改进。Rendon-Herreero（1978）提出了泥沙单位线的概念（USG），并定义 USG 为流域上单位泥沙的过程分布。Williams（1978）提出了瞬时泥沙单位线（IUSG）的概念，克服了以往研究中的一些缺陷，其基本假定是含沙量 S 随有效降雨量呈线性变化，并定义 IUSG 为产沙单位径流的降雨所同时激发的泥沙分布，IUSG 是瞬间单位线（IUH）和悬移质含沙量分布曲线（SCD）之积。亦即对于单位径流有 $u_i = h_i S_i$，$i = 1$，$\cdots$，N，u 为 IUSG 的纵坐标或输沙率，h 为 IUH 的纵坐标，S 为 SCD 的纵坐标，N 为 IUSG 的总数。假定 S 随有效降雨量呈线性变化，一次净雨输沙量 g_{si} 可由下式计算：

$$g_{si} = \sum_{j=1}^{i} R_j^2 u_k \quad k = i + 1 - j, \quad i = 1, \cdots, N \tag{7-2}$$

式中，R 为有效降雨。

SCD 定义为

$$S = S_0 \exp(-bt) \tag{7-3}$$

式中，S_0 为 S 的初值；t 为时间；b 为参数。

IUH 用 Nsah 模型确定：

$$H(t) = \frac{1}{\Gamma(n)} \frac{1}{k} \left(\frac{t}{k}\right)^{(n-1)} \exp\left(-\frac{t}{k}\right) \tag{7-4}$$

式中，k 为流域滞时；n 为水库数；$\Gamma(n)$ 为伽马函数。

在 20 世纪 80 年代，Julien 和 Simons（1985）、Julien（1989）在确定地表径流输沙率公式时，曾考虑了 23 个影响泥沙运动的因素，并得出一定的函数关系，通过量纲分析得出坡面输沙率的一般性方程；引进降雨历时密度函数和降雨强度密度函数，得到多场暴雨的土壤流失量计算公式。

Mutota 等曾为日本 Arita 河流域提出一个以已知的降雨密度函数为基础的随机降雨模型，通过降雨与径流的转换得到单位水文过程线，然后对每个过程利用泥沙输移方程计算泥沙量。Renard 等主要根据径流过程的概率分布而不是简单根据降雨来模拟美国亚利桑那州 Walnut Gulch 流域的年系列产沙量，从而使模型更加精细。该模型的参变量共有 5 个，每一个变量都适合一个概率分布，利用这些概率分布产生综合的径流系列，然后用输沙方程计算流域产沙量。在有长期详细记录的流域，可以应用随机模拟技术进行长期的输沙时间系列分析；在流域产沙系列的数学特征符合随机模型的必要条件情况下，就可以建立起产沙随机模型，用于计算流域产沙量。随机产沙模型在很大程度上受制于流域降雨径流和产沙记录系列的长度，但在具有长期流域产沙观测资料的情况下，仍不失为预报流域产沙的有效手段之一。将流域侵蚀产沙量的空间变化、流域剖面发育的序列联系起来建立的流域产沙过程和流域形态综合分析随机模型，能够较好地预报流域产沙，并可预测流域地貌形态的发育过程。

7.3.2　机理模型

近几十年来，国内外不少人先后试图用侵蚀力学、泥沙运动力学、水文学、地貌学等基本理论与方法，建立各种数学方程，以数学的方式描述流域系统内发生的有关径流泥沙物理过程，并采用适当的计算方法预测给定时段内的产沙量及其过程。如在国外出现了许多具有物理成因基础的数学模型，它们都能模拟农业小流域的土壤侵蚀和产沙过程。如Negev（1967），Meyer 和 Wischmeier（1969），David 和 Beer（1975），Bruce 等（1975），Curtis（1976），Simith（1977），ANSWERS（Beasly，1977），USDAHL-74（Yoo & Molnau，1987），FESHM（Ross et al.，1979），CREAMS（Knisel，1980），Stanford（Surendra & Vijay P. Singh，2003）等。

20 世纪 80 年代初，Foster, G. R. 等建立了 CREAMS（Chemical, Runoff and Erosion from Agriculture Management Systems）模型，该模型属于集总式模型，主要用于估算农田对地表径流和耕作层以下土壤水的污染状况。因为泥沙也是一种污染物，并且还是污染物的主要载体，所以模型中包含有侵蚀模块。模型适用的流域规模在 40～400ha。模型由三个功能模块组成，即水文模块、侵蚀模块和化学污染物模块。水文模块可以估算日际径流量和洪峰流量、渗透、蒸发散和土壤饱和含水量。在进行径流计算时，CREAMS 采用两种方法，即 SCS 曲线法和 Green-Ampt 入渗方程。侵蚀模块用以计算不同场次降雨的土壤流失量，主要包括地表水流、沟道水流和泥沙沉积，而不能用于长系列（2～50a）的预测。模型在计算泥沙沉积和运移过程中，采用了 USLE 中侵蚀性和可蚀性指标。

在非点源污染研究中，CREAMS 广泛应用于计算和模拟农田污染物的流失状况，同时，其中的水文模块也可以单独应用于暴雨过程中径流计算，如可利用地表水流序列计算片蚀和细沟侵蚀，利用沟道水流序列计算沟蚀和沟口沉积等。模型也考虑了不同覆被条件下的河道水流问题。但由于模型的参数比较单一，而且没有考虑流域土壤、地形和土地利用状况的差异性，所以它只能用做粗略的计算和预测预报。

由美国农业部推出的 WEPP 模型（Water Erosion Prediction Project）属于一种连续的物理模型。模型中对泥沙的输移采用 Yalin 泥沙输移公式计算，泥沙沉积的计算方法与 CREAMS 中的方法相同，入渗过程采用 Green-Ampt 公式计算。在进行模型运算时，需要输入不同类型的参数，其中包括气象、土壤、地形和土地利用等参数。模型可以模拟冬天融雪所产生的径流过程。然而，模型本身只能模拟片蚀、细沟侵蚀和临时性沟道中水力侵蚀过程，对于较大规模的沟蚀和流水沟道的侵蚀形式，模型无法进行模拟。

近年来，国外建立的代表性模型还有 HSPE（Hydrological Simulation Program Fortran）模型、LISEM（Limburg Soil Erosion Model）模型、EPICC（Erosion Profuctivity Impact Calculator）模型等。

HSPF 属于连续的集总式流域模型，主要用于模拟流域水文、侵蚀泥沙输移以及营养元素的运移等过程，也可模拟流域或城郊区域流失的无机盐和溶解氧等。根据土地利用状况及土壤理化指标，把流域划分为不同的地块，使每一地块都具有均一的特性。模型中，地表径流、亚表层经流采用 Stanford 流域模型计算。模型还考虑了下雪和融雪带来的非点源污染问题。模型中有关泥沙的运算采用 Negev 方程进行。模拟结果一般需要有 3～5d 的历史数据进行校验。虽然模型在 N、P、S 模拟预测中较为常用，但由于其复杂度较高，不易掌握，所以使用的人并不是很多。

LISEM 是一种基于场次的物理模型，模型的结构以 ANSWERS 和 SWATRE 为基础。模型程序由一种 GIS 模型语言写成，可直接与 GIS 结合使用。同时，模型与遥感数据兼容，可以直接进行遥感数据分析和处理。模型主要模拟小流域次暴雨径流泥沙输移，包括模拟树木林冠截流、复层土壤中的入渗和土壤水分运动、径流和侵蚀过程等。模型可应用的流域空间尺度为 10～300hm²。由于模型是以欧洲的流域为基础开发的，不能对沟道进行模拟，在其他国家并不经常使用。

EPIC 属于连续的半物理半经验土壤侵蚀模型，用于估算土壤侵蚀与土壤生产力之间的相互关系。模型主要包括水文、侵蚀、气象、营养元素、植物生长、土壤、耕地和经济等 8 个功能模块，可模拟侵蚀输沙产沙、营养元素循环和作物的生长。EPIC 侵蚀模型参数能够模拟雨滴、径流和灌溉引起的侵蚀。其中水力侵蚀模型表达式为：$Y = K(CE)(PE)(LS)(POKE)$，式中，Y 为产沙量（t/hm²）；K 为土壤可蚀性因子；CE 为管理因子；PE 为侵蚀控制措施因子；LS 为坡长和坡度因子；POKE 为粗糙度因子。模型假定所模拟的区域空间特性相同，但是土壤在垂直方向上的特性可以不同。土壤沿垂直方向可划分为 10 个层次。EPIC 在美国曾广泛用于土壤侵蚀对土地生产力影响的预测和评价，是一个功能较为强大的模型。但是，模型只能模拟和计算约 1hm² 的区域，而且所需的数据量大，所以不可能在大尺度流域研究中得到广泛应用。

2000 年，比利时 Leuven 大学、英国 Leeds 大学、法国国家农业研究院 INRA、欧盟 DG 联合研究中心、希腊雅典农业大学、西班牙国家自然资源地区研究会等组成联合攻关团队，进行了泛欧洲土壤侵蚀风险评估研究，建立了 PESERA 模型（Pan-Europen Soil Erosion Risk Assessment）。PESERA 为物理过程模型，可模拟地表坡度和平面的二维变化，结合 GIS 可包含 93 层地理信息，模型网格的大小根据实际需求而定。

7.4 土壤侵蚀模型研究展望

就目前国内外关于侵蚀产沙模型的研究进展及其应用验证看，仍没有一个可以广泛应用于多类侵蚀环境的土壤侵蚀预报的模型，即使美国的通用土壤流失方程 USLE 也并非"通用"，如在我国黄土高原等不少地区就不能使用，必须对其核心参数的计算理论、方法甚至方程的结构进行修正；我国的土壤侵蚀预报模型研发起始于 20 世纪 50 年代，取得了很多成果，然而，与国外的先进成果比，还基本上处于发展的初始阶段，没有建立起一个被公认的可推广应用的土壤侵蚀预报模型。为满足我国对水土保持生态建设和江河治理的重大需求，迫切需要建立起我国的具有能够提供水土流失治理工程规划设计和运行的科学参数、评价治理效益、提供水沙调控体系建设和运行的洪水泥沙参数、预测水土流失发展趋势的具有自主知识产权的土壤侵蚀产沙模型。为此，一些专家呼吁，在开展全国土壤侵蚀普查等重大实践中，建议采用模拟计算方法实现对土壤侵蚀强度的估算，以此促进模拟关键技术的攻关研究（杨勤科等，2008）。根据我国水土流失特点，基于国内外土壤侵蚀模型理论、技术的进展，近期需要对以下问题进行重点研究。

1）土壤侵蚀过程与机理研究。通过试验观测，分析研究我国不同区域水土流失发展过程，研究各侵蚀环境因子及其相互作用对侵蚀过程的影响，泥沙在复杂坡面以及不同流域尺度间的分散、输移和沉积过程与规律，沟道侵蚀及重力侵蚀机理，为建立土壤侵蚀产沙模型的控制方程和模型构架提供理论基础。

2）经验模型指标体系研究。目前，已建经验模型的参数选取对于同一侵蚀类型区也往往缺乏统一性，直接影响了模型的推广应用。根据不同区域的自然特征和水土流失特点，通过调查，结合以往研究成果，归纳总结不同区域侵蚀环境特征；利用小流域观测资料分析及卫星遥感图像解释等手段，提出下垫面特性因素，分析区域间的异同；利用侵蚀力学、水文学等基本理论，分析区域间侵蚀因子的异同和空间变化规律；利用模糊评判或相关系数矩阵分析等方法，分析侵蚀产沙的边界参数指标；充分考虑参数的普适性，综合分析影响产沙的流域特性指标，提出主要水土流失区经验模型参数的指标体系。

3）不同区域尺度的土壤侵蚀产沙模型设计和开发。由于我国不同区域的土壤侵蚀环境和侵蚀产沙规律差异很大，在相当时期内要建立一个全国通用的侵蚀产沙模型是不现实的，应基于侵蚀规律的空间分异特征，首先建立不同区域尺度、不同模拟功能的侵蚀产沙模型，包括区域的、大中流域的及小流域的土壤侵蚀产沙经验模型和物理成因模型，模拟功能应包括年、月时间尺度的侵蚀产沙量评价预测模型、次暴雨洪水泥沙预报模型，另外，还应逐步开发具有对环境和水质评价功能的侵蚀产沙模型。目前，国外有不少物理成因模型如 AGNPS、ANSWERS 等都具有模拟农地污染物输移、评价水质的功能，而我国在这方面还缺乏研究。

4）土壤侵蚀模拟尺度转换的关键技术。大量研究证实，土壤侵蚀的发生发展过程、时空分布、耦合关系等特性都是尺度依存的，具有时间、空间抑或时空尺度特征。因而，只有在连续尺度序列上对土壤侵蚀过程进行模拟和研究，才能正确反映其内在规律。而目前对土壤侵蚀的观测手段多为坡面微型小区和标准小区，仅在离散和单一尺度上进行，依据其观测结果建立的模型往往难以反映以坡面—沟道系统为地貌单元所组成的流域尺度上的土壤侵蚀规律。因此，除了为满足特定空间尺度上的应用需要，设计和开发不同区域尺度的土壤侵蚀产沙模型，还需要采用尺度上推的途径，对试验小区尺度的观测结果进行聚集或解聚，实现对单元流域尺度范围内侵蚀过程的整体把握，解决土壤侵蚀模拟尺度转换的关键技术，实现不同空间区域模型做到尺度上的统一，达到既能保证一定的计算精度，又能保证一定的计算效率的目的。

5）现代信息技术应用研究。利用以 3S 为代表的现代信息技术，开发 GIS 在土壤侵蚀预测中的空间分析能力，为侵蚀产沙模型的研究提供大量的数据源，以利用其对侵蚀产沙模型进行验证与检验。近期重点开展专业模型与 GIS 紧密耦合技术、侵蚀参数自动提取技术，基于多源影像融合的不同水土保持措施遥感自动识别技术，以及相关的模型支持技术研究。

6）改进水土流失试验观测方法，建立水土保持基础信息支持体系。针对我国土壤侵蚀特点和侵蚀地貌特征，根据建立侵蚀产沙模型的需求，完善和改进我国侵蚀产沙试验观测和研究方法，建立全坡面和坡沟系统试验观测区，开展全坡面、坡沟系统侵蚀产沙过程观测；建立完善的水土保持监测信息体系，实现基础信息资源共享，为土壤侵蚀规律研究和侵蚀产沙模型研发提供基础信息支撑。

  总体来说，我国土壤侵蚀模型研发工作已得到较大进展，尤其在区域土壤侵蚀产沙模型、分布式小流域土壤侵蚀产沙物理成因模型、中国土壤侵蚀因子确定、3S技术在土壤侵蚀产沙模型中的应用等方面取得的成果更为突出。可以坚信，随着我国对水土保持生态建设和江河泥沙灾害治理的日益重视，随着GIS技术、计算机技术的发展，以及人们对土壤侵蚀产沙过程及其规律的深化认识，能够在更多层面上满足水土保持生态建设、国土整治、江河治理、环境保护等生产实践需要的土壤侵蚀产沙模型一定会得到较快发展，并会不断取得较大突破。

参 考 文 献

蔡强国，王贵平，陆兆雄．1996．黄土丘陵沟壑区典型小流域侵蚀产沙过程模型．地理学报，51（2）：109-117

陈振金，刘用清，郑大增．1995．RUSLE方程在我省生态建设项目环评中的应用．福建环境，12（2）：12-14

杜榕桓，史得明．1994．三峡库区水土流失对生态环境的影响．北京：科技出版社

樊尔兰．1998．悬移质瞬时输沙单位线的探讨．泥沙研究，（2）：56-61

范瑞瑜．1985．黄河中游地区小流域土壤流失量计算方程的研究．中国水土保持，（2）：12-17

符素华，张卫国，刘宝元，等．2001．北京山区小流域土壤侵蚀模型．水土保持研究，8（4）：114-120

付炜．1992．黄土丘陵沟壑区土壤侵蚀预测模型建立方法的研究．水土保持，（3）：6-13．

黄河水利委员会黄河中游治理局．1993．黄河水土保持志（《黄河志》卷）．郑州：河南人民出版社

黄炎和，林敬兰，蔡志发，等．2000．影响福建省水土流失主导因子的研究．水土保持学报，14（2）：36-40，54

黄炎和，卢程隆，郑添发，等．1992．闽东南降雨侵蚀力指标R值的研究．水土保持学报，6（4）：1-5

黄炎和，卢程隆．1993．通用土壤流失方程在我国的应用研究进展．福建农学院学报，22（1）：73-77

贾媛媛，郑粉莉，杨勤科，等．2004．黄土丘陵沟壑区小流域水蚀预报模型构建．水土保持学报，24（2）：5-7，16

贾媛媛，郑粉莉，杨勤科．2005．黄土高原小流域分布式水蚀预报模型．水利学报，（3）：328-332

贾志军，王小平，李俊义，等．1991．晋西黄土高原降雨侵蚀力研究．中国水土保持，（1）：43-46

江忠善，宋文经．1980．黄河中游黄土丘陵沟壑区小流域产沙量计算．第一届河流泥沙国际学术讨论会论文集（第1卷）．北京：光华出版社

江忠善，王志强，刘志．1995．应用地理信息系统评价黄土丘陵区小流域土壤侵蚀的研究．第二届全国泥沙基本理论研究学术讨论会论文集．北京：中国建材工业出版社

江忠善，王志强，刘志．1996．黄土丘陵区小流域土壤侵蚀空间变化定量研究．土壤侵蚀与水土保持学报，1（2）：1-9

金争平，赵焕勋，和泰，等．1991．皇甫川小流域土壤蚀量预报方程研究．水土保持学报，5（1）：8-18

李凤，吴长久．1997．RUSLE侵蚀模型及其应用（综述）．水土保持研究，4（1）：109-112

李钜章，景可，李凤新．1999．黄土高原多沙炻沙区侵蚀模型探讨．地理科学进展，18（1）：46-53

李清河，孙保平，孙立达．2002．黄土区小流域土壤侵蚀系统模拟的研究．水土保持学报，16（3）：1-5

刘宝元．2006．西北黄土高原区土壤侵蚀预报模型开发项目研究成果报告．水利部水土保持监测中心

刘森，胡远满，徐崇刚．2004．基于GIS、RS和RUSLE的林区土壤侵蚀定量研究—以大兴安岭呼中地区

为例. 水土保持研究, 11 (3): 21-24

刘善建. 1954. 天水水土流失测验的初步分析. 新黄河, (1): 19-32.

马修军, 谢昆青. 1999. GIS 环境下流域降雨侵蚀动态模拟研究—以 PCRaster 系统和 LISEM 模型为例. 环境科学进展, 7 (5): 137-143

美国农业部科学与教育管理委员会. 1983. 降雨侵蚀土壤流失预报—水土保持规划指南 (美国农业部农业手册第 537 号). 牟金泽, 沈受百, 孟庆枚译. 郑州: 黄河水利委员会水利科学研究所

牟金泽, 熊贵枢. 1980. 陕北小流域产沙量预报及水土保持措施拦沙计算. 第一届河流泥沙国际学术讨论会论文集. 北京: 光华出版社

牛志明, 解明曙, 孙阁, 等. 2001. ANSWERS2000 在小流域土壤侵蚀过程模拟中的应用研究. 水土保持学报, 15 (3): 56-60

祁伟, 曹文洪, 郭庆超, 等. 2004. 小流域侵蚀产沙分布式数学模型的研究. 中国水土保持科学, 2 (1): 16-22

秦毅, 曹如轩, 樊尔兰. 1990. 用线性系统预报小流域输沙过程的初探. 人民黄河, 12 (5): 54-58

水利部黄河水利委员会. 2003. "数字黄河" 工程规划. 郑州: 黄河水利出版社

孙立达, 孙保平, 陈禹, 等. 1988. 西吉县黄土丘陵沟壑区小流域土壤流失量预报方程. 自然资源学报, 3 (2): 141

汤立群, 陈国祥, 蔡名扬. 1990. 黄土丘陵区小流域产沙数学模型. 河海大学学报, 18 (6): 10-16

汤立群, 陈国祥. 1997. 小流域产流产沙动力学模型. 水动力学研究与进展 (A 辑), 12 (2): 164-174

唐莉华, 张思聪. 2004. 北京市小流域水土保持综合治理规划模块开发研究. 中国水土保持, (4): 28-30

唐政洪, 蔡强国, 张光远, 等. 2001. 基于地块间水沙运移的黄土丘陵沟壑区小流域侵蚀产沙模型. 泥沙研究, (5): 48-53

王光谦. 2005. 基于数字流域的产流产沙模型//黄河水利委员会黄河上中游管理局. 2005. 模型黄土高原建设方略纵论. 郑州: 黄河水利出版社

王建云. 2001. 利用通用流失方程计算星云湖流域污染负荷. 环境工程, 19 (4): 54-55, 4

王万忠, 焦菊英. 1996. 黄土高原降雨侵蚀产沙与黄河输沙. 北京: 科学出版社

王向东. 1999. 土地利用的变化对流域产流产沙及环境的影响和人工神经网络技术在流域产流产沙中的应用. 北京: 中国水利水电科学研究院

王协康, 方铎. 2000. 土壤侵蚀产沙量的人工神经网络模拟. 成都理工学院学报, 27 (2): 197-201

王星宇. 1987. 黄土地区流域产沙的数学模型. 泥沙研究, (3): 55-60

王秀英, 曹文洪, 付玲燕, 等. 2001. 分布式流域产流数学模型的研究. 水土保持学报, 15 (3): 38-40, 80

肖寒, 欧阳志云, 赵景柱, 等. 2000. 海南岛生态系统土壤保护空间分布特征及生态经济价值评估. 生态学报, 20 (4): 553-558

谢树楠. 1995. 皇甫川降雨产流产沙模型及水沙变化原因分析. 北京: 清华大学出版社

杨勤科, 李锐, 刘咏梅. 2008. 区域土壤侵蚀普查方法的初步讨论. 中国水土保持科学, 6 (3): 1-7

杨晓晖, 吴波. 2004. 大兴安岭东部林区森林水土保持功能初步评价. 中国水土保持科学, (2): 11-16

姚文艺, 孙赞盈. 1995. 坡面产沙数学模型研究//张红武, 姚文艺. 1995. 河南省首届泥沙研究讨论会论文集. 郑州: 黄河水利出版社

姚文艺, 杨涛, 史学建, 等. 2007. 黄河多沙粗沙区分布式土壤流失评价预测模型及支持系统研究. 黄河水利科学研究院, 黄科技 ZX - 2007 -32-61 号

姚文艺. 1993. 黄土丘陵区小流域产沙随机线性模型初探. 黄河科研, (2): 28-32

尹国康, 陈钦峦. 1989. 黄土高原小流域特性指标与产沙统计模式. 地理学报, 44 (1): 32-46

袁勘省，许五弟，杨联安，等. 1999. 土壤侵蚀的能量力学模型研究. 地理学与国土研究，15（4）：64-69

张仁忠，冉启良. 1992. 长江中上游流域产沙模型及侵蚀分布. 水利学报，（6）：51-56

张宪奎. 1992. 黑龙江省土壤流失预报方程中 R 指标的研究. 水土保持科学理论与实践. 北京：中国林业出版社

张小峰，许金喜，裴莹. 2001. 流域产流产沙 BP 网络预报模型的初步研究. 水科学进展，12（1）：17-22

朱启疆，师艳民，陈雪，等. 土壤侵蚀信息熵：地表可蚀性的综合度量指标和模拟工具. 中国水土保持，2002，（7）：39

Beasely. 1997. ANSWERS—A mathematical model for simulating the effects of land use and management on water quality. Ph. D. theses, Purdue University

Bruce, Harper, Leonard, et al. 1975. A model for runoff of pesticides from small upland watershed. J. Environmemtal Quality, （4）：541-548

Curtis. 1976. A deterministic urban storm water and sediment discharge model. //Proc. National symposmm in urban hydrology

David, C. E. Beer. 1975. Simulation of soil erosion （Ⅰ）, Development of a mathematical erosion model. Transactions of the ASABE, 18 （1）：126-129

David, C. E. Beer. 1975. Simulation of soil erosion （Ⅱ）, Stream flow and suspended sediment simulation results. Transactions of the ASABE, 18 （1）：130-133

Julien P Y, Simons D B. 1985. Sediment transport capacity of overland flow. Trans. ASABE, 28 （3）：755-762

Julien P Y. 1989. Soil erosion losses from upland areas. cas Ruch, German, Proceedings of the Fourth International Symposium on River Sedimentation

Knisel W G. 1980. CREAMS：A field scale model for chemical, runoff and erosion from agricultural management systems. Conserv. Rep. 26, USDA-ARS. Washington D. C.

Meyer, Wischmeier. 1969. Mathematical simulation of the process of soil erosion by water. Transactions of the ASABE, 12 （6）：754-758

Negev. 1967. A mathematical model in a digital computer, Technical report 76, Department of Civil Engineering, Stanford University, USA

Rendon-Herrero, Unit sediment graph, Water Resources Research, 1978, 14 （5）：889-901

Ross B B, Contractor D N, Shanboltz V O. 1979. A field scale model for model of over land and channel flow for assessing the hydrologic in pact of landuse change. Journal of Hyerology, 41：1-30

Simons & Li. 1977. Water and sediment routing from watersheds. Proc. River mechanics institute, Fort Collins Co.

Smith. Field test of a distributed watershed erision—sedimantation model. In：Soil erosion, Prediction and control special publications No. 1. Soil Conservation Society of America

Surendra, K. M. and Vijay P. Singh. 2003. Soil conserrration Service curve numbelr （SCS-CN） methódilgy, The Nether lands：Kluwer Academic

Williams J R. 1978. A sediment graph model based on an instantaneous unit sediment graph, Water Resources Research, 14 （4）：659-664

Yoo K H, Molnau M. 1987. Upland soil-erosion simulation for agricultural watersheds. Water Resources Bulletin, 23 （5）：819-827

第8章 基于 GIS 分布式流域侵蚀产沙动力学模型

利用土壤侵蚀力学、泥沙运动力学及坡面流水力学的理论，建立了基于 GIS 的栅格型分布式土壤流失数学模型，以岔巴沟流域为研究对象，对模型进行了率定和验证，同时还利用大尺度流域杏子河的实测资料对模型进行了验证。所建模型包括水文模型和侵蚀产沙模型，这两个模型的运行达到了紧密耦合。在模拟径流计算中，以糙率及坡度等参数反映水土保持措施的作用，从而可以使得所建模型具有对水土保持措施布设效果进行评价的功能。

8.1 研究区侵蚀产沙环境

8.1.1 研究区域及选择理由

选择位于黄河多沙粗沙区的岔巴沟小流域作为研究对象。

岔巴沟流域是黄河一级支流无定河的三级支流，为无定河二级支流大理河的一级支流，行政区划位于陕西省子洲县，属黄土丘陵沟壑区第一副区，流域面积 205km²，沟道长 26.2km，河道平均比降 7.57‰。

1959 年开始在子洲设观测站，其中雨量站 45 处，密度为 4.55km²/站；径流场（普通农田、荒坡）共 7 个，集中布设于麻地沟流域，主要研究径流、泥沙形成过程及总量、含沙量，不同坡长和不同作物条件下的侵蚀产沙量对比，以及开展土壤蒸发及土壤含水量的观测等。到 1969 年，径流场试验观测全部停止，历时 11 年。其间，观测项目有水位、流量、悬移质含沙量、悬移质泥沙颗粒级配、河床冲淤量、水面比降、水温、水化学、地下水位、降水、土壤入渗量、陆上水面蒸发量、土壤蒸发量、土壤含水量、气温、空气湿度、气压、日照、风力、风速、地温等 21 项（表 8-1）。在此观测期间，收集资料较全面，刊布了 5 册水文测验资料，在产汇流水文模型、土壤下渗、降水站网布设及水土流失规律等方面的研究发挥了重要作用。

表 8-1 子洲径流实验站监测站场布设情况表

年份	降水站（个）	水位站（个）	流量站（个）	径流场（处）	气象站（个）	土壤含水率观测地段	冲淤河段	土壤蒸发观测场（处）	水量平衡场（处）
1959	45	5	11	7	4	17			
1960	45	5	10	13	4	9		8	
1961	29	5	10	14	1	11		8	
1962	29		8	10		5		3	

年份	降水站（个）	水位站（个）	流量站（个）	径流场（处）	气象站（个）	土壤含水率观测地段	冲淤河段	土壤蒸发观测场（处）	水量平衡场（处）
1963	31		8	9	1	5	7	3	
1964	29		9	9	1	4	7	2	
1965	42+19		11	13	1	2	7	3	9
1966	43+21		12	13	1	3	7	2	11
1967	44+10		12	12	1	3	1	1	11
1968	15+1		6	4		1			
1969	15+1		6	4		1			

注：降水站数量栏中"+"后数字为径流场降水站数

为研究岔巴沟流域不同长度、不同植被覆盖地段的产沙和径流泥沙过程，曾在麻地沟等地布设7个径流场，并在场地附近观测土壤蒸发及土壤含水量、雨量等水量平衡要素。

观测气温、风速和湿度等气象资料的气象场分别布设在流域发源处的和民墕、上游的西庄、中游的三川口和流域出口处的曹坪，共计4处。

流域内现设有曹坪水文站。曹坪水文站设立于1958年8月，集水面积187km²，距岔巴沟沟口2.2km。曹坪水文站按区域代表原则布设，控制岔巴沟的水沙量变化，为三类精度流量站和三类精度泥沙站，汛期驻站测验，非汛期简化测验。另外，设有13处雨量站，雨量站平均密度为15.77km²/站。现观测的项目主要有水位、流量、悬移质含沙量、泥沙级配、降水等。因而相对来说，岔巴沟流域观测资料较多，又位于黄河多沙粗沙区，可在一定程度上满足本项目研究目标的要求，便于模型的率定和验证，故取其作为研究区域。

8.1.2 自然地理概况

岔巴沟流域位于东经109°47′、北纬37°31′，自然地理区划属于黄土丘陵沟壑区第一副区，在无定河流域的西南部汇于大理河。流域形状基本对称，干沟与支沟相汇夹角在60°左右。岔巴沟流域的地貌形态可划分为两大类：一是河谷阶地，二是黄土丘陵沟壑区，其中黄土丘陵沟壑区又分为两个亚区，即梁地沟谷亚区及峁谷亚区，除此以外，尚有崩塌、滑坡、假喀斯特、黄土柱等特殊的地貌景观。流域上游以梁谷为主，下游以峁地沟谷为主，中游两者皆有。主沟两岸及一级支沟的沟头一般都有较开阔的平地，而二级支沟的沟头切割很深，沿沟两岸近似垂直，其节理发育，崩塌严重。该流域地貌的基本特征是土壤侵蚀严重，沟谷发育剧烈，全流域被大小沟道切割成支离破碎、沟壑纵横的典型黄土地貌景观。图8-1为岔巴沟流域示意图。

岔巴沟流域地面坡度变化复杂，且不连续，同一峁、梁的不同方向，及同一方向的上、中、下坡面坡度变化都很大。沟谷坡面多为陡峭坡面，坡度一般大于60°；主沟上游及较大支流坡度在54°~60°；在沟头及支沟上部减至30°~45°；峁梁坡与梁顶部坡度平缓，约在5°~10°；梁的两侧较陡，峁腰上部较陡，下部较缓，变化范围在15°~30°。黄土梁峁坡和峁坡分别如图8-2和图8-3所示。

图 8-1　岔巴沟流域沟道特征及雨量站、水文站分布图

图 8-2　黄土梁峁坡

图 8-3　黄土峁坡

　　岔巴沟流域沟网空间分布及主支沟特征见图 8-1 和表 8-2。岔巴沟流域的沟网系统由主沟和 13 条一级支沟组成，主沟即称之为岔巴沟。岔巴沟流域左岸从下游至上游依次分布着麻地沟、田家沟、蛇家沟、米脂沟、杜家沟、驼耳巷沟、常家园子沟和东吴家山沟 8 条一级支沟；在右岸从下游至上游依次分布着马家沟、刘家沟、毕家崄沟和石门沟等一级支沟。最大沟道密度出现在左岸下游的麻地沟和田家沟两个一级支沟，分别达到 1.23 km/km² 和 1.22 km/km²，其次为左岸下游的马家沟，为 1.08 km/km²。上游和中游的沟道密度一般明显小于下游，如右岸上游石门沟和中游刘家沟、左岸上游窑峁沟和中游米脂沟的沟道密度均小于 1.0 km/km²，最小仅为 0.46 km/km²（刘家沟）。由此说明岔巴沟流域下游较

上游侵蚀严重，左岸较右岸侵蚀严重，侵蚀程度的空间分布具有不均衡性。

表8-2　岔巴沟流域主支沟道特征数据统计表

沟名	沟口位置	流域面积（km²）	流域长度（km）	不对称系数	曲折系数	流域平均宽度（km）	沟道密度（km/km²）
岔巴沟	曹坪	187.0	24.10	0.03	1.15	7.22	1.05
岔巴沟	杜家沟岔	96.1	14.30	0.07	1.14	6.73	1.06
岔巴沟	西庄	49.0	8.54	0.21	1.13	5.73	1.01
杜家沟岔	杜家沟岔	8.6	5.23	0.17	1.03	1.64	1.09
刘家沟	三川口	21.0	6.54	0.12	1.03	3.22	0.46
麻地沟	曹坪	17.2	8.24	0.48	1.10	2.08	1.23

8.1.3　降水特征

岔巴沟曹坪水文站多年（1960~2006年）平均降水量为439.5mm（表8-3和图8-4）。最大年降水量为749.4mm，发生在1964年；最小年降水量为253.4mm，发生在1965年。最大年降水量是最小年降水量的3倍，降水量年际变化较大。

表8-3　曹坪水文站不同年代年均降水量、径流量、输沙量

水沙参数	各时段特征值						最大值	最小值
	1960~1969年	1970~1979年	1980~1989年	1990~1999年	2000~2006年	1960~2006年		
降水量（mm）	451.4	456.3	416.0	430.8	455.1	439.5	749.4	253.4
距平（%）	2.7	3.8	−5.3	−2.0	3.5			
径流量（万m³）	1012	838.4	694.7	753.5	522.6	762.4	2195.0	316.6
距平（%）	32.7	10.0	−8.9	−1.2	−31.5			
输沙量（万t）	382	182.2	78.1	180.2	62.9	179.6	1330.0	2.79
距平（%）	112.7	1.4	−56.5	0.3	−65.0			

20世纪60~90年代和2000~2006年，平均年降水量分别为451.4mm、456.3mm、416.0mm、430.8mm和455.1mm，降水量年代之间变化较小。降水量最多的为70年代，比多年平均值439.5mm高3.8%；最少的为80年代，降水量比多年平均值低5.3%。

岔巴沟曹坪水文站降水量年内分配见表8-4和图8-5，可以看出，年内降水也很不均匀，12月最小，8月最大；1~8月降水量逐月增加，8~12月降水量逐月减少，年内分配呈单峰型。1月和12月的降水量占年降水量的比例均不到1%，7月和8月的降水量占年降水量的比例都超过20%。

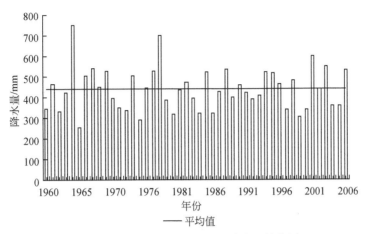

图 8-4　岔巴沟曹坪水文站历年降水量柱状图

表 8-4　曹坪水文站降水量、径流量年内分配

特征参数	各月特征值												
	1	2	3	4	5	6	7	8	9	10	11	12	6~9
降水量（mm）	3.4	4.6	12.7	19.2	34.4	59.8	97.5	103.4	62.9	23.4	10.0	2.9	323.6
占全年（%）	0.8	1.1	2.9	4.4	7.9	13.8	22.4	23.8	14.5	5.4	2.3	0.7	74.5
径流量（万 m³）	22.39	42.37	83.45	42.48	32.74	46.98	132.5	176.6	71.97	41.57	40.78	28.59	428.1
占全年（%）	2.9	5.6	10.9	5.6	4.3	6.2	17.4	23.2	9.4	5.5	5.3	3.7	56.2

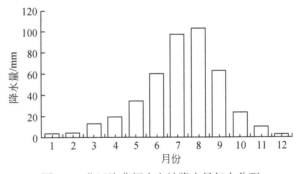

图 8-5　岔巴沟曹坪水文站降水量年内分配

多年汛期（6~9 月）平均降水量为 323.6mm，占年降水量的 74.5%。多年平均 7、8 月降水量占年降水量的 46.2%。

表 8-5 和表 8-6 分别为岔巴沟流域次降雨量和雨强空间分布不均匀性特征值，表中的 A 型、B 型降雨的分类内涵同前述章节相同，即 A 型降雨是指降雨历时在 2 h 以内的短历时局地性暴雨，B 型降雨是指历时在 2~12 h 的中历时较大面积暴雨，C 型降雨是指降雨历时超过 12 h 的区域性暴雨；α 为流域最大点与最小点降雨量比值系数（流域空间极端降雨比值系数）；η 为流域降雨不均匀系数；n 为雨量站数；I_i 为 i 分钟内的降雨强度

（mm/min），$i=10$、30、60、120；P 为面雨量（mm/min）。

表 8-5　岔巴沟流域次降雨量空间分布不均匀性特征值

综合特征值				A 型降雨				B 型降雨				C 型降雨			
n	C_v	η	α	n	C_v	η	α	n	C_v	η	α	n	C_v	η	α
61	0.66	0.48	80.33	32	0.97	0.35	134.69	19	0.40	0.55	30.02	10	0.15	0.77	1.94

表 8-6　岔巴沟流域次降雨强度空间分布不均匀性特征值

特征值	A 型降雨						B 型降雨						C 型降雨					
	n	P	I_{10}	I_{30}	I_{60}	I_{120}	n	P	I_{10}	I_{30}	I_{60}	I_{120}	n	P	I_{10}	I_{30}	I_{60}	I_{120}
C_v	6	0.60	0.66	0.66	0.61	0.60	10	0.31	0.41	0.37	0.36	0.32	2	0.07	0.21	0.26	0.15	0.12
η	6	0.57	0.53	0.54	0.56	0.55	10	0.68	0.61	0.64	0.65	0.68	2	0.92	0.74	0.70	0.80	0.82
α	6	12.22	17.92	16.38	16.02	13.63	10	3.46	4.12	3.66	3.59	3.44	2	1.18	1.95	2.11	1.55	1.40

离差系数 C_v 值的大小与雨型有关。统计分析表明，岔巴沟流域次降雨量 C_v 值为 0.66，其中 A 型降雨 C_v 值为 0.97，B 型降雨 C_v 值为 0.40，C 型降雨 C_v 值为 0.15。由此可见，A 型降雨面雨量空间分布的不均匀程度比 B、C 两种雨型大。岔巴沟流域次降雨量不均匀系数 η 为 0.48。三种雨型的 η 值分别为 A 型降雨 0.35、B 型降雨 0.55、C 型降雨 0.77。这就是说，A 型降雨的不均匀程度大于 B 型降雨，B 型降雨大于 C 型降雨。岔巴沟流域降雨量最大点与最小点的比值系数 α 为 80.33，其中 A 型降雨为 134.69，B 型降雨为 30.02，C 型降雨为 1.94。由此可见，降雨类型是影响岔巴沟流域降雨不均匀性的主要因素。

从次降雨雨强的空间分布不均匀性来看，岔巴沟流域不同类型降雨最大时段雨强的 C_v 值是不同的，以 I_{30} 为例，A 型降雨为 0.66，B 型降雨为 0.37，C 型降雨为 0.26。而这三种雨型的面雨量的 C_v 分别为 0.60、0.31 和 0.07。可见，面雨强的 C_v 比面雨量的 C_v 大，其差异程度以 B 型和 C 型最为显著。三种雨型面雨强不均匀系数小于面雨量的不均匀系数，而三种雨型的最大点雨强与最小点雨强比值系数比雨量的 α 偏大。

8.1.4　径流特征

岔巴沟曹坪水文站多年（1960～2006 年）平均径流量为 762.47 万 m^3。最大年径流量为 2195 万 m^3，发生在 1966 年；最小年径流量为 316.3 万 m^3，发生在 1997 年。径流量年际变化大（图 8-6），最大年径流量是最小年径流量的 6.9 倍。

20 世纪 60～90 年代各年代平均径流量分别为 1012 万 m^3、838.4 万 m^3、694.7 万 m^3 和 753.5 万 m^3，2000～2006 年的平均径流量为 522.6 万 m^3，径流量年代变化较大，总的趋势是减小的。径流量最多的为 20 世纪 60 年代，比多年平均值 762.47 万 m^3 高 32.7%；径流量最少的是 2000～2006 年，比多年平均值低 31.5%。

径流量年内分配很不均匀，从径流深来看，1 月最小，8 月最大。就多年平均而言，与降水量年内分配不同的是径流量年内分配呈双峰型（图 8-7）。

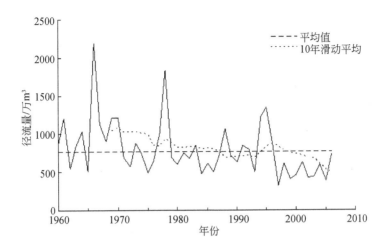

图 8-6　岔巴沟曹坪水文站历年径流量过程线

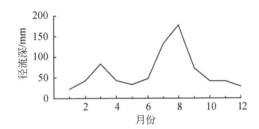

图 8-7　岔巴沟曹坪水文站径流深年内分配情况

8.1.5　洪水泥沙特征

岔巴沟曹坪水文站多年（1960～2006 年）平均输沙量为 179.6 万 t。最大年输沙量为 1330 万 t，发生在 1966 年；最小年输沙量为 2.79 万 t，发生在 1975 年。最大年输沙量是最小年输沙量的 476.7 倍，可见同径流量一样，输沙量年际变化非常大（图 8-8）。

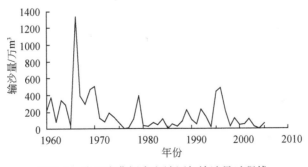

图 8-8　岔巴沟曹坪水文站历年输沙量过程线

20 世纪 60~90 年代各年代平均输沙量分别为 382 万 t、182.2 万 t、78.1 万 t 和 180.2 万 t，2000~2006 年的平均输沙量为 62.9 万 t。输沙量年际变化大，输沙量最多的为 60 年代，比多年平均值高 112.7%，输沙量最少的是 2000~2006 年，较多年平均值低 65.0%。

由于地形破碎，植被较差，坡度很陡，形成了洪水陡涨陡落、历时短暂的特点。根据岔巴沟流域的调查，曾出现过 800 m^3/s 的最大洪峰流量。

8.1.6 水土保持治理概况

根据 1993 年汛期的调查，岔巴沟流域共兴建小水库、淤地坝 474 座，控制面积 164.34km^2（表 8-7）。

表 8-7　岔巴沟流域库坝情况

序号	沟名	控制面积（km^2）	不同运行工况库坝座数			
			总数	淤满	冲毁	剩余
1	西门沟	49.00	56	33	16	7
2	石门沟	23.00	33	19	10	4
3	常家园则沟	4.56	10	6	2	2
4	毕家崄沟	13.80	44	31	8	5
5	驼耳巷沟		43	27	11	5
6	杜家沟	8.56	23	15	4	4
7	高家沟	21.00	84	49	24	11
8	前米脂沟	11.00	55	24	28	3
9	蛇家沟	4.72	43	31	6	6
10	马家沟	16.20	25	20	2	3
11	田家沟	12.50	36	29	6	1
12	岔巴沟支流		33	26	5	1
13	合计		485	312	120	53

8.2 模型总体设计

建立的分布式土壤流失模型包括产汇流模型和产输沙模型，两者是紧密耦合的。产汇流模型包括蒸散发模块、超渗产流模块和汇流模块；产输沙模型包括雨滴溅蚀模块、梁峁坡侵蚀模块、沟坡侵蚀模块、沟槽侵蚀模块和输沙模块。

基于 GIS 分布式流域侵蚀产沙动力学模型的设计应力求达到产流模型与产沙模型的紧密耦合。基于 GIS 的分布式水土流失模型是在地理信息系统支持下，利用空间数据库技术，对流域产流产沙过程进行模拟、反演和预测的工具。一个功能完善、表达精细、物理概念清晰的水土流失模型必须解决好产流产沙过程精确模拟和支持系统友好的两大问题。前者需要在对产汇流过程、产输沙过程基本规律深入认知的基础上，建立起物理概念明晰、理论正确的模型架构。另外，由于产汇流过程和产输沙过程的发生发展是水土流失过程中具有成因关系且高度相关的两个过程，因此，对两者的描述必须是协同的，要保证两者达到概念上的一致、解析上的收敛和唯一，这就要求在模型计算运行中，对空间、时间上任意栅格点的水沙模拟必须达到紧密耦合，保证两个过程的模拟是同步进行的（图 8-9）。

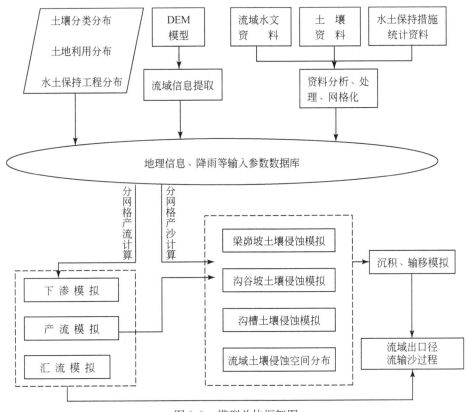

图 8-9　模型总体框架图

8.3　产汇流模型

具有物理基础的分布式水文模型的核心控制方程主要包括降雨蒸散发、入渗和坡面产流汇流等数学方程，通过求解由控制方程构成的方程组即可得到全流域的产流汇流过程。

8.3.1　植被截流计算模块

林冠截流是林冠在短时间内截持并释放出雨水的现象，与土壤渗透现象很相似。当降雨进入林冠后，产生初始截流强度；当林冠饱和以后，仍有一定截留能力，称最终截留强度或稳定截留强度，分别相当于土壤下渗过程中的初始下渗率和稳定下渗率。因此，可以用 Horton 的入渗理论来描述林冠的截留过程。

把降雨中任意时刻的林冠截留量叫做截留强度，以 P_i（mm/h）表示，有

$$P_i = P_c + (P_0 - P_c)e^{-\alpha t} \tag{8-1}$$

式中，P_c 为最终截留强度（mm/h）；P_0 为初始截留强度（mm/h）；α 为林冠特性系数，即衰减系数；t 为时间。初始截留强度 P_0 即为降雨开始时林冠对雨水的截持量，与雨强和郁闭度有关。设降雨强度为 I（mm/h），林冠郁闭度为 A，则有 $P_0 = AI$；P_c 是林冠吸附雨水达到饱和后，降雨持续进行时的稳定截留强度。稳定截留强度 P_c 和衰减系数 α 的值与降雨强度和林冠郁闭度均有关，可由试验观测得到。

8.3.2 蒸散发计算模块

蒸散发计算在垂向上分为两层，一是植被及根系截留层蒸散发，二是土壤非饱和层蒸散发。蒸散发首先发生在植被及根系截留层，当植被及根系截留层的水分蒸发完以后，土壤非饱和带水分将会受到蒸散发损失。植被及根系截留层蒸散发采用公式（8-2）计算，即

$$E_{ai}(t) = E_{pi}(t)\left[1 - \frac{\text{SR}_{i(t)}}{\text{SR}_{\max_i}}\right] \tag{8-2}$$

式中，$E_{ai}(t)$ 为单元栅格 i 上 t 时段的植被及根系截留层实际蒸散发量；$E_{pi}(t)$ 为单元栅格 i 上 t 时段的蒸散发能力，由蒸发站实测资料获得；$\text{SR}_{i(t)}$ 为单元栅格 i 上 t 时段内的植被及根系截留层缺水量；$\text{SR}_{\max_i}$ 为单元栅格 i 上的植被及根系截留层最大截流量。

土壤非饱和层蒸散发采用式（8-3）计算：

$$E_{bi}(t) = E_{pi}(t)\left\{1 - \left[\frac{S_{uzi(t)}}{S_{uzi(t)} + D_i(t)}\right]^{\beta}\right\} \tag{8-3}$$

式中，$E_{bi}(t)$ 为单元栅格 i 上 t 时段的非饱和层实际蒸散发量；$S_{uzi(t)}$ 为单元栅格 i 上 t 时段的非饱和层蓄水量；$D_i(t)$ 为单元栅格 i 上 t 时段的非饱和层缺水量；β 为土壤非饱和层蒸散发控制指数；$E_{pi}(t)$ 意义同上。

8.3.3 产流计算模块

由于黄土高原大部分地区尤其是丘陵沟壑区属于干旱少雨的大陆性气候，地下水位低，包气带缺水量大，一般降雨不可能使包气带蓄满，不会形成地下径流。而由于土壤贫瘠，植被较差，根系不发达，地面下渗能力小，雨强很容易超过地面下渗能力而形成地面径流，且流域形成的洪水往往呈现陡涨陡落的趋势，如历时短、洪量高，雨停后，径流很快消失。因此，所拟建的黄土高原产流模型应主要采用超渗产流模块。

8.3.3.1 超渗产流计算原理

超渗产流计算模式可表达为：

$$\text{RS} = \begin{cases} 0 & \text{PE} \leqslant f \\ \text{PE} - f & \text{PE} > f \end{cases} \tag{8-4}$$

式中，RS 为时段地面径流量；PE 为扣除蒸发后的时段降雨量；f 是时段下渗量，均以 mm/s 计。在干旱地区，一般降雨强度大，历时很短，其雨期蒸发量常可忽略不计，则 PE 可由 P 代替，产流计算可简化为

$$RS = \begin{cases} 0 & P \leqslant f \\ P - f & P > f \end{cases} \tag{8-5}$$

由式（8-5）知，超渗产流计算的关键是地面下渗量的确定。根据土壤非饱和水流运动理论，水流的垂向运动可由一维水动力方程描述，即

$$\frac{\partial \theta}{\partial t} = \frac{\partial}{\partial Z} D\left(\frac{\partial \theta}{\partial Z}\right) + \frac{\partial K}{\partial Z} \tag{8-6}$$

式中，θ 为土壤含水率；K 为非饱和土壤水力传导度；D 为土壤的水力扩散度；Z 为固定基面以上的高程。

式（8-6）表明，非饱和土壤水力传导度与土壤的水力扩散度、土壤含水率之间存在着非线性关系。因该式结构复杂，难以直接应用，水文预报工作中常用下渗方程代替。不同形式的下渗关系形成了不同的超渗产流计算方法。

8.3.3.2 透水面积的产流计算

超渗雨的产流量取决于降雨强度和下渗强度的对比，式（8-5）中的下渗量可以采用 Horton 下渗方程计算：

$$f = f_c + (f_0 - f_c)\,e^{-kt} \tag{8-7}$$

式中，f 为下渗量；f_0 为最大下渗量；f_c 为稳定下渗量；k 为随土质而变的指数；t 为时间。

式（8-7）代表下渗曲线 f-t 过程，还不能直接用来计算 f。如设 W 为降雨入渗量，并把式（8-7）对时间积分，则

$$\begin{aligned} W = \int_0^t f\mathrm{d}t &= \int_0^t \left[f_c + (f_0 - f_c)\,e^{-kt} \right] \mathrm{d}t \\ &= f_c t + \frac{1}{k}(1 - e^{-kt})(f_0 - f_c) \end{aligned} \tag{8-8}$$

因为 $e^{-kt} = (f - f_c)/(f_0 - f_c)$，将其代入式（8-8）得：

$$W = f_c t + \frac{1}{k}\left(1 - \frac{f - f_c}{f_0 - f_c}\right)(f_0 - f_c) \tag{8-9}$$

整理后有

$$f = f_0 - k(W - f_c t) \tag{8-10}$$

式（8-8）实际上代表 W-t 过程，必须与式（8-10）合解，用迭代方法才能求出 f-W 关系。有了 t 时刻的 W 值，就可根据 f-W 关系得到 t 时刻的 f 值，进而判别 I 与 f 的大小，由此进一步计算产流量及其过程。

8.3.3.3 不透水层产流计算

不透水面积的直接产流量采用式（8-11）计算，即

$$R(t) = P(t) - E(t) \tag{8-11}$$

式中，$R(t)$ 为 t 时刻产流量；$P(t)$ 为 t 时刻降水量；$E(t)$ 为 t 时刻蒸发量。

8.3.4 汇流计算模块

8.3.4.1 基本方程

坡面径流运动可用圣维南方程组来描述。坡面经流连续方程为

$$\frac{\partial q}{\partial x} + \frac{\partial h}{\partial t} = r_e(t) \tag{8-12}$$

式中，q 为单宽流量；h 为坡面径流水深；$r_e(t)$ 为净雨过程即产流过程。

在不考虑降雨的影响下，坡面径流运动方程为

$$S_f = S_0 - \frac{\partial h}{\partial x} - \frac{1}{gh}\frac{\partial q}{\partial t} - \frac{1}{gh}\frac{\partial}{\partial x}\left(\frac{q^2}{h}\right) \tag{8-13}$$

式中，S_f 为能坡，即摩阻坡度；S_0 为坡面坡度；g 为重力加速度；$\frac{\partial h}{\partial x}$ 为附加比降；$\frac{1}{gh}\frac{\partial q}{\partial t}$ 为时间加速度引起的坡降；$\frac{1}{gh}\frac{\partial}{\partial x}\left(\frac{q^2}{h}\right)$ 为位移加速度引起的坡降；$\frac{1}{gh}\frac{\partial q}{\partial t}+\frac{1}{gh}\frac{\partial}{\partial x}\left(\frac{q^2}{h}\right)$ 为惯性项。

式（8-13）在水力学上称为动力波，要求其完全解是十分困难的，在一般水文模型中并不直接采用。常用的办法是对其进行一些假设和简化，再求简化解，关键是要对求解的问题恰当地确定其问题的性质，简化办法主要有以下几种（汤立群和陈国祥，1992）。

1）令 $S_0=S_f=0$，即河底是平的，无摩阻损失，惯性项对水流运动起主要作用。此时，圣维南方程组描述的是没有坦化的惯性波运动。惯性波发生在水面宽、水深大、水面平、流速小的地方，如水库、湖泊、河口等。

2）令 $\frac{1}{gh}\frac{\partial q}{\partial t}+\frac{1}{gh}\frac{\partial}{\partial x}\left(\frac{q^2}{h}\right)=0$，即惯性项不起作用，摩阻坡度及河底比降起主要作用，且附加比降的作用不能忽略，则圣维南方程组描述的是既有平移又有坦化的扩散波运动。河道洪水演算大多采用这种简化方法。

3）$\frac{\partial h}{\partial x}=\frac{1}{gh}\frac{\partial q}{\partial t}+\frac{1}{gh}\frac{\partial}{\partial x}\left(\frac{q^2}{h}\right)=0$，即附加比降与惯性项均不起作用，则式（8-13）变为 $S_0=S_f$。此时，圣维南方程组描述的是只有平移没有坦化的运动波传播。运动波近似要求 S_0 足够大，才能使附加比降和惯性项足够小而不起作用，也就是说，必须在陡坡情况下，才能符合此种情况下的运动波条件。

扩散波、运动波方程都是可以求解的，既可求其解析解，也可用有限差分求其数值解。黄土地区坡面很陡，使得洪水波的传播速度快，沿程坦化小，具有运动波的传播特征。根据 Kirkby（1978）的研究，圣维南方程组的运动波特别适用于表面粗糙、坡度陡、旁侧来水少的水流运动，几乎所有的坡面径流都可以用运动波方程来描述，即

$$\begin{cases}\frac{\partial q}{\partial x}+\frac{\partial h}{\partial t}=r_e(t)\\ S_f=S_0\end{cases} \tag{8-14}$$

用达西定律表示，则有

$$S_f = S_0 = f\frac{q^2}{8gh^2R'} \tag{8-15}$$

式中，f 为 Darcy-Weisbach 阻力系数；R' 为水力半径，对于坡面径流可近视认为 $R'=h$。

设坡面上水面坡度为 S'，则 $S'=f\dfrac{q^2}{8gh^2h}$，考虑到 $q=hV$，代入则有 $S'=f\dfrac{V^2}{8gh}$，所以有

$$V^2 = \frac{1}{f}8ghS' \tag{8-16}$$

因为 $c=\sqrt{\dfrac{8g}{f}}$，故 $c^2=\dfrac{8g}{f}$，代入式（8-16）有，$V^2=c^2hS'$，则：

$$V = ch^{\frac{1}{2}}S'^{\frac{1}{2}} \tag{8-17}$$

由曼宁公式 $c=\dfrac{1}{n}h^{\frac{1}{6}}$，且因 $q=hV$，代入式（8-17），则

$$q = \frac{1}{n}h^{\frac{5}{3}}S'^{\frac{1}{2}} \tag{8-18}$$

式中，n 为曼宁糙率系数；S 为水面坡度，在缓变流动中水面坡度近似等于坡面坡度，即 $S'=S_0$；V 是流速。

若令 $\sigma=\dfrac{2}{3}$，$\lambda=\dfrac{1}{2}$，$\alpha=1+\sigma$，$K_s=\dfrac{1}{n}S'^{\lambda}_0$，则有

$$V = K_s h^{\sigma} \tag{8-19}$$

$$q = K_s h^{\alpha} \tag{8-20}$$

式（8-17）的连续方程与式（8-19）、式（8-20）中任一式联立均可求出各水力要素。联立式（8-20）和式（8-12），解得一阶拟线性坡面径流偏微分方程为

$$\frac{\partial q}{\partial x} + K_s^{-\frac{1}{\alpha}}\frac{1}{\alpha}q^{\frac{1-\alpha}{\alpha}}\frac{\partial q}{\partial t} = r_e(t) \tag{8-21}$$

上式的初始条件和边界条件为：

$$\begin{cases} q(0,\ t)=0 & t>0 \\ q(x,\ 0)=0 & 0 \leqslant x \leqslant l_1+l_2 \\ r_e(t)=0 & t>T \\ r_e(t)=R(t) & 0 \leqslant t \leqslant T \end{cases} \tag{8-22}$$

式中，t 为时间；l_1+l_2 为坡面宽；T 为降雨总历时；$R(t)$ 为净雨历时产流量。

8.3.4.2 基本方程数值解

根据文献分析（汪德爟，1989），对坡面径流使用隐式差分的 Preismann 格式效果最好。Preismann（SOGREAH）隐式格式如图 8-10 所示。

Preismann 格式的因变量 $f(x,\ t)$（此处简写为 f）和导函数的差分形式为

$$f(x,\ t) = \frac{\theta}{2}(f^{n+1}_{j+1}+f^{n+1}_j) + \frac{1-\theta}{2}(f^n_{j+1}+f^n_j) \tag{8-23}$$

$$\frac{\partial f}{\partial x} = \theta\frac{f^{n+1}_{j+1}-f^{n+1}_j}{\Delta x} + (1-\theta)\frac{f^n_{j+1}-f^n_j}{\Delta x} \tag{8-24}$$

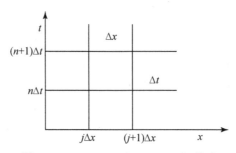

图 8-10　Preismann（SOGREAH）格式

$$\frac{\partial f}{\partial t} = \frac{f_{j+1}^{n+1} - f_{j+1}^{n} + f_{j}^{n+1} - f_{j}^{n}}{2\Delta t} \tag{8-25}$$

式中，θ 为权重系数，$0 \leqslant \theta \leqslant 1$。从计算格式稳定性需要出发，$\theta$ 宜大于 0.5，最好取在 $0.6 \leqslant \theta \leqslant 1$ 范围内（程文辉，1988）。

将式（8-23）~式（8-25）的差分形式用单宽流量表示，则

$$q(x, t) = \frac{\theta}{2}(q_{j+1}^{n+1} + q_{j}^{n+1}) + \frac{1-\theta}{2}(q_{j+1}^{n} + q_{j}^{n}) \tag{8-26}$$

$$\frac{\partial q}{\partial x} = \theta \frac{q_{j+1}^{n+1} - q_{j}^{n+1}}{\Delta x} + (1-\theta) \frac{q_{j+1}^{n} - q_{j}^{n}}{\Delta x} \tag{8-27}$$

$$\frac{\partial q}{\partial t} = \frac{q_{j+1}^{n+1} - q_{j+1}^{n} + q_{j}^{n+1} - q_{j}^{n}}{2\Delta t} \tag{8-28}$$

将式（8-26）~式（8-28）代入式（8-21），则有

$$\theta \frac{q_{j+1}^{n+1} - q_{j}^{n+1}}{\Delta x} + (1-\theta) \frac{q_{j+1}^{n} - q_{j}^{n}}{\Delta x} + K_s^{-\frac{1}{\alpha}} \frac{1}{\alpha}$$

$$\times \left\{ \frac{\theta}{2} \left[(q_{j+1}^{n+1})^{\frac{1-\alpha}{\alpha}} + (q_{j}^{n+1})^{\frac{1-\alpha}{\alpha}} \right] + \frac{1-\theta}{2} \left[(q_{j+1}^{n})^{\frac{1-\alpha}{\alpha}} + (q_{j}^{n})^{\frac{1-\alpha}{\alpha}} \right] \right\}$$

$$\times \frac{q_{j+1}^{n+1} - q_{j+1}^{n} + q_{j}^{n+1} - q_{j}^{n}}{2\Delta t} = r_e(t) \tag{8-29}$$

式（8-29）表示的就是坡面单宽水流差分方程，可以用牛顿迭代法直接解得其中唯一的未知量 q_{j+1}^{n+1}，据此，能推求出任意时空不均匀降雨的坡面单宽流量过程。由式（8-19）、式（8-20）可分别求出坡面径流的流速及水深过程。

8.4　产输沙模型

姚文艺和汤立群（2005）认为，运动的水流具有能力，当水流以切应力的形式作用于泥沙颗粒时，一旦泥沙开始运动，水流必然要做功而消耗能量。由此，汤立群曾依据能量平衡原理构建了流域土壤侵蚀率公式。本研究基于姚文艺和汤立群（2001）、汤立群和陈国祥（1997）的成果，建立了小流域分布式侵蚀产沙模型。

8.4.1 梁峁坡水力侵蚀模型

在梁峁坡，单位面积坡面上的土壤侵蚀能量 W_{sr} 为

$$W_{sr} = \frac{\gamma_s - \gamma_m}{\gamma_m} e_r \tan\alpha \tag{8-30}$$

式中，γ_s、γ_m 分别为泥沙密实干容重和浑水容重；e_r 为梁峁坡单宽土壤侵蚀率；α 为梁峁坡坡度。

梁峁坡单位面积水流的有效能量 W_{fr} 为

$$W_{fr} = A'(\tau_0 - \tau_c) V \tag{8-31}$$

式中，τ_0 为水流切应力；τ_c 为斜坡上泥沙的起动切应力；V 为水流平均速度；A' 是无量纲系数。

若取 $W_{fr} = W_{sr}$，则有

$$e_r = A_r \frac{\gamma_m}{\gamma_s - \gamma_m} (\tau_0 - \tau_c) V \tag{8-32}$$

式中，$A_r = A'/\tan\alpha$，由实测资料适线率定；γ_m 计算如下：

$$\gamma_m = \gamma + \left(1 - \frac{\gamma}{\gamma_s}\right) S \tag{8-33}$$

$$S = 1000\gamma\left(1 - \frac{Q_c}{Q_h}\right) \tag{8-34}$$

$$Q_h = 1.263 Q_c^{1.0302} J^{0.0178} J_0^{0.098} \tag{8-35}$$

式中，γ 为清水容重；S 为含沙量；Q_c、Q_h 分别为计算的清水流量和浑水流量；J 为沟道比降（‰）；J_0 为坡面比降。

假如水流沿垂直于斜面的水平轴方向流动，忽略细颗粒泥沙间的黏结力作用，则泥沙颗粒在斜坡上的受力状况如图 8-11 所示。

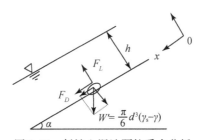

图 8-11 斜坡上泥沙颗粒受力分析

设径流流向为 x，垂直于斜坡的方向为 y，则泥沙颗粒在 x、y 方向所受的力有：x 方向有拖曳力 F_D、重力斜坡上的分力 $W'\sin\alpha$，两者同向，合力为 $F = F_D + W'\sin\alpha$；y 向有泥沙颗粒所受的上举力 F_L。由此可得斜坡上泥沙的起动条件为

$$\frac{F}{W'\cos\alpha - F_L} = \tan\varphi \tag{8-36}$$

式中，α 为斜坡的坡角；φ 为泥沙在水下的休止角，$\tan\varphi = f'$。在这种情况下，经钱宁分析，得到如下的关系式

$$\frac{\tau_c}{\tau_{0c}} = \cos\alpha - \frac{\sin\alpha}{\tan\varphi} \qquad (8\text{-}37)$$

式中，τ_c 为斜坡上的起动切应力；τ_{0c} 为平底床面上泥沙的起动切应力，$\tau_{0c} = f(\gamma_s - \gamma_m)d$，则

$$\tau_c = f'(\gamma_s - \gamma_m)d\cos\alpha - f'(\gamma_s - \gamma_m)d\frac{\sin\alpha}{\tan\varphi}$$

$$= f'(\gamma_s - \gamma_m)d\cos\alpha - (\gamma_s - \gamma_m)d\sin\alpha \qquad (8\text{-}38)$$

由此可得斜坡上泥沙颗粒所受的有效切应力为

$$\tau_0 - \tau_c = \gamma_m hJ + (\gamma_s - \gamma_m)d\sin\alpha - f'(\gamma_s - \gamma_m)d\cos\alpha \qquad (8\text{-}39)$$

对于梁峁坡，若水深为 h_1，比降为 J_1，坡角为 α_1，则其上的有效切应力可以相应表达为

$$\tau_0 - \tau_c = \gamma_m h_1 J_1 + (\gamma_s - \gamma_m)d\sin\alpha_1 - f'(\gamma_s - \gamma_m)d\cos\alpha_1 \qquad (8\text{-}40)$$

式中，d 为泥沙粒径；f' 为摩擦系数，经率定取 0.047。

因此梁峁坡总土壤侵蚀率 E_r 为

$$E_r = e_r b_r \qquad (8\text{-}41)$$

式中，b_r 为梁峁坡宽度，$b_r = l$。

8.4.2 沟坡水力侵蚀模型

梁峁坡的水沙进入沟谷坡时，坡度变陡，流速加快，水流侵蚀率增大。水流能量的一部分用于输送来自梁峁坡的泥沙，一部分用于克服沿程阻力而损失掉，其余部分将进一步冲刷表土，增加水流的含沙量。设用于沟谷坡土壤侵蚀的能量系数为 e_2，则沟谷坡单宽土壤侵蚀率公式可表示为

$$e_g = e_2 A_r \frac{\gamma_m}{\gamma_s - \gamma_m}(\tau_0 - \tau'_c)V \qquad (8\text{-}42)$$

式中，e_g 为沟谷坡单宽土壤侵蚀率。令 $A_g = e_2 A_r$，则

$$e_g = A_g \frac{\gamma_m}{\gamma_s - \gamma_m}(\tau_0 - \tau'_c)V \qquad (8\text{-}43)$$

其中，

$$\tau_0 - \tau'_c = \gamma_m h_2 J_2 + (\gamma_s - \gamma_m)d\sin\alpha_2 - f(\gamma_s - \gamma_m)d\cos\alpha_2 \qquad (8\text{-}44)$$

式中，h_2 为沟谷坡水深；J_2 为沟谷坡比降；α_2 为沟谷坡坡度。

沟谷坡总土壤侵蚀率为 E_g 为

$$E_g = e_g b_g \qquad (8\text{-}45)$$

式中，b_g 为沟谷坡宽，$b_g = l$。

8.4.3 沟槽水力侵蚀模型

设 e_c 为沟槽单宽侵蚀率，ω 是泥沙颗粒群体沉速，V 为沟槽水流平均流速，则沟槽侵

蚀能量 W_{sc} 可表示为

$$W_{sc} = \frac{\gamma_s - \gamma_m}{\gamma_m} e_c \frac{\omega}{V} \tag{8-46}$$

单位床面水流的实际能量 W_{fc} 可表示为

$$W_{fc} = \frac{Ce_3 \gamma_m h_3 J_3 U_*}{k}$$

式中，U_* 为摩阻流速，$U_* = \sqrt{gh_3 J_3}$；h_3 为沟槽水深；J_3 为沟槽比降；k 为卡门常数；e_3 为沟槽发生冲刷的能量系数；C 为系数。

令 $W_{sc} = W_{fc}$，则

$$e_c = \frac{\gamma_m}{\gamma_s - \gamma_m} \frac{Ce_3}{k\omega} \gamma_m h_3 J_3 U_* V \tag{8-47}$$

引进沟宽 B_0，全断面侵蚀率 E_c 为

$$E_c = \frac{Ce_3 B_0}{k\omega} \frac{\gamma_m}{\gamma_s - \gamma_m} \gamma_m h_3 J_3 U_* V \tag{8-48}$$

令 $B_c = \frac{Ce_3 B_0}{k\omega}$，$\gamma_m h_3 J_3$ 与 U_* 合并，最后得

$$E_c = B_c \frac{\sqrt{\gamma_m g}}{\gamma_s - \gamma_m} \tau_0^{\frac{3}{2}} V \tag{8-49}$$

式中，B_c 为无量纲综合系数，由实测资料适线率定。

8.4.4 坡沟系统侵蚀产沙耦合关系

考虑到坡沟系统侵蚀产沙的耦合机制，根据第 3 章试验结果草被作用下坡沟系统具有侵蚀产沙自调控关系

$$E_p = Ke^{\beta C} \tag{8-50}$$

式中，E_p 为坡沟产沙比，即坡面产沙量与沟坡产沙量之比；K 和 β 为系数；C 为坡面植被覆盖度（%）。由式（8-50）对计算的梁峁坡、沟道（包括沟坡、沟槽）的侵蚀量进行自检验和校核，使计算结果更符合坡沟系统的侵蚀产沙规律。

8.4.5 全流域产沙量

坡面及沟道侵蚀物质被径流输移到流域出口断面的数量称为流域产沙量。被侵蚀的部分地表物质为水流所挟带，经由坡面、毛沟、支沟、干沟，进入支流和干流，在整个输送过程中会发生泥沙的冲淤变化。因此，通过河流某一断面的输沙量与这一断面以上进入水流中的土壤侵蚀量不一定相等，两者之比称为泥沙输移比 SDR（龚时旸和熊贵枢，1998；牟金泽和孟庆枚，1980）。

根据第 5 章的研究成果，泥沙输移比方程为

$$SDR = 3.7e^{-2.9\frac{t_m}{t_p}} \left(\frac{Q_m Q \rho}{F} \frac{\gamma_m}{\gamma_s - \gamma_m} \right)^{0.03} \tag{8-51}$$

式中，SDR 为泥沙输移比；Q_m 为洪峰流量；Q 为次洪水径流量；t_m 为降雨峰值发生时间；t_p 为次降雨总历时；F 为流域面积；ρ 为水的密度；$\dfrac{\gamma_m}{\gamma_s - \gamma_m}$ 为泥沙重度。需要说明的是，式 (5-24) 中的有关系数，通过模型率定，可能会有适当调整。

8.5 模型验证与运行

8.5.1 模型计算

建立的岔巴沟流域产流产沙模型计算过程如图 8-12 所示。

8.5.1.1 产汇流模型

利用 GLUE 方法，模型参数采用岔巴沟流域实测水文泥沙资料率定，从 17 场次暴雨洪水 1970-07-01（简写为 700701，下同）、700702、710701、720702、740702、780802、790701、800701、830702、880703、890701、940804、950902、960731、990720、000704、000818 资料中选取前 9 场洪水用于参数率定，其中，水文模型参数率定结果如表 8-8，实测与模拟对比过程如表 8-9 和图 8-13。率定结果表明，计算洪峰流量与实测洪峰流量的误差在 -27.1% ~ 37.4%，累积平均为 4.3%；洪现时间不重合的仅有两次，相差 0.5h；确定性系数为 0.67 ~ 0.93，平均为 0.74。所谓确定性系数又称为模型效率系数，是评价模型模拟结果精度的一个评价指标。实际上，确定性系数是均方误差的另一种表现形式。均方误差反映了实测流量过程与模拟流量过程的吻合程度，即

$$F(\theta) = \left\{ \frac{1}{N} \sum_{i=1}^{N} \left[Q_{0,i} - Q_{s,i}(\theta) \right]^2 \right\}^{1/2} \tag{8-52}$$

而确定性系数由下式计算：

$$R^2 = 1 - \frac{\sum_{i=1}^{N} \left[Q_{0,i} - Q_{s,i} \right]}{\sum_{i=1}^{N} \left[Q_{0,i} - \overline{Q}_0 \right]^2} \tag{8-53}$$

式中，$F(\theta)$ 为均方误差；R 为确定性系数；$Q_{0,i}$ 为实测流量序列；$Q_{s,i}$ 为模拟流量序列；N 为流量序列数；θ 为待优选参数；$\overline{Q}_0$ 为实测流量过程的均值。显然，R^2 越大，表示实测与模拟流量过程拟合的越好，模拟精度越高。

表 8-8 模型主要参数率定结果

初始下渗能力 [mm/(s·min)]	稳定下渗能力 [mm/(s·min)]	随土质而变的指数 [mm/(s·min)]	产流参数	综合系数	江流计算权重系数
8 ~ 9	1.6 ~ 1.7	0.243	15 ~ 30	0.2	0.6 ~ 1.0

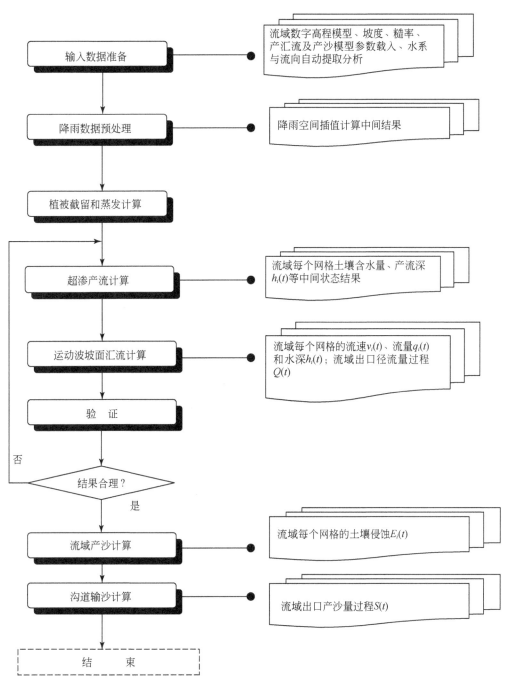

图 8-12　小流域分布式产流产沙机理模型计算流程

表8-9 水文模型参数率定结果

编号	洪号	洪峰流量			峰现时间差/h	确定性系数
		实测洪峰流量/(m³/s)	计算洪峰流量/(m³/s)	相对误差/%		
1	700701	70	51	−27.1	0	0.73
2	700702	532	651	22.4	0.5	0.68
3	710701	131	180	37.4	0	0.67
4	720702	119	91	−23.5	0	0.84
5	740702	212	178	−16.0	0	0.87
6	780802	180	240	33.3	0	0.93
7	790701	32	34	6.3	0	0.93
8	800701	18	20	11.1	0.5	0.85
9	830702	148	140	−5.4	0	0.90

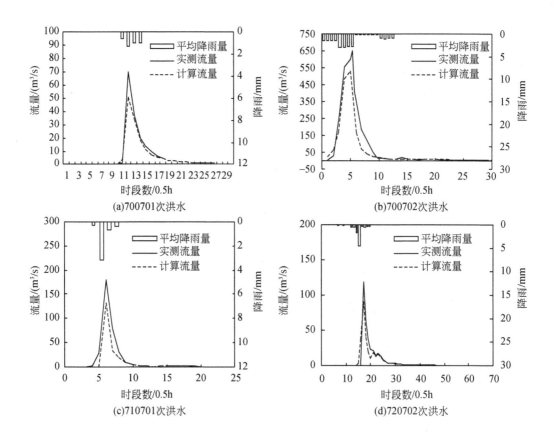

(a)700701次洪水　(b)700702次洪水　(c)710701次洪水　(d)720702次洪水

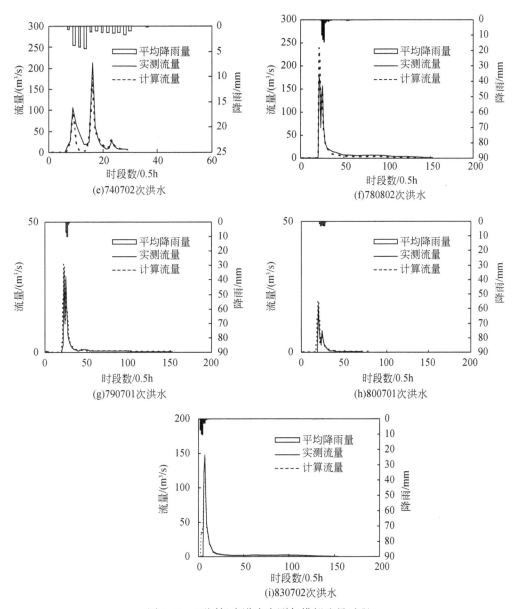

图 8-13 不同场次洪水实测与模拟流量过程

8.5.1.2 侵蚀产沙模型

侵蚀产沙模型率定结果如表 8-10，实测与模型对比过程如图 8-14。模型率定结果表明，计算产沙量与实测产沙量的误差在 -26.2% ～ 39.1%，累积平均为 8.7%；计算沙峰输沙率与实测的相比，误差在 -37.2% ～ 45.2%，累积平均为 9.0%。与产流相比，其模拟精度要低一些。

表 8-10　侵蚀产沙模型计算结果

序号	洪号	产沙量			沙峰输沙率		
		实测产沙量 （万 t）	计算产沙量 （万 t）	相对误差 （%）	实测沙峰 （kg/s）	计算沙峰 （kg/s）	相对误差 （%）
1	700701	26.4	19.6	-25.8	61 250	42 623	-30.4
2	700702	257.5	341.7	32.7	454 328	556 605	22.5
3	710701	27.1	37.7	39.1	97 071	136 147	40.3
4	720702	50.4	37.2	-26.2	104 125	65 432	-37.2
5	740702	103.2	78.0	-24.4	185 076	135 642	-26.7
6	780802	187.3	196.7	5.0	136 455	191 100	40.0
7	790701	19.0	17.5	-7.9	27 799	25 964	6.6
8	800701	6.7	7.6	13.4	13 846	16 758	21.0
9	830702	89.5	108.1	20.8	121 730	176 709	45.2

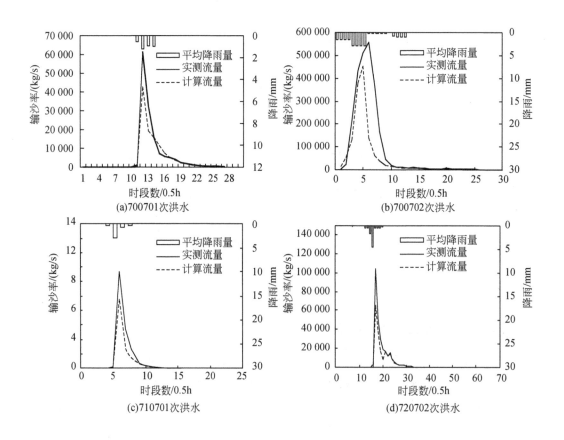

(a)700701次洪水

(b)700702次洪水

(c)710701次洪水

(d)720702次洪水

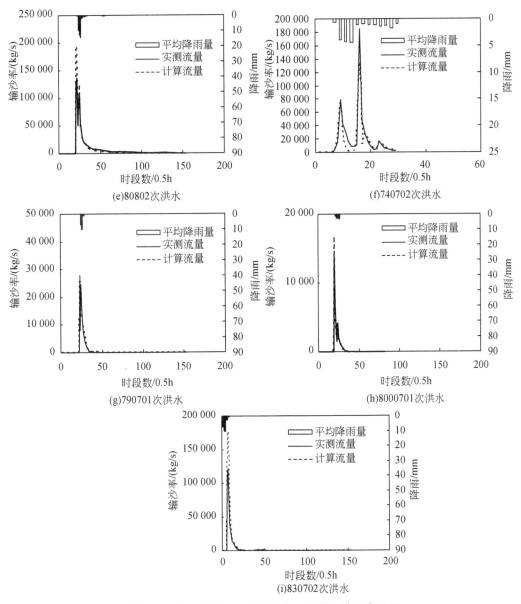

图 8-14 不同场次洪水输沙率实测与模拟输沙率过程

8.5.2 模型在岔巴沟流域的验证

8.5.2.1 产汇流模型

取参数的平均值作为率定的参数，对后 8 场水沙过程进行验证，产汇流模拟验证过程如图 8-15，水文模型验证结果分析如表 8-11。产汇流模拟验证的确定性系数不小于 0.54，平均为 0.65。

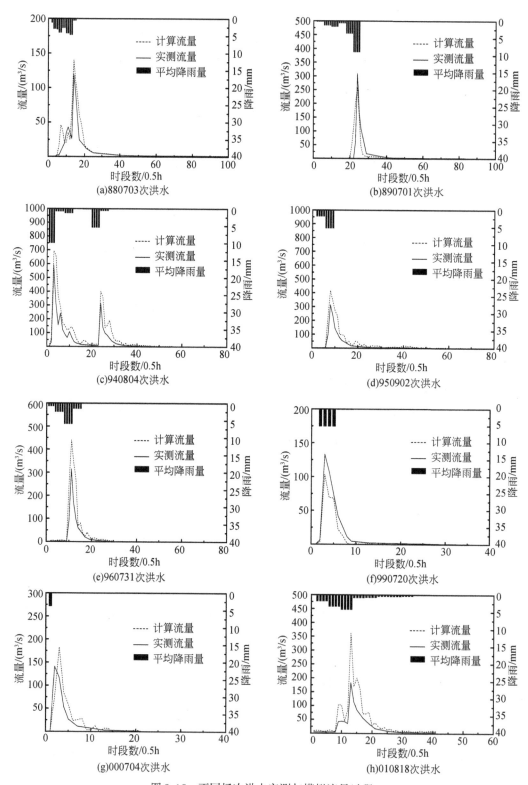

图 8-15　不同场次洪水实测与模拟流量过程

表 8-11 水文模型参数验证结果表

序号	洪号	洪峰流量			峰现时差（h）	确定性系数
		实测洪峰流量（m³/s）	计算洪峰流量（m³/s）	相对误差（%）		
1	880703	119	140	17.6	0.5	0.71
2	890701	532	260	−51.1	−0.5	0.64
3	940804	592	815	37.7	0	0.63
4	950902	313	438	39.9	0	0.77
5	960731	315	439	39.4	0	0.54
6	990720	133	103	−22.6	0	0.91
7	000704	141	183	29.8	1	0.61
8	000818	183	262	43.2	0	0.73

8.5.2.2　侵蚀产沙模型

侵蚀产沙模型实测计算对比过程如图 8-16 所示，侵蚀产沙模型验证结果如表 8-12 所示。模型验证计算的产沙量误差介于−18.6% ~ 43.1%，累积平均为 6.3%；沙峰的相对误差范围为−59.3% ~ 67.8%，累积平均为 23.4%。可见，产沙量的模拟精度要高于沙峰输沙率的模拟精度。

表 8-12　侵蚀产沙模型验证结果表

序号	洪号	产沙量			沙峰输沙率		
		实测产沙量（万 t）	计算产沙量（万 t）	相对误差（%）	实测沙峰（kg/s）	计算沙峰（kg/s）	相对误差（%）
1	880703	101.9	82.9	−18.7	66.997	99.976	49.2
2	890701	106.0	87.9	−17.1	253.998	164.680	−35.2
3	940804	305.1	432.4	41.7	361.712	486.103	34.4
4	950902	145.1	207.6	43.1	203.137	274.478	35.1
5	960731	105.2	146.4	39.2	212.625	298.837	40.5
6	990720	34.6	28.3	−18.2	67.564	27.509	−59.3
7	000704	47.4	59.5	25.5	96.867	150.067	54.9
8	010818	84.2	112.3	33.4	130.778	219.493	67.8

8.5.3　模型在杏子河流域的验证

为了进一步验证模型模拟结果的合理性，另还选取水文、气象和下垫面特征与岔巴沟流域都比较相似的延河杏子河流域进行了计算验证。

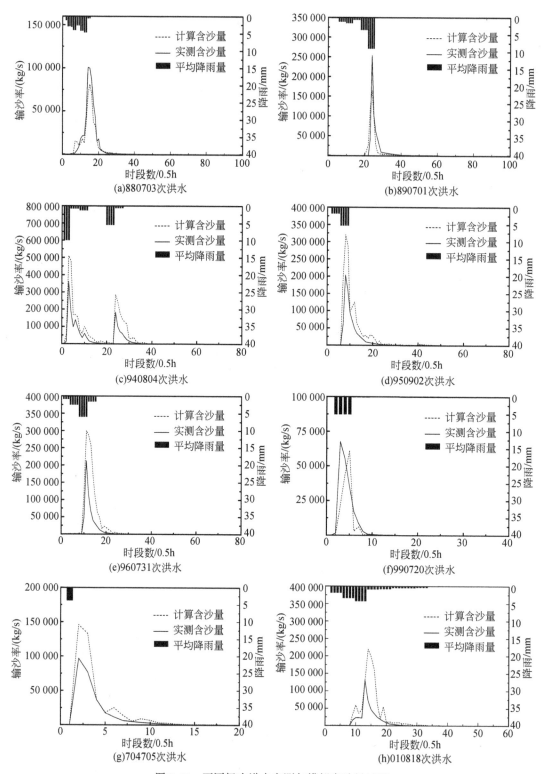

图 8-16　不同场次洪水实测与模拟产沙量过程

8.5.3.1 流域概况

杏子河流域地处黄土高原中部，属于黄河中游多沙粗沙区，为延河的一级支流，发源于靖边县境内的白于山南麓，自西北流向东南，流经安塞县和志丹县，全长 102.8km，杏河水文站控制区总面积 470.65km²。流域地势由西北向东南倾斜，流域自然地理区划和岔巴沟流域一致，都属于黄土丘陵沟壑区第一副区，沟壑密度大，地形起伏较大，水土流失强烈。

8.5.3.2 采用的资料

（1）水文泥沙资料

流域共有 3 个雨量站（大路沟、张渠、五里湾）和一个水文站（杏河站）。选取产流量和产沙量最大的 4 个场次洪水进行分析，洪水特征如表 8-13。

表 8-13 杏子河流域水文泥沙资料

序号	降雨开始时间 （年-月-日时：分）	降雨结束时间 （年-月-日时：分）	降雨量（mm）	洪峰流量（m³/s）	沙峰含沙量（kg/m³）
1	1982-07-28 08：00	1982-07-31 14：00	95.2	75.0	923
2	1982-08-06 08：00	1982-08-08 02：00	24.2	43.5	902
3	1985-05-11 17：30	1985-05-13 20：00	26.3	278.0	1010
4	1985-07-13 20：00	1985-07-16 14：00	45.5	214.0	1120

（2）图件资料

在实际研究中，收集到的原始图件资料主要包括杏子河流域试验区的 30m×30m 数字高程地形图和土地利用矢量图（表 8-14、图 8-17、图 8-18）。

表 8-14 杏子河流域试验区图件资料一览表

名称	投影坐标系	成图时间
30m×30m 数字高程地形图	高斯–克吕格投影，北京 1954 坐标系	2000 年
土地利用图矢量图	高斯–克吕格投影，北京 1954 坐标系	2000 年

8.5.3.3 模型验证

（1）产流汇流模拟

杏子河流域 4 场洪水径流模拟与实测对比过程线如图 8-19。计算结果表明，4 场洪水径流深的模拟误差为 -34.6%～-24.21%，洪峰流量模拟误差介于 -3.08%～4.29%，确定性系数不小于 0.533，最大为 0.857。峰现时间误差最大为 1h（表 8-15）。

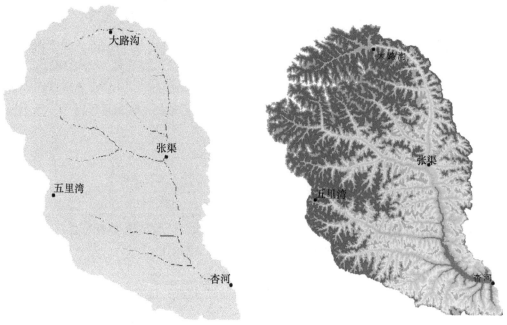

图 8-17 杏子河流域水系　　　　图 8-18 杏子河流域 30m×30m 数字高程地形图

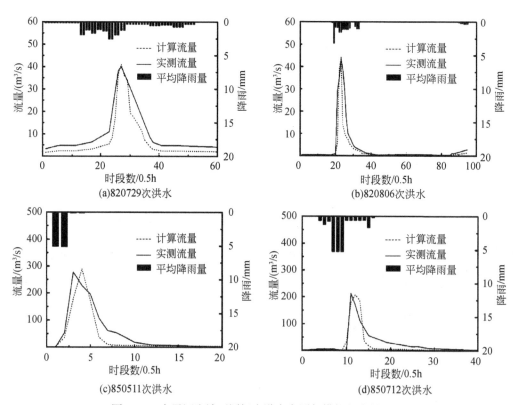

(a)820729次洪水

(b)820806次洪水

(c)850511次洪水

(d)850712次洪水

图 8-19 杏子河流域不同场次洪水实测与模拟径流量过程

表 8-15 杏子河流域洪水模拟误差及确定性系数

洪水场次编号	径流深误差（%）	洪峰误差（%）	峰现延迟（h）	确定性系数
19820729	-34.6	1.55	0	0.765
19820806	-30.22	2.18	0	0.533
19850511	-24.21	4.29	1	0.857
19850712	-30.57	-3.08	1	0.766

（2）产输沙模拟

杏子河流域四场输沙模拟与实测过程对比如图 8-20。模拟结果表明，产沙量误差最大为 34.5%，累积平均为 27.5%；沙峰含沙量误差为 -37.1% ~ 43.2%，累积平均为 12.15%；确定性系数平均为 0.66（表 8-16）。

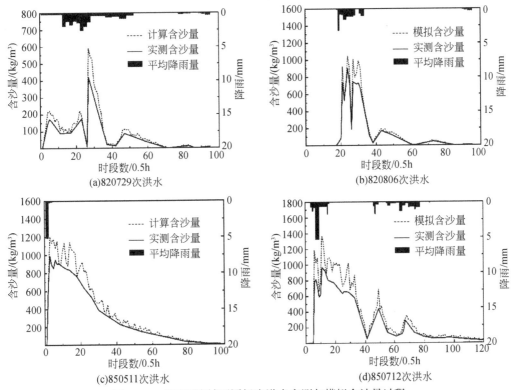

图 8-20 杏子河流域不同场次洪水实测与模拟含沙量过程

表 8-16 杏子河流域四场洪水产沙误差及确定性系数

洪水场次编号	产沙量误差（%）	沙峰误差（%）	确定性系数
19820729	24.6	43.2	0.65
19820806	21.2	8.2	0.71
19850511	29.8	34.3	0.62
19850713	34.5	-37.1	0.65

8.5.3.4　结果分析

（1）产汇流结果

模型验证的4场洪水中，3场洪水确定性系数高于0.700，其中850511为验证资料中实测洪峰最大的洪水，确定性系数最高为0.857；820729确定性系数为0.765；850712确定性系数为0.766；但是820806的确定性系数低于0.600，只有0.533。径流深误差都比较大，都大于20%。而洪峰误差都比较小，控制在5%之内。从图8-19可以看出计算径流比实测径流延迟几个时段，这可能是由于沟壑对降雨径流的滞缓作用。从模拟的过程线图上还可以看出洪水过程线尖瘦，这一特点明显符合干旱地区的特征，因此在此流域选用霍顿产流是比较符合实际的。

（2）产输沙结果

模型验证的4场洪水中，3场泥沙过程确定性系数低于0.70，其中850713为验证资料中实测洪峰最大的洪水场次，确定性系数最高0.65；850511确定性系数为0.62；850806确定性系数最高为0.71；820729确定性系数为0.65；平均确定性系数为0.66。由此可以看出，所研制的模型对于较大流域产输沙模拟方面仍具有一定的精度。

8.6　小　　结

1）依据流域产流特性，首先采用超渗产流模型，建立基于网格单元的产流模型，建模过程中采用Horton下渗方程。然后采用运动波理论在全流域建立一维恒定流的坡面径流运动方程，然后采用Preismann四点隐式差分进行离散和求解，建立网格的坡面汇流模型，利用该模型可计算出任意时刻、任意网格的水深、流速和流量。

2）在地理信息系统中采用空间分析的方法，根据地形、地貌不同特征将本流域划分成梁峁坡、沟坡和沟槽三部分侵蚀产沙计算单元，由能量平衡原理分别建立其侵蚀产沙的计算公式，然后以分布式汇流模型为基础进行耦合求解，根据每个网格的各个时段的水深、流速、流量，依次计算出网格的各个时段的产沙量。输沙计算采用本研究提出的具有物理过程基础的次暴雨洪水泥沙输移模式，即次暴雨洪水泥沙输移比控制方程，同时，考虑了坡沟系统侵蚀产沙的耦合关系，使所建模型更能客观反映黄土丘陵沟壑区的产沙规律。采用坡面汇沙的滞后演算法分别对各个子流域进行验算，然后将各个网格的产沙量错开若干个传播时段进行叠加，最终求得总流域出口断面的产沙量。

3）实现了产流产沙数学模型的耦合。小流域分布式径流模拟数值模型紧密结合地理信息系统进行参数的网格化，从而使之从输入、计算、输出到显示过程都和GIS紧密耦合在一起，做到了模型和GIS的紧密耦合，这既是本模型的关键技术也是重要特色。产沙模型计算中与分布式坡面径流运动波数值模型为基础进行耦合求解，根据每个网格的各个时段的水深、流速、流量依次计算出网格的各个时段的产沙量，从而最终求得全流域的产沙量。

参 考 文 献

程文辉.1988. 明渠非恒定流. 河海大学

龚时旸，熊贵枢.1980. 黄河泥沙的来源和输移//中国水利学会.1980. 第一次河流泥沙国际学术讨论会论文集. 北京：光华出版社

牟金泽，孟庆枚.1980. 论流域产沙量计算中的泥沙输移比//中国水利学会.1980. 第一次河流泥沙国际学术讨论会论文集. 北京：光华出版社

汤立群，陈国祥.1992. 流域产沙动力学模型//全国泥沙基本理论研究学术讨论会编委会.1992. 全国泥沙基本理论研究学术讨论会论文集（第一卷）. 中国水利学会泥沙专业委员会

汤立群，陈国祥.1997. 小流域产流产沙动力学模型. 水动力学研究与进展，12（2）：164-174

汪德爟.1989. 计算水力学理论与应用. 南京：河海大学出版社

姚文艺，汤立群.2011. 水力侵蚀产沙过程及模拟. 郑州：黄河水利出版社

Kirkby M J. 1978. Hillslope Hydrology. UK：John Wiley & Sons Ltd

第9章 基于 GIS 分布式中尺度
流域侵蚀产沙经验模型

基于 GIS 技术，以孤山川流域为模拟对象，建立了中尺度流域土壤侵蚀评价经验模型主导因子指标体系及其提取方法，研发了年侵蚀产沙经验模型，实现了因子提取计算、侵蚀评价和统计分析等功能，为估算流域年水土流失总量，分析计算较长时段流域综合治理措施的蓄水减沙效益等生产实践提供技术支撑。

9.1 模型总体设计

9.1.1 概述

土壤侵蚀是水力、风力、重力及其与人为活动的综合作用对土壤、地面组成物质的侵蚀破坏、分散、搬运和沉积的过程。土壤侵蚀是地球表面的一种自然现象，全球除永冻地区以外，均可发生不同程度的土壤侵蚀（唐克丽，2004）。流域侵蚀产沙是指坡面和沟道发生土壤侵蚀，且侵蚀物质经过输移，到达出口断面的过程。

Refsgaard（1996，1997）曾经讨论过水文模型的分类。认为水文模型可根据对物理过程的反映情况区分为经验（黑箱）模型、概念模型和物理过程模型，根据对水文过程及因子空间特征的描述程度区分为集总式模型和分布式模型。如前述有关章节中所介绍，土壤侵蚀研究中，土壤侵蚀模型从是否直接反映土壤侵蚀的过程或机理角度可区分为经验模型和机理模型（也称为物理过程模型）（符素华和刘宝元，2002；张光辉，2002；蔡国强和刘纪根，2003）。经验性模型从侵蚀产沙的基本成因出发，依据实际观测资料，采用数理统计分析的方法，建立坡面、流域或区域侵蚀产沙量与其主要影响因素之间的经验关系式（Zingg，1940；刘善建，1953）。国外的经验模型如通用土壤流失方程式（Wischmeier & Smith，1978；Renard，et al.，1997），国内的经验模型在坡面尺度的如江忠善模型（江忠善等，2004，2005）和刘宝元模型（刘宝元等，2006；Liu et al.，2006），小流域尺度如江忠善模型（江忠善和宋文经，1980）、牟金泽模型（牟金泽和熊贵枢，1980），区域尺度的有周佩华模型（吴佩华等，1988）和胡良军等提出的区域土壤侵蚀统计模型（胡良军等，2001）。物理过程模型以侵蚀产沙的基本物理过程为基础，通过对复杂的侵蚀产沙现象和过程的概化，建立模型的整体结构和微观结构，并用实际观测资料来优选和决定模型中的参数（Flanagan et al.，1995）。这类模型是土壤侵蚀模型发展的基本趋势，国外模型如 LISEM 和 WEPP，国内模型如中国科学院水利部水土保持研究所开发的小流域和区域模型（贾媛媛等，2005；杨勤科等，2006；姚志宏等，2006），均在一定程度上属于物理过程模型。

由于土壤侵蚀过程和因子具有明显的空间分异特征，因而从其是否反映土壤侵蚀过程的时空分异或时空异质性（spatio-temporally heterogeneity），将土壤侵蚀产沙模型区分为集总式模型（lumped model）和分布式模型（distributed model）（姚志宏等，2007）。集总式模型不能表达空间上的分异，只能估算出总量，如牟金泽的小流域模型。分布式模型可描述一个小流域内或区域内土壤侵蚀和产沙特征在时间和空间上的变化。就土壤侵蚀及其相关领域的模型而言，由于分布式模型可查清土壤侵蚀的发生源地（或泥沙来源）和原因，可以与遥感和 GIS 技术集成，因而其是侵蚀模型研发的基本趋势（Moore et al.，1991）。

土壤侵蚀是一个与时空尺度相关的过程，对于不同的时间和空间尺度，特别是在不同的空间尺度上，土壤侵蚀主导因子（dominated factors）不同，过程的表现形式不同，因而对于过程的描述方法、服务目的等也是不同的。基于此，将土壤侵蚀模型区分为坡面模型、小流域模型和区域模型（贾媛媛等，2005）。本章介绍的是基于黄河一级支流尺度水平的侵蚀产沙经验模型。

另外，本章所述中尺度流域系相对于黄土高原小流域尺度和黄河大尺度支流而言的。黄土高原小流域一般指集水面积小于 50 km² 尺度的流域，是控制水土流失和开发治理的基本单元（项玉章等，1995）；黄河大尺度支流的流域面积多在上万平方千米。本章所说中尺度流域是指集水面积小于 10 000 km² 的流域。

9.1.2　模型总体设计

9.1.2.1　设计开发基础

中尺度流域侵蚀产沙经验模型在"黄土高原水土流失数学模型（第一期）研发初步设计报告"① 的总框架下，总结集成了我国土壤侵蚀经验模型研究成果，并在近年来取得的相关成果的基础上进行开发（程琳等，2009；谢红霞等，2010；Lu & Yu，2002；王春梅等，2010；谢红霞等，2009；郭伟玲等，2010；张宏鸣等，2010；杨勤科等，2010）。成果依托的项目包括：①黄土高原水土保持遥感监测关键技术研究（水利部黄河水利委员会治黄专项，2004SZ01）；水利部"948"计划技术创新与转化项目，CT200503）；②坡度尺度效应及其变换模型研究（973 项目专题，2007CB407203）；③用于区域土壤侵蚀评价的中低分辨率坡度变换方法研究（国家自然科学基金，40971173）；④面向土壤侵蚀评价的流域分布式坡长研究（国家自然科学基金，41071188）。

9.1.2.2　基本功能

开发的分布式中尺度流域侵蚀产沙经验模型（简称"流域经验模型"）具有以下功能。

1）侵蚀产沙因子专题数据处理。以往不少流域和区域土壤侵蚀预报和综合评价研究

---

①　姚文艺等，黄土高原水土流失数学模型（第一期）研发初步设计报告 . 2007；郑州

多将土壤侵蚀产沙因子可表现为专题图（包括矢量和栅格格式）、表格、文本和规则等形式，但是常常是不完整、不规范的。因此在完成模型算法设计的同时，实现对各因子的必要预处理、计算和简单分析，是一个实用的侵蚀产沙预报模型推广和应用的基础。"流域经验模型"中的侵蚀因子专题数据处理功能，实现以文件方式管理数据，根据模型的需要进行必要的规范化处理，如分类系统的统一、投影的换算、BET因子计算、空间插值等。

2）坡度坡长因子提取与分析。地形是影响土壤侵蚀产沙的重要环境因子，土壤侵蚀产沙经验模型主要利用坡度、坡长和流域边界等信息。国内外研究表明，在流域土壤侵蚀评价与预报中，地形因子研究是最为困难的问题之一（汪邦稳等，2007；Renard et al.，1991；Wilson，1986；Moore & Wilson，1992；Renard & Ferreira，1993；Moore & Wilson，1994；Williams & Berndt，1997）。在"流域经验模型"开发中，对地形因子的提出给予了特别的关注，实现了根据用户输入的DEM，完成对坡度、坡长的自动提取和坡度坡长因子计算的功能。

3）土壤侵蚀产沙综合评价。对土壤侵蚀强度的综合评价和预报，是土壤侵蚀产沙经验模型的最主要功能。"流域经验"模型对土壤侵蚀的评价与预报的功能包括：①从两个层次进行评价和预报，包括只考虑动力条件和土壤条件的潜在土壤侵蚀产沙评价；考虑所有侵蚀因子，特别是考虑水土保持措施因子的土壤侵蚀产沙现状综合评价；②以定量评价为主，与定性评价结合。对于水蚀中的面状侵蚀（雨滴击溅侵蚀、片状侵蚀和细沟侵蚀），部分考虑了浅沟侵蚀，实现了对土壤侵蚀的定量评价。同时，考虑了目前水土保持监测和调查制图实践中比较流行的SL190-2007方法（中华人民共和国水利部，2008），设计了对土壤侵蚀强度等级的定性评价；③以水蚀为主，兼顾其他侵蚀类型。在黄土高原地区，最为主要的侵蚀类型是水蚀，西北部地区也分布风蚀。"流域经验模型"，除考虑水蚀外，还包括了对浅沟侵蚀的简易评价，对风蚀的定性评价等。

4）侵蚀产沙因子及综合特征空间分析。土壤侵蚀产沙的因子和侵蚀产沙综合特征，均表现出明显空间分异或空间异质性特征（贾媛媛等，2005；Moore & Grayson，1991）。土壤侵蚀模型与GIS结合，是土壤侵蚀产沙预报和水土保持规划的基本要求和基本发展趋势（De Roo & Wesseling，1996；Griffin & Beasley，1998；杨勤科和李锐，1998）。为此，"流域经验模型"中设计了空间数据（矢量数据和栅格数据）的显示、图形图像数据的放大漫游、简单的地理制图等功能。

9.1.3 流域侵蚀产沙模型指标体系

流域侵蚀产沙模型的指标是对影响流域土壤侵蚀产沙环境因子的具体表达，也是模型的具体变量。根据评价指标所代表的环境因子的时空动态特征，若时空变化比较快或者时空异质性比较大，则在不同的地区、不同的时间，特定指标会取不同的值；若时空变化比较慢或者时空异质性比较小，则在不同的地区、不同的时间，特定指标会取相同或近似相同的值。土壤侵蚀因子是指影响流域侵蚀产沙的某一类环境要素，是指标经过运算的结果，因而在一定程度上也是模型的一部分（子模型）。侵蚀产沙模型指标体系的研究，一方面考虑模型的需要，另一方面考虑土壤侵蚀影响因子研究的积累。

（1）土壤侵蚀因子研究

土壤侵蚀因子的研究，既是土壤侵蚀发生发展规律研究的第一步，又是土壤侵蚀定量评价的基础。因而在土壤侵蚀研究中，对侵蚀因子的研究长期受到重视（杨勤科和李锐，1998；冷疏影等，2004）。"土壤侵蚀因子评价"成为土壤侵蚀学科发展的重要领域之一（Smith，1941；冷疏影等，2004；国家自然科学基金委员会等，2003）。

在西方国家，比较早期的土壤侵蚀研究的重要内容就是侵蚀因子的研究。德国土壤学家 Wollny 在19世纪后期20多年的时间里，研究了坡度、植物覆盖、土壤类型、坡向等对土壤侵蚀的影响。1912年 Wollny 在美国犹他州建立了一个10英亩①的小区，观测因过度放牧导致的水土流失。1917年 Miller 在密苏里大学建立了与现行的小区相类似的试验小区。1940年 Zingg 发表了坡度坡长对侵蚀影响的定量公式、1941年 Smith 进一步研究了作物和水土保持措施对土壤侵蚀的影响。1947年 Browning 和他的同事们研究了土壤可蚀性。同年，Musgrave 领导的小组研究了降雨对侵蚀的影响，并且比较系统地评价了土壤侵蚀影响因子，认为土壤侵蚀因子包括降水（特别是降水强度和降水量，这些决定能量）、坡度坡长（影响径流）、土壤物理属性（影响土壤可蚀性）和植被覆盖等（Smtll & Whitt，1948；Meyer，1984）。1959年 Wischmeier 研究了降雨侵蚀力。所有这些研究成果对后来美国通用土壤流失方程的建立起到了极为重要的作用（符素华和刘宝元，2002；国家自然科学基金委员会等，2003）。

在国内，自20世纪30年代以来，众多学者对土壤侵蚀影响因子进行了大量的研究，其中黄土高原的研究最为深入和典型。朱显谟、黄秉维、陈永宗较早研究认为，黄土高原土壤侵蚀过程主要受到气候、地质、地貌、土壤、植被等因子的影响（朱显谟，1947，1960；黄秉维，1953，1954，1955；朱显谟，1981a，1981b，1982a，1982b；陈永宗，1983）。

（2）土壤侵蚀模型指标

土壤侵蚀研究表明，土壤侵蚀受到气候、地形、土壤、植被和水土保持措施几个因素的影响（Smith & Whitt，1948；黄秉维，1955；朱显谟，1981a，1981b，1982a，1982b）。因而在已有的坡面和小流域土壤侵蚀预报模型中，基本上也包含了上述5个方面的指标。所不同的是，一些模型没有直接考虑气候和水土保持措施的作用，如中国土壤侵蚀分级分类标准（中华人民共和国水利部，2008）、皇甫川小流域模型（金争平等，1991）；一些模型没有考虑水土保持措施，如绥德坡面模型（牟金泽等，1983）和罗玉沟坡模型（李建牢等，1989）等。比较成熟的模型，无论是经验模型还是物理过程模型，均选择了气候（降雨）、土壤（与侵蚀相关的理化属性）、地形、植被和水土保持措施等几个方面的指标作为模型的参数，这种选择和应用比较符合有关研究对土壤侵蚀因子的认识。

---

① 1英亩 ≈ 4046.86m²

9.1.4　指标体系确定原则和方法

总结有关土壤侵蚀评价模型的参数选择方式，流域经验性侵蚀产沙模型指标选择的原则与方法如下。

9.1.4.1　指标体系确定的原则

参考 USLE 开发演变过程以及中国经验模型开发历史（王万忠和焦菊英，1996；Meyer，1984；杨勤科和李锐，1998），确定经验模型指标选择的原则是：①反映土壤侵蚀及其治理过程。对于经验模型，尽管不直接描述土壤侵蚀过程，但统计指标必须包含侵蚀过程的意义，只有如此才能抓住主要矛盾并提出科学使用的指标体系。②具体、可量化。模型的指标要求可用数值或代码表示，可以通过野外定位观测（如降水、径流、指标盖度等）、采样分析或者利用历史数据（如土壤因子）推算，而不能用地貌、土壤、植被等这样抽象的科学术语。③通用性和独立性。指标适用于较大的地区，不能过分考虑地方特色（如正负地形的分异仅适于黄土高原，崩岗密度仅适于南方丘陵），也就是说要脱离地理坐标系。与此同时，各指标之间还必须满足相互独立的原则，就是说不能用一个指标推算出另外一个指标，只有这样，才可分别研究因子与侵蚀的关系，也便于模型的验证。④空间性。针对集总式模型的指标多为统计表格等，但针对分布式的经验模型，指标的表现形式须为一组专题地图（矢量格式或者栅格格式）或者图像。

9.1.4.2　指标体系确定方法

科学的指标体系应是由一系列相互联系、用来反映流域侵蚀产沙状况的指标所组成的有机整体。目前建立指标体系的方法主要有以下几种：①模型总结。分析已有相关模型选用的侵蚀因子，总结各模型指标体系的共性，进行 Meta-analysis 分析，同时根据研究区的特征，制定符合研究区条件的指标体系；②理论推导。对研究区的自然和水土流失特征进行分析综合，研究影响流域产沙主导因素，分析各因素的时空分异规律，选择重要的特征作指标；③频度统计。结合模型总结对目前已有的关于流域土壤侵蚀产沙的文献、报告进行频度统计，选择频数较大的一组指标作为指标体系；④专家咨询。在初步提出指标体系的基础上，征询一些对研究区实际情况比较熟悉、对水土保持科学原理深入了解的专家，采用问卷、会议等形式，制定指标体系；⑤统计分析。利用数理统计的方法，分析各类影响因子同水土流失的关系，并依据相关程度确定指标。如蔡强国等（2004）对岔巴沟流域降雨强度、历时及时、流域地貌形态（流域面积、流域地面沟壑密度、流域主沟比降等）等与土壤侵蚀强度之间关系所做的统计分析，卢金发（2002）对黄河中游地貌形态与侵蚀产沙关系所做的统计研究。

9.1.5　经验模型指标体系

9.1.5.1　指标体系方案

土壤侵蚀评价预报的指标体系与监测指标体系是相互联系却又不完全相同的两个概念

（杨勤科等，2009）。总结有关土壤侵蚀评价模型参数选择方式，初步提出黄土丘陵区流域侵蚀产沙模型指标体系（表9-1）。

表9-1 坡面和小流域土壤侵蚀经验模型指标

模型体系		指标类型				
		气候	土壤	地形	植被	水保措施
指标体系1[①]	指标	各站点降雨量（分钟、日和月）、雨强	土壤砂粒含量、粉粒含量、粘粒含量和有机碳含量（%）[②]	高程、坡度和坡长[③]	土地利用类型[②]、NDVI/或植被盖度[③]	水土保持措施类型（植物措施、工程措施和耕措施）[③]
	用途	计算降雨侵蚀力因子R[④]	计算土壤可蚀性因子K	提取各单元的LS因子计算，沟道信息	计算各单元的植被措施因子（B）	计算各单元的工程措施因子E和耕作措施因子T
指标体系2	指标	各站点降雨量（分钟、日和月）、雨强	土壤砂粒含量、粉粒含量、粘粒含量和有机碳含量（%）[③]	高程、坡度和坡长[⑤]	土地利用[②]、NDVI/或植被盖度[③]	各类生物、耕作和工程措施分布[③]
	用途	计算流域平均降雨量[⑥]	计算流域平均土壤可蚀性因子K	计算流域平均的坡度和坡长	计算各单元的植被措施因子（B）	计算流域平均植被措施因子ET

注：①指标体系1对应于半分布式模型，指标体系2对应于集总式模型；从指标体系1的数据可派生指标体系2所需之数据；②图/典型点位的测值；③形式上表现为地图、图像、抽样调查统计表。水土保持措施方面如无图，可用各行政区（乡镇、县）统计数字，并经与政区图链接形成各行政区水土保持措施图；④可先插值生成气候要素图，再计算R值，也可先计算R值再插值获得；⑤如无DEM，也可是坡度分级统计表数据；⑥流域平均指以面积作为权重的加权平均值

9.1.5.2 指标体系的分析论证

由于指标体系涉及问题较多，满足分析论证的观测数据还不完备，因而定量化分析土壤侵蚀指标体系的合理性和科学性尚有一定难度。下面仅从是否反映土壤侵蚀基本原理、与已有模型指标体系是否一致、是否具有可获取性和应用效果等方面分析论证。

（1）反映土壤侵蚀产沙的基本原理

土壤侵蚀预报模型的开发，是为了定量评价某区域的土壤侵蚀产沙状况，为水土保持规划设计、为系统研究不同时空尺度的水土流失规律提供支撑。因此模型的指标体系首先要能反映出土壤侵蚀的基本原理，包括土壤侵蚀治理过程的特征。

从微观尺度看，土壤侵蚀产沙过程包括了土壤颗粒被剥蚀，剥蚀的土壤颗粒被向坡下方向搬运和最终被沉积三个环节（Ellison，1947；Meyer & Foster，1972）。在中等流域尺度上，可从两个层次上对水土流失过程进行描述，一是地块层次，其实就相当于一个坡面；另外一个是在流域层次上，在对每个坡面单元进行径流量、流失量、沉积量进行计算的基础上，利用GIS空间分析功能，计算物质汇集过程（De Roo et al.，1996a，1996b）。

到了较大的流域和区域尺度，土壤侵蚀过程表现为三个方面，即产流产沙过程，水沙物质汇集和传输过程，水土流失治理过程（杨勤科等，2006；姚志宏等，2006，2007）。

模型是对事物主要过程、主要特征的抽象或概化表达，所以并非参数越多越好，如果太多，反而会产生"维数祸根"现象（张维等，1998；王青峰等，1998）。同时从支流到区域尺度上，不可能涉及所有的影响因素，只能选择其中与水土流失关系最密切的几个主要因素作为指标（周佩华等，1998）。因而，"流域经验模型"中所选择的指标，既考虑了土壤侵蚀的原理，又保持了比较简明的形式，因而比较符合较大流域和区域土壤侵蚀评价的需要。

（2）与已有模型指标体系宏观吻合

分析总结现有的多数经验型土壤侵蚀预报模型可知，大部分模型都采用了一些相通的指标，包括气候、土壤、植被、地形和水土保持措施等几个方面，只是各指标体系中各因子的具体指标项略有差异。例如，中国坡面水蚀预报模型（江忠善等，2005，2004；江忠善等，1996），考虑了土壤因子系数、降雨量、次降雨过程中30min最大降雨强度、坡度、坡长、植被影响系数、水土保持措施影响系数、浅沟侵蚀影响系数。中国土壤流失方程CSLE，采用降雨侵蚀力、土壤可蚀性、坡度、坡长、生物、工程、耕作措施等指标，建立了一个中国土壤侵蚀预报模型的基本形式，形式简单实用，容易在不同地区推广应用。上述两个模型，是针对坡面尺度土壤侵蚀预报而提出的，在本章中，将流域离散化为一组空间尺度十分有限的单元（如25m×25m），这样就可以在GIS支持下，把上述模型的结果应用于流域尺度，因而中国坡面水蚀预报模型和中国土壤流失方程式的指标体系对本章研究具有较好的参考价值。

（3）基础数据的可获取性

指标筛选时必须兼顾科学性与可行性。最理想的当然是所选择的指标既具有科学性又具有可行性，但实际情况往往是一些指标比较科学、严谨，但数据来源缺乏，或者数据的可靠性比较差，从而缺乏可行性；同时，一方面已有基础数据比较多，另一方面真正符合实用要求的数据却不一定具备。因此，对于一个模型的评价指标，在考虑其代表性、敏感性的同时，首先应看其可获得性，即资料来源是否真实可靠和容易获得。只有保证了指标体系的来源，才有可能完成对模型的评价及应用。

根据对本章研究区的调查、研究，大部分指标所需的原始资料是可以通过各种方式直接得到的。例如，气象、土壤指标（降雨数据、土壤图、土种志等）和遥感影像可以在相关部门获取，部分遥感影像数据可以到相关网站下载。因此，所筛选的指标体系从理论上既具有科学性同时又具有可行性。

（4）指标体系的应用效果

考虑到评价的科学性要求和数据的可获取性，既保证指标体系的完备性，又力求避免各因子之间的重复性，同时考虑到一些主要指标可以利用土壤侵蚀试验观测数据与遥感数据或基础地理数据相结合的方法，提取需要的指标图层，因此"流域经验模型"考虑的5

大类指标共计 13 个指标。通过对研究区 1975~2006 年的水土流失状况进行了初步评价与分析的实论，表明利用这套指标可以完成对支流土壤侵蚀产沙的模拟计算。

9.2 模型指标算法

根据模型指标或者因子的空间特征，流域经验模型的因子可区分为两大类，一是点状因子，其值与相邻空间位置上的同类要素无关，这类因子的计算可称为地块水平上的计算；二是面状因子，其计算涉及对空间上相邻单元同类要素的运算，或涉及对无观测单元要素值的估算，这类因子的计算可称为流域水平上的计算。

9.2.1 地块水平上的因子计算

大家知道，在分布式模型中，首先将工作区离散化为一系列微小计算单元，计算每个单元的侵蚀产沙量，进而通过推演再计算整个工作区或全流域的模拟量。所以计算地块水平上每个因子，是分布式模型模拟的第一步。

9.2.1.1 气候因子

气候因子用降雨侵蚀力表示。可利用次降水资料、日降水资料和月降雨量等多种时间尺度的数据计算降雨侵蚀力。

月或年雨量是常用的估算降雨侵蚀力的雨量资料，也较容易获取。我国学者在建立侵蚀力简易算法时也多采用月或年降雨量资料，所以本章研究中以月降雨量作为基本的计算方法（章文波等，2003）。但月或年降雨资料属于比较粗略的雨量数据，用于估算降雨侵蚀力的精度自然会受到一定限制，所以有条件时，也可采用日降雨指标估算降雨侵蚀力，以便获得比较精确的值（章文波等，2003）。

1）用月降雨量资料计算。利用多年平均月降雨量计算的公式为

$$R = 0.183 F_F^{1.996} \tag{9-1}$$

$$F_F = \frac{1}{N} \sum_{i=1}^{N} \left(\sum_{j=1}^{12} P_{i,j}^2 \right) / \left(\sum_{j=1}^{12} p_{i,j} \right) \tag{9-2}$$

式中，$P_{i,j}$ 是第 i 年、j 月的降雨量（mm）；N 为年数；R 为利用月降雨量计算的多年平均年降雨侵蚀力 $[MJ \cdot mm/(hm^2 \cdot h \cdot a)]$。

2）用日降雨量资料计算 R_k。如果没有降雨过程资料，可用日降雨量和日 10min 最大雨强资料直接估算半月 R_k 值。计算公式如下：

$$R_k = 0.184 \sum_{d=1}^{n} (P_d I_{10d})_d \tag{9-3}$$

式中，P_d 为日雨量（mm），只考虑 12mm 以上的日降雨量，下同；I_{10d} 为日 10min 最大雨强（mm/h），R_k 是利用日降雨量计算的降雨侵蚀力 $[MJ \cdot mm/(hm^2 \cdot h)]$，$d = 1$，$2，\cdots，n$ 是每半月的天数。如果没有日 10min 最大雨强资料，亦可只用日降雨量资料进行估算，效果较前者略差。计算公式为

$$R_k = \alpha \sum_{d=1}^{n} (P_d)^{\beta} \tag{9-4}$$

式中，各项符号意义同上，α 和 β 是待定参数。可用下式估算：

$$\beta = 0.8363 + \frac{18.144}{\overline{P}_d} + \frac{24.455}{\overline{P}_{dT}} \tag{9-5}$$

$$\alpha = 27.815\beta^{-7.1891} \tag{9-6}$$

式中，$\overline{P}_d$ 是日平均雨量（mm）；$\overline{P}_{dT}$ 是全年 12mm 以上日降雨量（包括等于 12mm）总和的多年平均值（mm）。

9.2.1.2　土壤因子

"流域经验模型"中土壤因子用土壤可蚀性 K 值表示，其计算所用的土壤指标主要有土壤机械组成、水稳性团粒结构、有机质含量、土壤入渗和土层厚度。利用这些资料可绘制土壤可蚀性诺谟图（soil erodibility nomograph），用于查算各种土壤类型的可蚀性 K 值（Wischmeier et al. 1971；Wischmeier & Mannering，1969）。本次设计采用 Williams 等在侵蚀/生产力影响模型（EPIC）中发展的土壤可蚀性因子 K 的估算方法（Peel，1937）：

$$K = \{0.2+0.3\exp[0.0256\text{SAN}(1-\text{SIL}/100)]\} \times \left(\frac{\text{SIL}}{\text{CLA}+\text{SIL}}\right)^{0.3}$$

$$\times \left[1.0-\frac{0.25C}{C+\exp(3.72-2.95C)}\right] \times \left[1.0-\frac{0.7\text{SN1}}{\text{SN1}+\exp(-5.51+22.9\text{SN1})}\right] \tag{9-7}$$

式中，SAN、SIL、CLA 和 C 分别为砂粒、粉粒、黏粒和有机碳含量（%）；SN1 = 1−SAN/100；K 值单位均为美制单位，t·acre·h/(100acre·ft·tonf·in)，即吨·英亩·小时/（百英亩·英尺·吨力·英寸）[①]。当然，在计算中利用已有试验观测数据进行订正和补充（刘宝元，2006；张科利等，2007）也是必要的。

9.2.1.3　地形因子

要建立具有明确物理成因的流域土壤侵蚀产沙模型，完整的地形因子应包括表示面蚀的地形因子和沟蚀的地形因子两个方面。前者用坡度坡长因子 LS 值表示，后者暂时用沟蚀因子表示。

1）坡度坡长因子计算。在通用土壤流失方程中，地形对土壤侵蚀的影响用坡度、坡长因子表示（Wischmeier & Smith，1978；Renard et al.，1997），分别标记为 S 和 L，实用中将其作为一个综合因子（LS）来看待。在坡面尺度上，LS 因子通常利用在野外实测的坡度和坡长值来计算。而在流域侵蚀产沙模型中，则基于栅格 DEM，通过数字地形分析方法进行计算。

坡度是高程在空间上的变化率，即高程的一阶导数（Kienzle，2004；Zevenbergen & Thorne，1987）。USLE 中的坡长定义为地表径流源点（产生径流并发生侵蚀的地方）沿流水线到坡度减小直至有泥沙沉积出现的地方之间的距离，或径流源点到一个明显的渠道之

---

① 1 英尺≈0.3048m，1 英寸≈25.4mm，1 英亩≈4046.86m²

间的水平距离 (Smith & Wischmeiet, 1957)。流域分布式侵蚀学坡长, 是与坡面土壤侵蚀过程 (包括剥蚀、搬运和沉积) 相适应的、流域内任一点上的土壤侵蚀学坡长 (杨勤科等, 2010)。这种坡长通常以流域为单元, 可根据坡地水文学原理, 在 DEM 上通过径流汇集运算提取 (张宏鸣等, 2010; 杨勤科等, 2010; Hickey, 2000; Van Remortel et al., 2004)。由于通用土壤流失方程式中的坡度坡长因子是针对这种缓坡地形, 而黄土地区坡度比较陡, 因而采用刘宝元通过试验得到的坡度坡长因子计算公式 (Liu et al., 2000; 1994; 水利部水土保持监测中心, 2010)。

坡度因子和坡长分别用式 (9-8)、式 (9-9) 和式 (9-10) 计算:

$$S = 10.8\sin\theta + 0.03 \qquad \theta < 5°$$
$$S = 16.8\sin\theta - 0.5 \qquad 5° \leqslant \theta < 10° \qquad (9\text{-}8)$$
$$S = 21.9\sin\theta - 0.96 \qquad \theta \geqslant 10°$$

$$L = (l/22.1)^m \qquad (9\text{-}9)$$

式中, L 为坡长因子; l 为坡长 (m); m 为坡长指数, 根据坡度的不同取不同的值:

$$m = 0.2 \qquad \theta \leqslant 1°$$
$$m = 0.3 \qquad 1° < \theta \leqslant 3°$$
$$m = 0.4 \qquad 3° < \theta \leqslant 5° \qquad (9\text{-}10)$$
$$m = 0.5 \qquad \theta > 5°$$

在以往以流域为单元的经验模型中考虑有坡度、坡长因素 (金争平等, 1991; 李钜章等, 1999; 孙立达等, 1988), 除此以外, 还应考虑沟壑密度、流域最大高差与流域长度之比, 因为流域坡度陡、沟壑密度大有利于产汇流。但是, 根据数字地形分析原理, 沟壑密度、流域最大高差与流域长度之比等参数, 其实已经包含在坡度和坡长这两个指标之中, 因而不再重复使用。

2) 沟蚀因子 (G) 计算。对于土壤学意义上的土壤侵蚀而言 (相对于地貌学意义上的土壤侵蚀), 沟蚀包括浅沟侵蚀和处于发育初期阶段的切沟侵蚀 (朱显谟称为小切沟侵蚀, 1956)。野外考察和模拟研究表明, 判断侵蚀发育的有效方法是根据临界坡长或汇水面积 (胡刚等, 2005)。对于上面两类沟蚀, 虽然国内外已有研究, 但是还没有形成一些可操作的、实用化的模型和方法 (伍永秋和刘宝元, 2000)。"流域经验模型" 中暂时采用了江忠善的研究成果。根据江忠善等 (2005) 的研究, 在无植被覆盖的黄土陡坡条件下, 浅沟发生的临界坡度为 15°, 因而在有降雨资料条件下, 地面坡度大于 15° 的浅沟侵蚀影响因子计算公式为

$$G = 1 + \left[\frac{\theta - 15}{15}\right] \times \left[3.156\left(\sum P'i'_{30}\right)^{-1.67} - 1\right] \qquad (9\text{-}11)$$

在没有降水资料的情况下, 可采用简易公式计算年平均 G 值。据江忠善的研究, 在无植被覆盖的黄土陡坡条件下, 浅沟侵蚀发生的临界坡度为 15°, 因而地面坡度大于 15° 的浅沟侵蚀影响因子计算公式为

$$G = 1 + 1.60\sin(\theta - 15) \qquad (9\text{-}12)$$

式中, P' 为一年内某一次降雨量大于 10mm 的雨量 (mm); i'_{30} 为该次降雨中 30min 时段的最大降雨强度 (mm/min), 且 30min 雨量大于 3mm 的降雨方可参加计算; θ 为坡度 (°)。

9.2.1.4 水土保持措施因子

"流域经验模型"中的水土保持措施因子包括植被措施因子(B)、工程措施因子(E)和耕作措施因子(T)。

1）植被措施因子（B）。植被因子指一定条件下有作物牧草、植被覆盖和实施残茬覆盖等田间管理土地上的土壤流失量，与同等条件下实施清耕的连续休闲地土壤流失量的比值，为无量纲参数。参考 USLE 手册和我国学者对 C 值的研究成果（Liu et al., 2002；江忠善等，1996；张岩，2001；侯喜禄和曹玉清，1990），赋予研究区不同土地利用类型的 C 值（表9-2），其中指标盖度的计算采用式（9-13）和式（9-14）（赵英时，2003）计算。

$$NDVI = \frac{TM4 - TM3}{TM4 + TM3} \tag{9-13}$$

$$C_0 = \frac{NDVI - NDVI_{min}}{NDVI - NDVI_{max}} \tag{9-14}$$

式中，NDVI 为所求像元的归一化植被指数；TM3、TM4 分别为遥感影像的近红外和红外波段；C_0 为植被盖度；NDVI 为归一化植被指数；$NDVI_{min}$ 和 $NDVI_{max}$ 分别为无植被地区的 NDVI 值和植被良好覆盖地区的 NDVI 值。$NDVI_{min}$ 和 $NDVI_{max}$ 值可在现场测试基础上，结合遥感图像典型地类（沙地、高覆盖林地等）的采样来确定。陕西省土壤侵蚀普查中确定的两个 NDVI 值分别为 54.0 和 230.8。

表9-2 不同土地利用类型和不同植被盖度下的 C 值

土地利用类型	林地					建设用地	水体
植被盖度 C_0	0% ~ 20%	20% ~ 40%	40% ~ 60%	60% ~ 80%	80% ~ 100%		
C 值	0.1	0.08	0.06	0.02	0.004	0.900	1.000
土地利用类型	草地					耕地	
植被盖度 C_0	0% ~ 20%	20% ~ 40%	40% ~ 60%	60% ~ 80%	80% ~ 100%		
C 值	0.45	0.24	0.15	0.09	0.043	0.230	

2）工程措施因子（E）。水土保持工程措施因子定义为有工程措施和无工程措施下的土壤侵蚀比值（刘宝元等，2006；Liu et al., 2002）。黄土地区水土保持工程措施主要有淤地坝、梯田、拦泥坝、谷坊、涝池陡塘、水平阶（沟）、沟头防护等。受资料限制，主要考虑淤地坝、梯田、拦泥坝、谷坊等措施，具体计算使用式（9-15）（谢红霞，2008）

$$E = \left(1 - \frac{F_t}{X}\alpha\right)\left(1 - \frac{F_d}{X}\beta\right)\left(1 - \frac{\lambda N_{d1} + \varepsilon N_{d2}}{M_s F}\right) \tag{9-15}$$

式中，F_t 为梯田面积；F_d 为淤地坝控制面积；F 为土地总面积；α，β 分别为梯田和淤地坝的减沙系数，分别为 0.763 和 1（赵力仪等，2005；王万忠等，1999；鲍宏喆等，2005）。淤地坝控制面积根据黄河上中游管理局《淤地坝设计》中不同类型淤地坝控制面积标准来计算，其中小型淤地坝控制面积<1 km²，中型淤地坝控制面积为 1 ~ 3 km²，大型淤地坝控制面积为 3 ~ 8 km²，我们取各个类型淤地坝控制面积范围内的中值，即小型、中型及大型淤地坝控制面积分别取 0.5 km²、2 km² 及 5.5 km²（黄河上中游管理局，2004）。

N_{d1}、N_{d2} 分别为拦沙坝、谷坊的数量，单位均为座；λ 和 ε 分别为拦沙坝和谷坊的拦沙定额，分别为 1000t/座和 100t/座；M_s 为区域平均土壤侵蚀模数，单位为 t/km^2。

3）耕作措施因子（T）。耕作措施主要有等高耕作技术、起垄耕作技术、粮草轮作技术、带状间作技术及蓄水聚肥耕作技术等（刘宝元等，2006；牟金泽和孟庆枚，1981；水利部水土保持监测中心，2010）。而以往针对较大区域的土壤侵蚀评价研究中，要么忽略水土保持耕作措施的影响 [如 Yang 等（2003）的研究]，要么用经验公式来计算 [如 Wener（1981），Lufafa 等（2003）的研究]。根据对陕西省耕作措施的调查，并参考 USLE 中的部分成果（Wischmeier & Smith，1978），主要考虑等高耕作，根据坡耕地在不同坡度条件下等高耕作减少土壤流失的比例关系确定耕作措施因子（表 9-3）（程琳等，2009）。

表 9-3　不同坡度下耕作措施因子值

坡度范围	0°	1°~5°	5°~10°	10°~15°	15°~20°	20°~25°	>25°
耕作措施因子值	1	0.100	0.221	0.305	0.575	0.705	1

9.2.2　流域水平上的因子计算

上述计算的指标包括气候、土壤、地形和水土保持措施等 4 个方面，只是完成了对地块尺度，或者观测点数据的计算。分布式模型必须能支持基于 GIS 的模型运算，还必须完成流域尺度的计算，包括以下几个方面。

1）基于空间插值的表面生成。气候数据及其计算的 R 因子值，均属于点状数据，而且这类数据受到人力财力等限制，只能是在有限点上的观测。为了满足（流域经验）模型需要，必须进行空间插值，使之成为覆盖每个计算单元的"面状"数据（图 9-1）。常见插值方法有 IDW 方法、spline 方法和 Kriging 方法等。

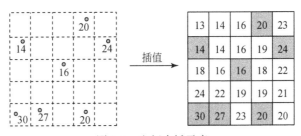

图 9-1　空间内插示意

2）基于图形与属性数据链接的专题制图。由于目前没有足够的点上观测值，因而不能使用插值的方法获得 K 值图形。不过一般来说，可以比较容易地获得工作地区的土壤图以及土壤理化性状资料，根据理化性状计算每个制图单元（或者土壤类型）的 K 值，然后将计算结果作为属性表与图形数据链接，得到工作区域的 K 值专题图（图 9-2）。需要特别注意的是，直接计算的结果还需要根据实测数据进行订正或换算，具体方法参见刘宝元等（2006）和张科利等（2007）的研究成果。

3）基于径流累计的流域分布式地形因子计算。流域尺度的地形因子（特别是流域分布式土壤侵蚀学坡长因子）计算，被认为是流域土壤侵蚀预报的难点之一。对坡长计算的具体方法是（张宏鸣等，2010；杨勤科等，2010），基于水文地貌关系正确的 DEM（Hc-DEM），按照土壤侵蚀预报研究中对坡长的定义，以坡地水文学中径流汇集原理为理论基础，并充分考虑径流和泥沙的输移关系进行计算。坡度、坡长和坡度坡长因子计算流程如图 9-3，计算结果为流域尺度的 LS 因子专题层（图 9-4）。

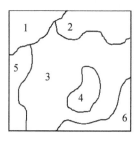

图斑号	土壤类型	有机质%	黏粒含量	粉粒含量	砂粒含量	K 值
1	固定风沙土	0.02	15	55	30	0.0156
2	流动风沙土	0.01	10	60	30	0.0104
3	黑垆土	0.05	30	45	25	0.0136
4	沙质黄绵土	0.03	20	60	20	0.0154
5	壤质黄绵土	0.04	25	50	25	0.0166
6	红土质栗钙土	0.02	40	45	15	0.0154

图 9-2　土壤可蚀性因子 K 制图

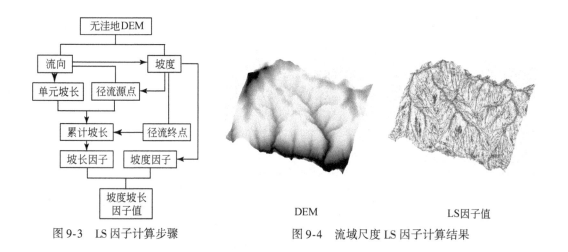

DEM　　　　　　　　　　　LS因子值

图 9-3　LS 因子计算步骤　　　　　图 9-4　流域尺度 LS 因子计算结果

9.3　模型设计与开发

9.3.1　模型设计

9.3.1.1　基本结构

前述有关章节中已作介绍，建立经验模型有两种基本思路，一是基于土壤侵蚀调查试验研究成果（专题地图和试验观测表格），经过统计汇总和简单分析，整理出一套以流域为单元的表格数据，然后经过统计分析，建立模型，这种模型属于一种集总式的计算思路

（江忠善和宋文经，1980；牟金泽和熊贵枢，1980；牟金泽和孟庆枚，1981；卢金发，2002）。另外一种方法是基于土壤侵蚀调查试验研究成果（专题地图和试验观测表格），经过整理和规范化处理，形成一套以图形为主（也包括部分表格数据）的数据，然后根据经验模型的一般原理，设计单元模型和流域模型的算法，实现对流域侵蚀产沙的评价与制图，然后经过统计分析和汇总，得到流域尺度的侵蚀产沙量。这种方法属于空间建模方法，也是一种分布式计算（图9-5）。只有这种方法，才能充分利用GIS的空间分析功能。

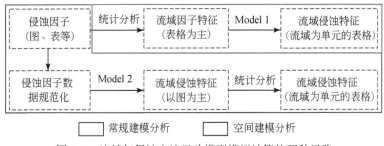

图9-5　流域年侵蚀产沙经验模型模拟计算的两种思路

9.3.1.2　基本功能

系统基本功能包括了文件管理、因子计算、LS因子提取、侵蚀评价和统计分析等（表9-4，图9-6）。在土壤侵蚀综合评价方面，即可以做水蚀评价，也考虑了风蚀的定性评价。

表9-4　系统基本功能设计

文件（F）	因子计算（C）	LS提取（T）	侵蚀评价（A）	统计分析（S）
加载（L）	单站气候因子计算（R_1）	数据检验（V）	潜在侵蚀1（A_{01}）	年均侵蚀强度（A_t）
拷贝（C）	气候因子插值（R_2）	坡度提取（θ）	潜在侵蚀1（A_{02}）	年产沙总量（E_t）
删除（D）	植物措施（B）	坡长提取（λ）	流域流失量（A_1）	侵蚀等级指数（I_e）
	工程措施（E）	地形因子（LS）	流域流失量（A_2）	简单特征值（S_t）
	耕作措施（T）	沟蚀系数（G）	水蚀等级（A_{31}）	频率曲线（F_i）
		流域提取（W）	风蚀等级（A_{32}）	频率曲线（F_f）

（1）功能1——文件管理（F）

该功能是对模型所需的地理基础数据进行管理和简单查询分析。包括文件打开、数据添加、保存、另存为、打印、查看日志文件等操作。

"打开"菜单项提供了.mxd、.mxt类型数据的打开。

"添加"菜单项提供了对.lyr类型数据的打开，并系统支持多文件选择打开。

"保存"、"另存为"可以进行已打开数据的相关存储。

"打印"提供了数据的打印服务。打印使用系统默认打印机，页面大小可以根据打印机类型进行设置，包括A_0、A_1、A_2、A_3、A_4、A_5、Letter、C、D、E、自定义纸张等。

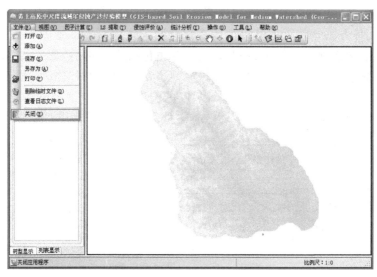

图9-6　文件管理功能示意图

"查看日志文件"主要记录了系统的使用情况，以方便用户查看系统使用中出现的情况，包括打开时间、关闭时间、使用数据及所做相关操作。

"关闭"为退出系统。用户单击该菜单项后，系统弹出对话框询问用户是否退出系统，单击"是"按钮退出系统，单击"否"按钮不退出系统。

（2）功能2——因子计算（C）

单站气候因子计算（R_1）。计算1个或者多个站点的降雨侵蚀力；降雨量数据可交互式输入，也可从外部数据导入；导入的外部数据格式要求为逗号分隔符的 ASCII 文件，或由 Excel 导出的 .cvs 文件；要求其中第一行为月份，第一列为站点名称；采用 Excel 格式的文件如表9-5。目前实现的功能是利用月降雨量计算月降雨侵蚀力（表9-5），还可扩充为利用日降雨量计算降雨侵蚀力。

用月降雨量计算 R 值的公式如下：

$$F = \left(\sum P_i^2 \right) / P \tag{9-16}$$

$$R = \alpha F^\beta \tag{9-17}$$

式中，P 为年平均降雨量（mm）；P_i 为第 i 月的平均降雨量（mm）；R 为多年平均降雨侵蚀力 $[MJ \cdot mm/(hm^2 \cdot h \cdot a)]$；$\alpha = 0.3589$，$\beta = 1.9462$。$F$ 大小与年平均雨量 P 的季节分布有关，取值范围在 $P/12 \sim P$。

表9-5　气候数据格式

月份\站点	一月	二月	三月	四月	五月	六月	七月	八月	九月	十月	十一月	十二月
站点1	1.3	2.2	10.8	16.2	12.6	71.2	48.2	98.8	73	54.2	11.3	0
站点2	0	5.5	18.3	8.6	18.1	122	58.6	95.3	33.9	11.3	8.2	5.1

续表

站点＼月份	一月	二月	三月	四月	五月	六月	七月	八月	九月	十月	十一月	十二月
站点 3	3.8	4.5	16.3	12	34.5	21.6	156	24.2	38.6	2.1	23.8	0
站点 4	5.3	5.2	0	2.7	51.6	17.1	61.7	46	16.5	11.8	1.8	1.9
站点 5	1.2	2.2	11.2	16.2	18.2	71.2	48.2	98.8	56.9	54.2	11.3	0
站点 6	5.4	4.5	3.4	2.7	51.6	17.1	62.5	36	16.5	11.8	1.8	1.9
站点 7	0.23	0.56	0.56	0.56	0.56	0.56	0.56	0.56	0.56	0.56	0.56	0.56
站点 8	1.3	2.2	10.8	16.2	12.6	71.2	48.2	98.8	71.9	54.2	11.3	0
站点 9	0	5.5	18.3	8.6	18.1	122	58.6	95.3	33.9	11.3	8.2	5.1
站点 10	3.8	4.5	16.3	12	34.5	21.6	156	24.2	38.6	2.1	23.8	0
站点 11	5.3	5.2	0	2.7	51.6	17.1	61.7	46	16.5	11.8	1.8	1.9
站点 12	1.2	2.2	11.2	16.2	18.2	71.2	48.2	98.8	56.9	54.2	11.3	0
站点 13	5.4	4.5	3.4	2.7	51.6	17.1	62.5	36	16.5	11.8	1.8	1.9

气候因子计算插值（R_2）。根据 R_1 的计算结果，可利用 IDW、Kriging 和 Spline 等方法完成空间插值，系统规定参与插值的数据不能少于 3 个点（图 9-7，图 9-8）。

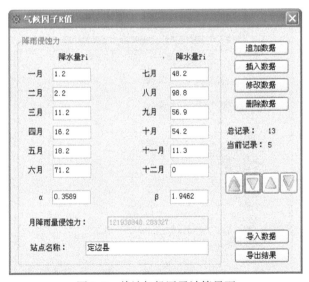

图 9-7　单站气候因子计算界面

植物措施计算（B）。用土地利用图、植被盖度图和图 9-9，计算某区域植物措施因子 B 值。

1）土地利用图。直接利用现成数据，本系统只涉及对原土地利用图的有效性检测（如边界、投影等的诊断，具体处理可在外部环境下完成）。

2）植被盖度图。有两种情况。一是有现成的植被盖度图，可直接调用；二是利用 NDVI 计算［式（9-13）］。

3）NDVI 数据计算。对于较小的流域（面积≤1000km²），可利用 TM 数据计算 NDVI

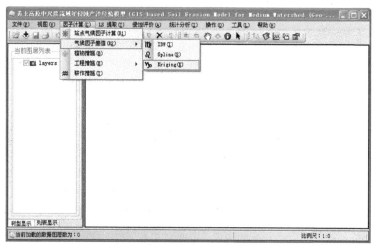

图 9-8　气候要素插值功能

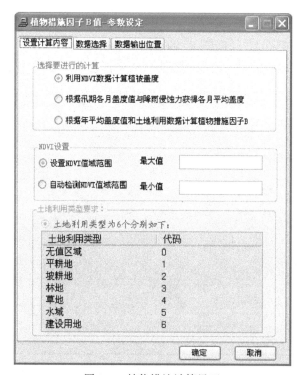

图 9-9　植物措施计算界面

［式（9-13）］。

4）NDVI 数据下载。对于较大流域（面积>1000km²），可直接下载 MODIS 或 SPOT VEGETATION 的 NDVI 数据产品。然后经过必要的处理直接应用①。

---

① SPOTVEGETATION 数据下载地址：http：//free. vgt. vito. be/，用户可自行申请账户

5）计算年平均植被盖度。将汛期各月盖度值与汛期各月降雨侵蚀力表面进行加权平均，可得到汛期各月的平均植被盖度，计算公式如下：

$$C_r = \frac{\sum\limits_{m=5}^{9} C_m R_m}{\sum\limits_{m=5}^{9} R_m} \tag{9-18}$$

式中，C_m 为汛期各月的植被盖度；R_m 为汛期各月的降雨侵蚀力表面的值；C_r 为汛期植被盖度与降雨侵蚀力的加权平均值。

6）B 因子值的计算。根据土地利用和植被盖度计算 B 值（表 9-6）。在编程中，统一规定土地利用方式的代码为：11 坡耕地、12 平耕地、20 林地、30 草地、40 水域、50 建设用地。

表9-6　不同土地利用类型和不同植被盖度下的 B 值

土地利用类型	植被盖度	B 值	土地利用类型	植被盖度	B 值
11 坡耕地	—	0.476	30 草地	0% ~20%	0.450
12 平耕地	—	0.230		20% ~40%	0.240
20 林地	0% ~20%	0.100		40% ~60%	0.150
	20% ~40%	0.080		60% ~80%	0.090
	40% ~60%	0.060		80% ~100%	0.043
	60% ~80%	0.020	40 水域	—	0
	80% ~100%	0.004	50 建设用地		0.353

7）工程措施计算（E）。由于数据的限制，目前只能利用统计数据计算各行政区的工程措施因子 E 值（图 9-10）。对于治理程度比较高的地区，可认为该地区已经达到了较好的治理程度，定义 $E=0.2$。

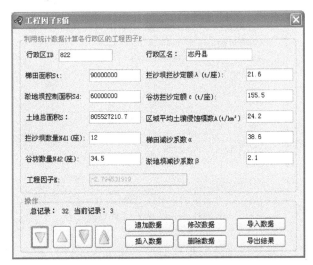

图 9-10　工程措施计算界面

8）耕作措施计算（T）。完整的耕作措施包括等高耕作、垄作、残茬覆盖等。限于资料和研究程度，耕作措施因子值主要是根据不同坡度条件下等高耕作减少土壤流失来确定（表9-7）。

表9-7　不同坡度下耕作措施因子值

坡度	≤1	1°~3°	3°~9°	9°~13°	13°~17°	17°~21°	21°~25°	>25°
T因子值	0.74	0.59	0.60	0.62	0.68	0.75	0.81	0.92

（3）功能3——LS提取

数据检验（V）：对DEM进行必要的检验，如投影、范围、空间插值等；

坡度提取（θ）：用DEM和最大坡降法（D8）计算坡度，结果为坡度值（°）；

坡长提取（λ）：用DEM和正向—反向搜索累加算法计算坡长，结果为坡长值（m）；

地形因子（LS）：利用计算的结果（θ，λ），计算S和L因子值，然后相乘得到LS因子。坡度坡长算法见式（9-8）、式（9-9）和式（9-10）；

沟蚀系数（G）：黄土高原地区沟蚀具有比较重要的意义，而CSLE等坡面模型一般只计算片蚀，所以引入沟蚀系数，以期改进侵蚀估算精度。据江忠善（2005）的研究，在有降雨资料和无降雨资料情况下，分别用下面两种算法估算（图9-11）：

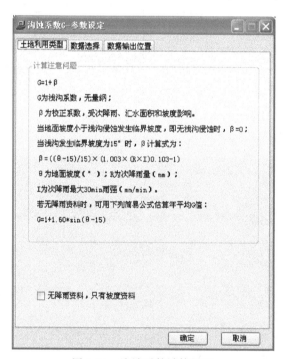

图9-11　沟蚀系数计算界面

1）无降雨数据时：当无详细降雨数据时，可用式（9-12）计算。

2）有降雨量数据时：沟蚀系数与地面坡度和降雨特征有关系，用式（9-11）计算。

（4）功能4——土壤侵蚀评价（*A*）

1）潜在侵蚀1（A_{01}）：$A = RK$，考虑气候和土壤因子的侵蚀。

2）潜在侵蚀1（A_{02}）：$A = RKLS$，不考虑水土保持措施，仅考虑气候、土壤和地形的侵蚀。

3）流域土壤流失1（A_1）：$A = RKLSBET$，不考虑沟蚀作用。

4）流域土壤流失2（A_2）：$A = RKLSBET_g$，考虑沟蚀作用。

5）水蚀等级（A_{31}）：根据水利部土壤侵蚀分级分类标准（SL190—2007），完成对水蚀强度等级的评价。具体依据表9-8编写C++程序进行评价，所需要的输入参数包括：坡度、植被盖度、土地利用。编码规则简化如表9-9。

表9-8 水蚀（面侵）评价标准

地类 \ 地面坡度		川地台地	≤5°	5°~8°	8°~15°	15°~20°	25°~35°	>35°
非耕地林草覆盖度（%）	≥75			11 微度				
	60~75							14 强烈
	45~60	10 无侵蚀	11 微度		12 轻度			
	30~45					13 中度	14 强烈	15 极强烈
	<30							
坡耕地				12 轻度		14 强烈	15 极强烈	16 剧烈

注：带底色的是根据SL190—2007的规定，考虑到操作层面具体问题而增加的条件；无侵蚀是指在较大河流或沟道底部低注部位（不区分耕地和林草地）发生沉积的情况；微度侵蚀是指坡度小于等于5°的林草地；上表的实现，需要调用3个图层，即土地利用图、植被覆盖度图和坡度图

表9-9 土壤侵蚀强度分级标准

级别		平均侵蚀模数	平均流失厚度（mm/a）
名称	代码	[t/(km²·a)]	
无侵蚀	10	<500 或者沉积	<0.37
微度	11	500~1 000	<0.15, 0.37, 0.74
轻度	12	1 000~2 500	0.15, 0.37, 0.74~1.9
中度	13	2 500~5 000	1.9~3.7
强度	14	5 000~8 000	3.7~5.9
极强度	15	8 000~15 000	5.9~11.1
剧烈	16	>15 000	>11.1

注：居民点、水域，水蚀强度评价为10、风蚀强度评价为20

6）风蚀等级（A_{32}）：根据水利部土壤侵蚀分级分类标准（SL190—2007），完成对风蚀强度等级的评价。具体依据表9-10编写C++程序进行评价。由于风蚀厚度资料较难获得，一般依据植被覆盖度和地表形态来判别。所需要的输入参数包括植被盖度、土壤图。

表 9-10 风蚀评价标准

级别		床面形态（地表形态）	植被覆盖度(%)（非流沙面积）	风蚀厚度（mm/a）	侵蚀模数[t/(km²·a)]
名称	代码				
微度	21	固定沙丘，沙地和滩地	>70	<2	<200
轻度	22	固定沙丘，半固定沙丘，沙地	70~50	2~10	200~2500
中度	23	半固定沙丘，沙地	50~30	10~25	2500~5000
强烈	24	半固定沙丘，流动沙丘，沙地	30~10	25~50	5000~8000
极强烈	25	流动沙丘，沙地	<10	50~100	>15000
剧烈	26	大片流动沙丘	<10	>100	2~10

（5）功能5——简单统计分析

1）年均侵蚀强度（A_t）：首先计算每个栅格单元的土壤流失量 A_c，再计算流域或区域的平均土壤流失强度 A_t，即

$$A_c = RKLSBET_g \qquad (9-19)$$

$$A_t = \left[\sum_{c=1}^{n}(A_c F_c) \right] / \sum_{c=1}^{n} F_c \qquad (9-20)$$

式中，A_c 为计算单元的年土壤侵蚀模数 $[t/(km^2·a)]$，A_t 为计算流域的年平均土壤侵蚀模数 $[t/(km^2·a)]$，F_c 为计算单元面积。

2）年产沙总量（E_t）：指计算流域或区域的年侵蚀产沙总量，即

$$E_t = A_t F_t = \sum_{c=1}^{n} A_c \times F_c \qquad (9-21)$$

式中，E_t 为计算流域的年侵蚀产沙量（t/a）；其余变量含义同上。

3）侵蚀等级指数（I_e）：I_e 是对于流域或者区域侵蚀强度等级总体情况进行描述的一个参数（王春梅等，2010）。具体计算式如下：

$$I = I_1 a + I_2 b \qquad (9-22)$$

$$I_1 = \sum_{10}^{16} F_s c_{wat} \times 10^{2(C_{wat}-10)} \qquad (9-23)$$

$$I_2 = \sum_{20}^{26} F_s c_{wib} \times 10^{2(C_{win}-20)} \qquad (9-24)$$

式中，I 为综合侵蚀强度指数；I_1 为水蚀强度指数；I_2 为风蚀强度指数；a、b 分别为流域水蚀、风蚀面积所占流域面积比例；F_s 为流域内各侵蚀强度等级面积与流域面积之比；C 为侵蚀强度等级（C_{wat} 为水蚀强度等级，从微度侵蚀到剧烈侵蚀分别记为10、11、12、13、14、15、16；C_{win} 为风蚀强度等级，从微度侵蚀到剧烈侵蚀分别记为20、21、22、23、24、25、26）。I 值综合考虑了流域内水蚀与风蚀强度，可用来比较流域之间水蚀、风蚀综合侵蚀强度大小。

4）简单特征值（S_t）：进行最基本的统计指标计算，包括最小值，最大值，平均值，标准偏差、中数、众数。

5）频率曲线（F_i）：对计算区域或流域各强度等级频率进行统计。

6）频率曲线（$F(We)$）：对计算区域或流域侵蚀模数的频率统计（图 9-12），其结果为一个数据表格和直方图。

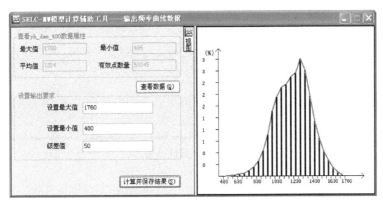

图 9-12　频率曲线工具界面

9.3.1.3　空间分析功能

可实现对地图的显示、缩放、漫游、信息查看、图层位置修改等功能。

设置图层位置，可以对选定图层进行置顶、下移、上移、置底、删除等操作（图 9-13，图 9-14），以及对图层进行放大、缩小、漫游、显示全图、显示信息、指针恢复、刷新（图 9-15）。

选中显示信息菜单，单击需要查看的图层位置，弹出对话框会显示该鼠标点所在位置上的数据值，并显示所有图层，也可以只显示最顶的图层，也可以只显示 Visable 为 true 的图层。

图 9-13　图层管理 1　　　　图 9-14　图层管理 2

9.3.1.4　开发环境

系统以 ArcGIS Object 组件为开发基础，依靠 GIS 强大的空间分析、处理能力，有效地完成了模型计算。

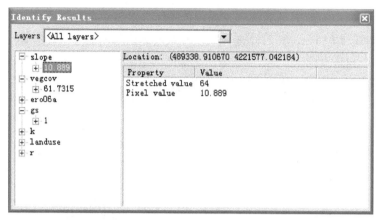

图 9-15　属性查询

（1）硬件环境。计算机：Dell Inc. OptiPlex GX280；CPU：Intel（R）Pentium（R）4 3.0 GHz；主频：2.99 MHz；外频：800 MHz；一级数据缓存：无；一级指令缓存：12 KB-uOps，8-Way set associative；二级指令缓存：1 MB，8-Way，64 byte lines；内存：512 MB；显卡：Intel（R）82915G/GV/910GL Express Chipset Family；显存：128 MB；硬盘：ST380013AS 80GB。

（2）软件环境。操作系统：Windows XP Service Pack 2；DirectX 版本：DirectX 9；显示分辨率：1024×768；开发软件：Microsoft Visual Studio. NET 2005；GIS 软件平台：ArcGIS 9.0。

9.3.2　模型开发关键技术

本模型考虑了由坡面到区域的尺度转换的部分问题（这里只考虑了坡长计算中的尺度问题），完成了对流域土壤侵蚀的计算。

9.3.2.1　编程语言环境

采用组件式 GIS 开发方式，使用支持 COM 的编程语言，调用 ArcGIS Objects 提供的控件和各种功能组件，开发出独立的应用程序。通过 ArcGIS Objects 的应用开发，将控件与相应的核心类和接口联系起来并通过核心类和接口将相关的功能类和接口联系起来，从而在任何面向对象的编程环境中获取所需的 GIS 功能来构建专门的 GIS 应用系统。

（1）开发语言

C#（C Sharp）是 Microsoft 随 Visual Studio. NET 引入的一种新语言。这种语言是从 C 语言和 C++语言派生的一种简单的、现代的、面向对象且类型安全的程序设计语言，开发人员能够在微软新的 .NET 平台上快速建立广泛的应用。语言的安全性与错误处理能力是衡量一种语言是否优秀的重要依据，C#的先进设计思想可以消除软件开发中的许多常见错误，并提供了包括类型安全在内的完整的安全性能，同时为了减少开发中的错误，C#会帮助开发者通过更少的代码完成相同的功能，这不但减轻了编程人员的工作量，而且更有效地避免了错误的发生。此外，C#还具有一些突出的特点，如语法简洁、遵循当前 Web 设计标准、提供内置的版本支持从而减少开发费用等。

（2）开发环境

本系统在 Microsoft Visual Studio. NET 2005 和 . NET Framework 2.0 环境下进行开发。Microsoft Visual Studio. NET 是微软推出的一个可视化的开发环境，是 . NET 平台下最为强大的开发工具。Visual Studio. NET 提供了设计、编码、编译调试以及数据库连接操作等基本功能和基于开放架构的服务器组件开发平台、企业开发工具和应用程序重新发布工具以及性能评测报告等高级功能。

（3）引用的组件库

系统的功能模块都是在 MapControl 控件和 PageLayoutControl 控件下设计实现的，在开发过程中主要用到以下 ArcGIS Objects 核心组件库，包括 System 库、Geometry 库、Display 库、Controls 库、Carto 库、GeoDatabase 库、DataSourcesFile 库和 DataSourcesGDB 库。

9.3.2.2 界面风格

GUI 主界面以当前 Windows 风格为基础，分为菜单栏、工具栏、操作窗口、显示窗口和信息栏，其中色彩主要集中在界面上部（菜单栏、工具栏、页签），蓝色为主色调，色彩的明度、纯度、饱和度较高；下面操作区的颜色以白色为主，配浅灰色和少量其他颜色，色调简洁明快；上下色调形成较强反差，以刺激用户的视觉感观，保持较长时间的新鲜感，用户的感官享受重点体现在上面部分。主操作区域包括树菜单、报表、容器等控件，背景色调为浅灰渐进色系，要有明确的视觉导向和模块区别功能，有明确的业务需求来源。

用户界面的设计遵循了以下几个原则。

1）用户导向（User oriented）原则。软件设计首先考虑了使用者的角色，站在用户的观点和立场上来考虑设计软件。基于用户使用方便原则，仿照 ArcGIS 的设计方案完成界面设计。

2）简洁易用原则。简洁和易于操作是软件设计的最重要的原则。软件建设出来是用于方便用户使用和操作用的，没有必要设置过多的操作，也没有必要堆集上很多复杂和花哨的样式。操作设计尽量简单，并且有明确的操作提示，软件所有的内容和服务都在显眼处向用户予以说明。

3）布局控制。一般在界面设计上遵循 Miller 公式、分组处理的原则，一次性接受的信息量在 7 个菜单，菜单的下拉列表最多不超过 7 个。

4）视觉平衡。视觉来衡即色彩的搭配和文字的可阅读性、和谐与一致性，对软件的各种元素（颜色、字体、图形、空白等）使用一定的规格，使得设计良好的软件看起来应该是和谐的。

9.3.2.3 空间插值

空间插值计算完成了降雨侵蚀力因子图求解流程中的最后一步，也是最关键的一步。

本系统只需要用户单击二级菜单即可进入插值界面，且程序中将提示用户输入流域边界的 Polygon 来确定插值范围，且当用户选择非数值型数据插值时，会给出明确中文提示，即错误的插值字段，请确信插值字段为数值型数据，插值界面如图 9-16 所示，从左向右依次为 IDW 插值、Kriging 插值和 Spline 插值。

(a)IDW插值操作界面　　　　(b)Kriging插值操作界面　　　　(c)Spline插值操作界面

图 9-16　空间插值功能

空间插值利用 AO 中的 RasterInterpolationOp 接口功能完成。该接口主要为用户提供了 3 个插值方法，分别为 IDW、Kriging 和 Spline。IDW 所需要的参数分别为：IGeoDataset geoData, double power, IRasterRadius radius, Object & barrier; Kriging 所需要的参数分别为：IGeoDataset geoData, esriGeoAnalysisSemiVariogramEnum semiVariogramType, IRasterRadius radius, bool outSemiVariance, Object& barrier; Spline 所需要的参数分别为：IGeoDataset geoData, esriGeoAnalysisSplineEnum splineType, Object & weight, Object& numPoints。必需的操作数据已经标记为"必选"，其中输入数据为 coverage 或 shp 格式的点图层文件，插值字段为必选项，如果有边界的 coverage 或 shp 也可以选择进行边界的限定。利用 IRasterAnalysisEnvironment 类型获取边界文件数据，利用 Mask 接口限定区域边界，达到按边界裁剪的目的。数据存储利用 IRasterBandCollection 的 SaveAs 接口完成。数据显示的控件是 AxMapControl，利用接口 AddLayer 将该数据添加至工作空间。

9.3.2.4　空间运算

空间分析功能的发展与完善是地理信息系统研究和应用的主要目标，也是 GIS 的生命力所在。根据地图代数基本原理，利用空间分析功能完成对流域 LS 计算、沟蚀系数计算、流域 BET 因子计算、侵蚀量的计算或侵蚀强度等级评价、统计汇总和频率分析。后期的功能扩充中，还将实现流域划分等功能。

9.3.2.5　空间图形显示

对地理数据的视图操作，可通过菜单"视图"中的"数据视图"选择"放大"、"缩小"、"漫游"和"全图"来改变地理数据的不同视图方式，这几项功能都是在 MapControl 控件的 OnMouseMove、OnMouseDown 和 OnMouseUp 事件下完成的，都是通过鼠标单击控件实现的。

9.3.2.6　功能扩充

在软件开发过程中，始终将土壤侵蚀学科与软件工程紧密结合，根据土壤侵蚀预测预报技术发展，按系统各功能的关联关系，遵循软件工程的开发标准，将系统功能中不可重合的部分分别处理，以独立模块的方式开发模型，不同功能被分成了不同的模块，各大功能模块划分为几个控件，每个控件完成不同的功能。各个 GIS 控件之间，以及 GIS 控件与其他非 GIS 控件之间，可以方便地通过可视化的软件开发工具集成起来，形成最终的 GIS 应用。各功能模块之间耦合关系小，对于后期功能模块的扩充非常方便。系统支持基于 COM 的组件集成，人们可以开发出各种各样的功能专一的组件，然后将它们按照需要组合起来，构成复杂的应用系统。可以将系统中的组件用新的替换掉，以便随时进行系统的升级和定制；可以在多个应用系统中重复利用同一个组件；可以方便地将应用系统扩展到网络环境下。

9.3.3　开发日志

完整的开发日志包括开发进度、修订记录、阶段评审记录、BUG 分析报告和概要设计检查单等。本系统集专题研究、软件设计、代码编写和功能调试等为一体，由一个稳定、小型的研发小组完成。本软件的设计和代码编写经历 7 个阶段（图 9-17）。

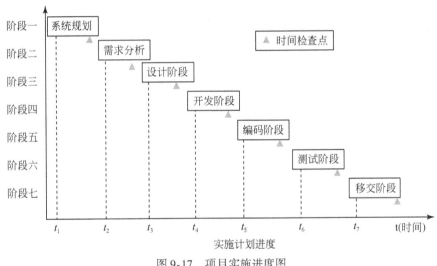

图 9-17　项目实施进度图

9.4　模型运行与精度分析

9.4.1　基本预报及其精度分析

在孤山川流域，利用 1975 年、1986 年、1997 年和 2006 年的资料运行模型。同时利用降水量比较大的 1988 年（缺土地利用和植被覆盖数据，用 1986 年数据近似代表）参与计算。然后通过与水文观测数据对比方式进行精度评价（表 9-11）。

表9-11 模型计算值与实测结果的对比

年份	水文观测输沙值		模型计算值		年降水量（mm）	年 R 值[MJ·mm/(hm²·a·h)]	相对误差（%）
	输沙量（万 t）	输沙模数[t/(km²·a)]	输沙量（万 t）	输沙模数[t/(km²·a)]			
1975	255.37	2 007.63	169.05	1 329.01	359.70	996.55	-33.80
1986	438.18	3 444.81	330.27	2 596.46	296.57	1 416.93	-24.63
1988	4 151.75	32 633.65	928.5	7 299.53	533.34	1 616.08	-77.63
1997	667.15	5 244.89	303.46	2 385.69	286.08	951.31	-54.51
2006	194.09	1 525.86	163.45	1 284.98	330.88	3 959.90	-15.79
平均	1 141.16	8 971.37	378.95	2 979.14	361.31	1 788.15	-41.27

统计表明，5年的计算值均小于实测值，相对误差绝对值最小值的为15.79%（2006年），最大的为77.63%（1988），误差的基本分布特征是，降雨量较大年份，误差也大。其原因可能是模型对降雨侵蚀力的计算中没有直接考虑雨强所致。

模型误差的原因一方面是模拟计算中坡度是用1∶5万地形图建立的DEM量取的，因而坡度值和坡度因子偏小，由此导致计算结果比实测结果小；另一方面，本计算没有考虑工程措施的影响，这也会导致计算误差较大。当然，也还会有其他原因。

9.4.2 考虑沟蚀和风蚀的计算结果

黄土地区广泛发育着沟蚀、重力侵蚀和风蚀，并且对侵蚀产沙形成比较大的影响。为了提高计算精度，计算了流域的沟蚀和风力侵蚀。

9.4.2.1 沟蚀影响计算分析

在综合江忠善等（2005）的研究的基础上计算了沟蚀系数，从而得到了考虑沟蚀的侵蚀模数，并在此基础上，再次分析其精度（表9-12）。

表9-12 模型计算值与实测结果的对比

年份	观测值		模型计算值		年降水量（mm）	年 R 值[MJ·mm/(hm²·a·h)]	相对误差（%）	沟蚀贡献（%）
	输沙量（万 t）	输沙模数[t/(km²·a)]	输沙量（万 t）	输沙模数[t/(km²·a)]				
1975	255.37	2007.63	177.68	1396.86	359.70	996.55	-30.42	4.86
1986	438.18	3444.81	476.3	3744.50	296.57	1416.93	8.70	30.66
1988	4151.75	32633.65	1334.19	10488.92	533.34	1616.08	-67.86	30.41
1997	667.15	5244.89	406	3191.82	286.08	951.31	-39.14	25.26
2006	194.09	1525.86	200.11	1573.19	330.88	3959.90	3.10	18.32
平均	1141.16	8971.37	518.856	4079.06	361.31	1788.15	-29.85	21.90

统计表明，5 年计算的相对误差绝对值最小为 3.10%（2006 年），最大值为 67.86%（1988 年）。相对于没有考虑沟蚀的评价，精度明显提高。误差的基本分布特征依然是在降雨量较大的年份其误差也大，而降雨量较小的年份计算精度明显较高。由于沟蚀系数的计算考虑了植被盖度，1975 年和 2006 年植被盖度稍高，而 1986 年植被盖度较低，这导致了 1986 年的沟蚀较强。

考虑了沟蚀以后，精度虽然明显提高了计算，但是模型的不确定性依然存在，包括坡长的衰减、工程措施的忽略。

9.4.2.2 风蚀影响计算分析

相对于水蚀而言，风蚀研究比较薄弱。国外的研究有风蚀方程式（WEQ）和风蚀预报模型（WEPS），但在国内应用不多，无经验借鉴。同时考虑到本研究主要针对水蚀，所以选择了 SL190-2007 中的定性评价方法完成对风蚀的评价，并粗略推算了风蚀量，在此基础上进行了精度的分析（表 9-13）。

表 9-13 考虑风蚀、沟蚀后的精度分析

年份	观测值		计算值/万 t				相对误差（%）	风蚀贡献（%）
	输沙量（万 t）	输沙模数 [t/(km²·a)]	风蚀量	(面+沟) 量（万 t）	总量（万 t）	模数		
1975	255.37	2 007.63	38.34	177.68	216.02	1 698.27	−15.41	17.75
1986	438.18	3 444.81	69.67	476.3	545.97	4 292.217	24.60	12.76
1988	4151	32 633.65	69.67	1 334.19	1 403.86	11 036.64	−66.18	4.96
1997	667.15	5 244.89	39.64	406	445.64	3 503.459	−33.20	8.90
2006	194.09	1 525.86	42.65	200.11	242.76	1 908.491	25.08	17.57
平均	1 141.16	8 971.37	51.99	518.86	570.85	4 487.81	−32.89	12.39

由表 9-13 可见，风蚀占总侵蚀量的比例平均为 12.39，与文献报道的 14%~18% 的比例接近（李勉等，2004；董治宝和李振山，1996）。经过对风蚀的考虑，误差绝对值由 622 万 t 降低为 570 万 t，相对误差略有增加，但是分布更加合理。例如，1975 年的相对误差由 30.42% 降低为 15.41%，但是 1997 年和 2006 年，误差均有所增加，原因还有待分析。

9.5 小 结

9.5.1 主要进展

1）建立了土壤侵蚀经验模型指标体系。从土壤侵蚀过程、影响因素和已有的对侵蚀因子的试验观测研究出发，分析了土壤侵蚀评价中的因子类型。在此基础上，提出了指标体系确定的原则和方法，并初步提出了一个坡面和小流域土壤侵蚀经验模型指标体系。同时，从是否反映土壤侵蚀基本原理、是否与已有模型研究协调并反映了现有研究成果、指标体系是否可以获取、应用效果如何等方面，对指标体系进行了分析论证。最后，以孤山川流域为例，研究提出了坡面和流域尺度上因子计算方法。

2）开发了孤山川流域年侵蚀产沙经验模型。以反映土壤侵蚀原理，满足水利水保工程规划要求和达到模型与 GIS 高度集成为目标，提出了两段式分布计算的流域土壤侵蚀产沙经验模型。在此基础上，根据软件工程原理，设计开发了流域年侵蚀产沙经验模型设计方案，并利用 C#语言完成了程序的开发，实现了因子计算、流域 LS 因子提取、侵蚀评价和统计分析等功能。其中的气候因子插值、水土保持措施计算、流域 LS 提取等，富有特色和创新。

9.5.2　有待研究的问题

开发一个科学实用的土壤侵蚀模型，需要大量工作。本章介绍的只是初步探索，研究中还存在一些不足，主要包括：

1）土壤侵蚀经验模型指标体系量化分析与地区适用性。由于数据资料的限制，本章对于指标体系的分析论证还未达到定量化的阶段。同时，这些指标在黄土高原各类型区（特别是黄土丘陵 2-4 副区）是否适用，也有待通过实际的计算分析得到论证。

2）模型检验问题。目前的模型设计与开发，仅仅考虑了孤山川流域流域的情况，已有的模型运行状况与精度检验，也只在孤山川流域进行的。为此后续工作中，须选择更多流域（如延河流域、天水籍河流域等）进行检验。

3）模型机理的完善。所建模型仅仅考虑了土壤流失状况，从计算单元到流域也仅仅是简单的相加。后续工作中，将吸收 RUSLE2 的一些最新研究成果，探索通过径流和泥沙物质的汇集运算得到全流域的侵蚀量。在水土保持措施因子计算方面，将根据新的全国土壤侵蚀普查及其相关研究成果，对指标计算方法做出相应改进。

参 考 文 献

鲍宏喆，刘立斌，王云璋，等．2005．黄土高原不同类型区梯田蓄水拦沙指标的分析与确定．中国水土保持科学，3（2）：51-56

卜兆宏．1995．土壤流失量及其参数观测值的新方法．土壤学报，32（2）：211-220

蔡强国，刘纪根，刘前进．2004．岔巴沟流域次暴雨产沙统计．地理研究，23（4）：433-439

蔡强国，刘纪根．2003．关于我国土壤侵蚀模型研究进展．地理科学进展，22（3）：242-250

曹利军，王华东．1998．可持续发展评价指标体系建立原理与方法研究．环境科学学报，18（5）：526-532

陈法杨，王志明．1992．通用土壤流失方程在小良水土保持试验站的应用．水土保持通报，12（1）：23-41

陈永宗．1983．黄土高原沟道流域产沙过程的初步分析．地理研究，2（1）：35-47

陈永宗．1976．黄河中游黄土丘陵地区坡地的侵蚀发育．地理集刊，10（地貌）：35-51

程琳，杨勤科，谢红霞，等．2009．基于 GIS 和 CSLE 的陕西省土壤侵蚀定量评价研究．水土保持学报，23（5）：61-67

董治宝，李振山．1996．六道沟流域土壤水分抗风蚀性分析．中国沙漠，16（3）：276-281

符素华，刘宝元．2002．土壤侵蚀量预报模型研究进展．地球科学进展，17（1）：78-84

郭伟玲，杨勤科，程琳，等 . 2010. 区域土壤侵蚀定量评价中的坡长因子尺度变换方法 . 中国水土保持科学，8（4）：73-78

国家自然科学基金委员会，中国科学院-水利部水土保持研究所 . 2003. 土壤侵蚀与水土保持科学学科发展战略（讨论稿）

国务院第一次全国水利普查领导小组办公室 . 2010. 水土保持情况普查 . 北京：中国水利水电出版社

侯喜禄，曹清玉 . 1990. 陕北黄土丘陵沟壑区植被减沙效益研究 . 水土保持通报，10（2）：33-40

胡刚，伍永秋 . 2005. 发生沟蚀（切沟）的地貌临界研究综述 . 山地学报，23（5）：565-570

胡良军，李锐，杨勤科 . 2001. 基于 GIS 的区域水土流失评价研究 . 土壤学报，38：167-175

黄秉维 . 1953. 陕甘地区土壤侵蚀的因素和方式 . 地理学报，19（2）：163-186

黄秉维 . 1954. 关于西北黄土高原土壤侵蚀因素的问题 . 科学通报，（6）：65-66

黄秉维 . 1955. 编制黄河中游流域土壤侵蚀分区图的经验教训 . 科学通报，12：15-21

黄河上中游管理局 . 2004. 淤地坝设计 . 北京：中国计划出版社

贾媛媛，郑粉莉，杨勤科 . 2005. 黄土高原小流域分布式水蚀预报模型 . 水利学报，36（3）：328-332

江忠善，宋文经 . 1980. 黄河中游黄土丘陵沟壑区小流域产沙量计算//第一次河流泥沙国际学术讨论会论文集 . 北京：光华出版社

江忠善，王志强，刘志 . 1996. 黄土丘陵区小流域土壤侵蚀空间变化定量研究 . 土壤侵蚀与水土保持学报，2（1）：1-10

江忠善，郑粉莉，武敏 . 2004. 坡面水蚀预报模型研究 . 水土保持学报，18（1）：66-69

江忠善，郑粉莉，武敏 . 2005. 中国坡面水蚀预报模型研究 . 泥沙研究，（4）：1-6

金争平，赵焕勋，侯福昌，等 . 1991. 皇甫川区小流域土壤侵蚀量预报方程研究 . 水土保持学报，5（1）：8-18

冷疏影，冯仁国，李锐，等 . 2004. 土壤侵蚀与水土保持科学重点研究领域与问题 . 水土保持学报，18（1）：2-6，26

李建牢，刘世德 . 1989. 罗玉沟流域坡面土壤侵蚀量的计算 . 中国水土保持，（3）：28-31

李钜章，景可，李凤新 . 1999. 黄土高原多沙粗沙区侵蚀模型探讨 . 地理科学进展，18（1）：46-53

李勉，李占斌，刘普灵，等 . 2004. 黄土高原水蚀风蚀交错带土壤侵蚀坡向分异特征 . 水土保持学报，18（1）：63-65，99

刘宝元，谢云，张科利，等 . 2001. 土壤侵蚀预报模型 . 北京：中国科学技术出版社

刘宝元，谢云，张科胜，等 . 2006. 西北黄土高原区土壤侵蚀预报模型开发项目

刘宝元 . 2006. 西北黄土高原区土壤侵蚀预报模型开发项目研究成果报告 . 北京：水利部水土保持监测中心

刘刚才等 . 1992. 川中丘陵区土壤侵蚀及其 P 值的确定 . 水土保持学报，7（2）：41-44

刘国彬，张光辉 . 2006. 农业部"引进国际先进农业科学技术"项目（2003-Z57）技术资料汇编 . 第二分册 . RUSLE2 技术手册

刘善建 . 1953. 天水水土流失测验的初步分析 . 科学通报，（12）：59-65，54

卢金发 . 2002. 黄河中游流域地貌形态对流域产沙量的影响 . 地理研究，21（2）：171-178

牟金泽，孟庆枚 . 1981. 陕北中小流域年产沙量计算//黄土高原水土流失综合治理科学讨论会资料汇编 . 陕西：中国科学院西北水土保持研究所

牟金泽，孟庆枚 . 1983. 降雨侵蚀土壤流失方程的初步研究 . 中国水土保持，（6）：25-27

牟金泽，孟庆枚 . 1983. 陕北部分中小流域输沙量计算 . 人民黄河，（4）：35-37

牟金泽，熊贵枢 . 1980. 陕北小流域产沙量预报及水土保持措施拦沙计算//第一次河流泥沙国际学术讨论会论文集 . 北京：光华出版社

水利部水土保持监测中心.2010.第一次全国水利普查水土流失普查技术细则.4

孙保平,赵廷宁,齐窦.1990.USLE在西吉在黄土丘陵区的应用.中国科学院,水利部水土保持所集刊,(12):50-58,15

孙立达,孙保平,胨禹,等.1988.西吉县黄土丘陵沟壑区小流域土壤流失量预报方程.自然资源学报,3(2):141-153

唐克丽.2004.中国水土保持.北京:科学出版社

汪邦稳,杨勤科,刘志红,等.2007.基于DEM和GIS的修正通用土壤流失方程地形因子值的提取.中国水土保持科学,5(2):18-23

汪邦稳,杨勤科,刘志红,等.2007.陕北退耕前后的土壤侵蚀动态分布——以延河流域为例.中国水土保持科学,5(4):27-33

王春梅,杨勤科,王琦,等.2010.区域土壤侵蚀强度评价方法研究——以安塞县为例.中国水土保持科学,8(3):1-7

王青峰,万海风,张维.1998.商业银行信用风险评估及其实证研究.管理科学学报,1(1):68-72

王万中,李靖,焦菊英.1999.黄土丘陵区不同降雨条件下水平梯田的减水减沙效益分析.土壤侵蚀与水土保持学报,15(3):59-63

王万中,焦菊英,等.1996.中国的土壤侵蚀因子定量评价研究.水土保持通报,16(5):1-20

王万中,焦菊英.1996.中国的土壤侵蚀因子定量评价研究.水土保持通报,16(5):1-20

伍永秋,刘宝元.2000.切沟、切沟侵蚀与预报.应用基础与工程科学学报,8(2):134-142

项玉章,祝瑞祥.1995.英汉水土保持辞典.北京:水利电力出版社

谢红霞,李锐,杨勤科,等.2009.退耕还林(草)和降雨变化对延河流域土壤侵蚀影响.中国农业科学,42(2):569-576

谢红霞,杨勤科,李锐,等.2010.延河流域水土保持措施减蚀效应分析.中国水土保持科学,8(4):13-19

谢红霞.2008.延河流域土壤侵蚀时空变化及水土保持环境效应评价研究.西安:陕西师范大学

熊运阜,王宏兴,白志刚,等.1996.梯田、林地、草地减水减沙效益指标初探.中国水土保持科学,(8):10-14

杨勤科,郭伟玲,张宏鸣,等.2010.基于GIS和DEM的流域坡度坡长因子计算方法初报.水土保持通报,30(2):203-206

杨勤科,李锐,等.GIS在水土保持研究中的应用//李锐,杨勤科.2000.区域水土流失快速调查与管理信息系统研究.郑州:黄河水利出版社.19-23

杨勤科,李锐,徐涛,等.2006.区域水土流失过程及其定量描述的初步研究.亚热带水土保持,18(2):20-23,31

杨勤科,李锐.1998.LISEM——一个基于GIS的土壤侵蚀预报模型.水土保持通报,18(4):82-89

杨勤科,李锐.1998.中国水土流失和水土保持的定量评价研究进展.水土保持通报,18(5):13-18

杨勤科,刘咏梅,李锐.2009.关于水土保持监测概念的讨论.水土保持通报,29(2):97-99,124

杨武德,王兆骞.1999.红壤坡地不同利用方式土壤侵蚀模型研究.土壤侵蚀与水土保持学报,5(1):52-58

杨艳生.1988.论土壤侵蚀区域性地形因子值的求取.水土保持学报,(2)

杨子生.1999.滇东北山区坡耕地土壤流失方程研究.水土保持通报,10(1):1-9

姚志宏,杨勤科,吴喆,等.2006.区域尺度降雨径流估算方法研究,I—算法设计.水土保持研究,13(5):306-308

姚志宏,杨勤科,吴喆,等.2007.区域尺度侵蚀产沙估算方法研究.中国水土保持科学,5(4):13-17

张光辉 . 2002. 土壤侵蚀模型研究现状与展望 . 水科学进展, 13 (3): 389-396

张宏鸣, 杨勤科, 郭伟玲, 等 . 2010. 基于 GIS 的区域 LS 因子算法及实现 . 计算机工程, 36 (9): 246-248

张科利, 彭文英, 杨红丽 . 2007. 中国土壤可蚀性值及其估算 . 土壤学报, 44 (1): 7-13

张维, 李玉霜 . 1998. 商业银行信用风险分析综述 . 管理科学学报, 1 (3): 20-27

张宪奎 . 1992. 黑龙江省土壤流失方程的研究 . 水土保持通报, 12 (4): 1-3

张岩, 刘宝元, 史培军, 等 . 2001. 黄土高原土壤侵蚀作物覆盖因子计算 . 生态学报, (7): 1050-1056

章文波, 付金生 . 2003. 不同类型雨量资料估算降雨侵蚀力 . 资源科学, 25 (1): 35-41

章文波, 谢云, 刘宝元 . 2002. 利用日雨量计算降雨侵蚀力的方法研究 . 地理科学, 22 (6): 705-711

赵力仪, 王宏, 刘斌, 等 . 2005. 黄河中游地区梯田减洪减沙作用分析 . 人民黄河, (1): 51-53

赵英时 . 2003. 遥感应用分析原理与方法 . 北京: 科学出版社

中华人民共和国水利部 . 2001. 土壤侵蚀分类分级标准 SL 190—2007

周伏建等 . 1995. 福建省土壤流失预报研究 . 水土保持学报, 9 (1): 25-36

周佩华, 李银锄, 黄义端, 等 . 1988. 2000 年中国水土流失趋势预测及其防治对策 . 中国科学院西北水土保持研究所集刊, (7): 57-71

朱显谟 . 1947. 江西土壤之侵蚀及其防治 . 土壤特刊, 6 (3): 87-94

朱显谟 . 1956. 黄土区土壤侵蚀的分类 . 土壤学报, 4 (2): 99-116

朱显谟 . 1960. 黄土地区植被因素对水土流失的影响 . 土壤学报, 8 (2): 110-121

朱显谟 . 1981. 黄土高原水蚀的主要类型及其有关因素 (1 类型与气候因素) . 水土保持通报, (3): 1-9

朱显谟 . 1981. 黄土高原水蚀的主要类型及其有关因素 (2 地貌与地质因素) . 水土保持通报, (4): 13-18

朱显谟 . 1982. 黄土高原水蚀的主要类型及其有关因素 (3 土壤因素) . 水土保持通报, (1): 25-30

朱显谟 . 1982. 黄土高原水蚀的主要类型及其有关因素 (4 植被因素) . 水土保持通报, (3): 40-44

Batjes N. 1996. Global assessment of land vulnerability to water erosion on a one half degree by one half degree grid. Land Degradation & Development, 7 (4): 353-365

Browning G M, Parish C L, Glass C L. 1947. A method for determining the use and limitation of rotation and conservation practices in control of soil erosion in Iowa. Soil Sci. Soc. Am. Pro. , (23): 249-264

De Roo A P J, Hazelhoff L H, Burrough P A. 1989. Soil Erosion Modeooing Using 'ANSWERS' and Geographical Information System. Earth surface proceesses and Landform, 14 (6): 517-532

De Roo A P J, Wesseling C G, Ritsema C J. 1996. LISEM: A Single-Event Physically Based Hydrological and soil Erosion Model for Drainage Basins. I: Theory. Input and Output. Hydrol ogical Processes, 10: 1107-1118

De Roo A P J, Wesseling C G, Ritsema C J. 1996. LISEM: A Single-Event Physically Based Hydrological and soil Erosion Model for Drainage Basins. II: Sensitivity analysis, validation and application. Hydrol ogical Processes, (10): 1119-1121

Ellison W D. 1947. Soil Erosion Studies-Part I. Agricultural Engineering, (28): 145-146

Flanagan D C, Nearing M A, Laflen J M. 1995. USDA-Water Erosion Prediction Project: Hillslope Profile and Watershed Model Documentation. NSERL Report No. 10

Griffin M L, Beasley D B, Fletcher J J, et al. 1988. Estimating soil loss on topographically nonuniformed field and farm units. Journal of Soil and Water Conservation, 43 (4): 326-331

Hickey R, Smith A, Jankowski P. 1984. Slope Length Calculations from a DEM Within ARC/INFO GRID. Computers, Environment and Urban Systems, 18 (5): 365-380

Hickey R. 2000. Slope angle and slope length solutions for GIS. Cartography, 29 (1): 1-8

Iwahashi J, Watanabe S, Furuy. T. 2003. Mean slope-angle frequency distribution and size frequency distribution of landslide masses in Higashikubiki area, Japan. Geomorphology, 50（4）：349-364

Kienzle S. 2004. The Effect of DEM Raster Resolution on First Order, Second Order and Compound Terrain Derivatives. Transactions in GIS, 8（1）：83-111

Liu B Y, Near M A, Risse L M. 1994. Slope gradient effects on soil loss for steep slopes . Transactions of the ASAE, 37（6）：1835-1840

Liu B Y, Nearing M A, Shi P J, et al. 2000. Slope length effects on soil loss for steep slopes. Soil Science Society of America Journal, 64（5）：1759-1763

Liu B Y, Zhang K L, Xie Y. 2002. A empirical soil loss equation, （eds.）, Proc of 12th ISCO. Beijing：Tsinghua press

Liu B Y, Zhang K L, Xie Y. 2002. A empirical soil loss equation（eds.）. Proc of 12th ISCO. Beijing：Tsinghua press

Lu H, Yu B. 2002. Spatial and seasonal distribution of rainfall erosivity in Australia. Australian Journal of Soil Research, 40：887-901

Lufafa A, Tenywa M M, Isabirye M, et al. 2003. Prediction of soil erosion in a Lake Victoria basin catchment using GIS based Universal woil loss model. Agriculture systems, 76：883-894

Meyer L D, Foster G R, Romkens M J. 1972. Source of soil eroded by water from upland slopes. Proc of Prosent and prospective Technology for Predicting Sediment Yields and Sources, Proc. Of the 1972 Sediment-Yield Workshop. USDA Sedimentation Lab., Oxford, U. S. Agr. Res. Ser. ARS-S-40

Meyer L D. 1984. Evolution of the universal soil loss equation. Journal of Soil and Water Conservation, 39：99-104

Moore I D, Grayson R B, Landson A R. 1991. Digital Terrain Modelling：a Review of Hydrological, Geomorphological, and Biological Applications. Hydrological Processes, 5（1）：3-30

Moore I D, Wilson J P. 1992. Length-slope factors for the Revised Universal Soil Loss Equation：Simplified method of estimation. Journal of Soil and Water Conservation, 47（5）：423-428

Moore I D, Wilson J P. 1994. Reply to comments by Foster on "Length-slope Factors for the Revised Universal Soil Loss Equation：Simplified Method of Estimation" . Journal of Soil and Water Conservation, 49（5）：174-180

Musgrave G W. 1947. The quantitative evaluation of factors in water erosion：A first approximation. J. Soil Water Conserv. , （2）：133-138

Peel T C. 1937. The relation of certain physical characteristics to the erodibility of soils . Soil Science Society Proceedings, （2）：79-84

Refsgaard J C. 1996. Operational Validation and Intercomparison of Different Types of Hydrological Models. Water Resources Research, 32（7）：2189-2202

Refsgaard J C. 1997. Parameterisation, calibration and validation of distributed hydrological models. Journal of Hydrology, 198（1-4）：69-97

Renard K G, Ferreira V A. 1993. RUSLE model description and database sensitivity. Journal of environmental quality, 22（3）：458-466

Renard K G, Foster G R, Weesierand G A, et al. 1991. RUSLE：Revised universal soil loss equation. Journal of Soil and Water Conservation, 46（1）：30-33

Renard K G, Foster G R, Weesies G A, et al. 1997. Predicting rainfall eosion by Water：A Guide to conservation planning with the Revised Universal Soil Loss Equation（RUSLE）. USDA Agric. Handb. No 703

Smith D D, Wischmeier W H. 1957. Factors affecting sheet and rill erosion. American Geographer Union Trans, 38（6）：889-896

Smith D D, Whitt D M. 1948. Evaluating soil losses from field areas. Agric. Eng. , （29）：394-398

Smith D D. 1941. Interpretation of soil conservation data for field use. Agric. Eng. ,（22）：173-175

van Remortel R D, Maichle R W, Hickey R J. 2004. Computing the LS factor for the Revised Universal Soil Loss Equation through array−based slope processing of digital elevation data using a C++ executable. Computers & Geosciences, 30（9−10）：1043-1053

Van Remortel R, Hamilton M, Hickey R. 2001. Estimating the LS factor for RUSLE through iterative slope length processing of digital elevation data. Cartography, 30（1）：27-35

Wener C G. 1981. Soil conservation in Kenya. Ministry of Agriculture, Soil Conservation Extension Unit：Nairobi

Williams J R, Berndt H D. 1997. Determining the universal soil loss equation's length−slope factor for watersheds// Foster G R. 1997. Soil Erosion：Prediction and Control. LOWA Soil Conservation Society of American

Wilson J P. 1986. Estimating the topographic factor in the universal soil loss equation for watersheds. Journal of Soil and Water Conservation, 41（3）：179-184

Wischmeier W H, Johnson C B, Cross B. V. 1971. A soil erodibility nomograph for farmland and construction sites. Journal of Soil and Water Conservation, 26（5）：189-193

Wischmeier W H, Mannering J V. 1969. Relation of soil properties to its erodibility. Soil Science Society of America Journal, 33（1）：131-137

Wischmeier W H, Smith D D. 1965. Predicting rainfall erosion losses from cropland east of the Rocky Mountains. Agricultural Handbook, No. 282. Washington, D. C.

Wischmeier W H, Smith D D. 1978. Predicting rainfall eosion losses from cropland east of the Rocky Mountains：A Guide for soil and water conservation planning. USDA Agric. Handb. No 537

Wischmeier W H. 1976. Use and misuse of the universal soil loss equation. Journal of Soil and Water Conservation, 31（1）：5

Yang D W, Kanae S, Oki T, et al. 2003. Global potential soil erosion with reference to land use and climate changes. Hydrological Processes, 17（4）：2913-2928

Yang D, Kanae S, Oki T, et al. 2003. Global potential soil erosion with reference to land use and climate changes. Hydrological Processes, 17：2913-2928

Zevenbergen L W, Thorne C R. 1987. Quantitative analysis of land surface topography. Earth Surface Processes and Landforms, 12：47-56

Zingg A W. 1940. Degree and length of land slope as it affects soil loss in runoff. Agric. Eng. ,（21）：59-64

第 10 章   土壤侵蚀模型与工程应用支持系统

应用各类土壤侵蚀模型进行评估预测，需要对模型运行所需的数据及其格式、运行流程、结果检验等有清晰的理解，对操作人员的要求较高，往往是模型研究人员能够正确操作，而其他人员学习与熟练应用的周期长、成效慢，这限制了模型的应用价值。为了实现土壤侵蚀模型在生产实践中的推广应用，需借助于成熟的信息技术与方法，将土壤侵蚀模型以面向对象的思路进行组件化封装，形成黄土高原模型组件库；并以地理信息系统为主要集成环境，采用面向对象的程序设计语言，基于这一组件库开发集成为具有统一界面、统一操作环境的信息系统，亦即土壤侵蚀模型与工程应用支持系统，为水土流失分析计算、工程治理提供服务。根据这一成果，普通用户可直接应用支持系统于生产实践；高级用户可利用组件库提供的开发接口，直接将相关模型以黑箱的形式集成进自己的应用系统，用户只需要提供模型的输入与读出模型的输出结果，可以不关心模型内部的具体机制。这一方式在解决水土流失治理所面临的许多生产问题，诸如评估水土保持措施蓄水减沙效益，优选水土保持措施配置方案和措施规模，为小流域综合治理的规划、设计提供科学依据等方面具有重要实践意义。

本章通过对土壤侵蚀模型与 GIS 的集成、空间数据库、组件 GIS 以及空间分析等技术方法的深入分析，以第 8 章、第 9 章所介绍的流域产沙动力学模型、中尺度流域侵蚀产沙经验模型及未另述的次暴雨洪水泥沙模型为应用实例，建立了土壤侵蚀模型的信息支撑体系，设计、开发了土壤侵蚀模型组件库，实现了土壤侵蚀模型与工程应用支持系统，为土壤侵蚀模型的工程应用提供技术支撑。

10.1   系统需求分析与关键技术

10.1.1   土壤侵蚀模型与 GIS 集成

10.1.1.1   系统集成概述

集成是将两个或两个以上的单元（要素、系统）整合成为一个有机整体系统的过程。所集成的有机整体不是集成要素之间的简单叠加，而是按照一定的集成方式和模式进行的构造和组合，其目的在于使各个集成单元间能彼此有机地、协调地工作，更大程度地提高集成体的整体功能，适应不同的应用要求，以实现"1+1>2"的集成目标。它是一种创造性的融合过程，是经过有目的、有意识地比较、选择和优化，并以最佳的集成方式将各集成要素有机整合为一个整体，从而使集成要素的优势能充分发挥，更为重要的是使集成体的整体功能实现倍增或涌现出新的整体功能。这无疑是解决复杂系统问题和提高系统整体功能的一种有效方法（王伟军等，2003；张健挺，1998）。

集成作为解决系统复杂性的新观念、新方法和新手段，已受到各相关学科的广泛重视。这一领域尤为突出的是计算机集成制造系统（Computer Integration Manufacture System，CIMS）的发展。1973 年由美国 Joseph Harrington 首次提出集成概念，有两个基本观点（乔保军等，2003）：其一，企业生产的各个环节，包括市场分析、产品设计、加工制造、经营管理及售后服务的全部活动，是一个不可分割的整体，要紧密连接，统一考虑；其二，整个经营过程实质是一个信息的采集、传递和加工处理的过程，其最终形成的产品可以看作是信息的物质表现。经过多年发展，CIMS 在理论及应用的深度和广度上不断扩大，在生产实践中产生了巨大的效益，并将成为制造业的主流。在系统工程理论研究领域，由于实践的需要和理论的发展，特别是解决复杂巨系统问题的需要，一些学者也把集成的思想应用于系统理论研究。1989 年，钱学森提出了开放的复杂巨系统及其方法论，即从定性到定量的综合集成法（Meta Synthesis），后来又发展成为从定性到定量综合集成研讨厅（Hall for Workshop of Meta Synthetic Engineering，HWMSE），其实质是将专家经验、统计数据和信息资料、计算机技术这三者结合起来，构成高度智能化的人机结合集成系统，以解决复杂巨系统的相关问题。

随着信息技术的发展，信息系统的复杂性与硬件、软件的开放性及可选择性也要求信息系统的建设采取系统集成的方法。信息系统集成是按照特定的应用需求，对众多的技术和产品进行合理选择，最佳配置各种软、硬件的产品与资源，组合成完整的、能够解决客户具体应用需求的集成方案，使系统的整体性能最优，在技术上具有先进性、实现上具有可能性、使用上具有灵活性、发展上具有可扩展性、投资上具有受益性（徐慧，2003）。它是一种为最终用户提供一体化解决方案的方法或策略，包括三方面的内容：

系统环境集成：系统环境集成包括系统运行的硬件环境与基于此的软件环境和系统架构。主要研究如何利用现有条件，为应用系统搭建性价比高的软硬件支撑环境，以支持应用系统的运行。

数据集成：数据集成是将信息系统的多源数据进行集中管理，减少数据冗余，提高数据的完整性、准确性、一致性，达到数据的高度共享，从而使信息系统发挥数据资源丰富的最大优势，为决策提供及时、丰富的可靠信息。

应用集成：应用集成指特定的应用需求功能在信息系统中的实现，以及对不同的功能进行整合以实现具体应用目标的过程。

GIS 作为管理与分析空间数据的信息系统，随着其应用的广泛与深入，同样要求采取系统集成的方法进行建设。从学科的角度看，地理信息系统不是一个孤立的学科，它具有多学科融合、多技术交叉、多行业综合的特点。地理信息系统的发展与计算机科学的发展密切相关，尤其以图形图像学、数据库理论、网络技术等为代表，而地理信息系统的兴起也与地图学、遥感科学、全球定位系统、资源管理学等学科的发展紧密联系在一起。从地理信息系统应用的角度看，GIS 的集成一直是 GIS 发展的重要动力和方向之一，GIS 体系结构和解决方案的不断优化组合，也充分体现了 GIS 集成的趋势。从系统集成角度看 GIS 发展的历史，GIS 的发展经历了主机系统到微机系统，再到网络系统的发展历程，其功能也从单一空间数据管理到空间数据管理、分析等多功能集成的阶段，相应的 GIS 应用也从早期的专题系统发展到与其他 MIS 系统、办公自动化系统集成在一起的阶段，从而实现与其他系统的数据共享与功能互补。从地理信息系统发展趋势来看，组件式 GIS、互操作 GIS 体现了地理信息系统功能的集成与重用；支持空间数据存取的空间数据库技术与 Open GIS 体现了数据的集成与共享（韩志刚，2005）。

综上所述，集成是整合分散系统、提升系统整体性能的有效方法，在土壤侵蚀模型与工程应用支持系统建设过程中，要充分利用系统集成的策略与方法，只有这样，才能提高系统的整体利用率，降低系统的复杂性，实现系统效益的最大化。

10.1.1.2 土壤侵蚀模型与 GIS 集成方式

土壤侵蚀模型和 GIS 的集成方法和集成程度取决于模型的目标和复杂性、对基础数据及 GIS 功能要求、数据模型兼容性等。土壤侵蚀模型与 GIS 的集成既可以是松散的集成，也可以是复杂的完全集成。根据集成程度的不同，当前的土壤侵蚀模型与 GIS 集成方式可分为以下四类。

（1）独立应用

独立应用即 GIS 和土壤侵蚀模型在不同的硬件环境下运行。GIS 和土壤侵蚀模型中不同数据模型之间的数据交换通常是通过手工进行。用户在 GIS 和土壤侵蚀模型的接口方面起到重要作用，这种集成对用户的编程能力要求不高，集成的效果也是有限的。

（2）松散耦合

松散耦合是通过特殊的数据文件进行数据交换，常用的数据文件为二进制文件。用户必须了解这些数据文件的结构和格式，而且数据模型之间的交叉索引非常重要。

（3）紧密耦合

在这种集成方式中，土壤侵蚀模型中的数据格式与 GIS 软件中的数据格式依然不同，但可以在没有人工干预的条件下，自动地进行双向数据存取。在这种集成中，需要更多的编程工作，且用户仍然要对数据的集成负责。

（4）完全集成

在 GIS 与土壤侵蚀模型完全集成的系统中，GIS 模块与土壤侵蚀模型为同一综合系统的不同模块。数据的存取是基于相同的数据模型和共同的数据管理系统。子系统之间的相互作用非常简单有效，然而，这种集成方式的软件开发工作量较大。采用共同的编程语言，集成系统可通过更多的 GIS 模块和外加的模型函数来拓展。

10.1.1.3 土壤侵蚀模型与工程应用支持系统集成

为了增强系统的适应性与可扩展性，土壤侵蚀模型与工程应用支持系统应采用完全集成的方式加以设计与实现。其系统集成内容具体包括以下几个方面。

（1）系统环境集成

支持系统的运行需要运行环境的支撑，包括硬件环境与软件环境，其中软件环境包括运行时软件环境和系统的开发环境。

（2）数据集成

土壤侵蚀模型运行需要大量的数据支撑，包括地形数据、水文数据与下垫面数据，这些数据如何高效组织在统一的模型信息平台下进行调用，是系统集成的一个重要方面。

（3）应用集成

支持系统的应用集成主要是指土壤侵蚀模型与 GIS 之间的集成，通过模型与地理信息系统间的操作接口，使得模型计算所需的基础数据由地理信息系统自动读取，模型计算结果数据由地理信息系统存储、处理与输出，从而实现土壤侵蚀模型与 GIS 的完全集成。

10.1.2 空间数据库

10.1.2.1 空间数据库及其特征

空间数据库是一种应用于地理空间数据处理与信息分析领域的数据库，是描述与特定空间位置相关的真实世界对象的数据集合（吴信才，2009），其所管理的对象主要是地理空间数据。地理空间数据分为两类：一类主要是和空间位置、空间关系有关的数据，称为空间数据；另一类是地理元素中非空间的属性信息，称为属性数据。在空间数据库中，由于空间数据表达的是地理实体的空间位置及其所负载的属性两方面数据，因此空间数据库如何储存和管理这两种数据的方式和结构将决定空间数据库的存取、空间分析及 GIS 应用的效率。实质上，空间数据库是将地球上某一区域的相关数据有效的组织起来，根据其地理空间分布建立统一的空间索引，进而快速调度数据库中任意范围的数据，实现对整个区域地理空间数据的无缝漫游，即根据显示范围的大小灵活地调入不同层次的数据，可以一览全貌，也可细致入微。

空间数据库除了具有一般数据库的主要特征外，还具有其独有的特征（吴信才，2009；秦耀辰等，2004）。

（1）复杂性

空间数据库中描述与存储的是现实地理世界中的地理实体，具有高度的复杂性，首先反映在空间数据种类繁多。从数据类型看，不仅有空间位置数据，这些空间位置数据具有拓扑关系，还有属性数据，不同的数据差异大，表达方式各异，但又紧密联系；从数据结构看，既有矢量数据又有栅格数据，其描述方法又各不相同。空间数据库中数据的复杂性还表现在数据之间关系的复杂性上，即在空间位置数据和属性数据之间既相对独立又密切相关，不可分割。这样，给空间数据库的建立和管理增加了难度。例如，在以地块为单位的土地类型数据库中，要增加一地块，绝不是简单插入一个地块属性数据，它涉及边界位置数据的增加、拓扑关系的修改，以及几何数据如面积、周长的修改，甚至影响到空间位置数据和属性数据之间联结关系的修改。

（2）非结构化特征

当前主流的关系数据库的数据记录是结构化的，满足关系数据规范化理论的第一范式要求，亦即数据项不允许有嵌套，具有不可再分性。而空间数据的数据项是变长的，如两条不同的公路的坐标点对数是不一样的，具有非结构化特征。这使得空间数据无法满足关系数据库的范式要求，难以直接采用通用关系数据库进行组织与管理。

（3）海量数据

传统的关系数据库仅仅涉及对实体属性的描述，而空间数据库除了描述实体的属性数据外，还需存储实体的空间位置信息；同时加上存储其他空间数据如遥感影像数据等，数据量往往十分庞大。由于空间数据记录长度的多变性，为了获得高速数据贮存和运算，必须选择合理的算法和数据结构及编码方法，以提高数据库的工作效率。

空间数据库是地理信息系统最基本、最重要的组成部分之一，在地理信息系统项目中发挥着核心作用，支持空间数据处理与更新、海量数据存储与管理、空间查询分析与决策以及空间信息交换与共享等应用功能。土壤侵蚀模型与工程应用支持系统是应用型 GIS 系统，同样离不开空间数据库技术的支持，以对大量的、多源的土壤侵蚀数据进行统一组织与管理，从而实现土壤侵蚀模型运算时的高效数据存取。

10.1.2.2　空间数据管理方式

当前的空间数据库有如下几种实现方式。

（1）文件存储方式

早期的 GIS 系统，利用文件来存储空间数据和属性数据，通过索引文件建立关联。后来开始利用数据库存储属性数据，而空间数据仍然用文件来存储，但无法实现属性数据和空间数据的统一管理。例如，在 Arc/Info 中数据以 Coverage 方式存在，有一系列的文件组成，如 TIC、BND、ARC、AAT、PAT、TOL 等。对任意空间对象的修改都会引起一系列文件的变化。这样的数据存储模式不利于数据的安全、共享和发布。

（2）关系数据库存储方式

关系数据库的理论已经成熟和完善，利用关系数据库进行空间数据存储有两种方式：①常规表方式。空间数据在一个几何表中单独存放，属性表中几何对象列是指向几何表的指针。每一个几何对象在几何表中用一系列点坐标对来描述，当几何对象的点坐标对数超过了每行的定长坐标对数时，则采用分行存储的方法，并维护其前后关系。这种方式连接关系复杂，在处理空间对象方面效率低下；②大对象方式。现在很多大型关系数据库都提供了大二进制数据类型，可以存储空间数据，与常规表方式不同的是，每个几何对象对应于几何表中的一行。例如，SQL Server 的 Image 类型，Oracle 的 BLOB/CLOB 类型等，每一个几何对象对应于表中的一行。由于大二进制类型没有具体的结构，不能进行搜索、索引和分析，并缺乏诸如长度、面积、周长、体积等计算算子。

在关系数据库中的这两种存储方式都是全关系的存储方式，由于关系数据库的理论已经发展成熟，目前这种方式在国内外 GIS 软件中是主流模式。

（3）面向对象的存储方式

按照面向对象的思想，每个几何对象可抽象为某一类具有公共属性的对象，如点、线、面等。具体的几何对象则是该对象的一个实例，各种对象分层管理。面向对象的方法为描述复杂的空间数据提供了一条直观、结构清晰、组织有序的方法。但面向对象技术尚不成熟，面向对象 GIS 作为商用还有许多需要研究解决的问题，如对象的独立性和粒度的问题等。

（4）对象—关系存储方式

结合关系理论和面向对象思想的存储方式实质上是引入面向对象的技术在传统关系数据库中加入面向对象的特征，对其进行扩展，称之为对象—关系数据库。这种方式类似于关系数据库的大对象方式，但其中的几何对象是以对象的方式进行存储，具有一定的属性和行为。例如，Oracle Spatial 提供的 SDO_ GEOMETRY 数据类型，可以存储地理几何对象，且能进行拓扑运算。对象—关系数据库与纯关系型数据库相兼容，既支持面向对象数据模型，又支持标准 SQL 语句，并有自身独特的 SQL 语句扩展。

以上是空间数据库的具体的实现方式，在各种具体实现方式的基础上可设计相应的空间数据库逻辑模型。

10.1.2.3 栅格数据组织与管理

土壤侵蚀模型运算过程中，涉及 DEM、下垫面因子以及空间分析运算结果（如降雨空间插值数据）等大量栅格数据；尽管这些栅格数据的数据结构较为简单，但数据存储量很大，因此研究这些栅格数据的组织与管理非常重要。其目的是将区域内相关的栅格数据有效地组织起来，并根据其地理分布建立统一的空间索引，快速调度数据库中任意范围的栅格数据，进而达到对整个数据库的无缝漫游与处理。

（1）数据组织形式

空间数据库中，可采用栅格目录（Catalog）以及栅格数据集（Dataset）两种形式对栅格数据进行组织。栅格目录用于管理具有相同空间参考系统的多幅栅格数据，各栅格数据在物理上独立存储，易于更新，常用于管理更新周期快、数据量较大的栅格数据，具有数据组织灵活、层次清晰的特点。栅格数据集用于管理具有相同空间参考系统的一幅或多幅镶嵌而成的栅格数据，它在物理上实现了数据的无缝存储，适合管理 DEM 等空间连续分布、频繁用于分析的栅格数据类型，具有分析速度快的优点。

（2）存储结构及优化

栅格数据存入数据库时，需将实体对象之间的关系转化为特定的数据结构模型。以关系数据库为例，可将影像数据存储在数据库的二进制变长字段中，通过数据访问接口访问数据库中的影像数据，同时影像数据的元数据也存放在关系数据库的表中，以实现无缝管理。为满足海量栅格数据的实时调度、快速浏览和检索，需对栅格数据进行分块和分级存储，并应用格网、R 树等空间索引方法改进栅格数据存取效率。栅格数据分块是把整幅图像按照一定的大小分成若干大小相等而互不重叠的块，可减少数据的网络传输数据量，方便数据压缩和有利于在计算机的内存中对图像数据进行运算处理。由于栅格数据有不同的分辨率，可对栅格数据进行数据分级，即在数据库中建立多级分辨率影像金字塔，根据不同的显示要求调用不同金字塔层次上的图像数据。

10.1.2.4 空间数据库解决方案

空间数据库的重要性与应用价值，使得数据库厂商与 GIS 厂商均提出了各自不同的解决方案。前者主要由传统的关系数据库厂商在各自产品的基础上进行扩展，以支持空间数据的存储与管理，如 Oracle Spatial，DB2 Spatial Extender 以及 SQL Server Spatial 等；后者主要是由 GIS 厂商在纯关系数据库管理系统基础上，开发出空间数据引擎，建立空间数据管理的中间件，代表产品包括 ESRI ArcSDE，SuperMap SDX+等。

（1）Oracle Spatial

Oracle Spatial 是 Oracle9i 数据库为实现快速高效的存取、分析空间数据而把相关函数和过程集成在一起的专用组件，以独特的对象—关系数据模型作为存储、管理空间地物对象的基础，使用面向对象操作的原理把存储在关系数据表中的多种元素信息相关联，以进行空间分析与其他操作。利用 Oracle Spatial，可以在单个数据库实例中实现非结构化、有嵌套关系的空间、属性数据的统一存储和管理。Oracle Spatial 包括四个组件：①一个 MDSYS Schema（模式），规定了对空间数据类型在存储、语法、语义方面的支持；②一种空间索引机制；③一组操作符和函数来执行空间查询和相关空间分析操作；④相关管理工具。

Oracle Spatial 利用对象—关系模型来表示空间实体，并基于 GeoRaster 存储栅格数据。前者利用含有一对象列（MDSYS. SDO_ GEOMETRY）的二维关系表来存储空间实体，表的每一行是空间对象的一个实例。这种方式，支持包括点、弧段、圆、复合多边形、复合线串等绝大多数的空间实体类型，使得创建空间索引、执行空间查询更为容易，并且空间索引由 Oracle 数据库服务器维护，有利于进行系统性能优化。

Oracle Spatial 为在数据库管理系统中管理空间数据提供了完全开放的体系结构，它提供的各种功能在数据库服务器内完全集成。用户可通过 SQL 定义和操纵空间数据，并可以访问标准的 Oracle 特性，如灵活的多层体系结构、对象功能、Java 存储过程以及强健的数据库管理工具。这保证了数据的完整性、可恢复性和安全性等特征。

(2) ArcSDE

ArcSDE 是 ESRI 推出的空间数据引擎解决方案，其主要功能是在关系数据库管理系统 RDBMS 和地理信息系统 GIS 之间充当一个应用网关，以充分地把 RDBMS 和 GIS 集成起来。它进行空间数据管理，并为访问空间数据的软件提供接口，以便用户在特定应用中嵌入查询和分析这些数据的功能。根据其宿主数据库系统提供的数据类型，ArcSDE 支持不同的空间数据的存储方案，包括 OGC 规范中定义的规范化空间数据存储方案（Normalized Geometry Storage Schema）、扩充空间数据类型方案（Geometry Type where the SQL Type System is Extended）以及二进制大对象空间数据存储方案（Binary Geometry Storage Schema）。例如，在 ArcSDE for Oracle 中，可以联合应用不同的存储方案：可以为一个点要素层利用空间对象类型存储，而一个面要素层则可选择二进制大对象存储方案。无论采用何种数据存取方案，客户端程序对 ArcSDE 的操作都是统一的，ArcSDE 的数据存取对应用程序而言是透明的。

ArcSDE 将地理特征数据和属性数据统一地集成在关系数据库管理系统中，利用从关系数据库环境中继承的强大的数据库管理功能对空间数据和属性数据进行统一而有效的管理。它尤其适用于多用户、大数据量数据库的管理，在空间数据管理领域得到了广泛应用。

10.1.3　组件 GIS

10.1.3.1　GIS 开发方式演进

GIS 的开发方式与计算机软件开发及软件复用方法是密切相关的。从用户接口的角度，GIS 开发方式经历了下述 4 个阶段（陈正江等，2007）。

(1) 基于宏语言的开发方式

在 GIS 发展的早期，受限于计算机技术的发展，众多 GIS 的功能以"命令+参数"的形式实现。为了进行 GIS 命令的程式化操作，将相应的操作命令组织为宏代码加以执行，即为基于宏语言的开发方式。这一方式类似于当前部分操作的批处理命令集合，较之单纯的操作命令，宏语言增加了条件判断、分支循环、变量定义以及宏代换等功能，能够用于构建或开发基于某一具体平台的应用系统。这一方式的典型例子是 Arc/Info 的 AML 宏语言。

(2) 基于专用二次开发语言的方式

该方式多伴随着某一 GIS 平台一起发布。GIS 平台系统提供一种专门的开发语言，供用户构建应用系统。这类专用的开发语言，除了提供基本的数据类型、程序控制语句外，还提供大量的专用 GIS 函数，以支持用户对 GIS 功能的调用。这一方式的典型例子是 ESRI ArcView Avenue 语言与 Pitney Bowes MapInfo MapBasic 语言。

（3）基于函数调用的方式

随着软件工程领域 C 和 Pascal 之类的编程语言大行其道，基于函数调用的方式提供了以函数为单元的代码复用机制，这在 GIS 开发中也得以吸收、应用。这一方式是将各类 GIS 功能，设计、包装成相应函数库，供用户开发时调用。这一方式有利于 GIS 功能与其他 MIS 系统的集成，但由于其复用的层次较低，仍然难以有效应对各类应用需求。其典型例子是 MAPGIS 提供的函数库开发方式，它以标准 C 的接口形式，封装了 MAPGIS 所有的基本数据结构和功能函数供用户调用。

（4）基于组件的开发方式

随着面向对象技术的引入与实际应用中集成的需要，目前已发展到组件式 GIS 阶段。组件式 GIS 是适应软件组件化潮流的新一代地理信息系统，是面向对象技术和组件式软件技术在 GIS 软件开发中的应用。其基本思想是把 GIS 的各大功能模块划分为几个控件，每个控件完成不同的功能。各个 GIS 控件之间，以及 GIS 控件与非 GIS 控件之间，可以方便地通过可视化的软件开发工具集成起来，并结合专业模型，开发出具有较强适应性和针对性的应用系统。控件如同一堆各式各样的积木，分别实现不同的功能（包括 GIS 和非 GIS 功能），根据需要把实现各种功能的"积木"搭建起来，就构成了应用系统。目前各大公司均推出了其组件 GIS 产品，最为著名的当为 ESRI 的 ArcObjects，其多数产品如 ArcMAP、ArcCatalog、ArcEngine 等均以 ArcObjects 为内核。

10.1.3.2　组件式 GIS 及其发展

组件式 GIS 是随着微软的组件对象模型的发展而兴起的 GIS 开发方式。组件对象模型（COM）是 OLE（Object Linking & Embedding）和 ActiveX 共同的基础。COM 不是一种面向对象的语言，而是一种二进制标准，其作用是使各种软件组件和应用软件能够用一种统一的标准方式进行交互。COM 所建立的是一个软件模块与另一个软件模块之间的链接，当建立这种链接后，模块之间就可以通过被称为"接口"的机制来进行通信。接口是一组语义相关的成员函数，并且同函数的实体相分离。接口与实现相互独立，这使用户对一个特定的实现方案更换或修改代码时无须改变对象本身。COM 中一个组件可以采用多个接口，在实际应用中接口的定义多采用 COM IDL（接口描述语言）来描述。COM 本质上是客户/服务器模式。客户（通常是应用程序）请求创建 COM 对象并通过 COM 对象的接口操纵 COM 对象。服务器根据客户的请求创建并管理 COM 对象。客户和服务器这两种角色并不是绝对的，一个 COM 对象既可以是客户，又可以是另一个对象的服务器，还可以既做服务器又做客户。COM 的好处是显而易见的，由于接口的定义和功能保持不变，COM 组件开发者可以改变接口功能、为对象增加新功能、用更好的对象来代替原有对象，而建立在组件基础上的应用程序几乎不用修改，这大大提高了代码的可重用性。COM 通过属性、事件、方法等接口与用户、应用程序进行交互。

（1）属性

指描述控件或对象性质（Attributes）的数据，如 Color（颜色）、Marker（符号）等。

可以通过重新指定这些属性的值来改变控件和对象性质。在控件内部，属性通常对应于变量（Variables）。

（2）方法

指对象的动作（Actions），如 draw（绘制）、AddLayer（增加图层）、Open（打开）、Close（关闭）等。通过调用这些方法可以让控件执行诸如打开地图文件、显示地图之类的动作。在控件内部，方法通常对应于函数（Functions）。

（3）事件

指对象的响应（Responses）。当对象进行某些动作时（可以是执行动作之前、动作进行过程中或者是动作完成后），可能会激发一个事件，以便客户程序介入并响应这个事件。比如用鼠标在地图窗口内单击（Mouse Down）并选择了一个地图要素，控件产生选中事件（如 Item Picked）通知客户程序有地图要素被选中，并传回描述选中对象的个数、所需图层等信息的参数。

属性、方法、事件是组件的通用标准接口，可用于任何可以作为 COM 容器的开发语言，具有很强的通用性。由于传统的模块化 GIS 之间集成困难、与 MIS 系统难以嵌入等问题，GIS 厂商基于微软 COM 组件对象模型，定义了模块之间集成的接口标准，由此诞生了组件式 GIS，并初步解决了异构系统集成的问题。组件式 GIS 是按照 COM 标准划分和组织的模块化 GIS，GIS 的不同模块仍然可以拆分销售和使用。基于统一的调用规范（COM），来源于不同 GIS 厂商的多个 GIS 模块之间可以非常方便地集成，异构集成的理想得以实现。组件式 GIS 的发展推动 GIS 应用得以快速发展。作为近年来流行的开发方式，组件式 GIS 摒弃了传统的 GIS 专用开发语言，采用所见即所得的通用软件开发工具，具备高度伸缩性，并具有与其他信息技术的无缝集成的特点，真正让 GIS 融入了 IT 领域。与传统的 GIS 开发方法相比，采用 COMGIS 进行 GIS 开发具有如下优势。

1）组件式 GIS 系统本身就是一个完整的 GIS 系统，其数据模型与 GIS 系统的数据模型完全一致。基于此进行开发，可以保证数字化成图系统与 GIS 系统之间具有良好的兼容性。

2）组件式 GIS 具有灵活的开发手段。由于组件式 GIS 是基于 COM 之上的，因而它提供了一系列的调用接口供客户程序调用并进行开发，因而用户可以自由选择自己所熟悉的计算机语言进行开发（如 Visual Basic/Visual C++/Delphi 等），而不必专门学习开发语言。

3）由于 COMGIS 完全封装了 GIS 的功能，开发人员可以完全专注于专业功能的实现，使得开发难度和开发周期大大降低。

4）开发简洁。基于 COMGIS 开发的数字化成图系统具有良好的可扩充性。组件式 GIS 系统可以与包括数字化成图系统在内的其他系统无缝集成，开发人员可以直接使用已经写好的程序代码。组件式 GIS 平台往往由多个组件组成，开发人员可以根据系统的需要，随时选用新的组件对系统进行升级。在 COMGIS 平台功能增强的情况下，开发人员甚至不用重新编译整个程序就可直接使用增强的底层功能，这就大大降低了系统维护和升级的难度。

5）更加大众化。组件式 GIS 已经成为业界的标准，用户可以像使用其他控件一样方便地使用 GIS 组件，开发 GIS 应用系统，使得 GIS 功能可以很容易地嵌入到其他信息系统中去，拓宽了 GIS 的应用领域。

近年来主要的组件 GIS 产品包括基于 COM 规范的产品以及基于 JavaBeans 内核的产品。其中，基于 COM 组件技术开发的组件 GIS，尽管带来了 GIS 技术变革，但 COM 技术也存在诸多不足。由于 COM 对象可以被重用，这样多个程序或系统可能使用一个共同的 COM 对象，如果该 COM 对象进行了升级，就有可能出现由于组件级冲突使其中某些应用无法使用新组件导致应用崩溃的情况。为此，微软公司推出了 . NET 和 . NET 组件技术。. NET 组件技术显然比 COM 更加完善，微软公司也计划逐步用 . NET 组件技术淘汰 COM，因此目前的组件式 GIS 开发大多数均为基于 . Net 平台的组件。当前，基于 . Net 与 Java 的组件式 GIS 还是胖客户端应用系统的主要开发平台，同时也是 Web GIS 与正蓬勃发展的 Service GIS 的技术基础。

10.1.4　空间分析方法

10.1.4.1　空间分析概述

空间分析是基于空间数据的分析技术，它以地学原理为依据，通过分析算法，从空间数据中获取有关地理对象的空间位置、空间分布、空间形态、空间形成、空间演变等信息，是 GIS 区别于其他类型信息系统的最重要的一个功能特征。进行空间分析的主要目标是建立有效的空间数据模型来表达地理实体的时空特性，发展面向应用的时空分析模拟方法，以数字化方式动态、全局地描述地理实体与地理现象的空间分布关系，从而反映出地理实体与地理现象的内在规律与变化趋势。传统的空间分析方法包括空间量测、空间叠置、网络分析、邻域分析、地学统计等多方面，这些分析方法在多数 GIS 平台下都已经实现。空间插值、探测性数据分析、解释性分析和确定性数据分析等技术也不断发展与完善。为了适应空间分析新需求的挑战，计算机领域的智能计算技术提供了一系列适应地理空间数据的高性能计算模型，并重点强调在数据丰富的计算环境中所产生的空间分析新方法，如人工神经网络、模拟退火与遗传算法等。土壤侵蚀模型与工程应用支持系统开发中将采用大量的空间分析技术与方法。

GIS 环境下的空间分析主要包括如下六种类型（刘湘南，2005）。

1）确定性空间分析。确定性空间分析是指分析处理确定性空间数据或解决确定性空间问题的方法，是高级空间分析的基础。空间量测、空间叠置、网络分析等均属于此类分析范畴。确定性空间分析的算法基本上是基于经典数学方法建模的，当前已相当成熟。

2）探索性空间分析。探索性空间分析（ESDA）是利用统计学原理与图形图表相结合对空间数据与现象的性质进行分析与鉴别，用以引导确定性模型的结构和解法的一种技术，实质上是一种"数据驱动"的分析方法。一般来讲，ESDA 可描述和显示空间分布，识别典型空间位置，发现空间关联模式（空间聚集），提出可用的空间结构与空间不稳定性的其他模式。ESDA 注重研究数据的空间相关性与空间异质性，在知识发现中用以选取感兴趣的数据子集，以发现隐含在数据中的某些特征和规律。相对于传统的统计分析而言，ESDA 不是预设数据具有某种分布与某种规律，而是一步步地、试探性地进行分析，逐步地认识与发现规律。

3）时空数据分析。在现实世界中，时间、属性与空间是空间目标的三个不可分割的特性，空间目标的特征随时间的变化而发生着变化，其几何位置、形态、空间关系等信息都是在特定时刻或时段通过直接或间接观测得到的。与其他类型的信息相比，空间信息具有明显的时序特性。而时空分析不仅能描述系统在某一时刻、时段的状态，而且还能描述系统随时间维变化的过程，预测未来时刻、时段系统的状态，以此获得系统变化的趋势，或对过去不同时刻、时段系统状态进行重现，挖掘系统随时间变化的规律。

4）专业模型分析。解决某一类问题时，由于各种应用系统的服务对象、解决问题的类型、复杂程度等方面差异性的存在，不同的研究对象或专业范畴需要不同的专业模型。专业模型是在对系统所描述的具体对象或过程进行大量专业研究的基础上，模拟或抽象客观规律，将系统数据重新组织，并总结出与研究目标有关的数据集合的相关规则与公式。专业模型分析即是利用有关专业模型对地理实体及其空间特性进行简化和抽象，来模拟对象的行为过程，预测对象发展、变化趋势，发现对象间的相互关系，得到所需的信息和知识。

5）智能化空间分析。由于地理对象具有动态性、多重性、复杂性等特点，地理对象的数据表达普遍存在模糊性与不确定性，地理数据的不确定性理论是 GIS 界公认的极为重要也是极为困难的基础理论课题之一。对于这些具有模糊性、不确定性的地理空间数据，传统的空间分析方法显得无能为力，将数学、计算机和信息科学领域的人工智能技术引入地学分析，可使许多以前不可能实现的模糊问题找到新的解决途径。GIS 向智能化方向发展给空间分析带来了强大的生命力，为地理学研究提供了一个更加科学、有力的分析技术平台。

智能化空间分析方法经历了从决策树、基于知识的专家系统到基于智能计算的分析方法的发展历程。随着计算机智能技术的不断进步，智能化空间分析方法可以解决越来越复杂的地理问题，并使其效率与精度得以提高。将智能计算技术与空间分析有机地融合起来，能够有效地解决客观世界中的不确定性问题和高度复杂的问题。

6）可视化空间分析。空间数据的可视化以及基于可视化技术的空间分析已发展成为空间数据处理的重要手段和关键技术。GIS 可以将空间数据转化为"地图"，使这些数据所表达的空间关系可视化，人们可以在地图、影像和其他图形中分析它们所表达的各种类型的空间关系。可视化空间分析主要用于分析空间对象的空间分布规律，进行空间对象的空间性质计算，表现空间数据的内在复杂结构、关系和规律。目前，可视化空间分析已由静态空间关系的可视化发展到动态表示系统演变过程的可视化。

空间分析涉及如下内容（秦耀辰等，2004）。

1）空间分析的对象及其形态分析。空间分析的对象具有不同的形态结构描述，对形态结构的分析称为形态分析。例如，可将空间目标划分为点、线、面和体，点具有位置这一形态结构，线具有长度、方向等形态结构。

2）空间关系分析。空间关系是指空间目标之间在一定区域上构成的与空间特性有关的联系，这种联系可分为拓扑关系、方位关系、度量关系与邻近关系四类，对这四种类型空间关系的表达是进行地理空间分析与推理的基础（郭庆胜等，2006）。

3）空间行为分析。空间行为是指空间目标的形态和结构在一定条件（空间、时间等）下发生的变化及其规律。例如，随比例尺的不同，点、线和面等目标的类型会发生改变，面可能退化为点。

4）空间查询。空间查询是指在一组空间目标中定位或查找相应的目标，分为定位和范围查找。将地球系统空间划分成一些区域，定位就是识别所询问目标所在的区域。

5）空间相关分析。空间相关分析是分析空间目标在属性和几何特征集成下的空间关系，主要是针对空间目标的属性，所以也可称为主题分析。

6）空间决策支持。空间决策支持指具有辅助决策功能的地理信息系统，用来解决半结构化和非结构化问题。空间决策支持并不是空间分析的一部分，但空间决策支持模型的建立必须以空间分析为基础。由于空间分析中涉及的空间定位查询、空间分布、空间关系和空间行为都是基于确定的空间数据，即是结构化的，因此，以空间分析为基础建立的模型，一般只能作为定量模型存放在决策支持系统的模型库中。当半结构化或非结构化问题分析模型需要对空间目标进行定量分析时，可以从定量分析模型中提取合适的方法。基础空间分析模型与定性模型的结合构成空间决策模型的框架。

10.1.4.2 数字高程模型分析

高程常用来描述地形表面的起伏形态，在纸质地图时代，主要以等高线方式对地表起伏进行图形化表达，其数学意义是定义在二维地理空间上的连续曲面函数，当此高程模型用计算机来表达时，称为数字高程模型，是1958年美国麻省理工学院Miller教授首次提出并成功地解决了道路工程计算机辅助设计问题。从定义来看，数字高程模型是通过有限的地形高程数据实现对地形曲面的数字化模拟或者说是地形表面形态的数字化表示（汤国安等，2005），英文为Digital Elevation Model，简称DEM。其实质是表示区域 D 上地形的三维向量有限序列，数学模式可定义为（张超，2005）

$$\{V_i = (X_i, Y_i, Z_i), \ i = 1, 2, \cdots, n\} \tag{10-1}$$

式中，V_i 为曲面坐标点；$(X_i, Y_i \in D)$ 是平面坐标，Z_i 是 (X_i, Y_i) 对应的高程。当该序列中各向量的平面点位置呈规则网格排列时，则其平面坐标 (X_i, Y_i) 可省略。此时，DEM 就简化为一维向量列，即：

$$\{Z_i, \ i = 1, 2, \cdots, n\}$$

基于规则格网的 DEM 和基于不规则三角网的 DEM 是目前数字高程模型的两种主要结构。规则格网 DEM 在生成、计算、分析、显示等诸多方面的优点使其获得最为广泛的应用。基于不规则三角网的 DEM 简记为 TIN，它是利用有限离散点，每三个最邻近点联结成三角形，每个三角形代表一个局部平面，再根据每个平面方程，可计算各网格点高程，生成 DEM。

DEM 具有如下特点：①容易以多种形式显示地形信息。地形数据经过计算机软件处理后，产生多种比例尺纵横断面图和立体图。②精度较高。常规地图随着时间推移，图纸将会变形，失掉原有的精度。DEM 采用数字媒介，因而能保持较高精度。③较易实现三维可视化。

DEM 有着广泛的应用领域，可用于遥感影像地形畸变的自动校正，地球重力测量的自动校正，等高线、地形剖面、透视立体图及与地形有关的多种专题地图的自动绘制等；在工程勘测和规划方面，可用于公路、铁路、通讯线、输电线的选线和土方量算等；水利工程中的大坝和水库选址及设计，水库体积和容量的计算；电视塔、微波系统、军事制高点等的地形选择，导航（包括导弹与飞机的导航）、覆盖区域视野范围的计算，等等。在土壤侵蚀领域，基于 DEM，可用于提取常用的微观坡面因子，包括坡度、坡向、坡长、坡度变率、坡向变率、平面曲率、剖面曲率；以及宏观的坡面因子，包括地形粗糙度、地形起伏度、高程变异系数、地表切割深度等指标。从 DEM 生成的集水流域和水流网络数据，是大多数地表水文分析模型的主要输入数据，如 DEM 填注、流向分析、水流路径长度分析、汇流累积矩阵生成以及河网提取等，对于土壤侵蚀计算具有重要意义。

10.2　模型信息支撑体系建设

模型信息支撑体系主要是支撑土壤侵蚀模型运行与工程应用的空间数据库以及相关管理系统平台，用来存储、管理与检索进行运算的各类基础数据（流域 DEM、下垫面因子、水文和气象资料）和派生数据。

10.2.1　信息支撑体系设计原则

信息支撑体系是土壤侵蚀模型与工程应用支持系统的基础，其好坏直接影响到模型的研究和应用。信息支撑体系又涉及不同数据来源、不同数据格式的海量数据，这些数据如何组织以便模型运行时高效存取也是至关重要的问题。为此，在信息支撑体系的设计中，应以"实用、高效、先进、可靠"为基本准则，建立"规范、安全、开放"的各类数据库，从而为土壤侵蚀模型与工程应用支持系统的运行与相关研究提供良好的数据平台。具体而言，在设计过程中，除了遵循数据库设计的数据完整性、数据一致性等一般原则外，还应遵循如下设计准则。

（1）一体化原则

一体化包含四层含义：第一，要实现图形数据与属性数据的一体化。土壤侵蚀模型与工程应用支持系统涉及的数据包括图形数据与属性数据，并且图形数据之间、属性数据之间以及图形数据与属性数据之间的关系较为复杂。而其图形数据与属性数据在同一数据库内的一体化管理，有利于保持数据的完整性，实现快速高效的图文互访，使得信息支撑体系做到真正的"无缝"。第二，要实现不同来源、多尺度数据的一体化。模型系统涉及的数据具有来源广泛的特点，包括地形图、遥感影像、下垫面等数字线划图、数字高程模型以及相关的降雨、水文观测资料等。模型信息支撑体系只有集成多源数据，才能充分发挥这些数据应有的作用。同时，这些数据的内在联系也要求在同一数据库中集成尺度不一致的各类数据。第三，要实现多个时刻数据的一体化。模型系统涉及的部分数据具有鲜明的时间特征，如多个时刻的降雨、水文观测数据等，因此要在模型信息支撑体系中加入时间特征，将时间和空间数据有机地组织到数据库中，完整而连续地表达数据的各个时空状态，实现多时刻数据的一体化管理。第四，要实现同类空间数据的一体化。传统的数据库受存储效率的限制，对空间数据采取分幅（分块）存储，这种方式的缺点是增加了数据库的复杂性，不利于数据的一致性与数据的维护。为避免这类问题，在数据库设计中，对同类要素只用一个表存储，需要进行分幅（分块）时，可通过采用数据库视图（View）或编写相关存储过程来实现。

（2）规范化与标准化原则

数据的标准化是数据共享的要求与前提。在信息支撑体系设计中，应根据相关国家标准与行业标准，并结合具体实际，确定标准的信息分类编码体系，建立统一、规范的数据字典以及空间数据精度、空间数据投影、坐标体系标准等，并严格按照相关标准组织数据。同时，还要遵照相关的元数据标准，实现元数据的高效存储与管理。

（3）先进性原则

模型信息支撑体系设计要在满足现有需要的前提下，应具有前瞻性，一方面要适应模型扩展的需要；另一方面应符合当前空间数据库技术发展的主流方向，能够持续扩充和升级，从而使组织好的信息支撑体系具有很强的生命力和适应性。

（4）共享性原则

模型信息支撑体系涉及整个模型运行与应用的方方面面，因此在设计时，应选择大型通用的数据库管理系统平台，采用标准的空间数据模型，同时提供良好的数据交换能力，以利于数据共享和系统集成。

10.2.2 信息支撑体系总体框架

土壤侵蚀模型与工程应用支持系统信息支撑体系由三部分构成，包括软硬件环境、空间数据库、空间数据库管理平台，如图10-1所示。

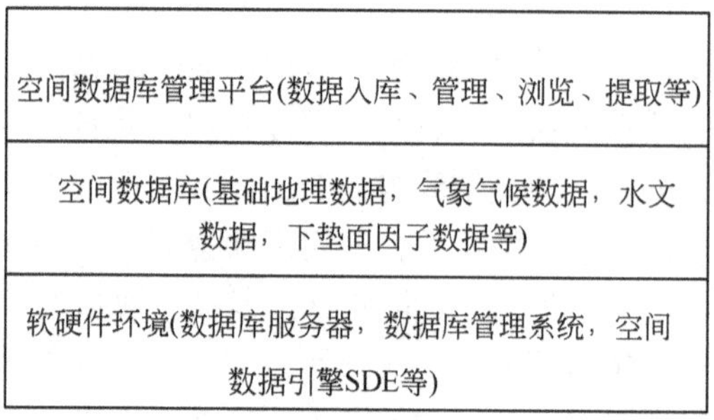

图 10-1 信息支撑体系总体框架

（1）软硬件环境

支撑空间数据库运行的各种软硬件，包括数据库服务器、操作系统、数据库管理系统（DBMS）、空间数据引擎等。其中，数据库管理系统是对信息支撑体系中各类数据进行存储管理的软件系统。目前主流的数据库管理系统包括 Oracle10g、Microsoft SQL Server2008以及 IBM DB2。其中，Oracle10g 灵活开放的体系结构、对面向对象数据模型的支持与良好的运行稳定性与安全性使其得到了广泛应用。

（2）空间数据库

在 Oracle10g 基础上结合 ArcSDE 的管理机制下建立的空间数据库，内容包括基础地理数据库、下垫面因子数据库、水文气象数据库等。其中，ArcSDE 是 ESRI 公司开发的一种空间数据引擎，主要功能是在关系数据库管理系统（RDBMS）和地理信息系统（GIS）之间充当一个应用网关，以充分地把 GIS 和 RDBMS 集成起来。SDE 管理空间数据并为访问这些数据的软件提供接口，为用户提供在任意应用中嵌入查询和分析这些数据的功能。SDE 将地理特征数据和属性数据统一地集成在 RDBMS 中，如 ORCALE、DB2、INFOMIX、SQL SEVRER 等，利用由关系数据库环境中继承的强大的数据库管理功能对空间数据和属性数据进行统一而有效的管理，尤其适用于多用户、大数据量数据库的管理。从空间数据管理的角度来看，SDE 可以被看成是一个连续的空间数据模型，借助这一模型，我们可以将空间数据加入到关系数据库系统中，从而实现空间数据与属性数据的全关系化、一体化存储。

（3）空间数据库管理平台

针对数据管理需求所开发的软件系统，包括数据入库、数据管理、数据备份与恢复、制图输出等功能，为维护信息支撑体系的相关数据提供支持。

10.2.3　信息支撑体系软硬件配置

数学模型信息支撑体系软硬件环境主要为模型运行提供各类支撑环境，它包括硬件平台与软件支撑平台。其中硬件平台主要为主流高性能服务器与图形工作站，因此这里仅对软件支撑平台作一介绍。

模型软件支撑平台包括操作系统平台、数据库系统平台、GIS 支撑平台与软件开发平台。

10.2.3.1　操作系统平台

目前主流的操作系统包括 Microsoft Windows XP/Linux 等，而以 Microsoft Windows XP应用最为广泛，它内置对 Microsoft.Net 环境的支持，具有操作方便、界面美观、运行较为稳定等优点。模型信息支撑体系操作系统平台采用 Microsoft Windows XP。

10.2.3.2 数据库系统平台

数据库系统平台是对系统各类数据进行存储管理的软件系统。目前主流的数据库管理系统包括 Oracle10g、Microsoft SQL Server 以及 IBM DB2，其中 Oracle10g 具有灵活开放的体系结构、对面向对象数据模型的支持与强健的运行稳定性与安全性，得到了广泛应用。

由于模型运算涉及大量的空间数据，因此对空间数据的存储需采用成熟的空间数据库技术——空间数据引擎（SDE）进行存储。SDE 是结合先进的客户/服务器计算模式和数据库管理技术创建的一种新技术。SDE 管理空间数据并为访问这些数据的软件提供接口，为用户在任意应用中嵌入查询和分析这些数据的功能。SDE 将地理特征数据和属性数据统一地集成在 RDBMS 中，如 ORCALE、DB2、SQL SEVRER 等，利用从关系数据库环境中继承的强大的数据库管理功能对空间数据和属性数据进行统一而有效的管理。它尤其适用于多用户、大数据量数据库的管理。从空间数据管理的角度来看，SDE 可以被看成是一个连续的空间数据模型，借助这一模型，可以将空间数据加入到关系数据库系统中。

以 ArcSDE 为代表的扩展结构模型采用统一的 DBMS 存储空间数据和属性数据。其做法是在标准的关系数据库上增加一个空间数据管理层。这种模型的优点是省去了空间数据库和属性数据库之间繁琐的联结，空间数据存取速度较快，同时也有利于保证空间数据与属性数据间的完整性。另外可以将具体的实现细节完全封装起来，从而方便了用户使用。

土壤侵蚀模型与工程应用支持系统数据库系统采用 Oracle10g+ESRI ARCSDE 进行各类数据的组织与管理。

10.2.3.3 GIS 支撑平台

侵蚀产沙模型涉及大量的空间数据，同时模型的运行又离不开 GIS 空间分析功能的支持，因此 GIS 支撑平台是模型系统的关键之一。鉴于 ESRI ArcGIS 强大的空间数据管理与分析功能，模型系统 GIS 支撑平台采用其组件式 GIS 产品 ArcEngine。

ArcEngine 包含一个构建应用的开发包。程序设计者可以在自己的计算机上安装 ArcEngine 开发工具包，工作于自己熟悉的编程语言和开发环境中。ArcEngine 通过在开发环境中添加控件、工具、菜单条和对象库，在应用中嵌入 GIS 功能。例如，一个程序员可以建立一个应用程序，里包含一个 ArcMap 的专题地图、一些来自 ArcEngine 的地图工具和其他定制的功能。除了支持 COM 环境之外，ArcEngine 还支持 C++、.NET 和 Java，使开发者能够跨操作系统，选择多种开发构架，通过 ArcEngine 进行开发。

ArcEngine 包括一千多个可编程的 ArcObjects 组件对象，包括几何图形到制图、GIS 数据源和 Geodatabase 等一系列库。在 Windows 平台的开发环境下使用这些库，程序员可以开发出从低级到高级的各种定制的应用。相同的 GIS 库也是构成 ArcGIS 桌面软件和 ArcGIS Server 软件的基础。

ArcEngine 有四种运行时选项，可以为应用增加额外的编程能力。这些附加的运行时选项提供的功能与 ArcGIS 桌面扩展相类似，且需要具备 Engine 的运行时环境。

（1）Spatial（空间分析）选项

在 ArcEngine 运行环境中，Spatial（空间分析）选项扩展增加了栅格数据空间分析功能，具有强大的空间分析功能。这些附加功能需要通过访问空间分析对象库来实现。

（2）3D（三维）选项

在标准的 ArcEngine 运行环境中，3D 选项扩展增加了 3D 分析和可视化功能。附加功能包括 Scene 和 Globe 开发控件和工具条，此外还包括一套针对 Scene 和 Globe 的 3D 对象库。

（3）Geodatabase 更新选项

利用 ArcEngine 应用软件，Geodatabase 更新选项扩展增加了对 Geodatabase 的写入和更新能力。这被用来构建定制的 GIS 的编辑应用。附加功能通过访问企业级 Geodatabase 对象库来实现。

开发者可以在他们自己选择的集成开发环境下，开发 ArcEngine 应用程序。例如，对 Windows 开发者来说有 Microsoft Visual Studio 或 Delphi；对 Java 开发者来说有 ECLIPSE，Sun ONE Studio 或 Borland JBuilder。

开发者使用集成开发环境注册 ArcEngine 开发组件，然后建立一个基于窗体的应用，添加 ArcEngine 组件并编写程序代码构建自己的应用。一旦开发完成，ArcEngine 应用可以通过 ArcEngine 运行时许可来运行 ArcEngine 应用。

10.2.3.4　软件开发平台

系统开发平台主要涉及编码语言与集成开发环境的选择。目前主流的开发语言包括 Microsoft. Net，Java 以及 Delphi 等。结合模型开发的实际情况，系统编码语言可采用 Microsoft Visual Basic. Net 2005；集成开发环境可选择 Microsoft Visual Studio2005 是架构在 Microsoft. Net 基础上的新一代开发工具。

Microsoft. NET 平台是 Windows DNA 结构的升级版本，其最重要的部分是 . NET Framework，这是一个与 Windows 操作系统紧密相关的综合运行环境，包括基本的运行库、用户接口库、Common Language Runtime（CLR）环境，C#，C++，VB. NET，Jscript. NET，ASP. NET 以及 . NET 框架 API 的各个方面（图 10-2）。

图 10-2　. Net Framework 架构示意图

Microsoft. NET 平台由以下三个部分组成：

1）．NET 平台：包括构建 .NET 服务和 .NET 设备软件的工具与基础框架。

2）．NET 产品和服务：包括基于 Microsoft. NET 的企业服务器（如 BizTalk Server2002 和 SQL Server 2005），对 .NET 框架提供支持。

3）第三方软件开发商提供的 .NET 服务：构建在 .NET 平台上的第三方服务。

.NET 分布式计算平台的所有框架都是由 Microsoft 开发的，对于应用开发者而言，只需使用同一公司提供的工具就能完成开发任务，从而简化了开发工作。

10.2.4 基于 Geodatabase 的信息支撑体系空间数据库设计

10.2.4.1 Geodatabase 数据模型

Geodatabase 是 ArcGIS8 引入的一个全新的概念，是建立在 DBMS 之上的统一的、智能化的空间数据模型。所谓统一，在于 Geodatabase 之前的所有空间数据模型都不能在一个统一的模型框架下对 GIS 通常所处理与表达的空间要素，如矢量、栅格、三维表面、网络、地址等进行统一的描述，而 Geodatabase 做到了这一点。所谓智能化，是指在 Geodatabase 模型中，地理空间要素的表达较之以往的模型更接近于人类对现实事物的认识与表达方式。Geodatabase 引入了地理实体的行为、规则与关系，当处理其中的要素时，对要素基本的行为和必须满足的规则，无需通过程序编码；对特殊的要素规则，可以通过要素扩展进行客户化定义。这是其他任何空间数据模型都做不到的。

ESRI Geodatabase 即是空间数据库逻辑模型的优秀者，根据 RDBMS 的不同采用不同的实现方式，用来对地理空间数据进行存储与组织。

Geodatabase 包括三种类型：File Geodatabase（文件 Geodatabase）、Personal Geodatabase（个人 Geodatabase）和 ArcSDE Geodatabase（多用户 Geodatabase）。文件 Geodatabase 将所有要素存储于文件夹中，最大支持 1TB 的数据量并可以扩展；这种形式在 ArcGIS9.2 版本中提出，主要用于实现 Geodatabase 格式的跨平台特性。Personal Geodatabase 是 Microsoft Access 格式、扩展名为 mdb 的数据库，支持个人和工作组级别的中等容量的数据，其容量上限为 2GB，同一时刻仅限于单人进行编辑操作。ArcSDE Geodatabase 依赖于 RDBMS 存储数据，通过访问服务器端运行的 ArcSDE 服务器进程，可以存储海量数据并支持多用户并发操作。三种类型的 Geodatabase 格式都支持空间数据、属性数据以及栅格数据存储。三者的比较见表 10-1。

表 10-1 不同类型 Geodatabase 特征比较

比较项目	ArcSDE Geodatabase	File Geodatabase	Personel Geodatabase
一般描述	存储于关系数据库	存储于文件夹内	存储于 Access 数据库内
支持用户数	多用户读写	少量或工作组用户	少量或工作组用户
存储格式	Oracle/SQL Server/IBM DB2/ IBM Informix/PostgreSQL	文件	mdb

比较项目	ArcSDE Geodatabase	File Geodatabase	Personel Geodatabase
数据量	受限于 DBMS 容量	1TB，并可扩展至 256TB	2GB
版本支持	完全支持	有限支持	有限支持
支持平台	Windows，Unix，Linux	跨平台	仅限 Windows
权限与安全	由 DBMS 管理	由文件系统管理	Windows 管理
数据库管理工具	由 DBMS 提供	文件系统	Windows 文件系统

从 ArcGIS8.3 开始，Geodatabase 提供了对空间数据拓扑规则的支持。ESRI 预定义了点、线、面三大类拓扑规则，其中有 4 个点拓扑规则，12 个线拓扑规则和 9 个面拓扑规则。这些规则提供了对空间要素关系的约束，对不同要素类和要素类自身都有效，有利于保证空间数据的一致性与完整性。

Geodatabase 数据模型主要包括以下主要逻辑元素（图 10-3）：

1）要素类。同类空间要素的集合称为要素类。要素类可以独立存在，也可以具有某种联系（关系）。

2）要素数据集。具有相同空间参考的一组要素类的集合称为要素数据集。

3）表格。存储地理要素属性数据的关系表。

4）关联类。用来定义两个不同要素类或表之间的关联关系。

5）拓扑规则。对要素类的取值进行约束的规则。

6）几何网络。建立在若干要素类的基础上的、对现实世界中的网络模型进行描述的类。

7）栅格数据集。用以存储栅格数据，包括遥感影像数据、数字高程模型以及相关插值的栅格数据，支持影像数据镶嵌以及建立影像金字塔。

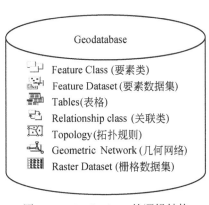

图 10-3　Geodatabase 的逻辑结构

此外，Geodatabase 还定义了两类辅助元素：域（Domain）和子类（Subtype）。域定义属性的有效取值范围，可以是连续的变化区间，也可以是离散的取值集合。子类是根据要素类的某一属性对要素类的进一步划分。使用子类的好处在于可以为不同的子类定义不同的拓扑规则及约束关系。

相对于其他空间数据模型而言，Geodatabase 具有如下优点：

1）地理数据统一存储。在同一数据库中统一管理各种类型的空间数据，能够在一个模型框架下对 GIS 通常所处理与表达的空间要素，如矢量、栅格、三维表面、网络、地址等进行统一描述；并且无需对空间数据分幅、分块；支持空间数据与属性数据、各类观测资料的一体化存储。

2）数据输入和编辑更加准确，这得益于 Geodatabase 提供的 Topology、Domain 等多种要素约束机制。通过适当的概念抽象，地理要素的表达较之以往的模型更接近于人类对现实事物的认识与表达方式，支持地理要素之间的拓扑规则约束，具有智能化的优点。空间数据模型更为直观，用户面对的不再是一般意义上的点、线、面，而是电杆、光缆或宗地。

3）要素具有丰富的关联环境。使用拓扑关联和关系关联，不仅可以定义同一要素内部的关联关系，还可以定义要素之间的关联关系。

4）可以更好地制图。通过直接在 ArcMap 等客户端应用中预定义的绘图工具，可以更好地控制要素的绘制。有一些特殊的专业化绘图操作也能够通过编写代码来进行扩展。

总的来说，Geodatabase 的主要优点就是搭建了一个框架，使用户可以轻易地创建智能化的要素，模拟真实世界中对象之间的关系和行为；具有不同的类型，便于用户根据应用需求灵活选用；提供 ArcObjects、C++ 等存取 API，具有良好的开放性。由于 Geodatabase 的上述优点，它在空间数据管理领域得到了广泛应用。信息支撑体系数据库的数据模型采用 Geodatabase 数据模型。

10.2.4.2 基于 Geodatabase 的信息支撑体系空间数据库构建技术路线

基于 Geodatabase 的信息支撑体系设计遵循一般关系数据库设计的基本流程和规则。具体说来，信息支撑体系设计采用了如图 10-4 所示的技术路线。

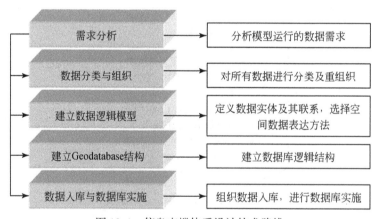

图 10-4　信息支撑体系设计技术路线

1）需求分析。首先分析信息支撑体系的数据需求，亦即明确数据库中要存储哪些数据。

2）数据分类与组织。按照相应的分类标准，对数据进行分类与重组织。

3）建立数据逻辑模型。根据不同的数据类型，选择适当的空间数据表达形式，如选择栅格数据或点、线、面等数据类型，并定义各类数据实体及其联系。

4）根据设计的逻辑模型，建立空间数据库逻辑结构。

5）数据入库与数据库实施。进行数据库试运行，通过试运行后方可投入使用。

10.2.4.3 信息支撑体系空间数据库设计

（1）需求分析

信息支撑体系为土壤侵蚀模型运行与应用提供数据支撑，包括两个方面：一方面要为模型的运行提供各类必需的数据，包括地形数据、水文气候数据、模型参数数据等；另一方面，还要对模型运行过程中及模型运行后的各类中间数据和结果数据进行管理和维护，以便为其他系统进行进一步的分析、评价与可视化提供基本的数据来源。为此，在进行信息支撑体系的设计时要综合考虑这两方面的需求。

（2）数据分类与组织

土壤侵蚀模型与工程应用支持系统信息支撑体系主要数据内容涉及多个方面，包括基础地理数据、水文气象数据、下垫面数据等，这里以年产沙经验模型、次降水机理模型以及次暴雨经验模型为例进行分析，具体可以分为六个方面。

1）基础地理数据。基础地理数据主要是流域基础地理要素，为侵蚀产沙模拟提供基础地理数据支撑。主要包括流域行政界线、流域居民点、流域道路数据、流域水系数据、流域水文站、雨量站空间数据与流域地形数据。其中，流域地形数据包括等高线、高程点数据，以及基于相应要素建立的流域数字高程模型。

2）气象气候数据。气象气候数据库主要是流域气象气候资料，包括流域气温（平均、最高、最低）、降水量等气象数据，为侵蚀产沙模拟提供气象气候数据支撑。

3）水文数据。水文数据库主要是流域水文资料，主要流域内各水文站记录的内容包括降雨、蒸发、径流、地下水、泥沙、洪水等方面的数据，为侵蚀产沙模拟提供水文数据支撑。

4）下垫面因子数据。下垫面因子数据主要是流域下垫面资料，为流域侵蚀产沙模型提供相应流域的下垫面参数。其主要内容包括：①植被覆盖度数据。植被覆盖度又称植被盖度，是植被（包括叶、茎、枝）在单位面积内的垂直投影面积所占百分比。植被覆盖度是植物群落覆盖地表状况的一个综合量化指标，是描述植被群落及生态系统的重要参数。植被覆盖及其变化是区域生态系统环境变化的重要指示，对水文、生态、全球变化等都具有重要意义，而植被覆盖度是衡量地表植被状况的一个最重要的指标，同时，它又是影响土壤侵蚀与水土流失的主要因子。植被覆盖度可通过遥感影像信息提取得到。②土壤质地数据。土壤质地可以说是支配土壤特性的根源，因其组成的土粒大小和土粒含量不同，可使土壤表现出不同的土壤理化特性，这些理化特性包括粘着性、可塑性、持水量、抗蚀性、通透性、离子交换能量及缓冲作用等，是流域侵蚀产沙的一个重要的基础数据。③坡度数据。坡度数据是影响土壤侵蚀产沙的主要因素之一，在产沙模拟中起着决定性的作用。它可从流域 DEM 中进行信息提取，生成相应的坡度数据。④沟壑密度。是单位面积上沟谷的总长度，用于反映一定范围的地表区域内所产生的沟谷的数量特性，表征重力侵蚀程度，通常以每单位面积上的沟谷总长度为度量单位。沟壑密度的发育和演化过程反映地表土壤侵蚀过程的结果和土壤侵蚀强度，特别是水力侵蚀和重力侵蚀研究的关键要素。在黄土高原任何级别的沟壑所引起的沟道侵蚀产沙对流域产沙模拟都具有相当重要的影响。⑤其他下垫面数据。包括流域土地利用现状数据、水土保持措施数据、人类修路开矿等活动数据、土壤类型数据等。

5）模型参数数据。模型参数数据主要是进行侵蚀产沙模拟的各种参数数据，包括模型运行的初始参数以及经模型运算后率定的参数，以供模型模拟时进行参数读取与调用，从而实现模型运行的自动化与智能化。

6）成果数据。成果数据主要是模型运行的各类计算成果，包括各类运算成果空间数据，以便在模型运算完毕后进行模型运算结果的可视化表达。

在对以上六类数据进行数据组织时，要充分考虑各类数据的特点，选择合适的 Geodatabase 对象类型。例如，在流域基础地理数据中，流域行政界线、流域居民点、流域道路数据、流域水系数据、流域水文站、雨量站空间数据以要素类（Feature Class）的形式存储，而地形数据中的数字高程模型则应以栅格数据集（Raster Dataset）的形式存储。

（3）建立数据逻辑模型，生成 Geodatabase 逻辑结构

在以上工作的基础上，要建立数据库的逻辑模型并生成其逻辑结构，根据 Geodatabase 数据模型的特点，采用 UML 进行数据建模并结合相应的工具进行数据库逻辑结构的生成。

UML 是统一建模语言（unified modeling language）的简称，始于软件工程领域。20 世纪 70 年代初，针对"软件危机"，计算机界提出了软件工程的概念。围绕这一概念，广泛开展了有关软件生产技术与软件生产管理，亦即计算机辅助软件工程（CASE）的研究与实践。近年来，面向对象的技术与方法被引入到软件工程的领域中来，为了解决复杂软件系统的开发问题，业界纷纷推出了各自的面向对象的软件工程方法，著名的有 Booch、Rumbaugh（OMT）、Jacobson（OOSE）等，这些方法各有长处，也各有缺陷。1994～1996 年，Booch、Rumbaugh 与 Jacobson 三位著名的软件工程学家先后齐集于 Rational 公司，携手合作，于 1996 年推出了面向对象的分析与设计语言——统一模型语言 UML，并于 1997 年 11 月被美国工业标准化组织 OMG 接收，成为可视化建模语言的工业标准。UML 是一种定义良好、易于表达、功能强大且普遍适用的图形化建模语言，融入了软件工程领域的新思想、新方法、新技术，不仅支持面向对象的分析与设计，还支持从需求分析开始的软件开发的全过程。

在关系数据库时代，数据库的逻辑设计主要依靠 ER（entity-relation，实体–关系）模型。随着 UML 应用的不断深入，目前的数据库建模（特别是对象—关系数据库）已逐步采用 UML 进行。对于关系数据库，可以用对象类图描述数据库模式，用类描述数据库表；对于对象—关系数据库或面向对象数据库可用对象类图来直接描述数据库中的对象类。图 10-5 是一个用 UML 对象类图进行数据库建模的例子。左图是 UML 对象类图，右图是对应的二维关系表。

Product	Number	Unit Price	Description
Number : Integer	1	12.22	……
Unit Price : double	……	……	……
Description : String			

图 10-5 数据库建模示例

基于 UML 进行 Geodatabase 逻辑设计包括如下步骤（图 10-6）：①应用 Microsoft Visio、Rational Rose 等 Case 工具，将数据库概念模式转化为相应的 UML 模型（图形）；②检查、修改 UML 模型，正确无误后将其导出为 XMI 文件；③导入 XMI 并生成 Geodatabase 结构；④Geodatabase 设计的进一步精化。

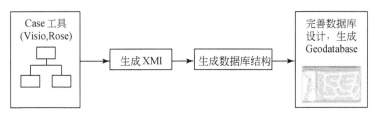

图 10-6 基于 UML 的 Geodatabase 建设步骤

根据前文分析，参照相关国家标准与行业标准，采用 Microsoft Visio 进行了信息支撑体系空间数据库的设计。对涉及的各类数据采用的组织方式如下。

1）考虑到进行分布式产流产沙模拟的原始数据以及基于流域地形数据计算的基础水文数据是整个模型的基础，各个场次降水的模拟均需要使用，而这两类数据并不因为降水场次的变化而变化，因此将这两类数据进行分别组织：矢量数据存储为 Feature Class，栅格数据存储为 Raster Dataset，观测数据存储为 Table。其中的数据字典如表 10-2 ~ 表 10-4 所示。

表 10-2 空间数据库数据字典（原始数据）

序号	数据集名称	数据类型	说明
1	DEM	Raster Dataset	流域 DEM
2	Landuse	Raster Dataset	流域土地利用数据
3	Station	Feature Class	流域雨量站空间数据
4	Soil	Feature Class	土壤因子数据
5	Engineer	Feature Class	工程措施因子数据
6	NDVIYEAR	Raster Dataset	年 NDVI 数据
7	NDVI5-9	Raster Dataset	汛期 NDVI 数据
8	Rainyear	Table	年降雨观测数据（年产沙经验模型）
9	次降水名称	Table	次降雨观测数据（次暴雨机理模型）
10	ST_ PPTN_ R	Table	次暴雨观测数据（次暴雨经验模型）
11	ST_ RIVER_ R	Table	次暴雨河道水情观测数据（次暴雨经验模型）
12	ST_ SED_ R	Table	次暴雨产沙观测数据（次暴雨经验模型）

表 10-3　STATION 要素类数据结构

数据项名称	数据类型	宽度（精度）	说明
OBJECTID	OBJECT ID	—	Geodatabase 内部数据类型
站名	TEXT	254	某一雨量站点名称与降水观测数据表中一致

表 10-4　次降雨观测数据（次降水机理模型）数据结构

数据项名称	数据类型	宽度（精度）	说明
时间	DATE	—	某一观测时刻
实测流量	Double	2	某一时刻的实测流量，保留 2 个有效数字
实测含沙量	Double	2	某一时刻的实测含沙量，保留 2 个有效数字
雨量站 1	Double	2	某一时刻该雨量站的降水观测值，2 个有效数字
…	…	…	…
雨量站 n	Double	2	某一时刻该雨量站的降水观测值，2 个有效数字

注：雨量站名称与个数必须与 STATION 要素类站名与个数一致

以上各类数据要求空间参考系统完全一致，Raster 数据的空间分辨率与空间范围完全一致。

2）计算过程数据。对于根据基础数据计算生成的中间派生空间数据，均采用 Raster Dataset 格式存储。其中，某一场降水数据表的数据结构见表 10-5。

3）计算结果数据。模拟结果数据主要包括每一模型的最终计算结果，将其保存为关系表。

表 10-5　空间数据库数据字典（计算过程数据）

序号	数据集名称	数据类型	说明
1	DEMFill	Raster Dataset	填洼后流域 DEM
2	SLOPE	Raster Dataset	流域坡度数据
3	ErosionCell	Feature Class	流域侵蚀单元数据
4	LSFactor	Feature Class	流域坡长数据
5	FlowDirection	Feature Class	流域流向数据
6	FlowAccumulation	Raster Dataset	流域汇流数据
7	FlowLength	Raster Dataset	流域流长数据
8	StreamNet	Raster Dataset	流域河网数据
9	RFactor	Raster Dataset	气候因子数据
10	BFactor	Raster Dataset	植被因子数据
11	EFactor	Raster Dataset	工程措施因子数据
12	GFactor	Raster Dataset	沟蚀系数因子数据
13	KFactor	Raster Dataset	土壤因子数据

序号	数据集名称	数据类型	说明
14	TFactor	Raster Dataset	耕作措施因子数据
15	rbook11988071504000000	Raster Dataset	次降雨插值数据
16	qbook11988071504000000	Raster Dataset	次降雨产流数据
17	sbook11988071504000000	Raster Dataset	次降雨产沙数据

10.2.5 信息支撑体系数据库实施

模型运行需要的各类数据包括已数字化的电子数据和未数字化的模拟数据。因此数据库的实施也包括两方面的内容：现有电子数据的检查、转换入库以及其他模拟数据的数字化入库。

10.2.5.1 电子数据的转换入库

现有电子数据主要是来自于其他系统的相关数据。这类数据由于存在数据格式、数据语义的不一致，需要将其转换为符合数据库编码要求、语义清晰的电子数据，在进行错误检查（包括属性错误与拓扑错误）、纠正后，通过相应的数据转换接口将其导入数据库。

10.2.5.2 其他模拟数据的数字化入库

这类数据包括纸质地图与相应的观测资料表格。对于纸质地图，在对其整理、扫描、校正后要严格按照数据库的分层、编码要求进行数据采集，在生成拓扑关系后挂接相应的属性数据，进而进入数据库；对于观测资料表格，则按照相应的数据格式进行录入，在进行错误检查、纠正后进入数据库。

在所有数据入库以后，还要利用相关工具，按照数据库中定义的相关规则进行数据完整性与一致性校验，对于有问题的数据要进行修正，最终生成正确、完整的数据库。

10.2.6 基于 Geodatabase 的信息支撑体系数据管理平台建设

信息支撑体系数据管理系统是以模型运行涉及的各类数据的管理与维护为主要功能的系统，其最终目的是将多源数据集成在一起供模型运行调用以及其他应用系统查询检索，并提供数据维护与数据备份功能。该平台基于 ESRI 的组件式 GIS 产品 ArcEngine 进行开发，通过调用相关的接口模块来完成。

1）数据入库与分发。实现不同数据格式的转换入库，包括空间矢量数据、栅格数据以及统计观测数据，并能根据应用需要，从数据库中导出符合数据格式要求的数据，进行数据分发。

2）数据查询与浏览。提供多种数据查询与浏览方式，包括图形数据的空间查询、图形漫游与缩放、图形全局导航等。

3）数据统计分析与制图。进行各类数据的统计分析，提供各类专题地图制作与输出功能。

4）系统维护。进行用户管理、权限管理、数据备份与恢复等。

10.3　模型组件库设计与开发

10.3.1　设计原则

土壤侵蚀模型在具体实现时，采用组件式结构进行设计，模型核心组件是模型运行与模型应用系统开发的基础，其设计好坏直接影响到模型的运行效率和应用系统的开发，因此，在设计时要遵循如下几项原则。

（1）松耦合、高内聚

一方面，组件的设计首先是高内聚的，亦即一个特定组件的功能是相对完整和独立的，其功能实现应尽量不依赖于其他组件；另一方面，组件与组件之间的联系是松散的，其耦合不宜过紧，尽管也提供组件之间进行联系的方法和接口，但组件与组件之间保持相对的独立性。

（2）分层设计原则

组件的设计要遵循分层原则。在完成相应功能时，按照面向对象的设计思想，需设计相应的基础组件，在基础组件的基础上进行类的继承与重载，逐步深化组件的功能与内涵，最终形成具有超类—子类继承关系的、层次结构清晰的组件库。

（3）通用性

组件设计的通用性体现在两个方面：一方面，进行组件设计时，要尽可能地把通用的功能封装成独立的组件，在其他组件调用时保持调用方法的通用与一致；另一方面，设计的组件在任何支持组件的开发平台与编程语言上具有通用性。

10.3.2　核心组件框架及其功能设计

10.3.2.1　核心组件框架

核心组件框架主要是根据模型运行的功能需求，对整个模型进行功能划分，在此基础上，以面向对象的设计方法进行组件抽象，设计出相应封装粒度的组件对象，进而设计各个组件的继承关系、功能调用与方法属性。

根据模型运行的需求，土壤侵蚀模型与工程应用支持系统核心组件设计为中等粒度的组件对象，整体组件框架结构如图10-7所示。

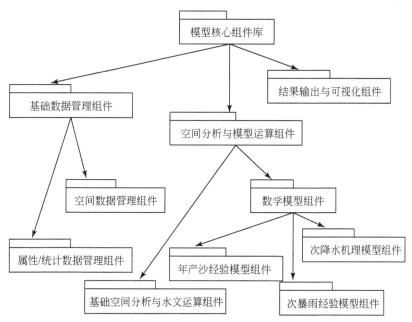

图 10-7　　土壤侵蚀模型与工程应用支持系统核心组件框架示意图

10.3.2.2　核心组件功能分析

（1）基础数据管理组件

模型运算需要大量的数据支撑，包括流域空间数据（DEM、下垫面因子等）与水文气象观测资料，组件要借助于先进的关系数据库与空间数据库管理技术，对模拟的各类基础数据进行管理与维护，提供对各种基础数据的管理与维护接口。

（2）空间分析与模型运算组件

模型运算是模型组件的主体。组件需根据模型模拟的需求，借助于 ArcGIS 先进的空间分析功能，进行各类基础水文空间分析，包括流域坡度分析、降雨资料空间离散、流域流向分析、河网生成、流域下垫面侵蚀因子自动提取等，在此基础上，根据建立的流域产沙数学模型进行模型运算并生成运算结果。

（3）结果输出与可视化表达组件

如同计算机操作系统由字符界面的 DOS 系统转向图形界面的 Windows 系统一样，理论模型分析的结论如果以直观形象的形式展现给用户，就能大大降低软件使用的门槛，并将会有力地推动模型的普及。因此，模拟数据（原始模拟数据、中间派生数据以及模型输出数据）的可视化表达具有重要意义。结果输出与可视化表达组件主要实现对数据的静态可视化、三维可视化与模型运算过程的动态可视化表达功能。

10.3.2.3 核心组件总体设计

根据模型核心组件框架，结合组件设计的基本原则，对各类组件分别进行概要设计如下。

(1) 基础数据管理组件

基础数据管理组件涉及空间数据的管理与统计观测数据的管理。其中，空间数据的管理又包括矢量数据与栅格数据管理两种类型，按照组件继承的思路，设计基础数据管理组件。该组件共涉及四个类，分别用于栅格数据管理（RasterManager）、属性数据管理（TableManager）、矢量数据管理（FeatureManager）以及通用数据管理类（GDBManager），如图10-8所示。

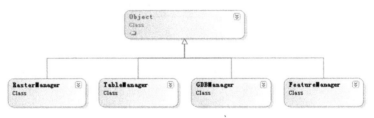

图 10-8　基础数据管理组件框架示意图

(2) 基础空间分析与水文运算组件

基础空间分析与水文运算涉及基础地形分析功能与水文分析功能，根据组件继承的思路，设计基础空间分析与水文运算组件。该组件共涉及五个类，分别用于通用分析功能（SA_Util）、侵蚀单元分析（ErosionCell）、基础水文运算（HydroAnalysis）、DEM 运算（DEMAnalysis）以及空间插值类（SA_Interpolater），如图10-9所示。

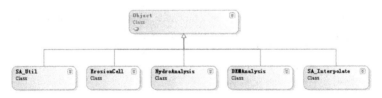

图 10-9　基础空间分析与水文运算组件框架示意图

(3) 数学模型组件

数学模型组件主要封装开发的各类数学模型的各类属性与计算过程。当前版本的组件库封装了年经验模型、分布式机理模型及次暴雨洪水泥沙模型三个数学模型，涉及三个组件，如图10-10~图10-12所示。

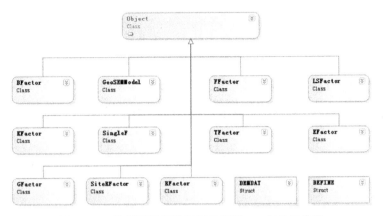

图 10-10 数学模型组件框架示意图——年经验模型

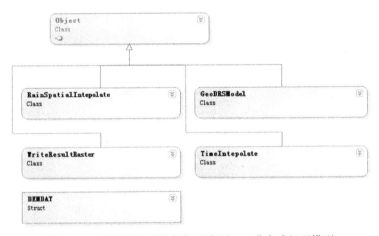

图 10-11 数学模型组件框架示意图——分布式机理模型

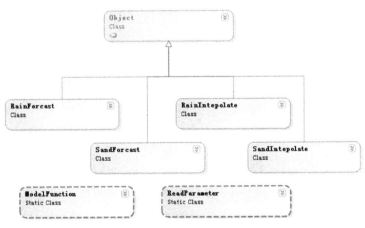

图 10-12 数学模型组件框架示意图——次暴洪水泥沙模型

（4）结果输出与可视化组件

结果输出与可视化组件主要封装模型运行结果的动态查询与可视化功能。根据组件继承的思路，设计结果输出与可视化组件，涉及两个类：二维可视化（Visual2D）及三维可视化（Visual3D）；并定义了三个用户控件：二维动态可视化（VisualDynamic）、三维动态可视化（VisualDynamic3D）以及点位产流过程可视化（CellPlot），如图 10-13 所示。

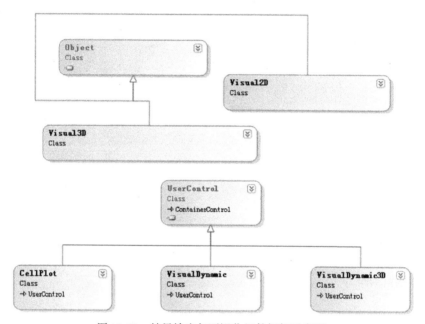

图 10-13　结果输出与可视化组件框架示意图

基于上述设计，共定义了六个组件集，分别对应于上述组件框架，并利用命名空间实现组件间的相对隔离。这五个组件集分别为：

1）LPSEM. DataManager：基础数据管理组件。

2）LPSEM. Analysis：空间分析组件。

3）LPSEM. GeoDRSModel：次降水机理模型组件。

4）LPSEM. GeoSEMModel：年产沙经验模型组件。

5）LPSEM. RRSEModel：次暴雨经验模型组件。

6）LPSEM. Visual：可视化组件。

10.3.2.4　核心组件关联

模型核心组件之间存在有相应的关联与依赖关系。各组件之间的关联关系如图 10-14 所示。其中，基础数据管理是各个组件实现的基础，进行空间分析与基础水文运算需借助于基础数据管理组件读取基础数据；模型计算组件除读取基础数据外，还要根据空间分析结果与水文分析结果来完成运算；结果输出与可视化组件的功能实现前提是要完成模型运算，生成相应的中间数据与结果数据后，借助于基础数据管理组件读取结果数据与中间数据进行可视化表达。

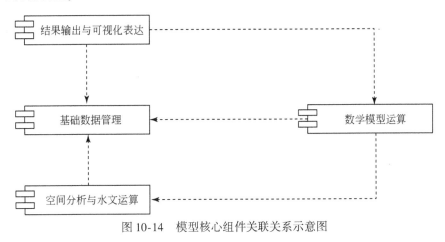

图 10-14 模型核心组件关联关系示意图

10.3.3 核心组件详细设计

10.3.3.1 基础数据管理组件集

该组件集位于 LPSEM. DataManager 命名空间内，包括 GeoDatabase 管理组件 GDBManager、矢量数据管理组件 FeatureManager、栅格数据管理组件 RasterManager 以及表格数据管理组件 TableManager。

（1）GDBManager 组件

该组件主要用于实现 GeoDatabase 的创建、读取、参数获取等功能，其详细类结构如图 10-15 所示。该组件主要定义了两个方法。

1）buildGDB（）：创建空 GeoDatabase；

2）ReadRasterProprety（）：读取 GeoDatabase 中栅格数据的有关参数，如栅格行、列数、单元边长等。

图 10-15 GDBManager 组件类结构示意图

（2）FeatureManager 组件

该组件主要用于实现要素类 Feature Class 的转入转出、读取、删除等功能（图 10-16）。

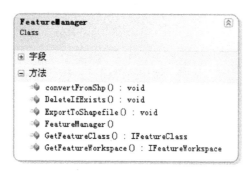

图 10-16　FeatureManager 组件类结构示意图

除构造函数外，该组件定义的主要方法包括以下几种：

1）convertFromShp（）：转换 shape 文件到 GeoDatabase 要素类；

2）DeleteIfExists（）：删除要素类；

3）ExportToShapefile（）：导出要素类到 shape 文件；

4）GetFeatureClass（）：读取指定要素类；

5）GetFeatureWorkspace（）：读取要素工作空间。

（3）RasterManager 组件

该组件主要用于实现栅格数据的创建、读取、参数获取等功能，其详细类结构如图 10-17 所示。

除构造函数外，该组件定义的主要方法包括以下几种：

1）ASCFromRaster（）：转换栅格数据集到 ASCII 格式；

2）convertAscToGDB（）、convertFromRaster（）：转换 ACSII 栅格数据、文件栅格数据到 GeoDatabase；

3）DeleteIfExists（）、DeleteQS（）、DeleteR（）、DeleteTempFile（）：删除相关栅格数据与临时文件；

4）FeatureClass2Raster（）：矢量数据转换为栅格数据；

5）GetFileRasterDataset（）、GetFileRasterWorkspace（）：读取文件型栅格数据以及工作空间；

6）GetRasterDataset（）、GetRasterWorkspace（）：读取 GeoDatabase 中的栅格数据以及工作空间；

7）IfExists（）：判断栅格数据是否存在；

8）GeoDataset2GDB（）、SaveRasterToGDB（）：保存栅格数据到数据库；

9）SetSpatialAnalysisSettings（）：设定空间分析环境；

10）SetTempRasterWorkspace（）：设定临时栅格工作空间。

图 10-17　RasterManager 组件类结构示意图

（4）TableManager 组件

该组件主要用于实现属性表的转入转出、读取、删除等功能，其详细类结构如图 10-18所示。

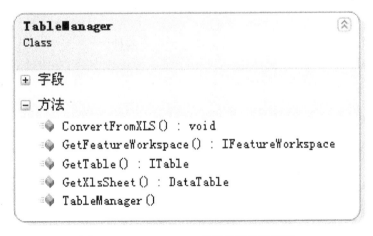

图 10-18　TableManager 组件类结构示意图

除构造函数外，该组件定义的主要方法包括以下几种：

1）ConvertFromXLS（）：转换 excel 表格文件到 GeoDatabase 表格；

2）GetFeatureWorkspace（）：读取要素工作空间；

3）GetTable（）：读取指定表格；

4）GetXlsSheet（）：读取 Excel 文件工作表。

10.3.3.2　基础空间分析与水文运算组件集

该组件集位于 LPSEM. Analysis 命名空间内，包括 DEM 分析组件 DEMAnalysis、基础水文分析组件 HydroAnalysis、侵蚀单元分析组件 ErosionCell、空间插值组件 SA_Interpolate，以及分析工具组件 SA_Util。

（1）DEMAnalysis 组件

该组件主要用于实现基于 DEM 的填洼、坡度计算等功能，其详细类结构如图 10-19 所示。

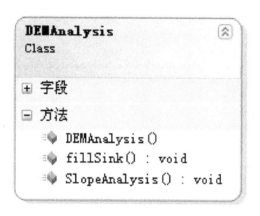

图 10-19　DEMAnalysis 组件类结构示意图

除构造函数外，该组件定义的主要方法包括以下两种：

1）fillSink（）：DEM 洼地填充；

2）SlopeAnalysis（）：DEM 坡度计算。

（2）HydroAnalysis 组件

该组件主要用于实现基于 DEM 的填洼、坡度计算等功能，其详细类结构如图 10-20 所示。

除构造函数外，该组件定义的主要方法包括以下几种：

1）FlowAccumulation（）：流域汇流累积计算；

2）flowDirection（）：流域流向计算；

3）flowLength（）：流域流长计算；

4）streamNetwork（）：流域河网提取计算。

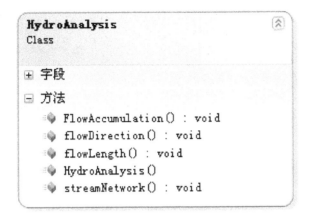

图 10-20　HydroAnalysis 组件类结构示意图

（3）ErosionCell 组件

该组件主要用于实现流域侵蚀单元的划分功能，其详细类结构如图 10-21 所示。

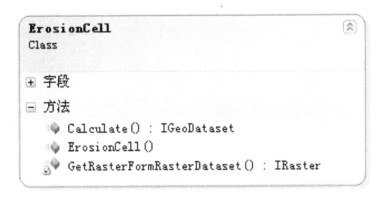

图 10-21　ErosionCell 组件类结构示意图

除构造函数外，该组件定义的主要方法包括以下两种：

1）Calculation（）：流域侵蚀单元划分计算；

2）GetRasterFormRasterDataset（）：从 RasterDataset 读取栅格数据。

（4）SA_Interpolate 组件

该组件主要用于实现空间插值功能，其详细类结构如图 10-22 所示。

除构造函数外，该组件定义的主要方法包括以下几种：

1）CalculationIDW（）：IDW 插值计算；

2）CalculationKriging（）：克里金插值计算；

3）CalculationSpline（）：样条插值计算。

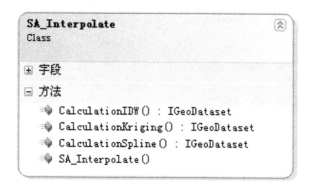

图 10-22　SA_Interpolate 组件类结构示意图

（5）SA_Util 组件

该组件主要利用静态方法，定义了一系列栅格数据分析环境设置、像元栅格数据读写、空间分析许可检查等功能，供其他分析组件在计算过程中调用，其详细类结构如图 10-23 所示。

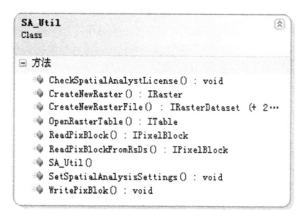

图 10-23　SA_Util 组件类结构示意图

除构造函数外，该组件定义的主要方法包括以下几种：

1）CheckSpatialAnalystLicense（）：检查空间分析许可；

2）OpenRasterTable（）：打开栅格数据；

3）CreateNewRasterFile（）、CreateNewRaster（）：创建栅格数据；

4）ReadPixBlock（）、ReadPixBlockFromRsDs（）：读取栅格数据；

5）SetSpatialAnalysisSettings（）：设置空间分析参数；

6）WritePixBlok（）：写入栅格数据。

10.3.3.3 结果输出与可视化组件集

该组件集位于 LPSEM. Visual 命名空间内，包括二维静态可视化组件 Visual2D、三维静态可视化组件 Visual3D，以及二维动态可视化控件 VisualDynamic、三维静态可视化空间件 VisualDynamic3D、点位过程可视化控件 CellPlot。

（1） Visual2D 组件

该组件主要用于实现单图层的静态二维可视化功能，其详细类结构如图 10-24 所示。

除构造函数外，该组件定义的主要方法包括：RenderRasterLayer（）：栅格数据的可视化。

（2） Visual3D 组件

该组件主要用于实现单图层的静态三维可视化功能，其详细类结构如图 10-25 所示。

除构造函数外，该组件定义的主要方法包括以下几种：

1） add3DLayer（）：添加 3D 图层；

2） RasterRender（）：3D 图层专题渲染；

3） setZFactor（）：设定 Z 方向拉伸系数。

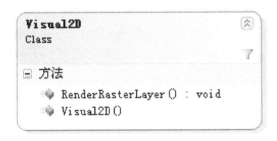

图 10-24 Visual2D 组件类结构示意图

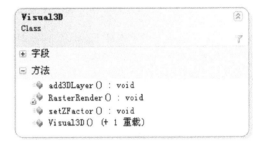

图 10-25 Visual3D 组件类结构示意图

（3） 用户控件

为了实现模型运算结果的动态可视化，在 Visual2D、Visual3D 组件的基础上，进一步封装了地图（Map）控件、图表（Chart）控件以及相关交互操作，设计了动态可视化控件 VisualDynamic 及 VisualDynamic3D，用户在开发自己的应用系统时，只需设定这两个控件的基本参数，即可将动态可视化功能集成到相关应用中。同时，针对产流过程的可视化问题，基于图表控件，设计了点位产流过程可视化控件 CellPlot，以生成指定点位的次降水产流过程曲线并进行可视化。这三个用户控件的详细类结构如图 10-26 所示。

除构造函数外，这些用户控件定义的主要方法包括以下几种：

1） SetParameter：设定数据源相关参数；

2） DEMO：动态可视化；

3） drawPlot：绘制图表；

图 10-26　Visual 组件集中用户控件类结构示意图

4）＊_Click：可视化过程中的交互功能；

5）TrackBar1_Scroll：通过标尺控制可视化过程。

10.3.3.4　次降雨机理模型组件集

该组件集位于 LPSEM. GeoDRSModel 命名空间内，主要是根据次降雨机理模型的原理，设计了四个组件类与一个结构，定义了一系列次降水机理模型的计算方法，封装了次降雨机理模型的计算过程。用户在使用时，设定好计算参数后，可直接调用相关算法，而不必了解其内部计算过程；从而方便了系统集成。该组件集各组件类的详细类结构如图 10-27所示。

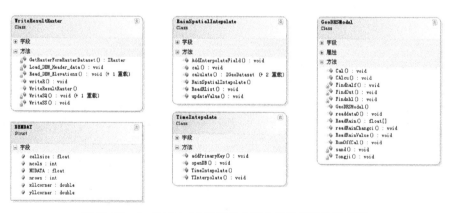

图 10-27　GeoDRSModel 组件集中用户控件类结构示意图

该组件集中的组件类包括以下几种：

1）RainSpatialIntepolate 组件类：用于在次降水模型中，进行一次降雨过程按照时刻的空间插值。它是在空间分析组件集中空间插值组件的基础上，结合次降雨机理模型的计算要求而定义的，其中定义了 ReadRlist 方法获取降雨时刻列表，定义了 cal 方法进行空间插值。

2）TimeIntepolate 组件类：用于在次降雨模型中，进行一次降雨过程按照固定时间段的时间插值。其中定义了 OpenDB（）方法读取观测数据，定义了 TInterpolate 方法进行时间插值。

3）GeoDRSModel 组件类：用于在次降雨模型中，进行一次降雨的分布式机理模型计算。其中定义了 ReadRain（）、readRainChangci（）、ReadRainValue（）方法读取降水数据，定义了 RunOffCal（）、sand（）方法进行产流产沙计算，定义了 Tongji（）方法进行计算结果统计。

4）WriteResultRaster 组件类：用于在次降雨模型中，进行次降水的分布式机理模型计算结果的保存与持久化功能。其中定义了 Load_ DEM_ Header_ data（）方法读取栅格数据的头信息，定义了 WriteSQ（）、WriteSS（）方法将某一时刻的计算结果保存为数据文件，定义了 WriteResultRaster（）方法将计算结果写入 GeoDatabase。

10.3.3.5　年产沙经验模型组件集

该组件集位于 LPSEM. GeoSEMModel 命名空间内，主要是根据年产沙经验模型的原理，设计了十一个组件类与两个结构，定义了一系列年产沙经验模型的计算方法，封装了模型的计算过程。用户在使用时，设定好计算参数后，可直接调用相关算法，分步骤计算各类因子、计算年侵蚀量，而不必了解其内部计算过程，从而方便了系统集成。该组件集各组件类的详细类结构如图 10-28 所示。

图 10-28　GeoSEMModel 组件集中用户控件类结构示意图

该组件集中的组件类包括 11 种。

1）BFactor 组件类：用于在年产沙经验模型中，进行植被因子 B 的计算。其中定义了 CalculateB（）方法计算 B 因子。

2）KFactor 组件类：用于在年产沙经验模型中，进行土壤因子 K 的计算。其中定义了 CalculationFactorsK 方法计算 K 因子。

3）EFactor 组件类：用于在年产沙经验模型中，进行工程措施因子 E 的计算。其中定义了 CalculationFactorsE（）方法计算 E 因子。

4）FFactor 组件类：用于在年产沙经验模型中，根据汛期各月的平均盖度与月降雨侵蚀力，进行年均植被盖度 F 的计算。其中定义了 MonAvonverDegreeCalculation（）方法计算各月平均盖度，定义了 FCalculation（）方法计算年均植被盖度。

5）SingleF 组件类：用于年产沙经验模型中，根据流域 NDVI 数据计算各月的植被盖度。其中定义了 CalculateF（）方法计算月平均植被盖度。

6）GFactor 组件类：用于在年产沙经验模型中，根据流域坡度数据估算流域的沟蚀系数因子。其中定义了 CalculateG1（）、CalculateG3（）两种方法计算沟蚀系数因子。

7）RFactor 组件类：用于在年产沙经验模型中，根据流域降水数据计算流域各年降雨侵蚀力因子 R。其中定义了 scal 方法计算 R 因子。

8）SiteR 组件类：用于在年产沙经验模型中，根据流域降水数据计算流域内各雨量站年降雨侵蚀力。其中定义了 CalculationFactorsR 方法计算 R 因子。

9）TFactorFactor 组件类：用于在年产沙经验模型中，根据流域坡面措施统计数据计算流域耕作措施因子。其中定义了 FactorCalculate（）方法计算 T 因子。

10）LSFactor 组件类：用于在年产沙经验模型中，根据流域地形数据计算流域坡长因子。其中定义了 LSDEMInitProcess（）方法初始化坡长计算过程，LSCellLength（）方法计算单元坡长，LSCulLength（）方法计算累积坡长，LSCalculation（）方法计算 LS 因子。

11）GeoSEMModel 组件类：用于在年产沙经验模型中，根据计算的各类因子数据，计算不同的年侵蚀产沙指标。其中定义了 AO1Calculation（）、AO2Calculation（）方法计算潜在侵蚀，A1Calculation（）、A2Calculation（）方法计算土壤流失，ModelAtStat（）、ModelEtStat（）方法计算结果统计。

10.3.3.6 次暴雨洪水泥沙经验模型组件集

该组件集位于 LPSEM. RRSEModel 命名空间内，主要是根据次暴雨经验模型的原理，设计了四个组件类与两个静态类，定义了一系列次暴雨经验模型的计算方法，封装了模型的计算过程。用户在使用时，设定好计算参数后，可直接调用相关算法，进行次洪模拟与预报，而不必了解其内部计算过程，从而方便了系统集成。该组件集各组件类的详细类结构如图 10-29 所示。

该组件集中的组件类包括以下几种：

1）RainIntepolate 组件类：用于进行次暴雨模型的模拟计算，定义了 OpenDB（）方法读取观测数据，Inpolate（）方法进行次暴雨降水插值模拟。

2）SandIntepolate 组件类：用于进行次暴雨模型的产沙模拟计算，定义了 OpenDB（）

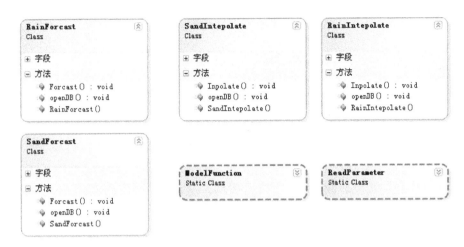

图 10-29 GeoSEMModel 组件集中用户控件类结构示意图

方法读取观测数据，Inpolate（）方法进行次暴雨产沙插值模拟。

3）RainForcast 类：用于进行次暴雨模型的预报计算，定义了 OpenDB（）方法读取原始数据。

4）SandForcast 类：用于进行次暴雨模型的产沙预报计算，定义了 OpenDB（）方法读取原始数据。

5）ReadParameter、ModelFunction 静态类：分别定义了参数读取方法与模型计算方法，供次暴雨模拟、预报时调用。

10.3.4　模型组件耦合

组件的耦合包括两方面：GIS 功能与土壤侵蚀模型的耦合、组件与其他系统或组件的耦合。GIS 功能与土壤侵蚀模型的耦合主要是土壤侵蚀模型与 GIS 功能与数据的相互调用。模型组件与其他组件的耦合实质上是组件的复用性，亦即开发的模型组件能否嵌入到其他系统或模型中进行软件复用，这直接影响模型的应用推广。

由于模型核心组件完全基于组件式 GIS 产品进行扩展开发，而组件式 GIS 产品由 GIS 软件开发商提供，其本身已封装了大量的 GIS 功能，因此开发出来的模型组件的模型功能与 GIS 功能完全无缝集成。同时，COM 技术对软件复用的天然的支持以及良好的封装性使模型组件可以在流行的可视化开发平台下（Microsoft. Net 等）无缝嵌入到其他系统，并保证了程序代码的隐蔽性，具有良好的容错性与可重用性。

10.4　组件开发与算法实现

在模型核心组件设计的基础上开发核心组件。开发前要首先确定模型运行的支撑体系，包括软件支撑平台与硬件平台。在此基础上，要严格按照软件工程的相关要求编写与测试代码，最终形成结构优雅、运行稳定、功能全面、系统健壮的一组组件类库集合，为应用平台以及各类应用示范系统的搭建打下良好基础。

10.4.1　基础数据管理组件开发与算法实现

基础数据管理组件集主要封装数学模型运行过程中需要的原始数据、中间数据以及结果数据的管理功能，需要实现原始数据的导入、中间数据的写入以及读取、结果数据写入以及读取等方法。这些数据主要包括两大类：空间数据与属性数据。属性数据存取主要基于关系数据库访问接口 ADO. net 进行封装，而空间数据的存取管理则以 ArcEngine 的相应的数据管理接口进行封装。以基础数据导入为例，其实现需要应用 IWorkspaceFactory、IFeatureDataConverter 等接口提供的方法，关键代码如下：

```
……
Dim pWorkspaceFactory As IWorkspaceFactory
pWorkspaceFactory=New AccessWorkspaceFactory
Dim pWorkspaceName As esriGeoDatabase. IWorkspaceName
pWorkspaceName=pWorkspaceFactory. create ( Location, NAME, Nothing, 0 )
……
Dim pShpToFeatClsConverter As IFeatureDataConverter
pShpToFeatClsConverter=New FeatureDataConverter
pShpToFeatClsConverter. ConvertFeatureClass pInFeatureClassName, Nothing, _
    pOutFeatureDSName, pOutFeatureClassName, Nothing, pOutFields, "", 1000, 0
……
Dim pSaveAs As ISaveAs
pSaveAs=pRasterDs. CreateDefaultRaster
pSaveAs. SaveAs sname, pSDEWs, " SDR"
……
```

10.4.2　空间分析与水文运算组件集开发与算法实现

空间分析与水文运算组件包括地形数据处理、数据时空插值与基础水文计算、模型因子提取四个组件，分别实现基于流域 DEM 的填注、坡度等地形计算；不同尺度的时空数据插值计算以及流向、汇流、流长、河网提取等水文运算、模型因子提取计算等功能。

10.4.2.1　地形数据处理组件

地形数据处理组件包括一系列的属性与方法，其中主要的属性包括流域 DEM 栅格数据集以及与分析计算有关的参数，主要方法包括 DEM 预处理、坡度分析、单元坡长计算三种方法。

（1）DEM 预处理

DEM 预处理是指将洼地和平原区进行处理，使 DEM 反映的数据均由斜坡构成。由于垂向分辨率和 DEM 生成过程中系统误差的问题，作为结果的 DEM 中会出现很多伪洼地，并不能分辨出平原区的轻微起伏，于是就不能产生合理的河网。因而在自动提取河网的过程中，洼地和平原区的处理是最大的问题。对于洼地和平原区的处理，近年来也出现了很多新的方法。大多数方法是将洼地填平，将所产生的平原区与原有的平原区一起处理，而对于平原区则用垫高的方法迫使水流流出去。

洼地处理算法包括如下三个步骤：

1）搜索原始 DEM 矩阵来确定洼地单元格。洼地单元格是指相邻八个单元格高程都不低于本单元高程的单元格。每当遇到洼地单元格，搜索以洼地单元格为中心的窗口，位于窗口内的单元格，如果沿着下坡和平坦区域能够到达洼地单元格，则标记之，否则不标记。重复这个过程直到窗口内没有单元格能够被标记，所有被标记的单元格组成的区域称为洼地集水区域。

2）从洼地集水区域中找出潜在出流点。潜在出流点是被标记的单元格，它至少拥有一个比其高程低的未标记的相邻单元格。如果没有潜在出流点，或者存在高程低于最低潜在出流点的相邻洼地集水区域的边界单元格，那么窗口没有完全包括洼地区域，需要扩大窗口。重复上述过程，直至不存在上述两种情况。

3）找到最低的潜在出流点后，比较它和洼地单元格的高程。如果出流点高程高，那么洼地是一个凹地，否则是一个平坦区域。对于凹地，把洼地集水区域内所有高程低于出流点的单元格高程升高至出流点高程。这样，凹地就成为了一个可以确定流向的平坦区域。

通过对洼地的处理可以生成无洼地 DEM。在无洼地 DEM 中，自然流水可以畅通无阻地流至区域地形的边缘。因此，借助无洼地 DEM 可以对元数字地区进行自然流水模拟分析。

对于 DEM 栅格阵列中的平坦区域，包括原始 DEM 中的和上一步中填充洼地所产生的平坦区域，算法通过对平坦区域范围内的单元格分别增加一个微小的高程增量来抬升平坦区域，这样每个单元格就有了一个明确的水流方向，以便下一步的分析。每一个单元格的增量大小不一样，但最大增量不超过 DEM 的空间分辨率，这样就不会影响原始 DEM 的水流方向，从而不会影响河网的提取。

在具体实现时，借助于 ArcEngine 的水文分析接口完成，其关键代码如下：

......

```
Function Fill (ByVal geoDataset As IGeoDataset) As IGeoDataset
    If (TypeOf geoDataset Is IRaster Or TypeOf geoDataset Is IRaster-
Dataset Or TypeOf geoDataset Is IRasterBand Or TypeOf geoDataset Is
ESRI.ArcGIS.GeoAnalyst.IRasterDescriptor) Then
        Dim hydrologyOp As IHydrologyOp＝New RasterHydrologyOpClass
        Dim geoDataset_ output As IGeoDataset＝hydrologyOp.fill (geoData-
```

```
set )
    Return geoDataset_ output
    Else
      Return Nothing
    End If
  End Function
......
```

(2) 坡度分析方法

坡度是最常用的基本地形因子，在 DEM 应用中担当十分重要的角色。地面上某点的坡度是表示地表面在该点倾斜程度的一个量。因此，坡度是一个既有大小又有方向的矢量。从数学上来讲，坡度矢量模等于地表曲面函数在该点的切平面与水平面夹角的正切，其方向等于在该切平面上沿最大倾斜方向的某一矢量在水平面上的投影方向（即坡向）。可以证明，任一斜面的坡度等于它在该斜面上两个互相垂直方向上的坡度分量的矢量和。

应当指出，在实际应用中，人们总是将坡度值当做坡度来使用。为方便理解起见，仍使用"坡度"这个词来表示实际意义上的坡度值。

自从 DEM 理论形成以来，人们就对坡度计算方法进行了大量的研究和试验。迄今为止，其计算方法可归纳为五种：四块法、空间矢量分析法、拟合平面法、拟合曲面法、直接解法。一般认为，拟合曲面法是解求坡度的最佳方法（左其亭和王中根，2006）。

拟合曲面法一般采用二次曲面，即 3×3 的窗口（图 10-30）。每个窗口中心为一个高程点。点 e 的坡度求解公式如下：

$$S = \sqrt{S_{we}^2 + S_{sn}^2} \tag{10-2}$$

e_5	e_2	e_6
e_1	e	e_3
e_8	e_4	e_7

图 10-30 3×3 的窗口计算点

式中，S 为坡度；S_{we} 为 X 方向上的坡度；S_{sn} 为 Y 方向上的坡度。S_{we}、S_{sn} 的计算可采用以下算法：

$$S_{we} = \frac{(e_8 + 2e_1 + e_5) - (e_7 + 2e_3 + e_6)}{8C_e} \tag{10-3}$$

$$S_{sn} = \frac{(e_5 + 2e_1 + e_6) - (e_8 + 2e_3 + e_7)}{8C_e} \tag{10-4}$$

式中，C_e 为格网 DEM 的格网间隔。

在具体实现时，借助于 ArcEngines 的地形分析接口完成，其关键代码如下：
......

```
Function Slope（ByVal geoDataset As IGeoDataset）As IGeoDataset
    If（TypeOf geoDataset Is IRaster Or TypeOf geoDataset Is IRaster-
Dataset Or TypeOf geoDataset Is IRasterBand Or TypeOf geoDataset Is
ESRI.ArcGIS.GeoAnalyst.IRasterDescriptor）Then
    Dim SurfaceOp As ISurfaceOp=New RasterSurfaceOpClass
    Dim geoDataset_output As IGeoDataset = SurfaceOp.slope（geoData-
set）
    Return geoDataset_output
    Else
      Return Nothing
    End If
End Function
......
```

（3）单元坡长计算

单元坡长是指地表径流产生的起点至该像元下边缘与上边缘斜坡距离之差。单元坡长计算公式为（朱蕾等，2005；胡素杰，2008）：

$$l_i = \sum_1^i (D_i/\cos\theta_i) - \sum_1^{i-1}(D_i/\cos\theta_i) = D_i/\cos\theta_i \tag{10-5}$$

式中，l_i 为像元坡长；D_i 为沿径流方向每个像元坡长的水平投影距（实际为两邻像元中心距，随方向而异，或为 d 或 $\sqrt{2}d$）；θ_i 为每个像元的坡度；i 为自山脊像元至该待求像元的个数。像元方向代码为 2、8、32、128 的流向为对角线，如果栅格大小为 d，则 D_i 应视为 $\sqrt{2}d$；方向代码为 1、4、16、64 的像元流向为水平方向，D_i 视为 d。

由于 ArcEngine 未提供单元坡长计算接口，因此在实现时，先调用 DEM 预处理方法，对 DEM 进行填洼运算，得到无洼地 DEM；再调用水文运算组件的流向计算方法，得到每一栅格的水流方向；后再应用上述算法计算求出单元坡长。

10.4.2.2 数据时空插值组件

该组件提供将给定观测数据按照一定的时空尺度进行加密、插补的功能，其主要属性包括原插值数据以及插值参数，主要方法包括数据时间插值与空间插值两种方法。

（1）数据时间插值

由于水文要素资料采样间隔往往受多种条件限制，部分观测资料无法直接使用，需根据记录的流量、降雨、输沙过程数据，插补成等时间间隔（如 30min）的对应的时间序列。有实测资料时期内的数据采用线性内插方法实现，实测资料时期外的数据用端点值平延。其实现较为简单，不需要 ArcEngine 的支持，这里不再赘述。

（2）数据空间插值

空间化的降雨信息对于区域水文、水资源分析以及区域水资源管理、旱涝灾害管理、生态环境治理都具有重要意义。随着全球变化研究的兴起，景观、区域、全球尺度的生态系统模型如 MT-CLIM、FOREST-BGC 等不断被开发出来，大多需要空间化的降雨数据作为环境因子参数，从另一方面进一步强化了降雨信息空间化的重要性。准确的降雨空间分布数据理论上可由高密度站网来采集，但由于需要大量人力、资金投入而缺乏可行性。因此，站点外区域的降雨信息通常由临近站点的观测值来估算，即进行降雨信息的空间插值。

空间插值的理论假设是空间位置上越靠近的点，越可能具有相似的特征值；而距离越远的点，其特征值相似的可能性越小。空间插值方法有多种，包括反距离加权法（IDW）、全局多项式法、克立金法（Krige）、样条函数法（Spline）、趋势面法（Trend）等几种方法。组件基于 ArcEngine 的 IInterpolationOP 接口，实现了反距离加权法、克立金法、样条函数法以及趋势面法四种空间插值方法，提供常见的空间插值功能，其算法实现以 IDW 方法为例说明。

IDW 方法是 GIS 系统根据点数据生成栅格图层的最常见方法，是一种局部方法。假设未知值的点受较近控制点的影响比较远控制点的影响更大。影响的程度（或权重）用点之间距离乘方的倒数表示。乘方为 1.0 意味着点之间数值变化率为恒定，该方法称为线形插值法。乘方为 2.0 或更高则意味着越靠近已知点，数值的变化率越大，远离已知点趋于平稳。

IDW 的通用方程是：

$$P(Z) = \sum_{i=0}^{n} \frac{Z_i}{[d_i(x, y)]^2} / \sum_{i=1}^{n} \frac{1}{[d_i(x, y)]^2} \tag{10-6}$$

式中，Z_i 是控制点 i 的 Z 值；d_i 是控制点 i 与点 0 间的距离，表示由离散点 (x_i, y_i) 至 $P(x, y)$ 点的距离。$P(Z)$ 为要求的待插点的值。权函数 $W_i(x, y) = 1/[d_i(x, y)]u$，参数 u 为距离的方次，取值范围为 1.0~6.0，本研究取值为 2.0。从实现来看，反距离权重插值方法简单易行，可以为变量值变化很大的数据集提供一个合理的插值结果，也不会出现无意义的插值结果而无法解释。

在具体实现时，调用 ArcEngine 的 IInterpolationOP 插值接口实现数据的空间内插。其关键代码如下：

```
......
Function IDW ( ByVal geoDataset As IGeoDataset) As IGeoDataset
  If ( TypeOf geoDataset Is IFeatureClass Or TypeOf geoDataset Is IFeatureClassDescriptor) Then
    Dim pInterpolationOp As IInterpolationOp = New RasterInterpolationOp
    Dim geoDataset_output As IGeoDataset =_
  pInterpolationOp. IDW ( geoDataset, 2, pRadius )
    Return geoDataset_output
    Else
      Return Nothing
```

```
  End If
End Function
......
```

10.4.2.3 基础水文计算组件

基础水文计算组件主要方法包括流向计算、汇流累积计算、河网提取计算、流长计算与流域侵蚀单元分析五部分。

(1) 流向计算

水流方向是指水流离开网格时的指向，决定着地表径流的方向及网格单元间流量的分配，是基于 DEM 的分布式水文模型中的一个十分关键的问题。目前，关于水流方向的确定有 6 种方法：D8 方法（或单流向法）、Rh08 方法、多流向法、Aspectdrive 方法、DEMON 方法和 ERS 方法。应用比较广泛的是 D8 方法和多流向法，其中 D8 方法易与水文模型结合。

D8 方法首先将格网 X 的 8 个邻域格网编码，水流方向便可以用其中的一个值来确定（图 10-31）。

32	64	128
16	X	1
8	4	2

图 10-31　水流方向编码示意图

例如，如果格网 X 的水流流向左边，则其水流方向被赋值 16。确定水流方向的具体步骤如下。

1）对所有 DEM 边缘的格网，赋以指向边缘的方向值。

2）对于在第一步中未赋方向值的网格，计算其对 8 个邻域格网的距离权落差值。距离权落差通过中心网格与邻域网格的高程差值除以格网间距离得到，而格网间距与方向有关。如格网的尺寸为 1，对角线上格网间距则为 $\sqrt{2}$，其他为 1。

3）确定具有最大落差值的格网，执行以下步骤：①如果最大落差值小于 0，则赋以负值以表明此格网方向未定（在无洼地 DEM 中不会出现）。②如果最大落差值大于或等于 0，且最大的只有一个，则将对应此最大值的方向值作为中心格网处的方向值。③如果最大落差值大于 0，且有一个以上的最大值，则在逻辑上以查表方式确定水流方向。也就是说，如果中心格网在一条边上的三个邻域点有相同的落差，则中间的格网方向被作为中心格网的水流方向，又如果中心格网的相对边上有两个邻域格网落差相同，则任选一格网方向作为水流方向。

4）如果最大落差值等于 0，且有一个以上的 0，则以这些 0 值所对应的方向值相加。在极端情况下，如果 8 个领域高程值都与中心格网高程值相同，则中心格网方向值赋以 255。

5）对没有赋以负值（0，1，2，4，…，128）的每一个格网，检查对中心格网有最大落差值的邻域格网。如果邻域格网的水流方向值为 1，2，4，…，128，且此方向没有指向中心格网，则此格网的方向值作为指向中心格网的方向值。

重复第四步，直至没有任何格网能被赋以方向值。

在具体实现时，调用 ArcEngine 的水文分析接口实现数据的空间内插。其关键代码如下：

```
Function Fdirection (ByVal geoDataset As IGeoDataset) As IGeoData-
set
    If (TypeOf geoDataset Is IRaster Or TypeOf geoDataset Is IRaster-
Dataset Or TypeOf geoDataset Is IRasterBand Or TypeOf geoDataset Is
ESRI.ArcGIS.GeoAnalyst.IRasterDescriptor) Then
    Dim pHydroOp As IHydrologyOP=New RasterHydrologyOp
    Dim geoDataset _ output As IGeoDataset = pHydroOp.flowdirection
(geoDataset, True, True)
    Return geoDataset_output
    Else
      Return Nothing
    End If
End Function
```

（2）汇流累积计算

水流累积矩阵表示区域地形每点的流水累积量，可以用区域地形曲面的流水模拟方法得到。流水模拟可以用区域 DEM 的水流方向矩阵来进行。其基本思想是，以规则格网表示的数字地面高程模型每点处有一个单位的水量，按照水从高处流向低处的自然规律，根据区域地形的水流方向矩阵计算每点处所流过的水量数值，便可以得到该区域水流累积数字矩阵。在此过程中实际上使用了权值为 1 的权矩阵，如果考虑特殊情况（如降雨不均匀），则可以使用特定的权矩阵，以更精确计算水流累计值（图 10-32）。

78	72	69	71	58	49
74	67	56	49	46	50
69	53	44	37	38	48
64	58	55	22	31	24
68	61	47	21	16	19
74	53	34	12	11	12

（a）原始 DEM 矩阵

2	2	2	4	4	8
2	2	2	4	4	8
1	1	2	4	8	4
128	128	1	2	4	8
2	2	1	4	4	4
1	1	1	1	4	16

（b）水流方向矩阵

0	0	0	0	0	0
0	1	1	2	2	0
0	3	7	5	4	0
0	0	0	20	0	1
0	0	0	1	24	0
0	2	4	7	35	2

（c）水流累计矩阵

图 10-32　一个简单的 DEM 矩阵及其计算结果

在具体实现时，调用 ArcEngine 的水文分析接口实现数据的汇流累积计算。其关键代码如下：

```
……
Function FAccumulation（ByVal geoDataset As IGeoDataset）As IGeo-
Dataset
    If（TypeOf geoDataset Is IRaster Or TypeOf geoDataset Is IRaster-
Dataset Or TypeOf geoDataset Is IRasterBand Or TypeOf geoDataset Is
ESRI.ArcGIS.GeoAnalyst.IRasterDescriptor）Then
    Dim pHydroOp As IHydrologyOP=New RasterHydrologyOp
    Dim geoDataset_output As IGeoDataset=pHydroOp.FlowAccumulation
（geoDataset）
    Return geoDataset_output
    Else
      Return Nothing
    End If
End Function
……
```

(3) 河网提取计算

如果预先设定一个阈值，将水流方向累计矩阵中数据高于此阈值的格网连接起来，便可形成排水网络。当阈值减少时，网络的密度便相应增加。如果 DEM 经过填充处理，则以此方式得到的排水网络将是一完整连接的图形，对此图形进行从栅格到矢量的转化处理，便可得到矢量格式的数据。

由于区域地形经洼地填平后，区域地形上各点的水流经各个支汇水线流入主汇水线，最后流出区域。因此，主汇水线的终点在区域的边界上，且该点具有较大的水流量累计值。当主汇水线终点确定后，按水流反方向比较水流流入该点的各个邻近点的水流量累计值，该数值最大的一个地形点，即是主汇水线的上一个流入点。依此方法进行，直至主汇水线搜索完毕。当主汇水线确定后，沿主汇水线按从低到高的顺序对其两侧的相邻地形点进行分析。当某点的水流量累计数值较大时，则该点是此主汇水线的支汇水线的根节点，该点的水流量累计值就是该支汇水线的汇水面积。对所得到的各条一级支汇水线进行同样的分析，确定它们各自的下一级支汇水线，依次进行，便可建立区域地形汇水线的树状结构关系。

在具体实现时，调用 ArcEngine 的水文分析接口实现数据的河网提取计算。其关键代码如下：

```
……
Function StreamLink（ByVal geoDataset As IGeoDataset, ByVal
fdGeoDataset as IGeoDataset）As IGeoDataset
    If（TypeOf geoDataset Is IRaster Or TypeOf geoDataset Is IRaster-
Dataset Or TypeOf geoDataset Is IRasterBand Or TypeOf geoDataset Is
ESRI.ArcGIS.GeoAnalyst.IRasterDescriptor）Then
```

```
    Dim pHydroOp As IHydrologyOP=New RasterHydrologyOp
    Dim geoDataset_ output As IGeoDataset =pHydroOp. Streamlink ( geo-
Dataset, fdGeoDataset )
    Return geoDataset_output
    Else
      Return Nothing
    End If
  End Function
……
```

（4）流长计算

在栅格 DEM 中，具有代表性的计算流域水流路径长度 L 的数据缩减模型（Data-Reduction models，简称 DR 模型）有两个，即平均流经距离和平均水流路径长。

平均流经距离对流域水流路径长度 L 的定义是地表径流从流域内的起始点到第一个相邻的下游河道所流经的平均距离。根据流域内每个栅格的流向来累加每一步的路径长度，直到流域的出口断面，这样就可以求出每个点的流经距离，求平均值就可以得到平均流经距离。

而平均水流路径长的定义则是地表径流从河道分水线到相邻河道所流经的平均水流路径长度。这里的分水线并不单单指流域边界上的分水线，也包括流域内各支流之间的分水线。根据此分水线可以依次推求分水线上每个点的水流路径长，最后求平均值即为平均水流路径长。

在实现时，利用 ArcEngine 的水文分析接口，采用最常见的平均流经距离法得出全流域水流路径长度。其关键代码如下：

```
……
Function FLength ( ByVal geoDataset As IGeoDataset) As IGeoDataset
    If ( TypeOf geoDataset Is IRaster Or TypeOf geoDataset Is IRaster-
Dataset Or TypeOf geoDataset Is IRasterBand Or TypeOf geoDataset Is
ESRI. ArcGIS. GeoAnalyst. IRasterDescriptor) Then
    Dim pHydroOp As IHydrologyOP=New RasterHydrologyOp
    Dim geoDataset_ output As IGeoDataset =pHydroOp. FlowLength ( geo-
Dataset, true )
    Return geoDataset_output
    Else
      Return Nothing
    End If
  End Function
……
```

（5）流域侵蚀单元分析

黄土丘陵沟壑区的坡面侵蚀规律具有明显垂直地带性，整个坡面可分为梁峁坡、沟坡和沟槽三种类型侵蚀产沙单元。梁峁坡的平均坡度范围为 0°～25°，沟坡的平均坡度范围为 25°～45°，流域河槽、支槽统一划分到沟槽，为泥沙输送沟道部分。系统基于 ArcEngine 开发了进行流域侵蚀单元分析的功能模块，其实现思路为：

1）基于流域坡度数据，分别提取生成梁峁坡与沟坡数据。

2）基于提取的流域河网，对其进行栅格化。

3）叠加以上三种数据，生成流域侵蚀单元数据。

以上各步骤完全基于 ArcEngine 的相关栅格数据操作接口与空间分析接口实现。

10.4.2.4 模型因子提取组件

模型因子提取组件主要包括气候因子、土壤因子、坡度因子、坡长因子、沟蚀因子、植被因子、工程措施因子、耕作措施因子等计算方法，这些方法基于前文所述三种组件的计算成果，根据具体的模型要求，实现这些因子提取计算的自动化与半自动化，为最终的模型运算加以提供相关因子数据各因子计算方法同第 9 章。为方便读者，仍再对计算方法加以介绍。

（1）气候因子计算

根据模型信息支撑体系中入库的流域月降水量数据，计算相关站点的气候因子 R 值，并调用基础数据管理组件的相应方法，按照设计的结构存入空间数据库。

用月降雨量计算 R 值简易公式如下：

$$F = \sum P_i^2 / P$$
$$R = \alpha F^\beta$$

式中，P 为年平均降雨量（mm）；P_i 为第 i 月的平均降雨量（mm）；R 为多年平均降雨侵蚀力 $[MJ \cdot mm/(hm^2 \cdot h \cdot a)]$；$\alpha = 0.3589$，$\beta = 1.9462$。$F$ 指数大小与年平均雨量 P 的季节分布有关，取值范围在 $P \cdot 12{-}1 \sim P$。

需要说明的是，这一方法计算的 R 因子只是流域内各站点的气候因子值，在模型运算时还需要调用空间数据插值方法对其进行插值，生成流域 R 因子栅格数据。

（2）土壤因子计算

土壤因子主要可考虑土壤亚类的土壤可蚀性 K 值与土壤机械组成、水稳性团粒结构、有机质含量、土壤入渗和土层厚度的关系，绘制诺谟图，用于查算我国土壤亚类的土壤可蚀性 K 值。根据经验模型设计，采用 Williams 等在侵蚀/生产力影响模型（EPIC）中发展的土壤可蚀性因子 K 值的估算方法，用已有试验观测数据进行订正和补充得式（10-7）：

$$K = \{0.2 + 0.3\exp[0.0256\,SAN(1-SIL)/100]\} \times \left(\frac{SIL}{CLA+SIL}\right)^{0.3}$$

$$\times \left[1.0 - \frac{0.25C}{C+\exp(3.72-2.95C)}\right] \times \left[1.0 - \frac{0.7SN1}{SN1+\exp(-5.51+22.9SN1)}\right] \tag{10-7}$$

式中，SAN、SIL、CLA 和 C 分别为砂粒、粉粒、黏粒和有机碳含量（%），SAN1 = 1 − SAN/100。K 值单位均为美制单位，$t \cdot acre \cdot h/(100acre \cdot ft \cdot tonf \cdot in)$。

利用上式计算出 K 值，存储于数据库参数表中。

（3）坡度、坡长及 LS 因子计算

通用土壤流失方程中，是用坡度、坡长作为地形因子，分别以 S 和 L 表示。由于通用土壤流失方程式中的坡度坡长因子是针对这种缓坡地形，而黄土地区坡度比较陡，因而采用刘宝元通过试验得到的坡度坡长因子计算公式。具体计算方法如下：

1）CSLE 中坡度因子算法为

$$\begin{cases} S = 10.8\sin\theta + 0.03 & \theta < 5° \\ S = 16.8\sin\theta - 0.5 & 5° \leqslant \theta < 10° \\ S = 21.9\sin - 0.96 & \theta \geqslant 10° \end{cases} \tag{10-8}$$

2）CSLE 中坡长因子算法为

$$L = (\lambda/22.1)^m \tag{10-9}$$

式中，L 为坡长因子；λ 为单元坡长（m）；m 为坡长指数，根据坡度不同取不同的值。

$$\begin{cases} m = 0.2 & \theta \leqslant 1° \\ m = 0.3 & \theta < \theta \leqslant 3° \\ m = 0.4 & 3° < \theta \leqslant 5° \\ m = 0.5 & \theta > 5° \end{cases}$$

3）LS 因子计算方法为

利用上面的计算结果 (θ, λ)，计算 S 和 L 因子值，然后相乘得到 LS 因子。

上述算法在实现时，首先读取数据库中的计算的流域坡度数据与坡长数据，根据上述算法计算相应因子，并存储于空间数据库中。

（4）沟蚀因子计算

对于土壤学意义上的土壤侵蚀而言（相对于地貌学意义上的土壤侵蚀），沟蚀包括浅沟和处于发育初期阶段的切沟（朱显谟称为小切沟）。野外考察和模拟研究表明，判断侵蚀沟发育的有效方法是根据临界坡长或汇水面积。对于上面两类沟蚀，切沟侵蚀，虽然国内外已有研究，但是还没有形成一些可操作的、实用化的模型和方法。根据经验模型设计，采用了江忠善的研究成果：

$$M = f(L_g, J_g, D_g, S_g, C_g, F) \tag{10-10}$$

根据江忠善的研究，在无植被覆盖的黄土陡坡条件下，浅沟发生的临界坡度为 15°，因而地面坡度大于 15°的浅沟侵蚀影响因子计算公式为：

$$G = 1 + \left(\frac{\theta - 15}{15}\right) \times \left[3.156\left(\sum P'i'_{30}\right)^{-1.67} - 1\right] \tag{10-11}$$

在没有降水资料的情况下，可采用简易公式计算年平均 G 值。根据江忠善的研究，在无植被覆盖的黄土陡坡条件下，浅沟发生的临界坡度为 15°，因而地面坡度大于 15°的浅沟侵蚀影响因子计算公式为式（10-12）

$$G = 1 + 1.60\sin(\theta - 15) \qquad (10\text{-}12)$$

（5）植被因子计算

植物措施计算（B）：用土地利用图、植被盖度图和下表，计算某区域植物措施因子 B 值。

1）土地利用图：直接读取数据库中的土地利用图。需要说明的是，土地利用方式的代码体系需统一。

2）植被盖度图：将有两种情况。一是有现成的植被盖度图，则直接调用；二是利用 NDVI 计算

$$C_o = \frac{(\text{NDVI}) - \text{NDVI}_{\min}}{\text{NDVI}_{\max} - \text{NDVI}_{\min}} \qquad (10\text{-}13)$$

式中，C_o 为植被盖度；NDVI 为归一化植被指数；$\text{NDVI}_{\min}$ 和 $\text{NDVI}_{\max}$ 分别为无植被地区的 NDVI 值和植被良好覆盖地区的 NDVI 值。在现场测试基础上，结合遥感图像典型地类（沙地、高覆盖林地等）的采样，确定了最高和最低植被盖度的 NDVI 阈值。将采样的结果与对应的 NDVI 值进行统计表明，当 NDVI 值≥54 时，盖度可视为100%，当 NDVI 值≤230.8 时，盖度可视为0%。因此，NDVI 的最小值和最大值分别取 54 和 230.8。

3）NDVI 数据计算：对于较小的流域（面积≤1000km²），可利用 TM 数据计算 NDVI：

$$\text{NDVI} = \frac{\text{TM4} - \text{TM3}}{\text{TM4} + \text{TM3}} \qquad (10\text{-}14)$$

式中，NDVI 为所求像元的归一化植被指数；TM3、TM4 分别为遥感影像的近红外和红外波段。

4）NDVI 数据下载：对于较大流域（面积>1000km²），可直接下载 MODIS 或 SPOT VEGETATION 的 NDVI 数据产品，然后可经过必要的处理直接应用。

5）计算年平均植被盖度：将汛期各月盖度值与汛期各月降雨侵蚀力表面进行加权平均，可得到汛期各月的平均盖度。计算公式为

$$F_r = \frac{\sum\limits_{m=5}^{9} F_m \times R_m}{\sum\limits_{m=5}^{9} R_m} \qquad (10\text{-}15)$$

式中，F_m 为按前述公式计算的汛期各月的盖度；R_m 为汛期各月的降雨侵蚀力表面的值；F_r 为汛期盖度与降雨侵蚀力的加权平均值。

6）B 因子值的计算：按照模型设计，根据土地利用类型和植被盖度计算 B 因子值。

（6）工程措施因子计算

利用统计数据计算各行政区的工程措施因子 E 值：

$$E = \left(1 - \frac{S_t}{S}\alpha\right)\left(1 - \frac{S_d}{S}\beta\right)\left(1 - \frac{\lambda N_{d1} + \varepsilon N_{d2}}{AS}\right) \qquad (10\text{-}16)$$

式中，S_t 为梯田面积；S_d 为淤地坝控制面积；S 为土地总面积；α，β 分别为梯田和淤地坝的减沙系数，取值分别为 0.763 和 1。淤地坝控制面积根据黄河上中游管理局《淤地坝

设计》中不同类型淤地坝控制面积标准来计算,其中小型淤地坝控制面积<1km²,中型淤地坝控制面积为 $1 \sim 3$ km²,大型淤地坝控制面积为 $3 \sim 8$ km²,取各个类型淤地坝控制面积范围内的中值,即小型、中型及大型淤地坝控制面积分别为 0.5km²、2km² 及 5.5 km²。N_{d1}、N_{d2} 分别为拦沙坝、谷坊的数量,单位均为座;λ 和 ε 分别为拦沙坝和谷坊的拦沙定额,分别为 1000t/座和 100t/座;A 为区域平均土壤侵蚀模数,单位为 t/km²。

关于 E 值的修正,对于计算结果为负的县区,认为已经达到了较好的治理程度,将其定义为 $E=0.2$。

(7) 耕作措施因子计算

陕西省境内陕北、关中和陕南耕作制度差异较大,研究水平和数据资料积累不平衡,因而分陕北关中和陕南分别进行计算。限于调查数据,陕北关中地区中主要考虑了等高耕作,根据不同坡度条件下等高耕作减少土壤流失来确定耕作措施因子 T 值。

10.4.3 数学模型组件集开发与算法实现

数学模型组件集主要是在前面基础空间分析与水文运算、因子提取的基础上,根据模型算法完成运算的相应组件。该组件集包括三个数学模型:分布式产流产沙机理模型、分布式产流产沙经验模型与次暴雨洪水泥沙经验模型。考虑到模型系统的扩充,已留有接口,新的模型可以很方便地添加进来,易于扩充、易于集成。

10.4.3.1 次降水机理模型组件

建立的流域产流产沙模型由产流计算、汇流计算和产沙计算三部分组成。

(1) 分布式产流模型

包括植被截留子模型、蒸发计算子模型、超渗产流子模型(按照透水面积和不透水面积分别计算)三个主要模型集。

(2) 分布式汇流模型

该模型采用运动波理论在全流域建立一维非恒定流的坡面径流运动方程,然后采用 Preissmann 四点隐式差分进行离散和求解,建立网格的坡面汇流模型,利用该模型可计算出任意时刻、任意网格的水深、流速和流量。

(3) 分布式侵蚀产沙模型

该模型根据地形、地貌特征,将研究区分成梁峁坡、沟坡和沟槽三部分侵蚀产沙计算单元,由能量平衡原理分别建立其侵蚀产沙的计算公式,然后以分布式产汇流模型为基础进行耦合求解,根据每个网格的各个时段的水深、流速、流量依次计算出网格的各个时段的产沙量。

在模型实现时,根据各种基础数据计算的结果,按照分布式产流产沙机理模型算法,对流域某一场次降水进行产流产沙模拟计算。实现流程如图 10-33 所示。

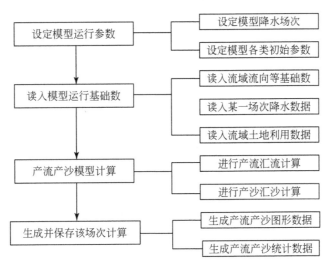

图 10-33　土壤侵蚀次降水机理模型运算流程示意图

10.4.3.2　年产沙经验模型组件

根据研发的经验模型算法，其实现思路主要是通过调用前文的因子提取组件，完成相应的因子提取，并根据经验公式，计算出流域的土壤侵蚀量。

潜在侵蚀 1（A01）：$A = RK$，表示气候和土壤的侵蚀；

潜在侵蚀 2（A02）：$A = RKLS$，不考虑水土保持措施，仅考虑气候、土壤和地形的侵蚀；

流域土壤流失 1（A1）：$A = RKLSBET$，不考虑沟蚀作用；

流域土壤流失 2（A2）：$A = RKLSBETg$，考虑沟蚀作用；

年均侵蚀强度（A_t）：指计算流域或区域的平均土壤侵蚀强度，具体计算公式为

$$A_t = \left[\sum_{c=1}^{n} (A_c \times S_c) \right] / \sum_{c=1}^{n} S_c \qquad (10\text{-}16)$$

式中，A_c 为计算单元的年土壤侵蚀模数 $[\text{t}/(\text{km}^2 \cdot \text{a})]$；$A_t$ 为计算流域的年平均土壤侵蚀模数 $[\text{t}/(\text{km}^2 \cdot \text{a})]$，$S_c$ 为计算单元面积。

年产沙总量（E_t）：指计算流域或区域的年侵蚀产沙总量，具体计算公式为

$$E_t = A_t \times S_t = \sum_{c=1}^{n} A_c \times S_c \qquad (10\text{-}17)$$

式中，E_t 为计算流域的年侵蚀产沙量（t/a）。

10.4.3.3　次暴雨洪水泥沙经验模型组件

根据次暴雨洪水泥沙经验模型研究，次暴雨洪水泥沙经验模型选用陕北模型、汇流模型选用无因次单位线。陕北模型又称超渗模型，在陕北地区，由于气候干旱，雨量稀少，地下水位低，包气带缺水量大，一般降雨不可能使包气带蓄满，不会形成地下径流。但由

于土壤贫瘠、植被较差、根系不发达，地面渗透能力小，雨强很容易超过地面下渗能力而形成地面径流。因此，干旱地区的产流方式主要是雨强超过地面下渗能力而形成的地面径流。陕北模型的基本原理是先考虑点的下渗能力，再用下渗分布曲线分配到面上。而无因次单位线选用 Sherman 单位线，简明易用，效果较好，在水文预报和水文计算中常被采用，同时它的基本概念和假定，对地下径流单位线、坡地单位线和河网单位线也基本适用。

对于产沙计算，根据模型研究，包括面蚀产沙与沟道产沙。在沟间地，地面径流在漫流过程中将雨滴击溅起的泥沙和风积沙土及疏松的表土向低处输送，形成面蚀。在沟谷地的沟坡区，由于坡度很陡，水流（直接径流、地面径流和壤中流）汇入后，除发生水力侵蚀外，还会发生强烈的重力侵蚀，引起崩塌、滑坡和沟头后退。在沟道，水流对由结构松散的泥岩组成的沟壁形成冲刷，使上层砂砾岩悬空，发生断裂塌落，这是沟壁重力侵蚀的主要形式。为简化计算而将沟间地和沟坡区的缓坡产沙统称为面蚀产沙，重力侵蚀和沟床冲刷称为沟道产沙。

在具体实现时，利用该数学模型提供的组件接口，实现次暴雨洪水泥沙计算功能。

10.4.4 结果输出与可视化组件开发与算法实现

该组件主要封装模型运算结果的输出与可视化功能，包括二维可视化方法与三维可视化方法。

10.4.4.1 二维可视化方法

模型运算后，应用二维可视化方法进行专题渲染。渲染时利用 ArcEngine 的专题制图接口采用分级显示的方法实现专题图。其关键代码如下：

```
……
Dim pClassRen As IRasterClassifyColorRampRenderer
Set pClassRen==New RasterClassifyColorRampRenderer
Dim pRasRen As IRasterRenderer
    Set pRasRen=pClassRen
    Set pRasRen. Raster=pRaster
  pClassRen. ClassCount=ii
  pRasRen. Update
  Dim pFromColor As IRgbColor
Dim pToColor As IRgbColor
Set pFromColor=New RgbColor
  pFromColor. Red=255
  pFromColor. Blue=0
  pFromColor. Green=255
  Set pToColor=New RgbColor
```

```
pToColor. Red=200
pToColor. Blue=50
pToColor. Green=100

Dim pRamp As IAlgorithmicColorRamp
Set pRamp=New AlgorithmicColorRamp
pRamp. size=ii
  pRamp. FromColor=pFromColor
  pRamp. ToColor=pToColor
  pRamp. CreateRamp ( True )
  Dim pFSymbol As IFillSymbol
Set pFSymbol=New SimpleFillSymbol
Dim j As Integer
For j=0 To pClassRen. ClassCount - 1
    pFSymbol. Color=pRamp. Color ( j )
    pClassRen. Symbol ( j ) =pFSymbol
    pClassRen. Label ( j ) = format ( pClassRen. Break ( j ) , " ##, ##
####0.000000") & " --" & format ( pClassRen. Break ( j + 1 ) , " ##, ######
0.000000" )
  Next j
  pRasRen. Update
  Set praslayer. Renderer=pClassRen
  praslayer. Renderer. Update
  ……
```

10.4.4.2　三维可视化方法

模型运算后，应用三维可视化方法进行成果三维可视化。这一方法的实现基于 ArcEngine 的三维控件 Scene 来完成。该控件是一个层次结构，顶层的 SceneViewerControl 负责图层的三维显示以及完成对鼠标操作的响应。默认情况下，移动鼠标左键实现图层的旋转观察功能，滑动中间键实现图层的平移功能，移动鼠标右键实现图层的放缩功能。位于 SceneViewerCont rol 下一层的 SceneGraph 和 Scene 实现对图层（Layer）的管理功能，包括图层的添加、移除、显示、隐藏等。Scene 下层的 Viewer 负责管理用户所看到的画面，每个 View 对应一个 Camera 对象完成类似相机镜头的功能，包括视角的选取、观察对象的设定、观察者位置的设定等。位于 Layer 下一层的 3DProperties 负责完成图层在三维显示（ArcS2cene）中的一些特殊效果，如高度夸张、图层叠加、光照渲染等功能。

在具体实现时，用到的主要接口包括：ISceneViewerControl、IRasterLayer、IScene、I3DProperties。其中，ISceneViewerControl 完成加入三维场景中的图层显示；IRasterLayer 负责将用户所选择的数据转化为 Layer 的形式；IScene 负责将 Layer 添加到三维场景中来，把地物叠加到地形上。此外，还需要将地物层的高度基准设置为地形层。这需要用 I3DProperties 对象来实现，需要设置 BaseOption 和 BaseSurface 两个属性。其关键代码如下：

```
……
p3DProps=Get3DPropsFromLayer ( pLayer )
p3Dprops. putBaseOption ( esriBaseSurface)
pSurf=GetSurfaceFromLayer ( mName , mHeight)
ppBase=pSurf
p3DProps. put refBaseSurface ( ppBase)
p3DProps. putZFactor ( m- ZFactor)
p3DProps. Apply3DProperties ( pLayer )
……
```

10.4.4.3 动态可视化方法

模型的动态可视化方法主要是根据次降雨过程，对每一时刻的产流产沙结果按照降雨的时间序列进行动态渲染，实现动态可视化。在具体实现时，主要是封装了 ArcGIS Engine 的 Map 控件以及图表（Chart）控件，根据读取的次降水时间序列数据，逐时刻绘制每一时刻的产流产沙计算结果，并调用 Visual2D、Visual3D 组件类的二维可视化方法、三维可视化方法，实现模型计算结果的二维动态可视化、三维动态可视化功能。

10.4.4.4 点位产流过程可视化方法

基于给定点位，读取一次降雨的每一时刻该点位的产流产沙计算结果，并以曲线的形式绘制出来。在具体实现时，主要封装了图表控件绘制这一过程曲线，并在地图上绘制该点位，从而实现点位产流过程可视化。

10.5 土壤侵蚀模型与工程应用支持系统设计与实现

基于设计的数学模型核心组件与建立的空间数据库，应用微软开发平台 Microsoft Visual Studio2005，结合土壤侵蚀模型集成需求进行应用示范，开发了土壤侵蚀模型与工程应用支持系统。

10.5.1 需求分析与总体设计

10.5.1.1 需求分析

根据设计的模型核心组件集，基于 . Net 集成研发的三个数学模型，建立基于 GIS 的模型信息系统，实现黄土高原水土流失信息组织、模型分析与计算、模拟结果查询、水土流失过程反演可视化。从需求来看，它主要为黄土高原土壤流失数学模型运算提供完整的运行支持，其需求集中在数据管理、数学模型土壤侵蚀预测计算以及可视化表达三个方面。其中，数据管理要求系统借助于先进的空间数据库管理技术，对参与预报计算的各类数据（原始数据、中间数据与结果数据）进行组织、管理与维护；数学模型计算则需要根据数学模型计算的要求，借助于各种空间分析方法，进行各类基础水文空间分析，在此基础上，根据数学模型进行计算并生成结果；可视化表达则要求系统实现对各类数据的静态可视化与模型运算过程的动态可视化功能，以辅助决策。

具体来看，系统除具备常规 GIS 功能外，还应具备以下几项功能。

(1) 模型计算工程组织

根据定义好的数据结构，以向导的形式，指导用户分步骤定义模型计算工程参数、导入模拟的基础数据，最终创建模拟工程文件并生成流域模型模拟工程的整体数据结构。

(2) 基础数据分析与水文计算

根据相应流域的数据，通过调用组件实现的各种分析与运算方法，进行 DEM 填洼、坡度坡长计算、流向流长计算、河网及侵蚀单元提取等一系列基础运算功能，并将运算结果写入数据库，为模型运算提供中间数据。

(3) 模型运算

根据开发的机理模型、年产沙经验模型以及次暴雨洪水泥沙经验模型，在基础数据分析与运算的基础上，读取模型运行的相关参数，进行模型运算；计算完毕后，存储模型计算结果。

(4) 模型成果反演

根据模型运算结果，在模型计算完成的基础上，按照某一场次降雨的时间顺序，调出每一时刻的产流（或产沙）结果，动态显示出来，为计算结果的动态演示提供操作接口。

(5) 成果查询与可视化

对各类空间数据（降雨插值结果 Raster Dataset，产流结果 Raster Dataset，产沙结果 Raster Dataset）进行数据查询，提供在给定的某一降雨场次下，特定点位的降雨曲线、产流曲线与产沙曲线的生成功能。

10.5.1.2 系统设计原则

(1) 满足需求原则

进行系统设计时，依据模型计算中的实际需要和产流产沙模拟的发展趋势，依托成熟的 GIS 技术、数据库技术等进行系统设计，实现模型系统建设的目标。

（2）先进性原则

系统开发时采用的 GIS 平台为全球最大的 GIS 厂商美国 ESRI 公司的 ArcGIS 9，具有强大的空间分析功能，提供了很多性能优异且使用方便灵活的接口；同时，与全球 GIS 研发的领跑者——ESRI 保持技术同步也保证了系统的先进性。

（3）可扩充性原则

系统设计时充分考虑系统的开放性，允许对系统的部分功能、数据库结构等内容进行扩充，保证数据的可持续利用和应用功能的可持续发展。

（4）可靠性和稳定性

可靠性与稳定性是衡量一个信息系统的关键指标。在设计时除了要选择可靠性与稳定性高的基础平台外，在系统的体系结构设计、代码开发与软件测试都要引入规范化的操作，按照软件工程学的要求，采用技术成熟的技术与开发工具以提高其可靠性与稳定性。

（5）完整性原则

模型系统的建立涉及整个流域产流产沙模拟的各个工作步骤与环节，在设计时充分考虑功能的完整性和完备性，使得组件具备从数据输入与处理、数据分析与模型运算到模拟过程动态可视化与模拟结果输出的完整的产沙模拟功能。

（6）标准化原则

国家对于空间数据的精度、数据格式及地理信息编码等都规定了相应的标准和规范，本系统的设计完全遵从这些标准和规范。

（7）数据可交换性原则

系统输入输出数据均采用标准数据格式，其输出结果可与其他模型系统进行数据交换。

10.5.1.3 系统总体功能与逻辑框架

根据前述的系统需求，设计系统的逻辑框架如图 10-34 所示。

（1）工程文件管理

工程是完成某一流域次降水土壤侵蚀预测预报计算的一种数据结构。系统工程管理功能主要实现数学模型工程的新建、打开、另存等功能，完成各类原始数据的集成与组织，生成工程数据结构；同时实现工程参数查询、降雨资料添加以及地图缩放平移等功能。

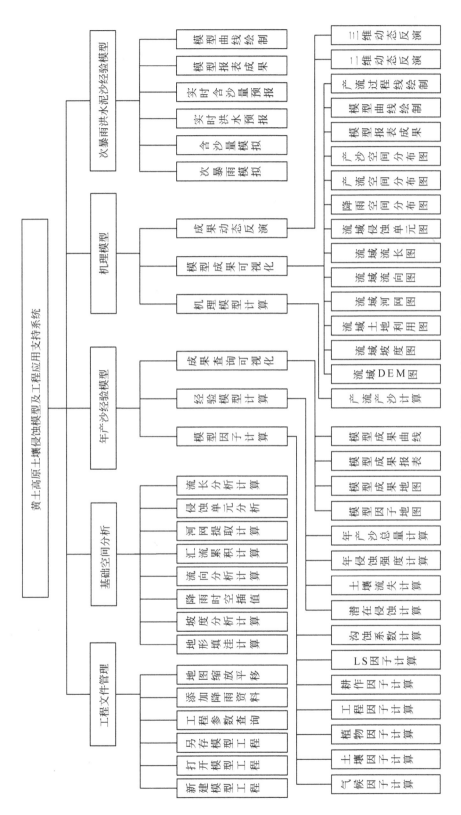

图10-34 黄土高原土壤侵蚀模型及工程应用支持系统逻辑框架图

（2）基础空间分析

包括 DEM 预处理、数据时空插值与基础水文运算三个子模块。其中，DEM 预处理完成流域填洼、流域坡度分析计算功能；数据时空插值完成点位观测指标的空间插值与离散、固定时间尺度插值功能；基础水文分析实现基础水文运算功能，包括根据流域地形数据计算流域流向、进行汇流累积，提取流域河网、进行水流路径长度计算、分析流域土壤侵蚀单元侵蚀参数（如糙率）等。这三个子模块生成的计算结果存入数据库以供数学模型运算调用。

（3）年产沙经验模型

主要完成年产沙经验模型的因子计算及模型计算功能，以及计算成果的查询、可视化等。包括三个模块：模型因子计算，集成了气候因子、土壤因子、植物因子、工程因子、耕作因子、LS 因子以及沟蚀系数计算等功能；经验模型计算，包括潜在侵蚀、土壤流失、年侵蚀强度以及年产沙总量等模型计算功能；成果查询可视化，包括模型各因子地图、计算成果地图、模型成果报表及成果曲线的生成、绘制及可视化功能。

数学模型计算。在各类基础计算完成后，根据基础计算结果进行数学模型运算并生成运算结果；同时实现计算结果查询功能，如沙峰误差、延时等参数查询，过程曲线查询等。

（4）机理模型

主要完成机理模型运算及成果可视化反演等功能。包括三个模块：机理模型计算，实现了机理模型的产流产沙计算功能；模型成果可视化，主要用来对某一计算结果进行制图表达与专题渲染或生成某一时刻运算结果的空间分布图；模型报表及曲线绘制等。包括：流域 DEM、流域坡度、流域土地利用、流域河网、流域流向、流域流长、流域侵蚀单元等成果的专题地图生成；某一时刻降雨、径流深以及产沙情况的空间分布情况查询；以及模型报表查询、曲线生成与点位产流过程线的绘制等功能。成果动态反演，按照次降水的时间序列对其产流产沙过程进行动态反演，包括二维动态反演及三维动态反演两个方面。

（5）次暴雨洪水泥沙经验模型

主要实现了次暴雨洪水泥沙模型的计算及成果查询。包括次暴雨径流模拟计算、次暴雨洪水含沙量模拟计算、实时预报、含沙量实时预报、模型报表查询以及模拟曲线绘制六方面功能。

上述各个功能模块耦合紧密，实现了在单一框架下集成多个模型的应用需求，并且具有开放性，可根据模型研发进展，及时地添加、集成更多的土壤侵蚀模型与工程应用支持系统，以应用于生产实践。

10.5.1.4　系统开发平台

考虑到系统运行的适应性，系统采用组件式 GIS 产品 ESRI ArcEngine 进行开发，形成一个构建 GIS 应用的开发包（SDK）。程序设计者可以在自己的计算机上安装 ArcEngine 开发工具包，工作于自己熟悉的编程语言和开发环境中。ArcEngine 通过在开发环境中添加控件、工具、菜单条和对象库，在应用中嵌入 GIS 功能。ArcEngine 包括 1000 余个可编程的 ArcObjects 组件对象，包括几何图形到制图、GIS 数据源和 Geodatabase 等一系列库。在 Windows UNIX 和 Linux 平台的开发环境下使用这些库，程序员可以开发出从低级到高级的各种定制的应用。相同的 GIS 库也是构成 ArcGIS 桌面软件和 ArcGIS Server 软件的基础。开发者使用集成开发环境注册 ArcEngine 开发组件，然后建立一个基于窗体的应用，添加 ArcEngine 组件并编写程序代码构建自己的应用。一旦开发完成，ArcEngine 应用可以通过 ArcEngine 运行时许可来运行 ArcEngine 应用。

10.5.2 关键问题分析与解决方案

10.5.2.1 基于工程的基础数据组织

为了实现系统的易用性，在系统的开发中引入工程的概念。一个模拟工程由特定研究区域，基础数据、参数数据组成，这些元素组分确定后，再改变任何一个就会产生新的模拟工程。完成工程的定义后，可以按照预定的步骤进行运算并最终生成运算结果。这些工程可以被建立，复制，编辑与删除，其中，建立工程是进行模型运算的起点。它以向导的形式，指导用户分步骤定义工程参数、导入工程基础数据，最终创建工程文件并生成工程的整体数据结构。其中，工程文件以 ASCII 码方式存储相应的模型工程参数，如工程名称、流域网格单元边长、流域空间范围以及降雨场次等。

10.5.2.2 基于 ArcEngine 的空间分析

空间分析是基于空间数据的分析技术，以地学原理为依据，通过分析算法，从空间数据中获取有关地理对象的空间位置、空间分布、空间形态、空间形成、空间演变等信息。在黄土高原数学模型信息系统中，使用了大量的空间分析方法，尤其是涉及运算关键数据的地形分析与水文分析技术，包括坡度坡向计算、降水数据空间插值、流向计算、汇流计算、河网提取等。这些空间分析算子在 ArcEngine 中已经进行了良好的封装，并且这些分析算子的输入输出数据与 ArcGIS 数据完全一致，因此，为便于具体预报模型与 GIS 的完全无缝集成，在具体开发时，直接按照 ArcEngine 规定的调用方法来调用这些空间分析算子，从而完成各类分析计算任务只需要较为简单的代码，大大提高了开发效率。

10.5.2.3 数学模型与 GIS 功能的耦合

数学模型与 GIS 的集成既可以是松散的耦合，也可以是复杂的完全集成。当前的模型多由水文专业人员进行研制，缺少与 GIS、计算机等学科的多学科协同与交叉，使得当前的模型与 GIS 集成的方式多为松散耦合，二者完全无缝集成的模型并不多见。黄土高原数学模型信息系统基于 ArcEngine 进行开发，采用完全集成的方式实现，数学模型与基础 GIS 功能基于同一平台开发，二者基于统一的底层内核进行通信与数据调用等互操作，数据层为 ESRI 的 Geodatabase 数据库，模型计算时可以按照与 GIS 功能一致的方式读取、写入数据，实现了基础数据分析与模型运算一体化，避免了模型与 GIS 功能脱节或耦合松散的缺点，具有系统框架清晰、计算过程明确高效的特点。

10.5.3 系统界面设计

系统采用类 Office2007 的多标签界面，其标签可自动隐藏，从而扩充了系统操作空间，并具有界面友好、操作便捷、功能完善、易于使用等优点。系统的主界面如图 10-35 所示。

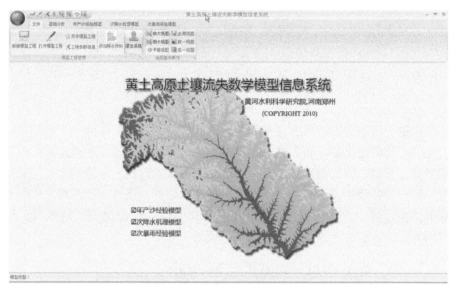

图 10-35 黄土高原土壤流失数学模型信息系统示意图

10.5.4 系统实现与应用

系统共包括文件、基础分析、年产沙经验模型、机理模型、次暴雨洪水泥沙经验模型五个主菜单，对应于工程文件管理、基础水文分析、年产沙经验模型、机理模型与次暴雨洪水泥沙经验模型等五大功能，分述如下。

10.5.4.1 文件

文件菜单主要完成土壤侵蚀工程的基础数据组织、打开、维护以及参数查询等功能。以新建模型工程为例，它采用向导式（WIZARD）界面，其操作步骤如下。

1）点击文件菜单—新建模型工程，出现向导第一步界面，主要设定模型工程名称、存储路径以及模型类型，如图 10-36 所示。

2）在工程名称文本框中输入模拟工程名称，单击工程路径后的"浏览"命令，出现如下所示的路径选择对话框，选择工程路径后，单击不同的模型以设定模型类型，再单击

图 10-36 新建模型工程向导示意图

"下一步"。

3）出现向导的第二步，设定模型的基础数据，根据不同的模型，其设定基础数据也不相同。以年产沙经验模型为例，需设定流域基础数据，根据情况设定流域年 NDVI 数据或汛期月 NDVI 数据，单击 ⋯ 按钮可选择相应的数据，如图 10-37 所示。全部设定完成后，单击下一步。

图 10-37 新建模型工程向导之设定示意图

4）出现向导的最后一步，对工程的名称、路径与各类原始数据进行总结并显示出来，检查无误后，单击"确定"命令完成向导，即可创建模型工程。

10.5.4.2 基础分析

（1）地形分析

1）地形填洼。在打开工程状态下，单击基础分析—地形填洼，即出现填洼计算对话框，输入容许的流域相邻栅格高差容限（默认为 30m），单击确定即可完成填洼计算，并显示填洼计算结果（图 10-38）。

2）坡度分析。在打开工程状态下，单击地形分析—坡度分析，即可完成流域坡度分析并显示出分析结果。需要注意的是，坡度分析必须在填洼计算完成后进行（图10-39）。

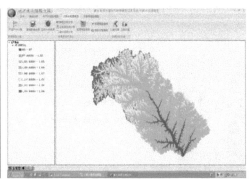

图 10-38　地形填洼及计算结果示意图

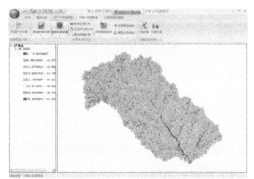

图 10-39　坡度分析及结果示意图

（2）时空插值

1）降水时间插值。在打开工程状态下，单击基础分析—降雨时间插值，即出现资料时间插值计算对话框；在该对话框中选择当前工程某一降雨场次，并输入插值时间步长（默认为30min），单击"插值"即可完成资料的时间插值运算并自动保存运算结果。

2）降水空间插值。在打开工程状态下，单击数据插值—降雨资料空间插值，即出现降雨空间插值计算对话框；在该对话框中选择当前工程某一降雨场次，单击"插值"即自动进行降雨空间插值运算并保存运算结果（图10-40）。

图 10-40　降雨时空插值示意图

（3）水文分析

1）流向计算。在打开工程状态下，单击基础分析—流向计算，即出现流向计算对话框；单击"确定"即自动进行流向计算并保存、显示计算结果。流向计算需在坡度分析完成后进行（图10-41）。

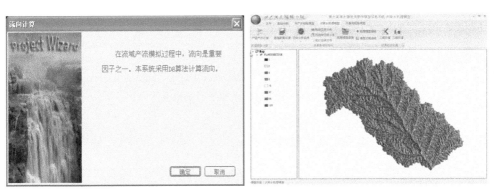

图10-41　流向计算及分析结果示意图

2）汇流累积计算。在打开工程状态下，单击基础分析—汇流累积计算，即出现汇流累积计算对话框；在该对话框中单击"确定"即自动进行汇流计算并保存、显示计算结果。汇流累积计算需在流向计算完成后进行（图10-42）。

图10-42　汇流累积计算及结果示意图

3）河网提取计算。在打开工程状态下，单击基础分析—河网提取计算，即出现河网提取计算对话框；在该对话框中输入形成水流的最小单元数（默认取200）后，单击"确定"即自动进行河网提取计算并保存、显示计算结果。河网提取计算需在汇流累积计算完成后进行（图10-43）。

4）侵蚀单元分析。在打开工程状态下，单击基础分析—侵蚀单元分析，即自动进行流域侵蚀单元分析并保存、显示计算结果。流域侵蚀单元分析需在河网提取计算完成后进行（图10-44）。

5）流长计算。在打开工程状态下，单击基础分析—流长计算，即出现水流路径长度计算对话框；在该对话框中单击"确定"即自动进行流长计算并保存、显示计算结果。流

图 10-43　河网提取计算及结果示意图

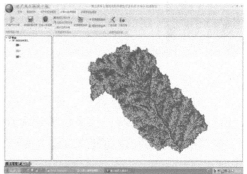

图 10-44　侵蚀单元分析示意图

长计算需在流向计算完成后进行（图 10-45）。

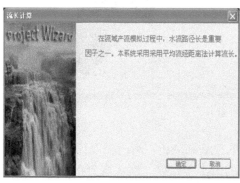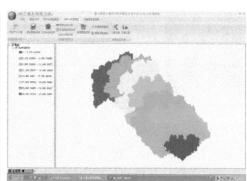

图 10-45　流长计算及成果示意图

10.5.4.3　年产沙经验模型

（1）模型因子计算

1）气候因子计算。在打开工程状态下，单击年产沙经验模型—气候因子计算，即出现气候因子计算对话框；在该对话框中单击"加载年平均降雨观测数据表"可显示降雨观测资料，设定必要的插值方法与参数后，单击"计算"即可自动进行气候因子计算并保存、显示计算结果（图10-46）。

图10-46　气候因子计算示意图

2）土壤因子计算。在打开工程状态下，单击年产沙经验模型—土壤因子计算，即出现土壤因子计算对话框；在该对话框中单击"加载土壤类型数据表"可显示土壤类型资料，单击"计算"即可自动进行土壤因子计算并保存、显示计算结果（图10-47）。

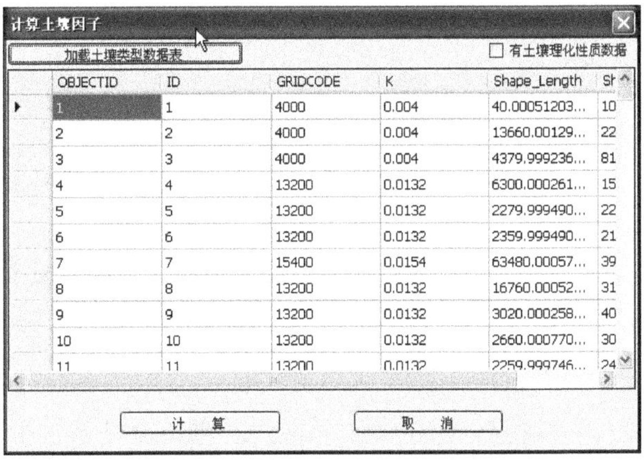

图10-47　土壤因子计算示意图

3）植被因子计算。在打开工程状态下，单击年产沙经验模型—植被因子计算，即出现植被因子计算对话框；在该对话框中单击"加载月平均降雨观测数据表"可显示月平均降雨观测资料，设定必要参数后，单击"计算"即可自动进行植被因子计算并保存、显示计算结果（图10-48）。

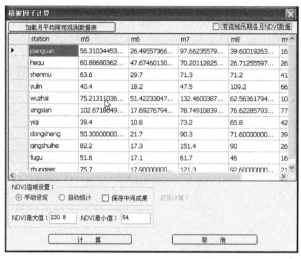

图 10-48　植被因子计算示意图

4）工程因子计算。在打开工程状态下，单击年产沙经验模型—工程因子计算，即出现工程因子计算对话框；在该对话框中单击"加载水保工程措施数据表"可显示水保工程措施资料，单击"计算"即可自动进行工程因子计算并保存、显示计算结果（图10-49）。

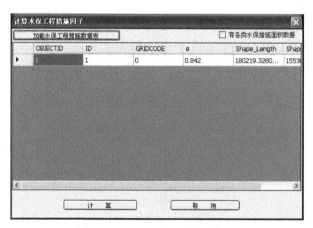

图 10-49　工程因子计算示意图

5）耕作因子计算。在打开工程状态下，单击年产沙经验模型—耕作因子计算，即出现耕作因子计算对话框；在该对话框中单击"确定"即可自动进行耕作措施因子计算并保存、显示计算结果（图 10-50）。

6）LS 因子计算。在打开工程状态下，单击年产沙经验模型—LS 因子计算，即出现LS 因子计算对话框；在该对话框中设定相关参数后，单击"计算"即可自动进行 LS 因子计算并保存、显示计算结果（图 10-51）。

7）沟蚀系数计算。在打开工程状态下，单击年产沙经验模型—沟蚀系数计算，即出现沟蚀系数计算对话框；单击"计算"即可自动进行沟蚀系数计算并保存、显示计算结果

（图 10-52）。

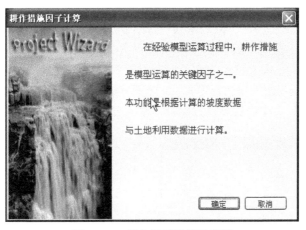

图 10-50　耕作因子计算示意图

 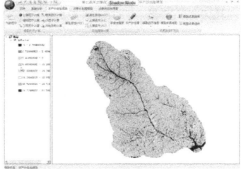

图 10-51　LS 因子计算示意图

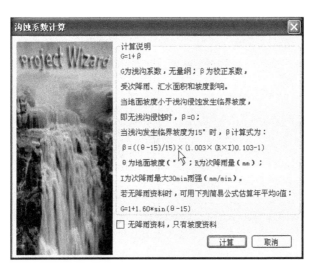

图 10-52　沟蚀系数计算示意图

（2）经验模型计算

该菜单包括潜在侵蚀 A01 计算、潜在侵蚀 A02 计算、土壤流失 A1 计算以及土壤流失 A2 计算四类土壤侵蚀模型计算，以及对各类计算结果的年侵蚀强度（年均土壤侵蚀模数）、年产沙总量分析。以土壤流失 A2 计算为例，在打开工程状态下，相应的因子计算完成后，单击年产沙经验模型—土壤流失 A2 计算，即出现土壤流失 A1 计算对话框；单击"计算"即可自动进行土壤流失计算并保存、显示计算结果（图 10-53）。

图 10-53　土壤流失 A2 计算及结果示意图

（3）成果查询可视化

成果查询可视化包括地图可视化及模型报表、曲线可视化两个方面。其中，地图可视化主要是生成各类因子或计算结果的专题地图。在打开工程状态下，相应的因子计算完成后，单击年产沙经验模型—模型因子地图与成果地图，即出现各类因子地图与成果地图子菜单；单击相应的子菜单即可调出计算结果并生成专题地图。模型成果报表查询主要生成模型计算报表及曲线；在打开工程状态下，相应的侵蚀模型计算完成后，单击年产沙经验模型—模型成果报表或曲线，即出现相应对话框；设定相关查询或绘制参数后，单击相应命令按钮即可查询年经验模型报表或曲线（图 10-54）。

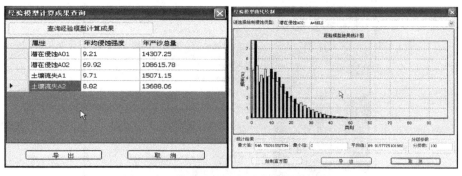

图 10-54　模型成果报表及曲线查询示意图

10.5.4.4 机理模型

(1) 机理模型计算

在打开工程状态下，单击次降水机理模型—产流产沙计算，即出现产流产沙计算对话框；选择相应的降水场次，设定霍顿产流参数、线性水库参数等计算参数后，单击计算即可进行次降水机理模型计算（图 10-55）。

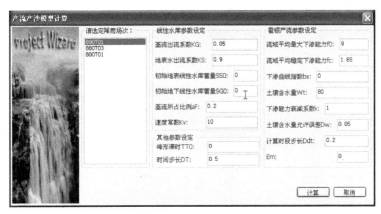

图 10-55 产流产沙模型计算示意图

(2) 成果查询可视化

在打开工程状态下，相应的计算完成后，单击次降水机理模型—基础数据成果或空间分析成果，即出现各类基础数据地图子菜单与分析成果地图子菜单；单击相应的基础数据地图即可调出基础数据并生成专题地图。以降雨与径流深空间分布为例，在打开工程状态下，相应的时空插值计算完成后，单击机理模型—降雨空间分布，即出现降雨空间分布对话框（图 10-56）；单击相应的降雨场次，选择相应的时刻，单击打开即可调出该场次降雨、该时刻的降水空间分布结果及径流深、侵蚀产沙空间分布结果并生成专题地图（图10-57）。

图 10-56 降雨空间分布查询示意图

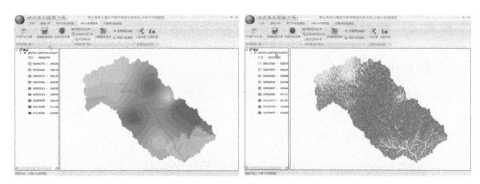

图 10-57　径流深与侵蚀产沙空间分布查询结果示意图

　　类似于年产沙经验模型，在打开工程状态下，机理模型计算完成后，单击次机理模型—机理模型报表或曲线，即出现机理模型报表查询或曲线绘制对话框；选择相应的降雨场次，单击查询该场次模拟结果即可调出模型计算结果报表并显示（图 10-58）。

图 10-58　机理模型报表查询与曲线绘制结果示意图

　　此外，在打开工程状态下，机理模型计算完成后，单击机理模型—模型过程曲线，在地图上单击某一位置，即出现模型过程曲线绘制对话框；选择相应的降雨场次，单击绘制，则在地图上显示点击位置，对话框中显示点击处的行列号，并绘制该处该场次降雨机理模型不同时刻计算结果过程曲线（图 10-59）。

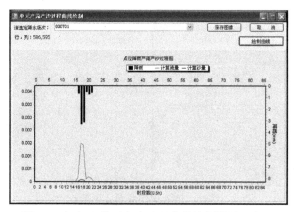

图 10-59　机理模型产流过程曲线绘制结果示意图

（3）成果动态反演

1）二维动态反演。在打开工程状态下，机理模型计算完成后，单击机理模型—二维动态反演，即出现二维动态反演对话框；单击加载降雨场次列表，选择相应的降雨场次，单击绘制曲线，则在对话框下方绘制出该场次的曲线；设定反演参数后，即可按照该场次降水的时间序列动态在二维地图上显示径流深或产沙空间分布，并与模型曲线同步（图10-60）。

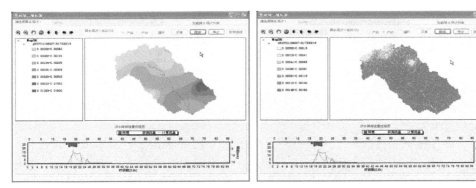

图 10-60　机理模型产流与产沙二维动态反演示意图

2）三维动态反演。在打开工程状态下，机理模型计算完成后，单击机理模型—三维动态反演，即出现三维动态反演对话框；单击加载降雨场次列表，选择相应的降雨场次，单击绘制曲线，则在对话框下方绘制出该场次的曲线；设定三维拉伸系数等反演参数后，即可单击相应的反演按钮按照该场次降雨的时间序列在三维视区内动态显示径流深或产沙空间分布，并与模型曲线同步（图10-61）。

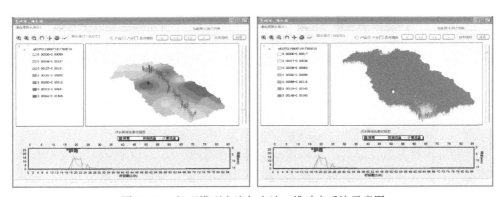

图 10-61　机理模型产流与产沙三维动态反演示意图

10.5.4.5　次暴雨洪水泥沙经验模型

（1）模型计算

1）次暴雨模拟。在打开工程状态下，单击次暴雨洪水泥沙经验模型—次暴雨模拟，即出现次降雨模拟对话框；设定模拟开始时间、结束时间及时间步长后，输入流域水文站编号，单击查询原始数据即可在对话框右方显示降雨观测数据，单击模拟计算即可进行模拟，并显示模拟结果（图10-62）。

图 10-62　模拟计算示意图

2）含沙量模拟。在打开工程状态下，单击次暴雨洪水泥沙经验模型—含沙量模拟，即出现含沙量模拟对话框；设定模拟开始时间、结束时间及时间步长后，输入流域水文站编号，单击查询原始数据即可在对话框右方显示降雨观测数据，单击模拟计算即可进行模拟，并显示模拟结果（图10-63）。

图 10-63　含沙量模拟计算示意图

（2）次暴雨模型预报

在打开工程状态下，单击次暴雨洪水泥沙经验模型—实时洪水预报或实时含沙量预报，即出现实时预报对话框；设定预报时间、时间步长、流域水文站编号后，输入预热期、预见期时长，系统会自动计算预报开始时间、结束时间；单击计算即可进行实时预报，并显示预报结果（图10-64）。

（3）成果查询可视化

在打开工程状态下，单击次暴雨洪水泥沙经验模型—模型报表或模型曲线，在出现的对话框中，设定降水时间及产流或产沙过程后，单击查询结果即可查询该时刻的模型计算结果（图10-65）。

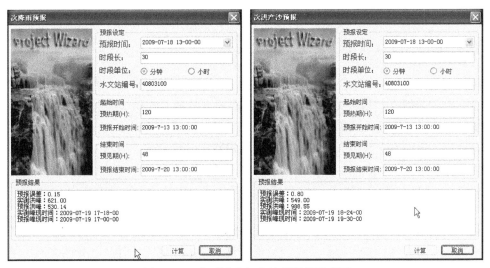

图 10-64 实时洪水与含沙量预报示意图

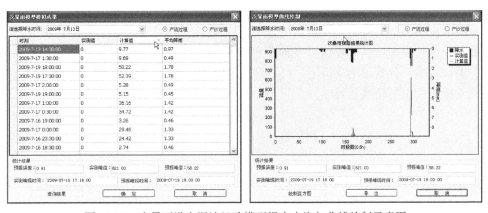

图 10-65 次暴雨洪水泥沙经验模型报表查询与曲线绘制示意图

10.5.5 系统特征

(1) 系统数据管理灵活高效

系统以模拟工程的形式进行数据组织,同时采用 ESRI 新型空间数据模型——Geodatabase 进行数据存储与管理,矢量数据以要素类 FeatureClass 的形式存储,栅格数据以 RasterDataset 的形式存储,形式统一,数据组织简洁高效,便于数据的灵活、高效管理,便于进行空间分析与分布式产流产沙模型分析。

(2) 系统功能丰富,易于集成

系统在当前版本主要集成了年产沙经验模型、机理模型以及次暴雨洪水泥沙经验模型三个土壤流失模型，能够完成这三个模型的计算、分析及成果可视化反演；基于数学模型组件开发，随着模型研发的不断完善，可根据需要快速集成相应的土壤流失模型。

（3）系统 GIS 功能与专业模型耦合紧密

系统基于 ArcObjects 进行开发，而 ArcObjects 封装了大量的 GIS 功能，包括数据维护与管理、空间分析（包括水文分析）、专题制图等大量的 GIS 功能操作接口，使得进行模型运算与 GIS 分析的基础数据结构完全一致，二者基于统一的底层内核进行通信与数据调用等互操作，从而专业模型与 GIS 功能耦合较为紧密，避免了模型与 GIS 功能脱节或耦合松散的缺点。

（4）系统实现了各类数据的实时生成

由于系统自动进行相关计算，因此各类中间结果均得以保存，可随时调出并查询。以次降水机理模型为例，其产流产沙过程实现了整个降雨历时任一时段数据的实时生成，避免了传统集总式模型只有一个出口结果的缺点。

（5）系统适用面广，易于扩充

系统数据与参数均可根据模拟需要进行灵活设置，并不局限于某一特定区域的模拟，相关数据与参数设定后，可模拟不同地貌和下垫面条件下的产流和产沙过程，适用面广。同时，系统在统一数据结构支持下，可以建立扩充多种模型，并且多种模拟结果的对比分析有利于提高模拟的精度和科学性。

10.6 小　　结

10.6.1　主要结论

1）基于空间数据库技术，建立了土壤侵蚀模型与工程应用支持系统的信息支撑体系，按照规范化与标准化的思路，设计建立了信息支撑体系空间数据库，对模型运行所需数据进行了整合入库；并开发了数据库管理平台，提供数据转换入库、数据分发、制图输出等基本功能，为土壤侵蚀模型的应用提供了数据基础。

2）基于面向对象的思路，设计了土壤侵蚀模型与工程应用支持系统组件库。该组件库包括基础数据管理组件、空间分析与水文运算组件集、数学模型组件集以及结果输出与可视化组件集四部分，分别实现了基础数据管理、基础地形分析、水文运算与因子提取、数学模型运算以及结果输出与可视化等功能，并就有关算法实现进行了详细设计。

3）进行了应用系统示范，基于开发的土壤侵蚀模型与工程应用支持系统构件库，结合具体的应用需求，开发了土壤侵蚀模型与工程应用支持系统应用系统。

4）应用面向对象的方法封装流域产流产沙模型，实现了模型与模型、模型与 GIS 的"二元紧密耦合"，实现的应用系统数据管理与模型模拟灵活高效，实现了各类数据的实时生成与自动计算,模型之间功能互补与参数的自动校验与修正,适用面广,易于扩充;这一思路对于提高研制数学模型的适用性与实用性具有重要价值。

10.6.2 展望

随着地理信息系统、遥感技术和气象卫星的发展,大大促进了水文信息技术的发展,对产流产沙模型的研究也会随之发生新的变化。

当前,各种先进的科学手段为水沙模拟提供了更方便、更详细的载体和数据源。地理信息系统和遥感技术为陆地水沙过程模拟提供了分辨率越来越高的下垫面资料,从中可以将影响流域径流过程的因素具体化,并充分考虑各个因素的空间分布,为参数的区域分布研究和分布式水沙模型的发展提供强有力的资源信息库。

分布式水沙模型,尤其是具有物理基础的分布式水沙模型能为精确描述和科学地揭示现实世界的降雨径流形成机理提供有力工具。而分布式水沙模型要得到突破性进展,必须加强点上数据的观测,并保证数据的可靠性和代表性,研究清楚单点所代表的物理过程,进而考虑尺度转换问题。尺度转换必须选择合适的插值方法,并结合高分辨率的遥感图像。模型格点尽可能小,保证每个格点内的水文过程一致。对每一个格点内的水文过程的研究,尽量减少假设,并探讨所应用的理论是否适合该种物理过程。

GIS 是用数字化方法描述复杂空间变化的变量的必要工具,是以计算机为代表的信息革命时代的重要产物,加强 GIS 技术与水文科学和泥沙科学的结合,不断开发 GIS 技术在水文学、泥沙科学理论和应用中的功能是十分必要的。

随着以上关键技术的逐步突破,水沙模型在水土资源开发、利用、保护、洪水预报、泥石流预报、人类活动对水沙影响等方面必将得到越来越广泛的应用。由于分布式模型考虑了流域的空间差异性,所以在预测土地利用及植被覆盖度等的变化对流域水土流失、污染物的迁移转化,以及由此引起的对流域生态环境的影响等方面,能够反映出流域内的局部变化对环境和资源的影响,从而更有效的预测和评价流域的管理行为对环境、资源的影响,达到有效地指导人类活动的目的。

参 考 文 献

陈正江,汤国安,任晓东.2007.地理信息系统设计与开发.北京:科学出版社

郭庆胜,杜晓初,闫卫阳.2006.地理空间推理.北京:科学出版社

韩志刚.2005.基于 J2EE 的集成地籍信息系统研究.开封:河南大学

胡素杰.2008.小流域坡面治理规划空间决策支持系统研究.开封:河南大学

刘湘南.2005.GIS 空间分析原理与方法.北京:科学出版社

乔保军,董玫,王素贞.2003.我国企业实现现代化的手段——实施 CIMS 工程.河南科技,(2):28-29

秦耀辰,钱乐祥,千怀遂,等.2004.地球信息科学引论.北京:科学出版社

汤国安,刘学军,闾国年.2005.数字高程模型及地学分析的原理与方法.北京:科学出版社

王伟军,黄杰,李必强.2003.信息管理集成的研究与应用探讨.情报学报,22(5):526-531

吴信才.2009.空间数据库.北京:科学出版社

徐慧.2003.信息系统集成技术与开发策略的研究.苏州大学学报(自然科学版),19(4):39-46

张超 . 2005. 地理信息系统实习教程 . 北京：高等教育出版社

张健挺 . 1998. 地理信息系统集成若干问题探讨 . 遥感信息，（1）：14-18

朱蕾，黄敬峰，李军 . 2005. GIS 和 RS 支持下的土壤侵蚀模型应用研究 . 浙江大学学报，31（4）：413-416

左其亭，王中根 . 2006. 现代水文学 . 郑州：黄河水利出版社

第三篇　土壤侵蚀模型的工程应用

第 11 章　黄土高原小流域地貌演化模拟与应用

本章基于地貌学和水文学原理，建立了黄土高原丘陵沟壑区小流域地貌演化模型，模拟了 400 多年的小流域地貌演化过程，定量分析了地貌演化规律，为进一步认识小流域侵蚀产沙发展规律提供了历史与未来情景。

11.1　黄土高原小流域地貌演化模拟方法

地貌学是研究地球地貌形态和各种形态构造过程的科学。经典地貌演化是按演化过程定义的，将地貌演化分成崎岖不平的青年期、浑圆丘陵的壮年期和平坦平原的老年期。现代地貌学家创造了景观演化术语，以描述地貌形态和过程的相互作用。景观演化既能描述历史地貌形态，又能描述人类活动对地貌形态的影响。

结合自然地理学、地貌过程学、古气候学和地球动力学等学科的研究与考察结果，不同学者建立了不同的地貌演化模型。20 世纪以前，戴维斯（Davis，1889）对地貌演化的研究成果具有重大的影响，他提出了地貌循环学说。Gilbert（1877）的研究成果开创了现代地貌过程研究的先河。20 世纪中期，坡面水文学得到发展，并用于开展基于过程的创造性的模拟研究（Horton，1945）。20 世纪末期，学科交叉研究使地貌演化的定性和定量研究方法相结合成为现实，产生了地貌数字模拟方法，建立了耦合的地球表面动力学的数学模型（Beaumont，1992）。

11.1.1　地貌演化模型分类

根据模型的表达方式将地貌演化模型分成三个大类：定性模型，实体模型和表面过程模型。定性模型描述大陆级别的长期的地貌尺度、形状等变化，不依赖物理原理，有着强烈的地理学色彩，也有着全面的科学调查依据，是地球动力和过程地貌学研究的基础（Bull，Schick，1979）。

实体模型是地貌的实物缩小模型，如利用水槽可以较好地模拟沟道形状和过程演化（Schumm et al.，1987）。但有人认为，实体模型很难获得和自然界物质属性相同的材料，不能作为认识自然界的试验模型（Paola & Mullin，2001）。例如，很容易在水槽模型中建立与实际河道物质粒度和密度成比例的沟道模型（如煤粉尘代表谷粒大小颗粒），也可建立与实际水流速度成比例的流体（如丙酮）。问题在于丙酮流体不侵蚀任何与自然条件相似的底部粉煤灰，更不用说丙酮具有挥发性，而煤粉尘带有很高的静电荷。因此，实体模型很难准确模拟自然条件下的携沙水流和侵蚀过程。

表面过程模型能模拟研究区特殊地貌过程，建立各种地貌之间的相互作用和反馈机制，模拟地球表面侵蚀和构造作用的综合作用结果。数字表面过程模拟为探索地貌形态、表面过程和构造过程之间相互作用提供了很好的技术支持的大门。数字地貌模型是模拟地貌演化及其相关过程的函数。例如，可用一个数学方程描述占优势的坡面过程，另外一个数学方程描述风化作用，再用一个数学方程模拟河流的水沙输移，这样就能模拟地貌的演化过程。在现代技术条件下，数字地貌演化模型可借助计算机程序的多次循环来模拟长期地貌演化，重建地貌演化过程。因此，数字地貌演化模型成为当今的研究热点。虽然用简单数字模型处理地块平衡不能真正重建一个真实复杂地貌，但是可以追踪地貌演化的数量关系，如平均高程。更复杂的模型可以生成和模拟合成地貌及其演化，数字表面模型已与地球动力学紧密的耦合在一起，这种耦合能让学者了解表面形态和构造作用在造山运动中的动力反馈机制。

11.1.2 数字地貌模型研究

数字地貌模型是用地貌过程、其他过程和地貌景观特征的函数表达地貌演化。典型数字策略是把地貌高程作为栅格单元，其高程变化取决于该单元组成物质的增加或减少，由一个或多个数学方程模拟。经过方程多次迭代运算，就能模拟单元的高程变化，反映地貌随时间的变化演化规律。数字地貌模型可替代提供了难于解决尺度关系的实体模型，也能方便地确定单一和多个地貌演化过程的特性，更为重要的是，数字地貌模型以现代地貌为基础，能够用于验证地貌演化模式和预测地貌景观的未来变化。

根据模型的构建理论基础将数字地貌模型分成三个类型：代理模型、多过程模型和地球动力和表面过程耦合模型。典型代理模型追踪单一地貌景观格局变化，如平均高程和平均侵蚀量，而且不再描述真正地貌在多种过程作用下的物质再分配。多过程模型尝试划分和模拟所有的过程，并且用多个数学方程描述各过程的物质再分配。近年来，学术界将多过程模型和地壳岩石变形的地球动力模型紧密结合，产生了地球动力表面过程耦合模型，该模型是用表面过程模型预测地貌景观的侧向演化，用地球动力模型计算固定地球表面构造地貌作用（Beaumont et al.，2000）。

11.1.2.1 代理地貌模型

代理地貌模型的目标是追踪地貌格局，如平均海拔高程，即该模型使用具有物理基础方程和确定性地貌格局或过程之间函数关系描述诸如河床等单一地貌景观的演化结构（Howard，1994）。侵蚀率平均高程是该类模型的通用指数。早期模型使用高程和侵蚀率的关系探索地壳抬升，平均高程演化和岩石圈的挠曲形变（Moretti & Turcotte，1985）。该类模型也通过模拟一些突出岩石侵入体预测山体高度（Dahlen & Suppe，1988；Ahnert，1984），或预测某一地区的热力结构（Batt，2001）。

代理地貌模型不能模拟侵蚀产生的全部地貌演化过程，但是在探究地貌格局和驱动力相对尺度的关系方面很重要。例如，Pitman 和 Golovchenko（1991）证明在阿帕拉契山脉，侵蚀与平均高程比例关系是形成准平原的充分必要条件。

11.1.2.2 多过程地貌演化模型

多过程地貌演化模型的目标是模拟两个以上具有相互影响的地貌演化过程。采用数学模型描述这些过程，地貌的连续变化方式和这些数学模拟紧密相连，模型的输入参数为岩石类型、气候、构造运动，输出结果为预测地貌演化过程（Slingerland et al.，1994）。多过程地貌模型和代理模型的不同在于前者致力于模拟实际地貌形状和过程，后者主要探讨地貌格局的尺度关系。多过程模型经过了两代发展，第一代多过程模型主要包括建立基岩风化作用、崩塌、滑坡、河流泥沙输移和沟道形成等模型（Ahnert，1987）。第二代模型探索面更广更复杂，如要模拟气候变化、分水岭迁移等（Tucker & Slingerland，1994）。所有多过程模型依据的基本原理为质量守恒定律。进入或流出地貌单元的物质都由地貌演化动力驱动，他们包括地貌岩石风化、坡面后退、崩塌、冰川侵蚀、基岩河床侵蚀、流水河道侵蚀和泥沙输运。

11.1.2.3 地球动力表面过程耦合模型

地球动力表面过程耦合模型通过研究地壳或岩石圈变形预测地形和地貌演化（Beaumont et al.，2000）。最基本的地球动力耦合过程模型可以假定为一根一维结壳柱子，按照一定规律从顶部剥蚀物质，并发生均衡回弹，与物质移动和相关沉积相对应。真正典型的耦合模型包括多过程地貌演化模型的全部复杂性，还包括关于地壳物质变形的几何和动力学假定，这些变形包括水平和横向变动，如果调查耦合系统动力学原理必须将构造运动过程机制集成在模型里，其理论基础是地形的重力和浮力是发生主要耦合过程的重要原因（Small & Anderson，1998），影响到受力状态和变形率。当前主要限制是很难建立耦合模型与表面过程模型相同分辨率的动力学模型。

使用耦合模型研究长期地貌演化概念是其应用实例（Kooi & Beaumont，1996）。使用包含动态抬升的耦合模型，可以预测表面侵蚀和地壳抬升率，换句话说，表面过程和地壳抬升过程相耦合，但是没有考虑其间的反馈。

11.1.3 黄土高原地貌演化研究

地貌侵蚀演化是地表剥蚀过程研究的组成部分。由于研究方法和手段的限制，以往对土壤侵蚀产沙过程及降雨径流的侵蚀作用研究较多，对地貌侵蚀演化，尤其是在人类活动影响下的现代地貌侵蚀演化及地貌特征交互作用的反馈机制研究较少，但目前其已成为地表剥蚀过程研究的热点和难点（梁广林等，2004；崔灵周，2002；崔灵周等，2006；郭彦彪等，2007；金鑫等，2006）。

在对陕西绥德、子洲、榆林等地典型黄土丘陵地貌调查的基础上，利用黄土丘陵地貌的演化模型分析了黄土地貌的演化规律，即黄土丘陵形成和演变的完整模式是黄土源或台源逐步演变为黄土梁（桑广书等，2007）。

马乃喜（1996）在总结前人的基础上，得出 6000 年来土壤侵蚀变化规律，认为现代土壤侵蚀是在自然侵蚀的基础上叠加了人类活动的强烈影响，并给出了定量分析数据

| 土壤侵蚀模型及工程应用 |

（表 11-1）。

赵景波等（2002）分析了黄土高原自发育以来经历的 6 次构造侵蚀期，黄土高原现代侵蚀加速主要是人为侵蚀期造成的。

表 11-1　不同历史时段黄土高原区自然侵蚀与递加侵蚀变化

时段/a	侵蚀量 /[10³/(km²·a)]	侵蚀类型	年均侵蚀量的变化	
			自然侵蚀/%	递加侵蚀/%
6000～3000BC	10.8	自然侵蚀	+7.9	0
1020BC～1194AD	11.6	自然侵蚀	+7.9	0
1494～1855AD	13.3	加速侵蚀	+7.9	+6.7
1919～1949AD	16.8	加速侵蚀	+7.9	+18.4
1959～1989AD	22.0	加速侵蚀	+7.9	+25

资料来源：桑广书，2004

桑广书（2004）从历史地貌和土壤侵蚀的角度分析了黄土高原历史时期黄土塬区地貌演变的特征和规律、历史时期渭河河谷地貌的演变、历史时期黄河中游的河道变迁、黄土高原的侵蚀期和土壤侵蚀历史、侵蚀速率。

王万忠和焦菊英（2002）研究发现黄土高原自 70 年代以来，由于降雨因素和水土保持作用的影响，侵蚀产沙强度的结构特征发生了明显变化，侵蚀模数>10 000/[t/(km²·a)]的极强烈以上的侵蚀面积急剧减少（减幅71.8%）。

国内学者也采用数理统计分析方法对黄土区流域地貌形态进行定量研究。陈永宗（1987），白占国（1993）利用野外调查和形态测量资料，分别对黄河中游黄土丘陵沟壑区和黄土塬区沟谷的类型、各类沟谷的形态数量特征及各形态要素之间的关系进行了研究。结果发现，同类沟谷的不同形态要素关系密切，而不同沟谷同一形态要素之间具有良好的线性关系并运用数理统计方法，建立了由沟谷系统分枝比、沟谷系统分枝能力、沟道数量等构成的黄土塬区沟谷系统结构模型。陈浩和蔡强国（2006）等以地形图量测资料和同期航片对照，作为获取流域地貌形态要素数量特征的基本方法，分别对黄土塬区及黄土丘陵沟壑区典型沟道小流域地貌形态要素的数量特征、水系结构规律、流域地貌形态要素的相互关系、河网密度与流域地貌形态要素之间的关系进行了研究，建立了基于数理统计和相关分析的形态要素之间的定量相关方程。结果发现，各流域地貌形态要素之间存在着内在联系，这种关系的密切程度在各要素之间有明显的差异，河网密度和沟道分枝比既能体现流域沟网系统，又能反映小流域的地形起伏与土壤侵蚀程度。张丽萍（2004）建立了沟壑密度随切割深度变化的理论极值模型和相应地貌演化阶段的函数关系，研究认为，沟壑密度是一个综合性很强的地貌指标，该指标既能反映土壤侵蚀的严重程度，又能反映地貌的演化阶段，并可利用沟壑密度与切割深度的关系来推断流域地貌的演化阶段。卢金发（2002）在利用航摄地形图量算流域形态数量的基础上，对流域形态特征与岩性的关系作了初步探讨。研究表明，河系结构定律对由不同岩性所构成的流域都适应，岩性对流域形态起着明显的控制作用，河流频率、河网密度和河流给养常数都可作为表征流域地表抗蚀能力的形态指标。

不难看出，数理统计及相关分析方法对揭示各地貌形态要素间的相互关系具有重要意义，但对流域地貌形态综合定量特征的刻画还明显不够。

无论是国内还是国外，地貌演化模型主要应用点位观测数据推测区域地貌演化，反映地貌演化的宏观过程。黄土高原地貌活动强烈，从细沟到河道有不同的演化规律，国内外现有的模拟方法显然不能模拟微观尺度的空间差异，更难反映其地貌演化过程。

11.2　地貌演化模型与土壤侵蚀模型集成技术

11.2.1　流域产沙量计算

坡面及沟道的侵蚀物质必须输移到出口断面才能成为流域的产沙量，侵蚀物质的输送受到水流条件、泥沙条件和沟道边界条件等多种因素的制约。汤立群等（1992）研究认为，在黄土高原绝大部分地区的沟道或河道内都是基岩出露，或者虽然不是基岩河床，但沉积物都较粗，属砾石或粗沙，其泥沙输移比接近于1.0。

泥沙输移比的大小还与流域面积有关，流域越小，泥沙输移比越大。本研究的流域属小流域，因此，可假定泥沙输移比为1.0。

所以，流域内每一时段各单元的沙量可由产汇流模型计算。

将流域内每次洪水产沙量进行累加和修正，得到流域全年产沙量。

11.2.2　地貌演化模型

分布式地貌演化模型可以模拟每个地形栅格的时间演化过程。地形栅格采用数字高程模型（digital elevation model，DEM），空间栅格分析计算采用地貌演化模型：

$$\frac{\partial z}{\partial t} = \frac{\partial z}{\partial t}\bigg|_{\mathrm{direct}} + \frac{\partial z}{\partial t}\bigg|_{\mathrm{fluvial}} + \frac{\partial z}{\partial t}\bigg|_{\mathrm{massovement}} \tag{11-1}$$

式中，z 为高程；t 为时间。直接变化是由地壳运动造成的，在空间上的变化可能相同，也可能不同。流水作用造成的高程变化包括泥沙侵蚀和堆积两个过程，可用输沙率 Q_s 来表示，通常看成下游的沟道坡度 J 和上游的汇水面积 F 的函数，即

$$Q_s = kF^m J^n \tag{11-2}$$

式中，k 为系数 m、n 为指数。k、m 和 n 综合反映了降雨、水文状况、水力的几何参数和泥沙特性等。

由于主要研究的是黄土高原小流域地貌的相对变化，空间范围小，时间跨度短，所以忽略了构造运动的影响，主要讨论地貌演化中的流水和重力作用；另外，研究的小流域面积小，下垫面差别不大，所以也不考虑土壤因素。

11.2.2.1　梁峁坡过程模型

梁峁坡位于分水岭以下，沟沿线以上的地貌部位。许多研究表明，黄土高原梁峁坡的侵蚀率与坡度呈线性关系，采用下式计算：

$$Q_s = KF^m J \tag{11-3}$$

式中，Q_s 为输沙率；K 为系数；J 为坡度；F 为单元面积。显然，式（11-3）为式（11-2）的特殊形式。

11.2.2.2　沟谷坡过程模型

重力侵蚀是黄土高原区重要的侵蚀过程之一，黄土沟谷演化往往受重力侵蚀影响。重力侵蚀主要分布在沟谷坡上，尤其是高差大、坡度大的沟谷河谷坡面均有一定的重力侵蚀（松永光平，甘枝茂，2007）。Dietrich 和 Montgomery 认为，险峻的山地滑坡是重要的地貌演化过程。叶青超（1994）认为重力侵蚀通常要在坡度大于 30° 时才表现得比较明显。通常，滑坡、滑塌、泻溜发生最大峰值的坡度均介于 45°～50°，而后逐渐减弱，滑塌在坡度增加到 60° 时又开始加强，直至坡度超过 70° 后再次减弱。尽管重力侵蚀是随机的，但可用坡度临界值来模拟。用式（11-4）计算侵蚀量。

$$Q_s = KF^m J / \mid 1 - (J/J_c)^2 \mid \tag{11-4}$$

式中，J_c 为坡度临界角，其他参数同式（11-3）。

11.2.2.3　沟道过程模型

沟道侵蚀作用主要与流量和河流坡度有关，采用式（11-5）模拟：

$$Q_s = kJ^n \tag{11-5}$$

式中，k 为系数；J 为坡度；n 为指数。

11.2.3　模型的建立与验证

11.2.3.1　模型结构与组成

采用第 8 章建立的模型，该模型由产流计算、汇流计算和产沙计算三部分组成。

（1）分布式产流模型

包括植被截留子模型、蒸发计算子模型、超渗产流子模型（按照透水面积和不透水面积分别计算）三个主要模型集。

（2）分布式汇流模型

该模型采用运动波理论在全流域建立一维非恒定流的坡面经流运动方程，然后采用 Preissmann 四点隐式差分进行离散和求解，建立网格的坡面汇流模型，利用该模型可计算出任意时刻、任意网格的水深、流速和流量。

（3）分布式侵蚀产沙模型

该模型根据地形、地貌特征，将研究区分成梁峁坡、沟坡和沟槽三部分侵蚀产沙计算单元，由能量平衡原理分别建立其侵蚀产沙的计算公式，然后以分布式产汇流模型为基础进行耦合求解，根据每个网格的各个时段的水深、流速、流量依次计算出网格各个时段的产沙量。

（4）地貌演化模型

该模型根据地形、地貌特征，将研究区分成梁峁坡、沟坡和沟槽三部分侵蚀产沙计算单元，根据侵蚀产沙结果，建立侵蚀产沙与坡度、面积的经验模型。

11.2.3.2 模型计算流程

模型计算流程如图 11-1。

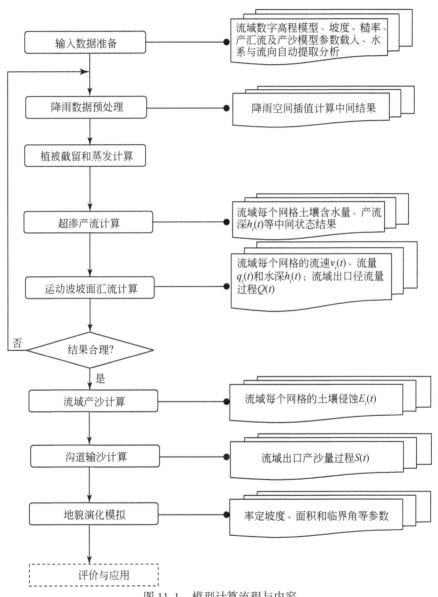

图 11-1 模型计算流程与内容

11.3 黄土高原小流域地貌演化模拟应用

11.3.1 研究区概况

以桥沟小流域作为模拟应用对象。桥沟流域是黄河水利委员会绥德水土保持科学试验站非治理对比小流域，地处陕西绥德县城关镇东部，位于东经119°17′、北纬37°29′，是无定河流域（黄河一级支流）的裴家峁沟下游右岸的一条支沟，流域面积约为0.45km²，主沟道长1.4km，平均宽度0.32km，不对称系数0.23，沟壑密度5.4km/km²，流域内有支沟两条，呈长条线形，该流域属黄土高原丘陵沟壑区第一副区（图11-2）。

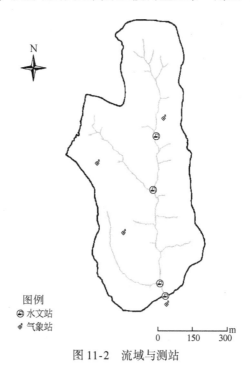

图例
🛉 水文站
🛱 气象站

图 11-2 流域与测站

11.3.1.1 地貌和土地利用状况

地貌形态可划分为两大类：一是河谷地，二是黄土丘陵沟壑区。流域上游以梁坡沟谷为主，下游以峁坡沟谷为主；中游二者皆有。主沟两岸及一级支沟的沟头一般都有较开阔的平地，而二级支沟的沟头切割很深，沿沟两岸近似垂直，其节理发育，崩塌严重。该流域地貌的基本特征是：沟谷发育剧烈，大小沟把流域切割成支离破碎、沟壑纵横的典型黄土地貌景观。

流域地层构造特征是：表层为黄土，厚20~30m，梁、峁顶、峁坡均有分布；其下为红色黄土，厚50~100m，多出露于谷坡上；再下为岩石，主要是三迭纪的砂页岩，岩层接近水平，多裸露于干沟、支沟的中下游沟床及其两侧。

农地主要分布在梁、峁顶和峁坡，较缓的沟坡，沟床两侧的台地和坎地上。流域内有成片乔木林、灌木林和散生树木，树种有杨、柳、洋槐、臭椿、柠条、杞柳等。野生草本植物有艾蒿、狗尾草、本氏羽茅、达乌里、胡枝子等数十种，分布在牧草荒坡上，生长情况较差，植被度多在30%以下。

桥沟地面坡度变化复杂，且不连续，同一峁、梁的各个方向，及同一方向的上、中、下坡面坡度变化都很急剧。沟谷坡面多为陡峭坡面，坡度一般大于60°；主沟上游及较大支沟的坡度在54°~60°；在沟头及支沟上部减至30°~45°；峁梁坡—梁顶部坡度较缓，约在5°~10°；梁的两侧较陡，峁腰上部较陡，下部较缓，变化范围在15°~30°。

桥沟流域沟网空间分布及主支沟特征数据如表11-2。桥沟流域的沟网系统由主沟、桥沟和两条一级支沟组成。

表11-2　桥沟流域雨量站基本情况表

编号	雨量站	位置	仪器型号	观测起止年份
1	裴家峁沟1	测站脑畔	自记雨量计	1986~2006
2	裴家峁沟2	一支沟半山腰	自记雨量计	1986~2006
3	裴家峁沟3	二支沟半山腰	自记雨量计	1986~2006
4	裴家峁沟5	径流场半山腰	自记雨量计	1986~2006

11.3.1.2　水文气象观测状况

桥沟流域水文观测站点系统较为完善，全流域共设径流站3个，雨量站4个，按自然地貌布设大型径流场8个。沟口布设有三角量水槽测流断面，沟口以上右侧有一支沟、二支沟巴塞乐量水堰测流断面。沟掌左上部8个径流场是2m整坡、5m整坡、上半坡、下半坡、全坡长、全峁坡、新谷地、旧谷地。流域出口控制的流量站为桥沟站，观测全流域的泥沙、径流过程。主要雨量站、流量站空间布设如图11-2，1号站、2号站、3号站为雨量站兼径流站，4号站为雨量站，其坐标如表11-3。

表11-3　测站位置

站点	经度（E）	纬度（N）
桥沟1号站	110°17′41″	37°29′35″
桥沟2号站	110°17′36″	37°29′38″
桥沟3号站	110°17′35″	37°29′51″
桥沟4号站	110°17′39″	37°29′57″

1）风和气温。年平均气温为10.2℃，最高气温为39.1℃，最低气温为-27.1℃，霜冻期160天左右，夏季多东南风，冬季多西北风，最大风力达9级。

2）降雨特性。桥沟流域地处干燥少雨的大陆性气候区，6~9月降水量占年降水量的72.7%，时空分布极不均匀，且多以降雨强度大而历时短的暴雨形式出现，实测最大雨强为3.5mm/min。局地性暴雨的笼罩面积很小，而且降雨面积衰减很快。不但次降雨在流域分布不均匀，而且不同降雨分布规律也不相同，由于降雨分布的这种不确定性，流域侵蚀产沙过程变得更为复杂。

3) 土壤特性。桥沟流域土壤侵蚀类型多，主要包括面蚀、沟蚀、崩塌、滑坡等类型。面蚀主要发生在梁峁上部，发生程度较为严重；在接近水平的川台地上发生程度轻微的面蚀现象。沟蚀是该流域主要的侵蚀类型。沟蚀使沟头溯源发展，沟谷加深加宽，沟底下切。沟蚀作用沿梁峁四周发展。沟的大小不等，有单个分布在坡度较大的山坡上，亦有成群成片密布在陡壁上，或布满梁峁腰部。崩塌在桥沟流域较为普遍，由于黄土节理发育，沟谷下切很深，两岸形成陡壁，一遇到暴雨受水浸湿，就会发生大量浸塌现象，使沟谷加宽加大。滑坡是桥沟流域另一种较为普遍的重力侵蚀类型，由于新黄土质地疏松，暴雨过程中受湿下陷，大量滑落于沟谷之中，滑塌土方可达千余立方米，有时堵住沟谷，形成很深的水池。

11.3.2　模型参数库建立

对侵蚀产沙过程影响较大的环境因子有降雨、地貌、土地利用、植被覆盖等若干因子，为了定量分析和计算以上因子在侵蚀产沙过程中的作用，就必须结合产流产沙数学模型的计算需要，在地理信息系统平台下采用空间分析方法实现其提取和分析（任立良和刘新仁，1999）。在点云数据和高精度 DEM 支撑下，设计了创新性提取参数的方法，提取数据精度大大提高。

11.3.2.1　基于精细 DEM 地形和水文参数提取

DEM 预处理是指将洼地和平原区进行处理，使 DEM 反映的数据均由斜坡构成。由于垂向分辨率和 DEM 生成过程中系统误差的问题，作为结果的 DEM 中会出现很多伪洼地，并不能分辨出平原区的轻微起伏，于是就不能产生合理的河网。因而在自动提取河网的过程中，洼地和平原区的处理是最大的问题。对于洼地和平原区的处理。大多数方法是将洼地填平，将所产生的平原区与原有的平原区一起处理，而对于平原区则用垫高的方法迫使水流流出去（郝振纯和池宸星，2004）。

与大比例尺地图（如 1∶1 万地形图）相比，采用地面三维激光扫描仪可以生成 DEM 的精度更高，能提取更精确的模型参数。

以 DEM 为基础可提取多种地形特征，如地面坡度，地面剖面曲率，沟壑密度以及水流路径等，这些特征在地理信息系统的支持下均可用图形和属性数据表示，使基于 DEM 的地形特征提取和分析变得更为切实可行。这些地形特征对水文过程分析、土壤侵蚀计算以及土地利用规划和水土保持规划都有非常重要的现实意义。

11.3.2.2　地形和水文参数提取

(1) 栅格水流汇水区提取

栅格水流汇水区是指按照水流流向提取的，每个栅格汇水面积理论上是指以该栅格为出口单元的子流域。栅格水流汇水区反映了水流水力特性，是无资料区地貌演化的主要参数（孙友波，2005）。提取结果如图 11-3。

（2）流域坡度提取

地表坡度通常定义为最陡方向上的高程落差除以距离。地表地形的不规则性会产生因地而异的坡度。目前最具代表性的计算子流域坡度的 DR 模型（数据精简模型）有平均地形坡度、平均流经距离坡度、平均水流流经坡度，以及球形坡度。坡度提取结果如图 11-4。

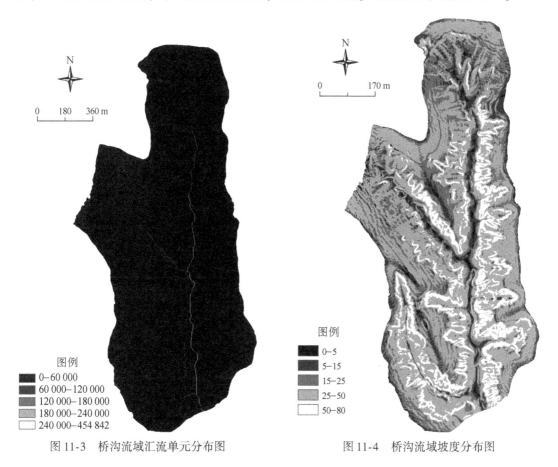

图 11-3　桥沟流域汇流单元分布图　　　　图 11-4　桥沟流域坡度分布图

（3）水流路径长提取

在栅格 DEM 中，具有代表性的计算流域水流路径长度 L 的数据缩减模型（Data-Reduction models，简称 DR 模型）有两个，即平均流经距离和平均水流路径长。

平均流经距离对流域水流路径长度 L 的定义是地表径流从流域内它的起始点到第一个相邻的下游河道所流经的平均距离。推求平均流经距离，是根据流域内每个栅格的流向来累加每一步的路径长度，直到流域的出口断面。这样就可以求出每个点的流经距离，求其平均值就可以得到平均流经距离（孙鹏森和刘世荣，2003）。

平均水流路径长的定义是地表径流从河道分水线到相邻河道所流经的平均水流路径长

度。这里的分水线并不单单指流域边界上的分水线，也包括流域内各支流之间的分水线。根据此分水线可以依次推求分水线上每个点的水流路径长，最后求出平均值即为平均水流路径长。

在地貌演化模拟中，采用平均流经距离法更能反映水流路径长度，如图 11-5。

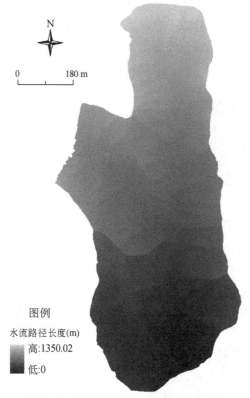

图 11-5　桥沟流域水流路径长度分布图

（4）糙率提取分析

Huggins 等曾经用 Purdue 分散模型对实测径流过程线观测分析得到曼宁糙率系数 n，杨涛等（2005）用该模型计算了黄土高原岔巴沟流域的曼宁糙率系数（表 11-4）。张建军等（2007）经过试验得出晋西黄土高原曼宁糙率系数（表 11-5）。

表 11-4　岔巴沟曼宁糙率系数 n

土地表面特性	中间值	范围
水泥或泥青	0.012	0.01 ~ 0.013
裸露沙地	0.013	0.01 ~ 0.016
休耕地	0.01	0.008 ~ 0.012
传统耕地	0.09	0.060 ~ 0.120
犁地	0.13	0.100 ~ 0.160

土地表面特性	中间值	范围
小路	0.4	0.300 ~ 0.500
没有耕地，没有残留	0.07	0.040 ~ 0.100
没有耕地，0.5 ~ 1t/ha 残余	0.12	0.070 ~ 0.170
没有耕地，2 ~ 9t/ha 残余	0.3	0.170 ~ 0.470
短草牧场	0.15	0.100 ~ 0.200
密集草场	0.24	0.170 ~ 0.300
Bermuda 草	0.41	0.300 ~ 0.480

表 11-5　晋西黄土高原曼宁糙率系数 n

土地类型	土质道路	道路边坡	果园	侧柏林地	次生林地	刺槐林地	新垦农地	和谈草地	草地	退耕地	油松林地
曼宁糙率系数	0.033	0.056	0.063	0.113	0.569	0.249	0.158	0.149	0.116	0.114	0.188

与表 11-4 相比，晋西黄土高原曼宁系数相对小得多。因为曼宁糙率系数是半经验数据，因此具有很强的主观性。同时，在应用中，同一用地类型曼宁糙率系数也相同，一般来说这与实际情况可能不符，找一个比较客观的空间分布式曼宁糙率系数计算方法或技术显然很有必要。影响曼宁糙率系数因素的很多，但主要因素为地表糙度和地表植被等覆被地物，从点云数据很容易提取这些参数，本研究设计了从点云数据提取曼宁糙率系数的技术与模型。

在移动趋势分析中，每个点的误差可以代表地表糙度和植被等覆被地物的综合值，如图 11-6。但是由于存在正负误差，直接用它计算糙率就得不到正确结果，因此，需要对这个数据进行处理，使其都成为正数，再根据实验数据，建立曼宁糙率系数与该值的关系式，就能实现曼宁糙率系数分布式自动计算，算法如下：首先，选择不同用地类型、地貌类型样地，计算每种单元误差的标准差；再次，建立标准差与该类用地的经验方程；最后，根据流域下垫面特点，建立整个流域的曼宁糙率系数。

（5）土壤侵蚀地貌单元提取分析

土壤侵蚀地貌单元就是要对流域进行地貌类型划分，按照黄土丘陵沟壑地区的坡面侵蚀规律，将整个坡面划分为梁峁坡、沟谷坡和沟道三种类型侵蚀产沙地貌类型，对单一流域，各地貌类型区的分界线分别是分水岭、沟沿线和坡脚线。GIS 软件中的分水岭提取技术较为成熟，沟沿线和坡脚线是黄土地貌等特殊地貌类型中的地貌特征，需要设计专门算法。沟沿线是在流水与重力侵蚀作用下形成的沟间地与沟谷地的界限，地处切沟、冲沟最发育的部位，其动态变化则反映了沟谷长度、沟谷宽度、沟谷面积和沟谷深度的变化，是研究黄土地区土壤侵蚀和地貌发展的重要地貌特征线，在地貌模拟中具有非常重要的作用（间国年等，1998a），因此，自动并准确生成沟沿线也是地貌演化模拟的关键技术。传统方式采用解译遥感影像方式来人工确定沟沿线，现代主要采用 DEM 分析技术自动提取沟沿线，国内学者先后提取了一些可行的算法，如间国年等（1998b）提出了基于 DEM 地貌形态结构提取方法，按照黄土高原地貌形态特点和组合提取沟沿线，效果较好；朱红春等（2003）提出以坡度变异、坡面曲率和沟壑分布三个要素叠加划分沟沿线；刘鹏举（等2006）提出了基于水文学的特征地貌提取技术和坡面单元水流路径的坡度变化特征自动提取沟沿线的方法。王石英等（2005）采用邻域算法分析与提取沟沿线。以上算法可以分成两类：地貌法和水文法，由于黄土地貌的复杂性，这些提取方法都有一定的误差，对地貌演化模拟精度影响较大。

在地貌演化构成过程中，沟沿线随时间发生变化，但其变化有继承性，本研究采用基于自动分类和遥感图像解译方法相结合，确定一条初始精确的沟沿线，在地貌演化过程中，依据地貌的演化形态，采用邻域分析法确定每一期沟沿线。

坡脚线确定方法和沟沿线确定方法基本相同，只是坡度阈值有所不同，提取结果如图 11-7。

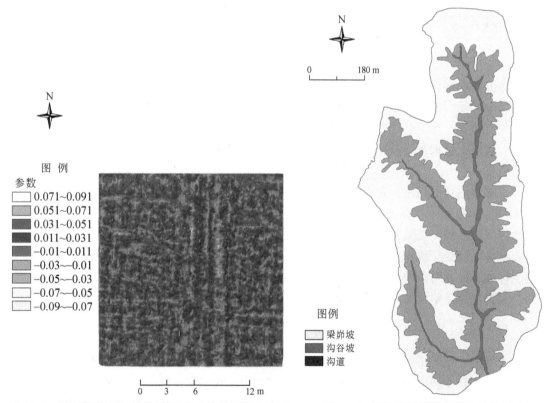

图 11-6　桥沟径流场移动过滤算法生成的点云误差曲面　　图 11-7　桥沟流域侵蚀产沙地貌类型区

11.3.2.3　降雨时空分析

桥沟小流域面积仅为 $0.45km^2$，降水空间差异不大（表 11-6），因此，如果有多个站的雨量资料，就用泰森多边形插值，否则，就用一个站的降雨量代表全流域降雨量。但是，由于降水和洪水摘录的时间不一致，间隔也不同（一般洪水采样时间间隔为 3.5min，而降雨采样间隔在60min左右，模拟时采用的时间间隔为1min），因此要设计一套科学而合理的自动化方法进行降雨和洪水插值，水文要素插值采用适线法，即采用观测时间较密的洪水要素清水流量过程线作为适配线，建立时间插值方程，实现降水和水文要素的时间插值。

表 11-6 桥沟小流域日降雨统计

序号	1 号站	2 号站	3 号站	4 号站	合计	平均值	标准差
1	60.3	60.3	60.6	59.7	240.9	60.2	0.3775
2	11.8	11.8	11.8	11.3	46.7	11.7	0.25
3	8.2	7.9	7.9	7.5	31.5	7.9	0.2872
4	6.1	6.2	6.4	6.1	24.8	6.2	0.1414
5	10.2	10.4	10.7	10.9	42.2	10.55	0.3109
6	5.6	5.5	5.3	5.7	22.1	5.5	0.170
7	12.9	12.7	11.6	10.3	47.5	11.9	1.1955
8	13.7	13.2	13	13.6	53.5	13.4	0.3304
9	7.8	7.6	7.4	7.3	30.1	7.6	0.2217
10	26.4	25.7	24.7	23.9	100.7	25.2	1.0996

11.3.2.4 土地利用因子提取分析

桥沟小流域面积小，土地利用状况调查相对容易，又加上点云数据能反映植被类型的纹理特征，因此，土地利用数据容易通过点云数据，结合遥感图像提取。但是，由于地貌演化要模拟长期土地利用变化数据，如果间隔时段很长，使用现状数据显然不合理，本研究设计了两种方法，第一种为资料法，根据遥感影像和历史图件建立多年土地利用空间数据库，根据模拟时间调用相近的数据；第二种为景观分析法，根据研究区景观演化特点和区域气候、植被等数据，模拟区域景观变化，生成土地利用数据库（万荣荣和杨桂山，2004）。两种方法各有优缺点，资料法数据精度较高，但是能获得的数据有限，时间也不长；景观分析法时间相对较长，但是数据精度不高，图11-8为2007年土地利用现状数据。

11.3.2.5 植被因素提取

黄土高原丘陵沟壑区森林覆盖率低，一般在30%以下，在研究区里，除了一处小果园外，没有成片的乔木林地，有人工种植的灌木林地。通过对点云数据的分析发现，这些林地信息对植被郁闭度有很好地反映，本研究尝试了基于点云数据提取植被郁闭度的方法，建立分布式林冠截流量。

过滤算法滤掉的点云基本上都是植被数据，结合土地利用图可以确定对应栅格单元是否为植被，并可进一步分析其植被类型，通过过滤点云密度能提取植被郁闭度参数，这样就能建立精细的、分布式的植被参数，图11-9就是采用上述方法提取的结果，该图清晰反映了植被覆盖情况。

— 457 —

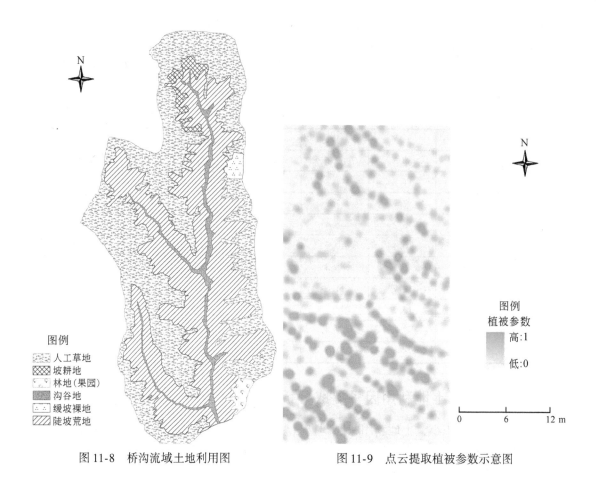

<table>
<tr><td>图例</td></tr>
<tr><td>人工草地</td></tr>
<tr><td>坡耕地</td></tr>
<tr><td>林地（果园）</td></tr>
<tr><td>沟谷地</td></tr>
<tr><td>缓坡裸地</td></tr>
<tr><td>陡坡荒地</td></tr>
</table>

图例
植被参数
高：1
低：0

0   6   12 m

图 11-8   桥沟流域土地利用图　　　　图 11-9   点云提取植被参数示意图

11.3.3   参数不确定性分析与率定

　　根据桥沟流域水文与气象特点，选取 5 场降雨与洪水资料率定参数。不确定性分析和参数灵敏度检验采用 GLUE 程序进行，将每个参数均匀分成 1000 份，采用蒙托卡罗方法组合成 1000 个参数，确定主要参数敏感性，模拟产流产沙过程，模拟汇总结果如表 11-7 和表 13-7。按表 11-6 产流模型分析，1、2、3 场效率系数高于平均值，按表 11-7 产沙模型分析，绝对误差小于平均值的有 1、2、3 三场，很显然，1、2、3 场模拟效果较好，所以选这些场次模型运算的参数平均值作为模型运行的参数来模拟流域产流和产沙过程。

表 11-7   水文模型参数率定结果

编号	洪号	实测洪峰（m³/s）	计算洪峰（m³/s）	洪峰相对误差（%）	峰现时差（min）	确定性系数
1	19860703	0.071	0.068	-4.22	0	0.75
2	19860626	0.0122	0.0128	4.9	0	0.89

续表

编号	洪号	实测洪峰 （m³/s）	计算洪峰 （m³/s）	洪峰相对误差 （%）	峰现时差（min）	确定性系数
3	19870812	0.0559	0.0542	−3.0	−3	0.72
4	19940803	12.033	14.720	22.3	−5	0.87
5	19990710	0.163	0.131	−24	−2	0.64
				平均确定性系数		0.77

表 11-8 侵蚀产沙模型计算结果

编号	洪号	实测产沙量 （万 t）	计算产沙量 （万 t）	相对误差 （%）	实测沙峰 （kg/s）	计算沙峰 （kg/s）	相对误差 （%）
1	19860703	0.6361	0.7986	25.5	10.616	12.916	21.6
2	19860626	0.0409	0.0342	−16.4	0.34	0.24	−18
3	19870812	0.173	0.193	11.4	0.178	25.47	43
4	19940803	0.191	0.1694	−12	0.225	181	−19.6
5	19990710	2.346	1.896	−19.18	44.3	31.3	29.3
	产沙量绝对值平均误差（%）		16.90	沙峰绝对值平均误差（%）			22.7

11.3.4 产流、产沙计算

当前地貌形态是由不同降雨、径流和侵蚀过程作用形成的，为了模拟长期地貌演化过程，选取不同降水和洪水的产流和产沙数据，模拟产流、汇流和侵蚀产沙过程，计算年侵蚀量，为长期模拟降雨和洪水级配打下良好基础。

11.3.4.1 产汇流模拟

按照前文率定的参数，模拟流域其他场次的产流与产沙量，因为要计算全年小流域逐个栅格的侵蚀产沙量，选取三场降水的数据验证计算效率，水文模型和侵蚀产沙模型验证结果分别如表 11-9 和表 11-10。

表 11-9 水文模型参数验证结果

编号	洪号	实测洪峰 （m³/s）	计算洪峰 （m³/s）	洪峰相对 误差（%）	峰现时差（h）	确定性系数
1	19860820	0.0772	0.067	−13.2	3	0.65
2	19940804	0.208	0.189	−10.5	1	0.87
3	19990722	0.623	0.643	3.2	0	0.67
				平均确定性系数		0.73

11.3.4.2 侵蚀产沙模拟

与表11-9相对应，也需要选取相应场次的水文资料验证侵蚀产沙模拟效率，这样便于对比分析与检验（表11-10），也能更容易地分析问题与解决问题。

表 11-10 侵蚀产沙模型验证结果

编号	洪号	实测产沙量 (kg)	计算产沙量 (kg)	相对误差 (%)	实测沙峰 (kg/s)	计算沙峰 (kg/s)	相对误差 (%)
1	19940804	987.19	908.36	−7.99	225	181	−19.6
2	19990722	1610	1437	−10.7	203.34	254.10	25.00
产沙量绝对值平均误差（%）：9.35					沙峰绝对值平均误差（%）		22.3

11.3.4.3 年侵蚀产沙计算

分布式产流产沙耦合模型计算了每一个单元的产流量和产沙量，将每年的次暴雨降水数据累计起来，基本上代替了流域年产沙量。但是，由于每次计算都有一定误差，因此，模拟结果和实际观测结果有所偏差，本研究设计一个修正系数来处理这个偏差，使流域计算总产沙量和实测产沙量趋势，该系数就是实测年总产沙量和模拟总产沙量的比值。选取不同气象条件下的10年数据分析计算，长期地貌模拟采用总产沙量和单元产沙量的均值进行计算，图11-10为桥沟小流域1986年模拟侵蚀产沙量分布。

11.3.5 地貌演化模拟

11.3.5.1 地貌演化模型

分布式产流产沙模型可以定量计算侵蚀产沙量，但是需要大量的数据支撑。本研究在对分布式产流产沙模型分析研究的基础上，建立半经验分布式地貌演化模型，模拟小流域产流产沙过程，分析地貌演化规律。由于模型仅需地形数据，理论上能用在下垫面条件相同且自然条件相同的无资料区。

（1）基于GLUE的参数分析与率定

因为不确定性分析和参数灵敏度检验都可采用GLUE程序进行，所以，将四个参数用GLUE程序进行分析，参数的初始值和分布区间如表11-11所示，将每个参数均匀分成1000份，采用蒙托卡罗方法组合成1000个参数，可以看出，采用蒙托卡罗方法选取的参数遵循原来的分布（图11-11）。

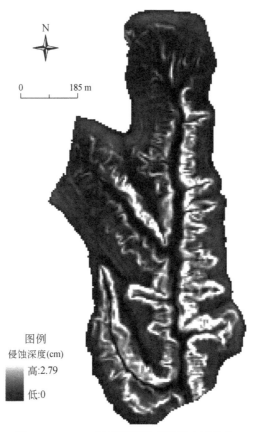

图 11-10　1986 年模拟侵蚀产沙量空间分布

表 11-11　参数先验分布

参数	最小值	最大值	平均值	运算参数平均值
k	0.1	10	5.05	4.925
m	0.001	2	1.005	0.977
n	0.001	2	1.005	1.018
s_c	50	550	300	301.172

从图 11-11 可以看出，K 参数和综合指数（m）变化比较灵敏，而临界坡度（S_c）和坡度指数（n）相对不灵敏。

地貌演化模型用四个参数模拟气象、水文、植被和土壤等条件对侵蚀产沙的影响，一般不用来计算次暴雨的侵蚀产沙过程，而是用来模拟每个单元年侵蚀产沙量，把该数据作为率定地貌演化模型的输入参数，建立地貌演化模型。

根据分布式模型模拟的侵蚀产沙量的地貌演化模型系数，建立半经验分布式地貌演化模型，梁峁坡地貌演化侵蚀模型见式（11-6）：

$$Q_s = 0.63 F^{0.603} S \tag{11-6}$$

式中，Q_s 为年输沙率；S 为以百分比表示的坡度；F 为汇入该点的单元面积，用汇流单元表示。

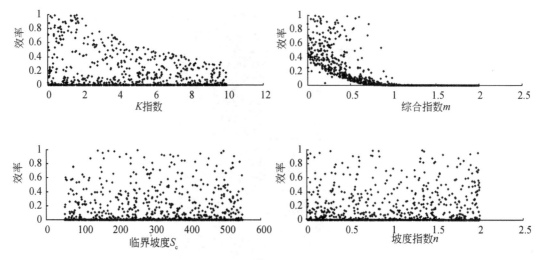

图 11-11 地貌演化模型各参数 1000 次模拟效率

沟谷坡过程模型见式（11-7）：

$$Q_s = 0.16 F^{0.603} S / | 1 - (S/192)^2 |$$ (11-7)

式中，S 为坡度临界角，其他参数同式（13-5）。

沟道演化模型见式 11-8：各项参数同上。

$$Q_s = 0.16 F^{0.603} S^{1.358}$$ (11-8)

（2）地貌演化模拟

利用桥沟流域大型径流试验场观察数据验证模型模拟效率，模拟精度在 85% 以上，超过一般土壤侵蚀模型的模拟效果，因而具有较高的可信度。

根据模型模拟了桥沟小流域 1808～2207 年 400 年的地貌演化过程，其空间侵蚀强度如图 11-12。

11.3.5.2 模拟结果分析

在不考虑水土保持措施条件下，在 200 年的模拟预测期内，黄土高原流域潜在侵蚀量越来越大，高差也越来越大，地面变得更加崎岖；黄土高原土壤侵蚀是自然过程，强度逐步加大也是自然规律，人类活动干扰了这一规律，比如，早期的开荒、砍伐林木等不合理的土地利用方式加大了水土流失的强度，而目前开展的各种治理措施可减少水土流失量。

地貌演化模型可以回溯历史变化，但是，模拟时间不能太长，大约经过 50 年回溯后，小流域地貌形态就会因为侵蚀的不均衡发展，形成一些不自然的表面形态，产生了与自然状态不同的地貌演化过程，所出现的侵蚀量增加也不符合黄土高原自然侵蚀规律，因此，仅采用地形因子不能反演地貌长期演化结果。

在精细数据支持下，通过地貌模拟可以发现地貌发育过程，地貌发育以沟道发育最为明显，原有沟道逐渐加宽和加深，沟谷面积不断扩大。坡度决定地貌侵蚀强度，而沟谷顶部则是新生沟道发育的活跃部位，坡度平缓的梁峁坡，多发育一些平行的细沟。

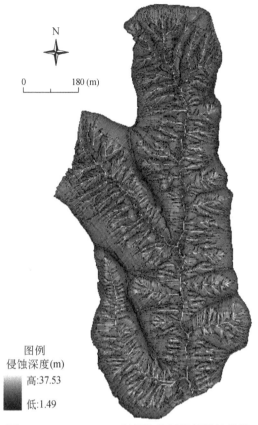

图 11-12　1808～2207 年桥沟流域模拟侵蚀总量

11.4　小　　结

本章既是理论、技术和模型系统的验证，又是对小流域产流、产沙和地貌演化过程的定量分析与探讨。首先，在高精度 DEM 的基础上，建立了小流域模型计算所需的地形、植被、土地利用、曼宁糙率系数等参数的精细数据库，利用小流域台站观测数据建立了时间插值精度较高的水文、气象数据库；其次，采用研发的信息系统，调用高空间和时间分辨率的参数数据，模拟了小流域水文、气象、产流、产沙过程，在对参数灵敏度和不确性分析的基础上，建立了实验流域各类模型的参数库；最后，将产流和产沙模拟结果作为地貌演化模型参数，率定实验流域的地貌演化模型的参数，模拟了 200 多年的小流域地貌演化过程，定量分析了地貌演化规律。结果发现，在当前的自然地理条件下，试验小流域侵蚀作用越来越强，黄土高原地貌也会变得越来越崎岖，为了西部开发和国家可持续发展，加大黄土高原治理力度刻不容缓。

参 考 文 献

白占国 . 1993. 从地貌空间结构特征预测土壤侵蚀的研究 . 中国水土保持，（10）：23-24
陈承宗 . 1987. 黄土高原土壤侵蚀规律研究工作回顾 . 地理研究，6（1）：76-83

陈浩，蔡强国. 2006. 坡面植被恢复对沟道侵蚀产沙的影响. 中国科学 D 辑，36（1）：71-82

崔灵周，李占斌，朱永清，等. 2006. 流域地貌分形特征与侵蚀产沙定量耦合关系试验研究. 水土保持学报，20（2）：3-6，11

崔灵周. 2002. 流域降雨侵蚀产沙与地貌形态特征耦合关系研究. 西安：西北农林科技大学博士论文

郭彦彪，李占斌，崔灵周. 2007. 模拟降雨条件下流域地貌动态变化过程研究. 水利水文自动化，2（10）：42-45

郝振纯，池宸星. 2004. 空间分辨率与取样方式对 DEM 流域特征提取的影响. 冰川冻土，26（5）：98-104

金鑫，郝振纯，张金良. 2006. 坡沟产沙关系及其侵蚀机理研究进展. 水土保持研究，13（4）：197-199，202

梁广林，陈浩，蔡强国，等. 2004. 黄土高原现代地貌侵蚀演化研究进展. 水土保持研究，11（4）：131-137

刘鹏举，朱清科，吴东亮，等. 2006. 基于栅格 DEM 与水流路径的黄土区沟缘线自动提取技术研究. 北京林业大学学报，28（4）：72-76

卢金发. 2002. 黄河中游流域地貌形态对流域产沙的影响. 地理研究，21（2）：171-175

闾国年，钱亚东，陈钟明. 1998a. 基于栅格数字高程模型自动提取黄土地貌沟沿线技术研究. 地理科学，18（6）：567-573

闾国年，钱亚东，陈钟明. 1998b. 基于栅格数字高程模型提取特征地貌技术研究. 地理学报，53（6）：562-569

马乃喜. 1996. 黄土地貌演化与土壤侵蚀关系的分析. 水土保持通报，16（2）：6-10

任立良，刘新仁. 1999. 数字高程模型在流域水系拓扑结构计算中的应用. 水科学进展，10（2）：129-134

桑广书，陈雄，陈小宁，等. 2007. 黄土丘陵地貌形成模式与地貌演变. 干旱区地理，30（3）：375-380

桑广书. 2004. 黄土高原历史地貌与土壤侵蚀演变研究进展. 浙江师范大学学报（自然科学版），27（4）：398-402

松永光平，甘枝茂. 2007. 黄土高原重力侵蚀的地质地貌因素分析. 水土保持通报，27（1）：55-57

孙鹏森，刘世荣. 2003. 大尺度生态水文模型的构建及其与 GIS 集成. 生态学报，23（10）：2115-2124

孙友波. 2005. 基于 DEM 的水文特征信息的提取与可视化的研究与实现. 北京：首都师范大学地图学与地理信息系统硕士学位论文

汤立群，陈国祥. 1997. 小流域产沙动力学模型. 水动力学研究与进展，（2）：164-174. 全国泥沙基本理论研究学术讨论会论文集，北京：建材工业出版社

万荣荣，杨桂山. 2004. 流域土地利用覆被变化的水文效应及洪水响应. 湖泊科学，16（3）：258-264

王石英，蔡强国，吴淑安. 2005. 邻域算法在景观分析中的应用. 地理研究，24（5）：692-698

王万忠，焦菊英. 2002. 黄土高原侵蚀产沙强度的时空变化特征. 地理学报，57（2）：210-217

杨涛，张鹰，陈界仁，等. 2005. 基于数字平台的黄河多沙粗沙区分布式水文模型研究—以黄河岔巴沟流域为例. 水利学报，36（4）：456-460

叶青超. 1994. 黄河流域环境演变与水沙运行规律研究综述. 人民黄河，（2）：1-4

张建军，纳磊，方家强. 2007. 晋西黄土区坡面糙率的研究. 北京林业大学学报，29（1）：108-113

张丽萍. 2004. 祖厉河流域侵蚀地貌的数理分析. 中国水土保持，（3）：12-15

赵景波，杜娟，黄春长. 2002. 黄土高原侵蚀期研究. 中国沙漠，22（3）：257-261

朱红春，汤国安，张友顺，等. 2003. 基于 DEM 提取黄土丘陵区沟沿线. 水土保持学报，23（5）：43-45，61

Ahnert F. 1984. Local relief and the height limits of mountain ranges. American Journal of Science, 284: 1035-1055

Ahnert F. 1987. Process-response models of denudation at different spatial scales. Catena Supplement, 10: 31-50

Batt G E. 2001. The approach to steady-state thermochronological distribution following orogenic development in the southern Alps of New Zealand. American Journal of Science, 301: 374-384

Beaumont C, Kooi H, Willett S. 2000. Coupled tectonic-surface process models with applications to rifted margins and collisional orogens//Summerfield M A. 2000. Geomorphology and Global Tectonics. Chirchester: John Wiley and Sons

Beaumont C. 1992. Genetic parameters of the duration of fertility in hens. Can. J. Anim. Sci. , 72: 193-201

Bull W B, Schick, A. P. 1979. Impact of climatic change on· an arid watershed: Nahal Yael, southern Israel. Quaternary Research, 11: 153-171

Dahlen F A, Suppe J. 1988. Mechanics, growth, and erosion of mountain belts//Clark S P, Burchfiel B C, Suppe J. 1988. Processes in Continental Lithospheric Deformation. Geological Society of America Special Paper 218

Davis W M. 1889. The rivers and valleys of Pennsylvania. National Geographic, 1: 183-253

Gilbert G K. 1877. Geology of the Henry Mountains (Utah). U. S. Geographical and Geological Survey of the Rocky Mountains Region, U. S. Washington D. C. : Government Printing Office

Horton R E. 1945. Erosional development of streams and their drainage basins: Hydrophysical approach to quantitative geomorphology. Bull. Geol. Soc. Am. , 56: 275-370

Howard A D. 1994. A detachment-limited model of drainage basin evolution. Water Resources Research, 30: 2261-2285

Kooi H, Beaumont C. 1996. Large-scale geomorphology classical concepts reconciled and integrated with contemporary ideas via a surface processes model. Journal of Geophysical Research, B, Solid Earth and Planets, 101 (2): 3361-3386

Moretti I, Turcotte D L. 1985. A model for erosion, sedimentation, and flexure with applications to New Caledonia. Journal of Geodynamics, 3: 155-168

Paola C, Mullin J. 2001. Experimental stratigraphy. GSAToday, 11: 4-9

Pitman W C, Golovchenko X. 1991. The effect of sea level changes on the morphology of mountain belts. Journal of Geophysical Research, 96: 6879-6891

Schumm S A, Mosley M P, Weaver W E. 1987. Experimental fluvial geomorphology. New York: Wiley

Slingerland R S, Harbaugn J W, Furlong K P. 1994. Simulating clastic sedimentary basins. Englewood Cliffs, New Jersey, Prentice-Hall

Small E E, Anderson R S. 1998. Pleistocene relief production in Laramide mountain ranges, western United States. Geology, 26: 123-126

Tucker G, Slingerland R L. 1994. Erosional dynamics, flexural isostasy, and long-lived escarpments: A numerical modeling study. Journal of Geophysical Research, 99: 12229-12243

第 12 章 小流域侵蚀产沙动力学模型情景分析

本章分别在设计的下垫面和降雨条件情景下，以岔巴沟流域为例，利用第 8 章构建的基于 GIS 分布式流域侵蚀产沙动力学模型进行情景分析计算，研究不同条件下流域侵蚀的产流产沙效应。

12.1 产流产沙情景分析

12.1.1 设计暴雨条件下水沙模拟分析

采用设计降雨的方法生成各种降雨过程，在不改变下垫面条件下，模拟并分析其流域的产流产沙效应。分别计算岔巴沟流域 100a 一遇（$P = 0.01$）、50a 一遇（$P = 0.02$）和 10a 一遇（$P = 0.1$）设计暴雨条件下对应的水沙过程。

12.1.1.1 设计暴雨过程生成

计算步骤如下：

1）根据岔巴沟流域实测降雨资料，经 F 检验发现该流域的降雨为 P—Ⅲ型分布，因此采用 P—Ⅲ型曲线适线，求出各个站点的参数 $\overline{X}$、C_v、C_s（表 12-1）。

表 12-1 岔巴沟流域各站设计暴雨适线成果

站名	C_v	C_s	$\overline{X}$（mm）	$P_{0.01}$（mm）	$P_{0.02}$（mm）	$P_{0.1}$（mm）
李家嫣	1.1	2.1	21.3	106.8	90.1	51.6
和民嫣	1.7	3	38.6	304.7	245.7	116.2
刘家圪	1.2	2.1	36.3	195.7	164.6	92.7
马虎嫣	0.9	1.8	36.8	152.5	130.9	80.4
杜家山	1.1	3.1	35.4	194.5	158.8	80.7
朱家阳湾	1	2.9	42.4	212.5	175.2	93.1
小姬	0.7	2.4	40.2	147.0	125.2	75.7
王家嫣	0.7	2.7	34.8	130.7	110.2	64.7
姬家签	0.8	1.8	37.2	141.5	122.1	76.5
万家嫣	0.85	1.6	39.7	153.9	133.4	84.5
牛薛沟	0.85	2.7	38.8	168.6	140.9	79.2
曹坪	0.9	1.9	35.7	149.7	128.1	77.7
桃园山	0.85	3.5	38.9	178.7	145.7	75.2

2）用同频率缩放求 $P_1 = 0.01$、$P_2 = 0.02$、$P_3 = 0.1$ 设计暴雨过程，各站均选择该站产流产沙最大且降雨主峰偏后的 19890701 号降水过程为典型暴雨，进行同频率放大。先求出各时段同频率设计雨量，计算公式为：

$$X_{tp} = S_p \cdot t^{1-n} = 1.1 X_{1日} \left(\frac{t}{24} \right)^{1-n} \tag{12-1}$$

式中，S_p 为暴雨参数，或称雨力；X_{tp} 为历时为 t、频率为 p 的暴雨量；t 为历时；n 为暴雨衰减指数；$X_{1日}$ 为 1 日降雨量。

根据各个站点采集雨量时间段的不同，用暴雨公式计算时段雨量及其相邻的雨量差。再根据典型暴雨进行排位，可得各个站的设计暴雨。设计过程如表 12-2（以李家嫣站为例，其他不再细述）。

表 12-2　李家嫣站降雨放大过程

时间 （年-月-日/时：分）	放大前雨量（mm）	P_1（mm）	P_2（mm）	P_3（mm）	放大后雨量（mm）		
					P_1	P_2	P_3
1989-7-16 08：30	0.3				1.6	1.3	0.8
1989-7-16 09：00	0.3				1.6	1.3	0.8
1989-7-16 09：30	0.3	6.3	5.3	3.0	1.6	1.3	0.8
1989-7-16 10：00	0.3				1.6	1.3	0.8
1989-7-16 10：30	1.7				2.5	1.2	2.1
1989-7-16 11：00	1.7				2.5	1.2	2.1
1989-7-16 11：30	1.7	10.1	8.5	4.9	2.5	1.2	2.1
1989-7-16 12：00	1.7				2.5	1.2	2.1
1989-7-16 12：30	1				2.1	1	1.7
1989-7-16 13：00	1				2.1	1	1.7
1989-7-16 13：30	1	8.2	6.9	3.9	2.1	1	1.7
1989-7-16 14：00	1				2.1	1	1.7
1989-7-16 14：30	0.4				1.8	0.9	1.5
1989-7-16 15：00	0.4				1.8	0.9	1.5
1989-7-16 15：30	0.4	7.1	5.9	3.4	1.8	0.9	1.5
1989-7-16 16：00	0.4				1.8	0.9	1.5
1989-7-16 16：30	3.2				10.9	9.2	5.2
1989-7-16 17：00	3.2				10.9	9.2	5.2
1989-7-16 17：30	3.2	43.5	36.7	20.9	10.9	9.2	5.2
1989-7-16 18：00	3.2				10.9	9.2	5.2
1989-7-16 18：30	2.7				3.5	1.7	2.9
1989-7-16 19：00	2.7				3.5	1.7	2.9
1989-7-16 19：30	2.7	13.9	11.7	6.7	3.5	1.7	2.9
1989-7-16 20：00	2.7				3.5	1.7	2.9

续表

时间 （年–月–日/时：分）	放大前雨量（mm）	P_1（mm）	P_2（mm）	P_3（mm）	放大后雨量（mm）		
					P_1	P_2	P_3
1989-7-16 20：30	0.1				1.4	0.7	1.2
1989-7-16 21：00	0.1	5.7	4.8	2.7	1.4	0.7	1.2
1989-7-16 21：30	0.1				1.4	0.7	1.2
1989-7-16 22：00	0.1				1.4	0.7	1.2

12.1.1.2 水沙模拟结果与分析

用第 8 章构建的基于 GIS 分布式流域侵蚀产沙动力学模型计算三种设计频率暴雨的流域水沙过程，其过程如图 12-1。

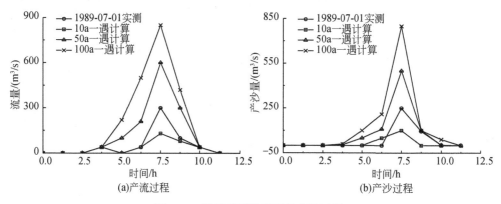

图 12-1 设计暴雨条件下的水沙过程

表 12-3 给出了岔巴沟流域在 100a 一遇（$P=0.01$）、50a 一遇（$P=0.02$）和 10a 一遇（$P=0.1$）设计暴雨 3 种情景下的水沙特征计算结果。结果表明，100a 一遇降雨（$P=0.01$）对应的洪峰流量和沙峰分别为 805.2m³/s 和 77.5 万 kg/s，50a 一遇降雨（$P=0.02$）对应的洪峰流量和沙峰分别为 594.7m³/s 和 50.2 万 kg/s，10a 一遇降雨（$P=0.1$）对应的洪峰流量和沙峰分别为 108.4m³/s 和 12.1 万 kg/s。另外，19890701 次降雨的水沙重现期均在 10a 一遇和 50a 一遇之间。鉴于该场次的水沙总量在研究区 1970～2000 年的 17 场次观测水沙过程中均属于较大，可推断 1970～2000 年的绝大多数水沙场次的重现期在 10a 一遇和 50a 一遇之间。

表 12-3 岔巴沟流域设计水沙过程和 19890701 实测水沙特征对比

参数	1989 年实测值	100a 一遇	50a 一遇	10a 一遇
降雨量（mm）	66.4	94.7	79.9	45.7
洪峰（m³/s）	309	805.2	594.7	108.4
峰现时间 （年–月–日/时：分）	1989-7-16/ 19：30	1989-7-16/ 20：00	1989-7-16/ 20：00	1989-7-16/ 20：00

续表

参数	1989 年实测值	100a 一遇	50a 一遇	10a 一遇
产流量（万 m³）	144	775	545	87
沙峰（万 kg/s）	25.4	77.5	50.2	12.1

12.1.2　植被覆盖对侵蚀产流产沙影响分析

为了研究植树造林等措施对流域产流产沙的影响，根据设计流域水土保持生态建设发展趋势、现状情况及不利情况，假设了几种不同的植被覆盖度情况，分别计算同一场暴雨（以 19890701 号降水过程为例）条件下的径流和产沙过程。

方案 1：保持流域现状植被覆盖度不变；

方案 2：流域植被覆盖度为现状植被覆盖度的 75%；

方案 3：流域植被覆盖度为现状植被覆盖度的 125%，即较现状增加 25%。

模拟结果（图 12-2）表明，提高植被覆盖度的减水减沙效应显著，方案 2（增加 25% 的植被覆盖）减少水量 73% 和减少沙量 84%，而方案 2（减少 25% 的植被覆盖）将增加 29.9% 的径流和 18.6% 的泥沙。

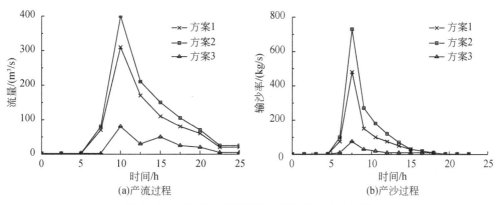

图 12-2　三种植被覆盖度方案下的计算水沙过程

12.2　侵蚀产沙模型不确定性分析

12.2.1　不确定性概念

任何侵蚀产沙模拟或预报系统或方法必须具备以下三个要素：①模型，用于定量描述一定时间和空间尺度的侵蚀产沙过程；②参数，反映流域下垫面条件情况的一组模型参数；③气象输入，反映流域气象条件的时空分布。因此，侵蚀产沙模拟或预报的不确定性也来自这三个方面，即模型结构的不确定性、模型参数的不确定性和气象输入的不确定性。气象条件是流域水文、土壤循环的驱动力，下垫面是影响水文、土壤循环的主要因素，人类活动是在自然水循环之外的不确定性因素。流域侵蚀产沙模型的准确度取决于对侵蚀产沙过程的认识、对流域下垫面情况的掌握和对气象条件的把握。下面就这四个方面的不确定性进行分析。

12.2.1.1 侵蚀产沙模型结构的不确定性

如果将流域水文过程和土壤侵蚀过程作为一个系统来考虑，在绝大多数情况下该系统为非线性系统。但是在实际的侵蚀产沙模拟或预报中，用于描述水文过程和土壤侵蚀过程的模型大多数将该系统简化为线性系统，如常用的线性储流函数法、水箱模型、单位线法等。另外，许多非线性系统理论在侵蚀产沙模拟和预报中得到了有效的应用，如灰色系统理论、模糊理论、神经网络等。这些理论的应用都有一个共同的假设，就是过去可以用来预报未来。随着对水文机理和土壤侵蚀机理的认识理解，侵蚀产沙从系统模型发展到过程机理模型。侵蚀产沙过程可以分为两个方面：产汇流过程和产输沙过程。在大多数降雨—径流模拟预报模型中，产流过程是关键，流域产流机制一般有超渗产流和蓄满产流两种形式。对于汇流而言，描述汇流的基本方程是圣维南方程，它又被简化为运动波、扩散波和动力波3种方法。

目前，侵蚀产沙模拟预报模型已从单一的降雨—径流—产沙模型（汤立群等，1990；蔡国强等，1996；汤立群和陈国祥，1997）发展为分布式的侵蚀产沙机理模型（姚文艺和陈界仁等，2008；杨涛和陈界仁，2007；祁伟等，2004）。模型包括：树冠层截流、入渗、地表径流、非饱和土壤水运动、河道汇流和雨滴侵蚀、坡面侵蚀、沟道侵蚀和沟道输沙等过程。在通常的侵蚀产沙模型中，用于描述该过程的物理控制方程主要是质量守恒方程和动量守恒方程。最常用的是从质量守恒方程和动量守恒方程推导出的侵蚀产沙方程。

总之，随着对侵蚀产沙过程机理的认识不断深入，侵蚀产沙模型结构中的不确定性在减少，但是模型复杂性也随之增加。

12.2.1.2 模型参数的不确定性

下垫面条件包括地形地貌、土地利用、植被、土壤、地质条件等。随着地理信息系统、卫星遥感和全球定位系统等现代化高科技的发展，流域下垫面的情况越来越清楚，其不确定性也将越来越小。

最近，有许多把分布式模型推广应用到大流域的研究，当前被广泛关注的是尺度问题。地学模拟的尺度问题的实质是空间变异性，即计算单元内的地学特性在空间存在不均匀性。

12.2.1.3 气象输入的不确定性

降雨是侵蚀产沙模型的主要输入形式之一，其不确定性对侵蚀产沙模拟预报有重要影响。大流域降雨空间分布变异性特点明显，特别是局地暴雨，而台风形成的降雨在空间和时间上都有较强的变异性。通常的地面气象观测尚不能充分地捕捉降雨的空间变异性。有了雷达测雨、卫星遥感测雨和大气模型预报降雨，这些为今后的侵蚀产沙预报提供更准确、更及时的气象输入。

目前，将地面气象观测网所观测的降雨作为分布式模型的输入时，常常需要将这些测站降雨内插到栅格上，常用的插值方法有泰森多边形法、最短距离法、克里金方法和反距离权重法。目前这些插值方法的真实性还不得而知。

12.2.1.4 人类活动带来的不确定性

人类活动为侵蚀产沙模拟预报带来新的不确定性，它通过改变流域的土地利用、植被分布状况和水库调蓄从而改变水文循环和侵蚀产沙过程。实测的河川径流量资源所反应的是自然循环和人工循环的综合作用结果，只有径流分析很难定量地评估人类活动对水循环和土壤循环的影响。

12.2.2 异参同效现象

侵蚀产沙模型研究中的一个关键问题是模型参数的优化。当模型参数比较多时，已经无法采用人工试错法进行模型参数优化，而必须选择一些高效的自动优选法。比如单纯形法、SCE-UA、遗传算法等。在采用这些方法来确定流域侵蚀产沙模型参数最优值时，所谓的"异参同效"现象不能忽略。产生这种现象的原因有：流域水文过程和侵蚀产沙过程太复杂，而流域水文和侵蚀产沙模型只是对自然现象的简化描述；侵蚀产沙模型结构本身的缺陷；模型参数的冗余或相关性太强。异参同效现象的存在使得最终选定一组"最优"参数值时具有很大的不确定性。因为这组"最优"值往往与主观设置的优化过程控制条件有关，如循环次数、收敛误差范围等。为了能够充分地把握和评价水文模型参数率定中的这种不确定性，就必须全面地分析模型参数优化中的异参同效现象。

12.2.3 GLUE 方法基本原理

GLUE 是基于 Hoenberger 和 Spear（1981）的 RSA（regionalized sensitivity analysis）方法发展起来的。GLUE 方法认为，导致模型模拟结果好与差的不是模型单个参数，而是模型的参数组合。在预先设定的参数分布取值空间内，利用 Monte-Carlo 随机采样方法获取模型的参数值组合运行模型。选定似然目标函数，计算模型预报结果与观测值之间的似然函数值，再计算这些函数值的权重，得到各参数组合的似然值。在所有的似然值中，设定一个临界值。当然这个临界值的选取带有一定的主观性。低于这个临界值的参数组似然值被赋为零，表示这些参数组不能表征模型的功能特征；高于该临界值则表示这些参数组能够表征模型的功能特征。对高于临界值的所有参数组似然值重新归一化，按照似然值的大小，求出在某置信度下模型预报的不确定性范围（Free & Beven，1996）。

12.2.4 GLUE 的分析程序

GLUE 程序的分析步骤如下。

1）定义一个似然函数；

2）确定合适的参数初始范围和分布；

3）采用似然权重程序进行不确定性分析；

4）随着新数据的利用来更新似然权重；

5）评价模拟的不确定性。

12.2.4.1 似然函数的定义

GLUE 方法要求定义拟合优度函数，在这种情况下似然函数是模型预测和观测值的比较。下面介绍的是一些常用的似然函数。

1）模型效率或者确定性系数定义：

$$\zeta_e = (1 - \sigma_e^2/\sigma_0^2), \ \sigma_e^2 < \sigma_0^2 \tag{12-2}$$

当残留变量方差 σ_e^2 等于观测变量的方差 σ_0^2 时，模型效率或确定性系数 ζ_e 等于零，而当残留变量方差 σ_e^2 为零时，ζ_e 等于 1。

2）Benley 和 Beven 提出的似然函数（Binley & Beven，1991；Beven & Binley，1992）：

$$\zeta_b = (\sigma_e^2)^{-N} \tag{12-3}$$

式中，ζ_b 为似然函数；这里 N 是用户选择的参数。当 $N = 0$，每一个模拟将有相等的似然值，当 $N \to \infty$，有单一最好的模拟将有 1 的似然值，而其他的似然值将为零。

3）残余最大绝对尺度：

$$\zeta_m = \max[\ |e(t)|\ ], \ t = 1,\ 2,\ 3,\ \cdots,\ T \tag{12-4}$$

式中，ζ_m 为残余最大绝对尺度；$e(t)$ 为在时间 t 观测变量与预测变量之间的残余。额外的要求是残余依赖于测量误差的边界（否则 $\zeta_m = 0$）。

4）其他的基于残余的绝对值的似然函数也可能是绝对值之和 ζ_d

$$\zeta_d = \sum_{}^{T} |e(t)| \tag{12-5}$$

12.2.4.2 参数的先验分布

给定合适的似然函数，GLUE 程序的下一阶段是给出合适的初始或者先验参数分布的定义。参数的先验分布要充分保证模型行为可覆盖观测范围。即使给了一些物理的观点和原因，对先验分布的评价还是不容易的。例如，在基于物理基础的分布式模型中弄清不同土壤类型的土壤传导度和模型每一栅格的水平土壤层是不容易的。给定土壤质地信息和颗粒大小分布，可以由 Clapp 和 Hoenberger（1978）或者 Ravels 和 Brakensiek（1989）的评价程序可以给出。在这些研究中，水力传导度评价的均值和标准差能对不同类型的土壤评价，这些都是基于大量的 USDA 数据集。模型要求水力传导度评价在栅格尺寸内，同时应注意均值和方差可以有很大的不同。

12.2.4.3 不确定性评价

与参数集有关的似然值可以用模糊方法来处理，这反映出模拟的置信度。如果似然函数定义、输入数据和模型结构一旦被确定，可以把似然值分布作为预测变量的概率权重函数，用来考虑与预测有关的不确定性评价。

12.2.4.4　似然权重的更新

通常用一个连续序列观测数据，输入不同类型变量用于更新似然值和不确定性分析。GLUE 程序的一个特点是，当接受程序中不同类型的观测变量时，可以给出不同的权重。

与参数有关的分布函数的重新计算可由 Bayesian 方程（Fisher, 1922）来完成，其形式为

$$\xi_k(\Theta \mid y) = \xi_y(\Theta \mid y)\xi_a(\Theta) \tag{12-6}$$

式中，$\xi_a(\Theta)$ 是参数集的先验似然分布；$\xi_y(\Theta \mid y)$ 是以给定的一套新的观测变量 y 的参数集计算的似然函数；$\xi_k(\Theta \mid y)$ 是参数集的后验似然分布。

12.2.4.5　参数的再取样

GLUE 程序的初步使用经验表明，Bayes 更新程序的影响是逐步减少那些后验分布大于零的参数集的数量，因此可相应地减少适应分布定义样本的大小。这也有效地说明，随着更多数据的使用，那些可以接收的流域模拟的参数集的参数空间将变得更加有限定性，这将是可以期望的，传统的模型率定表明这收敛于最优参数集。

12.2.5　似然函数的组合与多目标似然函数

对于一个机理模型而言，往往能够预报几个因变量，而且有些因变量是可以测定的，如分布式水文模型可以预报土壤水分、地下水位、河道流量等。因此，可以利用这些点上和面上的观测信息构建不同的似然目标函数来限定模型的信息含量，降低模型参数的"异参同效"，以便得到更具唯一性的参数值。多目标似然判据 $L\ (\theta_i \mid Y)$ 可以表示为

$$L(\theta_i \mid Y) = L_1 \times L_2 \times \cdots \times L_i / C \tag{12-7}$$

式中，L_i 为第 i 个目标判据的似然值；C 为一系数常量。

12.2.6　GLUE 程序在岔巴沟流域的应用

在确定模型结构和模拟预报后，选择模型中若干重要参数，进行参数值分布空间和水沙模拟不确定性分析。结合经验对岔巴沟流域选取洪水场次进行分析。

12.2.6.1　GLUE 分析的步骤

（1）似然判据的定义

该判据用于判别模拟结果与实测结果的吻合程度。从理论上讲，当模拟结果与所研究的系统不相似时，似然判据应为零；而当模拟结果相似性增加，似然判据值应该单调上升。最常用的似然判据是 Nash 和 Sutcilffe 确定性系数，即

$$L(\theta_i \mid Y) = 1 - \frac{\sigma_i^2}{\sigma_0^2} \tag{12-8}$$

式中，$L(\theta_i \mid Y)$ 为第 i 组参数的似然判据；σ_i^2 为模拟序列的误差方差；σ_0^2 为实测序列的误差方差。

（2）确定参数的初始范围和先验分布函数

通常情况下，不容易确定参数的先验分布形式，而往往用均匀分布形式代替。参数的采样方式可以是均匀采样或对数采样等方式。

（3）不确定性分析

确定参数组的似然判据值，并根据权重系数确定参数在其分布空间的概率密度，权重系数大的参数值组贡献应该更大一些。然后依据似然值的大小排序，估算出一定置信水平的不确定性的预报时间序列：

$$P(\hat{Z}_t < z) = \sum_{i=1}^{B} L[M(\Theta_i) \mid \hat{Z}_{t,i} < z)] \qquad (12\text{-}9)$$

式中，$\hat{Z}_{t,i}$ 为由模型 $M(\Theta_i)$ 得到的在时间步长 t 的变量 Z 的模拟值；$P(\hat{Z}_{t<Z})$ 为条件预测分位点；B 为有效模拟次数。

在此研究中，选择用累计似然分布的 5% 和 95% 的评价作为预测不确定性的界限。

（4）似然函数值的更新

当有新的数据时，利用 Bayesian 函数，以递推方式更新加权后的似然函数值。Bayesian 函数可以表达为：

$$L(Y \mid \theta_i) = L(\theta_i \mid Y)L_0(\theta_i)/C \qquad (12\text{-}10)$$

式中，$L_0(\theta_i)$ 为先验似然值；$L(\theta_i \mid Y)$ 为观测变量；$L(Y \mid \theta_i)$ 为后验似然值；C 为归一化加权因子；Y 为预报应变量；θ_i 为参数值组。

12.2.6.2　GLUE 程序应用分析

根据模拟结果和模型结构，选定以下四个本模型最敏感的参数进行分析（由于篇幅所限，这里仅选择产汇流主要参数进行分析，对侵蚀产沙模型参数不进行分析），参数的分布区间如表 12-4、图 12-3。

表 12-4　参数先验分布

参数	物理意义	最小值	最大值	平均值
f_0	最大下渗能力	8mm/(s·min)	9mm/(s·min)	8.5mm/(s·min)
f_c	稳定下渗能力	1.6mm/(s·min)	1.7mm/(s·min)	1.65mm/(s·min)
K	霍顿产流参数	0.1mm/(s·min)	0.5mm/(s·min)	0.25mm/(s·min)
θ	坡面流权重系数	0.6	1	0.8

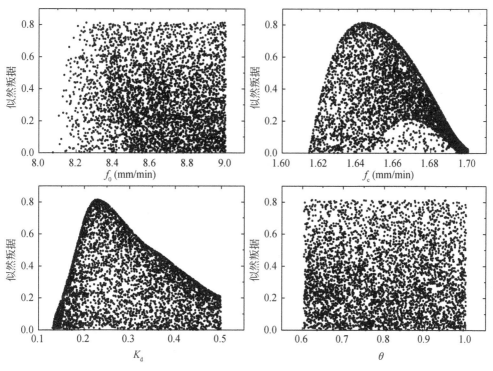

图 12-3 1000 次模拟试验中四个参数（f_0，f_c，K_d，θ）目标似然函数关系图

通过前述不确定性分析，从图 12-3～图 12-5 可以看出，k_d 和 f_c 是本模型的有影响的参数，其微小改变都会影响模拟结果，而 θ 和 f_0 则相对欠敏感。以 20010818 次水沙过程为例，在过程线图中可以看出，模拟的流量界限并不能完全包含实测流量过程线，总是有实测的流量落在 95% 和 5% 置信区间之外。这可能是各种因素共同作用的结果，也可能有以下几点原因。

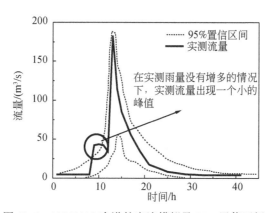

图 12-4 20010818 次洪的产流模拟及 95% 置信区间

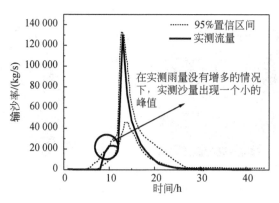

图 12-5　20010818 次洪的产沙模拟及 95% 置信区间

1）模型本身的影响。模型对降雨、蒸发、产流的分析有不符合实际情况的地方，模型结构尚不完善，这些都是影响因素。例如，目前模型还没有重力侵蚀的模型功能，造成图 12-4 和图 12-5 中，在实测雨量没有增加的情况下，实测流量和沙量都出现增加的现象。分析原因，可能是由重力侵蚀导致的坍塌、崩塌使产流和产沙量突然增大，由于模型尚不具有重力侵蚀模拟功能，所以，模拟产流和产沙量都比实测值小。

2）参数先验分布的影响。由于对选取参数的先验分布不是很了解，只是简单的取均匀分布，这将影响模型的运行结果。

3）Monte-Carlo 取样的影响。由于在模拟中随机选取参数集，而样本数不可能很大，否则对计算机运行造成很大负担，如洪水时段很长，样本很大时就会使程序运行时间很长。因此在模拟中取样样本不是很大，或许也影响到程序结果。

12.3　小　　结

应用建立的基于 GIS 分布式流域侵蚀产沙动力学模型，以岔巴沟流域为应用对象，按设计的 100a 一遇（$P=0.01$）、50a 一遇（$P=0.02$）和 10a 一遇（$P=0.1$）暴雨条件，模拟预测了设计情景下的满水泥沙过程，并对预测结果进行了不确定性分析。

1）在 100a 一遇（$P=0.01$）、50a 一遇（$P=0.02$）和 10a 一遇（$P=0.1$）设计暴雨三种情景下，岔巴沟流域 100a 一遇降雨（$P=0.01$）对应的洪峰流量和沙峰分别为 805.2 m^3/s 和 77.5 万 kg/s，50a 一遇降雨（$P=0.02$）对应的洪峰流量和沙峰分别为 594.7 m^3/s 和 50.2 万 kg/s，10a 一遇降雨（$P=0.1$）对应的洪峰流量和沙峰分别为 108.4m^3/s 和 12.1 万 kg/s。通过与实测洪水泥沙资料进行对比分析，应该说预测结果是可信的。

2）提高植被覆盖度对减水减沙具有明显的作用。方案计算表明，增加 25% 的植被覆盖，可以减少水量 73%，减少沙量 84%；而减少 25% 的植被覆盖，将增加 29.9% 的径流量和 18.6% 的泥沙量。

3）稳定下渗能力和产流参数是本模型的有影响的参数，其微小改变都影响模拟结果，而最大下渗能力和坡面流权重系数则相对欠敏感。分析结果还表明，模拟的流量界限并不能完全包含实测流量过程线，总是有实测的流量落在 95% 和 5% 置信区间之外，其原因有模型本身的影响、参数先验分布的影响，以及 Monte-Carlo 取样的影响。这些问题还有待进一步分析和改进。

参 考 文 献

蔡强国，陆兆熊，王贵平. 1996. 黄土高原丘陵沟壑区典型小流域侵蚀产沙过程模型. 地理学报，51 (2)：108-117

祁伟，曹文洪，等. 2004. 小流域侵蚀产沙分布式数学模型的研究. 中国水土保持科学，2 (1)：16-21

汤立群，陈国祥，蔡名扬. 1990. 黄土丘陵区小流产沙数学模型. 河海大学报，18 (6)：23-28

汤立群，陈国祥. 1997. 小流域产流产沙动力学模型. 水动力学研究与进展 (A 辑)，12 (2)：44-54

杨涛，陈界仁，姚文艺，等. 2007. 基于 DEM 的黄土丘陵区动力学流域水沙数学模型应用研究——以黄河中游两个典型小流域为例，水动力学研究与进展，22 (5)：583-591.

姚文艺，陈界仁，秦奋. 2008. 黄河多沙粗沙区分布式土壤流失模型研究. 水土保持学报. 22 (4)：21-26

Beven K, Binley A. 1992. The future of distributed models- Model calibration and uncertainty Predication. Hydrological Processes, 6 (3)：279-298

Binley AM, Beven KJ. 1991. Physiscally-based modeling of catchment hydeology：a likehood approach to reducing predictive uncertainty//Farmer D G, Rycroft M J. 1991. Computer Modelling in the Enrionmental Sciences. Oxford：Clarendon Press

Clapp RB, Hoenberger HM. 1978. Empirical equations for some soil hydraulic properties. Water Resources Research, 14：601-604

Fisher RA. 1922. On the mathematic foundations of theoretical statistics. Phil. Trans. Roy. London, A, 222：309-368

Free J, Beven KJ. 1996. Bayesian estimation of uncertainty in runoff prediction and the value of data：an apprication of the GLUE approach. Water Resources research, 32 (7)：2161-2173

Hoenberger GM, Spear RC. 1981. An approach to the preliminary analysis of environmental systems. J. Environ, Mang, 12：7-18

Ravels W J, Brakensiek DL. 1989. Estimation of soil hydraulic properties//Morel-Seytoux, H. J. 1989. Unsaturated Flow in Hydrologic modellins. D. Reidel. Dordrecht

第 13 章　延河流域土壤侵蚀
评价与分析

对流域土壤侵蚀进行评价分析是制定流域水土保持生态建设规划与流域管理的重要科学依据。本章利用遥感、GIS 技术及坡面土壤侵蚀模型相结合的评价和制图方法，以黄河一级支流延河为对象，应用第 9 章介绍的基于 GIS 分布式中尺度流域侵蚀产沙经验模型，分析了延河流域土壤侵蚀主导因子及其特征，在此基础上对延河流域土壤侵蚀时空动态变化进行了评价，提出了尚需进一步研究的问题。

13.1　区域土壤侵蚀评价方法简介

国内外对区域土壤侵蚀和水土保持制图研究可归纳为 5 种，包括：①常规制图方式，如 20 世纪 70 年代末的全球土地退化制图（Oldeman et al.，1991）和全国土壤侵蚀类型制图（朱显谟，1965）；②遥感、GIS 技术与坡面土壤侵蚀模型相结合的评价与制图方法，如澳大利亚大陆的片蚀、细沟侵蚀调查（Lu & Yu，2002），全球尺度土壤侵蚀定量评价（Yang et al.，2003），（卜兆宏等，2003）的水土流失遥感定量快速监测；③基于坡面侵蚀模型，考虑尺度变换的评价与制图方法，这类方法充分考虑了土壤侵蚀的时空尺度特征（Poesen et al.，1996），对尺度问题进行了探索；④美国农业部发展的土壤侵蚀抽样调查，该方法基于统计学原理在全国布设样点并为每个样点赋予一个面积权重（即样点所能代表的面积数），利用 USLE 计算样点所在地块土壤流失量，然后统计得到全国各土壤侵蚀现状数据（Nusser & Goebel，1997）；⑤基于遥感 GIS 方法，开发区域水土流失模型，并进行土壤侵蚀评价与制图的方法，国外如 Kirkby（1999）在地中海地区初步建立的区域土壤侵蚀模型。国内也开展了不少相关区域土壤侵蚀模型的试验研究（杨勤科等，2006；姚志宏等，2006，2007）。本章以上述第二类方法的思路为基础，对延河流域土壤侵蚀开展评价与分析研究。

13.2　研究区土壤侵蚀环境

13.2.1　延河流域概况

13.2.1.1　地理位置

延河流域位于陕西省北部，经纬度范围为北纬 36°23′ ~ 37°17′，东经 108°45′ ~

110°28′，属黄河中游的一级支流。流域内涉及的县级行政区有靖边县、志丹县、安塞县、宝塔区和延长县。延河发源于靖边县天赐湾乡周山，在延长县南河沟乡凉水岸附近汇入黄河（图 13-1）。延河全长 286.9km，主要支流有杏子河、西川、蟠龙川和南川等，流域面积为 7684km² （图 13-2）。

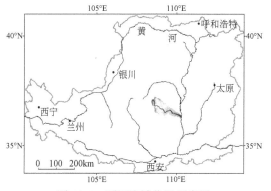

图 13-1　延河流域位置示意图

图 13-2　延河流域县级行政区分布

13.2.1.2　自然地理条件

延河流域具有典型的黄土丘陵景观和水土流失特征，长期开展连续的水土流失治理，积累有比较丰富的科研成果和良好的试验观测条件［中国科学院安塞水土保持试验站（西北水土保持研究所，1986；卢宗凡等，1997）］，使延河流域成为水土流失定量评价的典型研究区。

（1）气候条件

延河流域气候为大陆性、半湿润季风气候，多年平均降水量 500mm（延安站）左右，年平均气温 9℃。流域降雨主要发生在夏秋之间，且多暴雨，冬春雨雪稀少。暴雨及其径流是发生土壤侵蚀的主要动力，流域北部冬春季节多大风，有片沙和风蚀发生。主要灾害类型为旱灾、霜冻、冰雹及暴雨。

（2）地形特征

延河流域主体上为典型的黄土丘陵沟壑区，属于黄土丘陵沟壑区 Ⅱ 副区。流域东南部为破碎塬区。据流域高分辨率 DEM 的量算，在典型的丘陵沟壑区，地面平均坡度达 35°（县南沟流），沟壑密度（大于 250m 沟道）达到 3.5～3.7km/km²。坡陡沟深是发生强烈土壤侵蚀和多种地质灾害的重要条件。

（3）植被特征

延河流域地跨三个植被带，东南部为暖温带湿润森林植被（崂山辽东栎、刺槐、油松、阔叶—针叶混交林带），中部为暖温带半湿润森林草原植被（柠条、白羊灌草草原过渡带），西北部为温带半干旱草原植被（百里香、长芒草草原带）。在一个流域内出现三种植被类型，也是该流域受到多个学科研究者关注的理由之一（梁一民，2003；付坤俊，1989）。

（4）土壤特征

延河流域地带性土壤为黑垆土，东南部森林地区为褐色森林土（张淑光，1982）。然而由于长期强烈的土壤侵蚀，目前流域内土壤主要为黄土性幼年土壤——黄绵土。黄绵土质地疏松，通透性好，便于耕作，是良好的耕作土壤。但是这种土壤抗冲和抗蚀性差，因而在失去地面保护的情况下，容易发生强烈的侵蚀。

13.2.1.3 土壤侵蚀类型与格局

根据野外调查和制图分析，在宏观上，延河流域土壤侵蚀受水热条件和相应植被覆盖特征的影响，在微观上受地形和土地利用微观结构的影响，表现出以下特征。

（1）各级梁峁坡地以水力侵蚀为主

梁峁顶和梁峁坡上部以面状侵蚀为主（含溅蚀、片蚀和细沟侵蚀）。梁峁坡的中下部浅沟侵蚀活跃，部分浅沟可发育并转化为切沟。切沟发育带是沟间地的主要侵蚀带，也是现代侵蚀地貌发育最活跃的部位。梁峁坡上一般没有重力侵蚀，潜蚀仅见于沟缘线附近，沟缘线下方有悬沟发育。

（2）沟谷地带重力侵蚀活跃

重力侵蚀的方式有滑塌、崩塌和泻溜等类型。大型滑塌常发生在三趾马红土上覆地层中，或基岩与黄土的接触面上，多属于古滑坡，在其滑坡体前缘有地下水溢出，形成泥流。浅层滑塌多出现在黄土地层中，是沟谷中现代侵蚀的主要方式。从区域上看，流域上游比下游滑坡明显，冲沟和切沟沟谷拓宽的主要形式是重力侵蚀，三趾马红土构成的谷坡以泻溜为主。泻溜侵蚀也是发育在三趾马红土和基岩地层中。基岩中泥岩和页岩经长期机械和化学风化作用很容易产生泻溜侵蚀，由此而使上覆岩体或黄土失去支撑而引起崩塌或座塌。

（3）沟边线附近以切沟、悬沟和潜蚀为主

切沟多出现在新黄土和老黄土之中，悬沟常常分布在老黄土构成的陡崖上，从地貌部位上来说，悬沟发育在坡度的转折点上，切沟位于沟坡下部。切沟沟床上有连续的冲蚀穴分布，使沟床纵剖面成阶梯状，岩石出露较高的沟谷中，水流沿基岩陡坡与上覆黄土状土壤的接触面流动，形成盲沟；在厚层黄土组成的谷坡上，常有"穿洞"或"天生桥"等特殊的重力侵蚀现象。

（4）支沟小流域内侵蚀具有明显的纵横向分异特征

支沟小流域上游的沟间地坡面较长，浅沟发育程度最高，沟谷中浅层滑塌活跃，有掌状凹坡分布处的沟头，溯源侵蚀迅速；中游沟间地的浅沟侵蚀也很活跃，但切沟比上游多，沟谷地的重力侵蚀减弱，谷形较宽，可发育为蜿蜒曲折的沟床；下游部分沟床下切最活跃，谷坡的重力侵蚀明显减弱。

13.2.1.4 土壤侵蚀治理概况

从古代到民国期间，地方农民在生产实践中创造了修梯田、撩壕埂、挖捞池、打坝淤地等治理水土流失的措施（中国科学院黄河中游水土保持综合考察队，1957；宋桂琴，1996）。但是，历史上主要由于投资体制和社会经济能力的限制，治理面积很少而且零星分布，治理效果不够理想。从20世纪70年代中后期开始，农田基本建设、坡地水土保持耕作、治沟骨干工程建设得到明显发展。20世纪90年代末期以来的封禁保护和生态自我修复措施的全面实施，更加丰富了水土保持综合治理内容（田均良等，2003）。

（1）常规措施

水土保持的常规措施包括生物措施、工程措施和耕作措施。在生物措施上，先后开展了人工林、经济林、果园、人工草地建设。在工程措施上，主要有治沟骨干工程、淤地坝、沟头防护、谷坊。耕作措施主要是等高沟垄种植、草田轮作。这些措施经过多年积累后，已于20世纪70年代后期开始逐渐发挥出明显的水土保持效益。

（2）生态修复措施

主要是通过实施封育保护措施，利用大自然的自我修复功能，促进植物的生长发育，进而达到改善生态环境的目的。一般将土地资源类型划分为生产生活用地、生态保护地两类，其中生产生活用地是指在近期或者在现有技术条件下可以开发利用，发展大农业生产的土地，以适度的开发利用不会导致土地大面积严重退化为划分依据；生态保护地（难利用地）是指近期或者在现有技术条件下不宜直接用于农林畜产品生产，以生态保护为主的土地。生态修复工程建设方式在初期以天然封禁、保护为主要手段，尽可能减少人为干扰，以防导致其本身和相邻地段或者区域的土地退化。

13.2.2 基础数据处理方法

13.2.2.1 基础数据

为了利用基于GIS分布式中尺度流域侵蚀产沙经验模型（简称流域经验模型）对延河流域土壤侵蚀的评价与分析，在前期研究积累的基础上（杨勤科和李锐，2000；张晓萍和杨勤科，1998），收集整理了有关数据，建立了延河流域土壤侵蚀基础数据库。数据包括降水（34个站）、径流、土壤、植被、地形和水土保持措施等（表13-1），其中水土保持措施数据以乡镇为单元，由黄河上中游管理局协助调查获得（谢红霞，2008）。

表 13-1 延河流域土壤侵蚀评价与分析基础数据

数据项	时间/空间分辨率	数据格式	提供单位
延河流域 1:5 万地形图	—	RSRI coverage	国家测绘局基础地理信息中心
遥感影像数据（1986 年，1997 年，2000 年，2006 年）	30m	dat	中国科学院遥感卫星地面站
土壤数据	1:100 000	ESRI coverage	中国科学院水利部水土保持研究所
1980~2000 年，2006 年日降雨；2005 年，2006 年部分次降雨	日，次	xls	黄河水利委员会，延安市场气象局，中国科学院安塞水土保综合试验站
水土保持措施数据	10 年/乡镇	xls	黄河上中游管理局，中国科学院水利部水土保持研究所
径流泥沙观测数据	日/月	xls	黄河水利委员会
1986 年，1997 年和 2000 年土地利用类型图	年	grid	中国科学院水利部水土保持研究所

13.2.2.2 数据处理硬件软件环境

数据处理所用软件主要有遥感图像处理软件 ERDAS8.7、地理信息系统软件 ArcGIS9.0、ArcView3.3 和数据统计软件 EXCEL 等。

ERDAS Imagine 是美国 Leica 公司开发的遥感图像处理系统，采用 ERDAS8.7 提取延河流域土地利用的遥感解译和植被覆盖信息。ArcGIS 是一套功能强大的 GIS 软件系统平台，主要利用 Arc INFO workstation 模块进行数据编辑处理、投影变换和地图代数运算，利用 ArcMap 做数据显示、制图和简单的空间统计分析，利用 ArcCatalog 进行数据管理等。ArcView 是一套桌面 GIS 软件，界面友好、简单易用、运行速度快，主要利用该软件进行数据的快速浏览。

为了保证面积统计精度和图层间的正常运算，所有图层都统一采用等面积双标准纬线圆锥投影（Albers），中央经线为东经 109°30′，双标准纬线分别为北纬 36°30′和北纬 37°10′，投影计算采用的是克拉索夫斯基（Krasovsky）椭球，栅格尺寸为 25m。

13.2.2.3 基础数据预处理

由于"流域经验模型"是一个专业工具，其功能仅限于进行土壤侵蚀因子分析和土壤侵蚀产沙预报，因而在运行"流域经验模型"系统前，必须完成对数据的预处理。数据预处理就是将收集到的数据，经过必要的变换和处理变成流域土壤侵蚀预报可直接应用的数据的过程，主要包括已有地图数字化（如土壤图）、属性与空间属性链接（如土壤属性与土壤图的链接）、图形和表格数据的规范化、遥感影像的土地利用信息提取、植被覆盖度的估算、图像和图像数据投影转换、已有数据文件的有效组织管理等。

13.3　延河流域土壤侵蚀因子分析

生态环境及土壤侵蚀敏锐性具有明显的区域差异性已为不少研究所证实（欧阳志云等，2000；王效科等，2001），其原因主要是降雨及降雨侵蚀力、土壤、地形等动力及环境因子的时空差异引起的。

13.3.1　降雨因子

13.3.1.1　降雨量时空变化

降雨是导致土壤侵蚀的主要动力因素，雨滴击溅及由降雨产生的径流都会造成一定的土壤侵蚀。对流域 34 个站点（图 13-3）21a 资料（1980～2000 年）的分析表明，降雨量年内分布不均，5～9 月降雨占全年降水总量的 81%，在流域西北部降水时间分布更加集中。每年侵蚀性降雨日（日雨量≥10mm）14.8d。从 1980～2000 年各站 21a 降雨平均值来看，流域平均值为 473.0mm，总体上呈现出从东南向西北减少的趋势（图 13-3）。从具体的每一年来看，空间差异也十分显著，分布格局不尽相同（图 13-3，表 13-2）。

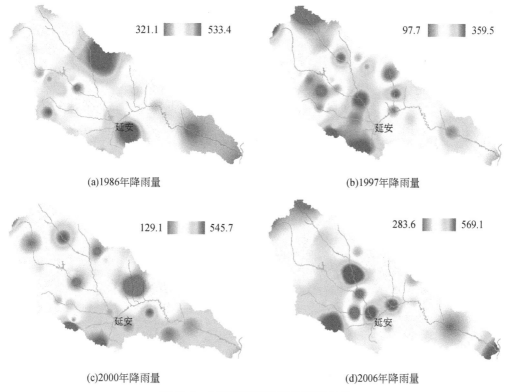

(a)1986年降雨量　　(b)1997年降雨量

(c)2000年降雨量　　(d)2006年降雨量

图 13-3　延河流域典型年降雨量分布

表 13-2　降雨特征统计

年份	最小值（mm）	最大值（mm）	平均值（mm）	标准差 σ
1986	321.1	533.4	396.5	31.4
1997	97.7	359.5	256.2	27.8
2000	129.1	545.7	365.9	39.7
2006	283.6	569.1	380.8	27.7

13.3.1.2　降雨侵蚀力时空分布特征

降雨侵蚀力是流域侵蚀产沙经验模型中代表气候对土壤侵蚀影响的因子。利用"流域经验模型"计算延河流域各站点降雨侵蚀力，经过插值得到流域降雨侵蚀力空间分布（图13-4，图13-5，表13-3）。

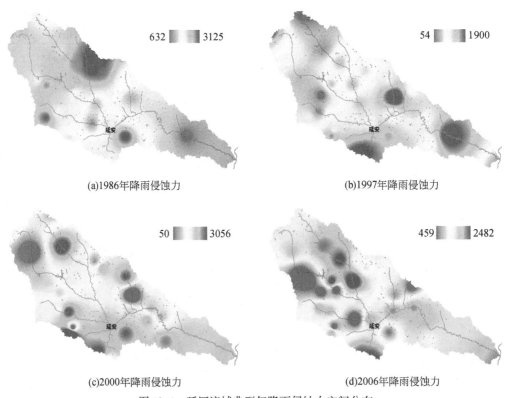

图 13-4　延河流域典型年降雨侵蚀力空间分布

（1）空间分布特征

1980～2000 年，流域多年平均降雨侵蚀力为 2393.7 $MJ \cdot mm/(hm^2 \cdot h \cdot a)$。绝大部分站点多年平均降雨侵蚀力介于 2000～3000 $MJ \cdot mm/(hm^2 \cdot h \cdot a)$，总体上呈现出从东南向西北减少的趋势，这种分布格局与降雨量分布相同（图13-5）。就不同年份看，流域降雨侵蚀力空间差异十分明显（图13-4）。1997 年和 2000 年，流域降雨侵蚀力整体上南部大于北部，1986 年流域降雨侵蚀力整体上北部大于南部，2006 年则表现出中部比较大的特点。1997 年流域降雨侵蚀力均值最小，流域 80% 以上的面积降雨侵蚀力集中在 800 ~ 18 000MJ·mm/(hm²·h·a)；2006 年流域降雨侵蚀力均值最大，流域 90% 以上的面积降雨侵蚀力高于 1000MJ·mm/(hm²·h·a)。

(2) 时间变化特征

通过将 1997 年和 2000 年降雨侵蚀力图层叠加分析求得各个格网 2000 年和 1997 年的差值可以发现 (图 13-6)，全区 95% 地区 2000 年降雨侵蚀力高于 1997 年值，其中有 50% 面积的降雨侵蚀力增幅在 400 ~ 800 MJ·mm/(hm²·h·a)，从全区平均值来看 2000 年降雨侵蚀力为 1292.07 MJ·mm/(hm²·h·a) 与 1997 年降雨侵蚀力为 775.32 MJ·mm/(hm²·h·a) 相比增加了 66.65%，降雨侵蚀力的这种时空变化主要是由延河流域降水时空分布不均引起的。这种降雨和降雨侵蚀力的年际变化，在很大程度上也影响着延河流域土壤侵蚀的时空变化特征。

表 13-3　延河流域降雨侵蚀力特征统计

时间	最小值 [MJ·mm/ (hm²·h·a)]	最大值 [MJ·mm/ (hm²·h·a)]	平均值 [MJ·mm/ (hm²·h·a)]	标准差 σ
1986 年	632.5	3125.5	1409.6	364.4
1997 年	54.9	1900.1	775.3	261.0
2000 年	50.4	3056.5	1292.1	283.4
2006 年	459.1	2482.4	1376.1	262.9

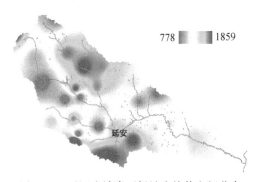

778 ▮ ▮ 1859

图 13-5　延河流域降雨侵蚀力均值空间分布

图 13-6　延河流域 1997 年和 2000 年降雨侵蚀力差值

13.3.2　土壤因子

土壤是土壤侵蚀的物质基础，是土壤侵蚀的主要因子之一 (朱显谟，1982a)，也是侵蚀预报模型的主要变量 (Wischmeier & Smith，1978)。在以往的土壤侵蚀定量评价中，应用的土壤因子指标有土壤分散率、土壤渗透性、团聚体表面率、有机质含量等 (史学正和邓西海，1993；雷俊山和杨勤科，2004) 在 "流域经验模型" 中，由于其单元模型算法主要以 CSLE 为基础，因而用土壤可蚀性因子 K 值来表征土壤对侵蚀产沙的影响。具体应用中，主要依据中国土种志、延安土壤和延河流域土壤图（图 13-7）等有关资料，整理得到土壤理化性质（沙粒、粉粒、黏粒、有机质、有机碳含量），进而计算 K 值（孟庆香，2006），最后将 K 值作为属性添加到土壤属性表，以 K 值为字段将数据格式转换为格网大小为 25m 的 grid 文件。值得注意的是，K 值的计算结果应该根据实测数据进行订正和改正（张科利等，2007；刘宝元，2006）。

13.3.2.1 土壤可蚀性因子空间变化

延河流域土壤可蚀性 K 值（图 13-8）介于 0.0211～0.0569t·h/(MJ·mm)，由于黄绵土占到了整个区域面积的 85%，而黄绵土抗蚀性较差，其土壤可蚀性 K 值最高可以达到 0.0569t·h/(MJ·mm)，整个流域平均土壤可蚀性 K 值达 0.0547t·h/(MJ·mm)，水体表面、居民点地、交通工矿用地等暂时规定土壤可蚀性因子值为 0。

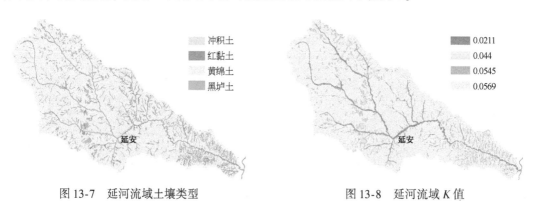

图 13-7　延河流域土壤类型　　　　　图 13-8　延河流域 K 值

13.3.2.2 土壤可蚀性因子动态变化

由土壤可蚀性的定义可知，土壤可蚀性与土壤有机质有较大关系，而土壤有机质与土地利用和植被覆盖状况相关，土壤可蚀性的动态主要受土地利用和植被恢复状况的影响。研究表明，随着天然植被恢复的演替，土壤可蚀性因子呈现比较显著的下降趋势。到达顶级群落，土壤可蚀性因子最低，辽东栎群落和长芒草群落下的土壤可蚀性因子比农田条件下减少 20% 以上（杨勤科，2005）。

13.3.3 地形因子

"域经验模型"中地形对流域侵蚀产沙的影响用坡度坡长因子来表示。为了更清楚地认识地形因子，首先分析坡度和坡长特征，然后再讨论坡度坡长因子（LS）。

13.3.3.1 坡度与坡长特征

在地形因子中，以坡度和坡长对水土流失的影响最大。在其他因子相同的情况下，坡度越陡，汇流时间越短，径流能量越大，对坡面的冲刷就越剧烈，侵蚀量越大。因而在一般情况下，侵蚀量与坡度成正相关（辛树职和蒋德麒，1982）。对于坡长，情况比较复杂，蔡强国（1998）的研究表明，在不同土壤、不同地面坡度和不同降雨量的情况下，所得试验结果不同。不少研究均表明，坡长对土壤侵蚀的影响具有临界关系（姚文艺等，2001）。但是总的来说，在一定范围内，土壤侵蚀与坡长成正相关关于侵蚀产沙地形因子的临界条件有不少研究（廖义善等，2008）。

对于较大区域的土壤侵蚀评价而言，一般都采用较小比例尺地形图建立的 DEM 作为数据基础（程琳等，2009；王春梅等，2010；郭伟玲等，2010），目前比较合适的地形基础数据是 1:5 万地形图及其基础上生成的 DEM。在延河流域收集整理了 1:5 地形图，根据有关研究中提出的技术参数（师维娟等，2007），建立 10m 分辨率 Hc-DEM，作为流域土壤侵蚀评价的数据基础。

基于 10m 分辨率的 DEM 提取的坡度和坡长如图 13-9a、图 13-9b 和图 13-9c。统计结果见表 13-4。基于 10m 分辨率 DEM（用 1:50 000 地形图建立）提取的坡度，平均值达到 28.9°，与基于 5m 分辨率 DEM（用 1:10 000 地形图建立）提取的坡度平均值 30.29° 差异不大。因而本研究中暂未对坡度进行变换处理。

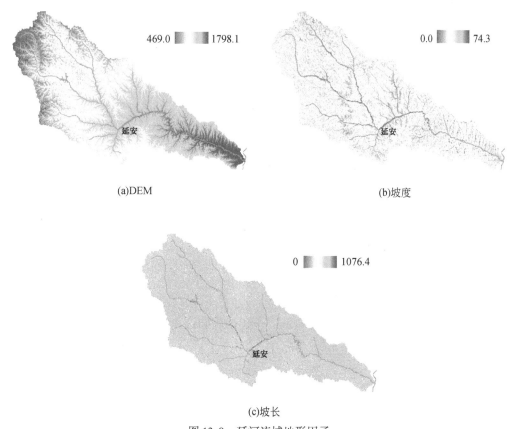

(a)DEM

(b)坡度

(c)坡长

图 13-9　延河流域地形因子

表 13-4   延河流域地形因子统计

特征值	坡度（°）	坡长（m）	LS
最小值	0	2.5	0
最大值	72.9	485.2	117.1
平均值	28.9	33.7	11.5

13.3.3.2   坡度坡长因子

坡度因子 S 是指在其他条件相同情况下，任意坡度下的单位面积土壤流失量与标准小区坡度下的单位面积土壤流失量之比值。同样，坡长 L 因子也是指标准小区条件下，任意坡长的单位面积土壤流失量与标准小区条件下单位面积土壤流失量之比值。

基于 10m 分辨率 DEM 和"流域经验模型"中地形因子提取的功能，提取了 LS 因子（图 13-10）。LS 因子统计结果表明，延河流域坡度坡长因子值最小值为 0，最大值为 157.3，平均值为 11.3。30% 流域面积坡度坡长因子值在 5 以下，坡度坡长因子值在 10 以下的约占流域面积的 50%，90% 面积的坡度坡长因子值在 27 以下。通过对 LS 因子与坡度和坡长的对比分析了解到，LS 值与格局均更多地受到坡度的影响，而坡长的影响则相对较小。空间上，LS 因子值从流域上部到下部逐渐增加，这与坡度变化趋势基本一致。

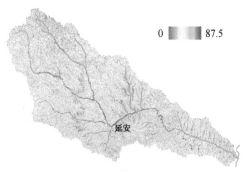

0 ▓▓▓ 87.5

图 13-10   延河流域地形因子 LS 分布

13.3.4   水土保持措施因子

水土保持措施包括水土保持林草措施、工程措施和耕作措施三大类。与此相对应，水土保持措施因子也被区分为生物措施因子（B）、工程措施因子（E）和耕作措施因子（T）。

13.3.4.1   林草措施因子

植被既可以覆盖地面，拦截降雨，保护地表不直接接受雨滴的打击，又可调节地面径流，增加土壤渗透时间，减弱径流动能，并且还可改善土壤的抗侵蚀性能，因而生物措施是水土保持中最有效的措施（朱显谟，1993，1982b，1960；李勇等，1991）。一般认为植被对于土壤侵蚀的防治作用以森林最大，灌丛次之，种植的牧草和作物最差。就盖度来说，植被盖度越大，水土保持功能越强。"流域经验模型"用生物措施因子 B 表示植被对土壤侵蚀的防治作用（刘宝元等，2006；Liu et al.，2002），并且采用了谢红霞总结的方法计算 B 因子值（谢红霞，2008）（表 13-2）。

　　基于 1986 年，1997 年，2000 年和 2006 年的影像，提取 NDVI 和土地利用图，并计算相应年份的 B 因子，结果见图 3-11。统计表明，4 个年份 B 因子平均值分别为 0.1763、0.1714、0.1592 和 0.1562。B 因子值整体呈现下降趋势，其中以 1997 年到 2000 年变化比较显著，全流域 86.6% 面积的 B 因子值呈减小趋势，这与退耕还林（草）的结果相适应，也反映了退耕还林（草）工程对土壤侵蚀的巨大影响。

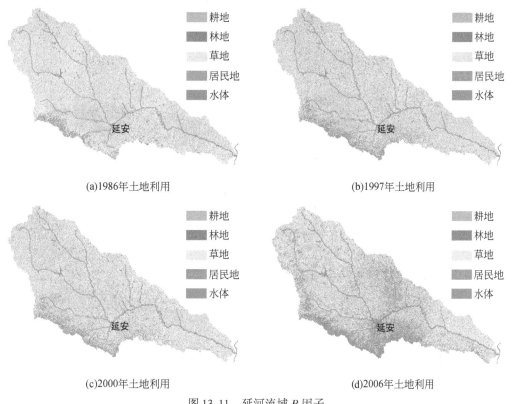

图 13-11　延河流域 B 因子

13.3.4.2　工程措施因子

　　由于区域尺度的水土保持监测与统计体系的不完善，要想全面系统收集延河流域这类中大尺度流域的工程措施数据是有一定难度的。为此，通过调查，以乡镇为单位收集了延河流域的梯田和淤地坝数据等工程措施数据，把工程措施减少侵蚀的效果平摊到整个乡镇范围内，尝试提出区域水土保持工程措施因子的计算方法。

　　利用延河流域各乡镇收集的梯田淤地坝数据，利用工程措施因子计算公式即可计算出各个乡镇的工程措施因子值 E，然后将工程措施因子值作为属性添加给乡镇多边形，最后生成 25m 的栅格乡镇工程措施因子图（图 13-12）。1986 年、1997 年、2000 年和 2006 年延河流域工程措施因子平均值为 0.513、0.506、0.498 和 0.497。

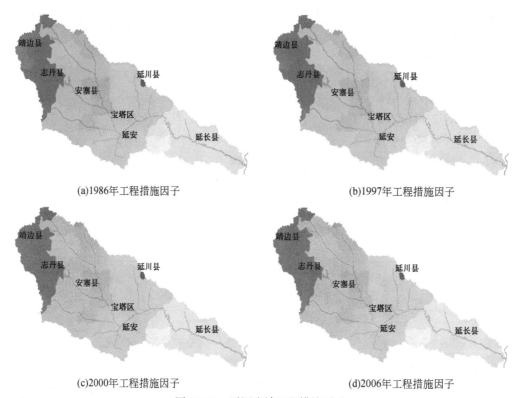

(a)1986年工程措施因子　　　　　　　　(b)1997年工程措施因子

(c)2000年工程措施因子　　　　　　　　(d)2006年工程措施因子

图 13-12　延河流域工程措施因子

13.3.4.3　耕作措施因子

受资料的限制，延河流域土壤侵蚀评价仅考虑比较常见的耕作措施——等高耕作技术。根据本书第 9 章中的相关数据，利用土地利用图和坡度图就可计算出不同年份延河流域 T 因子值，如图 13-13。1986 年、1997 年、2000 年和 2006 年延河流域耕作措施因子最大值为 1，最小值为 0.1，平均值分别为 0.659、0.690、0.698 和 0.712。T 值增加的原因在于植被恢复使坡耕地减少、林草措施（$T=1$）增加。

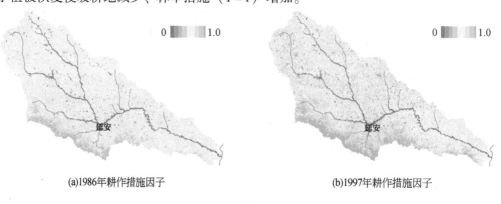

(a)1986年耕作措施因子　　　　　　　　(b)1997年耕作措施因子

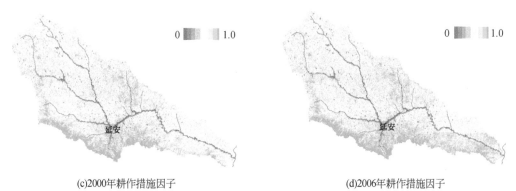

(c)2000年耕作措施因子   (d)2006年耕作措施因子

图 13-13　延河流域耕作措施因子值

13.4　土壤侵蚀时空动态分析

利用前述分析的各因子值，在"流域经验模型"中计算得到四个年份的土壤侵蚀强度，并在此基础上对延河流域土壤侵蚀时空动态进行初步分析。

13.4.1　土壤侵蚀评价结果合理性分析

为了将计算结果和延河流域出口站观测数据进行对比，利用延河流域 DEM 提取了甘谷驿站的控制范围以及该范围内的侵蚀模数，最后将计算侵蚀量和甘谷驿站观测的输沙量进行对比（表13-5）。结果表明，1986 年、1997 年和 2000 年的计算侵蚀量和观测输沙量之间具有一定的规律性，侵蚀量约为输沙量的 1. 7 ~ 2. 6 倍。从土壤侵蚀空间分布特征看，也与人们的常规认识一直，可见"流域经验模型"的计算结果具有一定合理性。然而，2006 年计算侵蚀量为0. 3014 亿 t，观测输沙量仅为 0. 0350 亿 t，侵蚀量约为输沙量的 8. 61 倍，这种异常的原因还有待分析，并在模型中加以考虑。

表 13-5　甘谷驿站各年计算侵蚀量和泥沙观测结果比较

时间	计算侵蚀量（万 t）	实测输沙量（万 t）	侵蚀量/输沙量	泥沙输移比
1986 年	4022. 09	1527. 74	2. 63	0. 38
1997 年	1684. 33	986. 52	1. 71	0. 59
2000 年	2766. 24	1087. 53	2. 54	0. 39
2006 年	3014. 22	350. 05	8. 61	0. 12

另外，还可以看出，就年内而言，对于延河这类的大型流域，其泥沙输移比是小于 1 的，且如 2006 年的远小于 1，这与人们多认为小流域泥沙输移比近于 1 的结论是有差别的。

13.4.2　土壤侵蚀的空间格局特征

基于我们以前对潜在水土流失的研究思路（马晓微等，2002），在"流域经验模型"

中进行了潜在土壤侵蚀产沙强度评价和多年平均状况的评价，并以此为基础分析延河流域土壤侵蚀的空间特征。

土壤侵蚀产沙受到多种自然和人为因素的影响，"流域经验模型"中自然因素包括气候、土壤和地形，人为因素就是水土保持措施因子。考虑到治理初期就存在植被的覆盖，因而这里将植被因子也放在自然因子中进行潜在土壤侵蚀评价。评价方案如下：

$$A_{02} = R \times K \times \text{LS} \tag{13-1}$$

$$A_{P2} = R \times K \times \text{LS} \times B_{86} \tag{13-2}$$

$$A_0 = \overline{R} \times K \times \text{LS} \times B_{86} \times E_{86} \times E_{86} \tag{13-3}$$

$$\text{BET}_0 = B_{86} \times E_{86} \times E_{86} \tag{13-4}$$

式中，A_{02}、A_{p1} 和 A_0 和 BET_0 分别表示仅考虑气候–土壤–地形条件下的土壤侵蚀强度，考虑气候–土壤–地形–植被条件下的土壤侵蚀强度，考虑所有因素、治理初期的土壤侵蚀强度；BET_0 表示治理初期的水土保持措施总量；B_{86}、E_{86} 和 T_{86} 分别表示 1986 年的 B、E 和 T 因子，$\overline{R}$ 表示 1986 ~ 2006 年降雨侵蚀力平均值。

13.4.2.1　潜在侵蚀的空间特征

基于上述公式计算的土壤侵蚀和水土保持措施因子总值图 13-14，相关统计特征值见表 13-6。在不考虑任何水土保持措施的情况下，本区域潜在侵蚀强度均值可以高达

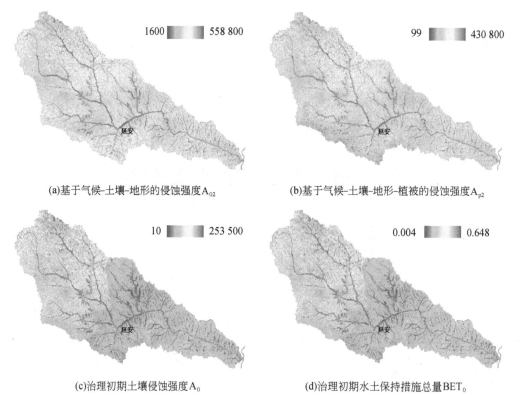

(a)基于气候–土壤–地形的侵蚀强度A_{02}　　　(b)基于气候–土壤–地形–植被的侵蚀强度A_{p2}

(c)治理初期土壤侵蚀强度A_0　　　(d)治理初期水土保持措施总量BET_0

图 13-14　延河流域潜在土壤侵蚀

88 765t/(a·km²)，考虑植被条件后的潜在土壤侵蚀强度平均值 A_{p2} 为 15 179 t/(a·km²)，降低 82%，可见植被对于防治土壤侵蚀起到了很大作用。而考虑所有水土保持措施后，治理初期侵蚀强度平均值 A_0 为 5157t/(a·km²)，相对于 A_{02} 和 A_p，降低 94.19% 和 66.03%，可见水土保持措施对潜在侵蚀的抵抗作用很大。从空间格局看，未考虑植被的潜在侵蚀强度，主要受坡度的影响，而考虑了植被的潜在侵蚀强度，同时受到坡度和植被覆盖状况的影响。

在治理初期水土保持措施总量变化范围为 0.004 ~ 0.648。统计表明，大约在 90% 的面积上，该值 <0.1，也就是说，水土保持措施的作用可望使 90% 面积的侵蚀强度降低到潜在侵蚀强度（A_{02}）的 10%。这基本可以说明，土壤侵蚀的发生，自然因素是基础，人为因素是关键。

表 13-6　潜在侵蚀强度统计

统计特征	A_{02}	A_{p2}	A_0	BET_0
最小值	1 650.8	99.1	10.6	0.004
最大值	558 812.2	430 818.1	253 533.4	0.648
平均值	88 765.3	15 179.8	5 157.1	0.059
标准差	59 250.0	11 549.1	4 951.6	0.046

13.4.2.2　土壤侵蚀的空间特征

有 4 种因素对土壤侵蚀影响比较明显：①治理措施。特别是工程措施的影响。②地形。滑坡集中分布的区域在土壤侵蚀图上依然清晰可见。③植被。在南部地区，地表坡度比较陡，但是土壤侵蚀比较微弱，主要原因是这里植被覆盖比较好。④微观地形。在植被覆盖比较弱的地区，会出现梁峁较轻和沟谷较强的格局，这与 LS 因子特别是坡度的微观特征有关（图 13-15）。

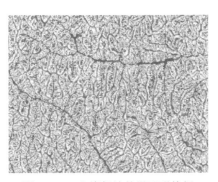

图 13-15　土壤侵蚀的微地形特征

13.4.3　土壤侵蚀动态特征

利用 4 个年度的相关数据，在"流域经验模型"中计算得到相应 4 个年度的土壤侵蚀强度图（图 13-16），以此为基础讨论土壤侵蚀的动态特征。

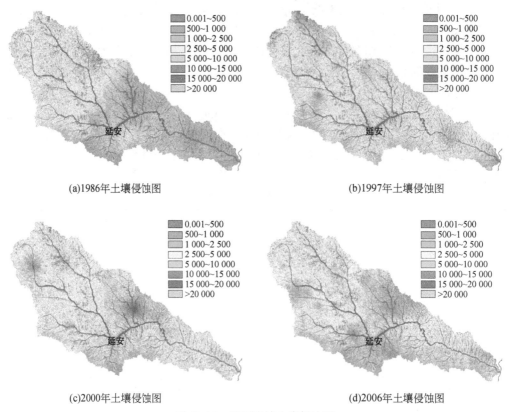

(a)1986年土壤侵蚀图   (b)1997年土壤侵蚀图

(c)2000年土壤侵蚀图   (d)2006年土壤侵蚀图

图 13-16　延河流域土壤侵蚀图

13.4.3.1　侵蚀强度统计特征变化

统计表明（表 13-7），1986 年、2000 年和 2006 年土壤侵蚀较为严重，1997 年土壤侵蚀相对较为轻微。其中，1986 年土壤侵蚀相对严重的原因主要是治理程度不高，而 2006 年的则主要是因为降雨侵蚀力比较多。从微度和中度以上侵蚀面积比例看，前者在 4 个年度大约占 25%，后者大约占 50%，两者随治理程度提高分别有所增加和降低。

表 13-7　延河流域土壤侵蚀模数统计

时间	侵蚀模数均值 [t/(km²·a)]	≤1000 面积统计（%）	
		≤1000t/(km²·a)	≥3000t/(km²·a)
1986 年	6115	23.8	55.41
1997 年	3012	32.61	34.18
2000 年	4671	24.86	50.08
2006 年	5009	24.5	51.12

13.4.3.2 侵蚀强度空间特征变化

由图 13-16 可见，1986 年土壤侵蚀强度主要呈现一种自然状态，其空间分布表现出南部强、北部弱的特点，这主要与降水量和降雨侵蚀力的空间特征相适应。1997 年，在北部地区土壤侵蚀强度明显增强，南部地区有所降低，这也与降雨量和降雨侵蚀力的空间特征相适应，但由于其他相关因素的影响，空间变化没有降雨量和降雨侵蚀力那么明显。2000 年和 2006 年，土壤侵蚀强度呈现出中部强烈、南部和北部稍弱的特征，与 1986 年相比，南部和东南部明显降低，与 1997 年相较，东南部较强，这依然是降雨量和降雨侵蚀力在起作用。

13.5　小　　结

通过对延河流域土壤侵蚀评价，可得到如下几点认识。

1) 坡面经验模型与 GIS 结合，适当考虑侵蚀因子的尺度效应、考虑沟蚀问题，可以作为较大区域土壤侵蚀评价的有效方法。

2) 今后应进一步加强土壤侵蚀评价的尺度效应问题研究。关于侵蚀因子和侵蚀产沙特征的尺度效应，虽有一些方法（王飞等，2003；倪九派等，2005；刘纪根等，2004；刘前进等，2004）。但这些研究大多停留在理论探索阶段，尚难以实用。通过研究认为，对地形因子（坡度和坡长）进行尺度变化，或许是比较可行的。在本研究中，由于考虑到从 1:5 万地形图提取的坡度因子精度比较高，在"流域经验模型"的坡长提取中，间接考虑了尺度问题。

3) 需进一步加强评价结果的不确定性研究。根据 GIS 的研究，如果一个观察者在某一地点得到的观察结果与另外一个人在相同地点的观察结果不同，则观察中存在不确定性；否则如果两者结果相符，观测具有确定性（Fisher，2008；Longley et al.，1999）。实际上对大多自然现象的数学表达几乎都是不完整的，所以模拟结果往往存在不确定性，且这种不确定性会在数据处理和模型分析过程中被传播和积累（Longley et al.，2005；史文中，2005）。因而，在对流域或区域土壤侵蚀产沙进行预报和评价的过程中，应当尝试对其中的不确定性进行分析评价。

4) 应重视数据库技术开发研究。收集整理已有的试验观测和调查制图数据，建立土壤侵蚀因子数据库，是实现对土壤侵蚀评价的基础。在此过程中，数据的统一协调（包括数据格式、数据投影、数据范围等）、完整元数据文件的建立等是最为关键的问题，因此，应加强区域评价模型数据库技术的研发工作。

参 考 文 献

卜兆宏，唐万龙，潘贤章．1994．土壤流失量遥感监测中 GIS 像元地形因子算法的研究．土壤学报，31（3）：322-329

卜兆宏，唐万龙，杨林章，等．2003．水土流失定量遥感方法新进展及其在太湖流域的应用．土壤学报，41（1）：1-9

蔡强国. 1998. 坡长在坡面侵蚀产沙过程中的作用. 泥沙研究,（4）：84-91

程琳, 杨勤科, 谢红霞, 等. 2009. 基于 GIS 和 CSLE 的陕西省土壤侵蚀定量评价研究. 水土保持学报, 23（5）：61-67

付坤俊. 1989. 黄土高原植物志. 北京：科学文献出版社

郭伟玲, 杨勤科, 程琳, 等. 2010. 区域土壤侵蚀定量评价中的坡长因子尺度变换方法. 中国水土保持科学, 8（4）：73-78

雷俊山, 杨勤科. 2004. 土壤因子研究综述. 水土保持研究, 11（2）：156-159

李勇, 朱显谟, 田积莹. 1991. 黄土高原植物根系提高土壤抗冲性的有效性. 科学通报,（12）：935-938

梁一民. 2003. 黄土高原植被建设. 郑州：黄河水利出版社

廖义善, 蔡强国升, 程琴娟. 2008. 黄土丘陵沟壑区坡面侵蚀产沙地形因子的临界条件. 中国水土保持科学, 6（2）：32-38

刘宝元. 2006. 西北黄土高原区土壤侵蚀预报模型开发项目研究成果报告. 北京：水利部水土保持监测中心

刘纪根, 蔡强国, 樊良新, 等. 2004. 流域侵蚀产沙模拟研究中的尺度转换方法. 泥沙研究,（3）：69-74

刘前进, 蔡强国, 刘纪根, 等. 2004. 黄土丘陵沟壑区土壤侵蚀模型的尺度转换. 资源科学, 26（增刊）：81-90

卢宗凡, 梁一民, 刘国彬. 1997. 中国黄土高原生态农业. 西安：陕西科学技术出版社

马晓微, 杨勤科, 刘宝元. 2002. 基于 GIS 的中国潜在水土流失评价研究. 水土保持学报, 16（4）：49-53

孟庆香. 2006. 基于 RS、GIS 和模型的黄土高原生态环境质量综合评价. 杨凌：中国科学院水利部水土保持研究所

倪九派, 魏朝富, 谢德体. 2005. 土壤侵蚀定量评价的空间尺度效应. 生态学报, 25（8）：2061-2067

欧阳志云, 王效科, 苗鸿. 2000. 中国生态环境敏感性区域差异性研究. 生态学报, 20（1）：9-12

师维娟, 杨勤科, 赵东波, 等. 2007. 中分辨率水文地貌关系正确 DEM 建立方法研究——以黄土丘陵区为例. 西北农林科技大学学报, 35（2）：143-148

史文中. 2005. 空间数据与空间分析不确定性原理. 北京：科学出版社

史学正, 邓西海. 1993. 土壤可蚀性研究现状及展望. 中国水土保持,（5）：25-29

宋桂琴. 1996. 黄土高原土地资源研究的理论与实践. 北京：中国水利出版社

田均良, 梁一民, 刘普灵. 2003. 黄土高原丘陵区中尺度生态农业建设探索. 郑州：黄河水利出版社

王春梅, 杨勤科, 王琦, 等. 2010. 区域土壤侵蚀强度评价方法研究——以安塞县为例. 中国水土保持科学, 8（3）：1-7

王飞, 李锐, 杨勤科, 等. 2003. 水土流失研究中尺度效应及其机理分析. 水土保持学报, 17（2）：167-180

王效科, 欧阳志云, 肖寒, 等. 2001. 中国水土流失敏感性分布规律及其区划研究. 生态学报, 21（1）：14-19

谢红霞. 2008. 延河流域土壤侵蚀时空变化及水土保持环境效应评价研究. 西安：陕西师范大学博士论文

辛树帜, 蒋德麒. 1982. 中国水土保持概论. 北京：农业出版社

杨勤科, 李锐, 徐涛, 等. 2006. 区域水土流失过程及其定量描述的初步研究. 亚热带水土保持, 18（2）：20-23

杨勤科, 李锐. 2000. 论数字黄土高原建设的若干问题. 水土保持通报, 20（4）：33-35

杨勤科. 2005. 中国科学院知识创新重要方向项目"黄土高原水土保持的区域环境效应研究"中期评估报告

姚文艺, 汤立群. 2001. 水力侵蚀产沙过程及模拟. 郑州：黄河水利出版社

姚志宏，杨勤科，吴喆，等 . 2006. 区域尺度降雨径流估算方法研究，I—算法设计 . 水土保持研究，13（5）：306-308

姚志宏，杨勤科，吴喆，等 . 2007. 区域尺度侵蚀产沙估算方法研究 . 中国水土保持科学，5（4）：13-17

张科利，彭文英，杨红丽 . 2007. 中国土壤可蚀性值及其估算 . 土壤学报，44（1）：7-13

张淑光 . 1982. 陕西农业土壤 . 西安：陕西科学技术出版社

张晓萍，杨勤科 . 1998. 中国土壤侵蚀环境背景数据库的设计与建立 . 水土保持通报，18（5）：35-39

中国科学院黄河中游水土保持综合考察队 . 1957. 山西西部水土保持土地合理利用报告 . 北京：科学出版社

中国科学院西北水土保持研究所 . 1986. 黄土丘陵沟壑区水土保持型生态农业研究 . 杨陵：天则出版社

中国科学院西北水土保持研究所 . 1986. 黄土高原杏子河流域自然资源与水土保持 . 西安：陕西科学技术出版社

朱显谟 . 1960. 黄土地区植被因素对水土流失的影响 . 土壤学报，8（2）：110-121

朱显谟 . 1965. 1：1，500 万中国土壤侵蚀图//中华人民共和国自然地图集编辑委员会 . 中华人民共和国自然地图集 . 北京：科学出版社

朱显谟 . 1982a. 黄土高原水蚀的主要类型及其有关因素（3 土壤因素）. 水土保持通报，（1）：25-30

朱显谟 . 1982b. 黄土高原水蚀的主要类型及其有关因素（4 植被因素）. 水土保持通报，（3）：40-44

朱显谟 . 1993. 强化黄土高原土壤渗透性及抗冲性的研究 . 水土保持学报，7（3）：1-10

Fisher P. 2008. Uncertainty and Errors.//kemp K K. 2008. Encyclopedia of Geographic Information Science. Los Angeles，London. New Delhi. Singapore：SAGE Publications

Kirkby M J. 1999. From Plot to Continent：Reconciling Fine and Coarse Scale Erosion Models Scott RHMDE，Steinhardt G C. 10th International Soil Conservation Organization Meeting. West Lafayette，IN

Liu B Y，Zhang K L，Xie Y. 2002. A empirical soil loss equation//2002. Proc. of 12th ISCO. Beijing：Tsinghua press

Longley P A，Goodchild M F，Maguire D J，et al. 1999. Geographic Information Systems，Volume 1，Principles and Technical Issues，Second Edition. New York：John Willey & Sons

Longley P A，Goodchild M F，Maguire D J，et al. 2005. Geographic Information Systems and Science，2nd Edition. USA：Wiley

Lu H，Yu B. 2002. Spatial and seasonal distribution of rainfall erosivity in Australia. Australian Journal of Soil Research，40：887-901

Nusser SM，Goebel JJ. 1997. The National Resources Inventory：A Long-Term Multi-Resource Monitoring Programme. Environmental and Ecological Statistics，4（3）：181-204

Oldeman L R，Hakkeling R T A，Sombroek W G. 1991. World map of the status of human-induced soil degradation：An explanatory note. 2nd revised edn. Nairobi：ISRIC Wageningen & UNEP

Poesen J W，Boardman J，Wilcox B，et al. 1996. Water erosion monitoring and experimentation for global change studies. Journal of Soil and Water Conservation，51（5）：386-390

Wischmeier W H，Smith D D. 1978. Predicting rainfall eosion losses from cropland east of the Rocky Mountains：A Guide for soil and water conservation planning. USDA Agric. Handb. No 537

Yang D W，Kanae S，Oki T，et al. 2003. Global potential soil erosion with reference to land use and climate changes. Hydrological Processes，17（4）：2913-2928

第14章 黄河中游水沙过程对水土保持措施的响应

水土保持措施不仅可以有效减少水土流失，同时对河流水沙过程也具有一定的调整效应。研究水沙过程对水土保持措施的响应规律，对于认识河流水沙变化机理、预测河床演变趋势有着重要意义，而且对于全面评价水土保持效益、指导水土流失治理实践也有着重要的应用价值。黄河中游水土保持措施如修梯田、植树种草等，对防治土壤侵蚀和保证农业产量起到了很大作用，同时也引起了水沙变异。本章重点研究了水土保持措施对水沙过程的作用规律，包括水土保持措施对径流过程、泥沙过程的影响，以及水沙过程与极值的空间变化规律，并建立了具有时间、状态和趋势特征的评价指标体系，形成了一套科学评估水土保持措施作用的方法。

14.1 黄河中游水土保持治理概况

黄河中游主要有 25 条一级支流，本章以其中的皇甫川、窟野河、孤山川、秃尾河、湫水河、无定河、佳芦河、清涧河、延河等 9 个主要产流产沙流域为研究对象（图 14-1 和表 14-1）。这些流域的水文、泥沙条件均具有一定的差异，且在近几十年由于水土保持

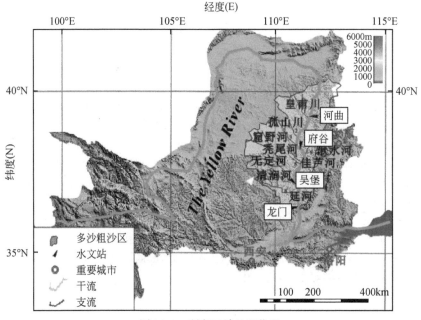

图 14-1 研究区域地理位置

工程的实施,流域的下垫面条件均发生了变化。

表 14-1 黄土高原 9 条支流水文泥沙观测资料基本情况

编号	站点	地理位置		所属流域	流域面积 (km²)	降雨资料 起止年份	流量资料 起止年份	泥沙资料 起止年份
1	皇甫	111.05°E	39.17°N	皇甫川	3 199	1955~2000	1954~2000	1960~2000
2	温家川	110.45°E	38.26°N	窟野河	8 645	1955~2000	1954~2000	1960~2000
3	高石崖	111.03°E	39.03°N	孤山川	1 263	1955~2000	1954~2000	1960~2000
4	高家川	110.29°E	38.15°N	秃尾河	3 253	1955~2000	1956~2000	1960~2000
5	申家湾	110.29°E	38.02°N	佳芦河	1 121	1955~2000	1957~2000	1960~2000
6	白家川	110.25°E	37.14°N	无定河	30 261	1955~2000	1956~2000	1960~2000
7	延川	110.11°E	36.53°N	清涧河	3 468	1955~2000	1954~2000	1960~2000
8	甘谷驿	109.48°E	36.42°N	延河	5 891	1955~2000	1953~2000	1960~2000
9	林家坪	110.52°E	37.42°N	湫水河	1 873	1955~2000	1954~2000	1960~2000

注:流域面积摘自 1977 年 6 月水利电力部黄河水利委员会刊印的《黄河流域特征值资料》

9 条支流的面积范围为 1121~30 261km²,年平均降雨为 319~509mm,且 60% 的降雨集中在 6~9 月。年平均径流为 36.8~108.5mm,年平均输沙量为 0.15 亿~1.26 亿 t(表 14-2)。流域的地貌类型呈多样化,有梁峁顶、坡面和沟道,山地的坡度为 0°~5°,坡面坡度为 5°~25°,主要的水土保持措施包括造林种草、梯田及淤地坝。各种水土保持措施的治理面积的变化情况如图 14-2。1979 年佳芦河、无定河的水土保持治理措施所占面积比已达到 15%,且在 1989 年时达到 33% 以上。而另外 6 个流域水土保持工程措施所占面积在 1979~1989 年显著增加。研究表明黄土高原产汇流的影响,发现 1978 年可以作为黄土高原佳芦河、秃尾河、湫水河三个典型流域的水土保持面积变化的突变点。图 14-2 的面积增长曲线也说明了 1978 年或 1989 年亦可作为佳芦河、秃尾河、湫水河三个流域水土保持措施面积显著增加的转折点。结合多方研究成果,选择 1979 年作为上述 9 个流域的水土保持工程措施变化的突变点。

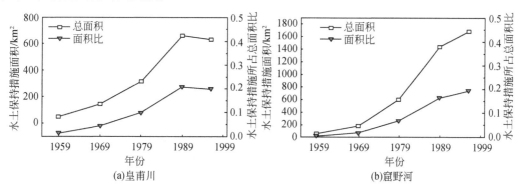

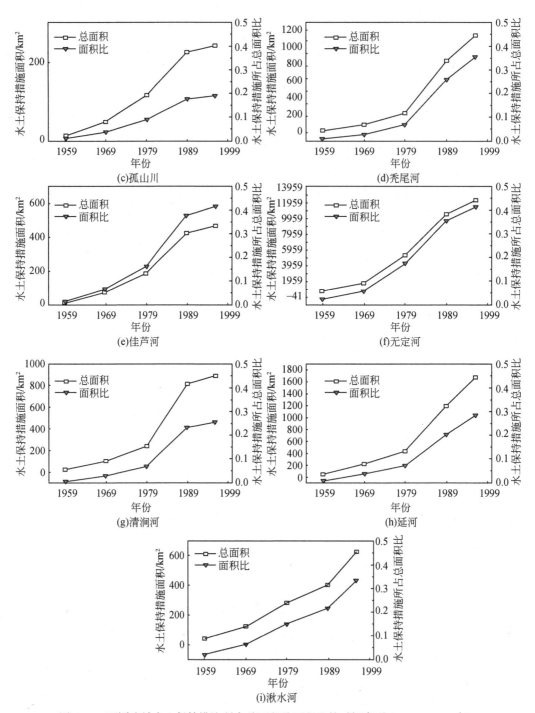

图 14-2　不同流域水土保持措施所占总面积及面积比的时间序列（1959～1996 年）

表 14-2 9 条河流水文泥沙特征

编号	流域及相应控制站	年平均降雨量（mm）	年平均径流（mm）	年平均输沙量（10^4t）	平均坡度（‰）	河道长度（km）
1	皇甫川（皇甫）	319	47.9	4 582.10	2.88	137.0
2	窟野河（温家川）	428	71.8	9 608.90	2.57	241.8
3	孤山川（高石崖）	410	63.3	2 789.10	5.48	79.4
4	秃尾河（高家川）	393	108.5	2 099.00	3.63	139.6
5	佳芦河（申家湾）	395	58.9	1 501.40	6.07	92.5
6	无定河（白家川）	386	41.7	12 585.20	1.79	491.2
7	清涧河（延川）	371	42.4	3 612.90	4.82	167.8
8	延河（甘谷驿）	511	36.8	4 596.30	2.60	284.3
9	湫水（林家坪）	509	39.5	1 700.00	6.40	121.9

注：河道平均比降，河道长度摘自 1977 年 6 月水利电力部黄河水利委员会刊的《黄河流域特征值资料》

9 条支流各项水土保持措施 1996 年的保存面积占流域面积的比例见图 14-3。

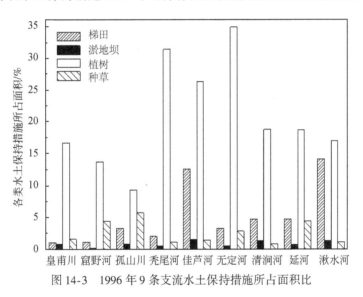

图 14-3 1996 年 9 条支流水土保持措施所占面积比

14.2 气候变化对黄河中游水沙影响的分离

长期以来，定量评估气候变化、土地利用及人类活动各因素变化对流域水文变异的影响一直是个复杂的课题。陈利群和刘昌明（2007）采用两个分布式水文模型（SWAT 和 VIC）分析了 1960～2000 年黄河源区气候变化和土地覆被对径流的影响。分析表明，气候变化是径流减少的主要原因。王国庆和王云璋（2000）利用水文模拟途径，采取假定气候方案，分析了黄河上中游径流对气候变化的响应。结果表明，径流对降水变化的响应较对气温变化的响应显著，中游地区较上游地区对气候变化敏感，可见黄河流域中上游地区径流对气候变化均较敏感。所以当研究水沙过程对下垫面变化的响应时,分离气候变化的影响是必需的。因此该部分内容主要讨论如何分离降雨变化对水文、泥沙变异的影响,进而最终评价水土保持措施对黄河中游水沙过程的影响。

首先,利用黄河中游全流域同期(1955～2000 年)各雨量站年降雨资料计算流域面平均年降雨量,然后根据丰平枯水定义(丰水:分位数≥75%,枯水:分位数≤25%,平水:25%<分位数<75%),相应选出丰平枯三个时期的年份,分析结果如图14-4,属平水年的年份则被用于水沙过程对水土保持措施的响应研究(表14-3)。

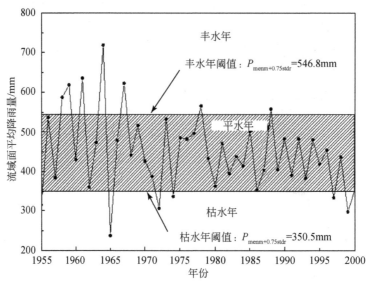

图 14-4　黄河中游丰平枯水年份分析结果

表 14-3　黄河中游 1955～2000 年系列平水年份及其降雨量

编号	年份	年均降雨(mm)	编号	年份	年均降雨(mm)
1	1956	536.9	12	1975	485.5
2	1957	384.9	13	1976	481.6
3	1960	430.3	14	1977	496.7
4	1962	360.4	15	1979	433.8
5	1963	473.8	16	1980	363.6
6	1966	479.3	17	1981	470.8
7	1968	441.4	18	1982	395.9
8	1969	516.9	19	1983	437.7
9	1970	426.7	20	1984	414.2
10	1971	388.1	21	1985	501.7
11	1973	532.7	22	1986	353.7

编号	年份	年均降雨（mm）	编号	年份	年均降雨（mm）
23	1987	403.3	29	1994	480.5
24	1989	405.4	30	1995	419.5
25	1990	482.7	31	1996	453.7
26	1991	390.4	32	1998	436.5
27	1992	482.7	33	2000	355.0
28	1993	383.2			

14.3　黄河中游水土保持措施对水文过程的影响

为满足防洪、航运、供水、发电和娱乐等诸多需求，人类活动不同程度地改变了河流天然水文情势（Bravard & Petts，1996）。这些改变在造福人类的同时，不可避免地也带来很多负面影响。环境、生态与水文学家建立了很多指标研究人类活动对径流特征改变的不同影响。早期的研究局限于平均流量、偏度、洪峰、频率、径流季节分配、枯水和洪水历时曲线，以后的研究则逐渐扩展到运用不同组合和多变量方法等分析水沙变异（Hughes & James，1989；Richter et al.，1996，1997，1998；Clausen & Biggs，2000；Extence et al.，1999），以支持流域生态系统管理和恢复。如 Richter 等（1996）创立了一种评估河流生态水文变化的方法（indicators of hydrologic alteration，IHA），其中包括 32 个指标，从流量大小幅度、频率、持续历时等方面评价河流水文状态改变，并采用变动范围法（range of variability approach，RVA）分析河流在人类活动干扰前后与生态相关的水文因子过程变化，确定河流生态环境管理目标。国际上许多研究成果（Galat & Lipkin，2000；Shiau & Wu，2004；Yang et al.，2008）采用该方法评价了河流修建大坝等人类活动对河流生态水文特性的改变，确定相关河流的生态水文保护目标。

14.3.1　IHA 指标及变动范围法（RVA）

IHA 指标体系采用 32 个水文指标变量评价生态水文状态改变，并将这些指标划归为流量大小幅度、时间、频率、持续历时和变动率等具有生态意义的五大类（表 14-4）。

RVA 方法由于其重要的环境与生态学意义而普遍用于河流与湖泊生态环境研究。对 RVA 方法而言，河流管理目标不是每年都保持同样的径流变幅，而是保证其变化幅度在筑坝前后保持同样的出现频率。一般采用 25% 分位数和 75% 分位数作为其上下限，水文变异程度可采用如下公式计算。

$$水文变异度 = （实测频率-预期频率）/预期频率 \tag{14-1}$$

式中，实测频率指受人工干扰后的 IHA 指标特征值落在生态目标区内（25%～75% 区间范围）的个数与受人工干扰后、前总年数比值的乘积，预期频率指受人工干扰前的 IHA 指标特征值落在生态目标区内（25%～75% 区间范围）的个数与受人工干扰后、前总年数比值的乘积。当实测频率和预期频率一样完全落入 RVA 生态目标范围时，水文变异等于零；当实测频率比预期频率更多地落入 RVA 生态目标范围时，水文变异为正，反之为负。

表 14-4　IHA 水文指标及其特征

IHA 指标的类别	指标特征	水文参数
第一类：月平均径流总量	径流总量和出现日期	月平均径流
第二类：年径流极值变化	径流总量与持续时间	年最小（1，3，7，30，90）日径流量
		年最大（1，3，7，30，90）日径流量
第三类：年径流极值出现日期	出现日期	年最小一天径流出现日期
		年最大一天径流出现日期
第四类：径流极值的频率和持续时间	径流总量、频率和持续时间	年高流量数量
		年低流量数量
		年高流量持续时间
		年低流量持续时间
第五类：径流变化程度和频率	频率和变化程度	上涨速率
		下降速率

14.3.2　天然河流的水文变异

以上述 9 条支流水土保持面积变化的突变点 1979 年为界，将不同流域 46a 水文序列划分为 1979 年前的"近自然状态河流"和 1979 年后的"人工干扰状态河流"两个分析水文变动序列，基于 Richter 提出的生态水文变动指标体系（IHA），应用变动范围法（RVA），分别计算了研究区每个流域的 IHA 指标特征值（表 14-5）。但由于不同因子反应流域水文变异程度的能力有大有小，因此通过所有 IHA 因子的变化来确定流域水文变异程度是没有必要的（Richter et al.，1998；Yang et al.，2008；Chen et al.，2010）。为选出能反应流域变异的典型因子，对 32 个 IHA 因子的全流域平均变异值进行升序排列，通常取分位数大于 67% 的因子作为所选因子（图 14-5）。由图 14-5 可得，用于反应水文变异的典型因子为反转数、10 月平均流量、90d 最小流量、7 月平均流量、年高流量数、6 月平均流量、升率、降率、2 月平均流量、年低流量数、最小流量出现日期及 11 月平均流量。

表 14-5　9 条支流 IHA 因子水文变异的统计值

序号	IHA 因子	皇甫川	窟野河	孤山川	秃尾河	佳芦河	无定河	清涧河	延河	湫水河	均值
1	1 月月平均流量	0.35	0.14	0.19	0.60	0.65	0.08	0.84	0.60	0.19	0.41
2	2 月月平均流量	—	0.57	0.19	0.60	0.65	0.53	0.62	0.20	0.84	0.53
3	3 月月平均流量	0.03	0.29		0.60	—	0.75	0.13	0.20	0.84	0.40
4	4 月月平均流量	0.30	0.57	0.68	0.20	0.83	0.69	0.35	0	0.72	0.48

序号	IHA因子	皇甫川	窟野河	孤山川	秃尾河	佳芦河	无定河	清涧河	延河	湫水河	均值
5	5月月平均流量	0.72	0.43	0.68	—	0.31	0.39	0.68	0	0.35	0.44
6	6月月平均流量	0.30	0.29	0.51	0.80	0.83	0.85	0.84	0.40	0.30	0.57
7	7月月平均流量	0.68	0.29	0.35	0.60	0.57	0.85	0.62	0.60	0.84	0.60
8	8月月平均流量	0.03	0.43	0.30	0.60	0.13	0.07	0.46	—	0.19	0.28
9	9月月平均流量	0.51	0.71	0.51	0.40	0.48	0.69	0.15	0	0.35	0.42
10	10月月平均流量	0.51	0.71	0.68	0.86	—	0.54	0.35	0.60	0.68	0.62
11	11月平均流量	0.51	0.43	0.84	0.40	0.83	0.69	0.03	0	0.68	0.49
12	12月平均流量	0.19	0.86	0.84	0.80	0.31		0.13	0.20	0.29	0.45
13	年最小1日流量	0.03	0.71	0.37	0.40	0.65	0.53	0.72	0.20	0.35	0.44
14	年最小3日流量	0.35	0.14	0.35	0.80	0.83	0.53	0.84	0.60	0.19	0.45
15	年最小7日流量	0.35	0.29	0.51	0.80	—	0.38	—	0.40	0.62	0.48
16	年最小30日流量	0.03	0.57	0.51	0.80	0.31	0.54	—	0.40	0.19	0.42
17	年最小90日流量	0.84	0.57	—		0.65	0.08	0.84	0.60	0.68	0.61
18	年最大1日流量	0.13	0.71	0.19	0.40	0.04	0.07	0.19	0.40	0.51	0.29
19	年最大3日流量	0.19	0.43	0.51	—	0.21	0.07	0.51	—	0.03	0.28
20	年最大7日流量	0.19	0.43	0.03	0.80	0.31	0.38	0.03	0.80	0.19	0.35
21	年最大30日流量	0.68	0.43	0.30	0.40	0.31	0.39	0.35	0.60	0.13	0.42
22	年最大90日流量	0.35	0.29	0.19	0.20	0.48	0.39	0.51	0.20	0.51	0.35
23	基流指数	0.62	0.14	0.62	0.80	0.04	0.08		0.60	0.30	0.40
24	年最小流量出现日期	0.46	0.71	0.43	0.40	0.39	0.53	0.84	0.66	0.01	0.49
25	年最大流量出现日期	0.42	0.29	0.13	0.40	0.39	0.49	0.35	0.40	0.19	0.34
26	年低流量数	0.79	0.40	0.35	0.63	0.73		0.89	0.07	0.13	0.50
27	年低流量持续时间	0.51	0.22	0.12	0.67	0.71	0.02	0.84	0.83	0.43	0.48
28	年高流量数	0.37	0.67	0.72	—	0.83	0.69	0.09	0.52	0.72	0.58
29	年高流量持续时间	0.04	0.36	0.08	0.67	0.26	0.01	0.43	0.20	0.11	0.24
30	升率	0.84	0.86	—	0.33	0.83	0.39	0.15	0.20	—	0.51
31	跌率	—	—		0.50	0.86	0.54	0.43	0.20	0.86	0.56
32	反转数	—	0.57	0.86	0.40	—	0.75	—	0.80	0.51	0.65

注：①"—"代表评价样本中出现频率为零，因此没有参与最终水文变异计算；

②反转数指该特征代表径流向增加或减小的相反趋势变化的次数；升率指连续日径流的所有增加均值，反之代表跌率。升率和跌率大小对河道水生物种群具有一定影响，对于区域自然生态系统而言，二者数值大小保持一个合理范围比较有利；

③低流量持续时间为高于该阈值即高流量，低于该阈值即低流量。通常默认高流量阈值为高于均值75%，相反默认低流量阈值为低于均值25%。高流量径流维系着河漫滩和主河道的水力联系，为河漫滩的生物种群提供足够的径流和营养供给，而径流低流量持续时间则影响河流的水质、下游水资源供给和水生物种群的繁衍。所以径流高低流量持续时间是个很重要的水文学、水力学、环境学及生态学指标

基于表 14-5 和图 14-5 的计算结果，黄河中游径流变化规律取得如下认识：

1）月平均流量指标包括 1~12 月的月均流量共 12 个指数。显然，水土保持措施对月平均径流的影响较大，尤其对 10 月的影响显著，而对 7 月平均流量的影响次之，其主要原因是由于 RVA 方法的下边界（25% 处）不包括大洪水事件。

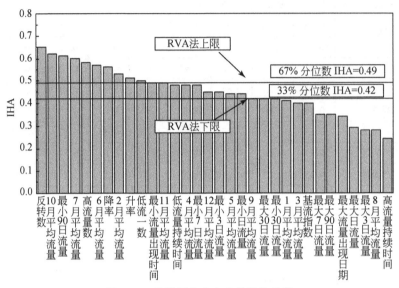

图 14-5　流域平均水文变异值的排序

2）对于极值流量特征的变化，在最小和最大年的 1、3、7、30、90d 流量中，年最小 90d 流量的变异最大，说明了水土保持措施对最小流量的季节变化产生了严重的影响。

3）高（低）流量的历时在受人类活动影响后变得更短。同时，高（低）流量的出现频率增大，且径流向增加或减小的相反趋势变化的次数增加。

14.4　黄河中游水土保持措施对泥沙过程的影响

之前关于河流和生态环境系统之间相互作用的研究多关注于水文机制对生态系统的影响（Galat & Lipkin，2000；Shiau & Wu，2004），而关注泥沙过程对其影响的研究很少。但是，河流系统中沉积物补给和运移的平衡是河流系统地貌变化的主要驱动力，而且控制着河床地貌、基质及营养源三大对水生生物栖息有重要影响的因子（Lisle & Hilton，1992；Yarnell & et al.，2006）。

所以，评估流域泥沙的时空变化显得很有意义，尤其在黄土高原这一土壤侵蚀严重的地区。此处运用类似于 IHA 指标体系的 18 个指标变量来评价泥沙状态改变，并将这些指标划归为流量大小幅度、频率、持续历时三大类（Richter et al.，1998）（表 14-6）。同样运用上节所述的 RVA 及选择典型因子的方法，得出用于反应泥沙变异的典型因子为 10 月、4 月、1 月、11 月、7 月平均输沙量，年高输沙量数，年最小 3 日输沙量及 3 月平均输沙量（图 14-6，表 14-7）。

表 14-6　IHA 泥沙指标及其特征

IHA 指标的类别	指标特征	泥沙参数
第一类：月平均输沙量	输沙量	月平均输沙量
第二类：年输沙量极值变化	不同历时下的输沙极值总量	年最大 1 日输沙量
		年最大 3 日输沙量
		年最大 7 日输沙量
		年最大 30 日输沙量
第三类：输沙量极值的出现频率和持续时间	总量、频率和持续时间	高输沙量出现频率
		高输沙量持续时间

表 14-7　黄土高原 9 个流域 IHA 因子泥沙变异统计值

序号	因子	黄埔川	窟野河	孤山川	秃尾河	佳芦河	无定河	清涧河	延河	湫水河	均值
1	1 月平均输沙量	0.56	0.54	0.65	0.31	0.60	0.32	1.40	0.36	0.20	0.55
2	2 月平均输沙量	0.56	0.08	0.65	0.31	0.20	0.49	0.40	0.20	0.20	0.34
3	3 月平均输沙量	0.31	0.39	0.65	0.65	0.60	—	0.20	0.40	0.20	0.43
4	4 月平均输沙量	1.08	0.54	0.71	0.83	0.40		0.60	0.40	0.20	0.60
5	5 月平均输沙量	0.31	0.24	0.31	0.48	0.20	0.85	0.40	0.40	0.20	0.38
6	6 月平均输沙量	0.31	0.08	0.31	0.48	0	0.24	0.20	0.20	0.20	0.22
7	7 月平均输沙量	0.04	0.24	0.31	0.65	—	0.54	0.40	0.60	0.20	0.37
8	8 月平均输沙量	0.13	0.39	0.31	0.31	0.20	0.69	0		0.60	0.28
9	9 月平均输沙量	0.13	0.39	0.04	0.65	0.40		0.40	0.80	0.20	0.38
10	10 月平均输沙量	0.48	0.75	0.83	0.83	—	0.85	0.40	0.20	0.20	0.57
11	11 月平均输沙量	0.48	0.39	—	0.48	—	0.62	0.80	0.20	0.20	0.45
12	12 月平均输沙量	0.21	0.24	0.83	0.04	0.40	0.56	0.80	0.20	0.20	0.41
13	年最大 1 日输沙量	0.21	0.22	0.31	0.04	0.40	0.08	0.40	0.80	0.40	0.37
14	年最大 3 日输沙量	0.04	0.84	0.83	0.13	0.40	0.24	0.20	0.80	0.40	0.43
15	年最大 7 日输沙量	0.13	0.84	0.48	0.04	0.40	0.24	0.20	0.80	0.40	0.39
16	年最大 30 日输沙量	0.48	0.38	0.65	0.04	0.20	0.07	0.20	0.60	0	0.29
17	年高输沙量数	0.57	0.07		0.71	0.04	0.87		0.60	0.40	0.43
18	年高输沙量持续时间	0.13	0.32	0.29	0.21	0.60	0.06	0.42	0.52	0.09	0.29

注：① "—" 代表评价样本中出现频率为零，因此它们没有参与最终泥沙变异计算；

②年极值输沙量对生态环境有重要的影响，如可塑造河道的特性，包括水池及浅滩；确定河床的大小；保证水生动植物必须的钾、磷等营养元素。

③默认高输沙量阈值为日输沙量的 75% 分位数，高输沙量的频数可能与各种物种的繁殖、死亡相关，因此对种群动态有较大的影响；高输沙量的历时可以确定物种的某个生命周期是否可以完成或反应极端事件积累的程度

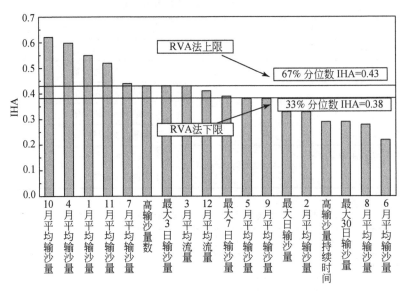

图 14-6　流域平均泥沙变异值的排序

基于表 14-7 和图 14-6 的计算结果，对黄河中游泥沙特征变化规律取得如下认识：

1）月平均输沙量的指标包括从 1~12 月的月均输沙量共 12 个指数。很明显，月平均输沙量受水土保持措施的影响较大，其中对 10 月输沙量均值的影响最显著。

2）对于年输沙极值的变化，类似于 IHA 水文指标的年均极值，输沙量的年均极值包括年均最大 1、3、7、30d 输沙量，其中年最大 3d 输沙量变异较大，说明了水土保持措施对 3d 尺度的最大输沙量产生了严重的影响。

3）类似于水土保持措施对径流变化的影响，对输沙量的影响也表现为受人工干扰后高输沙量的出现频率增大、历时减短，亦即高含沙水流的出现频率及强度增加了。

14.5　黄河中游水沙过程与极值的空间变化规律

14.5.1　分析方法

利用 RVA 方法分析水沙过程与极值的空间变化规律 RVA 是一种基于点数据的方法，常用于站点变量的时间变化分析，不过这种点尺度上的数据通常也是可以反应较大面积的水文条件的。比如，当水文的自然连通性未受到堤坝、排水沟等的影响时，站点水文变量是可以反应横向（如泛洪区）和河渠向的水文条件的。具体而言，站点的流量数据是可以反映站点上游和下游的水文条件的，但这种以点代面的方法只能在一定的空间范围内适用。

当点数据被使用且其可代表的空间范围确定后，水文变异的空间分布就能够可视化了。表示水文变异空间分布的方法很多，其中的一种方法就是把水文的变异程度划分为几个级别。Richter 等（1998）把水文变异划分为 3 个级别：① 0~33% 表示微变化或无变化；② 34% ~67% 表示适度变化；③ 68% ~100% 表示高度变化。因为用 RVA 进行的水文变异评估是基于点尺度的，所以为了评估水文变异的空间变化，假设了以下以点代面的规则：当某站点水文变异超过 67% 时，高度变异区范围为从该站至上游第一座大坝的区间及从该站至下游主要支流的第一个汇合处的区间。微量变异（0 ~33%）或适度变异（34% ~67%）的空间范围的确定方法也类似。Richter 等（1998）运用 RVA 法评估了美国科罗拉多河流域的大坝对河流水文变异的影响，很多研究也都证实了 RVA 方法是一种便于制定河流修复计划的有效方法（Shiau & Wu，2004；Yang et al.，2008）。因此，本节应用 Richter（1998）和 Yang（2008）的方法，基于 12 个典型的水文变异参数对不同流域的平均水文变异进行了评估。

14.5.2　水沙过程及极值的空间变化规律

由图 14-7 和表 14-8 可得，平均水文变异的空间分布特征为：在佳芦河（0.72）、无定河（0.59）、秃尾河（0.59）、湫水河（0.57）流域均有高度的变化；在皇甫川（0.55）、窟野河（0.55）、孤山川（0.55）流域呈现了适度的变化；在清涧河（0.52）和延河（0.44）呈现了小量的变化。水文极值最小 90d 流量的变异特征为（阈值：$IHA_{67\%}$ = 0.55，$IHA_{33\%}$ = 0.55）：在秃尾河（0.84）、湫水河（0.68）、清涧河（0.84）流域均有高度的变化；佳芦河（0.65）、延河（0.60）流域呈现了适度的变化；在窟野河（0.57）、无定河（0.08）呈现了小量的变化。

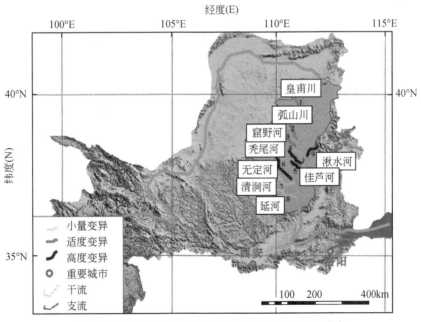

图 14-7　黄河中游 9 条支流水文变异程度的空间分布

表 14-8　黄土高原 9 个流域的水文变异程度（阈值：$IHA_{67\%}=0.57$，$IHA_{33\%}=0.55$）

编号	流域及控制站点	反转数	10月平均流量	年90d最小流量	7月平均流量	高流量数	6月平均流量	降率	2月平均流量	升率	低流量数	最小流量出现日期	11月平均流量	均值
1	佳芦河（申家湾）	—	—	0.65	0.57	0.83	0.83	0.86	0.65	0.83	0.73	0.39	0.83	0.72（H）
2	无定河（白家川）	0.75	0.54	0.08	0.85	0.69	0.85	0.54	0.53	0.39	—	0.53	0.69	0.59（H）
3	秃尾河（高家川）	—	0.51	0.84	0.68	0.37	0.30	—	—	0.84	0.79	0.46	0.51	0.59（H）
4	湫水河（林家坪）	0.51	0.68	0.68	0.84	0.72	0.30	0.86	0.84		0.13	0.01	0.68	0.57（H）
5	皇甫川（黄甫）	0.40	0.86	—	0.60	—	0.80	0.50	0.60	0.33	0.63	0.40	0.40	0.55（M）
6	窟野河（温家川）	0.57	0.71	0.57	0.29		0.29	—	0.57	0.86	0.40	0.71	0.43	0.55（M）
7	孤山川（高石崖）	0.86	0.68	—	0.35	0.72	0.51		0.19	—	0.35	0.43	0.84	0.55（M）
8	清涧河（延川）	—	0.35	0.84	0.62	0.09	0.84	0.43	0.62	0.15	0.89	0.84	0.03	0.52（L）
9	延河（甘谷驿）	0.80	0.60	0.60	0.60	0.52	0.40	0.20	0.20	0.20	0.07	0.66	—	0.44（L）

注：①水文变异程度利用三级划分法来评估，即①0～33%（L）表示小量变异；②34%～67%（M）表示适度变异；③68%～100%（H）表示高度变异；

②均值指同一流域各项指标的平均；

③"—"代表评价样本中出现频率为零，因此它们没有参与最终泥沙变异计算

　　而输沙量变异的空间分布特征为（如图 14-8 和表 14-9）：高度的变化发生在孤山川（0.66）、佳芦河（0.63）秃尾河（0.57）、无定河（0.57）；适度的变化发生在清涧河

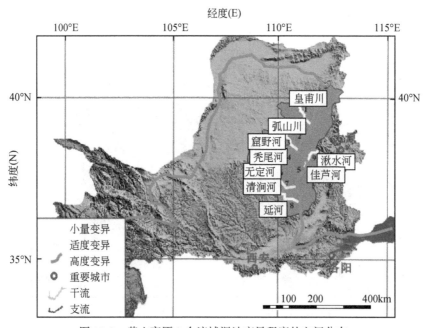

图 14-8　黄土高原 9 个流域泥沙变异程度的空间分布

（0.53）、窟野河（0.47）；皇甫川（0.45）、延河（0.45）和湫水河（0.25）流域发生了微量的变化。泥沙极值最大 3d 输沙量的变异特征为（阈值：$IHA_{67\%}=0.40$，$IHA_{33\%}=0.20$）：孤山川（0.83）、窟野河（0.84）、延河（0.8）、佳芦河（0.4）、湫水河（0.4）呈现了高度的变化；无定河（0.24）、清涧河（0.2）呈现了适度的变化；皇甫川（0.04）、秃尾河（0.13）呈现了微量的变化。

表 14-9　9 条支流泥沙变异程度（阈值：$IHA_{67\%}=0.40$，$IHA_{33\%}=0.20$）

编号	流域及控制站点	10月平均输沙量	4月平均输沙量	1月平均输沙量	11月平均输沙量	7月平均输沙量	高输沙量数	3日最大输沙量	3月平均输沙量	均值
1	孤山川（高石崖）	0.83	0.71	0.65	—	0.31	—	0.83	0.65	0.66（H）
2	佳芦河（申家湾）	1	0.40	0.6	1	1	0.04	0.40	0.60	0.63（H）
3	秃尾河（高家川）	0.83	0.83	0.31	0.48	0.65	0.71	0.13	0.65	0.57（H）
4	无定河（白家川）	0.85	—	0.32	0.62	0.54	0.87	0.24	—	0.57（H）
5	清涧河（延川）	0.40	0.6	1.4	0.80	0.40	0.20	0.20	0.20	0.53（M）
6	窟野河（温家川）	0.75	0.54	0.54	0.39	0.24	0.07	0.84	0.39	0.47（M）
7	皇甫川（皇甫）	0.48	1.08	0.56	0.48		0.57	0.60	0.31	0.45（L）
8	延河（甘谷驿）	0.20	0.40	0.36	0.20	0.60	0.60	0.80	0.40	0.45（L）
9	湫水河（林家坪）	0.20	0.20	0.20	0.20	0.20	0.40	0.40	0.20	0.25（L）

注：1）泥沙变异程度利用三级划分法来评估，即①0～33%（L）表示小量变异；②34%～67%（M）表示适度变异；③68%～100%（H）表示高度变异；

2）均值指同一流域各项指标的平均；

3）"—"代表评价样本中出现频率为零，因此它们没有参与最终泥沙变异计算

总的来讲，皇甫川、孤山川、秃尾河、佳芦河、无定河、清涧河及延河 7 个流域水土保持工程措施引起的水文及泥沙的变异程度是相似的。追述研究流域发生水沙变异的主要诱因，由黄土高原 1959～1996 年 9 个典型子流域的水土保持措施总面积随时间的变化图（图 14-2）认为，在秃尾河、佳芦河、无定河流域存在大量的人为扰动（水土保持措施所占面积较高），水文泥沙也发生了较大变异，这些均表示大量的水土保持措施是三个流域发生高度的水文泥沙变异的诱因。而窟野河地区适量的受人类干扰面积及延河地区微量的受干扰面积均对应于各自的水文泥沙变异程度。但是，流域特征、水土保持措施的类别及水文泥沙机制复杂程度的差异也会使同一流域的水文泥沙变异程度存在差异，例如，湫水河流域高度的水文变异及微量的泥沙变异，表示水文泥沙变异程度的不一致性也是存在的。

水土保持措施包括工程措施和非工程措施，其对水沙时空变化的影响机理是复杂的。从流域尺度看，多数流域中工程措施占的面积较小（图 14-3）。但是，工程措施对水沙的影响更显著，因为其可以更有效地防治水土流失。黄土高原梯田能减少或阻止坡面径流从而改变流量过程（张胜利等，1994）。总之，工程措施会对高含沙水流有更显著的影响。在上述 9 个流域中，梯田面积的百分比约为 1%～14.1%、坝地所占面积比为 0.2%～1.5%（图 14-3）。同其他流域相比，工程措施在佳芦河及湫水河流域水土保持措施中占

的比例较大，是这些流域水土流失减少的原因（表14-8和表14-9）。但是由梯田及淤地坝引起的同一流域水文、泥沙变化程度的不一致性的机理尚不明确（如湫水河）。

同时，非工程措施的影响也是需要考虑的，在之前的研究中主要使用简单的方法来评估其对径流的影响。鉴于研究区域水土保持措施的复杂性，目前研究单项措施的水土保持效应较为困难。由图14-3可以看出，由于无定河、秃尾河、佳芦河、湫水河流域的草地面积比例是较小的，所以，在非工程措施中，植树造林就成为控制这些流域水土流失过程的主要影响因子，上述4个流域植树造林占地面积比例分别达到了37.7%、32.5%、26.3%、18.1%，尤其在湫水河流域，其泥沙变异对植树造林措施非常敏感。

参 考 文 献

陈利群，刘昌明. 2007. 黄河源区气候和土地覆被变化对径流的影响. 中国环境科学，27（4）：559-565

王国庆，王云璋. 2000. 黄河上中游径流对气候变化的敏感性分析. 西北水资源与水工程，11（3）：1-5

张胜利，于一鸣，姚文艺. 1994. 水土保持减水减沙效益计算方法. 北京：中国环境科学出版社

Bravard J P, Petts G E. 1996. Human impacts on fluvial systems//Petts GE, Amorros C. 1996. fluvial Hydro-systems. London：Chapman & hall

Chen Y D, Yang T, et al. 2010. Hydrologic alteration along the Middle and Upper East River（Dongjiang）basin, South China：a visually enhanced mining on the results of RVA method. Stochastic Environment Research and Risk Assessment, 24（1）：9-18

Clausen B, Biggs B J F. 2000. Flow indices for ecological studies in temperate streams：groupings based on covariance. Journal of Hydrology, 237：184-197

Extence C A, Balbi D M, Chadd R P. 1999. River flow indexing using British benthic macroinvertebrates：a framework for setting hydroecological objectives. Regulated Rivers：Research and Management, 15：543-574

Galat D L, Lipkin R. 2000. Restoring ecological integrity of great rivers：historical hydrographs aid in determining reference conditions for the Missouri River. Hydrobiologia, 422/423：29-48

Hughes J M R, James B. 1989. A hydrological regionalization of streams in Victoria, Australia, with implication for stream ecology. Australian Journal of Marine and Freshwater Research, 40：303-326

Lisle T E, Hilton S. 1992. The volume of fine sediment in pools：an index of sediment supply in gravel-bed streams. Water Resources Bulletin, 28（2）：371-383

Richter B D, Baumgartner J V, Braun D P, et al. 1998. A spatial assessment of hydrologic alteration within a river network. Regulated Rivers：Research and Management, 14：329-340

Richter B D, Baumgartner J V, Wigington R, et al. 1997. How much water does a river need? Freshwater Biology, 37：231-249

Richter B D, Baumgartner J V, Powell J. 1996. A method for assessing hydrologic alteration within ecosystems. Conservation Biology, 10：1163-1174

Shiau J T, Wu F C. 2004. Assessment of hydrologic alterations caused by Chi-Chi diversion weir in Chou-Shui Creek, Taiwan：opportunities for restoring natural flow conditions. Regulated Rivers：Research and Management, 20：401-412

Yang T, Zhang Q, Chen Y D, et al. 2008. A spatial assessment of hydrologic alternation caused by dam construction in the middle and lower Yellow River, China. Hydrological Processes, 22：3829-3843

Yarnell S M, Mount J F, Larsen E W. 2006. The influence of relative sediment supply on riverine habitat heterogeneity. Geomorphology, 80（3, 4）：310-324

第15章　典型产流模型在黄河河源区的应用研究

黄河河源区是黄河径流的主要来源区，但近年来其径流量明显减少，对黄河治理开发产生很大影响。开展黄河河源区径流模拟的模型应用研究，对于评价预测该区径流变化及其趋势，为黄河水资源保护开发决策提供技术手段具有很大的应用价值。本章根据黄河河流区产流机制，选择 HBV 模型、新安江模型和 TopModel 模型，从参数敏感性分析、模拟效率等方面，开展了模型应用研究，评价了不同模型的模拟效果。

15.1　河源区自然概况

黄河河源区指黄河干流唐乃亥水文站以上区域，集水面积 12.2 万 km²，约占黄河流域面积的 16%（图 15-1），天然径流量约占黄河流域的 40%。河源区水系河网发达，支流众多，其中集水面积大于 1000km² 的一级支流有 23 条之多（图 15-2）。河源区分为三段，即黄河源头区（黄河干流黄河沿以上，集水面积 2.1 万 km²）、黄河沿至玛曲区间（集水面积 6.5 万 km²）以及玛曲至唐乃亥区间（集水面积 3.6 万 km²）。

15.1.1　气候特征

黄河河源区处于青藏高原亚寒带的那曲—果洛半湿润和羌塘半干旱区，具有典型的内陆高原气候特征。例如，源头区多年平均气温在 $-5 \sim -4.1$℃，年日照时数为 $2250 \sim 3132$h；全年风速大于 17m/s 的大风日数有 $70 \sim 140$d，沙暴日数 $33 \sim 100$d，冰雹日数 $13 \sim 29$d。

河源区年均蒸发量为 $1200 \sim 1600$mm，年辐射量 $140 \sim 160$KJ/cm²。河源区的产流机制主要为蓄满产流。

15.1.2　水文地质特征

15.1.2.1　地质条件

河源区在地质构造单元上属巴颜喀拉山褶皱带，位于阿尼玛卿主峰玛卿岗日海拔 6282m 至海拔 2665m 的同德盆地黄河谷地，相对高差达 3617m，大部分地区的平均海拔在 4000m 左右。

源头区占优势的地貌类型是宽谷和河湖盆地，海拔 $4000 \sim 5000$m，相对高差 1000m 以

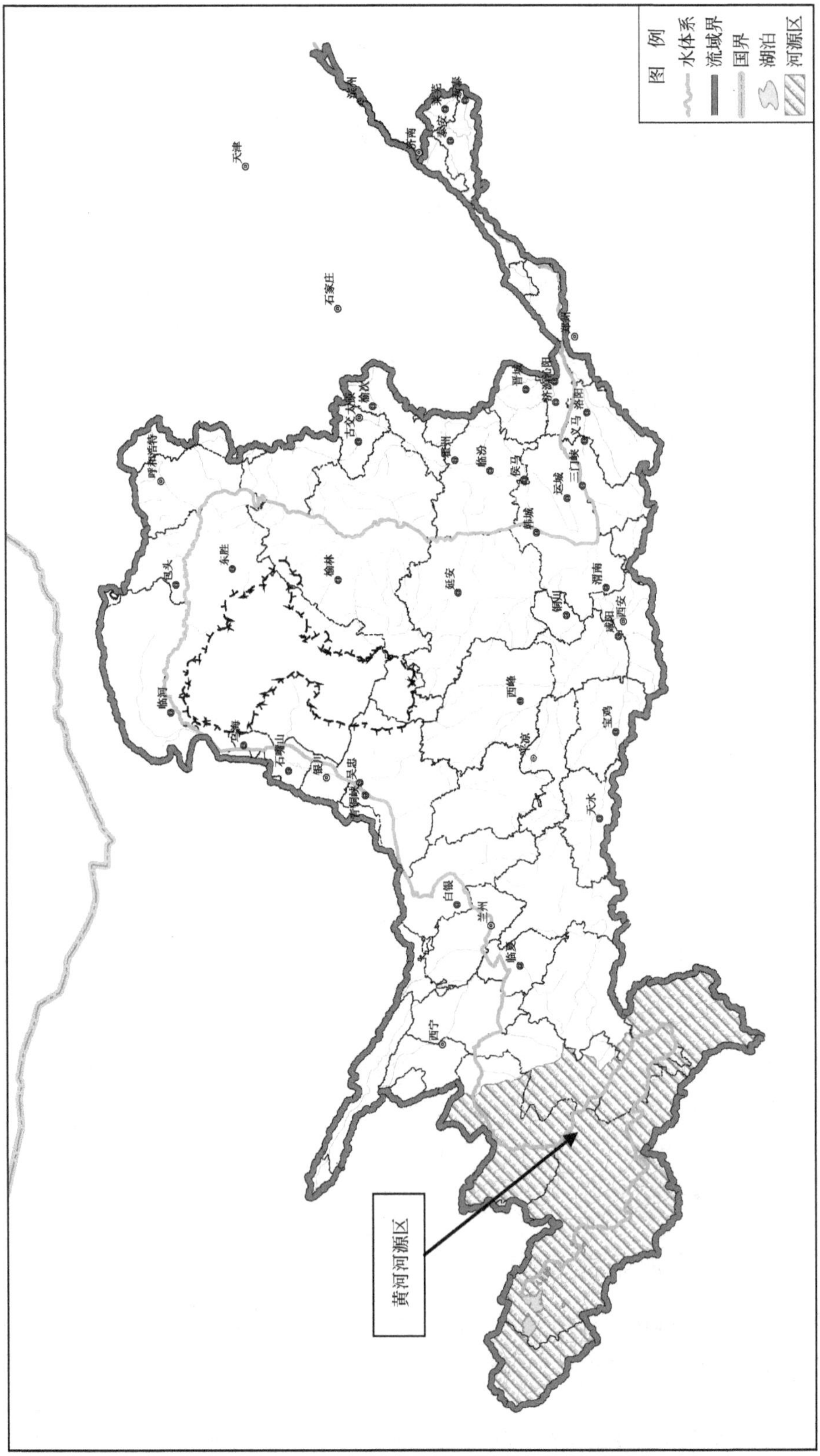

图15-1 黄河河源区地理位置示意图

上。自玛多县玛查理至共和县唐乃亥区间，大部分为高山峡谷地貌，其中兼有开阔的谷地和平缓的高山草地，属高原湖泊沼泽、草原荒漠和青藏高原高寒草地地貌。

图15-2　黄河河源区水系分布

15.1.2.2　土壤资源

源头区北部主要以栗钙土、棕钙土、灰棕漠土为主，南部主要是高山草甸土、高山灌丛草甸土、高山草原草甸土、高山荒漠草原土。由于受地理条件的限制，植被类型呈现由东南向西北的地带性分布，依次出现森林、草原和荒漠。源头区草本植被群种以紫花、短花针茅、藏嵩草、高山嵩草、矮生嵩草及各种苔草为主，约121种，是当地牲畜的主要食料来源。

15.1.2.3　冰川与湖泊

根据1970年的调查，黄河河源区冰川面积约192km²，占河源区面积的0.16%。冰川融雪年径流量2.03亿m³，约占河源区天然径流量的1%（杨针娘，1991）。

根据黄河水利委员会南水北调工程查勘队联合江苏省地理研究所等单位于1978年的调查，黄河河源区湖泊大约有5300个，其中，湖水面积大于10km²的有5个，5~10km²的有2个，1~5km²的有16个，0.5~1.0km²的有25个，合计约1271km²。众多湖泊中最大的是扎陵湖和鄂陵湖（王维第和梁宗南，1981），水域面积分别为526km²和611km²，多年平均储水量分别约47亿m³和108亿m³。

15.1.3　水资源状况

根据黄河流域水资源调查评价成果（张学成等，2005），由23个雨量站、18个蒸发站、8个水文站1956~2000年的水文气象资料统计知（表15-1），黄河河源区多年平均降水量 485.9mm；天然径流量 205.2 亿 m^3，占黄河多年平均天然径流量 535 亿 m^3 的 38.4%；降水入渗净补给量 0.46 亿 m^3；水资源总量 205.6 亿 m^3。

表 15-1　黄河河源区水资源量统计

区域	面积（km^2）	降水量（mm）	天然径流量（亿 m^3）	地下水资源量（亿 m^3）	水资源总量（亿 m^3）
青海玉树	12547	296.9	7.60	3.23	7.60
青海果洛	50139	484.9	89.72	40.01	89.72
青海海南	23485	356.3	20.35	6.43	20.81
青海黄南	9406	511.2	16.37	9.77	16.37
四川阿坝	16960	703.2	45.31	12.80	45.31
甘肃甘南	9435	656.9	24.23	10.55	24.23
玛曲以上	86048	514.3	145.6	55.42	145.6
黄河源区	121972	485.9	205.2	82.79	205.6

源头区多年平均天然来水量只有 7.14 亿 m^3，仅占河源区天然径流量的 3.5%；黄河沿—玛曲区间多年平均天然来水量 138.43 亿 m^3，占河源区天然径流量的比例达 67.5%；玛曲—唐乃亥区间多年平均天然来水量 59.58 亿 m^3，占河源区天然径流量比例为 29.0%。

河源区降水量主要集中在 5~9 月，占年降水量的 83%。最多月降水一般发生在 7 月，占年降水量的 21%；最小月降水量一般发生在 12 月和 1 月，占年降水量的比例不足 1%。天然径流量主要集中在 6~10 月，占年总量的 71%，其中 7 月径流量占年径流量的 17%；最小月径流量一般在 1 月或 2 月，仅占年径流量的 2% 左右。

河源区降水量年际变化幅度小于天然径流量的变化幅度。年降水量最大最小比值为 1.58~1.91，而年天然径流量最大最小比值达 2.38~3.03（表 15-2）。另外，无论是降水量还是天然径流量，下段的变差均大于上段。

在 20 世纪 60~80 年代，河源区径流量基本处于平偏丰时期；50 年代和 90 年代处于偏枯时期（表 15-3）。值得说明的是，20 世纪 90 年代均值与多年均值相比，年降水量仅偏枯 3.3%，而天然径流量偏枯幅度则达到了 14.5%。

表 15-2　河源区降水量和天然径流量基本特征统计

河段	降水量（mm）					天然径流量（亿 m^3）				
	C_V	最大值		最小值		最大最小比值	C_V	最大值		最小值		最大最小比值
		降水量	发生年份	降水量	发生年份			径流量	发生年份	径流量	发生年份	
玛曲以上	0.11	650.4	1981	406.6	1990	1.58	0.24	224.2	1989	94.21	1956	2.38
玛曲—唐乃亥	0.14	607.6	1967	318.1	2000	1.91	0.30	113.5	1967	37.47	2000	3.03
黄河源区	0.11	621.1	1967	393.7	1990	1.58	0.25	329.3	1989	134.4	1956	2.45

表 15-3 黄河河源区不同时段水资源量

河段	面积（km²）	径流量特征值	不同时段径流量（亿 m³）							
			1956~1959 年	1960~1969 年	1970~1979 年	1980~1989 年	1990~2000 年	1956~2000 年	1956~1979 年	1980~2000 年
玛曲以上	86 048	天然量	112.7	154.9	145.7	168.9	127.6	145.6	144.0	147.3
		水资源总量	112.7	154.9	145.7	168.9	127.6	145.6	144.0	147.3
玛曲—唐乃亥	35 924	天然量	50.2	62.8	59.4	73.4	47.7	59.6	59.3	59.9
		水资源总量	50.6	63.2	59.9	73.8	48.2	60.0	59.8	60.4
黄河源区	121 972	天然量	162.9	217.7	205.1	242.3	175.4	205.2	203.3	207.2
		水资源总量	163.3	218.2	205.6	242.8	175.8	205.6	203.8	207.7

15.2 河源区生态环境与水文气象变化特点

15.2.1 分析方法

为评价河源区水文气象变化特点，利用 Mann-Kendall 方法、GG 互补模型等方法分析了水文气象序列变点及变化趋势。

15.2.1.1 Mann-Kendall 方法

Mann-Kendall 趋势检验方法是研究水文系列趋势的有效工具。在水文序列趋势分析中，Mann-Kendall 方法是被世界气象组织推荐并广泛使用的非参数检验方法。最初由 Mann 和 Kendall 提出，现在已用于检验降水、径流和温度等要素的时间序列趋势变化（刘昌明和郑红星，2003；Hamed，2008；康淑媛等，2009）。Mann-Kendall 方法不需要样本遵循一定的分布，而且较少受到少数极值的干扰，适用于水文、气象等非正态分布的数据，计算比较方便（曹洁萍等，2008）。

假定 n 个相互独立的时间序列变量 x_1，x_2，$\cdots x_n$，其中 n 为时间序列的长度，Mann-Kendall 方法定义统计变量 S，计算如下式：

$$S = \sum_{j=1}^{n-1} \sum_{k=j+1}^{n} \mathrm{sgn}(x_k - x_j) \tag{15-1}$$

其中，

$$\mathrm{sgn}(x_k - x_j) = \begin{cases} 1 & x_k - x_j > 0 \\ 0 & x_k - x_j = 0 \\ -1 & x_k - x_j < 0 \end{cases} \tag{15-2}$$

式中，x_j，x_k 分别为 j，k 年的相应测量值，且 $k>j$。

当 $n \geqslant 8$ 时，统计量 S 近似认为是正态分布，其期望和方差值为

$$E(S) = 0 \tag{15-3}$$

$$\mathrm{Var}(S) = \frac{n(n-1)(2n+5) - \sum_{i=1}^{n} t_i i(i-1)(2i+5)}{18} \tag{15-4}$$

式中，t_i 表示幅度 i 的相关程度。

正态分布的统计量 Z 计算如下：

$$Z = \begin{cases} \dfrac{S-1}{\sqrt{\mathrm{Var}(S)}} & S > 0 \\[2mm] 0 & S = 0 \\[2mm] \dfrac{S+1}{\sqrt{\mathrm{Var}(S)}} & S < 0 \end{cases} \tag{15-5}$$

在 α 置信水平上，如果 $|Z| \geqslant Z_{1-\frac{\alpha}{2}}$，则拒绝原假设，即在 α 置信水平上，时间序列数据存在明显上升或下降趋势（康淑媛等，2009；Yang et al.，2008）。

15.2.1.2　GG 蒸发互补模型

Bouchet 于 1963 年提出了陆面实际蒸发与可能蒸发之间的互补相关原理，开辟了区域蒸发量计算的一条新途径。Morton，Brutsaert，Stricker 和 Granger 等人基于互补相关原理分别提出了估算区域蒸发量的模型（赵玲玲，2008；李桃英，2001；Xu & Singh，2005）。此类模型不需要径流和土壤湿度资料，只用常规气象资料。气象资料容易获得，因此使用范围较大。近年来，许多学者利用该类模型计算区域蒸发量。

蒸发互补模型有三种，分别是 AA（the advection-aridity model）模型、CRAE（the complementary relationship areal evapotranspiration model）模型、Granger-Gray 模型（GG 模型）（赵玲玲，2008）。所谓蒸发互补指的是潜在蒸发能力和陆面蒸发量之间存在的关系。当太阳辐射能力为定值时，潜在蒸发和陆面蒸发量呈负相关，而且两者之和为常数，这也就是所说的两者之间的互补。当其他外界条件发生变化时，潜在蒸发量和陆面蒸发量都发生变化，但是两者之间的互补关系是不发生变化的（刘健等，2010）。许崇育等人分别将三种蒸发互补模型在气候条件不同的三个流域对比分析发现，GG 模型在亚热带季风气候区域应用效果良好（Xu & Singh，2005），因此可以使用 GG 模型计算黄河源区的实际蒸发量。

Granger 和 Gray 于 1989 年修正了彭曼公式，如式（15-6），从而可以根据不同的植被覆盖估算实际蒸发量值：

$$\mathrm{ET}_a = \frac{\Delta G}{\Delta G + \gamma}\frac{R_n}{\lambda} + \frac{\gamma G}{\Delta G + \gamma}E_a \tag{15-6}$$

式中，G 为相对蒸发的无量纲参数，是实际蒸散发对潜在蒸散发的相对比率；R_n 为近地面太阳辐射，Δ 是在空气温度下的饱和气压曲线坡度；γ 为物理常量；λ 为潜热；E_a 为空气干燥能力。

GG 模型选择表面饱和与表面温度不变时的蒸散发量为潜在蒸散发量。运用 Dolton 的蒸散发定律推导出实际蒸散量和潜在蒸散量的定量互补关系，并进一步引进相对蒸散发的概念得出估算实际蒸散量的方程。空气干燥能力 E_a 可由式（15-7）计算：

$$E_a = 0.0026(1 + 0.54U_2)(e_s - e_a) \qquad (15\text{-}7)$$

式中，U_2 为地面2m处的风速；e_s 和 e_a 分别为饱和气压和实际气压值。Granger 和 Gray 指出，G 与被称为相对风干能力的参数 D 之间存在一个统一关系，D 和 G 的求法分别如式（15-8）和式（15-9）：

$$D = \frac{e_a}{e_a + R_n} \qquad (15\text{-}8)$$

$$G = \frac{1}{1 + 0.028e^{8.405D}} \qquad (15\text{-}9)$$

后来，Granger 和 Gray 将公式校正为（Xu & Singh，2005）：

$$G = \frac{1}{a + be^{4.902D}} + 0.006D \qquad (15\text{-}10)$$

式中，a 和 b 是两个不同的无量纲参数，两个值根据实际情况发生变化，即调参时需要调整的就是这两个参数。

15.2.2　生态环境变化特点

15.2.2.1　湖泊和湿地萎缩

河源区湿地总面积150.12万 hm^2，主要分布在黄河源头和黄河第一弯（也称黄河首曲），面积分别为50.82万 hm^2 和99.3万 hm^2，分别占湿地总面积的33.9%和66.1%。

河源区湿地主要包括星宿海、扎陵湖、鄂陵湖、玛多、热曲、首曲、若尔盖等部分。星宿海、扎陵湖与鄂陵湖沼泽湿地主要分布在以约古宗列曲为主的星宿海，扎陵湖以南的多曲、邹玛曲以及鄂陵湖周围和勒那曲流域。黄河首曲沼泽湿地由河湾内的玛曲沼泽湿地和河湾外的若尔盖沼泽湿地组成，位于青藏高原东北边缘，是我国第一大高原沼泽湿地，也是世界上面积最大的高原湿地。若尔盖沼泽湿地为国家级自然保护区，保护区面积达16.66万 hm^2，占河源区湿地总面积的11.1%。由于种种原因，这片重要的涵养水源的湿地已经严重退化，湖泊萎缩严重，如根据2001年遥感资料分析，1985~2000年，若尔盖湿地100亩以上的湖泊干涸了6个，15a内湖泊面积年均减少约56hm^2，年均递减速度达3.34%，湖泊总面积已由2165hm^2 减至1323hm^2，减少了近4成。

同时，湿地面积明显减少。例如，2000年河源区沼泽湿地及湖泊面积比1976年减少了近3000km^2；湿地面积平均每年递减5890hm^2。仅1986~2004年间河源区水域面积就减少了9%，沼泽湿地减少了13.4%。图15-3和图15-4分别为多石峡以上区域在1976年和2000年的湖泊沼泽分布遥感图（刘时银等，2002），可以看出，在24a内，湖泊湿地萎缩已相当明显。

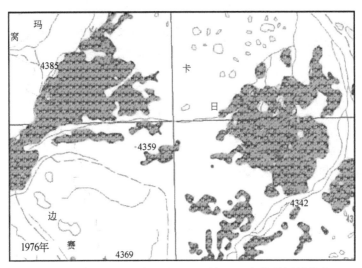

图 15-3 黄河河源区多石峡以上区域 1976 年湖泊沼泽分布

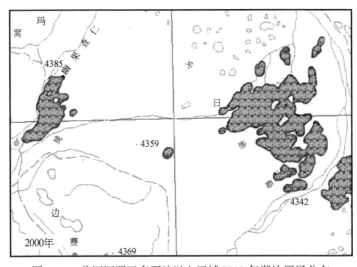

图 15-4 黄河河源区多石峡以上区域 2000 年湖泊沼泽分布

15.2.2.2 冰川消融、冻土层埋深加大

根据中国科学院寒区旱区环境与工程研究所统计，黄河源头的阿尼玛卿山地区冰川面积较 1970 年减少了 17%，冰川末端年最大退缩长度达到了 57.4m（张勇等，2006），直接造成水资源损失量约 0.7 亿 m³。另外，由于气候变暖，青藏公路沿线和玛多县深度在 20m 以内的多年冻土温度升高，造成冻土融区范围扩大、季节融化层增厚，甚至多年冻土层完全消失。

15.2.2.3 草地退化

河源区土地被覆构成类型较为简单,主要为草地、灌木林、水域和未利用地,其中低覆盖度草地和中覆盖度草地面积最大。以中国科学院地理科学与资源研究所 1983 年编制的 1:100 万全国土地利用数据(该数据的土地分类系统为 6 大类和 24 个亚类)代表 20 世纪 80 年代,以其在"九五"期间编制的 1:10 万全国土地利用数据代表 90 年代,对比两时期的土地利用变化情况知(李道峰和刘昌明,2004),土地覆被情况发生很大变化,变化面积为 10.2 万 km²,其中转变为其他土地覆被类型的土地主要为高、中覆盖度草地,分别占变化总面积的 61% 和 28%。

在土地类型转换过程中,最突出的特点就是高覆盖度草地的减少和未利用土地的增加。在近 10a 时间里,近 2.9 万 km² 的高覆盖度草地转变为中覆盖度草地,2.3 万 km² 的高密度草地变化为草质低劣的低覆盖度草地,且有约 1 万 km² 的优良草场直接变化为裸地和沙地,占河源区总面积的 7.8%。

根据 20 世纪 70 年代黄河源头地区 MSS 影像资料及 20 世纪 80、90 年代中期的 TM 影像资料(刘时银等,2002)(表 15-4),20 世纪 90 年代以来较 80 年代相比,高山草原化草甸面积减少了 6.6%,高寒沼泽化草甸面积减少了 24.2%,高寒草原面积减少了 34.5%,高寒荒漠化稀疏草原面积增加了 261.5%,高寒平原草原化草甸面积增加了 42.4%,流动及半固定沙地面积增加了 347.2%,湖泊水域面积减少了近 10%。目前,黄河源区草场退化面积占黄河源区总面积的比例达到了 8.24%。

表 15-4　黄河河源区生态景观变化

年代 (20 世纪)	不同类型区面积变化幅度(%)						
	高山草原化草甸	高寒沼泽化草甸	高寒草原	高寒荒漠化稀疏草原	高寒平原原化草甸	流动及半固定沙地	湖泊水域
70~80	−2.3	−3.7	−24.5	39.7	17.2	13.8	−0.54
80~90	−6.6	−24.2	−34.5	261.5	42.4	347.2	−9.25

另外,青海省玛多县 1997 年草场轻度退化面积比例虽然由 1987 年的 67.5% 降到了 8.2%,但重度退化面积比例则由 1987 年的 28% 上升到 1997 年的 57%。张静等(2009)通过对玛多县鄂陵湖畔样地不同退化草地群落结构特征变化的进一步研究认为,草地呈现出一定的退化梯度。随着草地退化程度的增加,草地群落中杂草类的优势度明显提高,优良牧草优势度明显下降,草地演替度、样地的总盖度、物种均匀度指数、物种丰富度指数、草地质量指数、物种丰富度及物种多样性指数均有明显降低(表 15-5)。重度退化梯度下,群落结构特征各指标数值除演替度和样地总盖度外均相对较高,这是由于重度退化阶段是该地区高寒草原类草地退化演替中的一个临界过渡期,该阶段群落中的植物与杂毒草的竞争力极强。

目前,河源区荒漠化面积明显增加。以四川若尔盖县为例,根据 1995 年、1999 年、2002 年和 2004 年监测的若尔盖县沙化土地面积数据,2004 年沙化面积比 1995 年增加了 45 990.1hm²,年均沙化速率为 16.17%(表 15-6)。

表15-5　玛多县鄂陵湖畔样地不同退化程度草地群落结构特征

群落结构特征	1 号样地			2 号样地		
	轻度退化	重度退化	极度退化	轻度退化	重度退化	极度退化
演替度	1.749	1.087	1.328	1.744	1.107	1.003
总盖度（%）	80	65	40	85	70	35
物种均匀度指数	0.150	0.192	0.163	0.162	0.166	0.083
物种丰富度指数	1.847	2.513	1.277	1.913	2.183	0.569
草地质量指数	15.63	12.69	14.92	11.83	21.35	11.83
物种多样性指数	0.661	0.774	0.546	0.706	0.697	0.319
物种丰富度	9	11	6	9	10	3
优势种植物	紫花针茅（94.28%）、二裂委陵菜（39.71%）、火绒草（37.93%）、阿尔泰狗娃花（24.68%）、盐生凤毛菊（70.68%）、紫花针茅（66.17%）、细叶亚菊（37.24%）、早熟禾（24.46%）、二裂委陵菜（65.40%）、阿尔泰狗娃花（48.39%）、西伯利亚蓼（33.72%）、西藏微孔草（27.84%）、紫花针茅（87.39%）、火绒草（41.28%）、沙蒿（37.54%）、早熟禾（30.21%）、沙蒿（73.51%）、紫花针茅（50.35%）、二裂委陵菜（34.69%）、披针叶黄花（30.82%）、3 二裂委陵菜（48.29%）、西藏微孔草（30.18%）、西伯利亚蓼（28.77%）						

表15-6　四川若尔盖县各类沙化土地面积变化情况

沙化土地类型	不同年份土地面积（hm²）			2004 年较 1995 年变化	
	1995 年	1999 年	2004 年	沙化面积（hm²）	沙化速率（%）
沙漠化土地总面积	16 112.8	25 627.2	62 102.9	45 990.1	16.17
流动沙地	2 381.7	3 042.6	4 905.9	2 524.2	8.36
半固定沙地	1 036.3	1 095.0	1 894.0	857.7	6.93
固定沙地	589.8	1 724.5	311.1	-278.7	-6.86
潜在沙化土地	12 056.3	19 716.4	51 933.0	39 876.7	17.62

另外，根据2001年的遥感资料分析，黄河首曲草原沙化面积为36 761hm²，占整个牧区面积的7.25%，与1966年的首次沙化调查数据资料相比，沙化区面积增加307%以上，年均增加沙化面积816hm²。

15.2.2.4　虫害肆虐

随着草场退化，黄河河源区鼠虫害肆虐，仅玛多县就有鼠害面积1.49 万 km²，由此而减少载畜量约28 万只羊单位。青海省果洛藏族自治州每公顷高原鼠兔平均洞口数1624个，有效洞口579个，鼠兔密度为120 只/hm²，每年消耗牧草47 亿 kg，相当于286 万只羊单位一年的需草量。据统计，河源区鼠害严重区鼠洞可达556~1065 个/km²，鼠兔120只/km²。

15.2.2.5　水土流失强度加大

青海省水土保持局根据水利部1999 年土壤侵蚀遥感普查结果分析，河源区水土流失面积 4.5 万 km², 其中水力侵蚀 2.2 万 hm², 占 48.89%; 风力侵蚀 1.1 万 hm², 占 24.44%; 冻融侵蚀 1.2 万 km², 占 26.67%。与 1995 年调查结果相比, 水土流失强度增大, 平均土壤侵蚀模数增大了 56t/ (km²·a), 达到 2900t/ (km²·a)。

另外, 刘敏超等 (2005, 2006) 对三江源地区不同生态系统土壤侵蚀量的分析认为, 高寒草原保持土壤的能力最强, 每年每公顷减少土壤流失量 48.74 亿 t; 高寒草甸的土壤保持总量最大, 达到每年减少总侵蚀量 5.72 亿 t (表 15-7)。同时, 草地具有很强的涵养水源能力, 如高山草甸土、高山草原土、沼泽地和山地草甸土涵养水源能力分别占三江源地区涵养水源能力总量的 50.30%、21.13%、9.90% 和 7.05%。黄河河源区平面面积约占三江源地区总面积的一半, 其分析成果应在一定程度上代表了黄河河源区的基本情况。而由前述分析知, 黄河河源区高山草原化草甸面积、高寒沼泽化草甸面积及高寒草原面积均大大减少, 由此势必造成黄河河源区水土流失强度加大。

表 15-7　三江源地区不同生态系统土壤侵蚀量

类别	面积 (hm²)	现实侵蚀量 [t/ (hm²·a)]	潜在侵蚀量 [t/ (hm²·a)]	水壤保持量 [t/ (hm²/a)]	保持能力
水浇地	746.4	1.16	2.49	1.32	2.14
旱地	3917	37.80	79.67	41.88	2.11
高寒草甸草原	2 629 037	1.93	46.15	44.22	23.95
高寒草甸	15 754 938	1.62	37.94	36.31	23.35
高寒草原	4 576 785	8.54	57.28	48.74	6.71
高寒荒漠草原	102 634.6	1.25	8.34	7.10	6.70
灌丛	955 578.2	7.32	55.19	47.87	7.54
森林	132 897.5	2.92	48.98	46.06	16.76
沼泽	2 150 670	2.30	36.77	34.48	16.01
合计	26 307 203.7	3.13	42.60	39.47	13.61

注: 其中"保持能力"系潜在侵蚀量与现实侵蚀量之比, 表示生态系统防止土壤侵蚀的能力

资料来源: 赵玲玲, 2008

在水土流失加剧的同时, 河源区受到威胁的生物物种也在增加, 目前已占其总类的 15%~20%, 高于全世界 10%~15% 的平均水平。

15.2.3　水文气象变化特点

表 15-8 为根据 Mann-Kendall 方法对黄河源区近 50 年内平均温度、日照、蒸发皿蒸发量和实际蒸发量的检验结果, 当 p 值小于 0.05 时表示趋势明显, p 值前面负号表示具有下降趋势, 正号表示具有上升趋势, 可以看出, 平均温度和实际蒸发上升显著, 降水、径流呈下降趋势, 且径流减少趋势相对明显。

表 15-8　水文气象特征参数趋势检验 p 值

区域	趋势检验 p 值			
河源区	降水	平均温度	日照时数	蒸发皿蒸发
	0.9396（-）	*0.0001（+）	0.072（+）	0.0901（+）
	径流	实际蒸发	汛期降水	汛期径流
	*0.0184（-）	*0.7764（-）	0.3247（-）	0.0534（-）
典型断面	黄河沿径流	吉迈径流	玛曲径流	
	0.282（-）	0.1424（-）	*0.0319（-）	

注：*表示显著

15.2.3.1　气温升高，降水量偏少

根据玛多、达日和兴海三个气象站的气温系列资料，河源区气温在 20 世纪 50 年代较暖、60 年代气温持续降低、70 年代中期开始波动上升，至 80 年代后进入暖期。

由玛多气象站 1956 年以来年平均气温变化过程（图 15-5）可以看出，20 世纪 80 年代中期以前为较长的冷期，很多年份比平均气温低；80 年代中期以后，温度持续增高，

1987~2000 年平均温度为-3.49℃，比多年平均-3.96℃高出 0.47℃。同时，统计大武、吉迈、久治、同德、玛多、泽库等 6 个主要气象站气温资料发现，1950 年以来流域内各气象站气温均有幅度不同的上升，如 6 个站在 20 世纪 50 年代、60 年代、70 年代、80 年代和 90 年代平均气温分别为-1.50℃、-1.23℃、-1.21℃、-0.85℃和-0.80℃，与 50 年代相比，其后各年代平均气温分别升高 18%、19%、43% 和 47%。

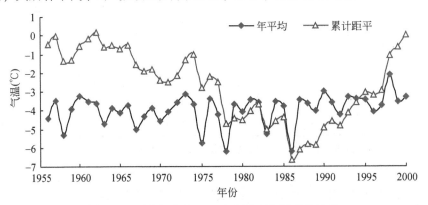

图 15-5　玛多气象站 1955 年以来年气温变化过程

游庆龙等人对三江源地区气温极端日数变化的分析也表明，该区气温呈现出不断增高的趋势（Xu 和 Singh，2005）。例如，1961~2005 年，温度极端偏高的日数，无论白天还是夜间都明显增多，平均每 10a 增加 2.6d 和 4.4d；而温度极端偏低的日数，无论白天还是夜间都显著减少，平均每 10a 减少 4.1d 和 8.5d。但年极端低温和极端高温则变化不明显，分别以 0.42℃/10a 和 0.29℃/10a 的速度增加。

总体而言，1986 年开始出现显著变暖，而 1998 年以后温度增加尤为显著，期间温度基本都高于前面近 40 年的最高温度。

由于气温升高,受大气环流变化等因素影响,进入21世纪,河源区2000~2006年平均降水量较多年均值偏少5.1%,为460.9mm,较1956~2000年平均降水量485.9mm偏少5.14%;6~9月降雨量平均为336.1mm,较多年均值偏少4.0%(表15-9)。其中河源—玛曲年降水量偏少5.1%,6~9月偏少4.0%;玛曲—唐乃亥年降水量偏少5.2%,6~9月偏少3.6%。

表15-9 河源区不同时段降水量

河段	降水特征值	各时段降水量(mm)							
		1956~1959年	1960~1969年	1970~1979年	1980~1989年	1990~1999年	2000~2006年	1997~2006年	1956~2000年
河源—玛曲	年均降水量	488.6	523.4	505.9	537.2	507.0	487.8	500.1	514.3
	6~9月降雨量	347.8	386.3	356.9	389.1	347.2	352.8	354.1	367.4
玛曲—唐乃亥	年均降水量	409.3	440.6	438.5	452.1	416.2	409.6	420.0	431.8
	6~9月降雨量	303.9	318.5	328.1	331.1	301.6	304.2	305.4	316.8
黄河源区	年均降水量	461.3	494.9	482.7	507.9	475.7	460.9	472.5	485.9
	6~9月降雨量	332.7	362.9	346.9	369.1	331.4	336.1	337.3	350.0

从1997~2006年的平均情况看,河源区年均降水量较多年均值偏少2.8%,为472.5mm;6~9月降雨量平均337.3mm,较多年均值偏少3.6%。其中,河源—玛曲年降水量偏少2.8%,6~9月偏少3.6%;玛曲—唐乃亥年降水量偏少2.7%,6~9月偏少3.6%。

唐红玉等(2007)对三江源地区122个气象站1956~2004年的降水量资料分析也表明,50a来总的趋势是降水微幅下降,降水量平均降幅为6.73mm/10a,降水日数降幅为2.7d/10a。但20世纪90年代以来降水有加速减少的趋势。

15.2.3.2 蒸发能力增大

气温升高导致蒸发能力增大。根据黄河沿站蒸发能力变化过程关系分析(图15-6),在20世纪50~80年代,蒸发能力基本呈下降趋势,但到了90年代以后则逐渐上升。

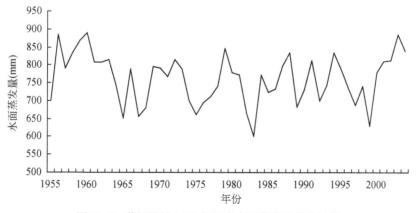

图15-6 黄河沿站1955年以来水面蒸发量变化过程

蒸发皿蒸发 ［图 15-7（a）］基本呈上升趋势，但 70 年代初出现几年较小值，究其原因是在 70 年代初出现较频繁降雪。70 年代中后期温度则出现急剧增加。GG 蒸发互补模型计算得到的实际蒸发值 ［图 15-7（b）］检验出的结果是该流域的实际蒸发呈显著增加趋势，这与近年来全球变暖、气温上升有一定关系，而且近年来日照呈上升趋势，日照的增加也会引起蒸发增加。就日照时数 ［图 15-7（c）］而言，日照时数在近 50 年来呈上升趋势，虽然不是显著趋势，但是上升幅度很大，而且是阶段性上升。这与全球变暖、温度升高有着极其密切的关系。总的来说，60 年代为第一上升阶段，70 年代中期到 80 年代中后期为第二上升阶段，90 年代以后的上升比前面两个阶段放缓，到 2000 年以后甚至出现下降趋势。

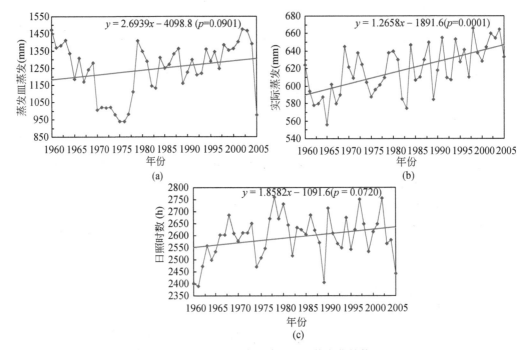

图 15-7　主要气象要素 MK 趋势变化趋势

赵静等（2009）基于地表能量平衡原理，结合 MODIS 卫星数据和研究区气象资料，建立了三江源区蒸发量估算模型。计算结果表明，三江源蒸发量呈增加趋势，区域蒸发量随水热、植被覆盖和海拔高度差异而变化，蒸发量增大是三江源区湖泊萎缩和湿地退化的主要影响因素。由图 15-8 和图 15-9 可以看出，2007 年蒸发量大于 300mm 的区域比 2000 年有明显增加。

对黄河源头扎陵湖和鄂陵湖的蒸发资料分析表明，2000～2007 年扎陵湖月蒸发量明显增大，鄂陵湖月蒸发量轻微减少且蒸发量数值变化较小。因此，蒸发量增大是扎陵湖水面萎缩的主要影响因素。

综合各方面的分析，河源区的蒸发量随该区气温的升高是不断增大的，由此，对该区的生态环境尤其是对水资源所造成的影响是不可忽视的。

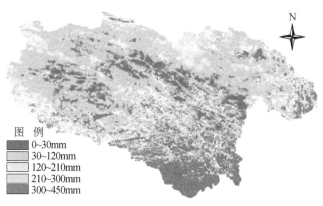

图 15-8　三江源 2000 年 7 月蒸发量分布图

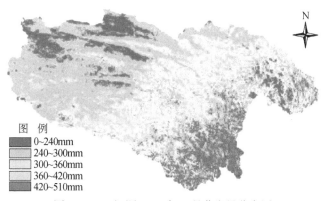

图 15-9　三江源 2007 年 7 月蒸发量分布图

15.2.3.3　水沙量大幅度减少

(1) 径流量

由唐乃亥站 1950～2006 年平均径流量过程线可知（图 15-10），近年径流量明显下降。用时序累计值相关法判断，转折点为 1991 年，经秩和检验法（Hamed，2008）检验转折点前后的资料序列不具有一致性，说明资料序列的跳跃显著。年径流量由前 41a 均值 211.3 亿 m³ 明显地跳跃到后 16a 的 169.3 亿 m³，跳跃量 42.0 亿 m³，跳跃前后相比平均减少了 25%。

表 15-10 给出了河源区主要水文站 1950 年以来的实测年径流量。可以看出，2000～2006 年源头区年均实际来水量仅 1.60 亿 m³，与 1956～2000 年均值 7.27 亿 m³ 相比减少了 78%，前者不足后者的 1/4；河源区 1956～2000 年平均实际来水量 203.9 亿 m³，而 2000～2006 年实测平均来水量仅 159.7 亿 m³，与 1956～2000 年均值相比减少了近 22%。

从 1997～2006 年平均情况看，黄河沿、吉迈、玛曲和唐乃亥四站平均实测径流量分别较多年（1956～2000 年）平均值减少了 72%、18%、16% 和 17%。不过，其年内分配没有发生大的变化，例如，在 20 世纪 50～60 年代，7～10 月来水量一般占年径流量的

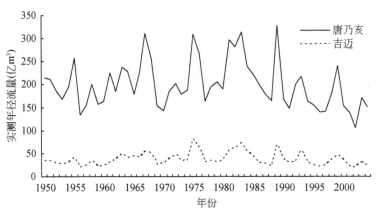

图 15-10　黄河源区实际来水量逐年变化过程

60% 左右，90 年代以来，7~10 月来水量仍为 60% 左右。

表 15-10　黄河源区主要水文站不同时段实测年均径流量

水文站	不同时段实测径流量（亿 m³）							
	1950~1959 年	1960~1969 年	1970~1979 年	1980~1989 年	1990~1999 年	2000~2006 年	1997~2006 年	1956~2000 年
黄河沿	5.05	6.44	8.82	10.88	5.04	1.60	2.04	7.27
吉迈	29.77	40.09	43.00	47.67	34.25	31.15	32.69	39.68
玛曲	112.2	154.5	145.3	168.5	128.1	116.8	121.9	145.1
唐乃亥	188.1	216.5	203.9	241.1	176.0	159.7	168.4	203.9

（2）输沙量

河源区 1956~2000 年实测年均输沙量 0.129 亿 t，其中 7~10 月为 0.094 亿 t，占年值的 73%。1997~2006 年平均输沙量和 7~10 月输沙量分别为 0.100 亿 t 和 0.074 亿 t，较多年均值分别减少 22% 和 21%（表 15-11）。

表 15-11　河源区不同时段实测年均输沙量

时段	不同时段输沙量（亿 t）							
	1950~1959 年	1960~1969 年	1970~1979 年	1980~1989 年	1990~1999 年	2000~2006 年	1997~2006 年	1956~2000 年
全年	0.071	0.118	0.122	0.198	0.109	0.081	0.100	0.129
7~10 月	0.052	0.096	0.095	0.133	0.075	0.064	0.074	0.094

在唐乃亥断面，含沙量也有所降低，如 1956~2000 年平均含沙量为 0.63kg/m³，1997~2006 年平均含沙量为 0.59 kg/m³。

15.2.3.4 降水径流关系没有发生明显变化

根据 1956 ~ 2006 年的系列资料, 通过对 1956 ~ 1969 年、1970 ~ 1996 年和 1997 ~ 2006 年三个时段降水径流关系的对比分析, 发现河源区年降水径流关系和 6 ~ 9 月降雨径流关系都没有发生大的变化, 两个时段尺度下的降雨—径流关系点据沿同一区域带分布, 说明两者的函数关系基本没有改变。

15.2.3.5 径流系数明显减小

图 15-11 给出了河源区年径流系数和 7 ~ 10 月径流系数变化过程。可以看出, 1983 年以前, 黄河河源区径流系数基本呈逐渐增大趋势, 之后呈逐渐减小趋势。1997 ~ 2006 年全年平均径流系数和 7 ~ 10 月径流系数分别只有 0.270 和 0.212, 较 1956 ~ 2000 年相应时段的平均值 0.343 和 0.282 分别减少了 21% 和 25%。

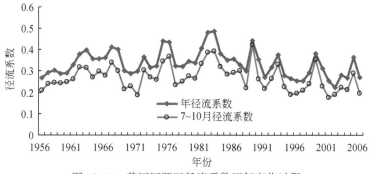

图 15-11 黄河河源区径流系数逐年变化过程

由以上分析可知, 近年来河源区降雨径流关系并未改变, 且实测径流量年内分配没有大的变化, 但在降水量仅平均减少 5% 的情况下, 径流量和径流系数却都减少了 20% 以上, 这是为何? 进一步分析表明, 造成这种现象的原因可能与降雨强度降低有关。降水强度是影响径流产生的一个重要因子, 对于雨量小、历时长的降水, 往往由于蒸发、渗漏较大, 径流系数减少; 雨量大、历时短的降水则往往使径流系数增大。表 15-12 是 20 世纪 80 ~ 90 年代玛多和玛曲不同量级日降雨变化情况, 可以看出, 90 年代降水类型多是小雨, 且降水次数增多, 历时增长, 而且各测站中雨、大雨的天数和相应降水量都少于 80 年代。因此, 90 年代大雨出现频率减少且雨量减少, 必然会引起其径流系数的减小。

表 15-12 玛多、玛曲站 20 世纪 80 ~ 90 年代降水天数对比

水文站	年代 (20 世纪)	不同类型降水天数 (d)			
		小雨 (<10mm)	中雨 (10 ~ 25mm)	大雨 (25 ~ 50mm)	暴雨>50mm
玛多	80	118	7	0	0
	90	141	6	0	0
玛曲	80	130	17	3	1
	90	135	13	2	0

15.3 典型产流模型简介

黄河河源区主要位于青海省，为三江源的主要组成部分，是黄河的径流主要来源区，产流以蓄满机制为主，且产沙量少，因此，主要选择 HBV 模型、新安江模型和 TopModel 三个模型作为应用研究对象。

15.3.1 HBV 模型

HBV 模型是一种半分布式概念性水文模型，最初是由瑞典气象组织（SMHI）于 20 世纪 70 年代初创建的（Das et al.，2008），模型发展之初是为了径流模拟和水文预报（Lindstr et al.，1997），目前其应用领域正逐步扩大。在过去的 30 多年里，随着推广和应用，不断推出新的版本。由于模型输入资料较为简单，应用便捷，所以自其提出至今已在 40 多个国家和地区应用（张建新等，2007；Arheimer & Liden，2000）。

可以将流域划分成不同子流域进行模拟，不同的子流域又可以根据海拔、土地利用和土壤类型等进一步划分（Lidén & Harlin，2000）。利用概念性的思路在每个子流域内计算积融雪、土壤湿度以及径流过程等。值得注意的是，每个子流域的分布情况与 HBV 模型初始的半分布式结构并不相关。这是因为通常情况下，模拟的子流域的海拔、土地利用和土壤等并没有比较确切的划分。从图 15-12 可以看出资料输入后主要通过积/融雪模块、土壤模块、响应模块和路径模块四个部分计算。

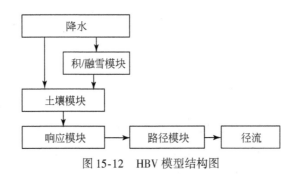

图 15-12　HBV 模型结构图

积融雪模块通常情况下采用度日法计算（Seibert，1999），这对于适用于高寒气候区域的 HBV 模型来说是很重要的一个部分：

$$M_s = C_s(T_a - T_t) \tag{15-11}$$

$$M_{rs} = C_f C_s(T_t - T_a) \tag{15-12}$$

式中，M_s 为融雪量（mm/d）；M_{rs} 为融雪水结冰量（mm/d）；T_a 为温度值（℃）；T_t 为一个阈值参数（℃），通常情况下它是一个接近于 0 的常数，当 T_a 大于 T_t 时则发生式（15-11）中的过程融雪，当 T_a 小于 T_t 时则发生与此相反的积雪过程，如式（15-12）所示；C_s 为雪度日因子［mm/（℃·a）］，其大小与植被覆盖情况密切相关，通常情况下 C_s 为 1.5~4mm/（℃·a）；C_f 为冻结系数。融雪的速度与植被有很大的相关性，城市地区融雪速度快，而森林融雪速度慢（Hundecha & Bárdossy，2004）。

反应土壤模块的主要过程如图 15-13 所示，主要方程为

$$\frac{R_e}{P} = \left(\frac{S_m}{F_c}\right)^b \tag{15-13}$$

式中，R_e 为区域对径流的补给量产流量（mm）；P 为降雨融雪之和（mm）；S_m 为某日的实际土壤含水量（mm）；F_c 为最大土壤含水量或田间持水量（mm），其值可以根据土壤类型和植物根系深度确定，也可以在参数率定阶段重新调整，这是因为 F_c 仅是一个模型参数，不需要与实际测量的土壤含水量相等（Hundecha，Bárdossy，2004）；b 是确定降雨或者融雪对径流的相对贡献多少的参数。

由图 15-13 可以看出，当土壤含水量在一定阈值以下时，水量用于土壤水储存，由图中的曲线可以查得此时降水或者融雪所占的比例；当土壤含水量超过这个阈值时，则水量参与地下水交换，同样此时在曲线上也可以查得降水或者融雪所占的比例（Jin，et al.，2009）。而当已知降水或者融雪所占的比例时，根据曲线关系同样可以查得此时的土壤含水量。

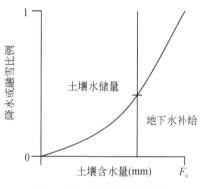

图 15-13　土壤模块示意图

蒸发的计算也由土壤模块实现，主要由一个阈值参数 L_p 控制。当土壤含水量与田间持水量的比值超过阈值 L_p 时，实际蒸发值与潜在蒸发量值相等；当比值小于 L_p 时，实际蒸发则随着土壤含水量的减少呈线性递减（Jin et al.，2009）。

径流的形成过程被概化为响应模块，响应模块可以简单地概化为两层线性水库（赵彦增等，2007），如图 15-14。径流是通过实际土壤湿度和降水的一个非线性方程计算的。不同流域尺度上的径流成分由两个线性水库概化。上层线性水库模拟的是近地表层流和壤中流，下层线性水库模拟的是基流。两层线性水库是通过一个渗透率常数连接的。图中的 SUZ 是指上层水库储水量（mm）；SLZ 是指下层水库储水量（mm），UZL 是阈值参数（mm）；K_0 是洪峰（或者高水位时）的退水系数；K_1 是壤中流的退水系数；K_2 是基流的退水系数；Q_0 是洪峰流量；Q_1 是壤中流流量；Q_2 是基流流量；E 为蒸发量；P 为降水量。

最后的路径模块是通过一个转化方程使计算生成的径流过程更加缓和。其转化方程是有一个自由参数 m_a 的三角形权重方程，该参数与流域面积有一定关系，面积越大，其值

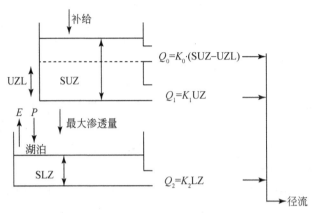

图 15-14　HBV 模型响应模块示意图

会越大。河网汇流部分是通过马斯京根法实现的。

15.3.2　新安江模型

河海大学赵人俊教授领导的研究组在编制新安江洪水预报方案时，汇集当时产汇流方面的研究成果，并结合大流域洪水预报的特点，设计完成了国内第一个比较完善的流域水文模型——新安江模型。模型发展之初是二水源模型，到 20 世纪 80 年代中期，借鉴山坡水文学的概念和国内外产汇流理论，提出了三水源新安江模型。由于该模型的产流采用的是蓄满产流概念，因此该模型主要适用于湿润半湿润地区，但是目前也有水文预报将其应用于半干旱的黄河、海河等流域（赵人俊，1984；李致家等，2010）。

三水源新安江模型蒸散发计算采用的是三层模型；产流计算采用蓄满产流模型；用自由水蓄水库结构将总径流划分为地表径流、壤中流和地下径流三个部分；流域汇流采用线性水库；河道汇流采用马斯京根分段连续演算或滞后演算法（张洪刚和郭生练，2002）

新安江模型是分布式模型，把全流域分成许多块单元流域，对每个单元流域进行产汇流计算，得到单元流域的出口流量过程。再进行出口以下的河道洪水演算，求得流域出口的流量过程。把每个单元流域的出流过程相加，即求得流域出口的总出流过程。为了考虑降水和流域下垫面分布不均匀的影响，新安江模型的结构主要可以分为蒸散发计算、产流计算、分水源计算和汇流计算四个层次（包为民，2006）。

黄河源区属于比较典型的寒区，积融雪占有重要地位。许多高原寒区春季甚至是夏季的积融雪是径流量的主要水源组成，积融雪是降水的一种比较特殊的形式，产汇流特性与常规区域有很大的区别，影响因素也不是很一样，所以必须考虑积融雪因素的影响和计算。其计算流程如图 15-15 所示。

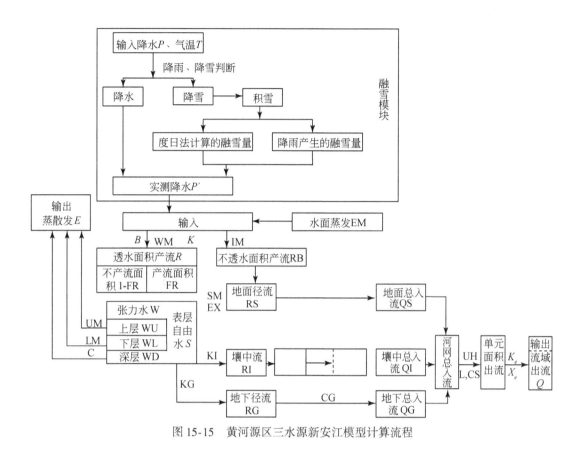

图 15-15　黄河源区三水源新安江模型计算流程

蓄满产流的基本理念是，降雨过程中，直到包气带水量达到田间持水量时才产流。产流后，超渗部分成为地面径流，下渗部分成为壤中流和地下径流。降雨过程及流域条件决定了产流量的大小和时间分配的长短（张洪刚和郭生练，2002）。产流计算公式为

$$W_{mm}=\frac{W_m\left(1+B\right)}{\left(1-F_m\right)}\tag{15-14}$$

$$A=W_{mm}\left[1-\left(1-\frac{W}{W_m}\right)^{\frac{1}{1+B}}\right]\tag{15-15}$$

当 $PE=P-KE_m\leqslant 0$，则 $R=0$，在 $PE=P-E>0$ 条件下，如 $PE+A<W_{mm}$ 时，则如下：

$$R=PE-W_m+W+W_m\left[1-\left(\frac{PE+A}{W_{mm}}\right)^{(1+B)}\right]\tag{15-16}$$

若 $PE+A\geqslant W_{mm}$，则按式（15-17）计算：

$$R=P-E-W_m+W\tag{15-17}$$

式中，W_{mm} 为流域最大蓄水容量（mm）；R 为产流深（mm）；B 为张力水蓄水容量曲线方次；F_m 为不透水面积占总流域面积的比例；A 为流域张力水蓄水容量曲线中与流域蓄水量 W 相对应的纵坐标值（mm）；PE 为净雨量（mm）；P 为降落在透水面积上的时段雨量（mm）；K 为蒸散发折算系数；E_m 为流域的蒸散发能力（mm）；W_m 为流域平均张力水容量（mm）；W 为张力水土壤含水量（mm）；E 为蒸散发量（mm）。

蒸散发主要由气候因素决定，比较稳定，能够决定长时段内的径流总量（赵人俊和王佩兰，1988）。蒸散发过程采用三层蒸散发模型，其公式分别为：

当上层张力水蓄量足够时，上层蒸散发量 EU(mm) 为：

$$EU = K \times EM \tag{15-18}$$

当上层已干，而下层蓄水量足够时，下层蒸散发量 EL（mm）为

$$EL = (K \times EM - EU)\frac{WL}{LM} \tag{15-19}$$

当下层蓄量亦不足时，涉及深层，深层蒸散发量 ED(mm) 为

$$ED = C \times K \times EM \tag{15-20}$$

式中，C 为深层蒸散发折算系数；K 为蒸散发折算系数；WL 为下层蒸散发（mm）；LM 为下层张力水蓄水容量（mm）。

此处采用新安江三水源模型，因此其分水源部分分为地面径流 RS、地下径流 RG 和壤中流 RI。公式如下：

$$MS = SM \ (1 + EX) \tag{15-21}$$

$$AU = MS\left[1 - \left(1 - \frac{S}{SM}\right)^{\frac{1}{1+EX}}\right] \tag{15-22}$$

$$RI = KI \times S \times FR \tag{15-23}$$

$$RG = KG \times S \times FR \tag{15-24}$$

式中，MS 为流域单点最大的自由水蓄水容量（mm）；SM 为自由水蓄水容量（mm）；EX 为自由水蓄水容量—面积分布曲线指数（mm）；AU 为自由水蓄水容量为时段初蓄水容量时的单点自由水蓄水容量（mm）；S 为时段自由水蓄水容量（mm）；KI 为自由水蓄水库对地下水的日出流系数；KG 为自由水蓄水容量对壤中流的日出流系数；FR 为产流面积（km²）。

当 PE≤0，PE+AU<MS，则

$$RS = \left\{PE - SM + S + SM\left[1 - \frac{(PE + AU)}{MS}\right]^{1+EX}\right\}FR \tag{15-25}$$

当 PE+AU≥MS，则，

$$RS = (PE + S - SM)FR \tag{15-26}$$

汇流分三个阶段进行：坡地汇流、河网汇流和河道汇流。坡地汇流是水体在坡面上的汇集过程，坡地汇流采用线性水库方法。地表径流在坡地汇流阶段时间很短，可以忽略不计（包为民，2006；赵人俊，王佩兰，1988）。

地面汇流的坡地汇流时间不计，直接进入河网，则地面总入流为

$$QS(t) = RS(t)U \tag{15-27}$$

式中，U 为单位转换系数；U＝流域面积／[3.6Δt(h)]。

表层自由水以 KI 侧向出流后成为壤中流，进入河网。但是土层较厚，表层自由水可以深入深层土，经过深层土的调蓄作用，才进入河网。深层自由水也用线性水库模拟，其消退系数为 CI，壤中流总入流计算公式为

$$QI(t) = CI \times QI(t-1) + (1 - CI)RI(t)U \tag{15-28}$$

地下径流的坡地汇流采用线性水库模拟，其消退系数为 CG，出流进入河网。表层自由水以出流系数 KG 向下出流后，再向地下水库汇流，地下水总入流如式（15-29）：

$$QG(t)=CG\times QG(t-1)+(1-CG)RG(t)U \tag{15-29}$$

单元面积的河网汇流是水流由坡面进入河槽后，继续沿河网的汇集过程。在河网汇流阶段，汇流特性受制于河槽水力学条件，各种水源是一致的（江微娟，2009）。河网汇流采用的是滞时演算法，计算公式如式（15-30）：

$$Q(t)=CS \times Q(t-1)+(1-CS)QT(t-L) \tag{15-30}$$

式中，QT（t）=QS（t）+QI（t）+QG（t）；L 为河网汇流滞时；CS 为河网水流消退系数。

15.3.3　TopModel

TopModel（topgraphy based hydrological model）是 Beven 于 1979 年提出的一种半分布式水文模型（解河海和郝振纯，2008）。该模型以地形为基础，其显著特征是借助地形指数 ln（$\alpha/\tan\beta$）反映流域下垫面的变化对流域产流区域的影响。模型的参数相对较少，结构简单（图 15-16），应用比较方便，所以建立至今得到了较为广泛的应用（解河海和郝振纯，2007）。由图 15-16 可以看出，该模型假设流域任何一处的土壤有三个不同的含水区：植被根系区 S_{rz}，土壤非饱和区 S_{uz}，饱和地下水区（李致家等，2010）。假定降水 P 首先下渗进入植被根系区，储存在这里的水分部分蒸发，蒸发量为 E，部分进入土壤非饱和区。土壤非饱和区中的水分以一定速率 Q_v 通过重力排水作用垂直进入饱和地下水区，然后通过侧向运动形成基流 Q_b。如果饱和地下水面不断升高，在流域某一山脚低洼汇合处（如下游河道）冒出，就会形成饱和坡面流 Q_s。因此，TopModel 模型中的流域总径流 Q 是基流 Q_b 与饱和坡面流 Q_s 之和。

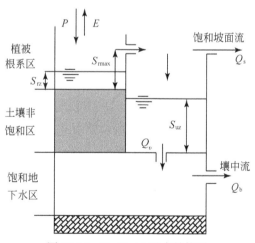

图 15-16　TopModel 基本结构图

TopModel 把全流域按 DEM 分成若干个规则的正方形栅格，大的流域又可以分成若干个单元流域，分别对每个单元流域进行产汇流计算（李致家等，2010；解河海，2006）。

地面径流和地下径流可以将空间分布视为均匀的，其中的汇流计算采用的是时间滞时函数法。通过河道汇流得出总流域出口的断面流量过程，采用近似洪水波的常波速洪水演算方法，单元流域的计算流程如图15-17。

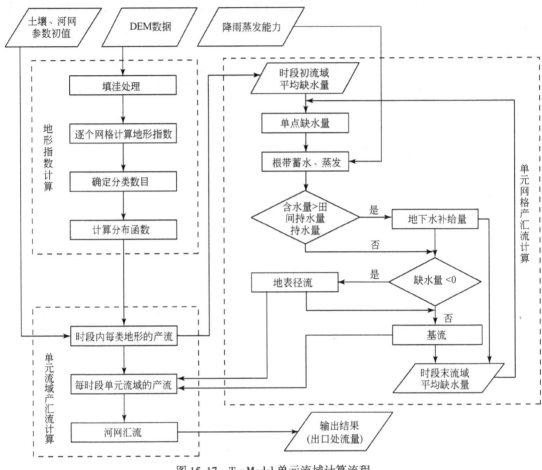

图 15-17　TopModel 单元流域计算流程

对流域进行产流计算时，并不是每个栅格都计算。TopModel 假定地形指数相同的栅格具有相同的水文响应，水文特征的空间不均匀性通过"地形指数-面积分布函数"描述。"地形指数-面积分布函数"表示具有相同地形指数与其所在流域空间部分面积的数学关系。使用处理过的 DEM 计算地形指数，然后通过统计方法计算地形指数的分布曲线（刘青娥等，2003；解河海和郝振纯，2008）。

模型计算过程中有三个基本假设（谢帆等，2007），满足这三个假设，模型才能计算。第一，流域存在一个稳定供水的饱和层面积 a；第二，饱和层的水位总是与坡面平行，因此饱和层有效水力梯度与局部地表坡度（$\tan\beta$）相等；第三，土壤水力传导度的剖面分布与缺水量或地下水埋深呈指数关系，即：

$$T = T_0 e^{-D/m} \tag{15-31}$$

式中：T 为土壤水力传导度（m^2/h）；T_0 为土壤饱和时的传导度（m^2/h）；D 为当地的饱

和缺水量（mm）；m 为模型参数（m）。

模型的基础是变动产流面积的概念，即当包气带中的含水量达到饱和含水量时，即满足完全重力排水含水量时，土壤中的水都变成自由水，完全在重力作用下流动。由于垂直排水及流域内的侧向水分运动，一部分流域面积地下水位抬升至地表面成为饱和地表面积。产流只发生在这种饱和地表面积上。所有在饱和地表面积上的雨水都将直接形成径流，而且地下水埋深较浅的地方比较集中。在饱和面积上形成饱和地表径流，饱和层的出流视为基流。整个降水过程中，源面积是不断发生变化的，其位置受流域地形和土壤水力特性两个因素影响。一定意义上，变动产流面积可以看作是河道系统的延伸（符传君等，2007）。

TopModel 确定源面积的大小和位置是通过土壤含水量。定义缺水量 D 为饱和含水量与土壤含水量之间的差值，$D \leq 0$ 的面积就是饱和源面积，主要用连续方程和达西定律推导缺水量计算方程。

缺水量 D 的变化 = 入流 – 出流，基本方程为

$$\alpha \frac{\partial R}{\partial x} - \frac{\partial D}{\partial t} = P - R \tag{15-32}$$

式中，P 为降雨量（m）；R 为产流量（m）；t 为时间（s）；x 为距离（m），是沿最陡坡度向的曲线水流路径；α 是系数。

饱和带中，任一特定的均值土层，渗透系数均为常数；但包气带中，渗透系数随着含水量的降低而迅速减少，是含水量的非线性函数。绝大多数情况下，地下水的运动都符合达西线性渗透定律。任意点地下径流的计算如式（15-33）（谢帆等，2007）：

$$q = \tan\beta f(D) = \tan\beta T_0 \mathrm{e}^{-D/m} = aR \tag{15-33}$$

式中，q 为单宽流量（m²/s）；$\tan\beta$ 为坡度；m 为模型参数（m）；T_0 为土壤刚饱和时的传导度（m²/h）。

于是得到流域内每一点缺水量与流量的关系为（Fedak，1999）

$$D_i = - m\ln\left(\frac{aR}{T_0\tan\beta}\right) \tag{15-34}$$

求得流域面上的平均缺水量为

$$\overline{D} = \frac{1}{F} \sum_i F_i \left[- m\ln\left(\frac{aR}{T_0\tan\beta}\right) \right] \tag{15-35}$$

根据方程（15-32）和模型的基本假设可以得出模型的基本方程为：

$$\frac{\overline{D} - D_i}{m} = \left[\ln\frac{a}{\tan\beta} - \lambda \right] - \left[\ln T_0 - \ln T_e \right] \tag{15-36}$$

式中，D_i 为第 i 个网格的缺水量（m）；$\overline{D}$ 为平均缺水量（m）；a 为网格的上游单宽面积（m²/m）；$\tan\beta$ 为表面地形坡度；m 为土壤下渗呈指数衰减的速率系数（m）；T_0 为土壤饱和时的有效下渗率或传导度（m²/h）；$\lambda = \frac{1}{F} \sum_i \ln\frac{a}{\tan\beta}$；$\ln T_e = \frac{1}{F} \sum_i A_i \ln T_0$；$F_i$ 为第 i 个网格的上游面积（m²）；F 为流域面积（m²）。

当模型中假定 T_0 在空间上均等时，则方程可以变为

$$\frac{\overline{D} - D_i}{m} = \ln \frac{a}{\tan\beta} - \lambda \tag{15-37}$$

式中，$\ln(a/\tan\beta)$ 称为地形指数。

上式表明，地形指数 $\ln(a/\tan\beta)$ 相同的点其水文性质完全相同（刘青娥等，2003）。因此，$\ln(a/\tan\beta)$ 是水文模拟中的核心参数。

除了地形指数外，模型最主要的参数有五个：m（亦作 SZM）为土壤下渗呈指数衰减的速率（m）；$\ln T_0$ 为土壤刚好达到饱和时有效下渗率的自然对数（m²/h）；SR_{max} 为田间持水量的通量（m）；SR_0 为根带土壤饱和缺水量的初值（m）；R_v 为坡面汇流的速度（m/h）。

15.3.4 参数率定方法

除人工试错法外，目前较常用的率定方法有蒙特卡洛方法、遗传算法、拉丁超立方方法、SCE-UA 算法、模拟退火算法、变域递减算法等。本章采用蒙特卡洛、拉丁超立方和遗传算法三种率定方法。

蒙特卡洛方法（Monte-Carlo，以下简称 MC）又称随机抽样方法，是统计数学的一个分支，利用随机数试验，将求得的统计特征值作为被研究问题的近似解。蒙特卡洛方法中的随机数生成方法很多，如伪随机数序列和拟随机数序列等（牟旷凝，2010）。用蒙特卡洛方法模拟某过程时，需要产生各种概率分布的随机变量。最简单、最基本，也是最重要的随机变量是在 0-1 分布上产生随机变量。本研究采用这种方法，简单地说是一种随机搜索办法，即定义一个参数的上下限值，在参数的上下限内生成一个随机数应用于计算。这种方法比较简单，容易实现，但是应用过程中会不可避免地产生数据堆积现象，即容易在一个点取多次值，这种情况在取值次数足够多时可以避免，却加大了应用的计算量。

遗传算法（genetic algorithm，以下简称 GA）是基于生物界自然选择和自然遗传机制的一种算法，是一种全局随机搜索优化算法，其模拟自然界生物从低级到高级的进化过程，主要优点是优化求解过程与梯度信息无关。对于复杂的优化问题只需选择、杂交、变异三种遗传算子就能得到优化解，对问题是否线性、连续、可微等没有限制，也不受优化变量数目、约束条件的限制，直接在优化准则函数引导下全局寻优（陆桂华和杨晓华，2001）。因为有这些优点，因此该算法被人们广泛应用和研究。与传统优化算法不同的是，传统优化算法是从一个初始点开始迭代计算，而遗传算法是同时从多个初始点迭代计算，最后得到一个最优解。其中的选择、交叉和变异是为了寻求最优的过程（陈垌烽和杨万昌，2006）。选择指的是为了从当前群体中选出优良的个体，使它们有机会作为父代为下一代繁衍。交叉是遗传算法获取新的优良母体最重要的手段，由上步得到两组个体，两两配对成为双亲，根据杂交率决定它们进行交叉操作，并且采用随机的方法确定交叉的位置，得到两组子代个体。变异是将上一步得到的 n 个子代个体，分别依据变异概率随机地改变其值，从而得到 n 个新个体。遗传算法发生变异的概率很低，这同生物界是一样的。变异的作用只是为了避免群体遗传和进化过程中失去一些有用的基因，保持群体中基因的多样性。将得到的 n 个子代个体作为下一轮进化过程的父代继续计算，如此反复迭代，使得群体的适应度不断提高，直到得到满意的效果或者达到预先设定的迭代次数，则算法终止。

拉丁超立方分层抽样（latin hypercube sampling，以下简称 LHS）是 Mckay 于 1979 年提出的，其被称为是充满空间的设计。基本思想是将给定的参数区间划分为 H 部分，在每个小区间内随机抽样，再随机编号排列抽取样本（任政，2010），将根据编号得到的样本组合成为参数组，代入模型中运算。该方法的实质是一种特殊的蒙特卡洛抽样，优点是采用等概率分层抽样产生各参数的随机样本，避免了重复。与蒙特卡洛方法相比，其显著优点是可以用较少的抽样次数达到较高的抽样精度。

15.4 流域产流模型在黄河河源区的应用

模拟的水文资料和气象资料系列为 1960～2005 年日均过程。将 1960～1986 年作为率定期，1987～2005 年作为检验期，其中将 1960 年作为 HBV 模型、TopModel 模型的预热期。

15.4.1 参数敏感性分析

15.4.1.1 HBV 模型率定及参数敏感性分析

HBV 模型是在瑞典的高寒气候区下发展起来的一种流域水文模型。HBV 模型共有 15 个参数中，前面概述部分已经提到，将具体的参数汇总至表 15-13。模型的 15 个参数中 CFR、CWH 两个参数使用经验值，对其他 13 个参数进行敏感性分析，敏感性分析采用小扰动分析方法。综合敏感性分析的结论和通过率定得到的参数值发现，对于敏感参数，采用的两种方法可以得到相近值，而对于不敏感参数，所选的值则存在一定差异性。

分析表明，T_t 是一个接近于 0 的阈值，设置其在 0 附近变化，其为不敏感参数；T_t 值的变动对过程线没有影响；C_s 值的变动对结果有一定影响，但影响不大，参数敏感程度不高；F_c 的变化对结果影响较大，尤其是对 3～7 月的影响较大，参数敏感性较高；F_c 的变化对结果有影响，3～6 月的变动加大，参数越小波动越大，参数相对较敏感，敏感程度不高；L_p 参数变化对结果影响很大，参数的微小变动均能影响结果，总的说是参数越大径流越大，参数很敏感；b 参数变化对结果影响很大，参数极大或者极小都有较大变动，参数越小模拟结果越大，参数很敏感；P_e 参数的变化会对结果产生一定影响但是变动不大，参数值越小，过程线越陡，参数越大，过程线相对平缓，为较敏感的参数。UZL 参数的变化对结果基本上没有影响，参数不敏感；K_0 参数的变化对结果没有太大影响，参数不敏感；K_1 的变化会对结果产生一定影响，参数值越大，过程线越陡，参数主要影响 3 月之后的过程线；K_2 的变化对结果产生很大影响，参数值越大过程线越陡，参数比较敏感；M_a 的变化会对结果产生一定影响，参数值越小，过程线越陡，参数较敏感；C_{et} 的变化对结果影响较小，影响不明显，参数敏感性不高。

表 15-13　HBV 模型参数的率定结果

参数	物理意义	参考范围	敏感程度	MC 所选值	GA 所选值
T_t（℃）	温度阈值	接近于 1	不敏感	0.03	−0.02
C_s（mm/℃）	度日因子	1.5 ~ 4	不敏感	2.94	2.40
f_c	融雪修正系数		敏感	0.56	0.58
C_f	融化系数	0.05		0.05	0.05
C_w	融化阈值	0.1		0.1	0.1
F_c（mm）	最大土壤含水量		不敏感	99	119
L_p（mm）	实际蒸发达到潜在蒸发值时的土壤含水量		敏感	0.81	0.71
b	确定降雨或者降雪相对贡献的参数		敏感	2.29	2.03
P_e（mm/天）	上层到下层最大渗透量		敏感	0.63	1.00
UZL（mm）	阈值参数		不敏感	60.43	256.18
K_0	上层出流系数		不敏感	0.83	0.24
K_1	下层出流系数		不敏感	0.05	0.09
K_2	深层出流系数		敏感	0.03	0.03
M_a	缓化系数		不敏感	1.3	7.13
C_{et}（℃）	相关系数		不敏感	0.15	0.12

模拟日过程线如图 15-18，模拟效果总体比较好，但对峰值的模拟误差较大，每年的洪峰模拟值均比实测值低。尤其是对于比较大的峰值模拟效果差，像 1981 年、1983 年和 1989 年的峰值，与实测值差别较大。而模型对于枯季的模拟则较实测值偏低。两种率定方法的结果（表 15-14）表明，遗传算法较蒙特卡洛方法效果好。总的说，该模型对上半年的模拟效果不如对下半年的模拟效果好，其原因可能是 3 月份处于初春时间，气候开始变暖，源区内的冰雪冻土开始解冻，模型对这方面模拟能力不强；而 8 月份属于黄河源区的汛期，模型对洪峰的模拟不好。从 HBV 模型的年际变化看（图 15-18），两种方法对流域流量的模拟都偏小，但是两种方法的结果都是处于比较理想的状态，分率定期和检验期看，率定期的趋势与实测值更接近，而检验期的误差更小。

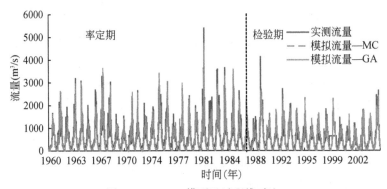

图 15-18　HBV 模型日过程线对比

表 15-14　HBV 模型模拟效率系数对比

方法	率定期	检验期
遗传算法	0.87	0.65
蒙特卡洛方法	0.82	0.58

图 15-19 是不同年份 HBV 模拟结果的效率系数，从其中选择效率系数最高的 2005 年和效率系数最低的 1995 年进行对比可以看出 ［图 15-19 （a）］，模型基本能够模拟出实测过程中的峰值和谷值部分，从两种不同方法的对比看，模型此处应用遗传算法计算得到的结果更好。从图 15-19 （b）可以看出，模型对该年份的日过程模拟较差，对于实测过程中的峰值和谷值部分均不能做出较好的模拟，模拟过程在高水部分偏高，低水部分偏低。针对不同方法而言，虽然两种方法的结果都不太理想，但是遗传算法与实测过程更接近。

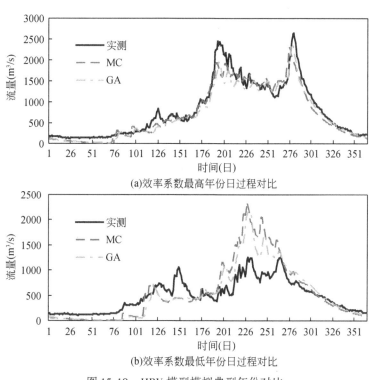

(a)效率系数最高年份日过程对比

(b)效率系数最低年份日过程对比

图 15-19　HBV 模型模拟典型年份对比

图 15-20 为根据实测值选取的极端最大洪水过程和极端最小枯水过程。图 15-20 （a）极端洪水过程两种方法的模拟值与实测值差别不是很明显，模拟高水部分蒙特卡洛算法的结果相对较差，两者对低水部分的模拟差别较小，其中遗传算法与实测过程较为接近。图 15-20 （b）为极端枯水过程，模拟值与实测值差别较大，两种不同方法计算得到的模拟值均比实测值偏低，2003 年初模拟值与实测值存在的误差很大，相对而言，遗传算法得到的结果误差相对小些。

综上所述，遗传算法得到的结果比蒙特卡洛方法得到的结果好。

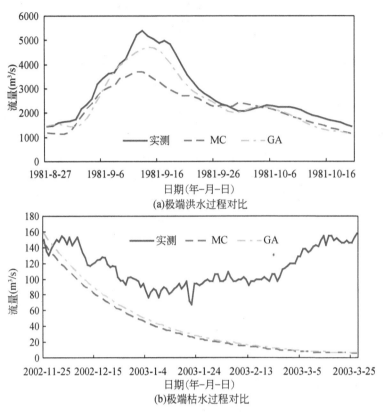

图 15-20　HBV 模型水文极值过程模拟对比

15.4.1.2　新安江模型的率定及参数敏感性分析

新安江模型的参数率定结果如表 15-15。

分析表明，K_c 主要反映的是流域的蒸散发能力，参数很敏感，高水部分的敏感性较低水部分高，K_c 值越大模拟值越小，K_c 值越小模拟值越大；W_m 是表示流域干旱程度的参数，该参数的敏感性较小，参数的变化只在湿润季节引起流量较小的波动，其他月份基本不变，参数值越大模拟值越大；UM 和 LM 是表示蒸散发的参数，UM 和 LM 参数的敏感性均不高，两个参数变化都使流量在湿润季节有一定波动，其他月份变化不大，参数越小模拟得到的值越大；B 是反映划分单元流域张力水蓄水分布的不均匀程度的参数，参数的敏感性不大，参数变化使流量在湿润季节有一定变化，但是变化不大，参数值越大模拟值越大；C 主要取决于流域内深根植物的覆盖面积，该参数十分不敏感，参数变动对结果基本没有影响；CG 反映枯季地下径流的退水规律，参数很敏感，参数的变化对结果有较大影响，总的来说是参数越大，过程线越平缓，参数越小，过程线越陡峭；CI 反映的是壤中流的变化，该参数的变化对流量有一定影响，尤其是参数变动到大于基准值时，变化较大；KG 反映基岩和深层土壤的渗透性，参数比较敏感，参数越大过程线越平缓，参数越小过程线越陡峭；KI 反映表层土的渗透性，该参数比较敏感，参数越大过程线越陡峭，参数越小过程线越平缓；SM 反映表土蓄水能力，属于区域敏感性参数，可以看出该参数在此流域不敏感；EX 反映的是流域自由水蓄水分布的不均匀程度，参数很不敏感，参数变动对结果没有太大影响。XE 为马斯京根法参数，参数不敏感，参数变化对结果几乎没有影响；CS 不敏感，增大 CS 流量变化不大，而会影响模拟过程的形状，但是影响很小。同时还有 3 个参数，不透水面积占全流域面积的比例 F_m、滞后时间 T 和马斯京根法参数 KE，这 3 个参数采用经验参数，由该流域的经验值确定。

表 15-15　新安江模型参数的率定结果

层次		参数符号	参数意义	敏感程度	取值范围	MC 率定	MC 率定-多	LHS 率定
第一层次	蒸散发计算	K_c	流域蒸散发折算系数	敏感		0.35	0.36	0.34
		UM（mm）	上层张力水容量	不敏感	10 ~ 20	33	31	31
		LM（mm）	下层张力水容量	不敏感	60 ~ 90	80	34	65
		C	深层蒸散发这算系数	不敏感	0.1 ~ 0.2	0.06	0.07	0.06
第二层次	产流计算	W_m（mm）	流域平均张力水容量	不敏感	120 ~ 200	279	289	277
		B	张力水蓄水容量曲线方次	不敏感	0.1 ~ 0.4	0.69	0.65	0.65
		F_m	不透水面积占全流域面积的比例	不敏感	0.01 ~ 0.04	0.01	0.01	0.01
第三层次	水源划分	SM（mm）	表层自由水蓄水容量	敏感		24	28	23
		EX	表层自由水蓄水容量曲线方次	不敏感	1 ~ 1.5	1.58	1.25	1.77
		KG	表层自由水蓄水容量库对地下水的日出流系数	敏感		0.36	0.37	0.31
		KI	表层自由水蓄水容量库对壤中流的日出流系数	敏感		0.34	0.33	0.39
第四层次	汇流计算	CI	壤中流消退系数	敏感		0.87	0.90	0.94
		CG	地下水消退系数	敏感		0.99	0.99	0.99
		CS(或 UH)	河网蓄水消退系数（单位线）	敏感		0.78	0.78	0.78
		T（h）	滞时	敏感		1	1	1
		KE（h）	马斯京根法演算参数	敏感	KE = Δt	24	24	24
		XE	马斯京根法演算参数	敏感	0 ~ 0.5	0.12	0.17	0.18

由图 15-21 和表 15-16 可以看出，新安江模型模拟效果不错，与实测值的拟合比较好。模型对 5 月、6 月、7 月、8 月和 9 月几个湿润时段的模拟较好，其中拉丁超立方方法对这 5 个较差月份中的 5 月和 9 月模拟情况较好。对于其他月份的模拟都还不错，尤其是对 10

月份的模拟情况最好。其他月份虽然不如 10 月份的模拟情况那么好，但是相对还可以。模型对湿润季节的模拟不好，原因可能是由于模拟长系列日过程对洪峰值的控制不好，而这段时间恰好是黄河源区的汛期。

由表中的效率系数看，加大蒙特卡洛率定次数以后，效率系数有一定提高。但是不改变其模拟结果等级，拉丁超立方方法对结果的提高不明显。图中所示的三种不同模拟流量指的是用蒙特卡洛方法不同次数（2000 次和 100 万次）和拉丁超立方方法率定结果的对比。通过分析可以得出模型对枯季模拟相对比峰值模拟好。对枯季的模拟效果相对而言还不错，但是对峰值的模拟好坏不一。既有像 1972 年、1987 年模拟较好的值，也有像 1981 年、1989 年和 2005 年模拟值与实测值相差较大的情况，三种不同方法的差别不是很大。但是次数较少的蒙特卡洛方法对峰值的模拟更不好，其与实测值的差别更大。

不同方法得到的模拟结果年际差异较小，但不同方法模拟的好坏差异性较大，像 1967 年、1976 年等模拟值很好，而 1963 年、1975 年、1982 年等模拟差异则较大。率定期的模拟趋势与实测趋势较为接近，但是误差比较大，检验期的模拟值与实测值误差更小，趋势则有一定差别。率定次数不同在年际方面没有体现出太大差别，大多数时候拉丁超立方方法率定结果与实测值更接近，蒙特卡洛率定次数多时，其与实测值的拟合情况较次数少的时候更好。

表 15-16　新安江模型模拟效率系数对比

方法	率定期	检验期
蒙特卡洛方法	0.80	0.62
蒙特卡洛方法（多次数率定）	0.82	0.68
拉丁超立方方法	0.81	0.68

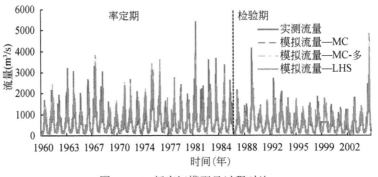

图 15-21　新安江模型日过程对比

与 HBV 模型一样，对模拟最好的年份 1985 年和模拟最差的年份 2005 年进行对比，结果表明，模拟较好的年份拟合效果很好，高水和低水部分模拟值均与实测值很接近。从拟合效果上看，次数少的蒙特卡洛方法得到的结果相对差一点，其低水部分的模拟存在较大误差，次数多的蒙特卡洛跟拉丁超立方方法得到的结果相差不大。总体而言，拉丁超立方方法计算得到的结果相对更好。对模拟较差的年份比较表明，低水部分模拟效果较好，高水部分模拟效果较差，对峰现时间和峰值的模拟均存在较大误差。

将新安江模型模拟值跟实测值的 46a 中极端洪水和极端枯水数据进行对比表明，极端洪水过程的模拟高水部分差别较大，低水部分与实测值吻合较好，不同方法得到的结果不存在太大差异。蒙特卡洛方法不同次数得到的结果相差不大，拉丁超立方方法的结果没有前两者好。模型对极端枯水的模拟很差，模拟与实测值存在较大差别，三种不同方法之间的差别也较大，对枯水的模拟同样是拉丁超立方算法不如其他两种方法好。

总的来说，新安江模型在该流域的模拟情况良好。拉丁超立方方法跟蒙特卡洛多次数率定的结果效果较好，但是对水文极值事件的模拟，拉丁超立方方法的结果不理想。率定次数多的时候对模拟结果效率系数有所提高，但是其提高的幅度不大。虽然选择率定次数多的时候可以得到较好的结果，但是率定计算量太大。

15.4.1.3 TopModel 的率定及参数敏感性分析

TopModel 与新安江模型类似，因其模型内部并没有考虑针对高寒气候区的应用，因此事先用度日法对降水资料处理，将降水资料区分为降雨和降雪，然后统一考虑两者的产汇流。这种方法虽然不能完全满足高寒气候区域的积融雪过程，但在一定程度上弥补了适用于湿润半湿润区域的模型对高寒气候区域考虑的缺陷。

TopModel 参数较少，模型参数率定相对其他模型而言比较方便，因此得到很多人的关注和应用。结合表 15-17 和图 15-22 中对参数的敏感性分析可以得到，TopModel 最主要的五个参数中有两个不敏感，其他三个比较敏感。由三种不同方法的参数取值可以看出，敏感的参数取值是相接近甚至是相同的，而不敏感参数的取值存在一定差异。

表 15-17 TopModel 参数率定结果

参数符号	参数意义	敏感程度	MC 率定	MC 率定-多	LHS 率定
S_r（m）	根带最大蓄水能力	敏感	0.013	0.013	0.013
S_{r_0}（m）	初始饱和缺水量	不敏感	0.0026	0.0001	0.0001
S_z（m）	指数衰减速率	敏感	0.07	0.05	0.05
T_0（m²/h）	有效下渗率	不敏感	0.25	0.35	0.15
R_v（m/h）	坡面汇流有效速率	敏感	2273	2393	2517

分析表明，参数 S_r 很敏感，参数的变化能够对结果带来较大影响，而且参数对湿润季节的敏感性比其他时间高，尤其是汛期部分，敏感性最大，参数值越小模拟值越大，参数值越大模拟值越小。S_{r_0} 参数不敏感，从图中可以看出参数的变动对结果没有任何影响。S_z 属于敏感性参数，参数的变化对结果有一定影响，其中对高水和低水部分的敏感性较其他时间敏感性大，参数越大过程线越陡峭，参数越小过程线越平缓。R_v 是敏感参数，参数的变化对结果影响较大，参数变化对湿润季节的影响比对其他时间的影响严重，参数越大过程线越陡峭，参数越小过程线越平缓。

从表 15-18 和图 15-22 可以看出 TopModel 对该流域有一定模拟能力，从效率系数上说率定期和检验期均处于可以接受范围，从过程线看，能大概模拟出该流域的流量变化趋势。三种不同方法率定得到的结果差不多，率定期拉丁超立方方法得到的结果最好，检验期次数较多的蒙特卡洛方法效果更好。不论是从效率系数看，还是从日过程线对比看，三种不同方法得到的结果都基本相同。可以看到，不论用什么方法率定，该模型的模拟值总比实测值大，即模型对低水部分的模拟值偏高，对高水峰值部分有的年份模拟较好，有的年份模拟较差，如 1970 年、1976 年等模拟效果很好，而 1981 年、1989 年模拟效果则很差，模型对大洪峰的模拟效果不好，对小洪峰的模拟效果相对来说不错。

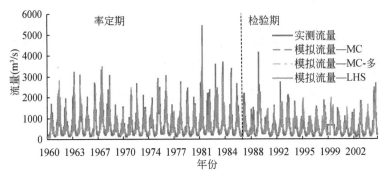

图 15-22　TopModel 模拟日过程对比

从年际变化情况看，在率定期能较好地模拟出年际变化趋势，虽然存在一定误差，但是总体情况较好。检验期能大概模拟出年际变化趋势，但是存在较大误差的年份多，效果没有率定期好。不同方法的年际变化没有表现出太大差别。次数少的蒙特卡洛率定的结果比其他两种方法得到的结果差一点。

表 15-18　TopModel 模拟结果效率系数对比

方法	率定期	检验期
蒙特卡洛方法	0.80	0.66
蒙特卡洛方法（多次数率定）	0.80	0.67
拉丁超立方方法	0.81	0.66

同上述分析，将模拟最好的年份和模拟最差的年份对比，模拟最好的年份为 1981 年。从三种不同方法的结果看，拉丁超立方方法与实测值更接近，次数少的蒙特卡洛方法结果不如另外两种方法的结果。模拟最差的年份为 2002 年，模型对该年的模拟效果不理想，除了高水部分模拟偏低，低水部分模拟偏高外，对峰值的模拟效果很差。总体而言，三种不同方法对该年的模拟不存在明显差别。

从 TopModel 模拟水文极值事件与实测值的对比来看。极端洪水过程的模拟值与实测值较为接近，其中拉丁超立方方法计算得到的结果较实测值更接近，其次是多次蒙特卡洛率定。模拟值的退水过程较实测值慢，体现了模型结构自身存在的缺陷。极端枯水过程模拟较差，模拟值与实测值差别很大，模拟效果不好，但是虽然模拟结果不好，同样还是拉丁超立方方法模拟得到的值与实测值更接近，多次蒙特卡洛率定其次，次数少的蒙特卡洛效果最差。模型对极端洪水的模拟明显比对极端枯水的模拟好。

综上所述，TopModel 对该流域是有模拟能力的。对比三种不同方法得到的结果，不存在较大差别。极值模拟方面存在一定差异，总的来说是次数多的蒙特卡洛率定和拉丁超立方率定比次数少的蒙特卡洛率定占优势，而次数多的蒙特卡洛率定则需要较长时间。

15.4.2 模型应用比较

通过对 HBV 模型、新安江模型和 TopModel 的应用模拟结果可以看出，这几个模型的应用情况相对均较好。对不同模型分别应用不同方法率定，得到的结果有所不同，但是不同方法得到的结果都处于比较合理的水平。为了方便对不同模型的比较，采用自动率定方法，将人为经验调整参数带来的误差降到最低。同时，在同一种自动率定方法下对模拟结果比较。根据 HBV 模型、新安江模型和 TopModel 都使用的方法即蒙特卡洛方法（2000次）率定得到的参数组，对模型之间的模拟结果比较，通过表 15-19 可知，几个模型的模拟结果彼此相差不大，其率定期的结果都是乙等预报方案，检验期的结果都是丙等预报方案，均是可以接受的方案。从过程线（图 15-23）可以看出，三种方法对该流域均有一定的模拟能力。从三种模型的模拟水平分析，HBV 模型在率定期最高，TopModel 在检验期最高，新安江模型在率定期和检验期均处于中游水平。

HBV 模型的模拟值整体较实测值低，其对峰值的模拟不理想，而对枯季的模拟较实测值更低。新安江模型对枯季的模拟情况较好，是几种模型中对枯季模拟效果最好的一种模型。但是其对峰值的模拟较差，有几年的误差很大，而其他模型没有产生峰值误差这么大的情况。TopModel 对峰值的模拟还算理想，其模拟峰值比峰值大，该模型对枯季的模拟情况不是很好，模拟的枯季值基本都较实测值大。

模型对不同季节的模拟存在差异性。TopModel 对春季的模拟能力较强，HBV 模型对夏季的模拟能力好，新安江模型对秋季和冬季的模拟能力强。不同模型的模拟值在率定期与实测值趋势保持一致，在检验期虽然与实测值的误差更小，但是其变化趋势与实测值的差别较大。综合年际变化可以看出，HBV 模型模拟值较实测值偏小，基本都在实测值以下；新安江模型差异性较大，率定期大部分在实测值以上，检验期大部分模拟值较实测值偏小；TopModel 与新安江模型的模拟结果恰好相反，即其率定期模拟值比实测值小，检验期模拟值比实测值大。

表 15-19 不同模型效率系数对比

模型	率定期	检验期
HBV 模型	0.82	0.58
新安江模型	0.80	0.62
TopModel	0.80	0.66

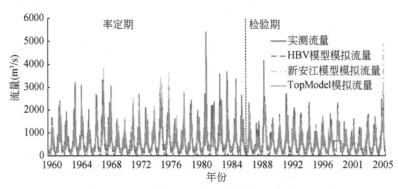

图 15-23　不同模型模拟值与实测值日过程对比

为了对比不同模型的模拟能力，引用线性方程 $Y=mX+c$，其中的 Y 代表模拟值，X 代表实测值，m 代表斜率，c 代表截距。图 15-24 为实测值与模拟值的对比关系。图 5-24 中虚线表示 1∶1 的关系线，即所点绘的点中越多集中在这条线附近，模拟效果越好。或者说对散点图所添加的趋势线与这条线越接近则模拟效果越好。

从图 5-24 中可以看出，从两变量的相关系数来讲，HBV 模型最大，TopModel 其次，新安江模型最小，相互之间差值很小。尤其是新安江模型和 TopModel 之间的差值都小于其值的 1%，几乎可以忽略。从关系式中看三者的 m 值和 c 值的大小顺序是，m 值为 HBV 模型最大，新安江模型其次，TopModel 最小，c 值为 HBV 模型最小，TopModel 最大。m 越接近于 1 越好，而 c 值越接近于 0 越好。分析 m 和 c 可知，HBV 模型的模拟能力最好，新安江模型其次，TopModel 较差。

将 1960~2005 年划分为丰水年、平水年和枯水年，其中对流量资料缺失的 1999 年不予分析。从不同年份的模拟能力的结果看（表 15-20），HBV 模型对丰水年的模拟较好，除了 1967 年和 1982 年外其他年份都在其率定期效率系数值之上，而 1967 年和 1982 年虽然低于率定期的效率系数，但其高于检验期的效率系数。对平水年的模拟有一定差别，部分年份模拟较好，也有部分年份模拟较差。对枯水年的模拟则整体处于较差水平，均处在率定期效率系数之下，有几年处在检验期效率系数之下，1995 年甚至出现负值情况。新安江模型对丰水年的模拟整体较好，基本都在检验期效率系数之上，当然也有像 1982 年处于检验期效率系数之下的年份，同样存在 2005 年类似的较差的情况出现。其对平水年的模拟情况存在一定差别，但是其差异性不大，大部分都处在检验期效率系数之上。新安江模型对枯水年的模拟比 HBV 模型好，其对枯水年的模拟均处于可以接受的水平，除了 1995 年、2001 年和 2002 年外其他年份都在检验期效率系数之上，也出现了像 1991 年和 2003 年模拟很好的年份。TopModel 的丰水年模拟情况不错，除了 1982 年外其余都处在检验期效率系数以上。对平水年的模拟存在较大差异，有好有坏。枯水年的模拟情况不理想，大部分位于检验期效率系数之下，也存在像 2004 年模拟效果较好的情况。总的来说，模型对丰水年模拟能力最好，平水年差异性较大，对枯水年模拟不理想。

表 15-20　不同模型分年效率系数对比

年份	HBV 模型	新安江模型	TopModel	年份	HBV 模型	新安江模型	TopModel
1960	0.92	0.88	0.61	1983*	0.84	0.76	0.73
1961	0.74	0.70	0.77	1984*	0.88	0.87	0.86
1962	0.55	0.51	0.59	1985	0.89	0.90	0.87
1963*	0.82	0.71	0.75	1986	0.81	0.81	0.82
1964	0.84	0.87	0.88	1987	0.88	0.87	0.76
1965	0.58	0.76	0.71	1988	0.65	0.58	0.48
1966	0.82	0.84	0.82	1989*	0.89	0.71	0.68
1967*	0.89	0.88	0.87	1990	0.13	0.57	0.59
1968*	0.76	0.72	0.74	1991△	0.70	0.85	0.68
1969△	0.68	0.78	0.71	1992	0.70	0.78	0.82
1970△	0.74	0.68	0.75	1993	0.86	0.81	0.74
1971	0.84	0.79	0.83	1994	0.46	0.65	0.55
1972	0.78	0.76	0.68	1995△	-0.27	0.51	0.36
1973	0.62	0.74	0.71	1996△	0.61	0.68	0.52
1974	0.79	0.63	0.81	1997△	0.49	0.71	0.66
1975*	0.84	0.75	0.88	1998	0.83	0.79	0.73
1976*	0.82	0.83	0.81	1999			
1977	0.41	0.15	0.25	2000△	0.58	0.72	0.55
1978	0.86	0.88	0.80	2001△	0.54	0.56	0.40
1979	0.87	0.88	0.79	2002△	0.63	0.46	0.05
1980	0.86	0.86	0.80	2003	0.78	0.85	0.78
1981*	0.86	0.85	0.89	2004△	0.48	0.87	0.81
1982*	0.61	0.56	0.50	2005*	0.92	0.04	0.79

注：*表示丰水年；△表示枯水年；无标示符的为平水年

　　根据90%、75%、50%、25%和10%的频率划分，相应选择极丰水年、丰水年、平水年、枯水年和极枯水年5个典型年作分析。对应的年份是1982、1963、1978、1995年和2001年。

　　从极丰水年的过程线看［图15-25（a）］，几个模型虽然都能模拟出洪峰所在的位置，但是其量值模拟误差明显，其中TopModel在后期的模拟中少了一个洪峰。流量过程的起始段和结束段模拟值偏低，而TopModel开始和结束部分模拟值偏高，新安江模型的模拟结果较好，但是其对峰值的模拟有点低。

　　丰水年的模拟［图15-25（b）］存在着与极丰水年相同的问题，HBV模型对起始段和结束段模拟偏低，而TopModel的模拟值偏高。HBV模型前100d左右的模拟值都较低，其对洪峰的模拟值方面较其他两个模型好，同样对丰水年的模拟中对洪峰值的处理不是很好。

平水年的模拟［图 15-25（c）］以第 5 个洪峰最好，几个模型均与实测值有较好的拟合。其中第 1 个洪峰模拟得最差，几个模型得到的结果都较实测值大很多，TopModel 出现了一个平缓的峰值。第 2 个峰值和第 3 个峰值，新安江模型模拟得较好，其他几个模型的模拟值都较实测值偏低。第 4 个峰值是 HBV 模型模拟得很好，而其他两个模型的模拟值过大。第 5 个峰值实际是第 4 个峰值下降过程中的小波动，由图可以看出，新安江模型和 HBV 模型能模拟出这个峰值，而 TopModel 并没有模拟出这个峰值。

由图 15-25（d）可以看出，枯水年的模拟效果不是太好。几个模型对第 1 个和第 2 个峰值的模拟都提前了，第 3 个峰值的模拟较好，而后面的几个峰值都出现了模拟明显过大的现象。

极枯水年的模拟情况更不理想［图 15-25（e）］。对峰值的模拟要么过大要么过小，极枯水年的峰值不多，除了对于最后一个峰值，新安江模型和 TopModel 的模拟结果与实测值很接近外，对其他峰值都模拟得较差。

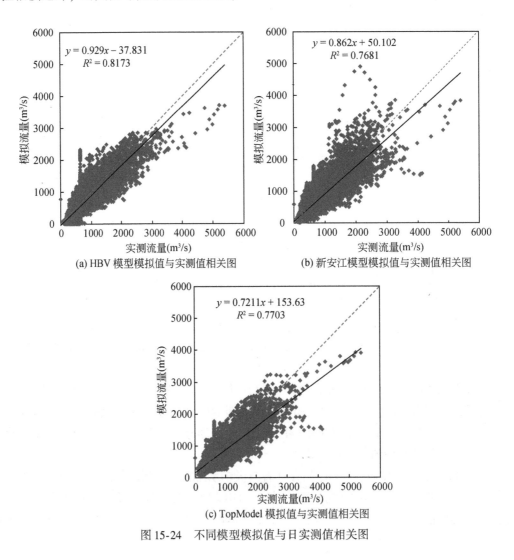

(a) HBV 模型模拟值与实测值相关图

(b) 新安江模型模拟值与实测值相关图

(c) TopModel 模拟值与实测值相关图

图 15-24   不同模型模拟值与日实测值相关图

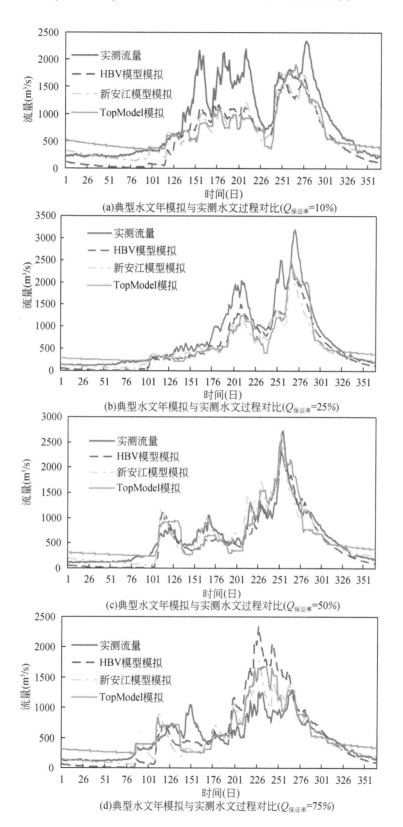

(a)典型水文年模拟与实测水文过程对比($Q_{保证率}$=10%)

(b)典型水文年模拟与实测水文过程对比($Q_{保证率}$=25%)

(c)典型水文年模拟与实测水文过程对比($Q_{保证率}$=50%)

(d)典型水文年模拟与实测水文过程对比($Q_{保证率}$=75%)

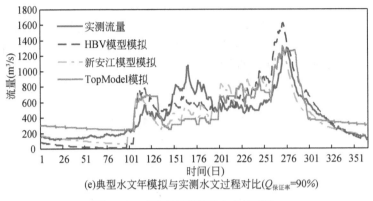

(e)典型水文年模拟与实测水文过程对比($Q_{保证率}$=90%)

图15-25　不同模型典型水文年对比

　　综合分析不同水平年不同模型的模拟情况，发现新安江模型对这种极端水平年的模拟能力相对其他两个模型更强。HBV 模型开始和结束时模拟值偏低而 TopModel 模拟值偏高。从不同水平年的对比可以得出各种模型对丰水年的模拟都较枯水年的模拟好。对水量极大的情况模拟能力也不强。

　　总的来说，三种模型在该流域的应用情况相差不大，总的趋势是 HBV 模型的值比实测值偏低，TopModel 偏高。其原因可能是（表15-21），HBV 模型和新安江模型是三水源划分，而 TopModel 是二水源划分，HBV 模型和新安江模型虽然都是划分为三水源，但是两者存在一定差异性，HBV 模型是在土壤水计算部分算出时段总径流量，采用与 TANK 模型相类似的处理方法，用两个上下串联的水箱和三个出流孔划分为三种径流成分，而新安江模型是用蓄满产流的方法算出时段总出流量，然后采用一个自由线性水库划分为不同径流成分，其中不透水面积上的降水也作为地表径流。模型产流方式类似，均采用蓄满产流，但是 HBV 模型和 TopModel 均不是严格意义上的蓄满产流。HBV 模型中产流量是土壤湿度的指数函数，与降雨强度无关，土壤越湿，越容易产流；而 TopModel 模型则假定当土壤含水量达到或超过饱和含水量时才形成饱和坡面流。新安江模型和 TopModel 考虑了产流空间的不均匀性，新安江模型通过 n 次抛物线经验关系表示的蓄水容量分配曲线考虑了流域不均匀性分布对产流的影响；TopModel 通过模型中比较重要的地形指数考虑流域饱和缺水量的空间分布，从而表达流域下垫面特性的空间分布不均匀性，而 HBV 模型则直接考虑降雨特性空间分布一致。HBV 模型先将地表径流、壤中流和地下基流相加组成总入流，然后用马斯京根法进行汇流计算，得出流域出口断面过程。新安江模型用瞬时单位线对地表径流进行汇流计算，然后用线性水库分别对壤中流和地下径流进行调蓄，最后叠加形成流域出口断面流量。TopModel 将壤中流和饱和坡面汇流相加组成总入流，用马斯京根法进行河网汇流计算，得到流域出口断面总径流。

表 15-21　不同模型结构对比

模型	水源划分	产流机制	是否考虑产流空间分布不均匀性	汇流计算
HBV 模型	地表径流、地下径流、壤中流	蓄满	无	马斯京根法
新安江模型	地表径流、地下径流、壤中流	蓄满	有	瞬时单位线、线性水库
TopModel	饱和坡面流、壤中流	蓄满	有	马斯京根法

　　模型结构存在差异性，导致了模型结果的差异。HBV 模型较实测值偏低的现象是由于模型的模拟结果中既包含降雪成分又包含降水部分，该模型中，两部分是分开考虑的。而对于 TopModel，由于模型中对退水部分考虑不完善，TopModel 的低水部分比实测值高。新安江模型对降雪部分和退水部分考虑的比较完善，因此模拟过程中并没有出现这种现象。

　　总之，对 HBV 模型、新安江模型和 TopModel 对黄河源区流量过程的模拟比降分析表明，HBV 模型运用遗传算法率定的模拟结果较好，而拉丁超立方方法在新安江模型和 TopModel 参数率定中优势明显。同时发现 HBV 模型对枯季的模拟流量偏低，TopModel 对枯季的模拟流量偏高，新安江模型对枯季的模拟结果较好。

15.5　小　　结

　　1）黄河源区多年平均天然径流量 205.2 亿 m^3，占黄河天然径流量 535 亿 m^3 的 38.4%。由于气候变化和人类活动加剧的双重影响，近年来，黄河源区水文水资源情势及与之相关的生态环境发生了很大变化，集中表现在降水量减少、气温升高、蒸发能力增大、土地资源荒漠化、湖泊和湿地萎缩、冰川消融、冻土层埋深加大、草场退化、鼠虫害肆虐、水土流失强度增大、生物多样性和数量锐减等。

　　2）选择 HBV 模型、新安江模型和 TopModel 三个模型，开展了黄河河源区的径流模拟应用研究，进行了参数敏感性分析。同时，采用不同率定方法对不同流域水文模型进行参数率定，其中 HBV 模型采用遗传算法和蒙特卡洛方法，新安江模型采用不同次数的蒙特卡洛方法及拉丁超立方方法，TopModel 采用的方法跟新安江模型相同。结果表明，遗传算法得到的模型效率系数更高。新安江模型采用蒙特卡洛 2000 次、100 万次率定以及拉丁超立方方法率定，不同次数的蒙特卡洛率定的率定次数存在较大差别，但是从效率系数看，差别并不是很大，但率定次数增加加大了计算量。拉丁超立方计算得到的结果与次数多的蒙特卡洛方法率定有一定相似性，两者结果相差不大。虽然次数多时的率定占有一定优势，但是优势并不显著。因此当随机取样次数达到一定数量后，再增多次数的率定对提高结果的质量方面并不占有优势，同时却需要较大工作量。

　　TopModel 采用的率定方法跟新安江模型相同，三种不同方法率定结果在效率系数值方面，并没有太大差别。考虑计算量方面，拉丁超立方方法更占优势。

　　从效率系数来说，HBV 模型率定期最好，新安江模型和 TopModel 在率定期效率系数一样，在检验期 TopModel 的效率系数比新安江模型好，HBV 模型最差。HBV 模型对枯季的模拟值会较实测值低，TopModel 的枯季模拟值会较实测值高。新安江模型对枯季模拟相对较好，但是其模拟峰值时段会比实测值低。从不同模型对不同水平年的模拟对比可看出，几个模型都是对丰水年模拟效果相对较好，对枯水年的模拟效果较差，对平水年的模拟情况参差不齐。

参 考 文 献

包为民.2006.水文预报.北京：中国水利水电出版社

曹洁萍，迟道才，武立强，等.2008.Mann-Kendall 检验方法在降水趋势分析中的应用研究.农业科技与装备，(5)：35-37

陈垌烽，张万昌.2006.基于遗传算法的新安江模型日模拟参数优选研究.水文，26（4）：32-38

符传君，黄国如，陈永勤.2007.用 TOPMODEL 模型模拟流域枯水径流.应用基础与工程科学学报，15（4）：509-516

江微娟.2009.黄河源区气候变化特征分析.南京：河海大学硕士学位论文

康淑媛，张勃，柳景峰，等.2009.基于 Mann-Kendall 法的张掖市降水量时空分布规律分析.资源科学，31（3）：501-508

李道峰，刘昌明.2004.黄河河源区近 10 年来土地覆被变化研究.北京师范大学学报（自然科学版），40（2）：269-276

李桃英.2001.互补相关陆面蒸散发模型在陕西关中平原地区径流深估算中的应用.水文，21（1）：40-41

李致家，孔凡哲，王栋，等.2010.现代水文模拟与预报技术.南京：河海大学出版社

刘昌明，郑红星.2003.黄河流域水循环要素变化趋势分析.自然资源学报，18（2）：129-135

刘健，张奇，许崇育，等.2010.近 50 年鄱阳湖流域实际蒸发量的变化及影响因素.长江流域资源与环境，(2)：139-145

刘敏超，李迪强，温琰茂，等.2005.三江源地区土壤保持功能空间分析及其价值评价.中国环境科学，25（5）：627-631

刘敏超，李迪强，温琰茂，等.2006.三江源地区生态系统水源涵养功能分析及其评价值评估.长江流域资源与环境，15（3）：405-408

刘青娥，夏军，王中根.2003.TOPMODEL 模型几个问题的研究.水电能源科学，21（2）：41-44

刘时银，鲁安新，丁永建，等.2002.黄河上游阿尼玛卿山区冰川波动与气候变化.冰川冻土，24（6）：701-707

陆桂华，杨晓华.2001.遗传算法在马斯京根模型参数估计中的应用.河海大学学报：自然科学版，29（4）：9-12

牟旷凝.2010.蒙特卡洛方法和拟蒙特卡洛方法在期权定价中应用的比较研究.科学技术与工程，(8)：1925-1928

任政.2010.气候变化对水文过程影响及不确定性分析.南京：河海大学博士学位论文

唐红玉，杨小丹，王希娟，等.2007.三江源地区近 50 年降水变化分析.高原气象，26（1）：47-54

王维第，梁宗南.1981.黄河上游扎陵湖、鄂陵湖地区水文水资源特征.水文，(5)：48-52

解河海，郝振纯，杨涛.2007.TOPMODEL 在岔巴沟流域的模拟研究.三峡大学学报：自然科学版，29（3）：197-200

解河海，郝振纯.2008.基于 TOPMODEL 的东江流域水文模拟.水科学研究，2（1）：56-62

解河海.2006.TOPMODEL 的应用及参数不确定性研究.南京：河海大学硕士学位论文

谢帆，李致家，姚成. 2007. TOPMODEL 和新安江模型的应用比较. 水力发电，33（10）：14-18

杨针娘. 1991. 中国冰川水资源. 兰州：甘肃科学技术出版社

张洪刚，郭生练. 2002. 概念性水文模型多目标参数自动优选方法研究. 水文，22（1）：12-16

张建新，赵孟芹，章树安，等. 2007. HBV 模型在中国东北多冰雪地区的应用研究. 水文，27（4）：31-34

张静，李希来，王金山，等. 2009. 三江源地区不同退化程度草地群落结构特征的变化. 湖北农业科学，48（9）：2125-2129

张学成，潘启民，等. 2005. 黄河流域水资源调查评价. 郑州：黄河水利出版社

张勇，刘时银，等. 2006. 中国西部冰川度日因子的空间变化特征. 地理学报，61（1）：89-98

赵玲玲. 2008. 南方喀斯特流域水文循环模拟及气候变化的影响分析. 南京：河海大学硕士学位论文

赵人俊，王佩兰. 1988. 新安江模型参数的分析. 水文，6：2-9

赵人俊. 1984. 流域水文模拟——新安江模型与陕北模型. 北京：水利电力出版社

赵彦增，张建新，章树安，等. 2007. HBV 模型在淮河官寨流域的应用研究. 水文，27（2）：57-59

赵静，姜琦刚，陈凤臻，等. 2009. 青藏三江源区蒸发量遥感估算及对湖泊湿地的响应. 吉林大学学报（地球科学版），（3）：507-513

Arheimer B, Liden R. 2000. Nitrogen and phosphorus concentrations from agricultural catchments—influence of spatial and temporal variables. Journal of Hydrology, 227（1-4）：140-159

Das T, Bárdossy A, Zehe E, et al. 2008. Comparison of conceptual model performance using different representations of spatial variability. Journal of Hydrology, 356（1, 2）：106-118

Fedak R M. 1999. Effect of Spatial Scale on Hydrologic Modeling in a Headwater Catchment. Black sburg：Virginia Polytechnic Institute and State UniversityMaster degree

Hamed Kh. 2008. Trend detection in hydrologic data：The Mann- Kendall trend test under the scaling hypothesis. Journal of Hydrology, 349（3, 4）：350-363

Hundecha Y, Bárdossy A. 2004. Modeling of the effect of land use changes on the runoff generation of a river basin through parameter regionalization of a watershed model. Journal of Hydrology, 292（1-4）：281-295

Jin X, Xu C, Zhang Q, et al. 2009. Regionalization study of a conceptual hydrological model in Dongjiang Basin, south China. Quaternary International, 208（1, 2）：129-137

Lidén R, Harlin J. 2000. Analysis of conceptual rainfall- runoff modelling performance in different climates. Journal of Hydrology, 238（3, 4）：231-247

Lindstr M G, Johansson B, Persson M, et al. 1997. Development and test of the distributed HBV-96 hydrological model. Journal of Hydrology, 201（1-4）：272-288

Seibert J. 1999. Regionalisation of parameters for a conceptual rainfall- runoff model. Agricultural and Forest Meteorology, 98（1）：279-293

Xu Cy, Singh Vp. 2005. Evaluation of three complementary relationship evapotranspiration models by water balance approach to estimate actual regional evapotranspiration in different climatic regions. Journal of Hydrology, 308（1-4）：105-121

Yang T, Chen X, Xu Cy, et al. 2008. Spatio- temporal changes of hydrological processes and underlying driving forces in Guizhou Karst area, China（1956-2000）. Stochastic Environment Research and Risk Assessment：DOI, 10：008-0278

第16章 赣南地区水土流失评价与分析

基于坡面侵蚀模型、考虑尺度变换和抽样调查方法，利用第9章介绍的基于GIS分布式中尺度流域侵蚀产沙经验模型（简称"流域经验模型"），选取南方水土流失严重且治理工作比较系统的赣南地区作为对象，开展了南方水土流失因子和评价的应用探索。

16.1 赣南地区土壤侵蚀环境

16.1.1 自然与社会经济概况

以位于赣南地区的赣州市为评价对象。

16.1.1.1 位置范围

赣州市位于赣江上游、江西南部，地处东经113°54′~116°38′、北纬24°29′~27°09′，属于赣南地区。东邻闽南三角洲，南连珠江三角洲和港澳地区，西靠湖南郴州，北连本省吉安、抚州，既是东南沿海的腹地，又是内地连接东南沿海发达地区的前沿地带，具有明显的东进西出、南接北承的区位优势。全市土地面积为3.94万km²，占江西省土地总面积16.69万km²的1/4，现辖一区两市十五县，是江西最大的市级行政区。

16.1.1.2 地形地貌

赣州市地处南岭、武夷、诸广三大山脉交接地区，地势四周高中间低，南高北低。全市平均海拔高度在300~500m。赣州市地形地貌复杂多样，大体可分为山地、丘陵和平原等类型，其中山地占22%、丘陵占61%、平原占17%。从空间分布角度（图16-1），全市地貌又可具体分为西部中、低山构造剥蚀地貌，南部低山、丘陵构造剥蚀地貌，中部丘陵河谷侵蚀堆积地貌，东北部低山、丘陵构造剥蚀地貌和溶蚀侵蚀地貌等类型。赣州市位于南岭之北，山峰环列，山峦起伏，坡度较陡，一般在16°~45°，极易发生水土流失。

16.1.1.3 水文气象

赣州市处于中亚热带南缘，属典型的亚热带湿润季风气候。气候温暖湿润，四季分明，光照充足，雨量充沛，无霜期长，但降水不均，易涝易旱。全市多年平均气温为18.9℃，多年平均降水量为1586.9mm，年内降水分配不均匀，春夏多于秋冬，且年际变化较大。空间上也有差异，山丘多于盆地，南部多于北部。赣州市暴雨主要集中在4~6月，占全年暴雨的57.3%，降雨量大且强度高，为土壤侵蚀创造了有利条件。

赣南山区既是赣江发源地，又是珠江之东江的源头之一。因此，搞好赣南山区水土保

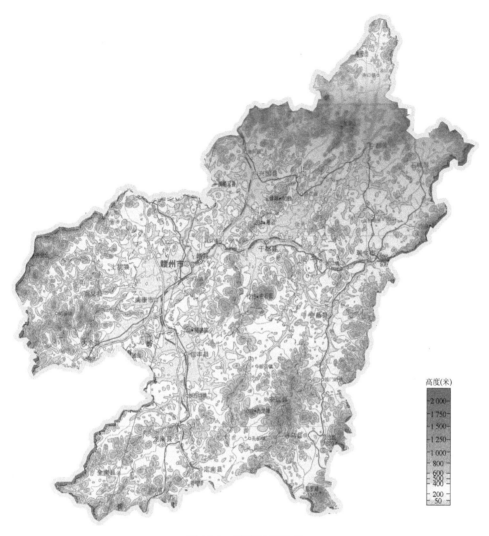

图 16-1 赣南地区地势

持工作，能有效地维护水源地水质清洁，保障饮水安全，满足维护一湖清水、建设鄱阳湖
生态经济区和绿色生态江西的需要。

16.1.1.4 土壤植被

赣州市地带性土壤主要有红壤、黄壤和黄棕壤，非地带性土壤主要有紫色土、草甸
土、石灰土和水稻土等。红壤分布最广、面积最大，位于 500～100m 以下的丘陵岗地和
500～800m 的低山区。由第四纪红色黏土发育而成的红壤，广泛分布于低丘岗地，是严重
的水土流失区；由花岗岩风化物发育形成的红壤，主要分布于山地和高丘，是崩岗主要发
生区域。黄壤和黄棕壤主要分布于海拔 800～1800m 的山区。山地草甸土主要分布于海拔
1400～2200m 高山的顶部。紫色土是在紫色砂页岩风化物上发育的一类岩性土，主要分布
于丘陵地带。石灰土零星见于石灰岩山地丘陵区。水稻土由各类自然土壤水耕熟化而成，

广泛分布于区内山地丘陵谷地及河湖平原阶地，是赣州市主要耕作土壤。

赣州市自然条件优越，物种资源丰富，主要植被类型为亚热带常绿阔叶林、针叶林、针阔叶混交林、落叶阔叶林、竹林以及灌木草丛等。常绿阔叶林是典型的、地带性植物群落，广泛分布于 50～1300m 的山地、丘陵的坡面和沟谷、山顶和山脊。赣州市森林覆盖率为 74.2%，居全国前列，但林相单一，林分结构不合理，以针叶林为主。这种林分不仅易发生病虫害和难以保持水土，而且纯针叶林的凋落物使土壤进一步酸化，更不利于灌、草的生长，使地表失去植被的有效保护，水土流失严重，"远看青山在，近看水土流"的现象十分普遍。

16.1.1.5　社会经济概况

赣州市 2008 年末总人口 888.95 万人，其中农业人口占总人口的 80% 以上，人口密度 226 人/km²。赣州市现有耕地面积 30.40 万 hm²，人均耕地 0.646 亩（1 亩 ≈ 666.7m²），低于全省平均水平（0.999 亩）。因此，搞好水土保持，保护有限的土地尤其是耕地资源，对实现赣州市生态安全和粮食安全具有重要的现实意义。

16.1.2　水土流失及其治理

16.1.2.1　水土流失类型与分布

赣南水土流失类主要有坡耕地水土流失、针叶林下水土流失、崩岗和开发建设项目水土流失等。赣南坡耕地主要分布在 5°～25° 的坡地上，其中，5°～15° 的坡耕地占总坡耕地的 63.4%，15°～25° 的坡耕地占总坡耕地的 36.6%，是该地区水土流失的重要区域。针叶林下水土流失主要分布在马尾松和湿地松人工次生林地区，在 2005 年水利部、中国科学院和中国工程院联合组织的中国水土流失生态安全综合科学考察中就明确提出，"远看青山在，近看水土流"的林下水土流失很普遍，也很严重，成为红壤区水土流失的一大特点。崩岗主要分布在花岗岩发育的土壤类型区，赣南崩岗面积达到 141.69km²，崩岗数量为 33 537 处。开发建设项目水土流失已成为近年来赣南新增水土流失的主要来源。据统计，2000～2005 年赣南开发建设项目数达到 3271 个，累计造成水土流失面积 2179.11km²，累计水土流失量为 4220 万 t。

根据江西省第三次土壤侵蚀遥感调查（2003 年），赣州市累计水土流失面积为 8663.4km²。据统计，经过多年的连续治理，年土壤侵蚀量为 2450 万 t，水土流失治理度达到 80% 以上，治理区内林草覆盖率均在 85% 以上。第三次水土流失遥感调查赣州市及其各县的水土流失面积如表 16-1，可以看出水土流失虽得到治理，但依然比较严重，赣州市水土流失总面积占国土面积的 21.98%，以轻度和中度土壤侵蚀为主。

表 16-1 第三次土壤侵蚀遥感调查赣州市水土流失面积

名称	各级强度侵蚀面积（km²）					水土流失总面积（km²）	占国土面积（%）
	轻度	中度	强烈	极强烈	剧烈		
赣州市	3105.96	2608.5	1854.3	746.62	348.04	8663.42	21.98
章贡区	26.04	78.3	50.07	2.05	1.14	157.6	33.00
赣县	336.02	316.93	156.28	35.09	38.45	882.77	29.50
南康市	187.31	204.33	176.62	78.82	30.1	677.18	36.69
信丰县	143.8	162.26	189.75	108.31	18.29	622.41	21.61
大余县	75.76	101.52	22.01	13.53	8.69	221.51	16.00
上犹县	135.74	133.58	52.07	12.58	44.49	378.46	24.56
崇义县	113.28	82.66	33.43	18.36	14.45	262.18	12.00
安远县	48.17	47.88	74.45	9.66	8.1	188.26	7.92
龙南县	215.6	54.55	36.87	5.05	4.21	316.28	19.26
定南县	179.31	83.24	30.01	5.52	0.84	298.92	22.69
全南县	73.67	43.62	23.83	14.04	2.71	157.87	10.00
宁都县	364.23	294.37	216.21	79.91	24.78	979.5	24.17
于都县	303.68	236.19	173.86	112.92	17.27	843.82	29.16
兴国县	257.61	221.44	171.51	78.87	28.94	758.37	23.61
瑞金市	208.23	156.42	164.69	49.12	15.71	594.17	24.27
会昌县	241.37	164.32	105.72	41.87	12.73	566.01	20.75
寻乌县	93.4	122.99	78.97	14.78	56.38	366.52	15.84
石城县	102.74	103.9	97.95	66.24	20.76	391.59	24.68

16.1.2.2 水土流失危害

（1）破坏土地资源，威胁粮食安全

水土流失造成农业生产用地土层不断变薄，养分大量流失，地力不断减退，土地退化加快。水土流失加剧了人口与土地资源的矛盾，对粮食生产造成了严重影响。

（2）淤塞江河湖库，威胁防洪及航运安全

大量泥沙下泄淤积江、河、湖、库，库容减少，河床抬高，降低了水利设施的调蓄功能、河道的行洪能力及航运功能，致使洪涝灾害频率加快，加大了防汛的压力，加剧了洪涝灾害。

（3）剥蚀土层，加剧旱灾形成，影响人饮安全

水土流失区地表植被破坏严重，使得土壤入渗减少，径流系数增大，一方面加剧了降雨对土壤的冲刷，另一方面加剧了干旱的发展。在雨量较小时，容易出现"雨停即旱"的现象；久旱情况下，又容易形成严重旱灾。

（4）破坏生态环境，制约社会经济可持续发展

严重的水土流失使生态环境受到破坏，生产条件恶劣，土地沙化、石化日趋严重，旱涝灾害频繁发生，农业产量低而不稳，农民收入长期在低水平徘徊。水土流失不仅使生态环境恶化，而且直接制约着群众脱贫致富，严重影响社会经济的可持续发展。

16.1.2.3　水土流失治理历程

"山为翠浪涌，水作玉虹流"，历史上的赣南是个美丽富饶的地方。赣南地区在宋朝时还因森林蓊郁，形成"清涨"（俗谓无雨而水自盈也）、瘴毒等现象。由于赣南以山地丘陵为主的自然地貌，人多地少的生存矛盾突出，从清代开始，山地农业开发给当地生态带来严重破坏，大量山地被开垦种植杂粮和经济作物，森林、草皮等原生植被遭到第一次严重破坏。例如，康熙二十一年《兴国县志》卷1《土产》中就提到兴国县"自甲寅逆寇盘踞诸寨，肆行斫伐，迄今悉属童山"。

近百年来，由于受战争的创伤和对自然资源的掠夺性经营，大量植被遭到破坏。毛泽东同志早在1930年《兴国调查》一文中就指出当时苏区水土流失的严重性。赣南的水土流失情况因森林资源在20世纪30年代战争中遭到破坏而愈加严重。新中国成立后，1958年全国大炼钢铁运动，千军万马上山砍柴烧炭，毁灭性地砍伐森林。随后的三年自然灾害，不惜大片毁林开荒。20世纪70年代人口增长迅猛，赣南也不例外地再度伐林垦荒，森林面积陡然减少，水土流失加剧。严重的水土流失，致使当地土地退化、塘库淤塞、河床抬高、生态恶化、水旱灾害频繁、群众生活贫困。1980年全区水土流失面积11 174.73km²，占全市土地总面积的28.37%，占全市山地总面积的37.64%，为赣南历史上水土流失面积之最。

赣南的水土保持工作，大致经历了试验示范、初步治理、停顿倒退、恢复发展、快速前进五个阶段。从1952年开始到50年代末，为赣南水土流失治理试验示范阶段。省有关部门在兴国县荷岭建立了水土保持实验区，又在该县江背成立了水土保持试验推广站。赣南行政公署（现赣州地区和广昌县）在1963年初就成立了水土保持委员会，下设办公室，在原有试验、示范的基础上，赣南的水土保持工作进入了有领导、有计划、有组织的初步治理阶段。但在随后十年中，水土保持治理工作几近停滞。1979年水土保持办公室从地区水电局划出属赣州行政公署一级机构，至1984年全区18个县市中有15个县市设置了水土保持局，为县直属一级机构，成立了治理和预防监督机构，有一支稳定的水土保持队伍，开始了较大规模的水土保持综合治理，特别是1983年兴国县列入了全国八大片水土保持重点治理区，开展了水土流失治理一期工程，至20世纪80年代末，为赣南水保工作的恢复发展期。从20世纪90年代以来至今，赣南的水土保持工作进入了一个全面快速发展时期，国家水土保持重点建设治理范围的不断扩大，国家农业综合开发水土保持等项目

的实施，极大地推动了赣南的水土保持工作，为赣南的水土保持事业注入了强劲的活力。

赣南先后实施的中央投资项目的水土保持工程有国家水土保持重点建设工程（全国八大片水土保持重点治理区）、国家农业综合开发水土保持项目、国债水土保持项目、水土保持生态清洁型小流域试点工程和水土保持生态修复工程试点等。

16.1.3 基础数据及其处理

为了利用"流域经验模型"完成赣州市土壤侵蚀预报分析，广泛收集了赣州地区土壤侵蚀影响因子，并根据模型运行需要进行了整理。

16.1.3.1 基础数据

用于赣州市土壤侵蚀的评价与分析的基础资料包括，气候（降水）、水文（泥沙）、遥感影像、地形图和水土保持措施等（表16-2）。

表 16-2 赣南地区土壤侵蚀评价与分析基础数据

数据项	时间/空间分辨率	数据格式	提供单位
赣南地区1∶5万地形图（122幅）	—	RSRI coverage	国家测绘局基础地理信息中心
遥感影像数据（1980年，1998年，2008年）	30m	dat	中国科学院遥感卫星地面站，部分网络下载
土壤数据	1∶100 000	ESRI coverage	江西省水土保持科学研究所
日降水数据，18个站，1980年，1998年，2008年	日，次	xls	江西省水文局
水土保持措施数据	30年/县	报告	各县历年的水土流失报告

16.1.3.2 数据预处理及其软件环境

数据预处理就是将收集到的数据，经过必要的变换和处理变成流域土壤侵蚀预报可直接应用的数据的过程。主要包括遥感影像的土地利用信息提取、植被覆盖度的估算、已有地图数字化（如土壤图）、属性与空间属性链接（如土壤属性与土壤图的链接）、投影和格式转换、数据文件的有效组织管理等（文件方式管理）。

数据处理软件主要包括遥感图像处理软件 ENVI4.7、地理信息系统软件 ArcGIS9.0 和数据统计软件 EXCEL 等。

16.2 赣南地区土壤侵蚀特征

由于"流域经验模型"的土壤侵蚀因子包括降雨侵蚀力因子（R）、土壤可蚀性因子（K）、坡度坡长因子（LS）和水土保持措施因子（BET）等。

16.2.1 降雨侵蚀力因子

16.2.1.1 降雨及其分布

利用赣南 1980 年、1998 年和 2008 年的 18 个站点的月降雨资料，借助 SPSS 采用 LSD 方法对不同年份的月降雨量和不同站点的年降雨量进行多重比较发现，各年的降雨量在时间和空间上虽然有差异，但差异不显著。

不同年份研究区月降雨量和月侵蚀性降雨量的分布如图 16-2。从图 16-2 可以看出，1980 年降雨主要集中在 3~8 月，其降雨量占年降雨量的 78%，最大降雨发生在 4 月，最小降雨发生在 12 月；1998 年降雨量主要集中在 1~6 月，其降雨量占年降雨的 75%，最大降雨发生在 3 月，最小降雨发生在 12 月；2008 年降雨主要集中在 3~7 月，其降雨量占年降雨的 71%，最大降雨量发生在 6 月，最小降雨发生在 12 月。同时，从图 16-2 中可以看出，赣南月侵蚀性降雨分布与月降雨量分布机会相同。经分析，赣南侵蚀性降雨分布与

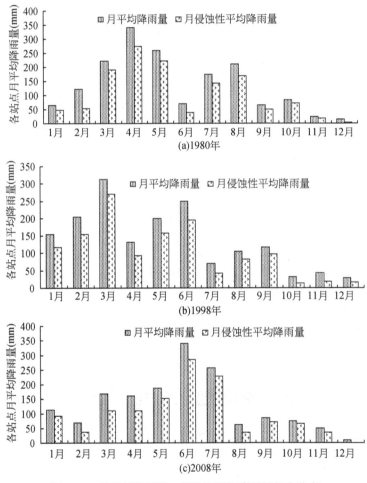

图 16-2　典型年降雨量、侵蚀性平均降雨量年内分布

总降雨分布没有差异。1980 年侵蚀性年降雨量占年降雨总量的 78%，1998 年侵蚀性年降雨量占年降雨总量的 77%，2008 年侵蚀性年降雨量占年降雨总量的 75%。各年的侵蚀性降雨占总降雨的比例差异性小。

16.2.1.2 降雨侵蚀力及其分布

用赣南地区 1980 年、1998 年和 2008 年的 18 个站点的日降雨资料计算降雨侵蚀力（R），借助 ArcGIS 软件，经插值和求和计算得到研究区各年降雨侵蚀力分布图（图 16-3）。

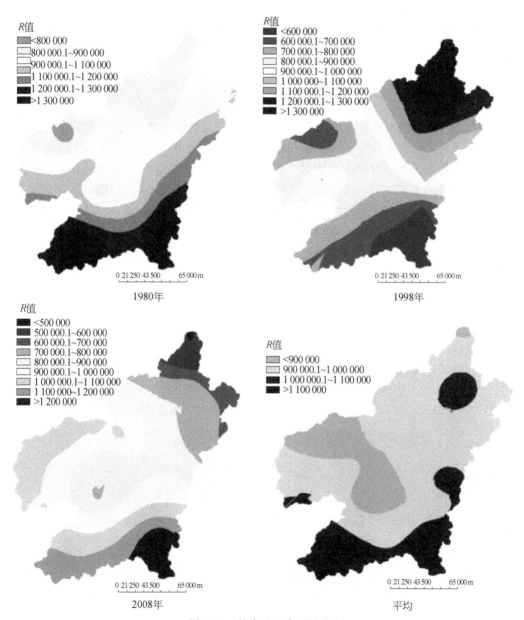

图 16-3 赣南地区降雨量分布

借助 SPSS 软件，采用 LSD 方法对计算结果进行了分析，赣南降雨侵蚀力时间分布差异不显著，但空间分布差异显著。1980 年、1998 年和 2008 年年均降雨侵蚀力分别为 1 067 299.64MJ·mm/（km·h·a）、886 919.12MJ·mm/（km·h·a）和 912 405.04MJ·mm/（km·h·a）。

降雨侵蚀力的时空变化主要是由于该区域降水时空分布不均匀引起的。1980 年该区域各站点平均降雨量为 1652.4mm，最大降雨量在寻乌，为 1763.4mm，最小降雨量在安和，为 1451.0mm；1998 年该区域各站点平均降雨量为 1539.5mm，最大降雨量在汾坑，为 1833.1mm，最小降雨量在安和，为 1422mm；2008 年该区域各站点平均降雨量为 1466.9mm，最大降雨量在寻乌，为 1837.0mm，最小降雨量在信丰，为 1402.6mm。

16.2.2 土壤可蚀性因子

根据《江西红壤》、《中国土种志》等有关土壤调查研究资料和土壤图，整理出每个土壤类型（包括亚类）的土壤理化性质（包括沙粒、粉粒、黏粒、有机质、有机碳含量），再利用"流域经验模型"的计算方法，得到赣南 30 种土壤类型的土壤可蚀性 K 值（表 16-3）并编制了土壤可蚀性 K 值图（图 16-4，图 16-5）。

土壤可蚀性 K 值最大值为 0.417，最小值为 0，均值为 0.0164。0.013 ~ 0.016 的 K 值分布范围广，且比较集中连片；0.0161 ~ 0.022 的 K 值分布范围次之。经过对 K 值统计可以得出各 K 值范围的分布面积。赣南的 0.0131 ~ 0.03 的土壤可蚀性 K 值其分布面积占赣南总面积的 83.4%，这主要是赣南水稻土和红壤大范围分布的结果。

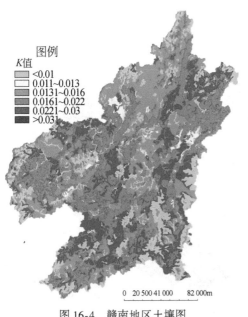

图 16-4 赣南地区土壤图

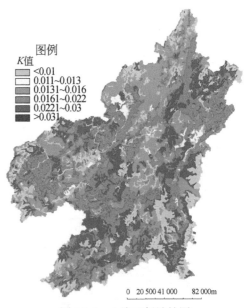

图 16-5 土壤可侵蚀性图

表 16-3 赣南不同土壤类型及其土壤可蚀性 *K* 值

土壤类型	第四纪红黏土	花岗岩发育红壤	砂岩发育红壤	石英发育红壤	泥质岩发育红壤
K 值	0.0161	0.0222	0.0200	0.0095	0.0132
土壤类型	玄武岩发育红壤	黄红壤	红壤性土	侵蚀红壤	黄壤
K 值	0.0133	0.0142	0.0297	0.0156	0.0164
土壤类型	表潜黄壤	黄壤性土	黄棕壤	山地灌丛草甸土	黄棕壤型土
K 值	0.0273	0.0132	0.0177	0.0130	0.0124
土壤类型	紫色土（中性和石灰性）	紫泥土	棕色石灰土	潮沙泥田	红色石灰土
K 值	0.0155	0.0215	0.0114	0.0142	0.0157
土壤类型	草甸土	褐色幼年土	潮土	淹育性水稻土	
K 值	0.0417	0.0166	0.0240	0.0125	
土壤类型	麻泥田	黄泥田	石灰泥田	大紫泥	潜育性水稻土
K 值	0.0164	0.0104	0.0077	0.0097	0.0068

16.2.3 坡度坡长因子

对流域或比较大的区域进行土壤侵蚀评价而言，一般通过 DEM 获取坡度坡长因子。

16.2.3.1 地形信息数字化

地形图上表达的地理内容包括地形和水系、土质、植被、区域界线、居民地等。赣南地区土壤侵蚀评价中，只对地形信息（包括等高线、高程点和河流等）进行了数字化。数字化过程遵循国家数字线划图有关标准（CH/T 1011-2005-基础地理信息数字产品 1：10 000，1：50 000 数字线划图），图 16-6 为典型样图地势图。

平原　　　　　　　　　丘陵　　　　　　　　　山地

图 16-6 典型样图地势

16.2.3.2 Hc-DEM 建立

Hc-DEM 是"水文地貌关系正确 DEM"的缩写（hydrologic allycorrect DEMs），是指符合水文地貌学基本原理，正确反映水文要素（水流方向、水流路径、水系网络、流域界线等）与地貌特征发生和位置关系的 DEM。

在专业插值软件 ANUDEM 下建立 Hc-DEM（Hutchinson，2004；杨勤科等，2006）。将等高线、高程点、河流等信息输入到软件中，设置各参数值，运行输出高质量、水文地貌关系正确的 Hc-DEM（杨勤科等，2007）。在赣南 DEM 生成过程中，由于数据量太大，需对 DEM 分块运行生成，然后再拼接成全区 DEM。对于建立的 DEM，选取 50 个采样点进行高程检测，计算的 DEM 中误差值为 2.91m，其值小于 1/3 等高线间距（20m），达到了美国 USGS 的三级分级标准，这说明了用 ANUDEM 建立的 DEM 具有很高的精度。

16.2.3.3 LS 因子提取方法

在"流域经验模型"中利用地形因子分析功能完成 LS 因子的提取。主要计算过程包括填洼、流向和栅格坡长的计算、局地山顶点和坡度变化点的提取、坡度和坡长计算、坡度和坡长因子值计算（张宏鸣等，2010；杨勤科等，2010）。

16.2.3.4 统计分析

由表 16-4 统计表明，赣南地区平均坡度 18.5°，平均坡长 86.1m，坡度坡长因子平均值为 7.6。对比图 16-7 中各图，可见 LS 因子值及其格局更多地受坡度的影响和控制。

表 16-4　地形因子统计特征

指标	最大值	平均值	标准差
坡度	69.5	18.5	10.5
坡度因子	20.4	6.4	3.8
坡长	480.3	86.1	144.8
坡长因子	37.5	1.3	0.5
坡度坡长因子	36.5	7.6	4.8

16.2.4　水土保持措施因子

水土保持措施因子包括生物措施因子、工程措施因子和耕作措施因子。受资料限制，赣南地区水土保持措施因子未考虑耕作措施。以下仅介绍生物措施因子和工程措施因子。

16.2.4.1　土地利用与生物措施因子

（1）土地利用因子

基于三个年度的遥感影像数据（1980 年 MSS 数据、1998 年 TM 数据和 2008 年 TM 数据）（图 16-8），根据遥感影像的可解译能力和土壤侵蚀评价的需要，将土地利用类型划分为耕地、园地、林地、草地、居民地及工矿用地、水域和未利用地等 6 类（表 16-5）。首先采用监督分类和非监督分类相结合的方法，同时结合 DEM、Google Earth 和河流行政区划图以及专家意见等进行解译。然后到当地检查验证，完成最终的土地利用解译（图 16-9）。

根据土地利用图表明，林地、草地和耕地是赣南地区的三种主要的土地利用类型，果

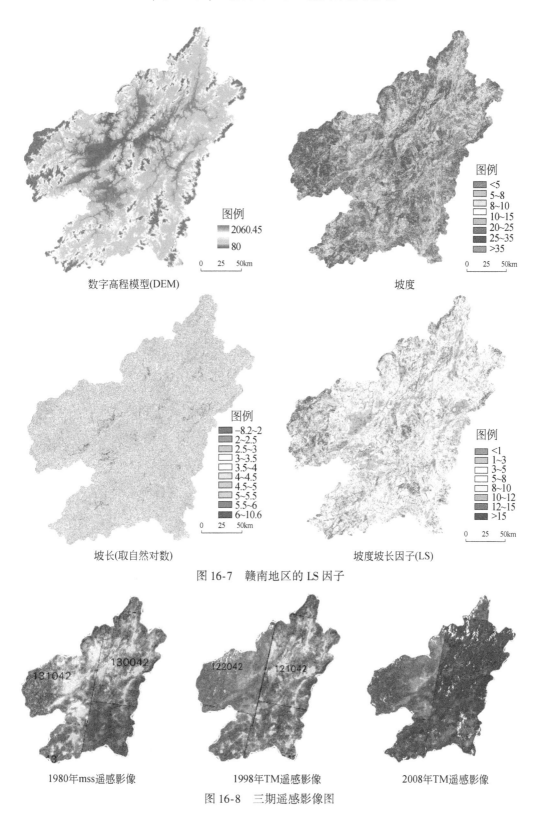

数字高程模型(DEM)

坡度

坡长(取自然对数)

坡度坡长因子(LS)

图 16-7　赣南地区的 LS 因子

1980年mss遥感影像

1998年TM遥感影像

2008年TM遥感影像

图 16-8　三期遥感影像图

园、未利用地和其他（居民地、水体、滩涂）所占的比例很小。1980～2008年耕地的面积在减少，但是减少面积不大，而林地的面积持续在增加，且增加明显。

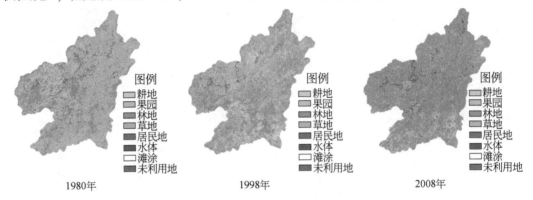

1980年　　　　　　　1998年　　　　　　　2008年

图16-9　土地利用图

表16-5　土地利用分类系统

编号	一级系统	编号	二级系统
1	耕地	11	水田
2	园地	21	果园
3	林地	31	有林地
		32	灌木林
		33	迹地
4	草地		
5	居民地及工矿用地	51	城镇
		52	农村居民点
		53	独立工矿用地
		54	盐田
6	水域	61	水体
		62	滩涂
7	未利用地	71	裸岩

（2）植被覆盖度因子

植被覆盖度信息的提取，是生物措施因子计算的基础。目前一般通过提取NDVI来估算植被覆盖度［式（16-1）和式（16-2）］（赵英时，2003）。遥感图像处理软件中都具有植被指数提取功能，如在ERDAS中可以直接提取TM、MSS等有关植被指数，在这些软件下，可以方便快捷地获取植被指数。提取的植被覆盖度如图16-10。NDVI及植被盖度计算式如下：

$$NDVI=\frac{NIR-R}{NIR+R} \tag{16-1}$$

$$f=\frac{NDVI-NDVI_{min}}{NDVI_{max}-NDVI_{min}} \tag{16-2}$$

式中, f 为植被盖度; NDVI 为所求像元的 NDVI 值; $NDVI_{min}$ 与 $NDVI_{max}$ 分别为研究区内 NDVI 的最小值与最大值。

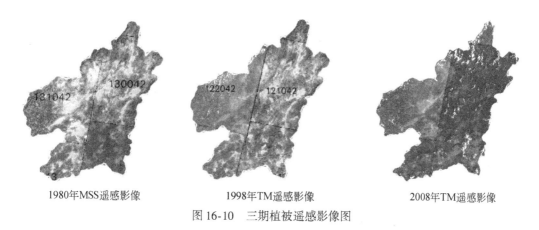

| 1980年MSS遥感影像 | 1998年TM遥感影像 | 2008年TM遥感影像 |

图 16-10 三期植被遥感影像图

（3）生物措施因子

利用上述的土地利用图、植被覆盖度等数据，在"流域经验模型"中计算生物措施因子（B），结果如图 16-11。1980 年、1998 年、2008 年 B 因子值分别为 0.17、0.13、0.11，B 因子值呈现下降趋势，说明水土流失趋于减轻。

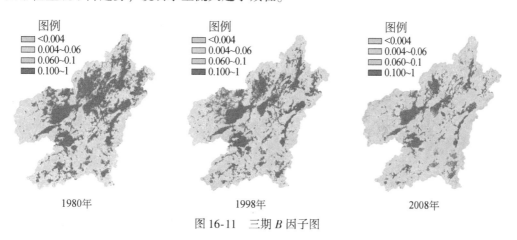

| 1980年 | 1998年 | 2008年 |

图 16-11 三期 B 因子图

16.2.4.2　工程措施因子计算

据调查，赣南地区水土保持工程措施有梯田、水平竹节沟、塘坝或山塘、谷坊、拦沙坝等。通过对赣南各县的实地调查，以及对各县历年的水土流失报表整理，得到一套赣南地区水土保持工程措施数据。然后根据"流域经验模型"中 E 因子值的算法 [式（16-3）]，计算得到赣南各县水土保持工程措施因子 E 值（表 16-6），将其与赣南区域各县边界图结合，生成不同时期赣南水土保持工程措施因子 E 值图（图 16-12）。由图 16-12 可见，E 值最大值为 0.9670（崇义，1997 年），E 值最小值为 0.5792（寻乌，2007）。除个别县（全南、会昌、崇义、上犹）外，E 值都是 2008 年>1997 年>1980 年，这主要是随着国家经济的发展和对水土保持的重视，政府不断加大对赣南投资治理的结果。

表 16-6　赣南各县水土保持工程措施因子 *E* 值

年份	章贡区	宁都	寻乌	全南	瑞金	会昌	信丰	龙南	南康
1980	0.8896	0.9098	0.9485	0.9470	0.9258	0.9311	0.9380	0.9434	0.8679
1997	0.8242	0.9046	0.9506	0.9492	0.8971	0.9364	0.9358	0.9434	0.8552
2007	0.6867	0.8984	0.5792	0.9468	0.8887	0.9017	0.8688	0.9235	0.7724
年份	大余	崇义	上犹	安远	定南	石城	赣县	于都	兴国
1980	0.9200	0.9644	0.9379	0.9493	0.9520	0.9163	0.9265	0.9588	0.9202
1997	0.9123	0.9670	0.9395	0.9472	0.9492	0.9033	0.9186	0.9508	0.8633
2007	0.8870	0.9653	0.8465	0.9092	0.9443	0.9023	0.8836	0.9197	0.8617

$$E = 1 - \left(\frac{F_t}{F}\alpha + \frac{F_{glt}}{F}\beta + \frac{F_z}{F}\zeta \right) \tag{16-3}$$

式中，F_t 为梯田面积；F_{glt} 为谷坊、拦沙坝和塘坝控制面积；F_z 为水平竹沟控制面积；F 为流域面积；α、β、ζ 分别为相应工程措施的减沙系数。

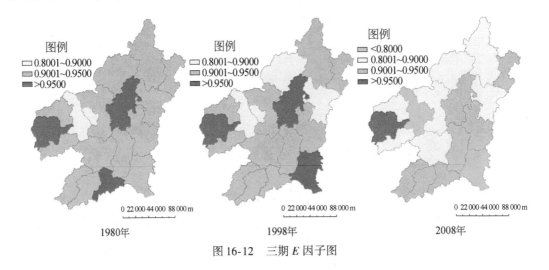

图 16-12　三期 *E* 因子图

16.3　赣南地区水土保持效益评价分析

16.3.1　评价方法

考虑到目前的研究和数据积累状况，采用"基于 RS 和 GIS 技术与坡面土壤侵蚀模型结合"的方法进行赣南地区水土流失强度的评价与情景模拟分析。具体操作应用为第 9 章介绍的基于 GIS 分布式中尺度流域侵蚀产沙经验模型，对于水土流失的评价从三个层次上进行。

16.3.1.1 潜在水土流失预测

潜在水土流失是指不考虑植被和水土保持措施情况下的水土流失（马晓微等，2002）。本章的潜在水土流失预测包括了两种情况，一是仅考虑降雨和土壤条件的预测；二是综合考虑降雨、土壤和地形条件的预测。

16.3.1.2 水土流失现状评价

考虑所有水土流失因子（暂缺耕作措施因子），实现了对1980年、1998年和2008年，跨越近30年的水土流失状况的综合评价，并以此为基础分析了水土流失时空格局与动态。

16.3.1.3 水土流失情景模拟

在考虑生物措施和工程措施变化条件下，构建了未来10a和30a水土保持措施的情景，并对水土流失进行了情景分析。

16.3.2 土壤侵蚀类型与强度

在上述土壤侵蚀因子计算的基础上，利用"流域经验模型"计算了3个年份的土壤侵蚀强度，用以分析近30a来土壤侵蚀的时空动态变化。

16.3.2.1 赣江地区水土流失的潜在危险分析

为全面认识各种因子特别是人为因子对水土流失的影响，利用"流域经验模型"的潜在土壤侵蚀分析功能，计算了两个潜在水土流失强度，即仅考虑气候和土壤作用的潜在水土流失强度（A_{01} = RK）和综合考虑气候、土壤和地形作用的潜在水土流失强度（A_{02} = RKLS），计算结果如图16-13和图16-14。

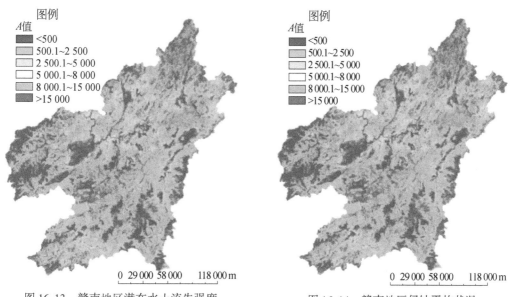

图 16-13 赣南地区潜在水土流失强度　　　图 16-14 赣南地区侵蚀平均状况

16.3.2.2 赣南水土流失空间分布变化分析

为分析赣南地区水土流失的空间格局，对 3 个年份的土壤侵蚀评价结果取平均值，结果表明（图 16-15），赣南地区水土流失整体分布格局是，微度侵蚀一般分布在海拔较高的山区和海拔低的谷底，这些地方要么是高山、要么是水体或沉积区，山地受人为活动干扰少，植被结构性好，平地侵蚀动力低，所以水土流失轻微。较强的水土流失主要分布在海拔 100~500m 的丘陵岗地上，这些部位是人类生产和活动的集中地带，一方面坡度比较陡；另一方面受人为干扰大，因而水土流失较强，且年际变化也比较明显。也就是说，地形特征（坡度）和土地利用覆盖特征，决定了土壤侵蚀分布的宏观空间格局特征。与此同时，由于土壤侵蚀发生发展还受到降水、土壤性质的影响，因而各个年份之间土壤侵蚀宏观格局特征稍有不同。为分析不同时期水土流失变化空间分布情况，计算了不同时期水土流失图的差值。参考《土壤侵蚀分类分级标准》，以 -8000、-2500、-500、500、2500、8000 为临界值对变化的水土流失进行分级得出图 16-17（注负值表示

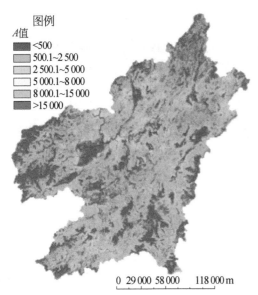

图 16-15 赣南地区侵蚀平均状况

从时段初到时段末土壤侵蚀模数增大，正值表示从时段初到时段末土壤侵蚀模数减小）。图 16-16 和图 16-17 表明，1980~1998 年土壤侵蚀模数增大的区域主要分布在赣南的北部地区，土壤侵蚀模数减小的地区主要分布在赣南的南部地区；而 1998~2008 年土壤侵蚀模数增大的地区主要分布在赣南的南部地区，水土流失减小的地区主要分布在赣南的北部地区。这种状况与降雨侵蚀力的空间格局有关。

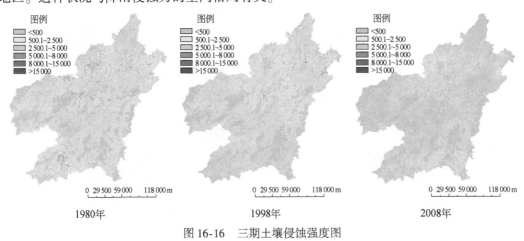

图 16-16 三期土壤侵蚀强度图

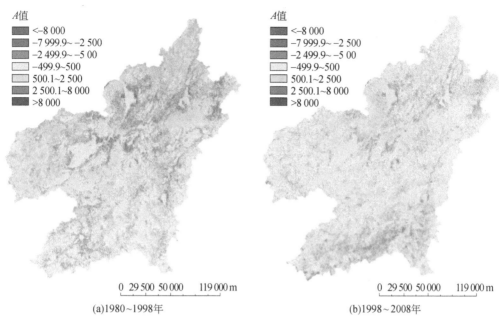

(a)1980~1998年　　　　　　　　　(b)1998~2008年

图 16-17　不同年代水土流失变化

16.3.2.3　赣南水土流失时间分布变化分析

统计表明，三个时期中1980年土壤侵蚀模数最大，2008年的最小。近30a来，平均土壤侵蚀模数依次减小，这可能是因为从1983年开始，国家逐渐加大对赣南水土流失治理力度的结果。

参照SL190—2007中的土壤侵蚀强度分级标准，统计不同侵蚀强度的面积比例如图16-18。可以看出各时期不同级别的水土流失分布面积状况，其微度水土流失面积从1980年到2008年逐渐增大，2008年的微度水土流失面积比1980年增大近40%。轻度以上水土流失面积在这三个时期中呈逐年减小态势。与1980年相比，1998年和2008年的水土流失减小面积比分别为10.8%和76.8%。3个年份的强烈以上水土流失面积分别为2174km²、3112km²和2354km²，1980年的强烈以上侵蚀面积最小，1998年的最大。

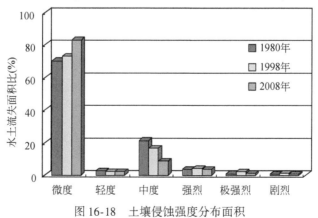

图 16-18　土壤侵蚀强度分布面积

综上所述，与 1980~1998 年期间相比，近 10a 的水土流失面积减小迅速，这主要是 1998 年以后退耕还林（草）政策的出台，以及各级政府对赣南水土流失治理扶持和重视的结果。但是，与 1980 年相比，1998 年和 2008 年的强烈以上水土流失比例都有了不同程度的增加，1998 年增加的比例最大，达到 43.7%，这可能是近年赣南经济社会得到发展，开发建设项目增多，加之 1998 年前开发建设项目的水土流失治理不强所导致的结果。

16.3.3 赣南水土流失的情景模拟

在水土流失参数因子中，降雨、地形、土壤都是自然因子，短时间内受人类活动影响很小，而植被和水土保持措施受人类活动影响明显。因此为编制科学实用的水土保持规划，更有效地防治水土流失，可将生物措施因子和水土保持工程措施因子作为情景模拟对象，分析在未来一段时间内水土流失变化趋势。

16.3.3.1 前景模拟水土流失因子值的确定

（1）生物措施因子 B 的情景

根据赣南调查，结合地形条件，在无人干扰的情况下，依据植被演替规律，计算未来 10a 和 30a 的植被因子 B 值状况。B 值的获取主要依据土地利用和植被覆盖状况，本情景模拟根据对赣南现状的调查和植被演替规律，结合地形条件，在 2008 年土地利用和植被覆盖的基础上，在 ArcGIS 的 Workstation 下，利用 AML 语言编写程序，计算获取未来 10a 和 30a 的植被覆盖状况，并赋予相应的 B 值（图 16-19）。

统计表明，未来 10a 水土保持生物因子 B 的平均值为 0.094，未来 30a 水土保持生物因子 B 的平均值为 0.085，减小了近 10%。统计以 0.004、0.06 和 0.1 为临界值的各级 B 值的分布面积见表 16-7。

表 16-7 未来不同时期水土保持生物因子 B 值各级所占面积百分比 （单位：%）

分级	≤0.004	0.004~0.06	0.06~0.1	≥0.1
未来 10a	41.1	30.2	9.8	18.9
未来 30a	68.8	7.4	4.9	18.9

结合表 16-7 和图 16-19 可以看出，未来 10a 和未来 30a，水土保持生物措施 B 值分布格局基本相同，在无人为干扰条件下，低山丘陵区的 B 值较小，平坦地势的 B 值较大，这主要是由植被演替所致。虽然未来 10a 和未来 30a 的 B 值分布格局基本相同，但与未来 10a 的 B 值相比，未来 30a 的评价 B 值减小 10% 以上，小于等于 0.004 的 B 值分布面积增大了 27.7%。这说明在亚热带湿润季风气候区，只要长时间地控制人类对地表植被的破坏，赣南水土保持自然条件就会得到明显改善。

（2）水土保持工程因子 E 值的情景

利用赣南土地利用和植被演替恢复时间，结合赣南水土保持工程治理的特点，依据

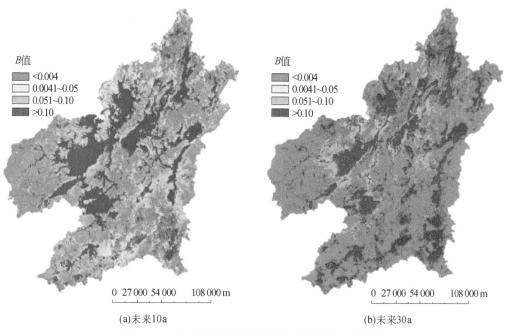

图 16-19　未来不同时期水土保持生物因子 B 值分布

1983 年以来中央对赣南的水土流失治理投资增长比例和各县水土流失治理面积的增长比例，结合各县当前的水土流失面积，对未来 10a，30a 的赣南各县水土保持工程措施潜在治理面积进行计算，并计算了相应的 E 值（表 16-8）。然后在"流域经验模型"中获取赣南各县未来 10a、30a 的水土保持工程因子 E 值分布图（图 16-20）。

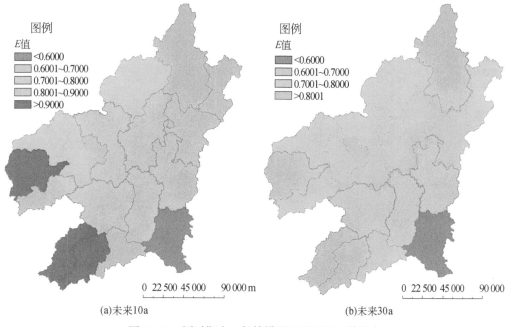

图 16-20　同时期水土保持措施工程因子 E 值分布

表16-8　模拟不同水平年的赣南各县水土保持工程措施因子 E 值

模拟时间	宁都	兴国	石城	于都	瑞金	赣县	南康	上犹	会昌
10a	0.8852	0.7914	0.8474	0.8873	0.8627	0.8528	0.7534	0.7842	0.8914
30a	0.8634	0.7634	0.7632	0.7966	0.7933	0.7968	0.7087	0.7061	0.8758
模拟时间	章贡区	崇义	安远	大余	信丰	寻乌	全南	定南	龙南
10a	0.6726	0.9294	0.8829	0.8588	0.8618	0.5639	0.9325	0.8797	0.9108
30a	0.6371	0.8847	0.8608	0.7914	0.8374	0.5429	0.8908	0.7984	0.8798

16.3.3.2　情景模拟赣南水土流失的变化趋势

在获取水土流失影响因子（B，E）情景的基础上，用2008年降水量为基数，对未来10a和30a的水土流失进行了预测和统计（图16-21和表16-9）。

模拟预测和统计结果表明，在未来的10a和未来的30a里，微度侵蚀的面积将不断增加，轻度以上的侵蚀面积将不断减少。10a、30a后水土流失面积分别为3563km² 和1693km²；强烈以上面积分别是956km²、453km²。与2008年相比，10a、30a后微度侵蚀增加面积比分别为9.1%和15%；水土流失面积减少比例分别为44.8%和74.4%；强烈以上减少比例分别为59.4%和80.8%；平均土壤侵蚀模数减小比例分别为29%和44.6%。从空间上分析情景模拟下的水土流失分布格局，结合图16-21可以看出，10a、30年后的水土流失区主要分布在河道两侧，这里主要是人类居住和生产生活的区域，在以目前的条件进行模拟的情况下，人类为了自身的生存建房住宿，种植作物获取食物，这些生产活动造成了一定的水土流失。

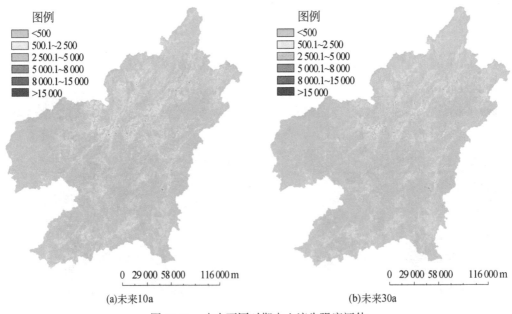

图16-21　未来不同时期水土流失强度评估

由此，基于上述治理情景的模拟，未来的 10a、30a 后，赣南的水土流失面积将会进一步减小，水土流失强度将会进一步降低。这说明在当前的情况下，赣南的水土流失面积还比较严重，短期内水土流失问题还是影响赣南生态环境的主要问题，不管在水土流失面积上，还是在水土流失强度上都还有很大的治理空间。因此，需要进一步加强赣南水土流失治理。

表 16-9　未来不同时期水土流失强度情景模拟分布面积及平均侵蚀模数

时期	<500 t/(km²·a) 微度（km²）	500-2500 t/(km²·a) 轻度（km²）	2500-5000 t/(km²·a) 中度（km²）	5000-8000 t/(km²·a) 强烈（km²）	8000-15000 t/(km²·a) 极强烈（km²）	>15000 t/(km²·a) 剧烈（km²）	平均侵蚀模数 t/(km²·a)
10 年	35 727	1 795	902	559	269	129	450
30 年	37 687	660	579	255	121	77	351

16.4　小　　结

本研究利用"流域经验模型"，对赣南水土流失因子和成效进行了分析与评价。

1) 降雨侵蚀力因子（R）存在时空上的差异性，但空间差异性更为显著，主要是由于该区域降水时空分布不均匀引起的。土壤可蚀性因子（K）最大值为 0.417，最小值为 0，均值为 0.0164。0.013~0.016 的 K 值分布范围广，且比较集中连片；0.0161~0.022 的 K 值分布范围次之。坡度坡长因子（LS）平均值为 7.6，LS 因子值及其格局更多地受坡度的影响和控制。生物措施因子（B）1980 年、1998 年、2008 年分别为 0.17、0.13、0.11，说明水土流失趋于减轻；工程措施因子（E）存在 2008 年>1997 年>1980 年。

2) 赣南地区水土流失存在显著的时空变化，海拔 100~500m 的丘陵岗地，一方面坡度比较陡，一方面受人为干扰大，水土流失较强，且年际变化明显。从土壤侵蚀模数上来看，1980~1998 年土壤侵蚀模数增大的区域主要分布在赣南的北部地区，土壤侵蚀模数减小的地区主要分布在赣南的南部地区，而 1998 年~2008 年土壤侵蚀模数增大的地区主要分布在赣南的南部地区，水土流失减小的地区主要分布在赣南的北部地区，这种状况与降雨侵蚀力的空间格局有关。对赣南水土流失的空间分布变化分析得到，1980 年、1998 年和 2008 年三个时期，平均土壤侵蚀模数以 1980 年最大，2008 年最小。近 30a 来，平均土壤侵蚀模数依次减小，这可能是因为从 1983 年开始，国家逐渐加大对对赣南水土流失治理的结果。

3) 在未来 10a、30a，微度侵蚀的面积将不断增加，轻度以上的侵蚀面积将不断减少。10a、30a 后水土流失面积分别为 3563km² 和 1693km²；强烈以上面积分别为 956km²、453km²。与 2008 年相比，10a、30a 后微度侵蚀增加面积比分别为 9.1% 和 15%；水土流失面积减少比例分别为 44.8% 和 74.4%；强烈以上减少比例分别为 59.4% 和 80.8%；平均土壤侵蚀模数减小比例分别为 29% 和 44.6%。

全面系统地整理了一套水土流失因子数据库，利用"流域经验模型"对赣南地区水土流失情况进行了现状评价和综合预测分析，是一次对南方红壤地区水土流失预测的探索性研究，在预测结果的格局和时空发展趋势方面达到了预期效果，对于情景的模拟结果也是比较理想的，具有一定的前瞻性和创新性。同时，提出的 LS 提取技术在第一次全国水利普查中得到推广应用（2010）。但是在对赣南地区水土流失评价研究过程中对耕作措施、沟蚀和崩岗侵蚀等因素尚未考虑，缺少对预测结果与水文站实际数据的验证，有待在后续的工作中进一步加强和完善。

参 考 文 献

国务院第一次全国水利普查领导小组办公室 . 2010. 水土保持情况普查 . 北京：中国水利水电出版社

马晓微，杨勤科，刘宝元 . 2002. 基于 GIS 的中国潜在水土流失评价研究 . 水土保持学报，16（4）：49-53

杨勤科，Tim R. Mcvicar，李领涛，等 . 2006. ANUDEM——专业化数字高程模型插值算法及其特点 . 干旱地区农业研究，24（3）：36-41

杨勤科，郭伟玲，张宏鸣，等 . 2010. 基于 DEM 的流域坡度坡长因子计算方法初报 . 水土保持通报，30（2）:203-206

杨勤科，师维娟，McVicar 等 . 2007. 水文地貌关系正确的 DEM 建立方法的初步研究 . 中国水土保持科学，5（4）：1-6

张宏鸣，杨勤科，刘晴蕊，等 . 2010. 基于 GIS 的区域坡度坡长因子算法 . 计算机工程，36（9）：246-248

赵英时 . 2003. 遥感应用分析原理与方法 . 北京：科学出版社：374-375

Hutchinson M F. 2004. ANUDEM version 5.1 User Guide. Centre for Resource and Environmental Sutdies. Canberra：The stralianational University